YOUXIANYUAN FENXI JI ANSYS Workbench GONGCHENG YINGYONG

有限元分析及 ANSYS Workbench 工程应用

张进军　编著

西北工业大学出版社

西安

【内容简介】 本书以有限元分析软件 ANSYS Workbench 18.0 为平台,详细介绍了各个菜单的选项意义、使用方法和应用实例。本书分为 10 章,主要讲解了 Workbench 的基础知识和主界面,几何建模的方法和实例,网格划分的方法和实例,Mechanical 的前处理和后处理,结构静力学分析,结构动力学分析(包括模态分析、谐响应分析、响应谱分析、随机振动分析),多刚体动力学,刚柔体动力学分析,以及工程热力学分析等内容。

本书附带的光盘有近 30 个典型算例,与书中实例一一对应,包含算例的几何模型、所有设置、边界条件和求解结果,可帮助读者尽快掌握、使用 ANSYS Workbench。

本书既可以作为机械工程、能源动力、航空航天、船舶与海洋工程、土木水利、电子通信等专业的高年级本科生、研究生和教师的参考书及教学用书,也可以作为相关领域从事产品设计、工程计算、仿真分析的工程技术人员和科研工作者的参考书。

图书在版编目 (CIP) 数据

有限元分析及 ANSYS Workbench 工程应用/张进军编著.—西安:西北工业大学出版社,2018.11)(2019.9 重印)
ISBN 978 - 7 - 5612 - 6286 - 3

Ⅰ.有…　Ⅱ.①张…　Ⅲ.①有限元分析—应用软件
Ⅳ.①O241.82 - 39

中国版本图书馆 CIP 数据核字(2018)第 218186 号

策划编辑:李阿盟
责任编辑:李阿盟

出版发行:西北工业大学出版社
通信地址:西安市友谊西路 127 号　　　邮编:710072
电　　话:(029)88493844　88491757
网　　址:www.nwpup.com
印 刷 者:兴平市博闻印务有限公司
开　　本:787 mm×1 092 mm　　　1/16
印　　张:33.625
字　　数:777 千字
版　　次:2018 年 11 月第 1 版　　2019 年 9 月第 2 次印刷
定　　价:88.00 元　(含光盘　1 张)

Preface
前　言

ANSYS 公司成立于 1970 年，总部位于美国宾夕法尼亚州的匹兹堡。2006 年，ANSYS 公司收购了在流体仿真领域处于国际领先地位的美国 Fluent 公司，2008 年，收购了美国 Ansoft 公司（在电路和电磁领域的仿真能力处于世界领先水平），2011 年，收购模拟软件提供商 Apache Design Solutions，2012 年，收购 Esterel Technologies，2013 年，收购了 EVEN，2015 年，收购了高级计算电磁学仿真和射频系统分析软件开发商 Delcross Techno-logies。通过以上整合、收购、兼并，ANSYS 公司成为全球最大的 ACE 仿真软件公司。目前，AN-SYS 整个产品线包括结构分析系列 Mechanical，流体动力学系列 ANSYS CFD（FLUENT/CFX），电子设计系列 ANSYS Ansoft 以及 ANSYS Workbench 和 EKM 等。产品广泛应用于航空、航天、电子、车辆、船舶、交通、通信、建筑、电子、医疗、国防、石油和化工等众多行业。

现有的关于 Workbench 的教程、参考书有数十种，但都侧重于举一些例子，仅仅介绍如何完成该例子，对 Workbench 软件只做简单介绍。而当读者真正面对自己所研究领域、专业中的工程问题时，不知道如何进行设置。所以亟需对 Workbench 中所有选项进行详尽的介绍，并指出各个选项的使用范围和场合。本书正是基于这种需求而产生的。

本书具有以下四大特色：

特色一：内容详尽。之前出版的很多关于 ANSYS Workbench 的书中，只是简单介绍 Workbench 的内容，举一些算例。读者只能照猫画虎做完书中的算例，但对于读者本行业的仿真工作却作用不大。而本书对 ANSYS Workbench 每个菜单、窗口、对话框的所有选项都进行了详尽的解释，非常便于读者自学，有助于读者在今后的仿真中做出正确、恰当的选择，帮助读者独立进行仿真分析。

特色二：通俗易懂。不少同类图书中提到的对话框、菜单、窗口等，并没有交代清楚它们在软件的哪个位置，或者即使有对照图形，但并没有在图形上用醒目的记号标示出来。本书斟酌文字，努力避免歧义；而对照图形用椭圆、长方形、箭头、数字等进行标注，便于读者阅读。

特色三：将 ANSYS Workbench 与工程实际相结合。在每章的开头部分，都详细解释本章的主要内容,并说明它在工程实际的作用。涉及有限元知识、机械、力学、热学等学科的专业术语时,也介绍了相关的理论知识,有助于读者尽快掌握该软件。本书实例均来自科学研究和工程实践,使读者很快能将 ANSYS Workbench 软件与工程实际应用结合起来。

特色四:ANSYS Workbench 软件有自带的全英文帮助库。书中将每章对应的帮助库的链接路径列出,有助于读者更进一步理解此软件。点击 Workbench 主界面的菜单 Help-ANSYS Workbench,就弹出新窗口 ANSYS 18.0 Help,这里有软件自带的全英文帮助系统。用户可以将该路径输入 ANSYS 18.0 Help 窗口的 Go To Page……,找到对应的英文帮助。

本书既可以作为机械工程、能源动力、航空航天、船舶与海洋工程、土木水利、电子通信等专业的高年级本科生、研究生和教师的参考书及教学用书,也可以作为相关领域从事产品设计、工程计算、仿真分析的工程技术人员和科研工作者的参考书。写作本书曾经参阅了相关文献资料,在此谨向其作者表示诚挚的谢意。

由于水平有限,书中内容涉及面广,不足之处在所难免,希望广大读者和同仁批评指正。

编　者
2018 年 7 月

Contents 目 录

第 1 章　ANSYS Workbench 基础 ……………………………………… 1

1.1　CAE 概述 ……………………………………………………… 1

1.2　ANSYS 软件概述 ……………………………………………… 2

　　1.2.1　ANSYS 发展历程 ……………………………………… 2

　　1.2.2　ANSYS 软件特点 ……………………………………… 4

1.3　AWE 介绍 ……………………………………………………… 5

1.4　仿真过程及例子 1 ……………………………………………… 8

第 2 章　AWE 的主界面 ……………………………………………… 15

2.1　AWE 主界面简介 ……………………………………………… 15

　　2.1.1　主菜单 …………………………………………………… 16

　　2.1.2　基本工具条 ……………………………………………… 20

　　2.1.3　工具箱 Toolbox ………………………………………… 20

　　2.1.4　工程流程图 Project Schematic ……………………… 23

　　2.1.5　主界面 Options 的设置 ……………………………… 27

2.2　AWE 窗口管理 ………………………………………………… 37

　　2.2.1　窗口管理功能 …………………………………………… 37

　　2.2.2　窗口相互切换 …………………………………………… 37

　　2.2.3　窗口紧凑模式 …………………………………………… 38

第 3 章　DesignModeler 几何建模 ………………………………… 39

3.1　DesignModeler 平台 ………………………………………… 39

　　3.1.1　DesignModeler 主菜单 ……………………………… 41

　　3.1.2　选择工具条 ……………………………………………… 44

　　3.1.3　视图工具条 ……………………………………………… 47

　　3.1.4　平面和草图工具条 ……………………………………… 48

　　3.1.5　图形选项工具条 ………………………………………… 50

   3.1.6 弹出菜单 ·· 51

   3.1.7 鼠标功能 ·· 53

  3.2 草图模式 Sketching ·· 54

   3.2.1 绘制草图 Draw ·· 54

   3.2.2 修改草图 Modify ······································ 55

   3.2.3 尺寸标注 Dimensions ·································· 58

   3.2.4 草图约束 Constraints ································· 60

   3.2.5 草图设置 Settings ···································· 62

   3.2.6 草图援引和草图投影 ··································· 62

   3.2.7 第 3 章例子 1 ··· 63

  3.3 3D 建模 Modeling ··· 66

   3.3.1 体和零件 ·· 66

   3.3.2 详细选项 ·· 68

   3.3.3 3D 特征创建 ·· 70

   3.3.4 3D 高级建模操作 ······································ 77

   3.3.5 体的操作 Body Operation ····························· 85

   3.3.6 体的变换 Body Transformation ······················· 88

   3.3.7 第 3 章例子 3 ··· 90

  3.4 概念建模 Concept ··· 93

   3.4.1 创建线体和分割线体 ··································· 94

   3.4.2 线体的横截面 ··· 96

   3.4.3 3D 曲线特征 ··· 101

   3.4.4 创建表面体 ·· 102

  3.5 高级工具 Tools 之一 ·· 104

   3.5.1 冻结 Freeze ··· 105

   3.5.2 解冻 Unfreeze ······································· 105

   3.5.3 命名选择 Named Selection ··························· 105

   3.5.4 属性 Attribute ······································· 105

   3.5.5 接合 Joint ··· 106

   3.5.6 包围 Enclosure 和例子 4 ····························· 107

   3.5.7 面分割 Face Split ···································· 109

   3.5.8 对称 Symmetry ······································ 110

　　　3.5.9　填充 Fill 和例子 5 ⋯⋯⋯⋯⋯⋯⋯⋯⋯⋯⋯⋯⋯⋯⋯⋯⋯ 110

　　　3.5.10　抽取中面 ⋯⋯⋯⋯⋯⋯⋯⋯⋯⋯⋯⋯⋯⋯⋯⋯⋯⋯⋯⋯⋯ 113

　　　3.5.11　表面延伸和例子 6 ⋯⋯⋯⋯⋯⋯⋯⋯⋯⋯⋯⋯⋯⋯⋯⋯⋯ 114

　　　3.5.12　表面修补和例子 7 ⋯⋯⋯⋯⋯⋯⋯⋯⋯⋯⋯⋯⋯⋯⋯⋯⋯ 119

　　　3.5.13　表面翻转 Surface Flip ⋯⋯⋯⋯⋯⋯⋯⋯⋯⋯⋯⋯⋯⋯⋯ 122

　　　3.5.14　合并 Merge ⋯⋯⋯⋯⋯⋯⋯⋯⋯⋯⋯⋯⋯⋯⋯⋯⋯⋯⋯⋯ 122

　　　3.5.15　连接 Connect ⋯⋯⋯⋯⋯⋯⋯⋯⋯⋯⋯⋯⋯⋯⋯⋯⋯⋯⋯ 123

　　　3.5.16　投影 Projection ⋯⋯⋯⋯⋯⋯⋯⋯⋯⋯⋯⋯⋯⋯⋯⋯⋯⋯ 124

　　　3.5.17　转换 Conversion ⋯⋯⋯⋯⋯⋯⋯⋯⋯⋯⋯⋯⋯⋯⋯⋯⋯ 125

　　　3.5.18　焊接 Weld ⋯⋯⋯⋯⋯⋯⋯⋯⋯⋯⋯⋯⋯⋯⋯⋯⋯⋯⋯⋯ 126

　3.6　高级工具 Tools 之二 ⋯⋯⋯⋯⋯⋯⋯⋯⋯⋯⋯⋯⋯⋯⋯⋯⋯⋯⋯ 127

　　　3.6.1　修补工具 Repair ⋯⋯⋯⋯⋯⋯⋯⋯⋯⋯⋯⋯⋯⋯⋯⋯⋯⋯ 127

　　　3.6.2　分析工具 Analysis Tools ⋯⋯⋯⋯⋯⋯⋯⋯⋯⋯⋯⋯⋯⋯ 128

　　　3.6.3　选项设置 Option ⋯⋯⋯⋯⋯⋯⋯⋯⋯⋯⋯⋯⋯⋯⋯⋯⋯⋯ 131

第 4 章　Meshing 网格划分 ⋯⋯⋯⋯⋯⋯⋯⋯⋯⋯⋯⋯⋯⋯⋯⋯⋯⋯⋯⋯ 134

　4.1　网格划分概述 ⋯⋯⋯⋯⋯⋯⋯⋯⋯⋯⋯⋯⋯⋯⋯⋯⋯⋯⋯⋯⋯⋯ 134

　　　4.1.1　ANSYS 18.0 网格划分 ⋯⋯⋯⋯⋯⋯⋯⋯⋯⋯⋯⋯⋯⋯⋯ 134

　　　4.1.2　网格形状 ⋯⋯⋯⋯⋯⋯⋯⋯⋯⋯⋯⋯⋯⋯⋯⋯⋯⋯⋯⋯⋯ 134

　　　4.1.3　网格划分的目的和流程 ⋯⋯⋯⋯⋯⋯⋯⋯⋯⋯⋯⋯⋯⋯⋯ 135

　　　4.1.4　需考虑的原则 ⋯⋯⋯⋯⋯⋯⋯⋯⋯⋯⋯⋯⋯⋯⋯⋯⋯⋯⋯ 136

　4.2　网格划分的界面 ⋯⋯⋯⋯⋯⋯⋯⋯⋯⋯⋯⋯⋯⋯⋯⋯⋯⋯⋯⋯⋯ 137

　　　4.2.1　主菜单 ⋯⋯⋯⋯⋯⋯⋯⋯⋯⋯⋯⋯⋯⋯⋯⋯⋯⋯⋯⋯⋯⋯ 137

　　　4.2.2　工具条 ⋯⋯⋯⋯⋯⋯⋯⋯⋯⋯⋯⋯⋯⋯⋯⋯⋯⋯⋯⋯⋯⋯ 139

　　　4.2.3　鼠标快捷菜单 ⋯⋯⋯⋯⋯⋯⋯⋯⋯⋯⋯⋯⋯⋯⋯⋯⋯⋯⋯ 145

　4.3　3D 网格的全局控制 Method ⋯⋯⋯⋯⋯⋯⋯⋯⋯⋯⋯⋯⋯⋯⋯ 147

　　　4.3.1　程序自动划分网格 Automatic ⋯⋯⋯⋯⋯⋯⋯⋯⋯⋯⋯ 147

　　　4.3.2　四面体单元划分 Tetrahedrons ⋯⋯⋯⋯⋯⋯⋯⋯⋯⋯⋯ 148

　　　4.3.3　六面体为主 Hex Dominant ⋯⋯⋯⋯⋯⋯⋯⋯⋯⋯⋯⋯ 151

　　　4.3.4　扫掠划分 Sweep ⋯⋯⋯⋯⋯⋯⋯⋯⋯⋯⋯⋯⋯⋯⋯⋯⋯ 152

　　　4.3.5　多区 MultiZone ⋯⋯⋯⋯⋯⋯⋯⋯⋯⋯⋯⋯⋯⋯⋯⋯⋯ 155

　　　4.3.6　第 4 章例子 1 ⋯⋯⋯⋯⋯⋯⋯⋯⋯⋯⋯⋯⋯⋯⋯⋯⋯⋯ 157

　　　4.3.7　第 4 章例子 2 ⋯⋯⋯⋯⋯⋯⋯⋯⋯⋯⋯⋯⋯⋯⋯⋯⋯⋯ 160

　　　4.3.8　第 4 章例子 3 ·· 163

　　　4.3.9　第 4 章例子 4 ·· 164

　4.4　3D 网格的局部控制 ·· 167

　　　4.4.1　网格局部尺寸控制 Sizing ·································· 167

　　　4.4.2　接触网格尺寸控制 Contact Sizing ························· 170

　　　4.4.3　网格局部单元细化控制 Refinement ······················· 170

　　　4.4.4　面网格映射控制及例子 5 ···································· 171

　　　4.4.5　匹配网格划分及例子 6 ······································ 174

　　　4.4.6　 网格修剪控制 Pinch ······································ 179

　　　4.4.7　网格膨胀控制 Inflation ···································· 180

　4.5　其他工具 ··· 184

　　　4.5.1　虚拟拓扑工具 Virtual Topology ····························· 184

　　　4.5.2　2D 网格划分方法 ·· 187

　　　4.5.3　第 4 章例子 7 ·· 190

　4.6　网格划分的默认选项、细节窗口及向导 ·························· 192

　　　4.6.1　网格的默认选项 ·· 192

　　　4.6.2　网格整体的细节窗口 ·· 194

　　　4.6.3　Meshing Options ·· 206

　4.7　网格划分质量 ·· 207

　　　4.7.1　网格质量的度量 ·· 207

　　　4.7.2　网格划分失败的原因 ·· 209

　　　4.7.3　补救措施及例子 8 ·· 210

第 5 章　**Mechanical 基础** ··· 214

　5.1　Engineering Data 定义材料属性 ·································· 214

　　　5.1.1　材料数据的窗口 ·· 214

　　　5.1.2　材料数据的使用 ·· 217

　　　5.1.3　第 5 章例子 1 ·· 218

　5.2　准备工作 ··· 220

　5.3　Geometry 导入几何模型 ·· 221

　　　5.3.1　几何模型的种类 ·· 221

　　　5.3.2　Geometry Property ·· 223

　　　5.3.3　几何模型的导入 ·· 225

      5.3.4　Geometry 细节窗口 ·· 227

      5.3.5　零件的信息 ·· 228

  5.4　后处理之查看结果 ·· 230

      5.4.1　标准工具条 ·· 230

      5.4.2　截面 Section ·· 232

      5.4.3　标注 Annotation ·· 232

      5.4.4　曲线图和表格 New Chart and Table ···················· 233

      5.4.5　注解 Comment ·· 234

      5.4.6　图形和照片 Figure and Image ·························· 235

      5.4.7　结果工具条 ·· 235

      5.4.8　图例的快捷菜单 ·· 238

      5.4.9　动画窗口 Animation ·· 239

      5.4.10　多窗口 ·· 240

      5.4.11　报警器 Alert ··· 241

  5.5　后处理之指定结果和输出结果 ···································· 242

      5.5.1　指定结果 ·· 242

      5.5.2　输出结果 ·· 244

第 6 章　结构静力学分析 ·· 246

  6.1　结构分析概述 ·· 246

  6.2　结构静力分析模块的界面 ·· 247

      6.2.1　主菜单 ·· 248

      6.2.2　界面中其他部分 ·· 249

      6.2.3　Options ·· 250

  6.3　几种简单的工具条 ·· 256

      6.3.1　模型 Model 工具条 ·· 256

      6.3.2　几何体 Geometry 工具条 ···································· 264

      6.3.3　坐标系 Coordinate System ·································· 264

  6.4　连接关系 Connections 工具条 ···································· 267

      6.4.1　Connections 连接 ·· 267

      6.4.2　Connection Group ··· 268

      6.4.3　连接之接触 Contact ·· 269

      6.4.4　第 6 章例子 1 ·· 282

    6.4.5　连接之 Spot Weld 焊接点 ·· 284

    6.4.6　End Release ·· 285

6.5　分析设置 ·· 286

    6.5.1　Step Controls ·· 286

    6.5.2　Solver Controls ·· 290

    6.5.3　Restart Controls ··· 292

    6.5.4　Nonlinear Controls ··· 293

    6.5.5　Output Controls ·· 294

    6.5.6　Analysis Data Management ·· 295

    6.5.7　Restart Analysis ·· 296

6.6　惯性载荷和结构载荷工具条 ·· 296

    6.6.1　载荷分类及细节窗口 ·· 297

    6.6.2　加速度 ·· 302

    6.6.3　标准的地球重力 ·· 303

    6.6.4　旋转速度 ·· 303

    6.6.5　压强 ·· 304

    6.6.6　管道压强 ·· 304

    6.6.7　静水压强 ·· 304

    6.6.8　力 ·· 305

    6.6.9　远端力 ·· 305

    6.6.10　轴承载荷 ··· 306

    6.6.11　螺栓预紧载荷 ·· 307

    6.6.12　力矩载荷 ··· 309

    6.6.13　广义平面应变 ·· 309

    6.6.14　线压强 ·· 309

    6.6.15　热载荷 ·· 310

    6.6.16　流固界面载荷 ·· 312

6.7　约束支撑工具条 ·· 312

    6.7.1　固定约束 ·· 312

    6.7.2　位移约束 ·· 313

    6.7.3　远端位移 ·· 314

    6.7.4　无摩擦约束 ·· 315

　　　　6.7.5　仅有压缩的约束 ·· 315

　　　　6.7.6　圆柱面约束 ··· 316

　　　　6.7.7　简单约束 ··· 316

　　　　6.7.8　约束旋转 ··· 316

　　　　6.7.9　弹性支撑 ··· 317

　　　　6.7.10　第 6 章例子 2 ·· 317

　　6.8　Conditions 工具条 ··· 324

　　　　6.8.1　Coupling ·· 324

　　　　6.8.2　约束方程 ··· 324

　　　　6.8.3　Pipe Idealization ·· 325

　　　　6.8.4　Nonlinear Adaptive Region ·· 325

　　6.9　求解选项 ··· 327

　　　　6.9.1　求解精度 ··· 327

　　　　6.9.2　Solution 细节窗口 ·· 327

　　　　6.9.3　Solution Information 细节窗口 ·· 328

　　　　6.9.4　Result Tracker 工具条 ··· 333

　　　　6.9.5　Result Tracker 的其他功能 ··· 334

　　6.10　求解结果 Solution ··· 335

　　　　6.10.1　变形 Deformation ··· 335

　　　　6.10.2　应变 Strain 和应力 Stress ·· 337

　　　　6.10.3　能量 Energy ·· 340

　　　　6.10.4　损伤 Damage ·· 341

　　　　6.10.5　线性应力 Linearized Stress ··· 341

　　　　6.10.6　探针 Probe ··· 343

　　　　6.10.7　应力工具 Stress Tool ··· 347

　　　　6.10.8　接触工具 Contact Tool ·· 349

　　　　6.10.9　用户自定义结果 User Defined Result ·· 350

　　　　6.10.10　坐标系 Coordinate Systems ·· 353

　　6.11　结构静力分析的步骤及策略 ·· 354

　　　　6.11.1　模型和网格划分 ··· 354

　　　　6.11.2　载荷 ··· 355

　　　　6.11.3　求解模型和检查结果 ··· 355

　　　　6.11.4　强度评定 ·· 355

　　6.12　第 6 章例子 3 ·· 358

　　　　6.12.1　UG 模型处理 ·· 358

　　　　6.12.2　有限元模型 ·· 358

　　　　6.12.3　只有径向载荷 ·· 364

　　　　6.12.4　只有惯性力载荷 ·· 365

第 7 章　结构动力学分析 ·· 368

　　7.1　结构动力学分析基础 ·· 368

　　　　7.1.1　结构动力学分析概述 ·· 368

　　　　7.1.2　Workbench 动力学分析类型 ··· 371

　　　　7.1.3　Workbench 动力学的求解 ··· 373

　　　　7.1.4　阻尼 ·· 374

　　7.2　模态分析 ·· 378

　　　　7.2.1　介绍模态分析 ·· 378

　　　　7.2.2　自由模态分析流程 ·· 380

　　　　7.2.3　预应力模态分析流程 ·· 384

　　　　7.2.4　第 7 章例子 1 ··· 385

　　7.3　谐响应分析 ··· 389

　　　　7.3.1　谐响应分析概述 ·· 389

　　　　7.3.2　两种求解方法 ·· 390

　　　　7.3.3　谐响应分析流程 ·· 392

　　　　7.3.4　第 7 章例子 2 ··· 400

　　7.4　响应谱分析 ··· 405

　　　　7.4.1　响应谱分析概述 ·· 405

　　　　7.4.2　响应谱分析的参数 ·· 406

　　　　7.4.3　响应谱分析流程 ·· 409

　　　　7.4.4　第 7 章例子 3 ··· 413

　　7.5　随机振动分析 ·· 418

　　　　7.5.1　随机振动术语 ·· 419

　　　　7.5.2　随机振动分析流程 ·· 420

　　　　7.5.3　添加求解结果 ·· 421

　　　　7.5.4　第 7 章例子 4 ··· 425

第 8 章　多刚体动力学 ·· 428

　　8.1　刚体动力学概述 ·· 428

　　8.2　Connection 连接工具条 ·································· 429

　　　　8.2.1　连接之 Joint 运动副 ······························ 429

　　　　8.2.2　连接之 Spring 弹簧 ······························ 439

　　　　8.2.3　连接的其他按钮 ·································· 441

　　8.3　多刚体动力学分析步骤 ···································· 442

　　　　8.3.1　材料、模型和网格 ·································· 442

　　　　8.3.2　连接 ·· 442

　　　　8.3.3　载荷和约束支撑 ·································· 443

　　　　8.3.4　多刚体动力学分析设置 ···························· 445

　　　　8.3.5　查看结果 ·· 447

　　8.4　第 8 章例子 1 ·· 450

　　　　8.4.1　建立仿真 ·· 450

　　　　8.4.2　Connection 定义运动副 ·························· 451

　　　　8.4.3　连杆和曲轴的位置配对 ···························· 454

　　　　8.4.4　多刚体动力学分析设置 ···························· 455

　　　　8.4.5　求解并添加结果 ·································· 455

第 9 章　瞬态(刚柔体)动力学分析 ································ 459

　　9.1　瞬态(刚柔体)动力学分析概述 ······························ 459

　　9.2　刚柔体动力学分析步骤 ···································· 460

　　　　9.2.1　材料、零件和网格 ·································· 460

　　　　9.2.2　Connection 连接 ································ 461

　　　　9.2.3　初始条件 ·· 461

　　　　9.2.4　刚柔体动力学分析设置 ···························· 464

　　　　9.2.5　载荷和约束支撑 ·································· 468

　　　　9.2.6　收敛 ·· 470

　　　　9.2.7　查看结果 ·· 470

　　9.3　第 9 章例子 1 ·· 471

　　9.4　对比刚体动力学 ·· 474

第 10 章　工程热分析 ·· 476

　　10.1　热分析概述 ·· 476

10.1.1　传热基本方式 ………………………………………………… 476

10.1.2　稳态热分析基本原理 ………………………………………… 478

10.1.3　瞬态热分析基本原理 ………………………………………… 479

10.2　稳态热分析详细步骤 …………………………………………………… 480

10.2.1　材料属性 ………………………………………………………… 480

10.2.2　几何模型 ………………………………………………………… 481

10.2.3　定义 Connection 连接 ………………………………………… 481

10.2.4　划分网格 ………………………………………………………… 483

10.2.5　热载荷 …………………………………………………………… 483

10.2.6　分析设置 ………………………………………………………… 491

10.2.7　初始化 …………………………………………………………… 493

10.2.8　求解 ……………………………………………………………… 493

10.2.9　结果与后处理 …………………………………………………… 494

10.3　第 10 章例子 1 …………………………………………………………… 498

10.3.1　实例描述 ………………………………………………………… 498

10.3.2　步骤 ……………………………………………………………… 499

10.4　瞬态热分析详细步骤 …………………………………………………… 504

10.4.1　前处理 …………………………………………………………… 504

10.4.2　分析设置 ………………………………………………………… 505

10.4.3　定义初始条件 …………………………………………………… 507

10.4.4　热载荷 …………………………………………………………… 507

10.4.5　求解与结果 ……………………………………………………… 507

10.5　第 10 章例子 2 …………………………………………………………… 507

10.5.1　实例描述 ………………………………………………………… 507

10.5.2　稳态热分析步骤 ………………………………………………… 509

10.5.3　建立瞬态热分析 ………………………………………………… 512

10.6　第 10 章例子 3 …………………………………………………………… 517

10.6.1　实例描述 ………………………………………………………… 517

10.6.2　建立稳态热分析 ………………………………………………… 517

10.6.3　建立瞬态热分析 ………………………………………………… 520

参考文献 ……………………………………………………………………………… 524

第1章 ANSYS Workbench 基础

1.1 CAE 概述

计算机辅助工程分析 Computer Aided Engineering(CAE)是指工程设计中的计算机辅助工程。CAE 是用计算机辅助求解的一种近似数值分析方法,常用于解决复杂工程和产品结构强度、刚度、屈曲稳定性、动力响应、热传导、三维多体接触、弹塑性等力学性能的分析计算,以及结构性能的优化设计等问题。

CAE 主要是以有限元法(Finite Element Analysis,FEA)、有限差分法(Finite Difference Element Method,FDM)、有限体积法(Finite Volume Method,FVM)以及边界元法(Boundary Element Method,BEM)为数学基础发展起来的一个软件行业。由于目前在国内有限元法应用最为广泛,并且 ANSYS 软件也是基于有限元法,所以本书只关注有限元法。

CAE 系统的核心思想是结构的离散化,它将实际结构离散为有限数量的、规则的单元,通过对得到的离散体进行分析,得出满足工程精度的近似结果,来替代对实际结构的分析,这样可以解决很多实际工程中只能理论分析、但无法求解的复杂问题。其基本过程先是将一个形状复杂的连续体的求解区域分解为有限的、形状简单的子区域,即将一个连续体简化为由数量有限的单元组合的等效组合体;通过将连续体离散化,把求解连续体的场变量(应力、位移、压力和温度等)问题简化为求解有限的单元节点上的场变量值。此时得到的基本方程是一个代数方程组,而不是原来描述真实连续体场变量的微分方程组。然后针对研究对象的物理和数学特征,选择相应的分析系统、求解算法进行求解。求解后得到近似的数值解,其近似程度取决于所采用的单元类型、数量以及对单元的插值函数。

应用 CAE 软件对工程或产品进行性能分析和模拟时,一般要经历以下 3 个过程:①前处理:采用 CAD(计算机辅助设计,Computer Aided Design)技术对工程或产品进行建模,输入所需各种数据,建立合理的有限元分析模型。②有限元分析:对有限元模型进行单元特性分析、有限元单元组装、有限元系统求解和有限元结果生成,这一步通常由软件完成。③后处理:根据工程或产品模型与设计要求,对有限元分析结果进行用户所要求的加工、计算,并以图形方式提供给用户,辅助用户判定计算结果与设计方案的合理性。例如位移、应力、温度、压力分布的等值线图,表示应力、温度、压力分布的彩色明暗图,以及随着机械载荷和温度载荷变化而计算得到的位移、应力、温度、压力的动态显示图。

CAE 软件可以完成结构静态分析、动态分析;研究线性、非线性问题;结构(固体)、流体、电磁等分析等。CAE 软件主要的工程应用列举如下:①结构静强度计算分析;②结构动力学分析;③结构碰撞与冲击的计算分析;④结构优化分析;⑤结构的疲劳与耐久性分析;⑥结构热分析;⑦结构的屈曲分析与稳定分析;⑧振动-噪声分析;⑨转子动力学分析;⑩柔性机构动力学分析;⑪机械-热耦合分析;⑫结构-流体-声场耦合分析;⑬光-机械-热耦合分析;⑭流体动力学分析;⑮化学反应和燃烧/爆炸分析;⑯金属成型分析;⑰结构制造过程仿真分析;⑱电磁场分析;⑲铸造仿真分析;⑳结构压电材料及微机电系统（Micro-Electro-Mechanical Systems，MEMS)分析;等等。

目前国内外的 CAE 软件主要有 ANSYS,ADINA,ABAQUS,MSC 等。ANSYS 是经典的 CAE 软件,国内应用最广,客户成熟度最高,尤其是在高校科研领域。ADINA 和 ABAQUS 在非线性计算功能方面比 ANSYS 强,ABAQUS 没有流体计算模块,ADINA 不能做电磁分析但却是目前做流体-固体耦合最好的软件。

CAE 从 20 世纪 60 年代初在工程上开始应用到今天,已经历几十年的发展历史,其理论和算法都经历了从蓬勃发展到日趋成熟的过程,现已成为工程和产品结构分析中(如航空、航天、机械、土木结构等领域)必不可少的数值计算工具,同时也是分析连续力学各类问题的一种重要手段。随着计算机技术的普及和不断提高,CAE 系统的功能和计算精度都有很大提高,各种基于产品数字建模的 CAE 系统应运而生,并已成为结构分析和结构优化的重要工具,同时也是计算机辅助 4C 系统(CAD/CAE/CAPP/CAM)的重要环节。

1.2　ANSYS 软件概述

1.2.1　ANSYS 发展历程

1963 年,ANSYS 的创办人 John Swanson 博士任职于美国宾夕法尼亚州匹兹堡西屋公司的太空核子实验室。当时他的工作之一是为某个核子反应火箭作应力分析。为了工作上的需要,Swanson 博士写了一些程序来计算加载温度和压力的结构应力和变形。几年后,Wilson 博士在原有的有限元素法热传导程序上,扩充了不少三维分析的程序,包括了板壳、非线性、塑性、潜变(蠕变)和动态全程等。此程序当时命名为 STASYS(Structural Analysis System)。

1970 年末,ANSYS Inc.宣告成立,ANSYS 的公司总部位于美国宾夕法尼亚州的匹兹堡。根据 Swanson 博士本人的说法,取 ANSYS 这个名字是因为专利律师跟他保证,ANSYS 并没有任何的特别含义,也不会侵犯到任何公司的版权。

1970 年,公司发布了 ANSYS 的 2.0 版。1979 年左右,ANSYS 3.0 版问世。1984 年发布 ANSYS 4.0,并开始支持 PC 机。1993 年推出 5.0 版。1994 年,Swanson Analysis Systems Inc. 被 TA Associates 并购。当年该公司在底特律的 AUTOFACT'94 展览会上宣布了新的公司名称:ANSYS。

2001 年是 ANSYS 非常忙碌而且蓬勃发展的一年。首先和 International Techne Group Incorporated 合作推出了 CAD fix for ANSYS 5.6.2/5.7,以解决由外部汇入不同几何模型文件的问题。接着先后并购了 CADOES. A 及 ICEM CFD Engineering。2001 年 12 月,ANSYS 6.0 版开始发售。此版的离散(Sparse)求解模块有显著的改进,不但速度增快,而且内存空间需求大为减小。

2002 年 10 月,ANSYS 推出 7.0 版。自 ANSYS 7.0 开始,ANSYS 公司在 ANSYS 经

典版（即 Mechanical APDL（ANSYS））基础上，推出 ANSYS Workbench Environment（AWE）版。这是 ANSYS 改进的一个重要里程碑。

2003 年，ANSYS 收购 AEA Technology 公司的 CFX 软件业务。CFX 是全球第一个在复杂几何、网格、求解这三个 CFD(计算流体动力学)传统瓶颈问题上均获得重大突破的商业 CFD 软件。借助于其独一无二的、有别于其他 CFD 软件的技术特点，CFX 领导着新一代高性能 CFD 商业软件的整体发展趋势。

2006 年 2 月，ANSYS 公司收购了在流体仿真领域处于领导地位的美国 Fluent 公司。Fluent 公司是全球著名的 CAE 仿真软件供应商和技术服务商。Fluent 软件应用先进的 CFD 技术帮助工程师和设计师仿真流体、传热，以及湍流、化学反应和多相流中的各种现象。Fluent 公司的总裁兼 COO Ferit Boysan 博士说，"Fluent 的设计、分析、前处理和仿真解决方案联合 ANSYS 已有的仿真软件将打造一个最佳公司，致力于工程仿真的革新，帮助用户缩短研发流程，提高产品的创新和性能。"

2008 年，ANSYS 公司收购了在电路和电磁仿真领域一直处于领导地位的美国 Ansoft 公司。长期以来，Ansoft 定位于高性能电子设计自动化(EDA)软件开发公司，拥有一整套用于移动通信、互联网服务、宽带联网组件系统、集成电路、印刷电路板和机电系统高性能电子设计仿真的产品。Ansoft 和 ANSYS 的结合，可用于所有涉及机电一体化产品领域，将使得工程师可以分别从器件级、电路级和系统级来综合考虑一个复杂的电子设计。在 ANSYS Workbench 环境中进行交互仿真，可以让工程师进行紧密结合的多物理场仿真，这对整个机械电子设计领域起到重要的支撑作用。

2009 年 6 月，ANSYS 公司推出了新版 ANSYS 12.0。新版本不仅在计算速度上进行了改进，同时增强了软件的几何处理、网格划分和后处理能力。按照官方称谓，其中的 Workbench 模块也称作 ANSYS Workbench 2。作为一个集成框架，它整合了现有的各种应用，并将仿真过程结合在一起。首次引入了 Project Schematic，通过该功能将一个复杂的包含多场分析的物理问题，通过系统间的连接就能实现其相关性。

2010 年 10 月 26 日，ANSYS 公司推出了新版 ANSYS 13.0。

2011 年 7 月，ANSYS 公司以 3.1 亿美元现金收购模拟软件提供商 Apache Design Solutions。Apache Design Solutions 公司设计的软件可以使得开发工程师设计和模拟高性能电子产品中的低能耗集成电路系统(多出现于平板电脑、智能手机、LCD 电视、笔记本电脑及服务器设备中)，而此次收购 Apache Design Solutions 将有助于填补 ANSYS 在集成电路解决方案领域的空白。

2012 年 5 月 29 日，ANSYS 收购 Esterel Technologies。Esterel 的 SCADE 解决方案有助于软件和系统工程人员设计、仿真和生产嵌入式软件，即飞机、铁路运输、机动车、能源系统、医疗设备和其他使用中央处理单元的工业产品中的控制代码。现代产品的系统日趋复杂，通常由硬件、软件和电子线路组成。例如，当今复杂的飞机、铁路和机动车产品往往拥有数以千万行的嵌入式软件代码，这些代码可用于飞行控制、机舱显示、发动机控制和驾驶人员辅助系统等多种用途。对于安全要求较高的嵌入式软件开发而言，Esterel 已成为用户的首选。

2013 年 4 月 3 日，ANSYS 收购 EVEN，后者成为 ANSYS 在瑞士的全资子公司。总部位于苏黎世的 EVEN 公司是 ANSYS 的合作伙伴，该公司将复合材料结构分析技术应用于

ANSYS Composite PrepPost 产品中。该产品与 ANSYS Workbench 中的 ANSYS Mechanical 以及 ANSYS Mechanical APDL 紧密结合。复合材料包含两种或两种以上属性迥异的材料。由于它具备质量轻、强度高和弹性出色等优点,复合材料已成为汽车、航空航天、能源、船舶、赛车和休闲用品等多种制造领域的标准材料。因此,在过去的 10 年中,复合材料的使用量快速增长。复合材料的大量应用也推动了对于新的设计、分析和优化技术的需求。EVEN 是复合材料仿真领域的领先者,本次收购凸显了 ANSYS 对于这种新兴技术的高度重视。

2015 年 9 月 2 日,全球工程仿真软件领导者 ANSYS 宣布其已经收购了高级计算电磁学仿真和射频系统分析软件开发商 Delcross Technologies 的绝大部分资产。这次收购让 ANSYS 用户能充分了解天线在工作环境中如何相互作用,以及这种行为如何影响系统无干扰收发数据的整体功能。

目前在中国,ANSYS 电子设计系列产品(原 ANSOFT 公司产品)由 ANSYS 中国直接负责市场、销售与技术服务等。ANSYS 机械和流体仿真设计产品以及 ANSYS Workbench 和 ANSYS EKM 产品由渠道合作伙伴安世亚太科技有限公司(Pera Global)负责销售与技术支持。

1.2.2　ANSYS 软件特点

ANSYS 软件是融结构、流体、热、电场、磁场、系统、电路、芯片、算法和嵌入式系统等于一体的大型通用有限元分析软件,是现代产品设计中的高级 CAE 工具之一。ANSYS 致力于工程仿真软件和技术的研发,在全球众多行业中,被工程师和设计师广泛采用。ANSYS 公司重点开发开放的、灵活的数值模拟软件,为产品设计的每一阶段提供解决方案,提供从概念设计到最终测试产品整个研发过程的统一平台,同时追求快速、高效和成本意识的产品开发。ANSYS 软件成为从事工程研究与分析的广大企事业单位、研究院所广泛使用的计算分析工具。在 CAE 软件领域,ANSYS 的优势如下:

1. 无与伦比的深度

对于特定的物理学领域,ANSYS 的软件可让用户能更深入地钻研,从而解决更多种类的问题,处理更为复杂的情况。除了 ANSYS 外,没有哪家工程仿真软件供应商能提供如此深入的技术能力。

2. 无与伦比的广度

ANSYS 的技术涵盖多个学科领域。不论是需要结构分析、流体、热力学、电磁学、显式分析、系统仿真还是数据管理,ANSYS 的产品均能为各个行业的企业取得成功助一臂之力。ANSYS 在所提供的工程仿真工具的广度和数量上堪称绝无仅有。

3. 综合多物理场

使用 ANSYS 的真正耦合的技术,开发工程师即可获得符合现实条件的解决方案。综合多物理场的产品组合能使用户利用集成环境中的多个耦合物理场进行仿真与分析。

4. 工程设计可扩展性

ANSYS 的成套产品极具灵活性。不论是企业中新手还是能手使用;是单套部署还是企业级部署;是初步仿真还是复杂分析;是桌面计算、并行计算还是多核计算,这一工程设计具备的高扩展性均能满足当前与未来的需求。ANSYS 是唯一一家能满足客户所需分析能力的仿真软件供应商,而且能随此类需求的发展无限扩展。

5.适应性架构

工程设计与开发可使用多种 CAD 产品、内部开发代码、材料库、第三方求解器、产品数据管理流程等其他工具。与那些刻板、僵化的系统不同,ANSYS 的软件具有开放性和适应性特性,能实现高效的工作流程。此外,其产品数据管理可使知识和经验在工作组间与企业内实现共享。

作为全球最大的仿真软件公司,ANSYS 公司的最新版本 ANSYS 18.0 的部分产品如下:

(1)ANSYS Workbench Application。建立 ANSYS 应用产品的发展体系,应用产品包括结构力学分析、几何建模、计算流体动力分析 CFD、刚体动力学、电磁场、优化分析等。

(2)Mechanical APDL。使用传统的 ANSYS 命令驱动界面分析。

(3)ANSYS CFD。掌握流体动力分析技术前沿领域的 CFD 求解器,包括 CFX 和 FLUENT。

(4)ANSYS ICEM CFD。应用于 CFD 的网格划分工具,具有通用前处理和后处理特征。

(5)ANSYS AUTODYN。显示动力求解器,用于求解涉及大变形、大应变、非线性材料行为、非线性屈曲、复杂的接触行为、断裂和冲击波传递的瞬态非线性问题。

(6)ANSYS LS-DYNA。强效结合了 LSTC 公司的 LS-DYNA 显示动力求解技术和 ANSYS 软件的前、后处理器,可模拟碰撞试验、金属锻造、冲压和突变失效等。

(7)ANSYS AIM Pro。面向设计工程师的多物理场分析工具,在单一工具内可实现简单的结构分析、热流体分析、电磁分析等。

1.3　AWE 介绍

ANSYS Workbench Environment,简称 AWE,是 ANSYS 公司提出的协同仿真环境。在 AWE 环境中,用户对某 CAD 虚拟样机进行分析时,先从 CAD 系统中链接虚拟样机模型,在 Workbench 开发的应用程序中设置参数的初始值,如设计尺寸、工程材料或运行工况等,然后提交给希望的底层求解器求解。计算结果返回 Workbench 程序进行结果显示。若用户对当前的设计方案不满意,可重新设置参数的数值,再求解,直到对当前的设计方案满意为止。这些满意的设计参数在 AWE 通过双向互动参数传递功能,可以直接返回对应此模型的 CAD 软件中,生成候选的设计方案。

基于 Workbench 的仿真环境有三点与传统仿真环境有所不同:

(1)客户化。Workbench 像 PDM 那样,利用与仿真相关的 API,根据用户的产品研发流程特点开发实施仿真环境,而且用户自主开发的 API 与 ANSYS 已有的 API 在使用方面都是通用的。这一特点也称为"实施性"。

(2)集成性。Workbench 把求解器看作是一个组件,不论由哪个 CAE 公司提供的求解器都是平等的,在 Workbench 中经过简单开发都可直接调用。

(3)参数化。Workbench 对 CAD 系统的关系不同寻常。它不仅直接使用异构 CAD 系统的模型,而且建立与 CAD 系统灵活的双向参数互动关系。

AWE 主要可以完成以下几方面的仿真分析。

1.结构静力分析

结构静力分析用来求解外载荷引起的位移、应力和力。静力分析很适合求解惯性和阻尼对结构的影响并不显著的问题。ANSYS 程序中的静力分析不仅可以进行线性分析,而且也可以进行非线性分析,包括材料非线性:如塑性、大应变;几何非线性:如膨胀、大变形;单元非线性如接触分析等。

2.结构动力学分析

结构动力学分析用来求解随时间变化的载荷对结构或部件的影响。与静力分析不同,动力分析要考虑随时间变化的力载荷,以及阻尼和惯性的影响。动力学分析可以分析大型三维柔体和刚体运动。当运动的积累效应起主要作用时,可使用这些功能分析复杂结构在空间中的运动特性,并确定结构中由此产生的力、应力、应变和变形。结构动力学分析类型包括模态分析、谐波响应分析、响应谱分析、随机振动响应分析、瞬态动力学分析等。

3.显式动力学

ANSYS 18.0 在显式动力学领域倾注了大量的精力,包括附加新产品,使该技术对于无使用经验者也易于使用。另外,增强 ANSYS 18.0 LS-DYNA 和 ANSYS 18.0 AUTODYN 产品功能,为用户提供更大的便利。ANSYS 18.0 Explicit STR 软件,它基于 ANSYS 18.0 AUTODYN 产品的拉氏算子部分,是 AWE 界面第一个本地显式软件。该技术可用于满足固体、流体、气体及它们之间相互作用的非线性动力学数值模拟,对已有 Workbench 环境使用经验的使用者,该软件有更好的适用性。如图 1-1 所示为显式动力学应用实例。

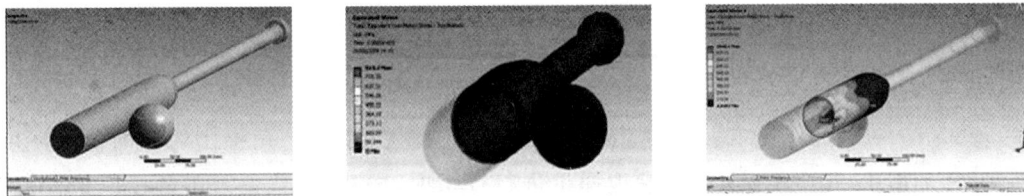

图 1-1　ANSYS 18.0 Explicit STR 应用实例

4.热分析

热分析可处理热传递的 3 种基本类型:传导、对流和辐射。热传递的 3 种类型均可进行稳态和瞬态、线性和非线性分析。热分析应用于热处理问题、电子封装、发动机组、压力容器、流固耦合问题、热结构耦合的热应力、材料固化和熔解过程的相变分析问题等。

5.电磁场分析

电磁场分析主要用于电磁场问题的分析,如电感、电容、磁通量密度、涡流、电场分布、磁力线分布、运动效应、电路和能量损失等。还可用于螺线管、调节器、发电机、变换器、磁体、加速器、电解槽及无损检测装置等的设计和分析领域。

6.流体动力学分析

ANSYS 18.0 流体动力学分析包含 CFX 和 Fluent,分析类型可以为瞬态或稳态。分析结果可以是每个节点的压力和通过每个单元的流率。并且可以利用后处理功能产生压力、流率和温度分布的图形显示。另外,还可以使用三维表面效应单元和热-流管单元模拟结构的流体绕流并包括对流换热效应。

7. 优化

ANSYS Workbench 优化的工具箱称为 Design Exploration，它是功能强大、方便使用的多目标优化稳健性设计模块。它包括 4 个组件，分别是 Goal Driven Optimization 目标驱动优化、Parameter Correlation 参数关联、Response Surface 响应面和 Six Sigma Analysis 六西格玛分析。它的主要特点：可以研究分析各种类型的系统；支持不同 CAD 系统的参数化；利用目标驱动优化创建一组最佳设计点，并观察输入参数与优化目标的关系。

8. 声场分析

程序的声学功能用来研究在含有流体的介质中声波的传播，或分析浸在流体中的固体结构的动态特性。这些功能可用来确定音响话筒的频率响应，研究音乐大厅的声场强度分布，或预测水对振动船体的阻尼效应。

9. 压电分析

压电分析用于分析二维或三维结构对 AC（交流）、DC（直流）或任意随时间变化的电流或机械载荷的响应。这种分析类型可用于换热器、振荡器、谐振器、麦克风等部件及其他电子设备的结构动态性能分析。压电分析可进行 4 种类型的分析：静态分析、模态分析、谐波响应分析和瞬态响应分析。

10. 电场磁场分析

由于 Ansoft 和 ANSYS 开发团队的组合，ANSYS 将 Ansoft 电子设计分析产品融入 ANSYS 18.0 框架，ANSYS 18.0 使用者将很快在 ANSYS 18.0 中从改进和扩展的 Electromagnetic 功能中获益。ANSYS 18.0 中的 Emag 软件包含了一个新的用于低频电磁数值模拟 3D 实体单元家族（SOLID236 和 SOLID237），可用于模拟静磁、时谐分析和瞬态电磁场分析。用户可以在大多数的低频电磁应用中采用这些新单元，如电机、螺线管等电磁设备。

11. 多物理场耦合分析

通过直接耦合或载荷传递顺序耦合求解不同场的交互作用，用于分析诸如流体-结构耦合、结构-热耦合、热-电耦合等问题。

新增功能及增强功能可以处理直接耦合和顺序耦合的多物理场问题，AWE 下的多场数值模拟速度比以前更快。ANSYS 18.0 将求解器技术整合在一个统一的数值模拟环境中，为多场求解提供了更有效的工作流程。扩展分布式稀疏求解器功能支持共享和分布式计算环境下的非对称和复杂矩阵。这种新的求解技术极大地缩短了直接耦合解决方案的执行时间，如：包含 Peltier 和 Seebeck 效应的耦合场分析及热电耦合分析等。此外，可以应用直接耦合单元模拟多孔介质的渗流。

AWE 框架支持直接耦合场分析，相关的直接耦合场单元（SOLID226 和 SOLID227）支持热电耦合。此外，还有一个热电耦合分析系统支持温度相关材料的焦耳传热分析和高级热电效应，如 Peltier 和 Seebeck 效应。该新技术的应用领域包括集成电路、电子轨道、排线和热电制冷装置的焦耳热分析。如图 1-2 所示为热电分析例子。

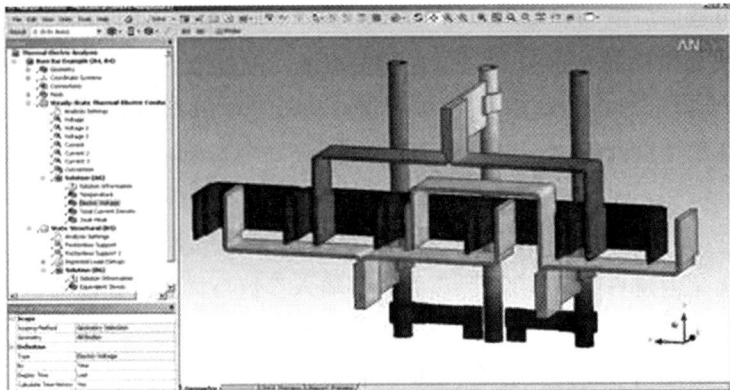

图 1-2　Workbench 热电分析

流固耦合功能中提出了一种新的 Immersed Solid FSI 算法。这是一种基于网格重叠的技术,流体和固体区域各自拥有一套网格,该算法可以帮助工程师模拟流场中运动刚体与流体之间的相互作用。

ANSYS 18.0 流固耦合的另外一个新功能就是可以通过求解非线性雷诺压膜方程来解决 FSI(Fluid Solid Interface)涉及薄液膜的非线性瞬态应用。18.0 版本提供了另外一个 FSI 功能:该功能采用 ANSYS 12.0 FLUENT 软件作为 CFD 求解器来进行单向流固耦合计算,基于 ANSYS 18.0 CFX-Post,可以使表面温度和表面力在 ANSYS 18.0 FLUENT 和 ANSYS 18.0 Mechanical 产品之间进行单向载荷传递。

1.4　仿真过程及例子 1

AWE 工程数值模拟一般过程如下:

(1)选择工程问题的分析类型,将分析系统加入工程流程图。

(2)使用分析系统。

(3)DesignModeler 建立几何模型或 CAD 接口关联几何模型。

(4)利用提供的工程材料或自定义来分配材料属性。

(5)施加载荷和边界条件。

(6)设置需要求解得到的结果。

(7)计算求解。

(8)查看评估结果。

(9)添加关联系统。

(10)查看参数和设计点。

(11)生成有限元数值模拟分析报告。

下面以一个例子说明 AWE 工程数值模拟的过程,相关文件见光盘 chapter 1/example 1.1。几何模型是一个控制箱盖子(见图 1-3),材料为铝合金。假设盖子是在 1 MPa 外压下使用。需要求解模型的应力、变形和安全因子。

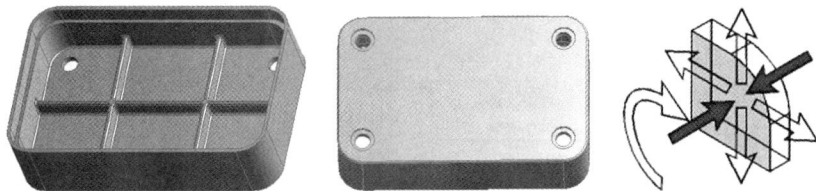

图 1-3　控制箱的盖子

网格:采用自动划分网格,所有 Mesh 不做任何设置。

载荷:载荷为 1 MPa 的压力,作用在外壳的 17 个外表面上。

约束:在深孔施加无摩擦支撑约束,在接合面及内表面使用无摩擦支撑约束。无摩擦支撑约束是一种施加在整个面的法线方向上的约束。除了支撑面的正、负法线方向,该约束允许其余各方向的平移。这是一种保守的方法。

仿真步骤如下。

(1)打开 AWE 界面,在主菜单的 Units 菜单中确定单位系统:如图 1-4 所示,Project 单位设为 Metric(kg, m, s, ℃, A, N, V)。选择"Display Values in Project Units"。

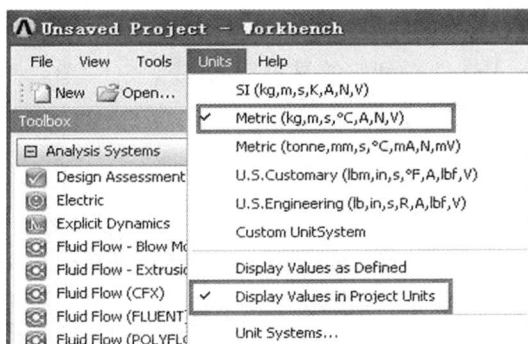

图 1-4　单位系统

(2)在 Toolbox 通过拖放或点击鼠标右键选择 Static Structural,在 Project Schematic 中建立一个静态结构分析系统,如图 1-5 所示。

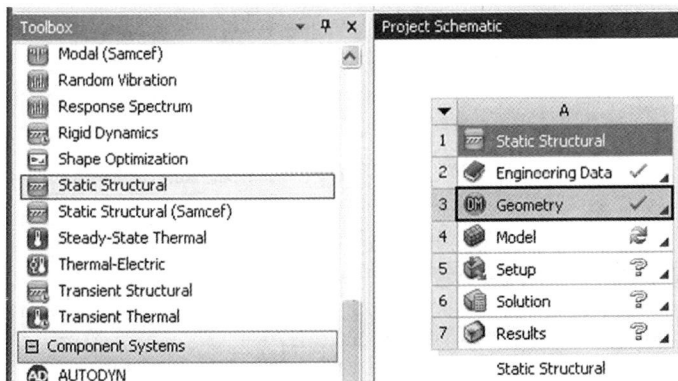

图 1-5　建立 Static Structural

(3)在 A3 即 Geometry 子模块上点击鼠标右键选择 Import Geometry,选择导入"Cap_fillets. x_t"文件,如图 1-6 所示。

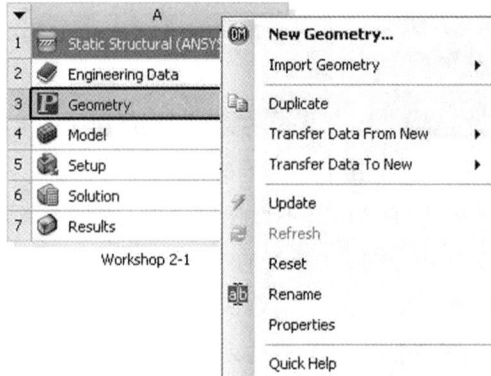

图 1-6　导入模型

（4）双击 A4 即 Model 打开 Mechanical application 窗口。在主菜单中选择 Units→Metric（mm，kg，N，s，mV，mA），设置单位系统。

（5）为部件选择一个合适的材料。点亮"Solid"，并在 Detail of Solid 选择"Material→Assignment"栏，此时可用材料特性只有结构钢，如图 1-7 所示。返回到 Project Schematic 窗口并双击"Engineering Data"得到它的材料特性。

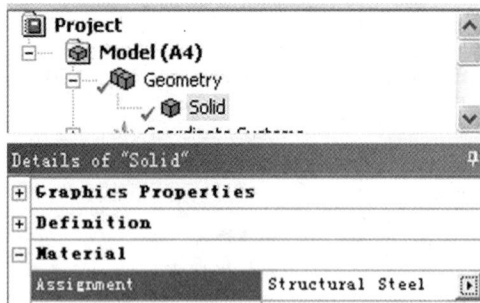

图 1-7　选择材料

（6）在 General Materials 点亮的同时点击"Aluminum Allow"旁边的"＋"，将这个材料添加到当前项目，如图 1-8 所示。

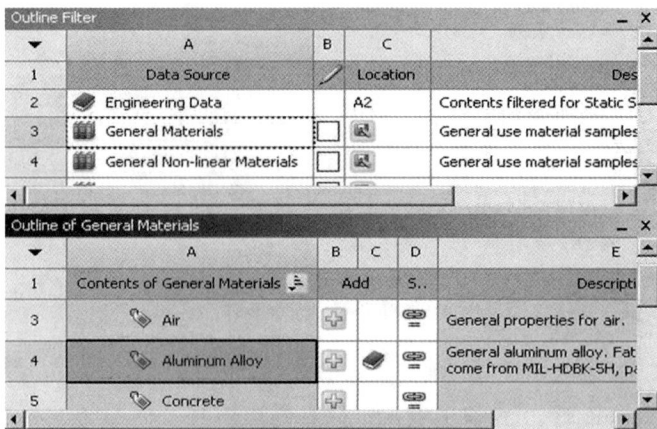

图 1-8　添加材料

(7)返回到 Project(项目),请注意 Model 模块指出需要进行一次刷新,如图 1-9 所示。

(8)刷新 Model Cell(点击鼠标右键选择),如图 1-9 所示,然后返回到 Mechanical 窗口。

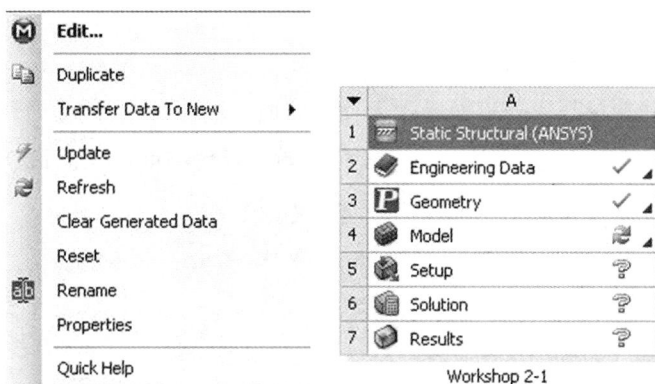

图 1-9　对模型 A4 进行刷新

(9)点亮"Part 1"并选择"Material→Assignment"栏来改变铝合金的材料特性。

(10)插入载荷,如图 1-10 所示。

1)选中 Static Structures,在 Environment 工具条选择 Loads→Pressure(压力载荷),这时在导航树的 Static Structural 中将出现一个 Pressure 分支。

2)确保选择工具条的面按钮 Face 被按下。

3)选择部件的一个外表面。

4)点击 Extend to Limits 图标选择余下的 16 个表面(共选择了 17 个面)。选择了载荷所施加的几何模型。

5)在 Details of Pressure 窗口的 Scope→Geometry 点击 Apply。

6)在 Magnitude 中输入 1 MPa。

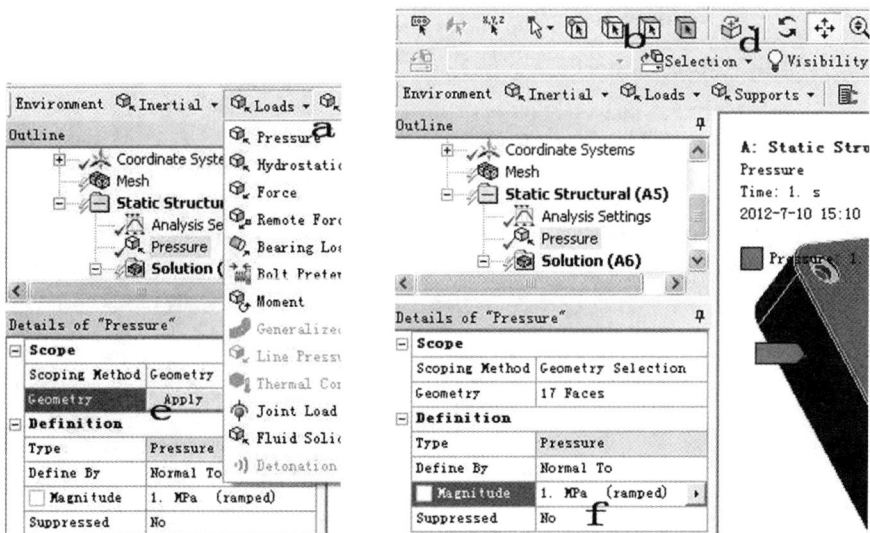

图 1-10　添加压强载荷

(11)给 4 个反孔表面施加约束,如图 1-11 所示。

1）选中 Static Structures，在 Environment 工具条选择 Supports → "Frictionless Support"（无摩擦约束），这时在导航树的"Static Structural"中将出现一个 Frictionless Support 分支。

2）确保选择工具条的面按钮 Face 被按下。

3）按住 Ctrl，并选择部件外表面的 4 个反孔表面。

4）在 Details of Frictionless Support 窗口的 Scope→Geometry 点击"Apply"。

图 1-11　添加约束 1

(12)给 8 个第一层内表面施加约束，如图 1-12 所示。

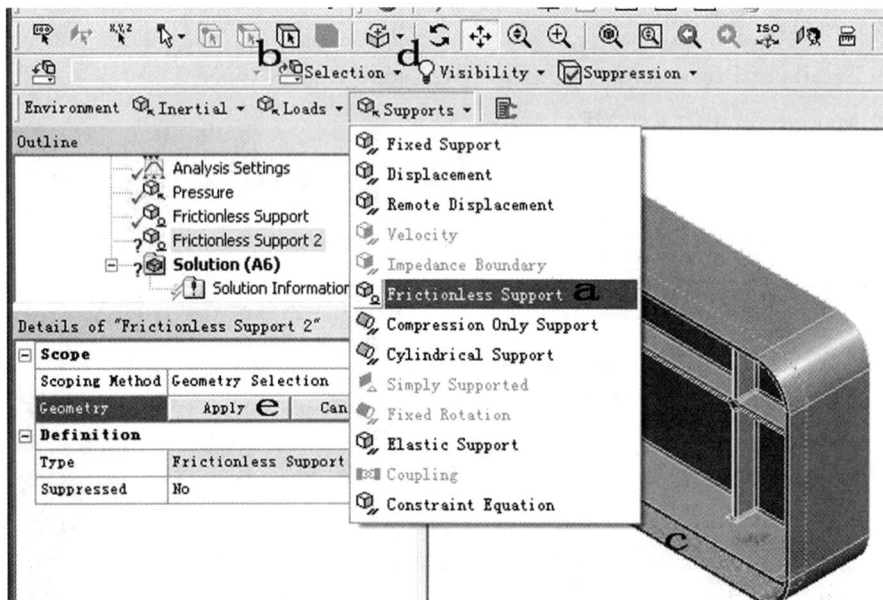

图 1-12　添加约束 2

1）选中 Static Structures，在 Environment 工具条选择 Supports → "Frictionless Support"（无摩擦约束），这时在导航树的"Static Structural"中将出现一个 Frictionless Support 分支。

2)确保选择工具条的面按钮 Face 被按下。

3)选择部件的第一层内表面。

4)点击 Extend to Limits 图标选择余下的 7 个表面(共选择了 8 个面)。选择了载荷所施加的几何模型。

5)在 Details of Frictionless Support 窗口的 Scope→Geometry 点击"Apply"。

(13)重复步骤(12),如图 1-13 所示,将"Frictionless Support"(无摩擦约束)施加到内部第一层平台上。

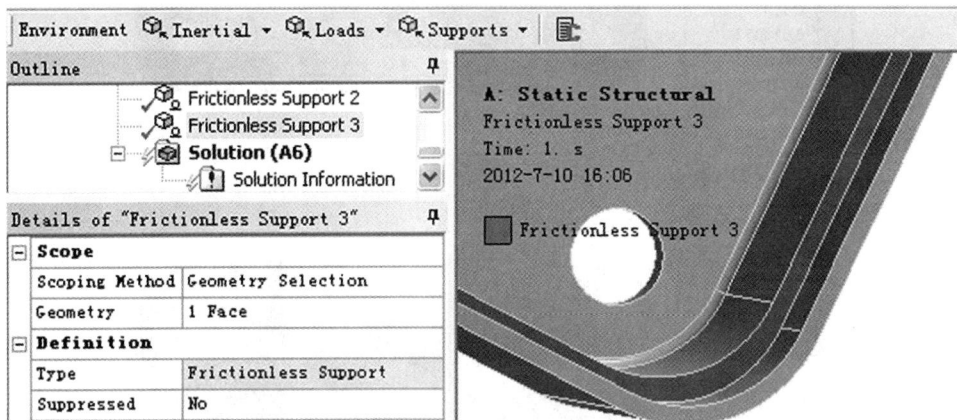

图 1-13　添加约束 3

(14)插入求解项,如图 1-14 所示。

点击 Solution,在工具条 Solution 中选择:Deformation→Total,和 Stress→Equivalent (von-Mises),以及 Tools→Stress Tool。最终在导航树 Solution 下添加 3 条求解项。

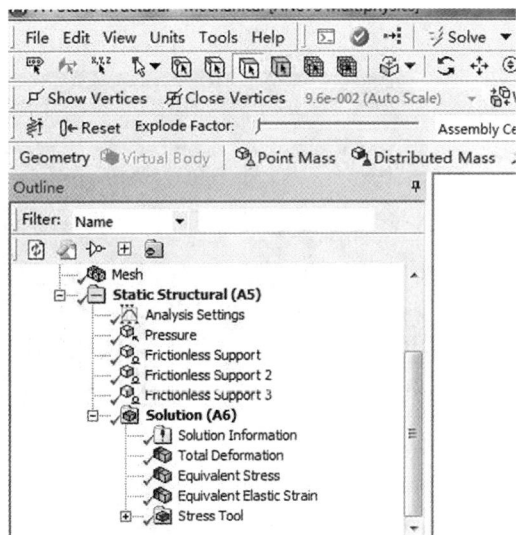

图 1-14　添加求解项

(15)点击基本工具条的 Solve,如图 1-14 所示,就可以求解模型。

(16)查看模型计算的结果:如图 1-15 所示,分别为总变形、等效应力、安全因子。

A: Static Structural
Total Deformation
Type: Total Deformation
Unit: mm
Time: 1

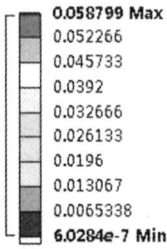

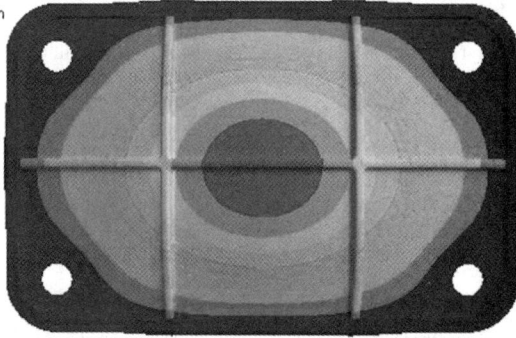

0.058799 Max
0.052266
0.045733
0.0392
0.032666
0.026133
0.0196
0.013067
0.0065338
6.0284e-7 Min

（a）

A: Static Structural
Equivalent Stress
Type: Equivalent (von-Mises) Stress
Unit: MPa
Time: 1

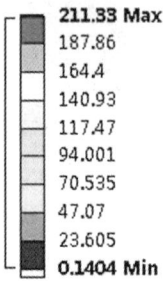

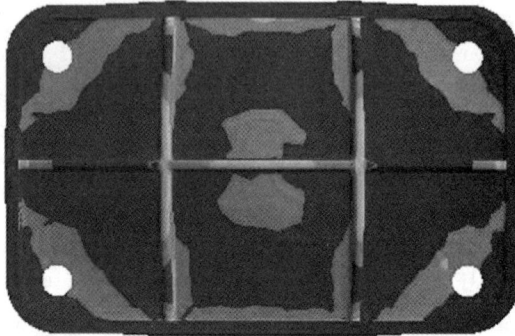

211.33 Max
187.86
164.4
140.93
117.47
94.001
70.535
47.07
23.605
0.1404 Min

（b）

A: Static Structural
Safety Factor
Type: Safety Factor
Time: 1

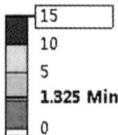

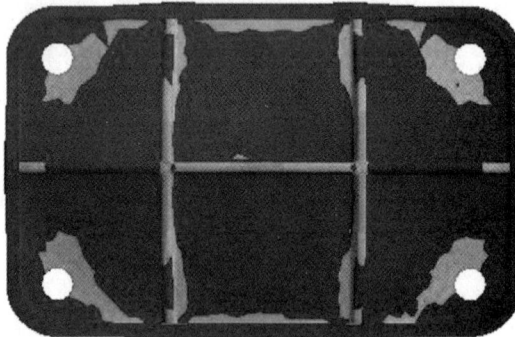

15
10
5
1.325 Min
0

（c）

（a）总变形；（b）等效应力；（c）安全因子

图 1-15   模型计算的结果

第2章　AWE 的主界面

2.1　AWE 主界面简介

有两种方法启动 Workbench 主界面。一种方法是从 Windows 开始菜单启动:开始→程序→ANSYS 18.0→Workbench。另一种方法是从其他 CAD 软件中启动,例如 Pro/E,UG,如图 2-1 所示,但前提是在安装 ANSYS 时要做一些设置。

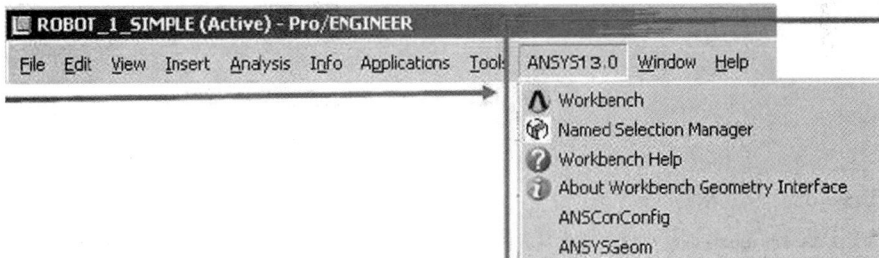

图 2-1　启动 Workbench 方法

图 2-2 是 Workbench 主界面,该界面主要由主菜单、基本工具条、工具箱和工程流程图 4 个部分构成,此外还有起辅助、提示作用的几个部分,包括信息栏、进度栏、提示栏、属性窗和补充帮助栏。

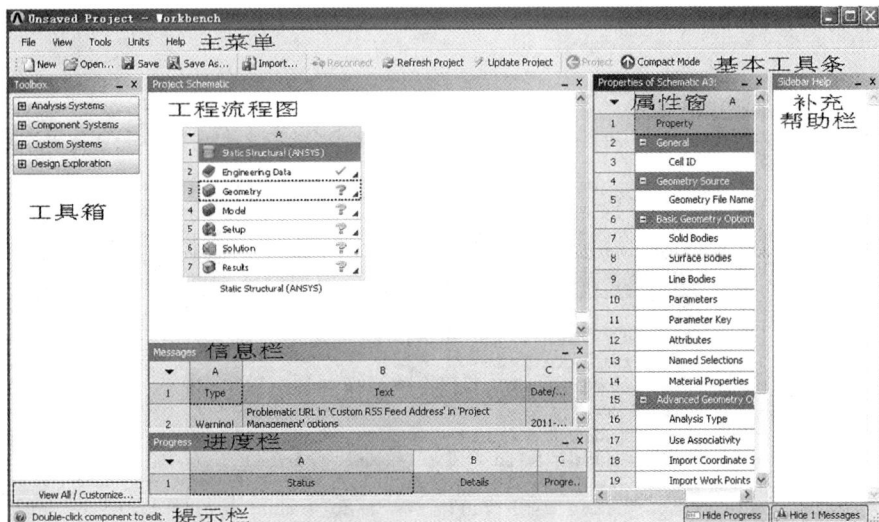

图 2-2　AWE主界面

根据窗口不同,Workbench 提供以下两种类型的应用程序:

(1)本地应用界面(workspaces 工作区):本地应用完全在图 2-2 所示的 Workbench 窗口中启动和运行。现有的本地应用有 Project Schematic 工程流程图、Engineering Data 工程数据、Design Exploration 优化设计。

(2)数据综合应用界面:现有的应用包括 Mechanical,Mechanical APDL,FLUENT,CFX,AUTODYN 以及其他。这些应用在各自的新窗口下单独运行,而且窗口的布局、菜单、工具条等都不一样。

2.1.1 主菜单

本节帮助路径:help/wb2_help/wb2h_menubar.html。

主菜单如图 2-3 所示,包括基本的菜单系统,如文件操作 File,窗口显示 View,提供工具 Tools,单位制 Units,帮助信息 Help。

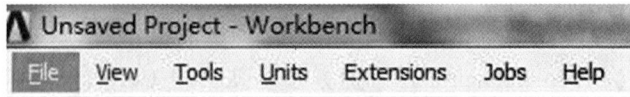

图 2-3　AWE 主界面的主菜单

1. File 菜单项

(1)New:新建工程;

(2)Open:打开已有工程,后缀为 wbpj;

(3)Save:保存为原工程;

(4)Save as:保存为另一个工程;

(5)Import…:导入如图 2-4 所示各种格式的文件;

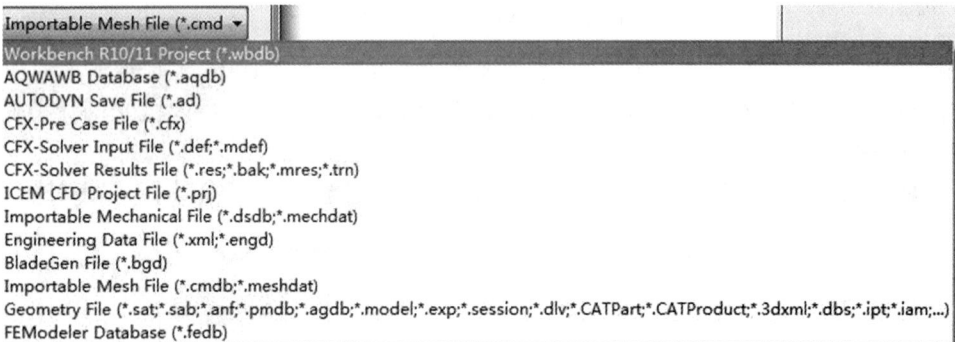

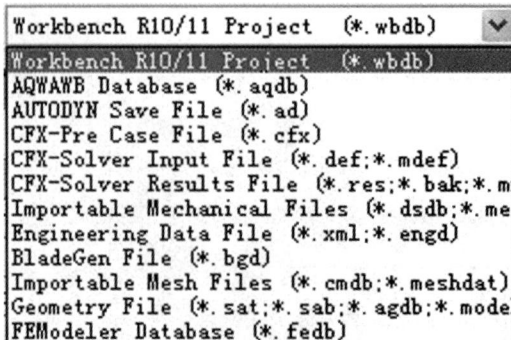

图 2-4 可以导入的文件格式

(6)Archive…：压缩，快速建立包含所有相关文件的压缩文件；

(7)Restore Archive…：将压缩文件解压；

(8)Scripting：脚本；

(9)Exit：退出 Workbench。

2. View **菜单项**

View 菜单项如表 2-1 所示，单击选中，再单击取消。其中的 Properties，Messages，Progress，Sidebar Help 等如图 2-2 所示。大部分比较简单，下面只讨论其中一部分菜单项。

表 2-1　主界面中的 View 菜单项

View　Tools　Units　Help	View 显示
Refresh　F5	刷新
Compact Mode　Ctrl+U	紧凑模式，见本章第 2.2 节
Reset Workspace	将当前的 Workbench 复原默认设置状态
Reset Window Layout	将窗口布局复原到初始状态
✓ Toolbox	显示/关闭工具箱
Toolbox Customization	定制工具箱
✓ Project Schematic	显示/关闭本工程流程图
Files	显示/关闭本工程的所有文件的相关信息
✓ Properties	显示/关闭属性窗
Outline	显示/关闭纲要栏
Table	显示/关闭表格(如果有则可用，否则灰色不可用)
Chart	显示/关闭图(如果有则可用，否则灰色不可用)
✓ Messages	显示/关闭信息栏
✓ Progress	显示/关闭进度栏
✓ Sidebar Help	显示/关闭附加帮助栏
Show Connections Bundled	显示接触捆绑
✓ Show System Coordinates	显示系统坐标系

(1)Reset Window Layout：如果用户不小心改变了 AWE 主界面的部件，可以使用该命令恢复 Workbench 的界面。

(2)Toolbox Customization 定制工具箱：选中该项后打开定制工具箱的窗口，如图 2-5 所示。在该窗口，选中某个工具最左边 A 列中的对号，表示在工具箱中显示该工具；去掉对号表示不显示。

(3)Properties 属性窗：当选中该项时，打开图 2-2 右侧的属性窗。内容随工程流程图所选的某单元的不同而不同。

(4)Outline 纲要面板。选中 Outline，会在屏幕右侧显示所选工程流程图中某单元对应的 Outline 面板。在 Design Exploration、Engineering Data 以及工程流程图中包含 Parameter 单元时，Outline 面板才可用。

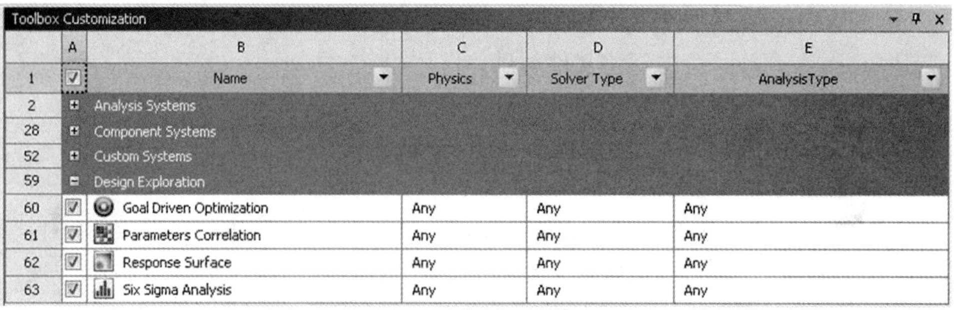

图 2-5　定制工具箱

（5）Messages 信息栏。信息栏位于工程流程图下方。用户可以单击 AWB 主界面右下角的 Show Message 按钮来弹出信息栏，如图 2-6 所示。在信息栏，用户可以看到与本工程有关的各种信息，例如错误信息、警告信息、状态信息等。这些信息是自动弹出的。

（6）Progress 进度栏。进度栏位于工程流程图下方。用户可以单击 AWB 主界面右下角的 Show Progress/Hide Progress 按钮来弹出进度栏，如图 2-6 所示。

在进度栏中，如果工程处于更新状态，用户能看到进度条，如图 2-6 所示。如果用户想打断进度，可以单击图 2-6 中 C 栏的中断按钮。

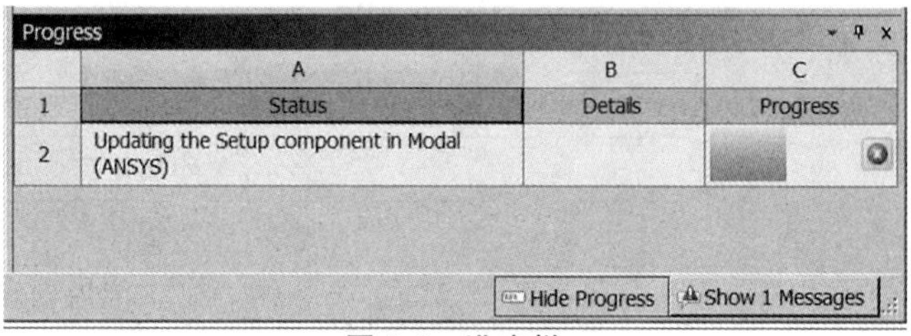

图 2-6　进度栏

（7）辅助帮助栏 Sidebar Help。Sidebar Help 面板位于工程流程图的右侧。根据工程流程图中有无工程，或者工程的类型，单击键盘上 F1 就可以更新辅助帮助栏的内容。用户可以单击 Help→Show Context Help 启动此辅助帮助栏。

（8）提示栏。提示栏位于 AWB 主界面的左下角，提示目前软件的状态，一般有 Ready，Busy，Start Mechanical 等。

3. Tools 菜单项

Tools 菜单如表 2-2 所示。

表 2-2　主界面中的 Tools 菜单项

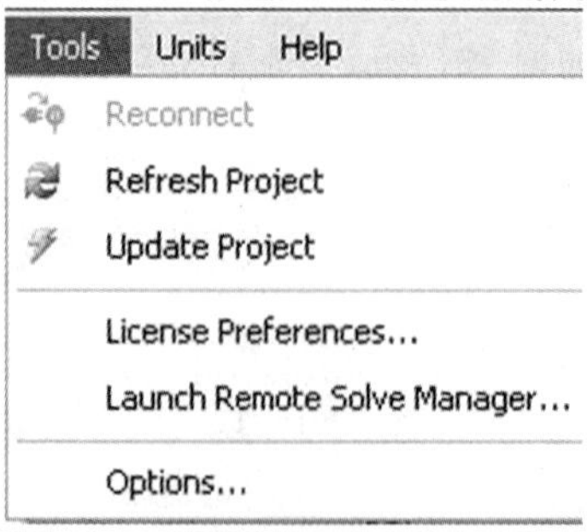

	Tools 菜单
Reconnect	重新建立连接
Refresh Project	对本工程进行刷新
Update Project	对本工程进行更新
License Preferences...	许可证优先权设置
Launch Remote Solve Manager...	启动远程求解管理
Options...	选项

（1）Reconnect。只有当工程中的某个 cell 处于 Pending 悬挂（待处理）状态，该选项才可

用。Reconnect 是把悬挂的工程重新连接到最新状态。

（2）Refresh Project。刷新工程中的所有图标显示为 ![icon]，即处于 Refresh 状态的单元。

（3）Update Project。更新工程中的所有图标显示为 ![icon]，即处于 Update 状态的单元。

（4）License Preferences。弹出 Release 18.0 License Preferences for User ×××新窗口,在此窗口中请用户确定在本机上使用哪些 License 和 License Method。

（5）Options 选项设置。详细内容见本章第 2.1.5 小节。

4. Units 菜单项

Units 菜单如表 2-3 所示。单击 Unit Systems,弹出 Unit Systems 窗口,如图 2-7 所示。其中 A 列表示 Workbench 预先设定的单位制系统。左侧选择其中一种单位制系统,右侧窗口显示每种物理量采用何种单位。B 列表示 Active Project。C 列表示 Default Unit System。D 列表示 Suppress Unit Display。

表 2-3　主界面中的 Units 菜单项

Units / Help 菜单	单　位
SI (kg,m,s,K,A,N,V)	国际单位制
✓ Metric (kg,m,s,°C,A,N,V)	公制
Metric (tonne,mm,s,°C,mA,N,mV)	公制
U.S.Customary (lbm,in,s,°F,A,lbf,V)	美国传统
U.S.Engineering (lb,in,s,R,A,lbf,V)	美国工程
✓ Display Values as Defined	用源文件中(例如 CAD)定义的单位显示数据
Display Values in Project Units	用当前工程中的通用单位制显示数据
Unit Systems...	单位系统

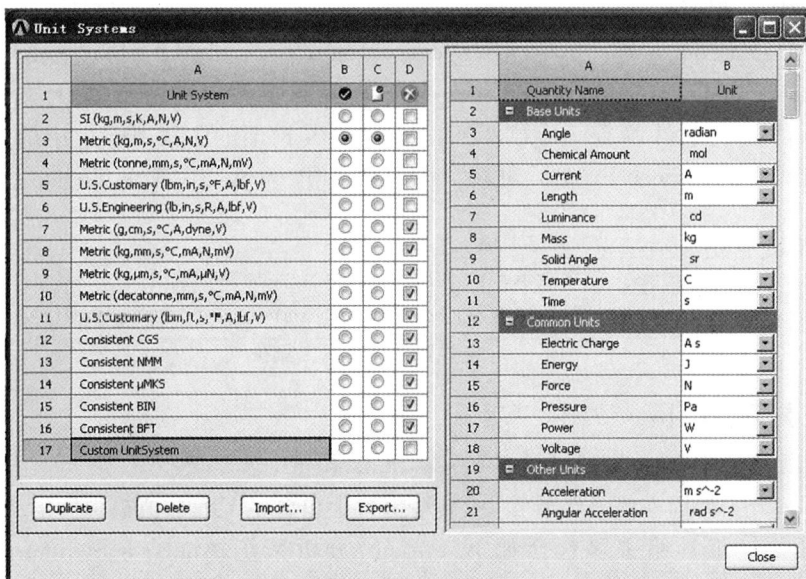

图 2-7　单位制系统

允许对单位系统进行如下操作:

（1）Duplicate：复制现有的单位系统，先创建用户自定义单位系统，然后修改。

（2）Delete：允许删除单位系统。

（3）Import…：用户单位系统可以输入。

（4）Export…：用户单位系统可以输出。

5. Help 菜单项

Help 菜单如表 2-4 所示。点击 Workbench 主界面的菜单 Help→ANSYS Workbench Help，就弹出新窗口 ANSYS 18.0 Help，如图 2-8 所示。

这里有软件自带的全英文帮助系统。为了帮助读者深入了解软件，在每一节的开头都有相关的帮助路径，用户可以拷贝该路径，点击工具栏的 Go To Page…，将弹出 Go To page 窗口，将路径粘贴到该窗口，就可以找到对应的英文帮助。

表 2-4　主界面中的 Help 菜单项

Help 菜单的项目
ANSYS Workbench 帮助
根据鼠标所选项目显示 Sidebar 帮助
指南，打开 http://www.ansys.com/tutorials
安装与许可证的帮助信息
关于 ANSYS Workbench 版本等信息

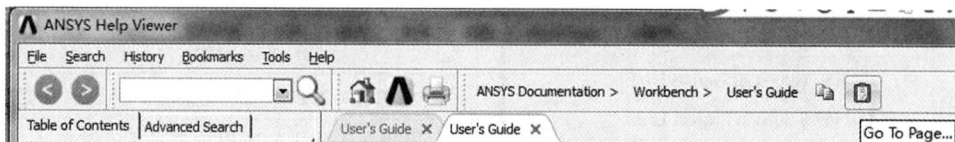

图 2-8　ANSYS Help Viewer 窗口

2.1.2　基本工具条

本节帮助路径：help/wb2_help/wb2h_contextmenuopts. html♯wb2h_commoncmo。

基本工具条如图 2-9 所示，包括常用命令按钮，例如新建文件 New，打开文件 Open，保存文件 Save，另存为文件 Save As，导入模型 Import，与前面的主菜单 File 中的对应命令相对应。而刷新工程 Refresh Project、更新工程 Update Project 与主菜单 Tools 中的对应命令一致。

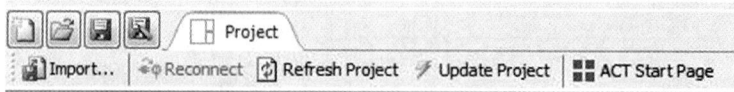

图 2-9　主界面中的基本工具条

2.1.3　工具箱 Toolbox

本节帮助路径：help/wb2_help/wb2h_systems. html。

Workbench 主界面左侧是工具箱，工具箱窗口中包含了工程数值模拟所需的各类模块，如图 2-10 所示。工具箱主要包括如下 4 部分：分析系统 Analysis Systems，组件系统 Component Systems，自定义系统 Custom Systems，设计优化 Design Exploration，分别应用于不同的场合。

图 2-10　**工具箱** Toolbox

1. Analysis Systems **分析系统**

Analysis Systems 分析系统,包括一些可以直接使用的预定义模板,完成一些常用的仿真分析,具体见表 2-5。这些预定义模板其实是 AWE 将多个数据库程序单元、应用程序单元集成为单一的、无缝的(seamless)工程流,其中的每个单元可以接收数据,也可以给其他单元提供数据。

其中的部分模块基于同样的 Mechanical 界面中,例如:Harmonic Response,Linear Buckling,Modal,Random Vibration,Response Spectrum,Static Structure,Steady-State Thermal,Transient Structural,Transient Thermal 等。

表 2-5　**分析系统** Analysis Systems **的说明**

	分析类型	说　明
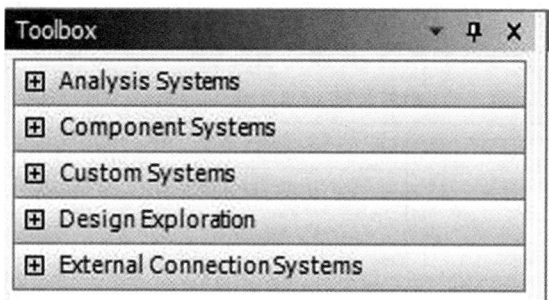	Electric (ANSYS)	ANSYS 电场分析
	Explicit Dynamics (ANSYS)	ANSYS 显式动力学分析
	Fluid Flow (CFX)	CFX 流体分析
	Fluid Flow (Fluent)	FLUENT 流体分析
	Harmonic Response (ANSYS)	ANSYS 谐响应分析
	Linear Buckling (ANSYS)	ANSYS 线性屈曲分析
	Magnetostatic (ANSYS)	ANSYS 静磁场分析
	Modal (ANSYS)	ANSYS 模态分析
	Random Vibration (ANSYS)	ANSYS 随机振动分析
	Response Spectrum (ANSYS)	ANSYS 响应谱分析
	Shape Optimization (ANSYS)	ANSYS 形状优化分析
	Static Structural (ANSYS)	ANSYS 结构静力分析
	Steady-State Thermal (ANSYS)	ANSYS 稳态热分析
	Thermal-Electric (ANSYS)	ANSYS 热-电耦合分析
	Transient Structural (ANSYS)	ANSYS 结构瞬态分析
	Transient Structural (MBD)	MBD 多体结构动力分析
	Transient Thermal (ANSYS)	ANSYS 瞬态热分析

2. Component Systems 组件系统

Component Systems 组件系统包含许多实现单一任务的、独立的单元,可以用于建立各种应用程序或用来扩展所分析的系统,具体见表 2-6。

表 2-6 组件系统 Component Systems 的说明

	组件类型	说　明
Component Systems		
AUTODYN	AUTODYN	非线性显式动力分析
BladeGen	BladeGen	涡轮机械叶片设计工具
CFX	CFX	CFX 高端流体分析工具
Engineering Data	Engineering Data	工程数据工具
Explicit Dynamics (LS-DYNA	Explicit Dynamic(LS-DYNA)	LS-DYNA 显式动力分析
Finite Element Modeler	Finite Element Modeler	FEM 有限元模型工具
FLUENT	FLUNET	FLUNET 流体分析
Geometry	Geometry	几何建模工具
Mechanical APDL	Mechanical APDL	机械 APDL 命令
Mechanical Model	Mechanical Model	机械分析模型
Mesh	Mesh	网格划分工具
Results	Results	结果后处理工具
TurboGrid	Turbo Grid	涡轮叶栅通道网格生成工具
Vista TF	Vista TF	叶片二维性能评估工具

其实,Analysis Systems 的其中几个步骤在 Component Systems 能找到,例如:Static Structural(ANSYS)中的 A2,A3,A7 都单独存在 Component Systems 中(见图 2-11)。

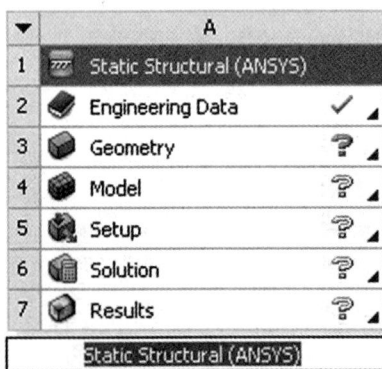

图 2-11 某静力学分析

3. Custom Systems

Custom Systems 应用于耦合分析系统(FSI,thermal-stress)的预先定义好的模板。用户也可以建立自己的预定义系统,具体如图 2-12 所示。

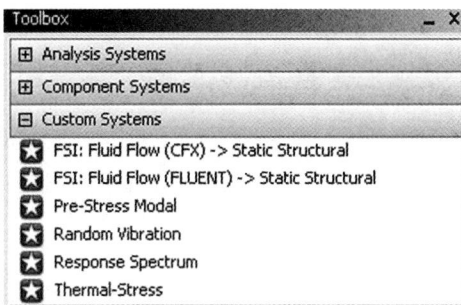

图 2-12　自定义系统 Custom Systems

4. Design Exploration

Design Exploration 设计优化用于参数管理和设计优化,具体如图 2-13 所示。

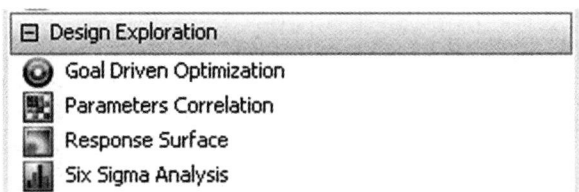

图 2-13　设计优化 Design Exploration

2.1.4　**工程流程图** Project Schematic

本节帮助路径:help/wb2_help/wb2h_projschematic.html。

从 ANSYS 12.0 版本起,在主界面引入了 Project Schematic 工程流程图的概念,依靠引入分析系统,描述工作流程及使用 AWE 中的各项功能,如图 2-14 所示。工程流程图显示了执行仿真分析的工作流程,其中每一个单元分别代表分析过程中所需的每个步骤,例如 A3 单元为建立几何模型。根据工程流程图所示,从上往下执行每个单元命令,就可以从头到尾进行数值模拟。一般的过程是,先得到几何模型,然后利用几何模型生成有限元网格模型,设置数值模拟的物理条件,计算并求解得到结果,最后在后处理中显示得到的结果。

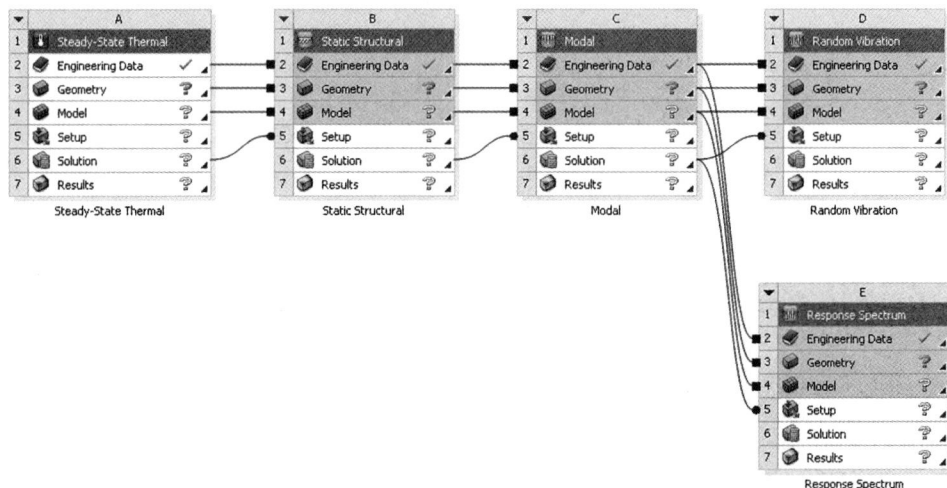

图 2-14　某工程流程图

分析系统和各个组件都可以加入工程流程图,并建立关联。通过工程流程图这项功能,

AWE 有限元数值模拟分析软件模拟实际工程问题中复杂的多物理场环境,通过各个分析系统间的连接,将数值模拟过程结合在一起。

1. 状态符号

在图 2-14 所示的工程流程图中,每个单元(cell)右边的状态符号显示了单元的当前状态,例如是否需要更新、输入等,方便使用者查看单元目前的状态。主要有如下 8 种状态符号。

(1) ❓ :Attention Required 需要注意。状态符号为一个实心问号,表示用户应该采取某种调整,例如改正本单元,或者改正给本单元提供数据的上游单元。此时用户可以打开单元所对应的程序界面。

(2) ❓ :Unfulfilled 无法执行。状态符号为一个空心问号,表示缺少上游数据,而且此时用户可能无法打开单元所对应的程序界面。

(3) 🔄 :Read Modified Inputs 刷新。状态符号为一个循环号,表示上游数据已变,用户有如下几种选项:

1)用户可以编辑本单元,考查是否有哪些数据没有刷新。

2)用户可以刷新数据,该操作会读取上游数据,但不会执行下一步的操作。

3)点击 Update Required 按钮,更新单元,会刷新数据,并重新生成输出数据。

建议用户采用刷新而不是采用更新,这样的好处在于,用户可以节约时间和计算资源,尤其是对于复杂的系统。

(4) ⚡ :Read Modified Inputs and Generate Outputs 更新。状态符号为一个黄色闪电,表示本地数据已变,本单元的输出结果需要重新生成结果。当进行更新时,其实程序自动先执行 🔄 ,后自动执行 ⚡ ,然后下游单元会显示“ ✅ ”,表示上游数据改变。

(5) ✔ :Up to Date 完成。状态符号为一个对号,表示更新操作已完成,且没有错误发生。

(6) ✅ :Input Changes Pending 输入改变,等待处理。状态符号为一个对号中包含上箭头,表示输入数据发生变动,单元是当前最新的,但可能会发生变化,条件是如果上游单元再次更新时,就会导致上游数据改变。

(7) ✅ :Interrupted 中断。状态符号为一个对号中包含暂停符号,表示用户中断了求解过程。AWE 进行的是一种弱化的中断,即程序在完成一次迭代并将计算结果写入文件后,再停止运算。用户可以使用计算结果进行后处理,也可以从最后一个迭代位置重拾求解过程。

(8) ⏳ :Pending 等待处理。状态符号为一个闪电加时间沙漏,表示有求解过程正在处理中。

2.失败状态

如果工程流程图中某个过程失败,用户可以在 AWE 界面的右下位置的信息栏查看相关的出错提示。同时 AWE 会出现不同的图标,其含义如下。

(1) 刷新失败,需要再次刷新。单元输入数据进行的最后一次刷新失败了,单元仍然保持在"需要刷新"状态。

(2) 更新失败,需要再次更新。为了修改单元和计算输出数据,对单元进行的最后一次更新失败了,单元仍然保持在"需要更新"状态。

(3) 更新失败,需要注意。为了修改单元和计算输出数据,对单元进行的最后一次更新失败了,单元仍然保持在"需要注意"状态。

3.数据共享与数据传递

下面先完成流体动力学分析 CFX,然后将其求解结果作为结构的边界条件,完成结构静力分析。选择 A5 Solution 单元并点击鼠标右键,选择 Transfer Data to New → Static structural（ANSYS）,如图 2-15 所示。

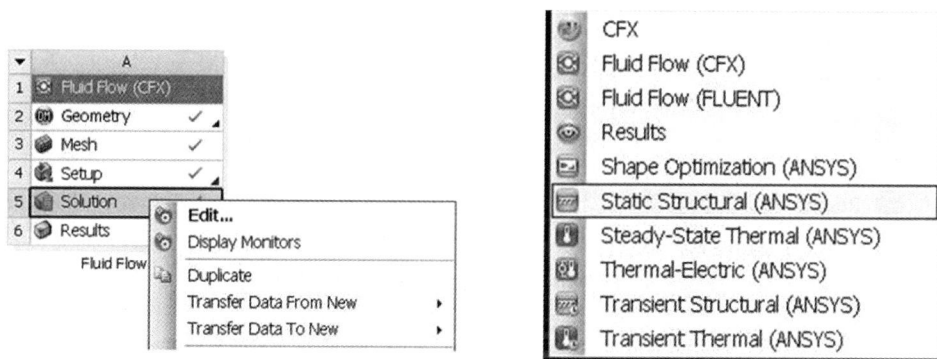

图 2-15　添加静力分析类型

如图 2-16 所示为新的静力分析系统加入工程流程图。同样,在静力分析系统中,每个单元格表示分析过程的每个步骤。两个分析系统中的方点连线表示共享内容,也就是几何模型是一致的,圆点连线表示求解结果将从前一个分析系统传递到后一个分析系统。

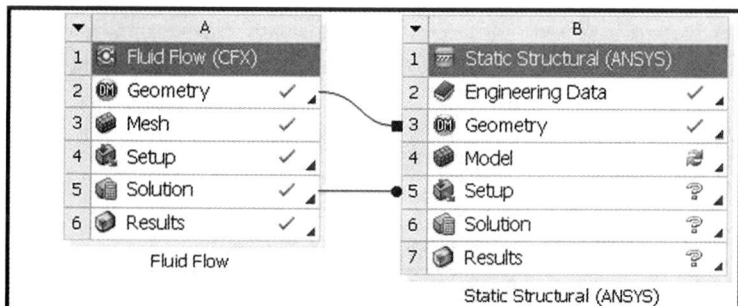

图 2-16　两个分析系统相互关联

还有另一种方法建立关联分析系统,即把新的分析系统从工具栏中拖曳出来放置到原分析系统上。但是请注意,放置位置不同,将出现不同的链接。如图 2-17 和图 2-18 所示,第一种情况没有热-结构耦合,第二种情况得到了热分析耦合的结构分析。

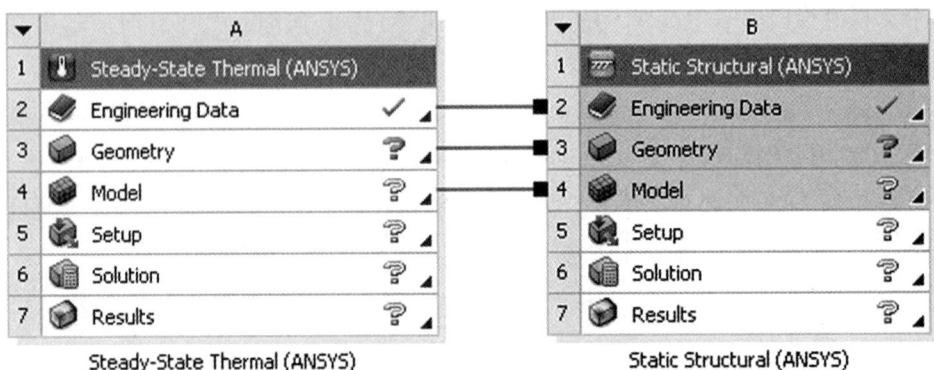

图 2-17　新分析系统放置在原分析系统的 A4 上

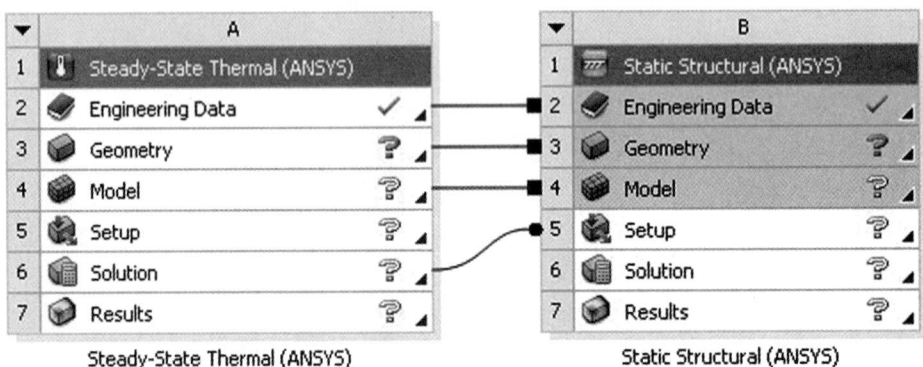

图 2-18　新分析系统放置在原分析系统的 A5 上

如图 2-19 所示,点击鼠标右键,选择 Model→Edit,进入 Static Structural（ANSYS）界面。可以看到,流体模型部分前面的图标为半对号,表示被抑制,仅显示出结构的实体模型,对结构实体模型网格划分如图 2-20 所示。

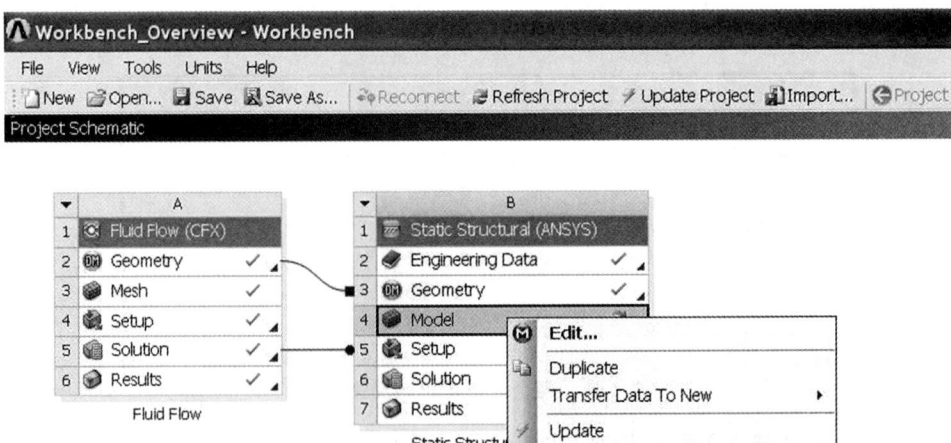

图 2-19　编辑模型

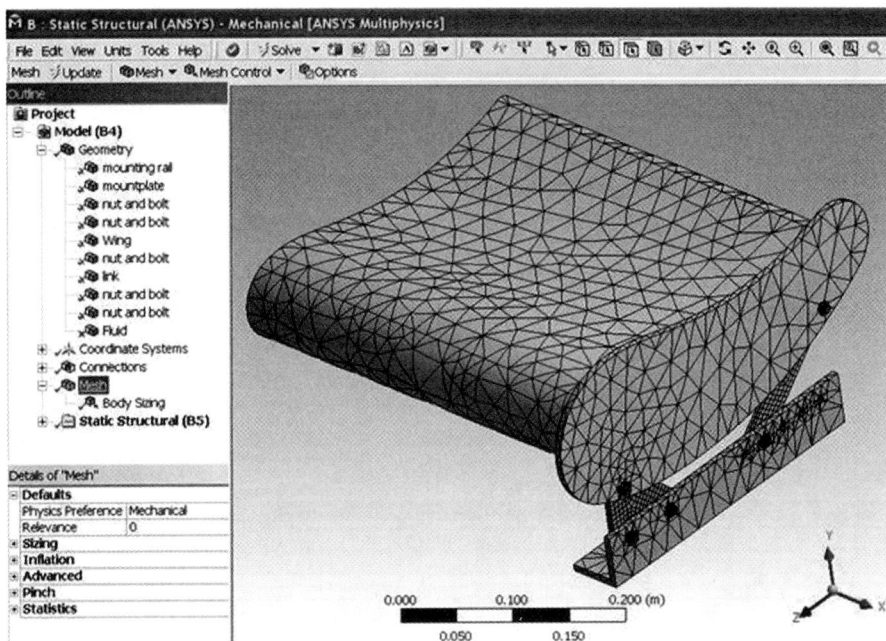

图 2-20　结构有限元网格

选择结构表面,流场计算的压力载荷自动传递到该表面,计算求解。提示:所有静力分析系统中单元内容自动更新。如果再次改变几何模型,点击 Update Project 按钮,工程所有单元会全部更新。

2.1.5　主界面 Options 的设置

本节帮助路径:help/wb2_help/wb2h_toolsoptions.html。

1. Project Management 选项

Project Management 选项如图 2-21 所示。

(1)Default Folder for Permanent Files:当打开或保存某个工程文件时,程序打开默认的文件夹位置。

(2)Default Folder for Temporary Files:在工程文件保存之前生成的各种临时文件保存的位置。

(3)Load News Messages:当用户打开 Workbench 时,是否加载 News Messages 到信息窗口。

(4)Maximum Age of News Messages:用户希望显示的最多多少天的信息。

(5)Start Remote Solve Manager:每次打开 Workbench 时,打开 Remote Solve Manager (RSM)远程求解管理,并且在右下角出现图标 RSM icon(Λ)。默认不打开该选项。

(6)Show Getting Started Dialog:每次打开 Workbench 时,显示"Getting Started"窗口。

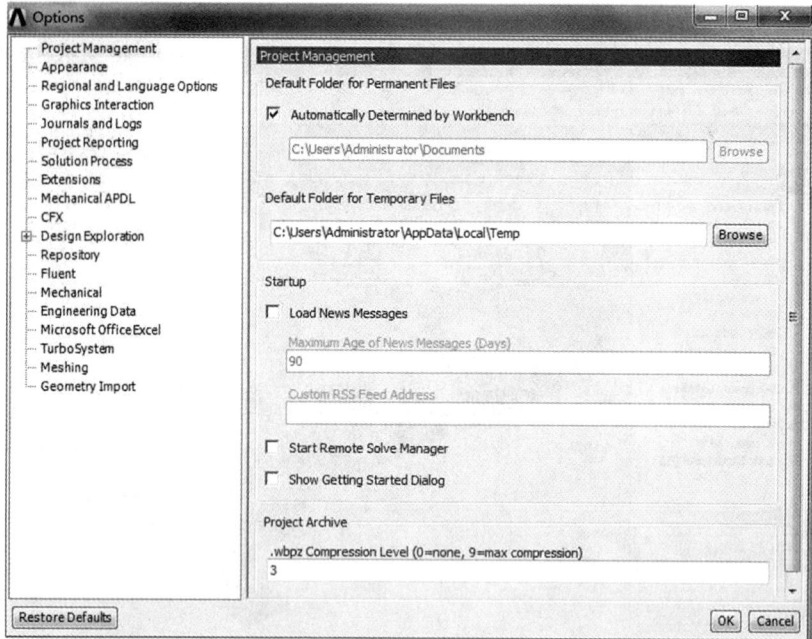

图 2-21　主界面 Options 中 Project Management 选项

2. Appearance 选项

Appearance 选项,共分 2 个部分,分别是 Graphics Style 和 Display。

(1)Graphics Style 图形显示类型,如图 2-22 所示。

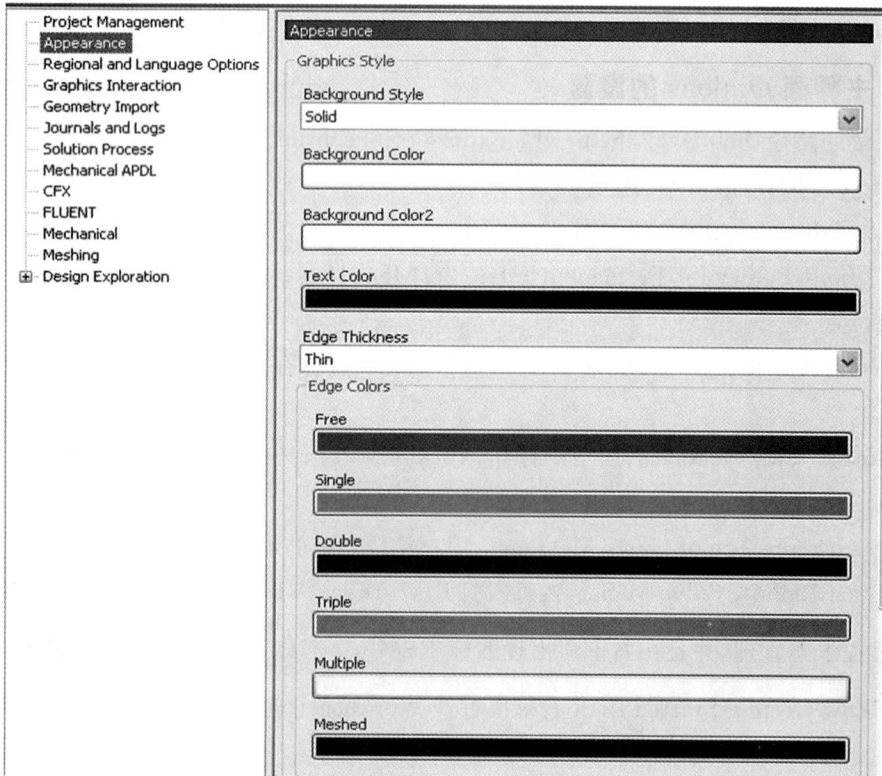

图 2-22　主界面 Options 中 Appearance 下的 Graphics Style 选项

1）Background Style：图形显示区的背景颜色。

· Top-Bottom Gradient：从上到下双色（Background Color 和 Background Color 2）逐渐过渡，默认。

· Left-Right Gradient：从左到右双色（Background Color 和 Background Color 2）逐渐过渡。

· Diagonal Gradient：对角线过渡。

· Solid：纯色。

2）Background Color：从内置调色板选择图形工作区的背景颜色，默认是蓝色。

3）Background Color 2：从内置调色板选择图形工作区的第二种背景颜色，默认是白色，用于设置逐渐过渡颜色。

4）Text Color：从内置调色板选择文字的颜色，默认是黑色。

5）Edge Thickness：设置所有边界的相对宽度为 Thin（细）（默认）、Medium Thin（中等）、Thick（宽）。

要使该项起作用，在任意一种数据综合应用界面下的 View 必须设置为 Wireframe 或者 Shaded Exterior and Edges，而且 Edge Coloring 不能设置为 By Body Color，如图 2-23 所示。

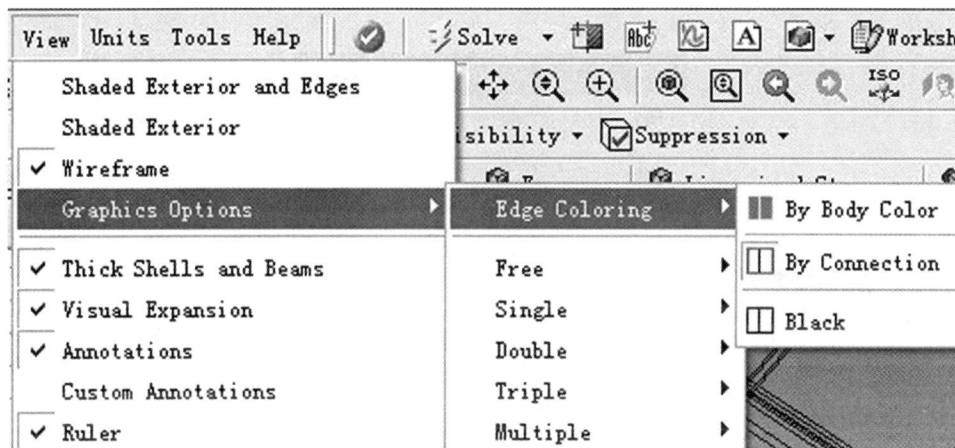

图 2-23　在数据综合应用界面下 View 和 Edge Coloring 选项

6）Edge Colors：在数据综合应用界面下会出现 Graphics Options 工具条，即图形选项工具条，如图 2-23 所示，详细内容见第 3.1.5 节。Edge Colors 设置图形选项工具条中 Free，Single，Double，Triple，Multiple 等各类边界的默认颜色。

Meshed：从内置调色板选择网格边界的颜色。默认是黑色。

（2）Display，如图 2-24 所示。

1）Number of Significant Digits：在整个 Workbench 中显示的有效数字位数。默认为 5，可以设为 3～10 位。该设置只影响显示出来的数据，不会影响内部计算的有效位数。

2）Number of Files in Recently Used Files List：在菜单"最近使用的文件"列出的文件数量。默认为 4，最大为 20。

3）Beta Options：如果选中此选项，就会把 ANSYS Workbench 没有测试的、没有公布发行的工具显示在工具箱中，而且在括号中标明 Beta，如图 2-25 所示。默认没有测试的工具不会显示出来。

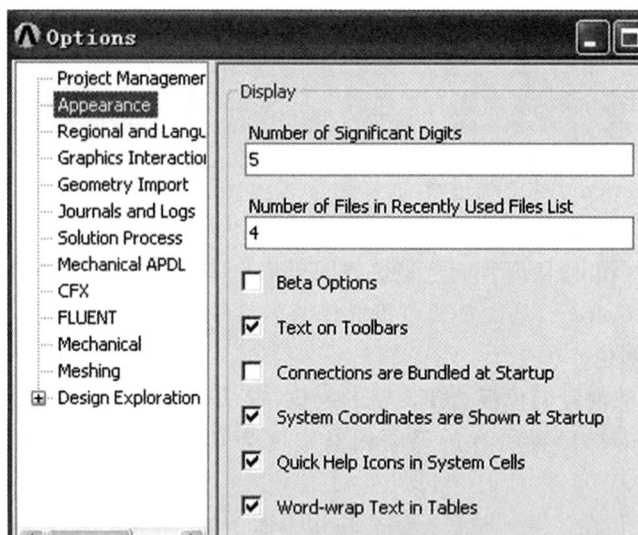

图 2-24　主界面 Options 中 Appearance 下的 Display 选项

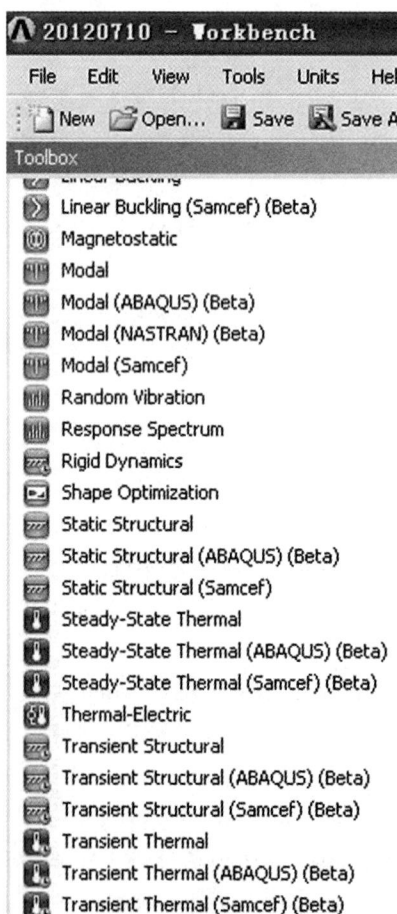

图 2-25　未测试的工具

4）Text on Toolbars：是否显示工具条上的文字，默认是显示。该选项只对 ANSYS Workbench interface，DesignModeler，the Mechanical application，the Meshing application 和 FE Modeler 这些数据综合应用界面起作用。

5）Connections are Bundled at Startup：显示为捆绑式连接，如图 2-26（b）所示的 2∶4。默认该选项关闭，即默认是如图 2-26（a）所示。在 Workbench 主界面的 View→Show Connections Bundled 可以修改该选项，或者在工程流程图中单击鼠标右键也可以修改。

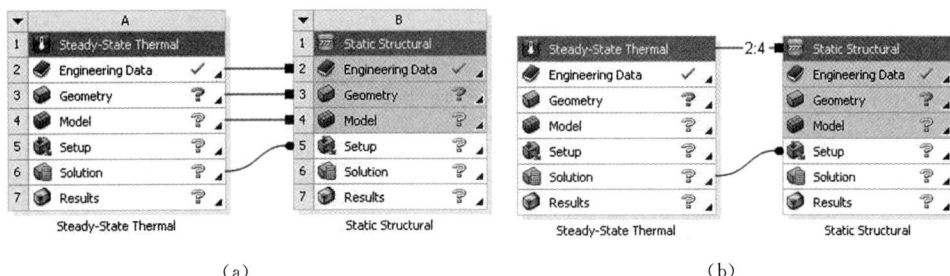

（a）　　　　　　　　　　　　　　　（b）

图 2-26　显示为捆绑式连接和显示工程的标签和数字

6）System Coordinates are Shown at Startup：显示工程的英文标签和数字顺序，默认为选中，如图 2-26（a）所示。如果关闭选项，则如图 2-26（b）所示。在 Workbench 主界面的 View→Show Connections Bundled 可以修改该选项。或者在工程流程图中单击鼠标右键也可以修改。

7）Quick Help Icons in System Cells：在 Workbench 主界面中，工程每一项的右下角显示快捷帮助图标，即蓝色小三角形，默认是选中。

8）Word-wrap Text in Tables：表格单元中的文字可以换行，例如 Workbench 主界面下的 Message 窗口中的文字，默认是选中。

3. Regional and Language Options 选项

Regional and Language Options，语言选项，可选的有德语、英语、法语、日语等。

4. Graphics Interaction 选项

Graphics Interaction 图形交互的选项，共分 3 个部分。

（1）Mouse Button Assignment：指鼠标功能设置，如表 2-7 所示。

表 2-7　Mouse Button Assignment 鼠标功能

鼠标和键盘	默认功能
Mouse Wheel	Zoom 缩放
Middle Button	Rotate 旋转
Right Button	Box Zoom 框缩放
Shift ＋Left Button	None 无
Shift＋Middle Button	Zoom 缩放
Shift＋Right Button	Box Zoom 框缩放
Ctrl＋Left Button	选择多个部件
Ctrl＋Middle Button	Pan 平移
Ctrl＋Right Button	Box Zoom 框缩放
Ctrl＋Shift＋Left Button	None 无

（2）Pan，Rotate and Zoom 是指平移、旋转和缩放设置，如图 2-27 所示。

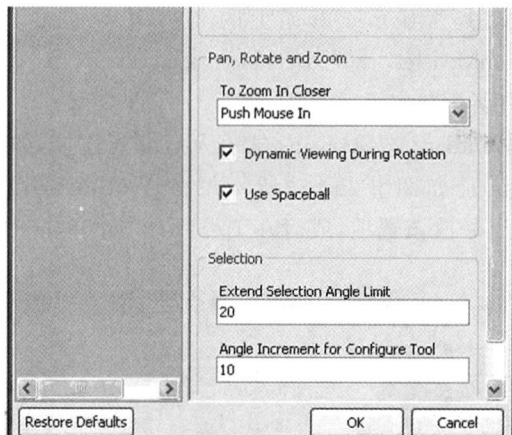

图 2-27 主界面 Options 中 Graphics Interaction 部分选项

1)To Zoom In Closer：选项为 Push Mouse In（默认）或者 Push Mouse Out。为了放大图形，用户可以先选中视图工具条的 Zoom 按钮，如图 2-28 所示，然后按住鼠标左键并向上移动为放大（默认）。建议不采用默认，而使用 Push Mouse Out，即按住鼠标左键并向下移动为放大。

2)Dynamic Viewing During Rotation：选中该选项时，当用户改变视角时，软件会动画演示实体旋转、移动的过程。默认选项是选中。如果用户的显卡较陈旧，建议关闭该选项。

3)Use Spaceball：是否使用 3D 轨迹球输入设备。

（3）Selection，如图 2-27 所示。

Extend Selection Angle Limit：设置扩展选项的角度上限。面和边之间的夹角小于该角度上限时，软件认为是 Smooth 光滑过渡。该选项涉及选择工具条的 Extend to Adjacent，Extend to Limits 两个按钮，如图 2-28 所示。默认是 20°，可选范围为 0°～90°。

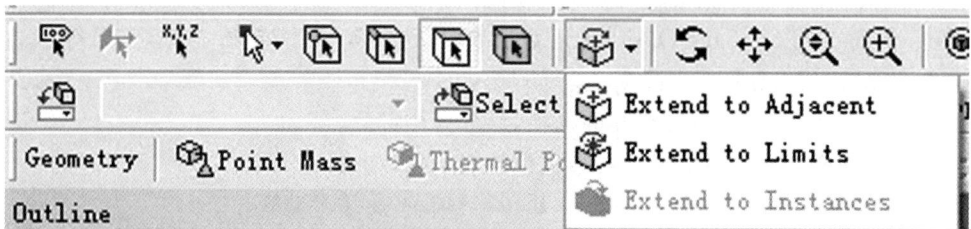

图 2-28 选择工具条

Angle Increment for Configure Tool：在 Configure 工具条中，定义 Joint 运动副时使用的角度增量，默认是 10°。

5.Journal and Logs 选项

Journal and Logs，日志和记录选项，如图 2-29 所示。

（1）Journal Files 日志。通过这些设置来确定：是否生成日志、日志文件放置的目录、日志保存多长时间（天数）。

每次打开 Workbench，就会生成新的日志文件，文件名后缀为 .wbjn。

（2）Workbench Log Files 记录。通过这些设置来确定：是否生成记录、记录文件放置的目录、记录保存多长时间（天数）。

每次打开 ANSYS Workbench，就会生成新的日志文件，而且是两个日志文件，文件名后缀为.log。

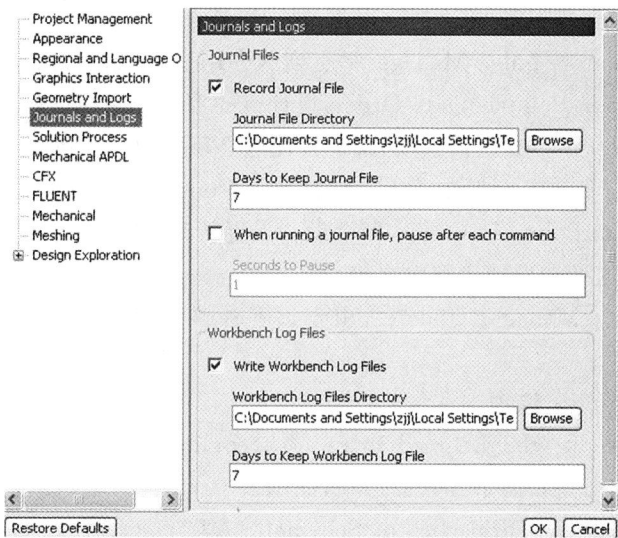

图 2-29　主界面 Options 中 Journal and Logs 选项

6. Solution Process 选项

Solution Process，求解过程选项，如图 2-30 所示。

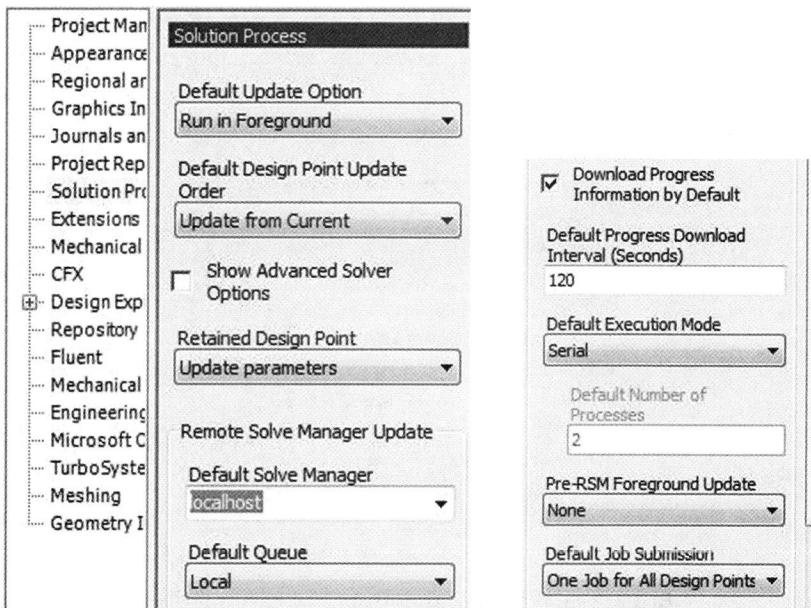

图 2-30　主界面 Options 中的 Solution Process 选项

（1）Default Update Option：设置工程流程图中第 6 步 Solution 单元的求解过程属性的默认选项，有以下 3 种。

1）Run in Foreground：前台运行。默认的运行方式，求解过程是在当前的 ANSYS Workbench 下运行。这种方式运行时，用户不能修改或保存 Project，但可以中断或停止运行 Project。这种方式是最稳定的运行方式。

2）Run in Background：后台运行。求解过程在当地计算机的后台运行，该方式比前台运行时间长。此时,单元处于 Pending 待处理状态,用户可以与该工程交流,或者退出 Workbench。只有在 Solution 单元支持后台运行时,该选项才可用。

3)Submit to Remote Solve Manage:提交到 RSM 远程求解管理器运行。

(2)Default Design Point Update Order:设计点的更新顺序,有以下 2 个选项。

1)Update from Current:默认选项,每个设计点更新时都从 DP0 开始更新。也就是说,设计点更新顺序决定于它们出现在 Table of Design Points 这个表中的顺序。

2)Update Design Points in Order:每个设计点更新时,从上一个设计点开始,而不是每次都从 DP0 开始。这种选项的求解效率较高。

(3)Remote Sovle Manager Update。由于远程求解管理更新的相关设置较少使用,故本书不做讨论。

7. Geometry Import 选项

本节帮助路径:help/wb2_help/wb2h_optionsgeomimp.html。

Geometry Import 是指图形导入的选项,如图 2-31 和图 2-32 所示,共分为 5 个部分,下面分别介绍。这些选项与 Properties of Schematic A3:Geometry 的选项很类似,方法为 AWB 主界面下右击选中某个工程的 Geometry,在快捷菜单中点击 Properties,出现的属性窗即可看到。

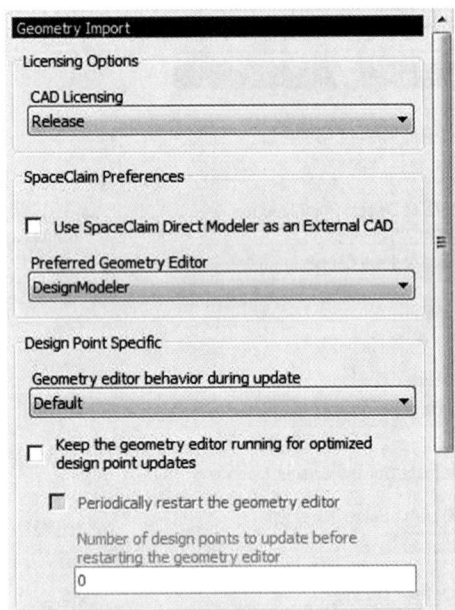

图 2-31　主界面 Options 中 Geometry Import 选项一

(1)CAD Licensing:CAD 的许可证,可选项有 Hold 和 Release。在 CAD 模型导入/更新后,用户选择保留或者解除其内含的许可证,默认情况下是 Release(见图 2-31)。

(2)Preferred Geometry Editor:优先使用的几何编辑器,默认是 DesignModeler,另一个可选项目是 SpaceClaim Direct Modeler,即 ANSYS 于 2009 年购买的 SpaceClaim 公司的 SpaceClaim 三维直接建模模块(见图 2-31)。

(3)Geometry editor behavior during update(见图 2-31):在几何模型的设计点参数进行更新时,是否显示几何模型编辑器。

（4）Basic Option：基本选项（见图 2-32（a））。具体见 ANSYS 帮助：help/ref_cad/cadGeoPrefs. html。

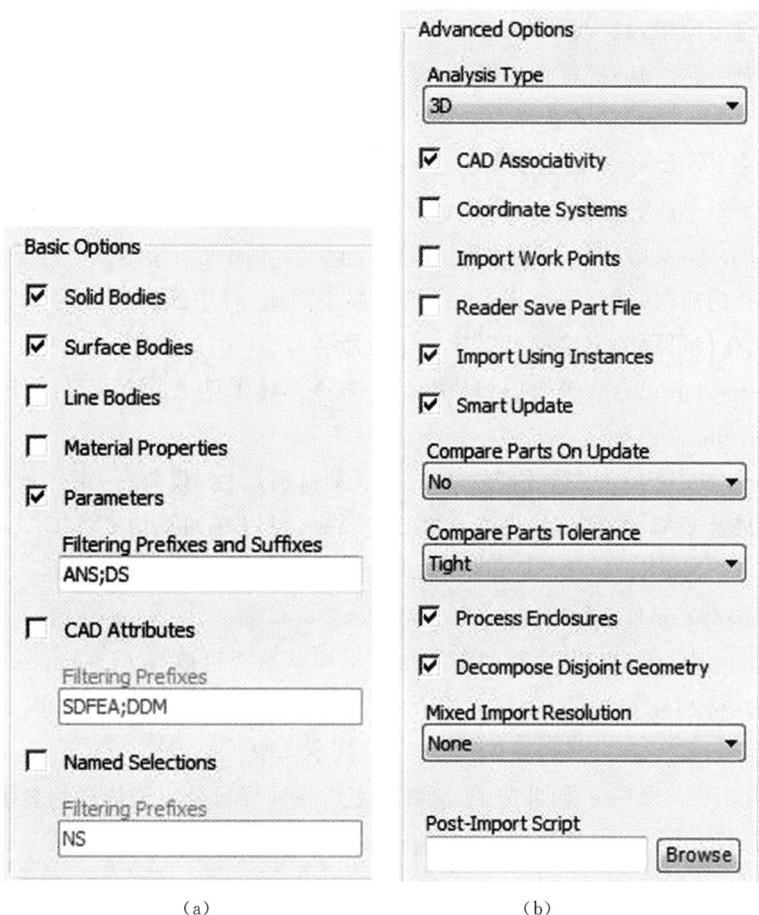

（a）　　　　　　　　　　（b）

图 2-32　主界面 Options 中 Geometry Import 选项二

1）Solid Bodies：可以导入实体，默认选中。

2）Surface Bodies：可以导入面体，默认选中。

3）Line Bodies：可以导入线体，默认不选中。

4）Material Properties：默认不选中。可以从支持的 CAD 系统中导入材料属性。可以看到由不同的 CAD 厂商支持的当前文档参数。材料从 CAD 导入后将出现在"Engineering Data"分支。

注意：如果材料类型在 CAD 中改变，这将会在更新中反映出来。如果材料属性值在 CAD 中改变，这就不会更新。这可以防止用户在 Mechanical 中输入的数值被覆盖。

5）Parameters：导入模型的参数。Workbench 可以从如下软件导入参数：CATIA V5（CAPRI），Inventor，Mechanical Desktop，NX，Pro/ENGINEER，Solid Edge，SolidWorks。

Filtering Prefixes and Suffixes：指用户在某种 CAD 建模软件中设定的参数的前缀或后缀的统一标识，默认用 DS。如果想导入所有参数，请用户保持该输入框空白。

6）CAD Attributes：CAD 属性。选中该选项时，CAD 系统属性也可以导入 Workbench

的 Mechanical 程序模型中,默认不选中。

Filtering Prefixes:(只有 CAD Attribute 选中时才出现该文本框)过滤前缀,文本框中可以输入多个过滤前缀,且中间用英文的分号隔离。默认的前缀是"SDFEA;DDM"。如果文本框空白,则任何可用的字符都可以导入作为 CAD 的系统属性。

7)Named Selections:命名选择。如果 CAD 建模软件或者 DesignModeler 应用程序中已经生成了命名,那么将命名也要导入。用户要给出 CAD 中命名的统一标识,即前缀 Filtering Prefixes。导入完成后,自动在导航树添加了 Named Selection 分支,默认不选中。

Filtering Prefixes:(只有 Named Selections 选中时才出现该文本框。)过滤前缀,允许用户输入命名选择的前缀,默认为 NS。可以输入多个前缀,且中间用英文的分号隔离。如果文本框空白,则任何可用的字符都可以导入作为命名。

(5)Advanced Option:高级选项(见图 2-32(b))。具体见 ANSYS 帮助:help/ref_cad/cadGeoPrefs.html。

1)CAD Associativity:CAD 关联性。在不定义材料属性、载荷、约束等前提下,允许在 Mechanical 中进行 CAD 几何体的更新。默认是 Yes,可以与如下格式的 CAD 软件进行关联:CATIA V5 (CAPRI),CoCreate Modeling,Inventor,Mechanical Desktop,NX,Pro/ENGINEER(always on),Solid Edge,SolidWorks。

2)Coordinate Systems:CAD 软件中的几何坐标系是否可以导入 Mechanical 应用程序中,默认为不选中。

3)Import Work Points:是否导入工作点,默认不选中。

4)Reader Save Part File:如果选中,更新结束后在同样目录下用同样的名字保持模型的部件文件,默认不选中。

5)Import Using Instance:导入 part instance,以减少导入时的关联时间,减少数据量,默认选中。

6)Smart Update:只对装配体中被修改过的 CAD 零部件进行更新,默认不选中。

7)Enclosure and Symmetry Processing:打开或者关闭 Enclosure 和 Symmetry 生成的部件,默认选中。

8)Mixed Import Resolution:导入混合体。如果多种不同维数的部件(例如实体、面体、线体)组成了装配体,是否允许导入 Workbench 中。有如下 6 种选项:None,Solid,Surface,Line,Solid and Surface,Surface and Line。None 是指 Multibody 多体部件中含有不同维数的部件,则不会导入任何部件到 Mechanical 中。Solid 是指只有其中的实体部件可被导入。其他选项类似。

8. 其他选项

其他选项,例如 Mechanical APDL 等,比较简单。

而 Design Exploration 属于较高程度的内容,本书不做讨论。

还有一些选型,在对应的模块中有专门的讲述,例如 Mechanical,Meshing 等。

2.2　AWE 窗口管理

本节帮助路径：help/wb2_help/wb2h_start_tabsviews. html。

2.2.1　窗口管理功能

AWE 使用多窗口管理，以静力分析为例，文件名为 Bar_Hole；调入几何模型时，DesignModeler 窗口打开；编辑模型单元时，Mechanical 程序窗口打开。Windows 任务栏显示 Workbench，DM 和 M 标签按钮，通过这些按钮的切换，可以改变几何模型和更新分析过程（见图 2-33）。

图 2-33　Workbench 多窗口管理

2.2.2　窗口相互切换

单击 DM 按钮，进入 DesignModeler，改变几何模型孔的定位。在任务栏单击 Workbench 按钮，进入 Workbench 界面，Model 状态图标 ，提示 Geometry 发生了更新变化（见图 2-34）。从 Workbench 界面单击工具栏 Update Project 按钮，以批处理方式更新全部单元，在任务栏单击 Mechanical 按钮，可以查看更新后的分析结果（见图 2-35）。

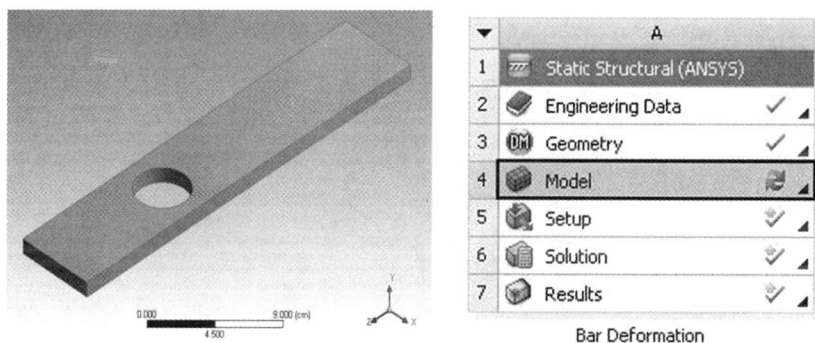

图 2-34　Workbench 窗口相互切换

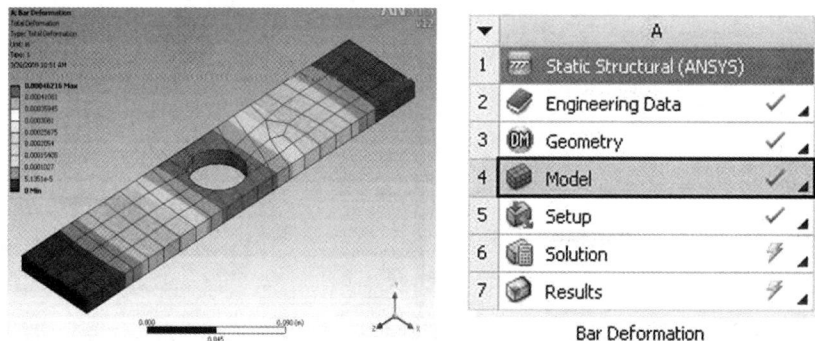

图 2-35　查看更新后的分析结果

2.2.3　窗口紧凑模式

Workbench 窗口在 Compact Mode 紧凑模式下工作是很方便的，从工具栏选择 Compact Mode 按钮，Workbench 窗口仅显示工程流程图界面。如图 2-36 所示，右上方工具按钮提供不同的窗口显示方式及显示内容，选择 Applications→Arrange Vertically 可以垂直排列分析系统窗口（见图 2-37）。

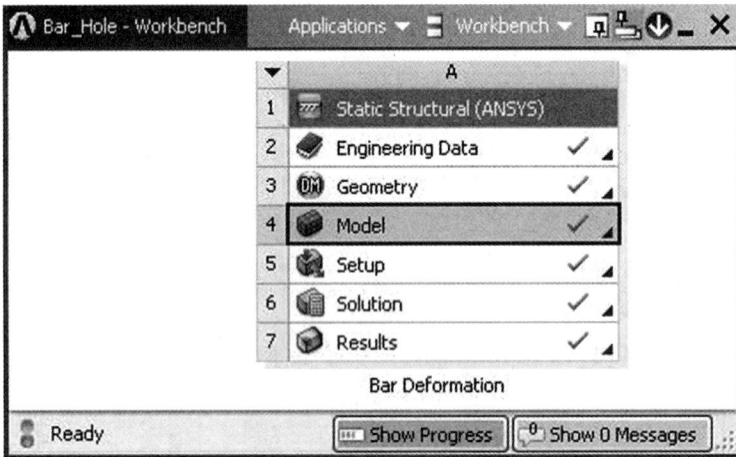

图 2-36　Compact Mode 紧凑模式

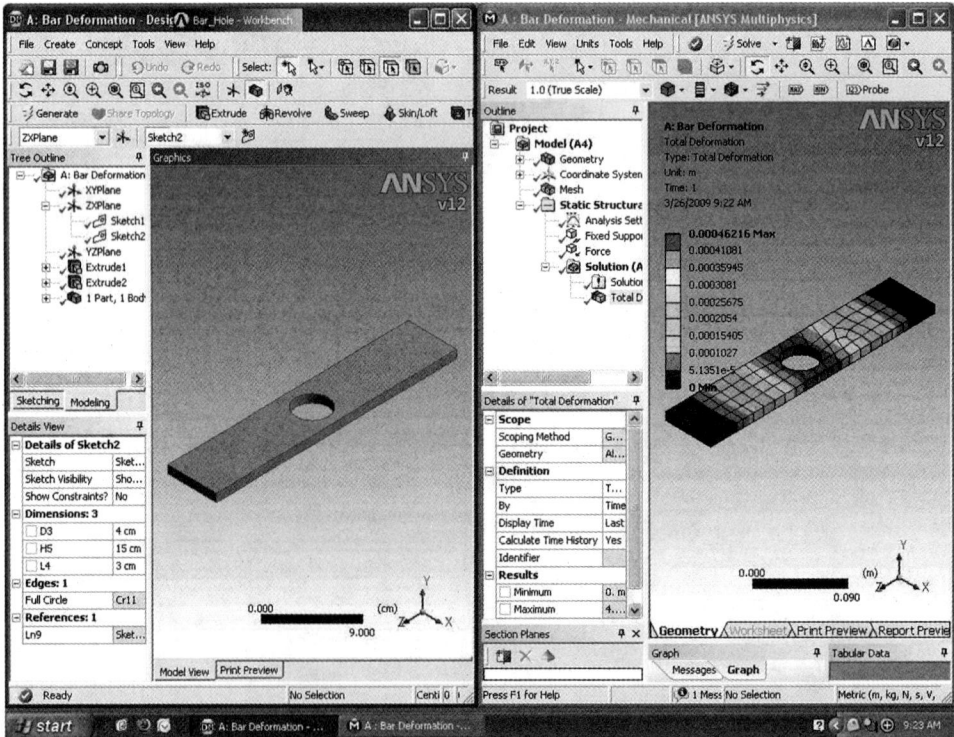

图 2-37　垂直排列分析系统窗口

第3章 DesignModeler 几何建模

本章帮助路径：help/wb_dm/agpbook.html。

工程流程图中建立几何模型是通过 DesignModeler(以下简称 DM)模块实现的。DM 的功能主要用于建立和编辑几何模型。由于它采用特征描述和参数化的实体设计方法，因此可以很方便地构造 2D 草图和 3D 实体模型，以及载入 3D CAD 模型用于后续的工程分析。对于没有使用过参数化实体建模的初学者来说，DM 极为易学易用；而对于有经验的使用者而言，DM 也提供将各种 2D 草图转换为 3D 实体模型的功能。

此外，为了服务于有限元仿真，DM 还具备一般 CAD 建模软件所没有的特点：①特征简化；②包围体；③填充操作；④焊点；⑤切分面；⑥面拉伸；⑦平面体拉伸；⑧梁建模；⑨具有参数建模能力；⑩与 AWE 的其他模块直接双向联系。

DesignModeler 几何模型主要关注以下 5 个基本方面。

(1)草图模式 Sketching：包括创建二维几何体工具，这些二维草图为 3D 几何体创建和概念建模做准备。

(2)3D 几何体 Modeling：将草图进行拉伸、旋转、表面建模等操作得到的几何体。

(3)概念建模：用于创建和修补直线和表面实体，使之能应用于创建梁和壳体。

(4)几何体输入：直接导入 CAD 模型进入 DM 并对其进行修补，使之适应有限元网格划分。

(5)高级工具：包括冻结、解冻、包围、对称、填充等。

注：用户如果熟悉其他的 CAD 建模软件，也可以将模型导入 Workbench 而不用学习 DesignModeler 模块。ANSYS Workbench 能与多数 CAD 软件接口，实现数据的共享和交换，如 UG，Pro/Engineer，NASTRAN，Alogor，I–DEAS，AutoCAD，CATIA，等等。

3.1 DesignModeler 平台

从组件系统 Component Systems 中将 Geometry 拖入工程流程图区域 Project Schematic,选择 Geometry→New Geometry 进入 DesignModeler 程序窗口，如图 3-1 所示。

启动 DM 后，首先出现如图 3-2 所示的长度单位对话框，包含 5 种单位和 3 种选项：

(1)Always use project unit：始终使用 Workbench 主界面的主菜单 Unit 下设定的单位。

(2)Always use selected unit：始终使用此处设定的单位。它与第一个选项是互斥的。

(3)Enable large model support：可以在 1 000 km³ 的边界框内创建大模型。

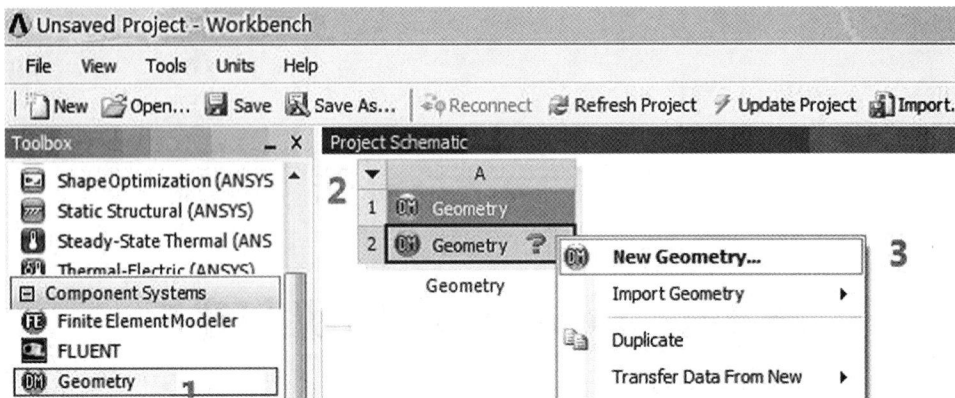

图 3-1　调入几何模型组件

每次启动时是否弹出"Select desired length unit"对话窗，可以在主菜单的 Option→Unit 进行设置。如果选前面两项，那么以后打开 DM，就不会再显示如图 3-2 所示的长度单位对话框，而且在 DM 建模过程中，不能改变长度单位。

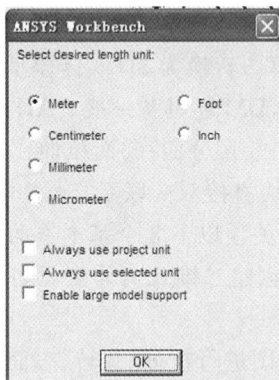

图 3-2　选择长度单位

DesignModeler 用户界面类似于大多数特征建模软件（见图 3-3）。可分为主菜单、工具条、导航树、模式标签、细节窗口、图形工作区和状态栏等几个部分。

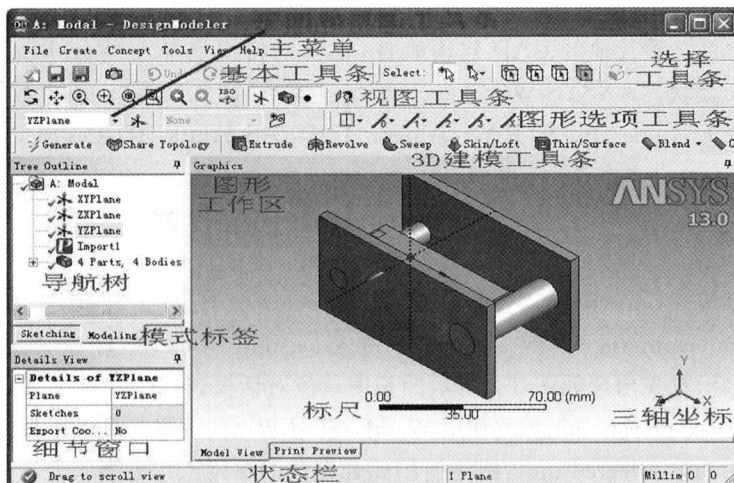

图 3-3　DesignModeler 用户界面

工具条可以根据用户要求放置在任何地方,也可以自行改变其尺寸。工具条可分为基本工具条、选择工具条、视图工具条、平面和草图工具条、3D 建模工具条和图形选项工具条等。

(1)基本工具条包含常用命令按钮,如新建、保存、模型导出、抓图、回退和恢复等。

(2)选择工具条包含各种按钮如点选、线选、面选和体选等,具体见第 3.1.2 小节。

(3)视图工具条上的命令按钮可以用鼠标操作目标对象,如旋转、平移、缩放、聚焦等,具体见第 3.1.3 小节。

(4)平面和草图工具条可以用来设置工作平面和定义草图,具体见第 3.1.4 小节和第 3.2 节。

(5)3D 建模工具条提供了三维建模的各种命令按钮,如拉伸 Extrude、旋转 Revolve、扫掠 Sweep、蒙皮 Skin/Loft 等,具体见第 3.3 节。

(6)图形选项工具条,用于设置边界颜色,具体见第小 3.1.5 节。

导航树 Tree Outline 区域显示整个建模流程中的所有特征操作,模型的变化跟随特征操作的改变。导航树下每个分支命令的详细描述和设置都显示在细节窗口 Details View。

模式标签中,Sketching 对应着草图模式,Modeling 对应着 3D 模型模式。

图形工作区 Graphics 显示当前模型。

状态栏区域显示每一步功能或当前模型的提示,用户应该时刻注意状态栏的内容。例如在选择 A2 右击鼠标,选择"Import Geometry"导入了已有的模型后,在单击"Edit"进入 DesignModeler 主界面后,却发现图形工作区没有任何几何模型。这时状态栏提示"Import Creation→Click Generate to Complete the Import Feature."。用户可以单击 Generate 来显示几何模型。

3.1.1　DesignModeler 主菜单

本节帮助路径:help/wb_dm/agp_filemgmt.html。

1. 文件操作 File

File 菜单包括常规的文件输入、输出、保存以及脚本的运行等功能,子菜单如图 3-4 所示。

(1)Refresh Input:输入刷新。该命令使 DesignModeler 程序刷新上游的输入数据。

(2)Start Over(Ctrl+N):重新开始。该命令先删除目前的实体模型,然后新建实体模型,但是模型的名字不改变。

(3)Save Project(Ctrl +S):将目前的 project 保存为后缀为.wbpj 的文件。

(4)Export:将模型导出。有多种文件格式可以选择。

(5)Attach to Active CAD Geometry:如果一个 CAD 文件已被打开,使用该操作可以探测并链接已激活的 CAD 文件到 DM 中,这样就在 CAD 与 DM 之间建立了双向关联性,即 Plug-in 模式。

如果导入参数化文件,详细内容请使用 AWE-tools-Options-Geometry Import 的设置。

(6)Import External Geometry File:先搜索中间格式的几何体文件,如 Parasolid(∗.x_t), ∗.dwg, ∗.prt, ∗.agbd 等,并导入几何模型文件。然后单击 3D 建模工具条的 Generate (或者右键选择导航窗的 Geometry→Generate),图形工作区就会显示出对应的几何模型。

但这种方式只是在 CAD 与 DM 之间建立了 Reader 模式,即两个软件之间没有关联性。

(7)Write Script:Sketch(es) of Active Plane:写入脚本文件:当前平面的草图。

此功能可以把当前平面中建立草图的过程写入脚本文件,它可以输出草图当前平面中所有的点、边、尺寸、约束。以后使用"Run Script"可以读取该脚本文件。

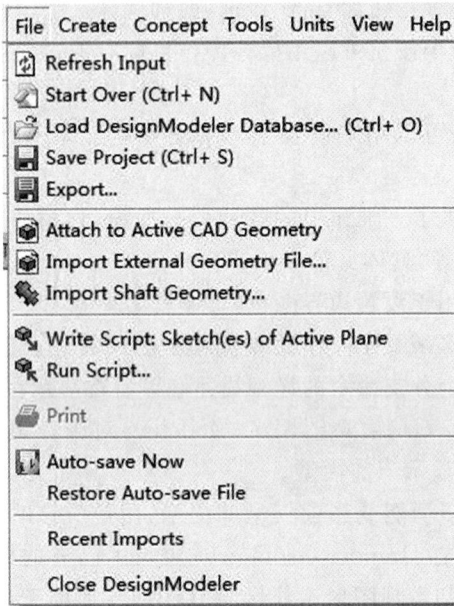

图 3-4 文件操作 File 的子菜单

Workbench 生成脚本文件的智能化及自动化程度虽然很高,但需注意以下 3 点:

1)Workbench 自动生成的脚本文件只包含平面草图的部分,不包含三维模型的部分,若要生成三维模型,还需手工添加少量相应的语句;

2)只有建立几何模型部分可生成相应的脚本文件,其他模拟仿真、网格划分、结果观察等不能生成相应的脚本文件;

3)即使在建立几何模型部分,也不是所有的功能都有对应的脚本语言。

(8)Run Script:运行脚本文件。

(9)Auto-save Now:生成备份的文件。

(10)Restore Auto-save File:从目前的 Auto-save 文件列表中恢复。

(11)Recent Imports:最近用过的导入文件。

(12)Close DesignModeler:关闭 DM 建模界面。

2. Create

Create 用来创建 3D 模型和修改操作工具,如布尔运算、倒角等,子菜单详细情况见第 3.3 节。

3. Concept

Concept 用来创建线体及面体的概念建模工具,菜单详细情况见第 3.4 节。

4. Tools

Tools 用来整体建模工具,参数管理以及定制选项的工具,子菜单详细情况见第 3.5 节和第 3.6 节。

5. View

View 用来设置图形工作区的显示,子菜单如表 3-1 所示,详细情况见第 3.1.3 小节。

(1)Edge Joints。如果选中 Edge Joints,会在图形工作区用两种颜色的粗线显示出边与边的交点。如图 3-5 所示,如果是蓝色,表明这些交点正确地合并到同一个实体中,可以随着交点所在的几何体传送到 Mechanical 中。如果是红色,表明这些交点没有正确分组。这时只需要将相交的实体合并成同一个体 part,就可以使红色变成蓝色交点。

表 3-1　View 子菜单

View 子菜单	选　项
对外部和边框进行着色	打开/关闭
对外部进行着色	打开/关闭
只显示线框	打开/关闭
图形选项	详细见第 3.1.5 小节
冻结实体显示为透明	打开/关闭
边的交点	打开/关闭,见下面
横截面方位	打开/关闭,见下面
把横截面用实体显示	打开/关闭,见下面
图形工作区的标尺	打开/关闭
图形工作区的三轴坐标	打开/关闭
轮廓	详情见下面
Windows	详情见下面

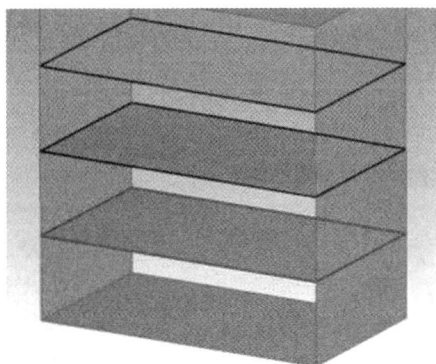

图 3-5　Edge Joints 显示为蓝色和红色

(2)Cross Section Alignments。显示每个线体的方位轴线,如图 3-6 所示。

图 3-6　线体的横截面的方位

（3）Cross Section Solid。如果设定了横截面的类型，则用透明实体显示线体的横截面，以便于同时显示横截面的方位坐标，如图 3-7 所示。

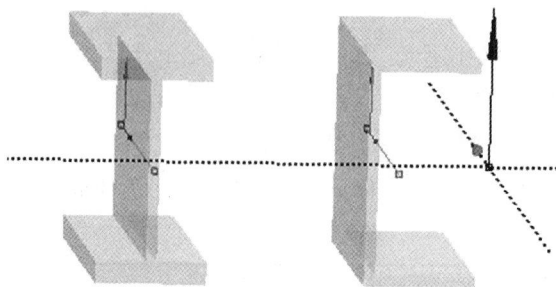

图 3-7　显示线体的横截面

（4）Outline。如图 3-8 所示，显示导航树的分支。分别是展开所有的导航树分支、不显示特征、不显示部件和实体。

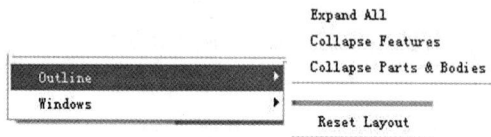

图 3-8　菜单 View 下的 Outline 和 Windows

（5）Windows。如图 3-8 所示，用户自行设置主界面各部分的位置，如果不满意可以用 Reset Layout 还原初始设计。

3.1.2　选择工具条

本节帮助路径：help/wb_dm/dm_selectiontoolbar.html。

选择工具条的各个命令如图 3-9 所示。激活选择过滤器 Select 可以进行特征选取，完成最初的选择后，图形窗口左下角的选择窗格用来选择被遮盖的线、面等几何元素（见图 3-10），其中每个待选方块代表一个几何元素，方块的颜色和装配体零件颜色相配（适用于装配体）。假想有一条直线从鼠标开始点击的位置起沿垂直于视线的方向穿过所有这些几何元素，用户可以单击方块选择所需几何元素。

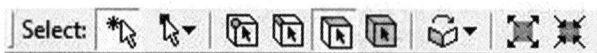

鼠标点击位置

图 3-9　选择工具条命令　　　　　图 3-10　特征选取

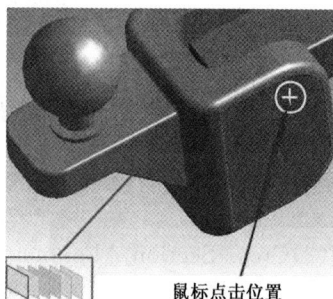

1. 新选择 New Selection

New Selection 将已经选好的特征全部清理掉，重新选择。

2. 选择模式 Select Mode

Select Mode 选择模式有两种选项,分别是单选 Single Select 或框选 Box Select。

如果是框选,拖动鼠标从左到右将选择完全包含在选择框中的对象,从右到左将选择包含于或经过选择框中的对象,并且边框的识别符号也不同(见图 3-11),分别对应鼠标从左到右、从右到左。

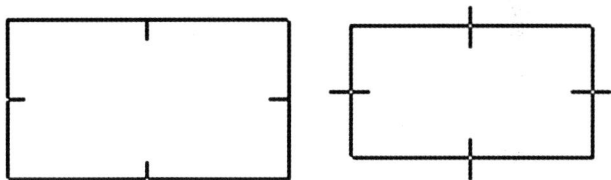

图 3-11　框选的两种边框识别符号

3. 选择过滤 Selection Filter

选择过滤 Selection Filter 分为 4 种。Points 可选择 2D 点、特征点(电焊、载荷点、构造点)、3D 顶点。Edges 可以选择 2D 边、模型边缘、线。Model Faces 可以选择表面、区域。Bodies 可以选择实体、曲面体、流线体。

在草图模式和建模模式下时,使用鼠标右键弹出的快捷菜单→Selection Filter,也可以找到选择过滤器,如图 3-12 所示。

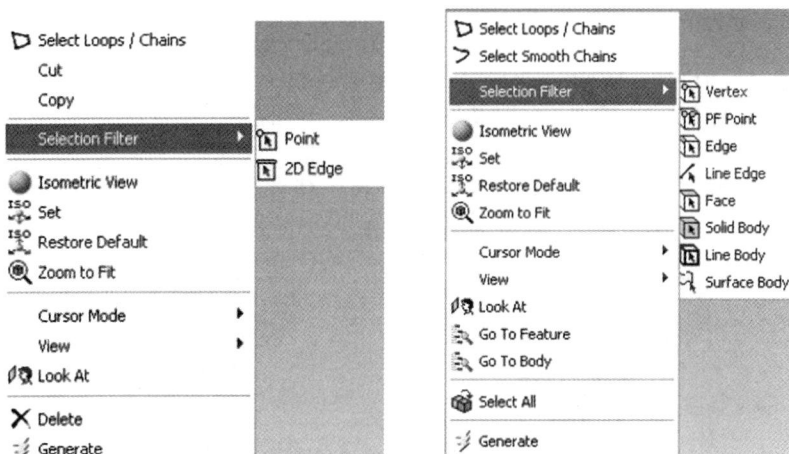

图 3-12　草图模式和建模模式下的鼠标右键弹出的选择过滤器

4. 相邻选择 Extend Selection

相邻选择 Extend Selection 则用于选取相邻的面或边,共有 4 种可选项目,分别举例如下。与该功能有关的选项在主界面的 Option→Graphics Interaction 下进行设置,详情见第 2.1.5 小节。

(1)选择过滤器为面 Model Faces→单选模式 Single Select→选择面→Extend to Adjacent,选择相邻面的结果如图 3-13 所示。与第 3 步所选平面相邻的面是指有圆角过渡的面,即 a 面、b 面,而 c 面与所选面没有圆角过渡,所以不会被选上。

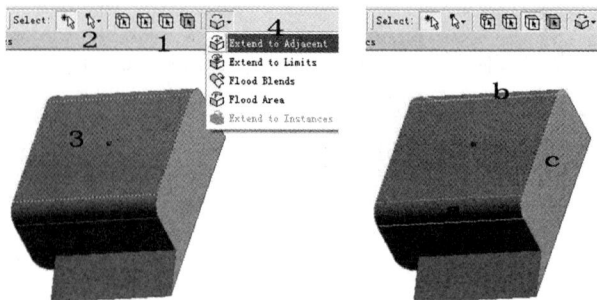

图 3-13 选择相邻面

（2）选择过滤器为面 Model Faces→单选模式 Single Select→选择面→Extend to Limits，选择相邻扩展面的结果如图 3-14 所示。该限制边界为没有进行圆角过渡的面，即图中 a 面、b 面没有被选中，除此之外的面都被选中。

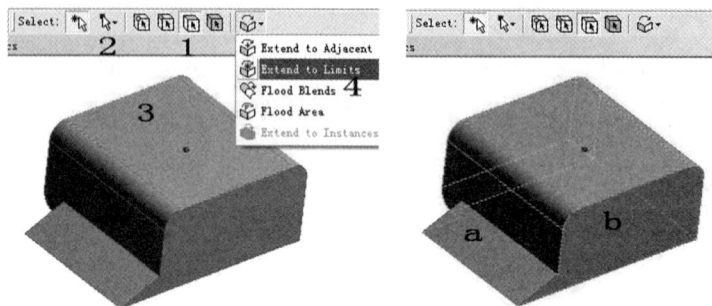

图 3-14 选择相邻扩展面

（3）选择过滤器为面 Model Faces→单选模式 Single Select→选择面→Flood Blends，选择相邻倒圆面结果如图 3-15 所示，即又选中了 a 面、b 面。

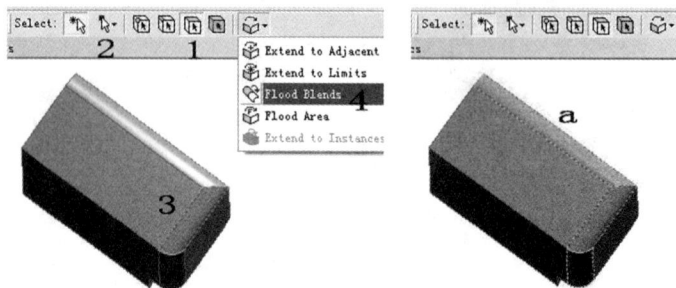

图 3-15 选择相邻倒圆面

（4）单选模式 Single Select→选择面→Flood Area，选择所有面的结果如图 3-16 所示。

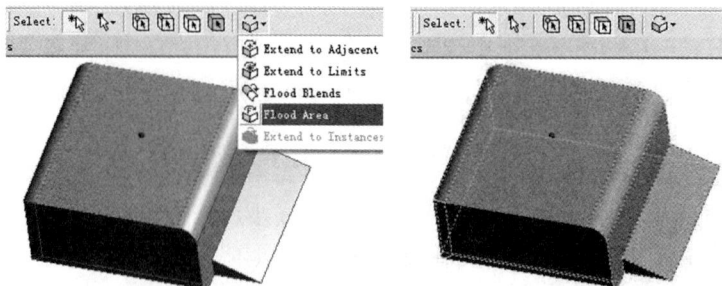

图 3-16　选择所有相邻面

5.面扩充/面缩编 Expand/Shrink Face Selection

先选择模型上的几个面,不断点击面扩充按钮,就会逐渐将附近相连的面都选中。不断点击面缩编,就会逐渐将所选的面中最外围的面去掉,即不选中最外围的面。

3.1.3　视图工具条

本节帮助路径:help/wb_dm/dm_rotationmodes.html。

视图工具条命令如图 3-17 所示。

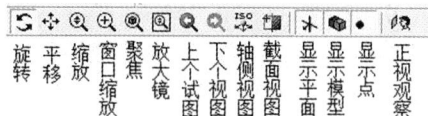

图 3-17　视图工具条命令

1.旋转 Rotate

当鼠标位于图形工作区不同位置时,鼠标有不同的形状,单击鼠标左键会对模型进行旋转,旋转方式如表 3-2 所示。

表 3-2　图形工作区的鼠标形状及旋转方式

光标位置	鼠标形状	旋转方式
图形范围内		自由旋转
图形范围外		绕 Z 轴旋转
图形的顶部/底部边缘		绕 X 轴旋转
图形的左侧/右侧边缘		绕 Y 轴旋转

2.缩放

点击该按钮后,按住鼠标左键并上下拖动,模型会缩放。至于向上或者向下为放大,请参见第 2.1.5 小节相关内容。

3.聚焦

单击该按钮后,模型以合适的比例放置在 Graphic 的中心位置。

4.截面视图 New Section Plane

用户点击该按钮,出现 Section Plane 窗口,如图 3-18 所示。用户可以在模型上建立截面(剖面),观察模型的内部,最多可以建立 6 个截面。

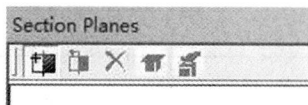

图 3-18　Section Plane 截面窗口

5.正视观察 Look at Face/Plane/Sketch

选定模型特征后,例如平面、草图、实体,点击该按钮,可以立即改变视图方向,自动以选定点为中心,使该平面、草图或选定的实体与用户视线垂直。

6.旋转中心和浏览中心

在旋转、平移、缩放模式下,旋转中心和浏览中心很重要。

(1)左键点击模型:模型上出现红点标记,表明暂时将模型上的该点重设为模型当前浏览中心和光标旋转中心。

(2)左键单击空白区域:将模型的质心作为当前浏览中心和光标旋转中心。

3.1.4 平面和草图工具条

本节帮助路径:help/wb_dm/dm_activeplane-sketchtoolbar.html。

平面和草图工具条说明如图 3-19 所示,DM 草图首先定义绘制草图的平面,然后在所希望的平面上绘制或识别草图。一个新的 DM 交互对话中在全局直角坐标系原点有 3 个默认的正交平面(XY,ZX,YZ),可以根据需要定义原点和方位创建平面,也可以通过使用现有几何体作参考平面创建和放置新的工作平面,一个平面可以和多个草图关联。

图 3-19　平面和草图工具条

1.构建新平面

在点击 New Plane 后,细节窗口需要用户对 Type 进行设置,即基于哪些特征来建立新平面。共有 8 种选项,如表 3-3 所示。

表 3-3　构建平面的 6 种类型

Type	说　明
From Plane	基于另一个已有面创建平面
From Face	利用已有几何体的表面创建平面
From Centroid	新平面由所选几何的质心定义
From Circle/Ellipse	新平面基于圆形或椭圆形 2D 或 3D 边缘,包括圆弧
From Point and Edge	用一点和一条直线的边界定义平面
From Point and Normal	用一点和一条边界方向的法线定义平面
From Three Points	用 3 个点定义平面
From Coordinates	通过键入距离原点的坐标和法线定义平面

2.平面变换

平面和草图的细节窗口 Details View 有很多基本操作。用鼠标右键点击 Transform 可以迅速完成选定平面的变换,一旦选择了变换,将出现附加属性选项,允许键入偏移距离、旋转角度、旋转轴等更多的控制参数,多种平面变换方式见表 3-4。

表 3-4　平面变换方式

变换			
无变换	None		
轴变换	Axes ▶	Reverse Normal/Z-Axis	Z,X 轴反向
	Offset ▶	Flip XY-Axes	X,Y 轴反向
	Rotate ▶	Align X-Axis with Base	X 轴与基点对齐
	Move Transform Up	Align X-Axis with Global	X 轴与全局坐标轴对齐
	Move Transform Down	Align X-Axis with Edge	X 轴与边对齐
偏移变换	Offset ▶	Offset X	X 轴方向水平偏移
旋转变换	Rotate ▶	Offset Y	Y 轴方向水平偏移
上一变换	Move Transform Up	Offset Z	Z 轴方向水平偏移
下一变换	Move Transform Down	Offset Global X	全局坐标 X 轴水平偏移
删除变换	Remove Transform	Offset Global Y	全局坐标 Y 轴水平偏移
生成变换	Generate	Offset Global Z	全局坐标 Z 轴水平偏移
	Rotate ▶	Rotate about X	绕 X 轴旋转
		Rotate about Y	绕 Y 轴旋转
		Rotate about Z	绕 Z 轴旋转
		Rotate about Edge	绕边旋转
		Rotate about Global X	绕全局坐标 X 轴旋转
		Rotate about Global Y	绕全局坐标 Y 轴旋转
		Rotate about Global Z	绕全局坐标 Z 轴旋转

案例演示:从组件系统 Component Systems 中将 Geometry 拖入工程流程图区域 Project Schematic,保存文件,选择 Geometry→New Geometry 进入 DesignModeler 程序窗口,开始草图过程如下(见图 3-20)。

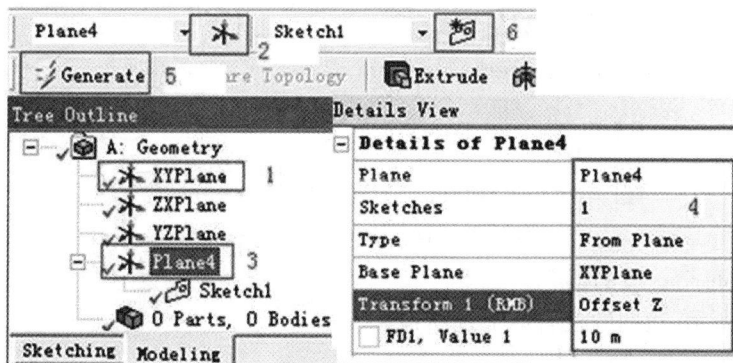

图 3-20　生成草图

(1)选择 XY Plane。

(2)创建新平面 New Plane。

(3)导航树显示出新平面对象 Plane4。

(4)Plane4 属性设置:Type→From Plane,平面变换 Transform 1→Offset Z;偏移距离 FD1=10 m。

(5)Generate 生成平面(提示:这并非创建草图的必要步骤)。

(6)在平面 Plane4 中将建立草图,草图用来创建 3D 几何体。选择新建草图按钮,在激活平面上新建草图 Sketh1,新草图放在树形目录中与其相关平面的下方。可以通过导航树或下拉列表激活草图,保存文件。

3.1.5　图形选项工具条

本节帮助路径:help/wb_dm/dmGraphicsOptions. html。

图形选项工具条与菜单 View→Graphics Options 下的完全相同,共分 5 部分,如图 3-21 所示。

图 3-21　Graphics Options 图形选项工具条

1. Face Color 面体的颜色

如图 3-22 所示,面体的颜色可以采用如下选项:

(1)By Body Color (Default):用实体的颜色。

(2)By Thickness:不同厚度的面体用不同的颜色,并且显示出面体厚度与颜色的 legend。

(3)By Geometry Type:面体是根据自己的实体类型显示颜色。DesignModeler 格式的体以蓝色显示,Workbench 格式的体以红色显示。在此模式下显示几何类型图。

(4)By Named Selection:不同的群组用不同的颜色显示面体。

(5)By Shared Topology:根据其指定的共享拓扑类型颜色显示面体。

(6)By Fluid/Solid:根据指定的流体/固体类型显示面体。每一种流体/固体都用一种指定的颜色。

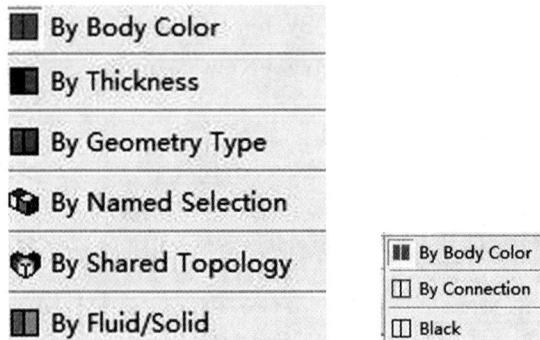

图 3-22　面的颜色和边的颜色

2. Edge Coloring 边的颜色

如图 3-22 所示,边的颜色有如下选项:

(1)By Body Color:用实体的颜色作为边界颜色。

(2)By Connection:根据 5 种不同的连接类别,用 5 种不同的颜色显示边界。

(3)Black:整个模型的边界颜色用黑色。

3. 5 种 Edge Type 边界类型

共有如下 3×5 种不同的选择,如图 3-23 所示。示例如图 3-24 所示。

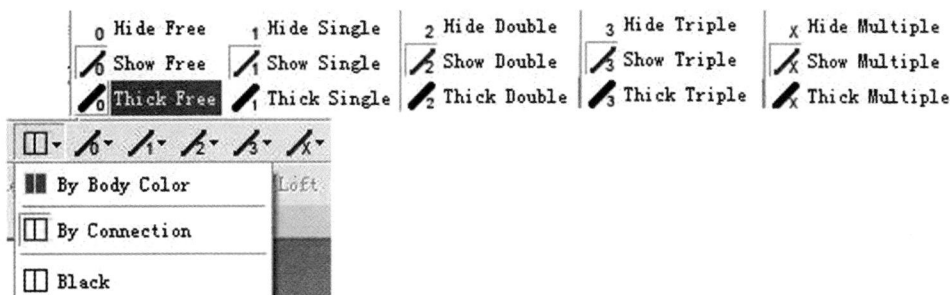

图 3-23　5 种 Edge Type 边界类型

(1)根据线的粗细,可分为以下 3 种:

1)Hide:不显示边界颜色。

2)Show:显示边界颜色,且用细线(默认)。

3)Thick:显示边界颜色,且用粗线。

(2)根据线由几个面共享,可分为 5 种,如图 3-24 所示。

1)Free:自由边界用蓝色显示。自由边界是指没有被任何面共享的边界。

2)Single:单一边界用红色显示。单一边界是指只有一个面共享的边界。

3)Double:二者共用边界用黑色显示。二者共用边界是指只有两个面共享的边界。

4)Triple:三者共用边界用粉色显示。三者共用边界是指只有 3 个面共享的边界。

5)Multiple:多者共用边界用黄色显示。多者共用边界是指多个面共享的边界。

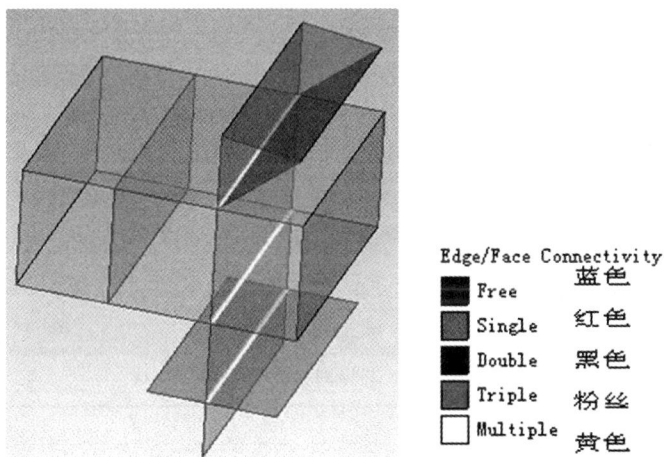

图 3-24　图形选项

4. Display Edge direction

点击"Display Edge direction"选项,可以显示模型中的边方向,方向箭头出现在边的中点,箭头的大小与边缘长度成正比。

5. Display Vertices

启用"Display Vertices"选项突出显示模型上的所有顶点。当检查复杂的装配体时,该选项尤其有用。在这些装配体中,顶点通常可能隐藏在视图之外。用户还可以使用该选项来确保边是完整的,而不是无意中分割的。

3.1.6　弹出菜单

本节帮助路径:help/wb_dm/agpcontextmenus. html,以及 help/wb_dm/agp_select. html。

弹出菜单如图 3-25 所示。

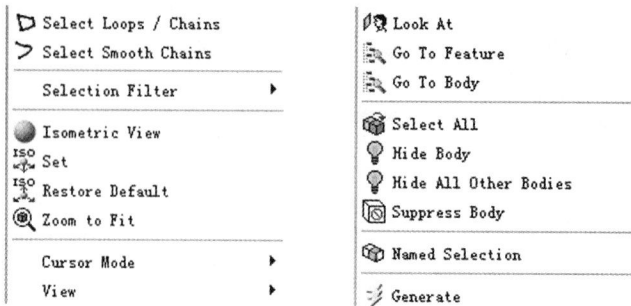

Select Loops / Chains	Look At
Select Smooth Chains	Go To Feature
Selection Filter ▶	Go To Body
Isometric View	Select All
Set	Hide Body
Restore Default	Hide All Other Bodies
Zoom to Fit	Suppress Body
Cursor Mode ▶	Named Selection
View ▶	Generate

图 3-25　图形工作区的快捷菜单

1. 快速选择方法

(1)Select Loops/Chains：环路选择/链选择，可以用于选择 2D 和 3D 的边。先选择 Select Loops/Chains，再选择一条边，此时这种方法不是选择单一的一条边，而是选择该边所在的整个环线，如图 3-26 左边所示；或者如果这条边所在的不是闭合的环线，那就选择它所在的整个链，如图 3-26 中间所示。

(2)Select Smooth Chains：平滑链选择。它只能用于选择 3D 边，功能类似于 Select Loops/Chains，但是所选的所有边必须在交点处相切，即不能出现不光滑过度的点，如图 3-26 右边所示。

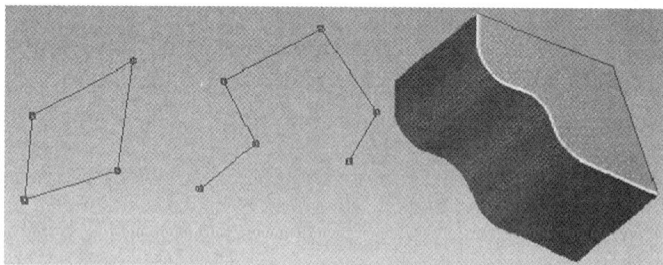

图 3-26 快速选择方法(从左到右分别是环路选择、链选择、平滑链选择)

2. Selection Filter 选择对象过滤器(见表 3-5)

表 3-5　选择对象过滤器

Selection Filter	含　义
Vertex	点
PF Point	Point Feature Point
Edge	实体的边
Line Edge	线体的边
Face	面
Solid Body	实体
Line Body	线体
Surface Body	面体

3. Cursor Mode 和 View 的选项(见图 3-27)

Cursor Mode 和视图工具条中的一致，分别是旋转、移动、缩放、窗口缩放。

View 的选项分别为前视图、后视图、右视图、左视图、上视图、下视图。

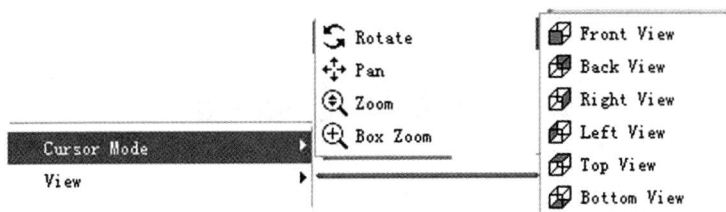

图 3-27　Cursor Mode 和 View 的选项

4. Go to Body/Feature

在图形工作区选择某个部件/特征后,右击鼠标选择该命令后,快速切换到导航树上对应的该部件/特征上。

5. Hide Body 和 Show Body 和 Hide All Other Bodies

如果在图形工作区的 Body 比较多,该命令有助于用户把需要关注的部件单独显示出来。常用鼠标右键中的快捷选项的有,Hide Body 隐藏,Show Body 显示,Hide All Other Bodies 隐藏除此体外的所有体。

在导航树中,隐藏体的图标为透明的对号,隐藏体可以导入 Workbench 的其他模块,也可以导出到其他格式的模型文件中。

6. Suppress 抑制和 Unsuppress 取消抑制

可以在导航树中或者图形工作区中把部件、体进行抑制,在导航树中可以看到被抑制的对象前面显示叉号"╳"。在图形工作区,被抑制后该部件或体将被隐藏,并且不会被导入 Simulation 或者 CFX-Mesh,也不会保存在 Parasolid(.x_t)等格式的模型文件中。但是没有永久丢失数据,用户单击鼠标右键选择 Unsuppress 可以取消抑制。

可以在导航树中把某个特征进行抑制,特征被抑制后,任何与它相关的特征也被抑制。

7. Named Selection 命名选择

Named Selection 见第 3.5.3 小节。

3.1.7　鼠标功能

在选择模式下鼠标左、中、右键提供了图形操作的捷径。默认功能在 Workbench 主界面的菜单 Option→Graphics Interaction 中进行设置。

1. 左键 LMB

(1)单击:选择几何体。

(2)CTRL+单击 LMB:选择多个几何体,即添加当前选定的几何体;或者从已选定的多个几何体中移除某选定对象。

(3)按住 LMB+拖动光标:连续选择实体。

2. 中键 MMB

(1)按住 MMB+拖动光标:在图形工作区进行动态旋转。

(2)CTRL+鼠标的中键:移动实体。

(3)Shift +鼠标的中键并拖动鼠标:动态缩放。

(4)滚动鼠标中键:放大/缩小。

3. 右键 RMB

(1)按住 RMB 并拖动鼠标:窗口框选缩放(快捷操作)。

（2）单击 RMB：打开弹出菜单。

3.2 草图模式 Sketching

本节帮助路径：help/wb_dm/agp_2dsketch.html。

在 2D 草图模式的工具箱 Toolboxes，如图 3-28 所示，提供画图 Draw、修改 Modify、尺寸标注 Dimensions、约束 Constraints、设置 Settings 共 5 个工具，用于创建 2D 草图。建立新模型一般是从草图开始的。

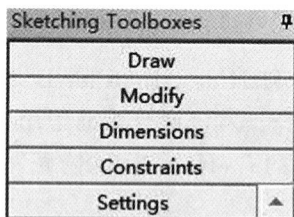

图 3-28 草图工具箱

3.2.1 绘制草图 Draw

本节帮助路径：help/wb_dm/agp_2dsketching.html。

绘图命令说明见表 3-6。如果绘制过程中有误操作，可以单击基本工具栏条上的回退操作 Undo 取消上一步的操作。类似地，单击 Redo 可以恢复操作，该选项只有在草图操作中有效。

表 3-6 草图画图命令

Draw	含 义	使用说明
Line	直线	用鼠标点击确定起点、终点
Tangent Line	圆弧的切线	无
Line by 2 Tangents	两圆的切线	选择两个圆
Polyline	折线	绘制闭合或非闭合的折线
Polygon	多边形	选择中心，确定多边形的边数
Rectangle	矩形	矩形的横边与水平线平行
Rectangle by 3 Points	平行四边形	矩形的横边与水平线有夹角
Oval	卵形	确定中心两点
Circle	圆	无
Circle by 3 Tangents	周边圆（内切圆）	过 3 点画外接圆或过 3 边画内接圆
Arc by Tangent	相切弧	无
Arc by 3 Points	三点画弧	选择起点、终点和中间某点
Arc by Center	圆心二点画圆弧	选择圆心，确定起点、终点
Ellipse	椭圆	选择圆心，确定长轴、短轴
Spline	样条曲线	用鼠标右键选择选项才能完成
Construction Point	结构点	无
Construction Point at Intersection	相交线的结构点	无

Polyline,Spline 的结束点需要用到鼠标右键的快捷菜单,见表 3-7。

表 3-7　折线、样条曲线的终点

快捷菜单	解　释
⊃ Open End ⊃ Open End with Points ⊂ Closed End ⊂ Closed End with Points	开放性的样条曲线(不带中间点)
	开放性的样条曲线(带中间点)
	闭合性的样条曲线(不带中间点)
	闭合性的样条曲线(带中间点)

3.2.2　修改草图 Modify

本节帮助路径:help/wb_dm/agp_2dmodify.html。

Modify 工具箱有许多编辑草图的工具,见表 3-8,使用时先选择合适的工具,再选择操作对象。一些工具如倒圆角、倒角等的用途大家比较熟悉,GUI 底端的状态条可以实时显示每一个工具的提示。下文将主要阐述一些无法从名称上直接看出功能的工具。

表 3-8　编辑草图工具

	含　义	操作对象	备　注
Modify ⌐ Fillet ⌐ Chamfer ⌐ Corner + Trim ⌐ Extend ◇ Split ▯ Drag ✂ Cut ▤ Copy ▥ Paste ▯ Move ▱ Replicate ▯ Duplicate ↪ Offset ⊅ Spline Edit	圆角	选择 2 条边或角点	图形区有快捷菜单
	倒角	选择 2 条边或角点	图形区有快捷菜单
	接角	选择 2 条边	
	裁剪	选择待裁剪的边、弧的一端	
	延伸	选择待延伸的边、弧的一端	
	分割	分割所选对象	详情见下面
	拉伸	选择边/弧,或者边/弧的角点	移动,或缩放
	剪切	剪切所选对象	单击右键才能完成
	复制	复制所选对象	单击右键才能完成
	粘贴	粘贴所选对象	单击右键才能完成
	移动	移动所选对象	单击右键才能完成
	重复	同一草图平面内的复制	单击右键才能完成
	原样复制	不同草图平面之间的原样复制	单击右键才能完成
	偏置	偏置所选对象	详情见下面
	样条线编辑	编辑样条线/点	

1. Fillet 和 Chamfer 的快捷菜单

Fillet 和 Chamfer 的快捷菜单如图 3-29(a)所示。分别为两条都修剪、修剪第一条、修剪第二条、两条都不修剪。

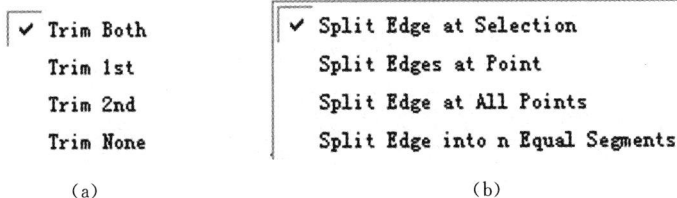

```
✔ Trim Both              ✔ Split Edge at Selection
  Trim 1st                 Split Edges at Point
  Trim 2nd                 Split Edge at All Points
  Trim None                Split Edge into n Equal Segments
```

　　　　　(a)　　　　　　　　　　　　　　　(b)

图 3-29　快捷菜单

2. 分割 Split 命令的选项

Split 命令用于分割边线,选中分割对象后右击鼠标出现快捷菜单,如图 3-29(b)所示。

其相关命令解释如下：

Split Edge at Selection：缺省选项，表示在选定位置将一条边线分割成两段，但指定边线不能是整个圆或椭圆，要对整个圆或椭圆做分割操作，必须指定起点和终点的位置。

Split Edges at Point：用点分割边线：选定一个点后，所有过此点的边线都将被分割成两段。

Split Edge at all Points：用边上的所有点分割：选择一条边线，它被所有通过的点分割。

Split Edge into n Equal Segments：将线 n 等分：先在编辑框中设定 n 值，然后选择需要分割的线，n 最大为 100。

另外，Split 命令对草图蒙皮 Skin/Loft 是非常有用的，Split 线操作对将要进行的划分网格或加入边界条件操作也很有用。

3. 拉伸 Drag

用光标可以拖曳一个点或一条边。可以在使用拖曳 Drag 功能前预先选择多个实体，拖动时草图可以实现联动拖动，模型如何变化取决于所选定的内容、所加的约束和尺寸。

4. Paste，Move，Replicate 后面的参数

如图 3-30 所示，Paste，Move，Replicate 后面的有两个参数，其中 r 表示旋转度数，f 表示缩放因子。这两个参数只有在单击鼠标右键，选择其中某一项时才起作用，如图 3-31 所示。

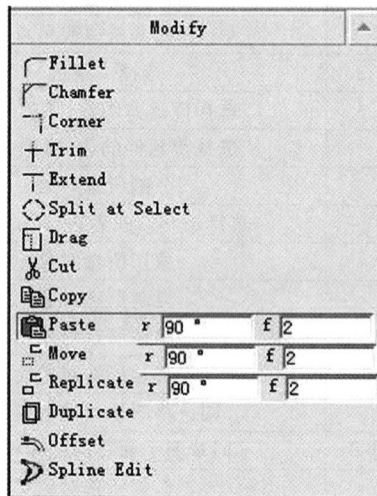

图 3-30　粘贴、移动、重复的参数

5. 剪切 Cut、拷贝 Copy、粘贴 Paste、移动 Move 命令的快捷选项

单击 Cut，Copy，Paste 或 Move 后，单击鼠标右键出现快捷菜单，如图 3-31 所示，解释如下：

Clear Selection：清除所选对象。

End / Set Paste Handle：指定粘贴点位置。

End / Use Plane Origin as Handle：平面原点被用作粘贴点。

End / Use Default Paste Handle：将选中的第一条线的起始点作为粘贴点。

Rotate by ＋/－ r Degrees：正向旋转＋r 度或反向旋转－r 度。

Flip Horizontally / Vertically：水平或垂直翻转。

Scale by Factor f or 1/f：放大 f 倍或缩小为原来的 1/f。

Paste at Plane Origin：在平面原点粘贴。

Change Paste Handle：改变粘贴点。

End:结束。

注意:完成 Copy 后,可以进行多次粘贴操作,可以从一个草图复制后粘贴到另一个草图,在进行粘贴操作时可以改变粘贴操作点。

```
                                    Rotate by r Degrees
                                    Rotate by -r Degrees
                                    Flip Horizontal
                                    Flip Vertical
                                    Scale by factor f
                                    Scale by factor 1/f
                                    Paste at Plane Origin
                                    Change Paste Handle
        Clear Selection            ─────────────────────
        End / Set Paste Handle     End
        End / Use Plane Origin as Handle    Cut
        End / Use Default Paste Handle      Copy
```

图 3-31　快捷菜单

6.复制 Replicate 命令

Replicate 命令和 Copy＋Paste 命令等效,选取其中一个 End 选项后,再次单击 Replicate 鼠标右键就变成了粘贴功能右键。

7.移动 Move 命令

Move 命令和 Replicate 命令相似,但操作后选取的对象移动到一个新的位置而不是被复制。

8.偏移 Offset 命令

可以从一组已有的线和圆弧偏移相等的距离来创建一组线和圆弧。原始的一组线和圆弧必须端点与端点相互连接,并且构成一个开放或封闭的轮廓。用户可以预先选择边,然后在鼠标右键弹出菜单中选择 End selection/Place offset(结束选择/设定偏移)即可,如图3-32(a)所示。

用光标位置设定 3 个值:偏移距离、偏移侧方向、偏移区域。如果按照指定的偏移方向和偏移距离操作,选定的曲线的一部分将被破坏或相互交叉,那么光标的所在位置将决定偏移曲线的哪一个区域将被保存下来,示例如图 3-32(b)所示。

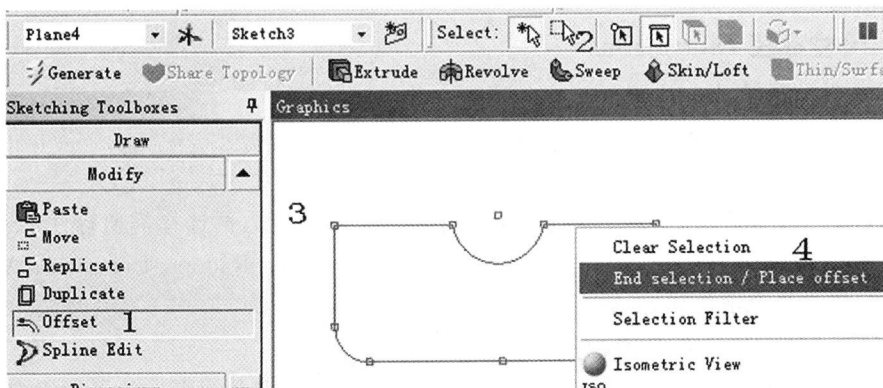

(a)

图 3-32　草图偏移命令

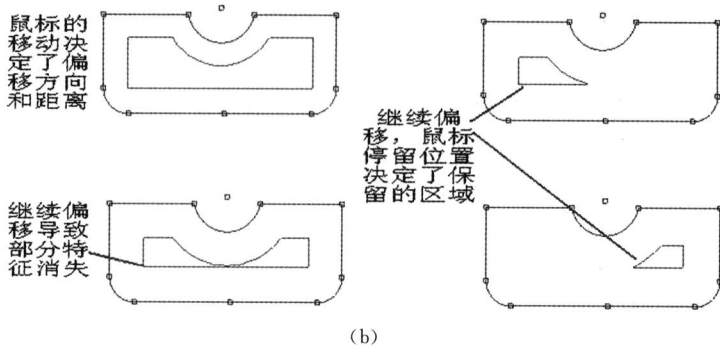

(b)

续图 3-32　草图偏移命令

9. Duplicate

使用 Duplicate，用户可以从另一草图或工作平面边界复制草图（被复制的所有的草图必须在当前工作平面内）。

允许一个工作平面边界（可能来自于外界几何导入）被复制以作为一个新的草图，如图 3-33 所示，图 3-33(c) 为用 Duplicate 生成的草图，为了区别，把导入的几何体隐藏。

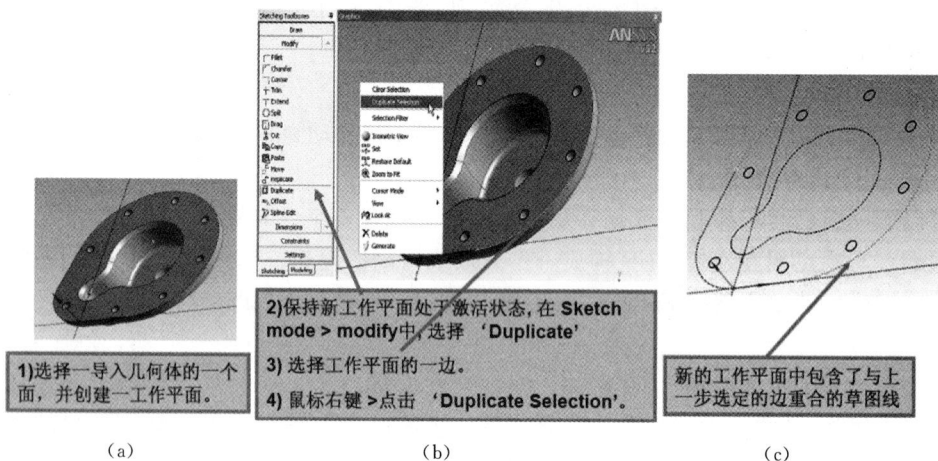

2)保持新工作平面处于激活状态，在 Sketch mode > modify中，选择 'Duplicate'
3) 选择工作平面的一边。
4) 鼠标右键>点击 'Duplicate Selection'。

1)选择一导入几何体的一个面，并创建一工作平面。

新的工作平面中包含了与上一步选定的边重合的草图线

(a)　　　　　　　　　　(b)　　　　　　　　　　(c)

图 3-33　Duplicate 示例

3.2.3　尺寸标注 Dimensions

本节帮助路径：help/wb_dm/agp_2ddim.html。

DM 包括一个完整的尺寸标注工具箱，见表 3-9。

1. 通用标注 General

标注工具可以标注所有主要的标注工具。先选中 General，再选择需要标注的对象，然后单击鼠标右键出现 Horizontal，Vertical，Length/Distance，Radius，Diameter，Angle 共 6 种。用户先选择合适的项，然后在合适的位置单击左键即可。

2. Semi-Automatic 半自动标注

半自动标注循环链给出待标注的尺寸的选项，直到模型完全约束。如果中途单击鼠标右键按钮，如图 3-34 所示，用户选择 Skip 跳过该尺寸，或者选择 Exit 退出自动模式。

表 3-9　草图尺寸标注命令

	含　义	说　明
General	通用标注	选择点、线、圆弧,可完成所有标注
Horizontal	水平标注	选择两点或两条线
Vertical	垂直标注	选择两点或两条线
Length/Distance	长度或距离标注	选择两点或两条线
Radius	标注半径	选择圆弧
Diameter	标注直径	选择圆弧
Angle	标注夹角	选择两条线
Semi-Automatic	半自动智能标注	详情见下面
Edit	尺寸标注的编辑	详情见下面
Move	标注移动	可以修改尺寸放置的位置
Animate	尺寸标注动画	用动态变化来浏览所选定尺寸
Display	显示尺寸标注	可以显示尺寸的具体数值或尺寸名称

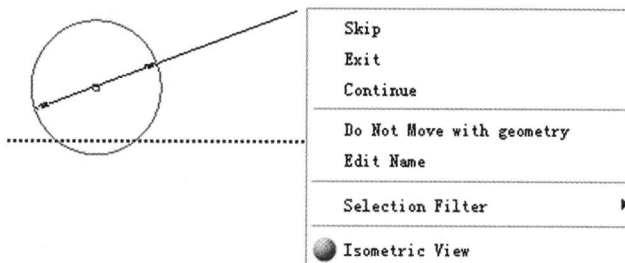

图 3-34　Semi-Automatic 的快捷菜单

3. Edit 编辑尺寸功能

该方法为先选择待修改的尺寸,然后在细节列表窗口键入新数值 Value 即可完成修改,如图 3-35 所示。并且数值 Value 改变后,图形会根据新尺寸自动变化,或用鼠标右键菜单弹出选项也可以快速进行尺寸编辑。

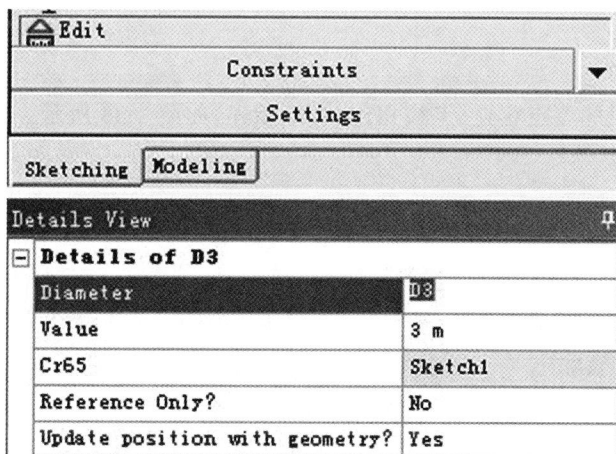

图 3-35　Edit 修改的细节窗口

3.2.4 草图约束 Constraints

本节帮助路径:help/wb_dm/agp_2dconst.html。

草图约束命令见表 3-10,下面只讨论部分复杂的约束。选中定义的约束后用 Delete 键即可删除约束。

表 3-10 草图约束命令

	含 义	说 明
Fixed	固定约束	选择草图中的 2D 边或者点,限制其移动
Horizontal	水平约束	使草图中的直线(或者椭圆/椭圆弧的长轴)平行于 X 轴
Vertical	铅垂约束	使草图中的直线(或者椭圆/椭圆弧的长轴)平行于 Y 轴
Perpendicular	垂直	将一条边与另一条边(或者多条边)转变为相互垂直
Tangent	相切	将圆(圆弧)与一条边(或者一组边)相切
Coincident	重合	将两条线相连
Midpoint	中点	将草图中的一个点与另一条线的中点强行相连
Symmetry	对称	先选择对称轴,再选择两个点(两条线)
Parallel	平行	将两条边(或者椭圆的长轴)强行平行
Concentric	同心	将所选的点、圆心、椭圆中心重合
Equal Radius	等半径	使圆、圆弧的半径相等
Equal Length	等长度	使所选线的长度相等
Equal Distance	等距离	使一组对象的距离等于另一组对象的距离
Auto Constraints	自动约束	绘制草图过程中是否自动约束

1. Vertical 垂直

用户可以先选择一条线,再选择一组线,然后单击 Vertical,这样就使这组线都垂直于第一条线。

2. Tangent 相切

用户可以先选择一个圆或者圆弧,再选择一组线,然后单击 Tangent,这样就使这组线都与圆或者圆弧相切。

3. Coincident 相连

可以实现两条线的点点相连、点线相连、线线相连,如图 3-36 所示。

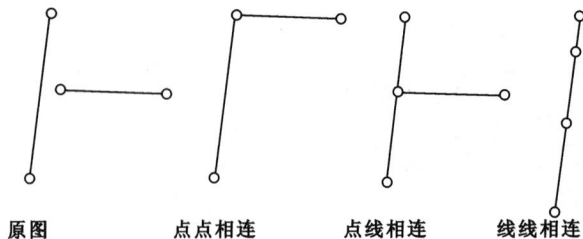

原图　　　　点点相连　　　　点线相连　　　　线线相连

图 3-36 两条线相连

4. 等距离

先选择两组对象,每一组可以都是点,都是线,或者一个点加一条线,再单击 Equal

Distance,则两组之间的距离保持相等。如果某一组中包含两条线,那么这两条线必须平行,否则报错。

另外,如果用户预先选择一系列的平行线,再单击 Equal Distance,那么这一系列线中的所有线将会等距分布,且距离以第一组对象为准,如图 3-37 所示。

在图形区右击鼠标弹出快捷菜单,有以下 3 个选项:

(1)Select 2 pairs,选择两组对象。

(2)Select multiple,选择多组对象,效果类似于图 3-37。

(3)New multiple select,删除前面所选对象,重新选择对象。

图 3-37　等距约束

5. 自动约束

在绘制草图过程中,DesignModeler 自动检测各种约束,例如点重合、平行、水平等。但有时候自动约束会减慢绘图速度,因此用户可以设置是否自动约束。

Cursor:可以选中或关闭局部约束,包括重合、相切、垂直、平行。

Global:可以选中或关闭全部的自动约束。

6. 颜色

草图实体还用颜色显示当前的约束状态。如果一个草图没有在空间内固定,则开始草图中的线是深青色的,表明没有约束,即使在标注后这些线也是欠约束,此时加入尺寸约束固定该草图,则草图定义完整,所有的线为蓝色(见表 3-11)。如果加入过多的尺寸或约束使草图成为过约束,则草图模式下过约束线为红色,如图 3-38 所示。

表 3-11　草图颜色与约束状态

颜　　色	凫蓝色	蓝　色	黑　色	红　色	灰　色
约束状态	未约束,欠约束	完整定义	固定	过约束	矛盾或未知

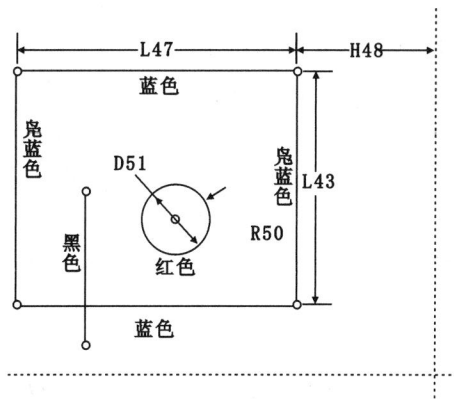

图 3-38　颜色显示约束状态

3.2.5 草图设置 Settings

本节帮助路径：help/wb_dm/agp_settings. html。

草图的栅格设置见表 3-12。

表 3-12 草图的栅格设置

草图中的栅格设置		名　称	解　释
Grid　　　Show in 2D: ☑ Snap: ☑		栅格	是否在 2D 显示，是否捕捉
Major Grid Spacing　1000 m		主要间距	用实线表示
Minor-Steps per Major　10		次要间距	用虚线表示
Snaps per Minor　1		次要间距的捕捉	每隔几个次要间距进行捕捉

3.2.6 草图援引和草图投影

本节帮助路径：help/wb_dm/dm_sketchinstances. html 以及 help/wb_dm/dmMenus SketchProj. html。

草图援引 Instance 和草图投影 Projection 的命令位于鼠标右键的弹出菜单，如图 3-39 所示。

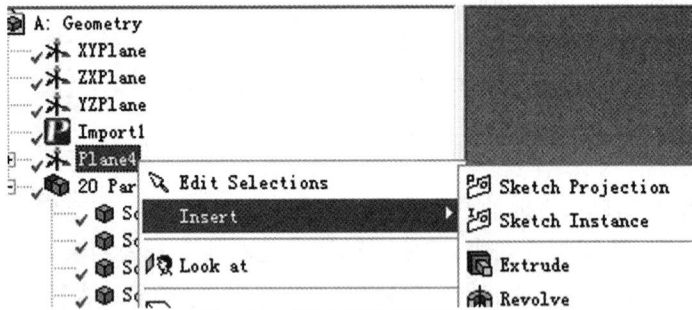

图 3-39 草图援引和草图投影

1. 草图援引 Sketch Instance

草图援引用来复制某平面中的一个图形并将其加入到另一个平面中。细节窗口如图 3-40(a)所示。

(1)Base Sketch：选择源草图。

(2)FD1，Base X 以及 FD2，Base Y：两者在 Base Sketch 中设置了参考位置。

(3)FD3，Instance X 以及 FD4，Instance Y：两者一起设置了 Base Sketch 的 Base X 和 BaseY 在活动平面中的位置。Instance X 和 Instance Y 位置也用作旋转和缩放的中心点。

(4)FD5，Rotate Angle：以 Instance X 和 Instance Y 为中心，目标草图相当于源草图的旋转角度。

(5)FD6，Scale：缩放比例。以 Instance X 和 Instance Y 为缩放中心，目标草图与源草图的尺寸之比，范围为 0.01～100.0。

注意：

(1)在点击 Generate 后，复制的图形和源图形始终保持一致，也就是说新图形随着源图形的更新而更新。

(2)援引中的边是固定的，不能通过草图操作进行移动、编辑或删除。

(3)源草图所在的面必须在目标面之前创建,援引的草图不能放在 XY 平面前。

(4)草图援引可以像正常草图一样用于生成其他特征,但不能作为基准草图被其他草图援引,且不会出现在草图的下拉菜单中。

2.草图投影 Sketch Projection

草图投影允许用户将三维模型投射到平面上。用户可以选择顶点、点特征点(PF Point)、边、面和实体来进行投影。细节窗口如图 3-40(b)所示。

注意:

(1)如果更新了源 3D 模型,相关联的 Sketch Projection 也会发生变化。

(2)草图投影中的边像平面边界或草图实例一样是固定的,不能通过正常的草图操作移动、编辑或删除。

(3)草图投影可以像普通草图一样用于创建其他特性。但是,它不能用作实例的基本草图。像草图实例一样,因为不允许在草图模式下做一个草图投影"活动",它们不包括在工具栏的草图下拉菜单中。

(4)与其他草图类型不同,草图投影可以像树中的其他特性那样被抑制。被压制的草图投影将被视为"隐藏草图"对它们有效。

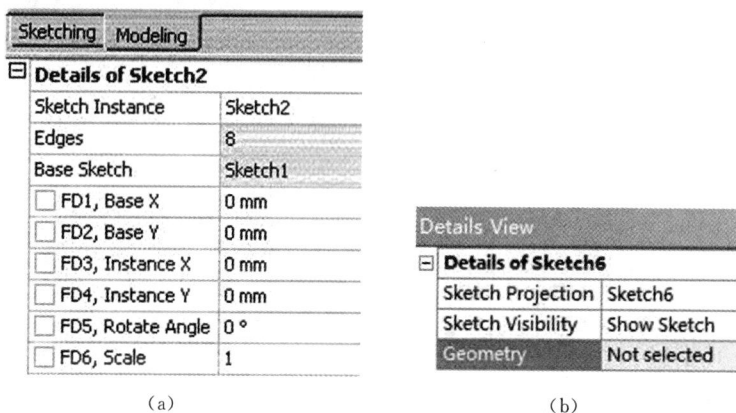

(a)　　　　　　　　　　　　　(b)

图 3-40 Instance 和 Projection 的细节窗口

3.2.7　第 3 章例子 1

下面演示如何建立草图和建立草图援引 Sketch Instance,以及建立草图投影 Sketch Projection。相关文件见光盘 chapter 3/example 3.1。

1.建立草图

启动 Workbench,在工具栏的 Component Systems 中选择 Geometry,建立新的 Geometry 工程流程图,双击 A2 即 Geometry 启动 DesignModeler 界面,点击 Units 菜单选择单位为 Millimeter。首先绘制源草图,如图 3-41 所示步骤 1~6。

步骤 1:点击工具栏的 New Plane 按钮。

步骤 2:点击视图工具栏的 Look at Face/Plane/Sketch 按钮。

步骤 3:点击 Generate,即可建立新平面,即 Plane4。

步骤 4:点击 Sketching,进入草图模式。

步骤 5:先点击草图工具栏的 Draw,再点击 Rectangular,然后在图形区绘制矩形。

步骤 6：先点击 Draw 下的 Circle，然后在图形工作区绘制两个圆。此时完成了源草图。

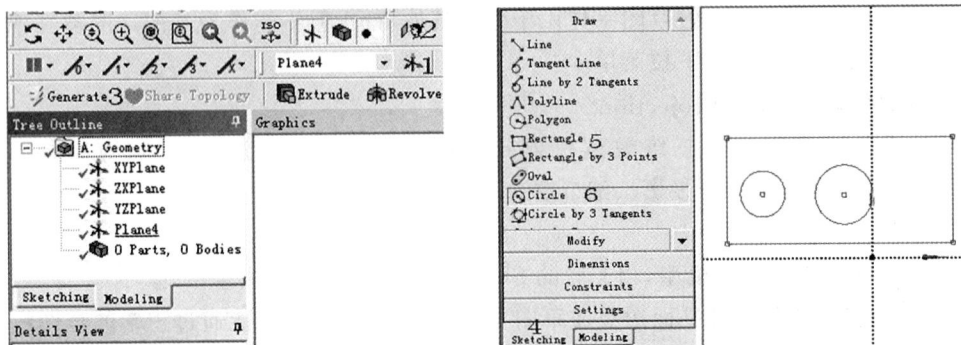

图 3-41 绘制源草图

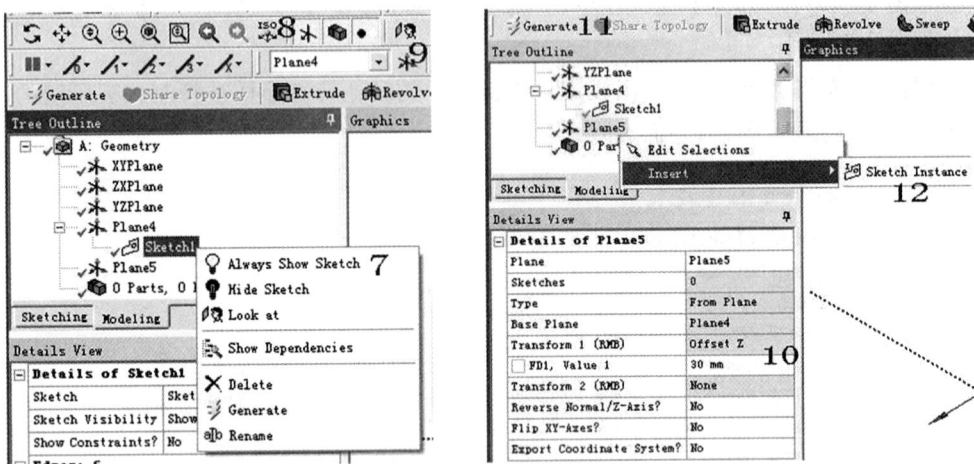

图 3-42 插入草图援引

2. 建立草图援引 Sketch Instance

使用 Sketch Instance 完成草图援引，如图 3-42 和图 3-43 所示步骤 7～15 即可完成。

步骤 7：点击 Modeling 进入建模状态。在导航树中选择草图 Sketch1，右击鼠标，选择 Always Show Sketch。

步骤 8：在视图工具栏中单击轴测视图按钮，在图形区显示为斜视图。

步骤 9：点击平面和草图工具栏的 New Plane 按钮，建立新平面 Plane5。

步骤 10：设置 Plane5 平面属性：Transform 1＝Offset Z，FD1，Value1＝30 mm。

步骤 11：点击 3D 建模工具栏中的 Generate，即可完成新平面 Plane5。

步骤 12：导航树中选择工作平面 Plane5，右击鼠标选择 Insert→Sketch Instance。

步骤 13：设置源草图。先选中 Sketch1，然后在 Base Sketch 中单击 Apply 按钮确认源草图，则 Base Sketch＝Sketch1。

步骤 14：援引也可以被偏移、旋转和缩放。此处偏移坐标原点 FD3，Instance X＝30 mm，FD5，Rotate Angle＝5°，FD6，Scale＝1.5。

步骤 15：点击 3D 建模工具栏中的 Generate，即可完成援引草图。

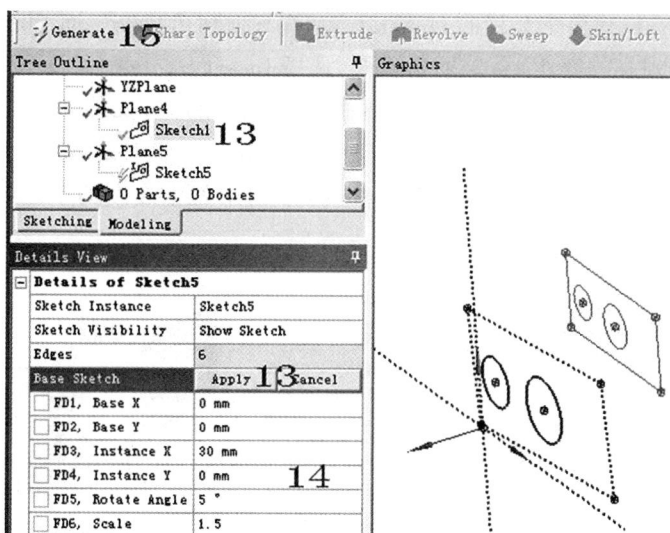

图 3-43 建立草图援引

3. 建立草图投影 Projection

该操作可以将 3D 几何体的点、边、面或体投影到工作平面上以创建一个新的草图(见图 3-44 和图 3-45)。同样,投影不能用常规的草图修改工具进行修改,而且投影与原几何体相关联,也就是说当原 3D 几何体被更改时,那么草图投影也会被更新。

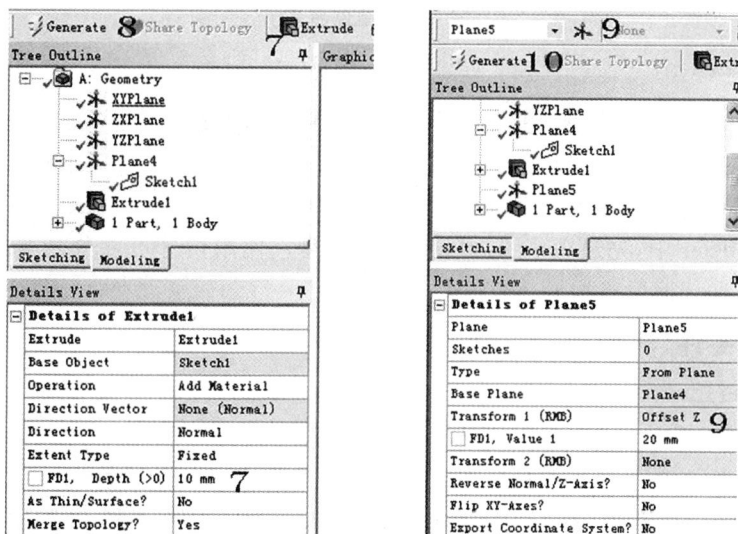

图 3-44　建立新平面

步骤如下:

步骤 1~6 同上例。

步骤 7:在 3D 建模工具条中选择拉伸 Extrude,细节窗口中设置 FD1,Depth=10 mm。

步骤 8:单击 3D 建模工具栏中的 Generate,就会生成拉伸特征,并且在图形区生成 3D 实体。

步骤 9:在平面和草图工具栏中单击 New Plane,设定 Transform1 = Offset Z,FD1,Value1= 20 mm。

步骤 10：单击 3D 建模工具栏的 Generate，就在导航树生成新平面 Plane5。

步骤 11：在导航树选择 Plane5，右击鼠标，选择 Insert Sketch Projection。

步骤 12：确保选择过滤工具条的 Edges 被选中，在图形区选择 3D 实体的两个圆孔的边，并在细节窗口 Geometry 单击 Apply，则显示 Geometry＝2 Edges。

步骤 13：单击 3D 建模工具栏的 Generate，导航树中就生成新的草图 Sketch，只包含两个圆孔。

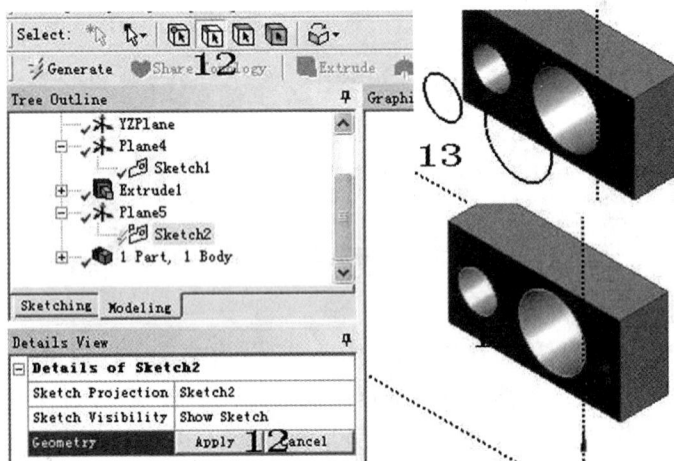

图 3-45　草图投影

3.3　3D 建模 Modeling

本节帮助路径：help/wb_dm/agp_3dmodel.html。

DesignModeler 中，先建立草图，再创建 3D 模型。使用切分可以分割实体以提高网格质量，或者加入印记面以施加局部载荷。

3.3.1　体和零件

本节帮助路径：help/wb_dm/agp_3dbody.html。

1. 体的分类

DesignModeler 中将几何模型分为 3 种不同体类型，如图 3-46 所示。

（1）实体 Solid：由点、线、表面和体组成，在细节窗口可看到体积、面积，以及点、线、面的数量。

（2）面体 Surface Body：由点、线、表面组成，在细节窗口可看到面积，以及点、线、面的数量。

（3）线体 Line Body：完全由边线组成，没有面和体。在细节窗口可以看到点、线的数量，还可以设置截面积的形状和尺寸。

2. 体的状态

如图 3-46 所示，体在 DM 中可以设置为激活（解冻）和冻结两种状态。在创建体时用户可以设定体的状态，在细节窗口中选择 Add Material 就是创建激活体，选择 Add Frozen 就是创建冻结体。两种状态可以相互转化，方法为选择某个体，然后单击 Tools→Unfreeze 或者 Freeze。

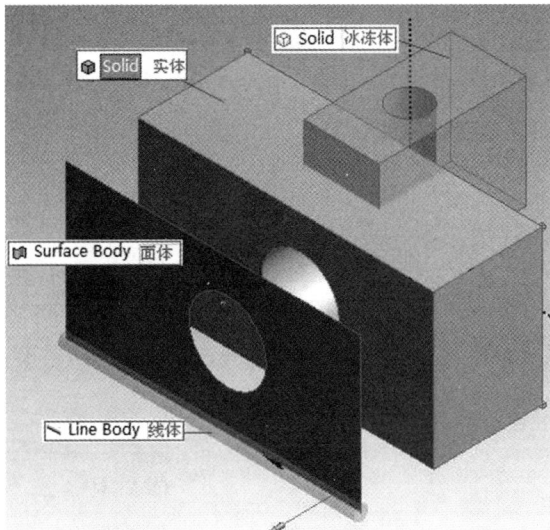

图 3-46　3 种体类型

（1）激活（解冻）状态 Unfreeze：激活体在图形区为多种颜色的不透明体，在导航树中显示为蓝色，在导航树中体的图标取决于它是实体、表面，还是线体类型。激活体可以进行常规的建模操作，可以修改，但是不能被切片，

（2）冻结状态 Freeze：冻结体在导航树中呈现浅蓝色，在图形工作区显示为透明体。冻结体是独立的体，不会自动与其接触的其他任何体合并。可以使用布尔操作将多个冻结体合并。冻结体不受后续操作的 Add、Cut 或者 Imprint Material 等操作的影响，只能使用"切片"操作，可以将冻结体切片 Slice 分割成不同部分，为数值模拟分析中装配建模提供不同选择的方式。

3. 体的抑制 Suppressed 和激活 Unsuppressed（见第 3.1.6 小节"弹出菜单"）

4. 单体零件与多体零件

在有限元中，一些机构往往是比较复杂的装配体。此时在 DM 中有 3 种处理办法。

第 1 种：单体零件。模型中的 3 个零件分别包含在 3 个实体中，并且 3 个实体共有 2 个接触区。每一个实体都独立划分网格。如果各单独的体有共享面，则共享面上的网格划分不能匹配，即节点不共享，如图 3-47 所示。

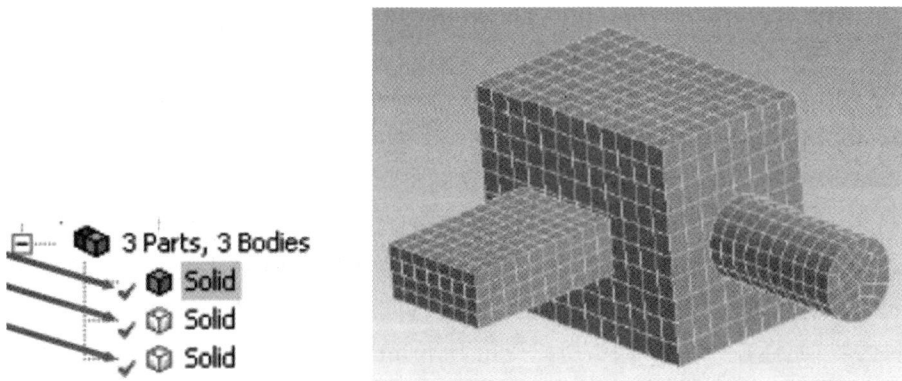

图 3-47　纯单体零件

第 2 种：单个实体。将 3 个实体通过布尔操作组成 1 个实体。之后完全作为一个实体

划分网格,无法模拟真实的接触情况。3 个零件只能是同一种材料。划分网格后就没有内部表面。

第 3 种:多体零件。将 3 个部件组成多体零件(Multi-body Parts),并且 3 个部件之间共有 2 个接触区。每个部件之间共享拓扑,即接触面有共同的节点。3 个部件可以用不同的材料。

可以将多个体归并到同一个零件名称下,形成多体零件。该命令可以描述为:选择多个实体,右击鼠标选 Form New Part,或者选主菜单命令 Tools→Form New Part。这种多体零件可以传递到数值模拟分析中。多体零件的装配模型中,零件实体间无接触。1 个多体零件可以有多种材料实体,每个实体独立划分网格,而且这些体具有共享拓扑,即在共享面上划分匹配的网格,如图 3-48 所示。

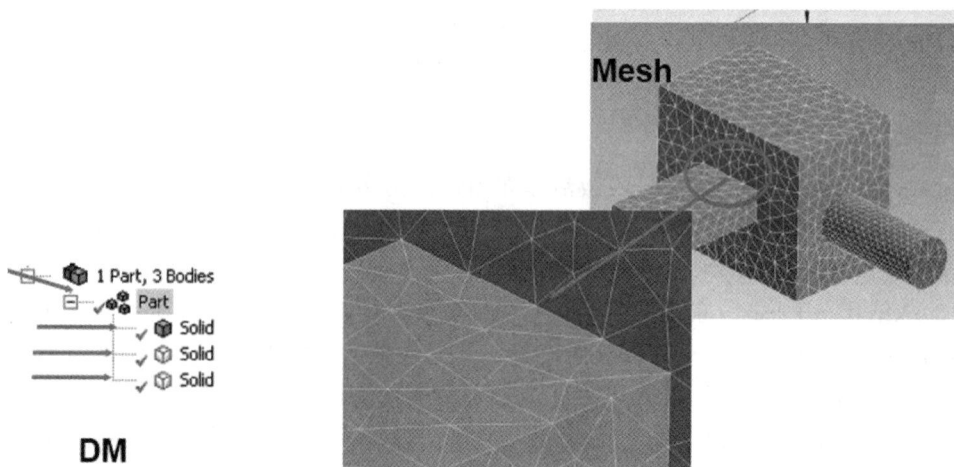

图 3-48　多体零件

3.3.2　详细选项

在进行 3D 实体建模时,例如拉伸、旋转等,对应的细节窗口有很多共同的选项,用来确定其他的功能,例如 Operation 操作、Direction 方向、Extent Type 范围类型。

1. Operation 操作

本节帮助路径:help/wb_dm/agp_3dmattype. html。

如图 3-49 和图 3-50 所示,对 3D 特征可以运用以下 5 种不同的 Operation 操作:

(1)添加材料 Add Material:创建材料,新创建的体会自动合并到与其有接触的原先的体中。默认选项并且总是可用。

(2)切除材料 Cut Material:从激活体上切除材料。

(3)切片材料 Slice Material:将冻结体切片,仅当模型中全部的体被冻结时才可用。

(4)给表面添加印记 Imprint Faces:和切片相似,但仅仅分割体上的面。该操作对于后续有限元分析很有用。由于实体模型的表面很大,但载荷、约束条件等只作用在实体表面的某一小块区域,而且有一定的形状,所以使用 Imprint Faces 生成印记面,便于在印记面上施加有限元边界条件。如果需要也可以在边线上增加印记(不创建新体)。

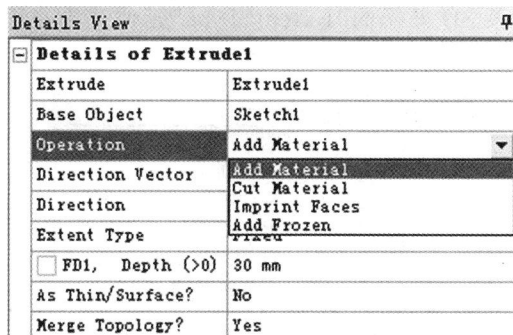

图 3-49 Operation 操作的选项

（5）加入冻结 Add Frozen：和加入材料相似，但新增特征体不被合并到已有的模型中，而是作为冻结体加入。

注意：线体不能进行切除、印记和切片操作。

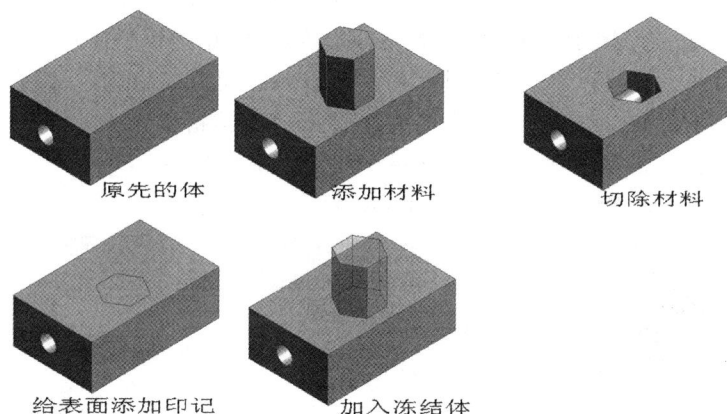

图 3-50 Operation 操作的实例

2. Direction 方向

在细节窗口中，关于某 3D 操作的方向有 4 个选项，如图 3-51 所示。这里的法向是指坐标平面或者绘图平面的法线方向。

旋转方向 Direction 特性的选项及解释：

（1）Normal 正常：按基本对象的正 Z 方向旋转。

（2）Reversed 反向：按基本对象的负 Z 方向旋转。

（3）Both-Symmetric 双向对称：在两个方向上创建特征，两个方向角度相同。

（4）Both-Asymmetric 双向不对称：在两个方向上创建特征，每一个方向角度不同。

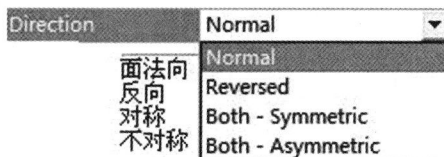

图 3-51 特征方向

3. Extent Type 范围类型

本节帮助路径：help/wb_dm/dm_extrude.html。

在细节窗口中,关于某 3D 操作的"Extent Type"延伸范围类型有 4 个选项,如图 3-52
所示。

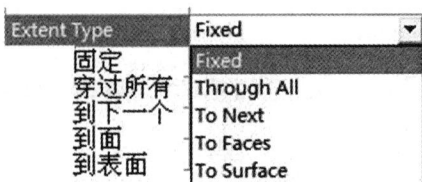

Extent Type	Fixed
固定	Fixed
穿过所有	Through All
到下一个	To Next
到面	To Faces
到表面	To Surface

图 3-52　特征延伸类型

(1)固定 Fixed:选择该选项后,将出现"Depth(>0)"的输入框,用户输入拉伸距离后,将
使草图轮廓按指定的拉伸距离进行拉伸,特征预览可以精确地显示出创建特征后的情形。

(2)穿过所有 Through All:将草图延伸到整个模型,在添加材料操作中延伸轮廓必须完
全和模型相交(见图 3-53(a))。

(3)到下一个 To Next:在添加材料操作中,将草图延伸到所遇到的第一个面;在剪切、
印记和切片操作中,将草图延伸至所遇到的第一个面或体(见图 3-53(b))。

(4)到面 To Faces:可以将草图拉伸到由一个或多个面形成的边界,对多个轮廓而言要
确保每一个轮廓至少有一个面和延伸线相交,否则导致延伸错误。"到面"选项不同于"到下
一个"选项。到"下一个"并不意味着"到下一个面",而是"到下一个块的体(实体或薄片)"。
"到面"选项可以用于到冻结体的面(见图 3-53(c))。

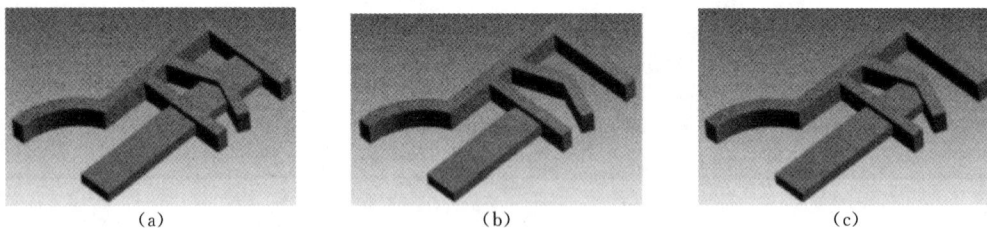

(a)　　　　　　　　　(b)　　　　　　　　　(c)

图 3-53　Extent Type 延伸类型

(5)到表面 To Surface:和"到面"选项类似,但只能选择一个面(见图 3-54)。延伸长度
可以由到所选表面的潜在面、游离面所定义。该潜在面必须完全和拉伸后的轮廓相交,否则
会报错。

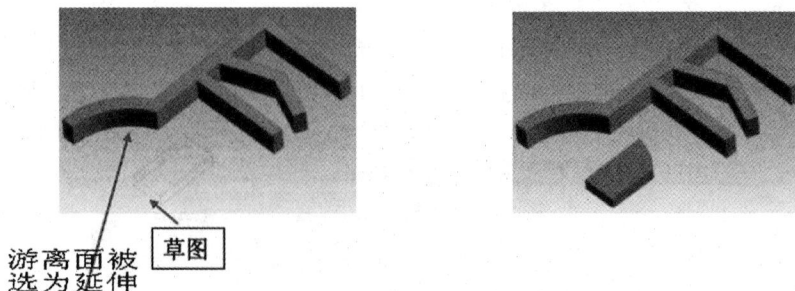

游离面被
选为延伸　草图

图 3-54　Extent Type 延伸到表面

3.3.3　3D 特征创建

本节帮助路径:help/wb_dm/dm_3Dfeatures.html。

3D 几何特征命令可以从 Create 下拉菜单获得,命令及相关说明见表 3-13,本节介绍前面的两类 3D 生成和修改操作命令。

表 3-13　特征操作命令及说明

	含　义	分　类
Create Concept Tools View Help	拉伸	3D 生成工具
Extrude	旋转	
Revolve	扫掠	
Sweep	蒙皮	
Skin/Loft	抽壳	
Thin/Surface		
Fixed Radius Blend	固定半径倒圆角	3D 修改工具
Variable Radius Blend	变半径倒圆角	
Vertex Blend	点倒圆角	
Chamfer	倒角	

1. 拉伸 Extrude

本节帮助路径:help/wb_dm/dm_extrude.html。

拉伸可以生成实体、表面和薄壁特征,细节窗口设置如图 3-55 所示,点击 Generate 按钮完成拉伸操作。

Details of Extrude1	
Extrude	Extrude1
Base Object	Sketch1
Operation	Add Material
Direction Vector	None (Normal)
Direction	Normal
Extent Type	Fixed
☐ FD1,　Depth (>0)	30 mm
As Thin/Surface?	Yes
☐ FD2,　Inward Thickness (>=0)	1 mm
☐ FD3,　Outward Thickness (>=0)	0 mm
Merge Topology?	Yes

图 3-55　拉伸的细节窗口

Base Object:基准对象,可以是一个有效的草图或是命名选择的面。激活的草图作为默认输入,但可以通过在导航树中选择想要的草图 Sketch 改变输入。

Operation:操作,可选项有添加、切除、切片、印记或加入冻结体。

Direction Vector:方向矢量,指定拉伸的方向矢量。如果用草图作为基准对象,那么方向矢量不可变,且默认为草图的法向即 Normal。当命名选择作为基准对象时,需要用户指定方向矢量。

Direction Vector:拉伸方向、Extent Type 拉伸范围,具体解释见第 3.3.2 小节。

As Thin/Surface?:创建薄壁体/面体,使用默认厚度或者指定某一厚度拉伸后成为薄壁体,如图 3-56(a)所示。或者内、外厚度设置为零,拉伸后成为面体,如图 3-56(b)所示。

Details of Extrude1	
Extrude	Extrude1
Base Object	Sketch1
Operation	Add Material
Direction Vector	None (Normal)
Direction	Normal
Extent Type	Fixed
☐ FD1, Depth (>0)	30 mm
As Thin/Surface?	Yes
☐ FD2, Inward Thickness (>=0)	1 mm
☐ FD3, Outward Thickness (>=0)	2 mm
Merge Topology?	Yes

Details View	🔲
Details of Extrude1	
Extrude	Extrude1
Base Object	Sketch1
Operation	Add Material
Direction Vector	None (Normal)
Direction	Normal
Extent Type	Fixed
☐ FD1, Depth (>0)	30 mm
As Thin/Surface?	Yes
☐ FD2, Inward Thickness (>=0)	0 mm
☐ FD3, Outward Thickness (>=0)	0 mm
Merge Topology?	Yes

(a)　　　　　　　　　　　　　　　　(b)

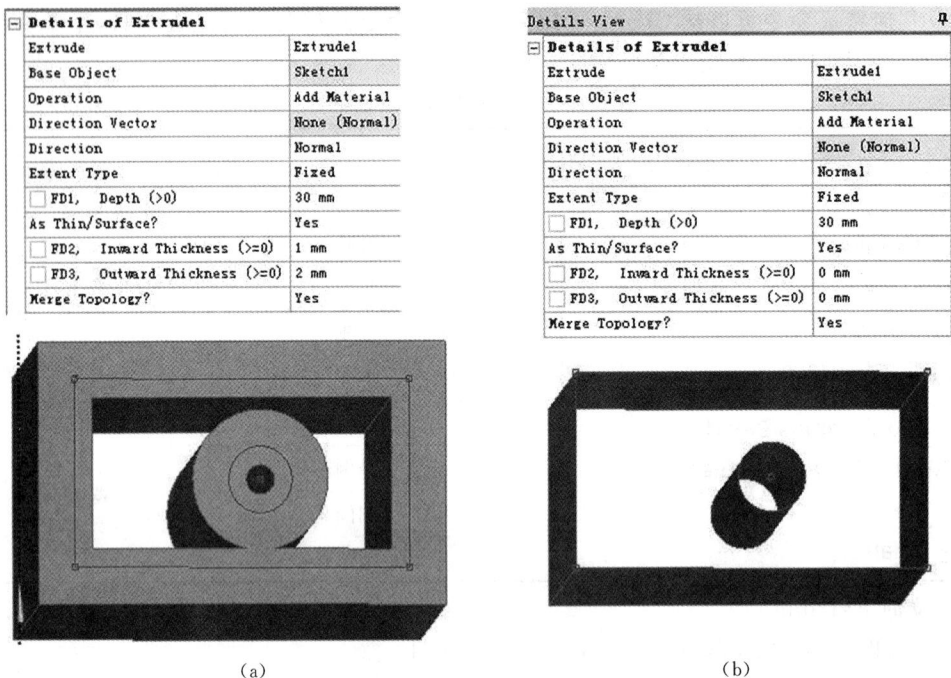

图 3-56　创建薄壁体和面体

2. 旋转 Revolve

本节帮助路径：help/wb_dm/dm_revolved.html。

使用"旋转"按钮创建旋转特征，如图 3-57 所示，Base Object 默认设置是已激活的草图。但可以使用 Tree Outline 选择所需的草图，例如可以是导航树中的面（使用边界），或命名选择特征，或点特征。还可以选择几何图元（如面、边、顶点或点特征点）作为旋转特征的输入。

Axis 为旋转轴，如果在草图中有一条孤立（自由）的线，它将被作为缺省的旋转轴，单击生成按钮完成特征创建。

此外，细节视图还可以用来改变旋转角度 Angle、特征方向 Direction。

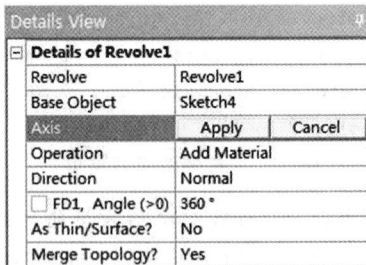

Details View		🔲
Details of Revolve1		
Revolve	Revolve1	
Base Object	Sketch4	
Axis	Apply	Cancel
Operation	Add Material	
Direction	Normal	
☐ FD1, Angle (>0)	360 °	
As Thin/Surface?	No	
Merge Topology?	Yes	

图 3-57　旋转的细节窗口

3. 扫掠 Sweep 和例子 2

本节帮助路径：help/wb_dm/dm_sweep.html。

扫掠是将一个剖面沿着一条路径进行扫掠，这一命令可以生成实体、表面、薄壁。图 3-58所示为扫掠的细节窗口，其中扫掠剖面 Profile，扫掠路径 Path。

Alignment 对齐的设置如下：

(1)Path Tangent 路径相切：沿路径扫掠时自动调整剖面，以保证剖面垂直于路径。

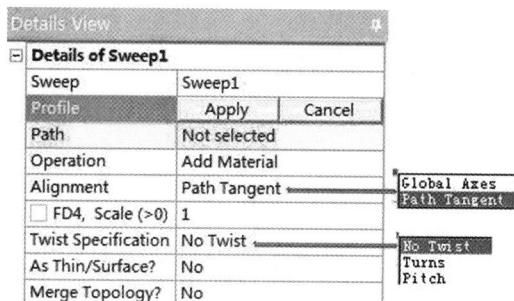

图 3-58　扫掠的细节窗口

（2）Global Axes 全局：沿路径扫掠时，不管路径的形状如何，剖面的方向保持不变。

（3）Scale 比例：沿扫掠路径逐渐扩张或收缩。

Twist Specification 缠绕设定，可用来创建螺旋扫掠，有如下 3 种选项。

（1）No Twist：表示无螺旋。

（2）Turns 圈数：表示有螺旋，沿扫掠路径转动剖面。且用户设定螺旋圈数 Turns，负圈数要求剖面沿与路径相反的方向旋转，正圈数为逆时针旋转。

（3）Pitch 节距。

下面演示螺旋扫掠，如图 3-59 所示。相关文件见光盘 chapter 3/example 3.2。

启动 Workbench，在工具栏的 Component Systems 中选择 Geometry，建立新的 Geometry 工程流程图，双击 A2 即 Geometry 启动 DesignModeler 界面，选择菜单 Units 下的单位 Millimeter。

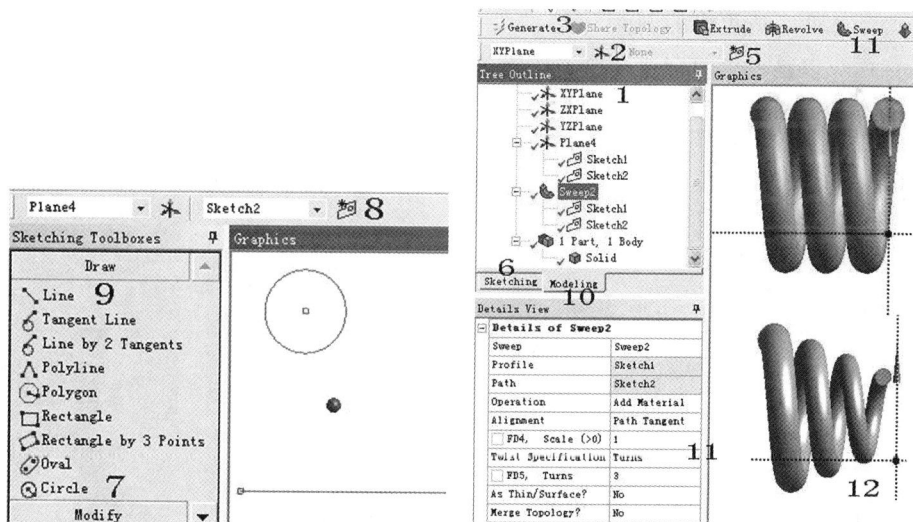

图 3-59　螺旋扫掠

（1）选择导航树的 Geometry 下的 XYPlane，

（2）点击平面和草图工具栏的 New Plane 按钮。

（3）点击 Generate，即可建立新平面，即 Plane4，该平面与 XYPlane 平行。

（4）点击视图工具栏的 Look at Face/Plane/Sketch 按钮。

（5）点击平面和草图工具栏的 New Sketch 按钮，程序自动在导航树建立一个草图 Sketch1。

(6)点击 Sketching 标签,进入草图模式。

(7)点击草图工具栏的 Draw,再点击 Circle,然后在图形区绘制圆形。

(8)点击平面和草图工具栏的 New Sketch 按钮,程序自动在导航树再建立一个草图 Sketch2。

(9)点击 Draw 下的 line,在图形工作区绘制一条线段。此时完成了源草图。

(10)点击 Modeling 标签返回 3D 建模环境

(11)点击 3D 建模工具条的 Sweep,并在细节窗口设置 Profile = Sketch1,Path = Sketch2,Twist Specification=Turns,且 FD5,Turns 设为 3,则扫掠后实体为如图 3-59 所示的圆柱弹簧。

(12)修改细节窗口的 FD4,Scale=0.5,则扫掠后实体为如图 3-59 所示的宝塔形弹簧。

4. 蒙皮/放样 Skin/Loft

本节帮助路径:help/wb_dm/dm_skin-loft.html。

蒙皮/放样 Skin/Loft 就是从不同平面上获取一系列的剖面来生成与它们相匹配的一个拟合样条面的三维几何体(见图 3-60(a))。选取好足够数量的剖面轮廓后,图形工作区显示所选的剖面和导引线 Guide Line(见图 3-60(b))。导引线是一段灰色的多义线,它用来显示剖面轮廓的顶点如何相互连接的。如果想修改导引线,先单击鼠标右键选择 Fix Guide Line,然后鼠标左键选定顶点并拖动,可以对引导线进行修改(见图 3-60(c)),顶点的对应出现差错可能导致出现不可预知的形状(见图 3-60(d))。

使用蒙皮/放样时所选剖面应该注意以下几点:

(1)必须选两个或更多的剖面。

(2)剖面可以是一个闭合或开放的环路草图,或由表面得到的一个平面(Plane)。

(3)所有的剖面必须具有相同的类型,例如不能混用多边形与样条曲线;例如不能混杂开放和闭合的剖面。但含不同数目中间点的样条曲线可以混用。

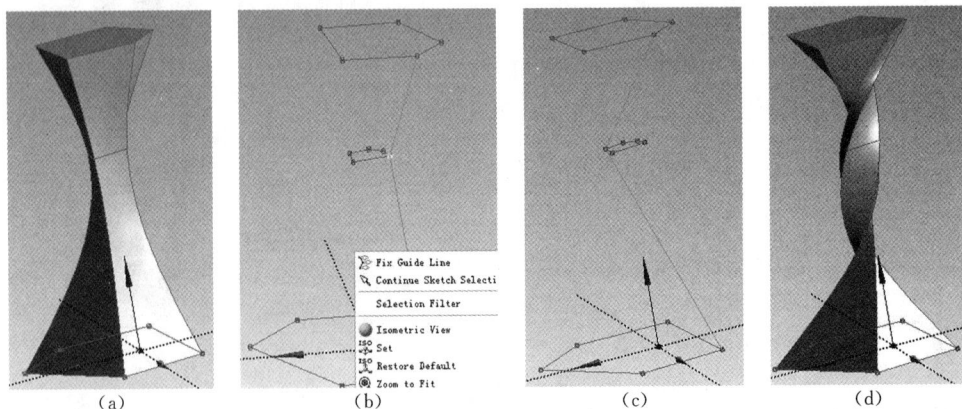

(a)　　　　　　　(b)　　　　　　　(c)　　　　　　　(d)

图 3-60　蒙皮/放样

创建蒙皮放样后,选择 Skin 右击鼠标选择 Edit Selection,可以对其进行修改。用户可以调整剖面的顺序,方法为先高亮选择待重新排列的剖面,然后点击鼠标右击,从弹出的菜单中选择上下移动(见图 3-61)。还可以设定是否创建 Thin/Surface 薄壳/表面,只需在 Inward Thickness 和 Outward Thickness 两处输入合适的厚度即可,如图 3-62 所示。

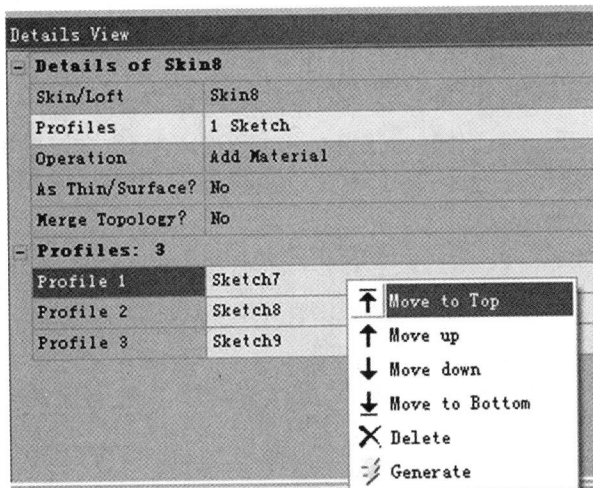

图 3-61　重新排列剖面的顺序

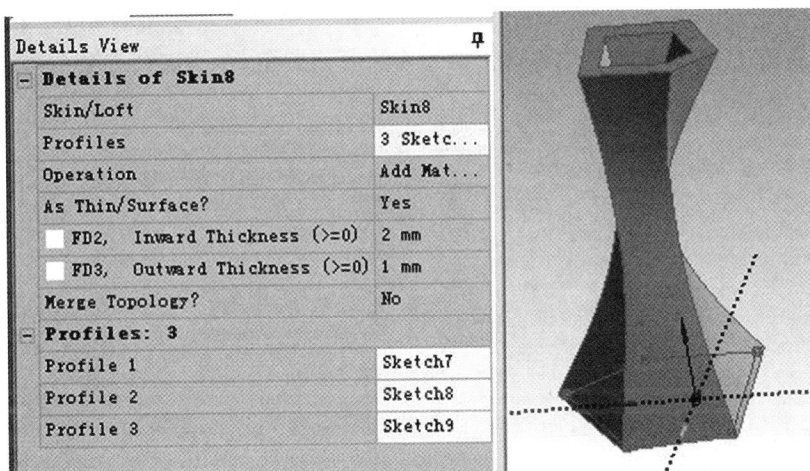

图 3-62　创建薄壳/表面体

5. 抽壳 Thin/Surface

本节帮助路径:help/wb_dm/dm_thin－surface. html。

抽壳特征可以用来创建薄壁实体 Thin 和创建简化壳 Surface,其细节窗口如图 3-63 所示。

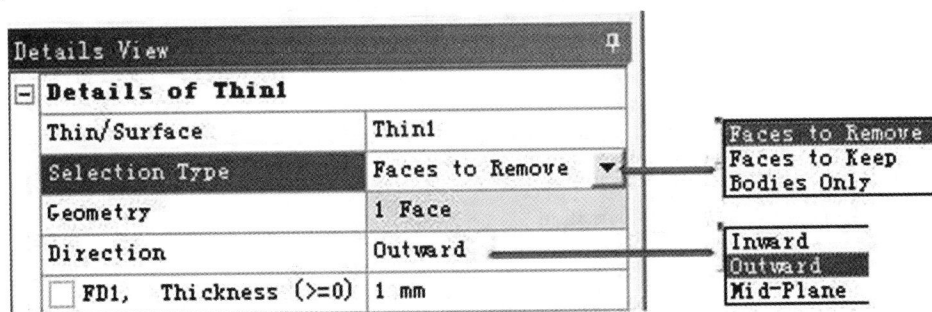

图 3-63　抽壳的细节窗口

(1)Selection Type 的选项。

删除面 Face to Remove：所选中的面将从体中删除。

保留面 Face to Keep：保留被选中的面，删除没有被选中的面。

仅对体操作 Bodies Only：在被选中的体上操作，不删除任何面。

（2）Direction 的选项。将实体转换成薄壁体或面时，偏移方向可以采用以下 3 种方向中的一种来指定模型的厚度：向内 Inward，向外 Outward，中面 Mid-Plane。

用户在使用此功能时，要注意以下几点：

1）创建面几何体并非薄壁实体时，必须将厚度属性域设为零。

2）如果所选面是表面体的一部分，则可以将 Thin/Surface 特征的厚度设为＞0，这个操作可以对某个输入的面增厚。

3）Mid-Plane 中面抽取体它是中空的，而且体的内壁、外壁与原始内壁外壁偏移了相等的距离。

6. 倒圆角 Blend

本节帮助路径：help/wb_dm/dm_blendssect2.html。

（1）固定半径倒圆角 Fixed Radius。固定半径倒圆角可以在模型的 3D 边和/或面上创建圆角。如果选择了面，则将在所选面上的所有边都倒圆角，在详细列表菜单中可以编辑圆角半径，点击 Generate 完成特征（见图 3-64）。

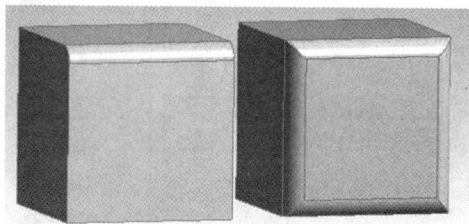

图 3-64　固定半径导圆角

（2）可变半径圆角 Variable Radius。用详细列表菜单可以改变每边的起始 Start Radius 和结尾的圆角半径 End Radius，也可以设定圆角间的过渡形式为光滑 Smooth（见图 3-65(a)）还是线性 Linear（见图 3-65(b)），点击生成完成特征，创建更新模型。

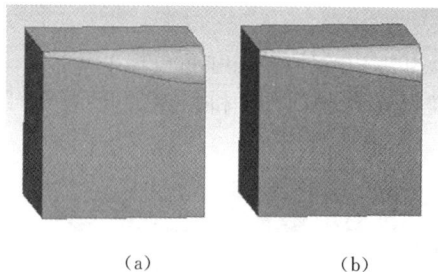

（a）　　　　　　　　（b）

图 3-65　可变半径导圆角

（3）顶点倒圆（Vertex Radius）。允许在曲面体和线体上的顶点倒圆角，但顶点必须和两条边相连，围绕顶点的几何模型必须共面。

7. 倒角 Charmer

本节帮助路径：help/wb_dm/dm_chamfer.html。

如图 3-66 所示，倒角特征用来在模型边上创建平面过渡，即倒角面选择 3D 边或面来倒角。如果选择的是面，那么面上的所有边缘将被倒角。

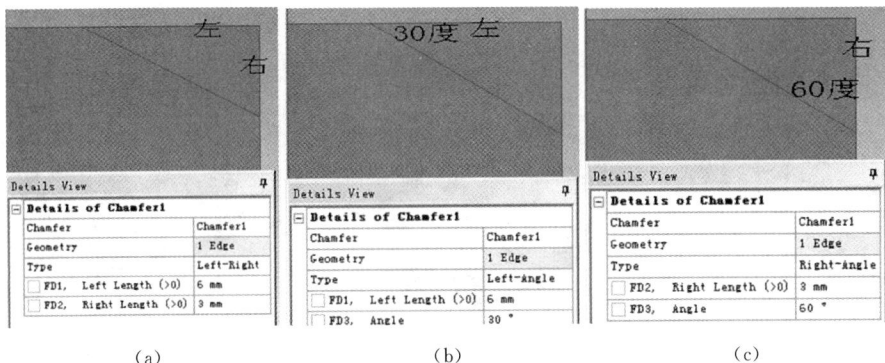

| (a) | (b) | (c) |

图 3-66　倒角特征操作

面上的每条边都有方向,该方向定义右侧和左侧。在细节窗口中,Type 类型设置包括设定距离和角度,有 3 种选项:

(1)Left-Right:用平面(倒角面)过渡所用边到两条边的距离,如图 3-66(a)所示。

(2)Left-Angle:左边距离以及角度来定义斜面,如图 3-66(b)所示。

(3)Right-Angle:右边距离以及角度来定义斜面,如图 3-66(c)所示。

3.3.4　3D 高级建模操作

本节帮助路径:help/wb_dm/agpadvancedtools.html。

3D 高级建模工具也可以从 Create 下拉菜单获得,命令及相关说明见表 3-14,本节介绍除 Body Operation 外的 3D 操作命令。

表 3-14　3D 高级建模工具

3D 高级建模工具	含　义	分　类
Pattern	阵列	实体操作
Body Operation	体操作,见第 3.3.5 节	实体操作
Body Transformation	体的变换,见第 3.3.6 节	实体操作
Boolean	布尔操作	实体操作
Slice	切片	实体操作
Delete	体删除面删除边删除	实体操作
Point	生成点	点
Primitives	简单几何体,见第 3.3.4 节	简单几何体

1. 阵列 Pattern

本节帮助路径:help/wb_dm/dm_patternfeature.html。

阵列特征可以按照 Linear 线形、Circular 环形、Rectangular 矩形将面或体复制,如图 3-67 和图 3-68 所示。注意复制对象不能彼此接触或相交。最终对象总数目为 Copies+1。

在这些阵列中的细节窗口,图 3-68 可以设置的参数如下:

(1)Direction 方向:不能选取坐标轴,只能选中实际存在的边为方向。选择某个方向后,出现两个相反方向的箭头,可以设置正反向(见图 3-69)。

(2)Offset 间距:线性阵列和矩形阵列中,两个相邻对象之间的距离。

(3)Angle 角度:将角度设为 0,系统会自动计算均布放置,或者输入相邻两个对象之间的夹角。

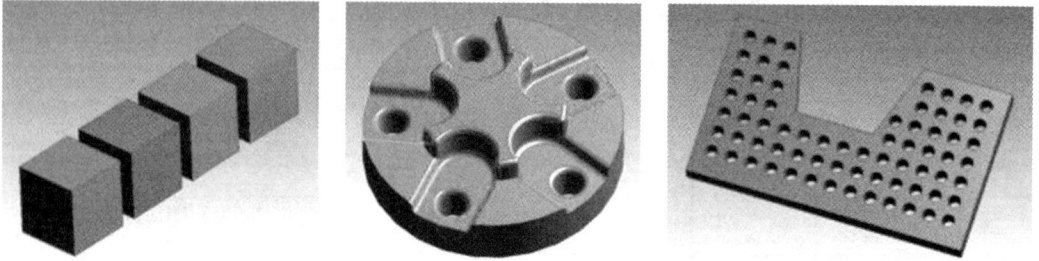

图 3-67 阵列特征

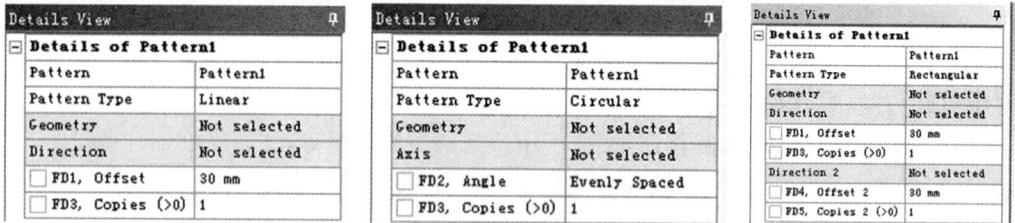

图 3-68 阵列的细节窗口

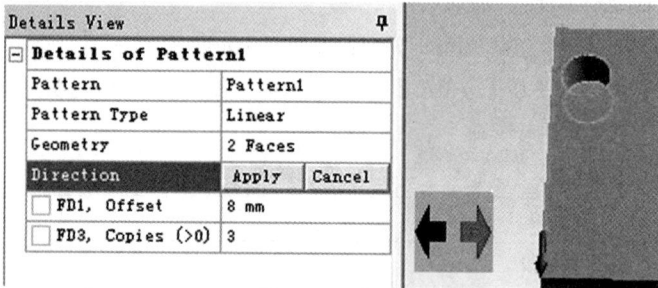

图 3-69 方向

2. 布尔操作 Boolean

本节帮助路径：help/wb_dm/dm3dBooleanFeature. html。

对现成的实体、面体、线体使用布尔操作。注意，面体必须有一致的法向，而线体只有相加操作。

(1)Unit：合并。将两个或者对象合并成一个体，如图 3-70 所示，图 3-70(b)为原来的 3 个实体，工具体为 3 个实体，图 3-70(c)为合并后的实体。

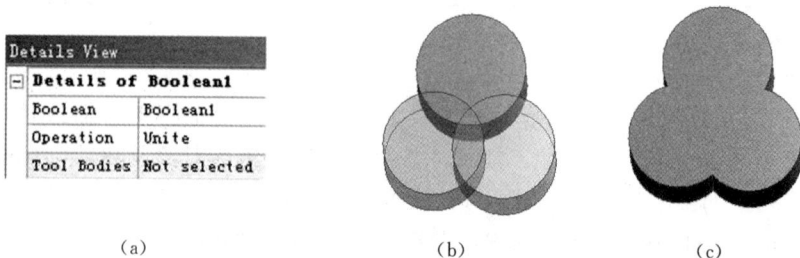

(a)　　　　　　　　　　　(b)　　　　　　　　　　　(c)

图 3-70 合并的细节窗口

(2)subtract：相减。把目标体 Target Bodies 中减去工具体 Tool Bodies，如图 3-71 所示。其中最上边的体为目标体，下面两个为工具体，不保留工具体则最后剩 1 个实体，保留工具体则最后剩 3 个实体。

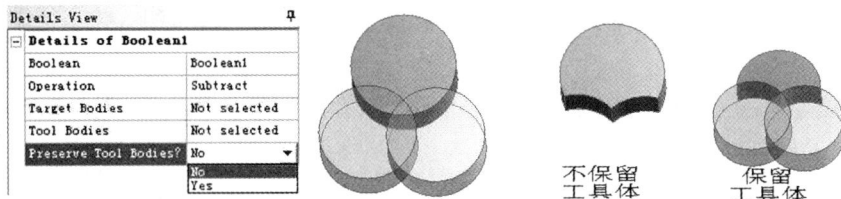

图 3-71　相减的细节窗口

（3）Intersect：相交。布尔操作选择为 Intersect，细节窗口中有更多选项，如图 3-72 所示。

1）Preserve Tool Bodies：有 3 种选项。

· No：不保留工具体。

· Yes：保留工具体

· Sliced：保留工具体并切分工具体。

2）Intersect Result：有两种选项。

· Intersection of All Bodies：所有工具体的公共部分。

· Union of All Intersections：所有工具体两两相交的结果再合并而成。

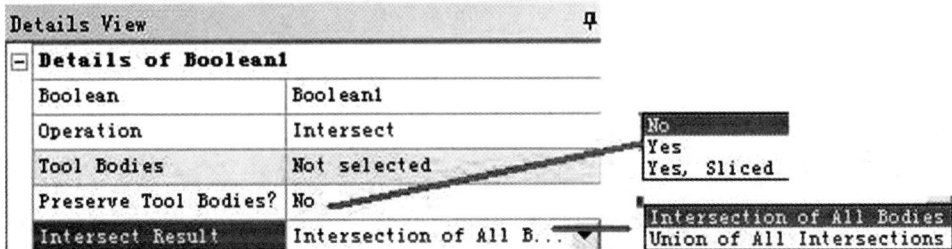

图 3-72　相交的细节窗口

两项设置组合后共有 6 种可能结果，如图 3-73 所示，解释如下：

（a）不保留＋公共部分：生成 1 个三棱柱状的实体。

（b）保留＋公共部分：生成 4 个实体，包括原先的 3 个实体和图 3-73（a）中的三棱柱。

（c）保留且切分＋公共部分：生成 4 个实体，原先的 3 个实体都被切去一小块，以及图 3-73（a）中的三棱柱。

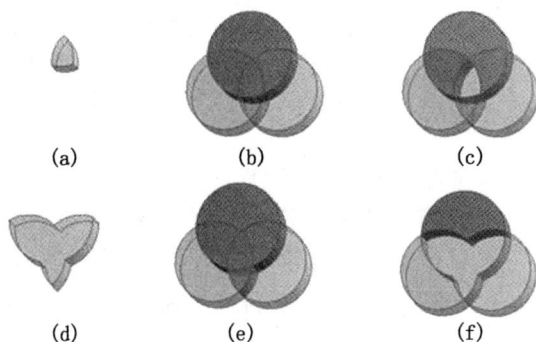

图 3-73　相交的 6 种可能结果

(d)不保留＋两两相交:生成1个花瓣状实体。

(e)保留＋两两相交:生成4个实体,包括原先的3个实体和图3-73(d)中的花瓣状实体。

(f)保留且切分＋两两相交:生成4个实体,原先的3个实体都被切去一小块,以及图3-73(d)中的花瓣状实体。

3. 切分 Slice

本节帮助路径:help/wb_dm/agpslicefeature.html。

切片 Slice 可以将复杂的实体分解成规则的、可以生成映射网格的几何体,以便于在 DS 中对其划分扫略网格。切片功能是 DM 中进行有限元前处理的常用工具。

当模型完全由冰冻体组成时才可以使用切片 Slice,切片有5个选项,如图3-74所示。

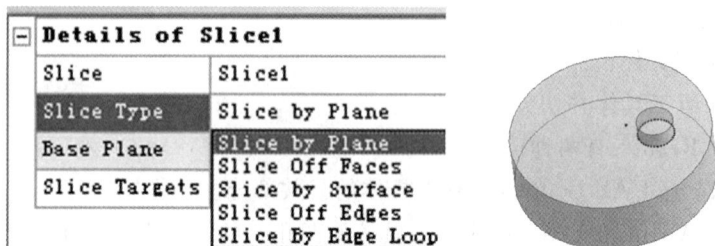

图 3-74　切分的选项

(1)Slice by Plane 用平面切分:选定一个已建立的平面并用此平面对模型进行切片操作。

(2)Slice Off Faces 切掉面:在模型中选择某个(只能是单个)表面,单击 Generate 后,DM 将这些表面先从原冰冻体上切下来,然后自动用这些分离出来的面创建分离体。如图3-75(a)所示,选择小圆柱的圆柱面作为切掉面。

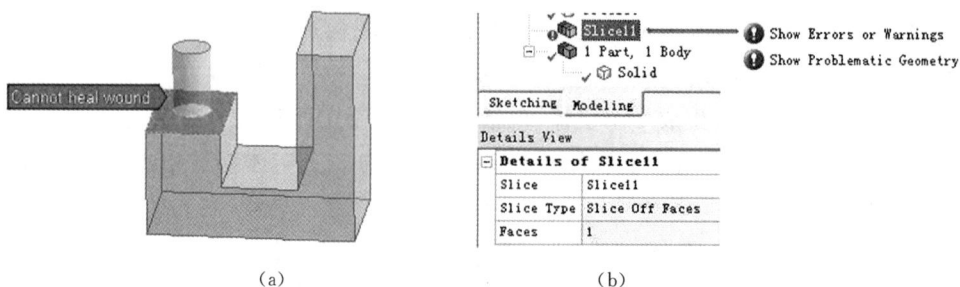

(a)   (b)

图 3-75　切掉面

注意:Slice Off Faces 和 Face Delete 有两点类似,首先都是将所选择的面从源模型上切下来。另外两者都涉及源模型的修复问题,即程序能否找到一个合适的延伸面来覆盖"伤口"(切除面所造成的伤口)。如果不能修复伤口,那么导航树的 Slice Off Faces 会出现感叹号,如图3-75(b)所示。右击鼠标弹出快捷菜单,选择错误警告,弹出图3-76所示错误信息;点击选择 Show Problematic Geometry,会在图形区显示出错几何,如图3-75(a)所示的 cannot heal wound 语句。

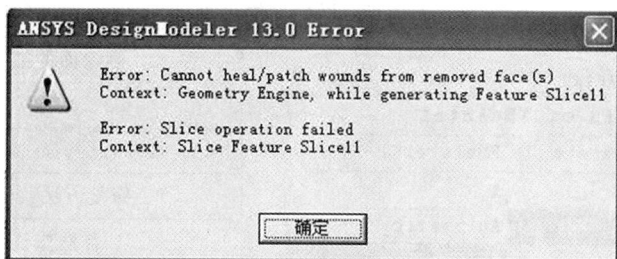

图 3-76　错误信息

（3）Slice by Surface 用表面切分：选定一个表面并用此表面对模型进行切片操作。如图 3-77 所示，选择 U 形管左侧的上端表面作为 Target Face 进行切分。Bounded Surface 有界表面，选项有 No（默认）和 Yes，分别表示所选的 Target Face 是无边界的、有边界的表面，切分结果如图 3-77 所示，最终得到了 3 个、2 个冰冻体。

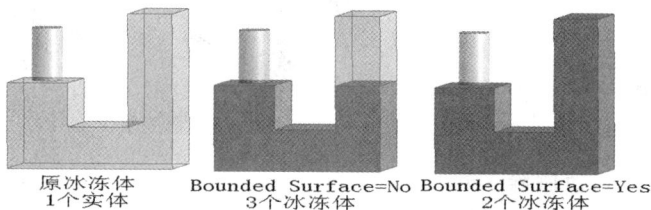

图 3-77　用表面切分

（4）Slice Off Edges 切掉边：该切片操作只能用于线体。在模型中选择某个（些）边，单击 Generate 后，DM 先将这些边从原冰冻体上切下来，然后自动用这些分离出来的边创建分离体。如图 3-78 所示，图 3-78（a）为细节窗口，图 3-78（b）为选择左端的边为 Edges，结果生成 2 个冰冻线体；图 3-78（c）选择左端、右端的边为 Edges，结果生成 4 个冰冻线体。

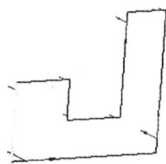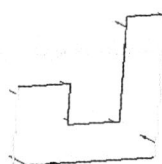

（a）　　　　　　　　　　　（b）　　　　　　　（c）

图 3-78　切掉边

（5）Slice by Edge Loop 用闭合边切分：用户选择一组边形成的闭合回路，这个闭合回路先生成面体，然后用面体将模型切片。一旦完成切片，中间过程由闭合回路生成的面体自动删除。如图 3-74 所示，选择内圆柱交界处的圆作为闭合边。

另外，当选择 1，3，5 选项，即平面切分、表面切分，或者闭合边切分时，细节菜单会多一个选项，即 Slice Targets，可选项有 All Bodies，Selected Bodies，即所有实体都切分，还是只有所选实体被切分。

4. 面删除 Face Delete

本节帮助路径：help/wb_dm/agpfacedeletefeature.html。

面删除的细节选项如表 3-15 所示。通过选择模型中的某些小面，例如倒角、倒圆、切除、孔洞等特征，然后自动进行修复，如图 3-79 所示。这一功能主要是为了在有限元分析前删除一些对结果影响不大，且不关心的结构细节，以减小分析成本。

表 3-15　面删除的选项

Details View		删除面的细节
Details of FDelete1		名称
Face Delete	FDelete1	表面:已选择一个表面
Faces	1	修复方法:自动
Healing Method	Automatic ▼	自然修复
	Automatic	补片修复
	Natural Healing	
	Patch Healing	
	No Healing	不修复

图 3-79　面删除 Face Delete

5. 边删除 Edge Delete

本节帮助路径:help/wb_dm/dm3dEdgeDeleteSect2.html。

边删除既可以用于激活体,也可以用于冰冻体。边删除用来从面体上删除倒圆、倒角、和孔,也可以用于删除实体和面体上的印记边,还可以删除线体。边删除的细节选项见表 3-16,其中 Healing Method 有 3 种选项。

表 3-16　边删除的细节窗口

Details of EDelete2		边删除的细节
Details of EDelete2		名称
Edge Delete	EDelete2	边:已选择一条边
Edges	1	修复方法:自动
Healing Method	Automatic ▼	自然修复
	Automatic	
	Natural Healing	
	No Healing	不修复

6. 点特征 Point

本节帮助路径:help/wb_dm/dm_point.html。

点特征可以使点相对面或边的位置按给定尺寸放置。如图 3-80 所示,为了创建点特征,需要 Type 点的类型、Base Faces 基准面、Guide Edges 导引边、定位方式等参数。

(1)类型:有如下 3 种选项:

1)Construction Point 构造点:这种类型的点不能传递到 DS。

2)Spot Weld 焊接连接:用于将装配体中的分离的零件焊接在一起,只有成功地形成耦合的点才可以作为点焊接传递到 ANSYS Mechanical 应用程序,否则在装配中会成为互不关联的部件。注意,多体部件 Multibody Part 中的两个实体之间的焊接点不能传输到 ANSYS Mechanical 应用程序。

3）Point Load 加载点：在 Analysis 中使用"Hard Point"，所有成功产生的点作为顶点传递到 ANSYS Mechanical 应用程序。程序允许在多体部件上放置加载点。

（2）Base Faces 基准面：点所放置的平面。

Guide Edges 导引边：生成点时用作参考。

（3）Definition：定位方式有 5 种（见图 3-80）：

1）Single：单点。

2）Sequence by Delta：根据间隔控制序列点。

3）Sequence by N：根据数量控制序列点。

4）Manual Input：手动输入。

5）From Coordinate File：包含点坐标的文件，类似于 3D 曲线。

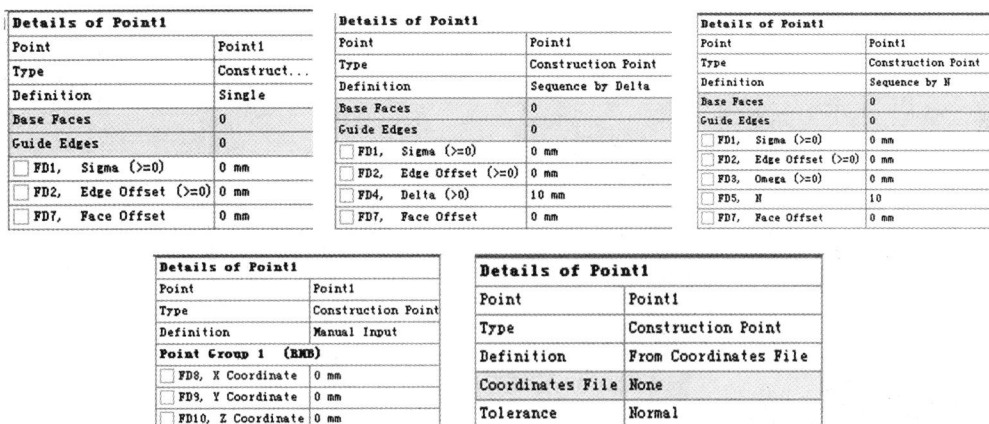

Details of Point1	
Point	Point1
Type	Construct...
Definition	Single
Base Faces	0
Guide Edges	0
☐ FD1,　Sigma (>=0)	0 mm
☐ FD2,　Edge Offset (>=0)	0 mm
☐ FD7,　Face Offset	0 mm

Details of Point1	
Point	Point1
Type	Construction Point
Definition	Sequence by Delta
Base Faces	0
Guide Edges	0
☐ FD1,　Sigma (>=0)	0 mm
☐ FD2,　Edge Offset (>=0)	0 mm
☐ FD4,　Delta (>0)	10 mm
☐ FD7,　Face Offset	0 mm

Details of Point1	
Point	Point1
Type	Construction Point
Definition	Sequence by N
Base Faces	0
Guide Edges	0
☐ FD1,　Sigma (>=0)	0 mm
☐ FD2,　Edge Offset (>=0)	0 mm
☐ FD3,　Omega (>=0)	0 mm
☐ FD5,　N	10
☐ FD7,　Face Offset	0 mm

Details of Point1	
Point	Point1
Type	Construction Point
Definition	Manual Input
Point Group 1　(RMB)	
☐ FD8,　X Coordinate	0 mm
☐ FD9,　Y Coordinate	0 mm
☐ FD10,　Z Coordinate	0 mm

Details of Point1	
Point	Point1
Type	Construction Point
Definition	From Coordinates File
Coordinates File	None
Tolerance	Normal

图 3-80　定位方式

对于 From Coordinate File，下面以某个点特征为例，有如下几条原则：

1）保存格式为最简单的文本文件，后缀为.txt。

2）♯ 号后面的文字，都是注释性的，不予执行。

3）空行忽略不计，不予执行。

4）数据放置在同一行中，用空格或者按 tab 键隔开。数据由 5 部分组成，分别是群号 Group number（整数），身份识别号 ID number（整数），X 坐标，Y 坐标，Z 坐标，并且坐标是绝对坐标，不依赖于任一面或者边。

♯ List of Point Coordinates 任意两行的群号和身份识别号都相同时会报错。

♯ Format is integer Group, integer ID, then X Y Z all.

♯ Delimited by spaces, with nothing after the Z value.

♯ Group 1

1	1	20.1234	25.4321	30.5678
1	2	25.2468	30.1357	35.1928
1	3	15.5555	16.6666	17.7777

♯Group 2

2	1	50.0101	100.2021	7.1515
2	2	−22.3456	0.8765	−0.9876
2	3	21.1234	22.4321	23.5678

(4)在定位方式中涉及如下参数(见图 3-81):

1)参数 Sigma:导引边的起始端和第一个点之间的距离。

2)参数 Delta:导引边上测得的两个连续点之间的距离。属于根据间隔控制序列点 Sequence By Delta 的选项。

3)边偏移 Edge Offset:在基准面上,导引边和点阵放置处之间的距离。

4)面偏移 Face Offset:基准面和点阵放置处直接的距离。

5)参数 N:放置的点数,属于根据数量控制序列点 Sequence By N 的选项。

6)参数 Omega:导引边末端和最后一个点之间的距离,属于根据数量控制序列点 Sequence By N 选项。

7)Range:焊点设置中,匹配点之间的距离。

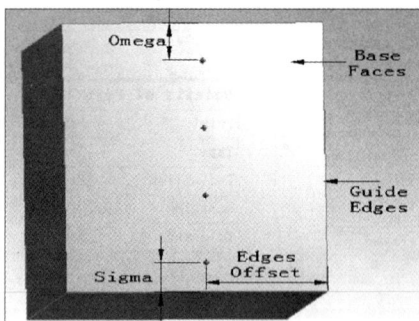

图 3-81　点特征参数示例

7. 简单体 Primitive

本节帮助路径:help/wb_dm/dm3Primitives.html。

不需要草图,只需点击 Create→Primitive,通过选择几何外形来快速建立几何体。可生成的简单体见表 3-17。

表 3-17　简单体的类型

Primitive	含　义
Sphere	球体
Box	块体
Parallelepiped	平行六面体
Cylinder	圆柱体
Cone	圆锥体
Prism	棱柱体
Pyramid	棱锥体
Torus	圆环体
Bend	弯曲体

下面以 Bend 弯曲体为例,如图 3-82 所示,细节窗口中各项的含义解释如下:

(1)Origin:弯曲体的中心。

(2)Axis:弯曲体的中心轴线。

(3)Base:根据轴线确定的基准面,用来定义弯曲体的方位。轴线和基准面可以不垂直,但是不能平行。

(4)Radius:半径,是指从轴线到弯曲体剖面图中间的距离。

(5)Base Length:弯曲体剖面图的高度。

(6)Base Width:弯曲体剖面图的半径方向的宽度。

(7)Angle:剖面图绕轴线旋转的角度,遵循右手规则。

(8)As Thin/Surface:创建薄壁体或者面体。

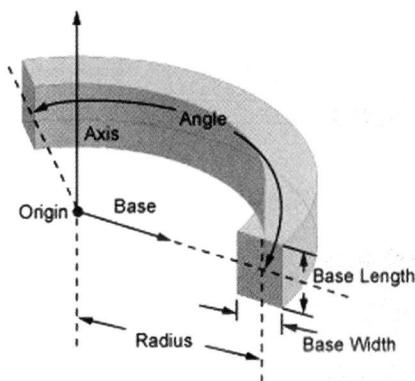

图 3-82　弯曲体的细节窗口

3.3.5　体的操作 Body Operation

本节帮助路径:help/wb_dm/agpbodyoperationfeature.html。

虽然体操作属于 3D 高级建模工具,应该归类到第 3.3.4 节。但鉴于体操作内容很多,故单列一节。体操作有 6 种选项,如图 3-83 所示。

体的操作可以用于任何类型的体,不论是激活体或者冻结体,不论是实体、面体还是线体。体操作不影响点特征生成的点,即附着在选定体上、面上或者边上的特征点。

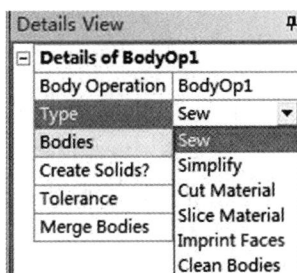

图 3-83　体的操作

1. 缝合 Sew

缝合 Sew 是一个比较重要的工具。当从其他 CAD 软件导入曲面时，有可能曲面之间存在缝隙，如果直接导入 DS 模块，这些曲面的单元节点在缝隙处没有共同的节点，导致无法在 CAE 软件中进行有限元分析。在 DM 中观察曲面的颜色，如果颜色不同，说明这些曲面不是同一个体，曲面之间有可能存在缝隙，或者在导航树也能看到这些曲面是否属于同一个体。

DM 模块的缝合 Sew 可以完成此类前处理，见表 3-18。选择曲面体进行缝合操作，DM 会在共同边上缝合曲面（在给定的公差内）。

表 3-18　缝合的细节窗口

细节窗口		解　释
Body Operation	BodyOp1	体的操作：体的操作 1
Type	Sew	类型：缝合
Bodies	0	已选实体：0
Create Solids?	No	生成实体：是/否
Tolerance	Normal	公差：Normal 正常/Loose 宽松/User Tolerance 用户定义
Merge Bodies	Yes / Yes / If Compatible Attributes	合并实体：是/只有当属性兼容时才合并

2. 简化 Simplify

简化 Simplify 可以对所选实体的几何或和/拓扑进行简化。在细节窗口中有两个选项：

（1）Simplify Geometry 简化几何：可选项有 Yes，No，默认 Yes。尽可能简化曲面和曲线，以形成适合分析的几何体。

（2）Simplify Topology 简化拓扑：可选项有 Yes，No，默认 Yes。尽可能移除多余的面、边、顶点。

3. 切除材料 Cut Material

当模型中有激活体时，该选项才有效。

体操作中的切除材料 Cut Material 与第 3.3.3 小节中 3D 特征创建中细节窗口的切除材料一样。它是将选中的体从其他激活体中切除。

4. 切分材料 Slice Material

当模型中所有体都是冰冻体时，该选项才有效。该功能将一个体从另一个体上切分下来，类似于第 3.3.4 小节中的 Slice 切分。

5. 印记面 Imprint Faces

当模型中有激活体时，该选项才有效。

体操作中的印记面与第 3.3.3 小节中 3D 特征创建中细节窗口的印记面操作一样。选定的体用来在另一个体的表面烙印记（见图 3-84），Preserve Bodies 决定是否保留选定的体，图中选择 Yes，且将选定的体（冰冻体）隐藏。将模型导入 DS 后，可以在该印记面区域施加载荷，如温度、压强等。

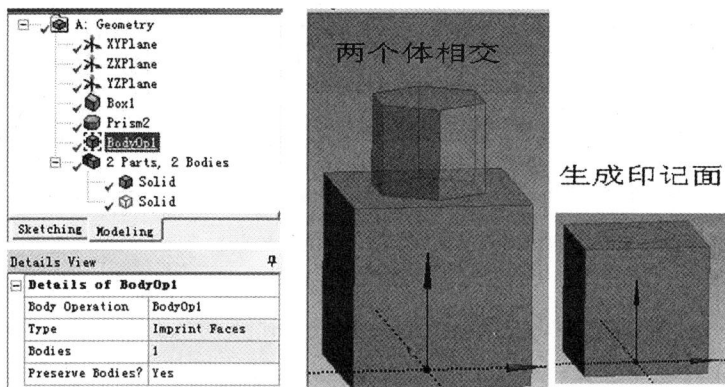

图 3-84　印记面细节窗口

所选的两个体必须相交才能生成印记面,如果两个体完全分离,印记面操作不会有任何结果,如图 3-85 所示。

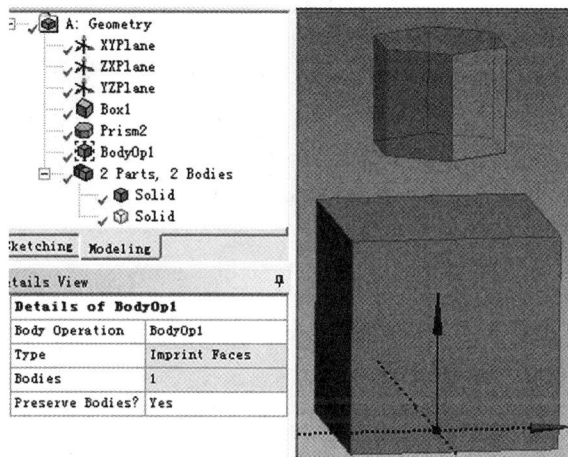

图 3-85　无法生成印记面

6.清除体的缺陷 Clean Body

先使用"Fault Detection"故障检测选项找到体的缺陷,再使用 Clean Body 以清除身体缺陷。如图 3-86 所示,选项是 Normal、High,即正常的、高的。High 是清除得更彻底,但也更耗费时间。

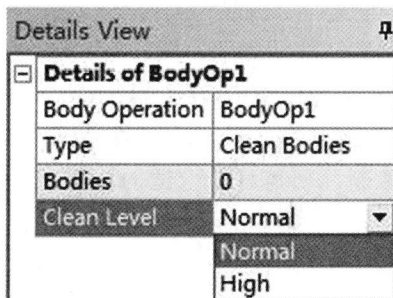

图 3-86　Clean Body 的细节窗口

Clean Body 功能先清洁每个实体,然后进行分析。使用普通选项,如果发现任何缺陷,则将该功能标记为处于警告模式。要识别已有的故障,请选择导航树中的特性,然后单击鼠标右键选择"Show Problematic Geometry",即显示问题几何。

随后用户可以选择 High 等级再次清洁实体,或者使用其他功能,例如修复功能,以进一步改进模型。

清理现有故障可以显著提高后续建模仿真操作的可靠性。在模型导入过程中,Clear Body 选项的功能类似,请参阅 Import and Attach Options。

3.3.6 体的变换 Body Transformation

本节帮助路径:help/wb_dm/dm3dBodyTransformation.html。

虽然体的变换也属于 3D 高级建模工具,应该归类到第 3.3.4 小节。但鉴于体的变换内容很多,故单列一节。"Body Transformation"功能允许用户重新定位或变换实体,如图 3-87 所示。任何类型的体都可以使用 Body Transformation,不管它是活动的还是冻结的。然而,点特征点(PF 点)附着在选定物体的表面或边缘,不受 Body Transformation 的影响。

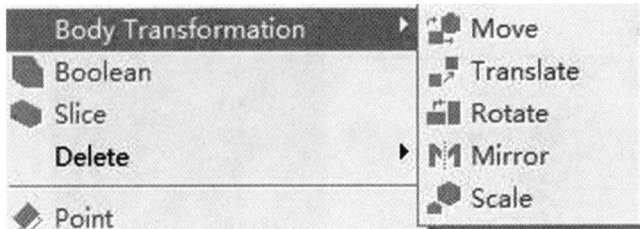

图 3-87 体的变换

1. 移动 Move

移动 Move 操作需要用户给定待移动的实体 Bodies,以及 1 个源平面 Source Plane,1 个目标平面 Destination Plane。单击 Generate,DM 会把选定的体进行移动。

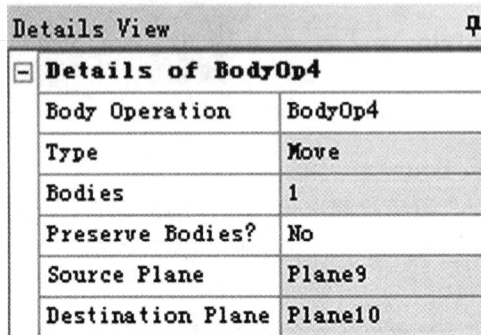

图 3-88 移动

这个功能对于装配或者附着多个体特别有用。当 Import External Geometry File 导入模型文件或者 Attach to Active CAD Geometry 链接新的几何体时,有可能它与原有的几何体使用两种不同的坐标系,导致新几何体不在合适的位置上。此时用移动 Move 操作可以解决这个问题,如图 3-88 所示。

2. 平移 Translate

平移 Translate 与移动 Move 的结果很类似,可以将实体在指定方向上进行移动。细节窗口见表 3-19,Direction Definition 有两种选项,一种是 Coordinates 坐标系,一种是 Selection,选定某条边。

表 3-19　平移的细节窗口

Body Operation	BodyOp1	实体操作:实体操作 1
Type	Translate	类型:平移
Bodies	8	所选实体
Preserve Bodies?	No	是否保留原实体:是/否
Direction Definition	Coordinates	定义方向:坐标系
☐ FD3, X Offset	0 mm	X 方向平移距离
☐ FD4, Y Offset	0 mm	X 方向平移距离
☐ FD5, Z Offset	0 mm	X 方向平移距离
Direction Definition	Selection	定义方向:选定某方向
Direction Selection	None	方向选择:可选 3D 边,2D 边
☐ FD2, Distance	30 mm	平移距离

3.旋转 Rotate

旋转 Rotate 可以将实体绕一条指定轴线以指定角度进行旋转。细节窗口与表 3-19 非常类似。

4.镜像 Mirror

如图 3-89 所示,镜像操作的详细选项中,Mirror Plane 可以选坐标平面或提前建立的平面。Preserve Bodies 是否保存原体。选择原始体和镜像面,单击 Generate,就可以创建所选原始体的镜像。

根据平面的位置不同,镜像的激活体将和原激活体有可能合并,也有可能成为两个独立的体,如图 3-89 所示。

镜像的冻结体不能合并。

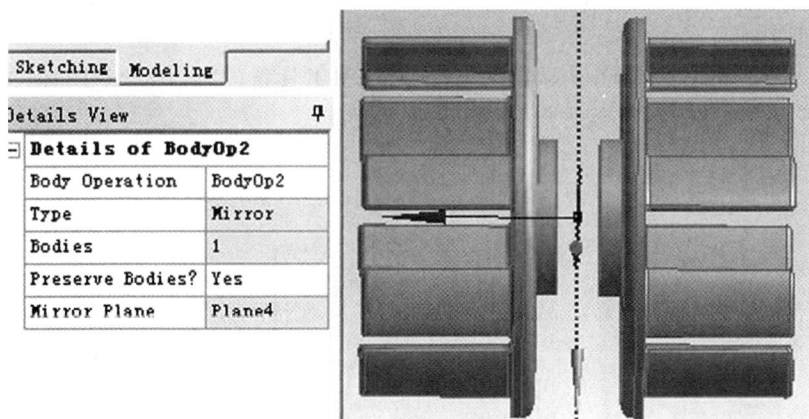

图 3-89　镜像

5.缩放 Scale

如图 3-90 所示,先选定进行缩放的体,给定缩放比例 Scaling Factor(大于 0.001 并且小于 1 000),然后通过 Scaling Origin 选择缩放原点。

(1)World Origin:全局坐标系原点,用全局坐标系统的原点。

(2)Body Centroids:所选体的质心,每个体以它的质心为原点按比例缩放。

（3）Point：点，以用户选定的指定点（2D 草图点、3D 顶点高点或者点特征）作为缩放原点。

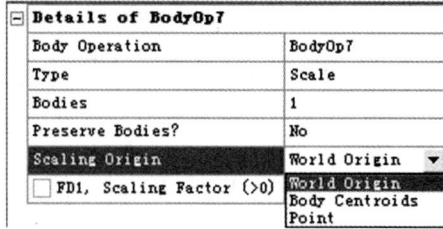

Details of BodyOp7	
Body Operation	BodyOp7
Type	Scale
Bodies	1
Preserve Bodies?	No
Scaling Origin	World Origin
☐ FD1, Scaling Factor (>0)	

World Origin
Body Centroids
Point

图 3-90　比例的细节窗口

3.3.7　第 3 章例子 3

第 3 章例子 3，演示绘制草图和 3D 实体建模。相关文件见光盘 chapter 3/example 3.3。

1. 绘制草图

在原点左下角画一个高 50 mm，宽 75 mm 的长方形（见图 3-91）。在该长方形上加一个半径为 10 mm 的圆，该圆的圆心离左边 20 mm，离底边 30 mm。把所有尺度放置在合适的地方。

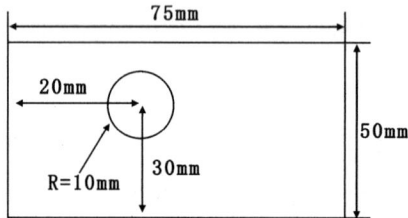

图 3-91　草图尺寸

（1）开启 Workbench，在 component systems 下双击 Geometry，这将会在项目管理区创建一个"Geometry component"。右击 A2，即 Geometry，并点击 New geometry，启动 DM。

（2）在 DM 启动后，设置单位制为 millimeters，并点击 OK（或者点击菜单 Units，选择单位 millimeters）。

（3）将标签切换到 Sketching 草绘模式，点击视图工具条的"Look At"图标（或 RMB 选项）选择视图方向在平面的法线方向，如图 3-92（a）所示。

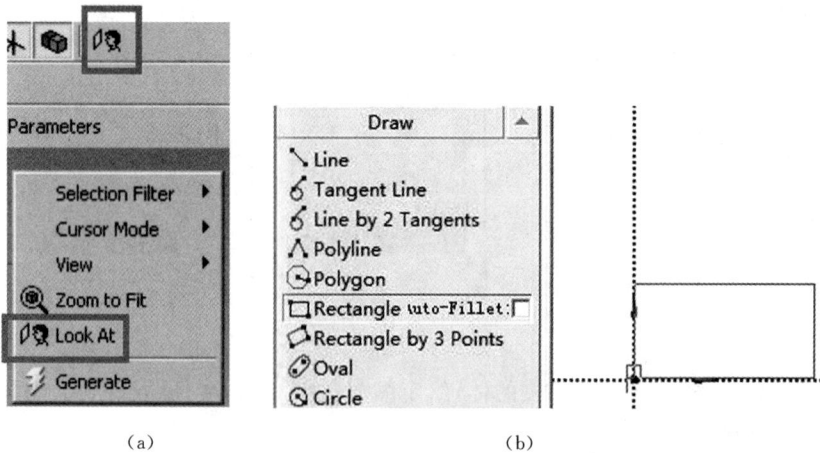

（a）　　　　　　　　　（b）

图 3-92　Look At 和坐标原点作为矩形的端点

(4)选择"Rectangle"工具,不勾选 Auto-Fillet,将光标放在原点。一旦"P"(点约束)符号出现,抓住并拖动,放松以生成长方形,如图 3-92(b)所示。

(5)进行下一步操作前,先点击"Zoom to Fit"图标(或者 RMB 菜单)进行自动缩放。

(6)选择"Circle"工具,在长方形上合适的位置处并点击,拖动然后松开,生成一个圆。下面通过添加尺寸最终确定该图形。

(7)标注矩形的宽:选择 Sketching Toolboxes 的 Dimension 工具盒,"General"的选项保持默认。在 RMB 菜单上选择"Horizontal"。点击长方形的上边线,显示水平尺寸"H1"。把鼠标上移使标注处在矩形的上方,再次点击以放置标注,如图 3-93(a)所示。

(8)标注矩形的高:选择"General",点击矩形的右边线来显示高度尺寸,移动鼠标到一个地方以放置标注,再点击放置标注。

(9)标注圆的直径:选择"General",点击圆来显示尺寸标注,移动鼠标来放置标注,再点击放置标注。

(10)标注圆心的水平位置:选择"General",点击圆心,然后点击矩形的左边竖直线,移动鼠标选择一个区域以放置水平距离标注,再次点击放置标注。

(11)标注圆心的竖直位置:选择"General",点击圆心,然后点击矩形的底边水平线,移动鼠标选择一个区域以放置竖直距离标注,再次点击放置标注。

(12)接下来在细节窗口,把每一个尺寸的细节更改为所需的值,如图 3-93(b)所示。

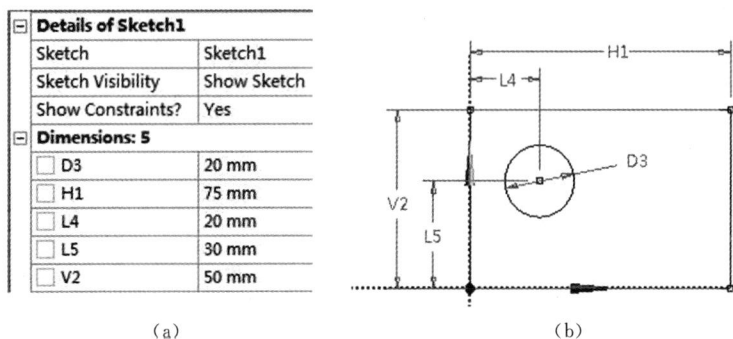

Details of Sketch1	
Sketch	Sketch1
Sketch Visibility	Show Sketch
Show Constraints?	Yes
Dimensions: 5	
D3	20 mm
H1	75 mm
L4	20 mm
L5	30 mm
V2	50 mm

(a)　　　　　　　　　　　　　　　(b)

图 3-93　长方形、圆的草图及尺寸

(13)在 Dimension 工具盒中使用"Move"功能,把尺寸标注放在适当位置以使图形美观(如下例所示)。选中标注工具栏中的移动按钮,点击要移动的标注,把鼠标移动到标注所要放置的区域,再次点击鼠标放置标注。

(14)试着尝试几个显示尺寸的功能。

1)选择"Animate"功能,然后在图形视窗上点击一个尺度。

2)把尺寸显示从"Name"改变为"Value"。

(15)检查规定目标的最后一步,转到 Sketch 1 的细节(details),改变"Show Constraints?"选项为"Yes"。点击矩形的底边水平线,在细节窗口看到,Coincident = Origin Point Origin,即基准点与原点一致。

(16)File>Save。后面还将继续使用该草图建立 3D 几何模型。

2. 进行 3D 实体建模

如图 3-94 所示,在例题中打开已建好的草图,并由草图生成 3D 几何体。生成第二个草图,带倒圆的长方体,并拉伸后在原来模型上创建一个凸台。生成第 3 个草图,在凸台上黏附(Imprint)一个面,以便在有限元求解前在该面上施加边界条件,保存模型并退出。

图 3-94 3D 模型

(1)在 DesignModeler 界面,选择"Open",打开上面例子的草图。

(2)文件打开后,从 3D 建模工具栏中选择"Extrude"图标。在拉伸的细节中,改变深度(depth)为 10 mm(自动将 Geometry 设置为 Sketch1)。将点击"Generate"完成拉伸特征。

(3)确保 Tree Outline 的 XYPlane 是激活的,点击草图工具栏的"New Plane"图标。在 Details of Plane4 中设置 Transform 1 为"Offset Z",并且改变此偏移距离"FD1,Value1"为 50 mm。"Generate"生成该平面,如图 3-95 所示。

Details View	
Details of Plane4	
Plane	Plane4
Sketches	1
Type	From Plane
Base Plane	XYPlane
Transform 1 (RMB)	Offset Z
☐ FD1, Value 1	50 mm
Transform 2 (RMB)	None
Reverse Normal/Z-Axis?	No
Flip XY-Axes?	No
Export Coordinate System?	No

图 3-95 建立第二个平面 Plane4

(4)单击"Look At"图表改变视图。切换到草绘模式,从绘图工具盒(drawing toolbox)中选择"Rectangle"(勾选 Auto-Fillet)。画一个椭圆矩形,如图 3-96(a)所示。

(5)点击"Dimensions"工具盒。如图 3-96(b)所示定义草图的尺寸。注意这里的尺寸的名称可能与用户所做的不尽相同。

(6)从工具栏中选择"Extrude"(但不要点击 Generate)。在等轴视图查看拉伸形状,拉伸的法向方向。从细节面板将 Direction 方向把法向改为"Reversed"。改变"Extent Type"为"To Next",最后点击"Generate"完成拉伸操作。该拉伸操作生成了一个与原始几何模型相融合的凸台。

在有限元模拟中,希望在凸台的任意位置添加边界条件。接下来在凸台上面需要再黏附一个面。

(7)鼠标左键选择凸台的顶面。在工具栏上点击"New Plane"图标,点击"Generate"

生成新平面 Plane5。

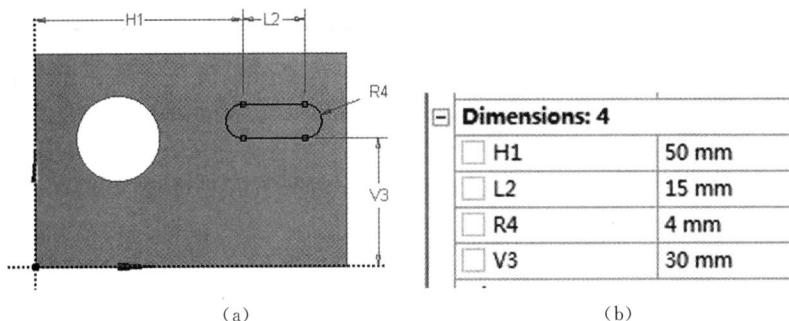

图 3-96　画椭圆长方形草图及尺寸

（8）在工具栏上点击"Look At"图标。转到草绘 Sketching 模式，从绘图工具盒中选择 circle。画一个近似于图 3-97(a)的圆。添加图 3-97(b)所示的尺寸。注意这里的尺寸名称可能与用户操作的不尽相同。

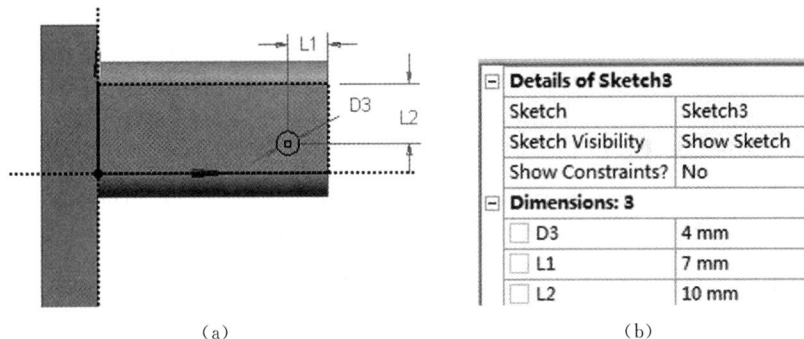

图 3-97　第 3 个草图及尺寸

（9）在工具栏中选择"Extrude"（不要点击 Gennerate）。在细节面板中改变 operation 为"Imprint Faces"。将 Geometry 设为 Sketch3，点击"Generate"完成操作。

（10）确信面选择过滤器是激活的，并且鼠标选中凸台表面使之高亮显示。注意：现在就有了一个在模拟中可应用边界条件的圆形区域。

（11）保存并退出。

3.4　概念建模 Concept

本节帮助路径：help/wb_dm/agp3Dconceptmodeler.html。

目前，DM 只能识别其他 CAD 建立的实体和面体，而无法识别线体，所以有限元分析中的梁单元不能由其他 CAD 软件导入，而只能在 DM 中通过概念建模来生成线体模型。另外，在初始设计和整体分析阶段，既要保证花费较少的计算时间，又要满足一定的计算结果，而概念建模正好可以满足这些要求，这是 Workbench 的一大特点。

点击菜单 Concept，出现概念建模工具命令，见表 3-20。概念建模 Concept 菜单中的命令用于建立并修改线体和表面体，而对线体赋予截面特征就可以作为有限元分析的梁模型，而将表面体作为有限元分析中的板壳模型。这样将梁模型和板壳模型导入 DS 就可以进行分析。

表 3-20　概念建模命令

Concept 概念建模命令	说　明	分　类
Lines From Points	用点生成线体	创建线体
Lines From Sketches	用草图生成线体	
Lines From Edges	用边生成线体	
3D Curve	3D 曲线	
Split Edges	分割线体	
Surfaces From Edges	用边生成面体	创建面体
Surfaces From Sketches	用草图生成面体	
Surfaces From Faces	用表面生成面体	
Cross Section	线体横截面,见第 3.4.2 小节	线体的横截面

在进行概念建模前,必须先完成如下的前提工作:

(1)可以用绘图工具箱中的特征创建线或表面体,用来设计 2D 草图或生成 3D 模型;

(2)可以导入外部几何体文件。

3.4.1　创建线体和分割线体

本节帮助路径:help/wb_dm/agp3Dlinesfrompoints. html,help/wb_dm/agp3Dlinesfromsketches. html,help/wb_dm/agp3Dlinesfromedges. html,help/wb_dm/agp3Dsplitlinebody. html。

创建线体时,细节窗口的 Operation 允许选择添加材料 Add Material 或添加冻结体 Add Frozen。

有 3 种方法创建线体,见表 3-20。

1. 由点生成线体 Line From Points

点可以是任何 2D 草图点、3D 模型顶点或特征点(PF 点)。先在导航树目录中选择这些点,然后在详细列表窗口中点击"Apply",单击 Generate,DM 根据这些点创建线体。

点线段 Point Segments 通常是连接两个选定点的一条直线。Line From Points 可以产生多个 Edges 线体,这取决于所选点线段 Point Segments 的连接性质。如图 3-98 所示,第一个图生成 2 个线体,包含 2 个 Edges。第二个图生成 1 个线体包含 4 个 Edges。第 3 个图生成 1 个线体,包含 8 个 Edges。

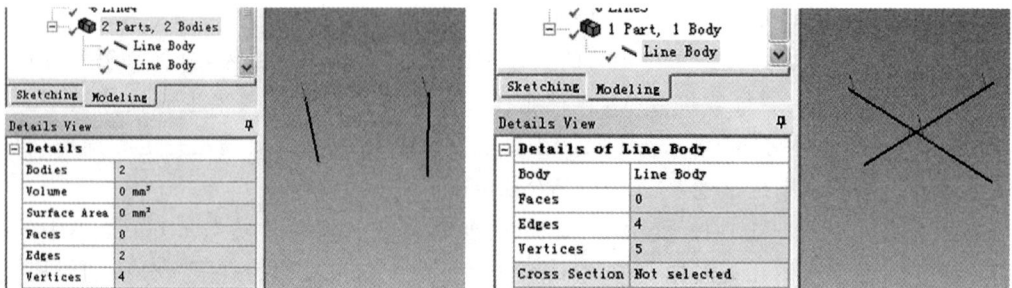

图 3-98　由点生成线体

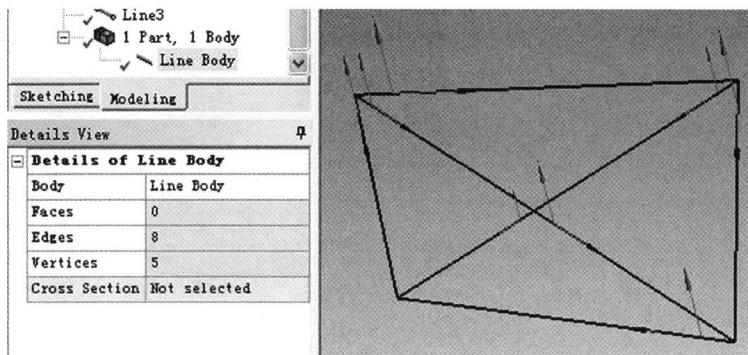

续图 3-98　由点生成线体

2. 由草图生成线体

Line From Sketches 可以选择多个 2D 草图、多个 3D 模型的平面或者草图与平面组合。在导航树目录中选择草图或平面,然后在详细列表窗口中点击 Base Objects 的"Apply",单击 Generate,DM 根据这些对象创建线体。这种方法适宜于生成复杂的平面钢架。

根据所选对象的连接关系不同,可以创建多个线体。如图 3-99 所示,第一个图生成 1 个线体,包含 5 个 Edges。第二个图生成 2 个线体,包含 8 个 Edges。第 3 个图生成 1 个线体,包含 12 个 Edges。

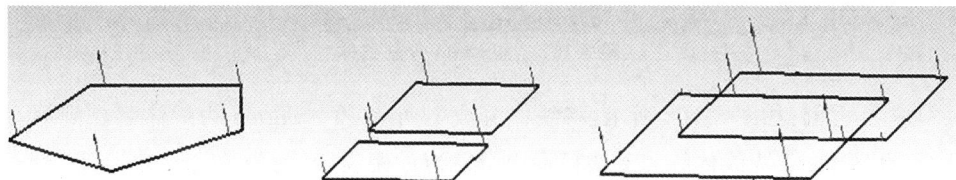

图 3-99　由草图创建线体

3. 由边生成线体 Line From Edges

由边生成线体 Line From Edges 可以基于已有的 2D 和 3D 模型边界创建线体。

细节窗口如图 3-100 所示,可以选择边 Edges,也可以选择面 Faces,选择完后点击"Apply",最后单击 Generate,DM 根据这些对象创建线体。

取决于所选边和面的连接关系不同,可以创建多个线体。如图 3-100 所示,生成 1 个线体,包含 4 条 Edges。

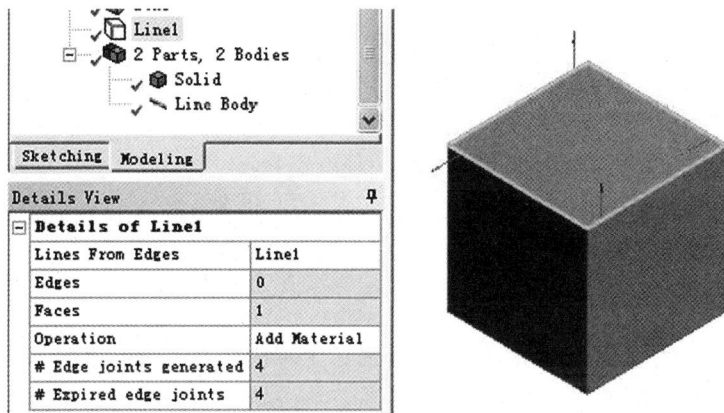

图 3-100　由边生成线体

4.分割线体 Split Edges

分割线体 Split Edges 可以将线段分割成几个分段,分割的位置如图 3-101 所示的细节窗口。

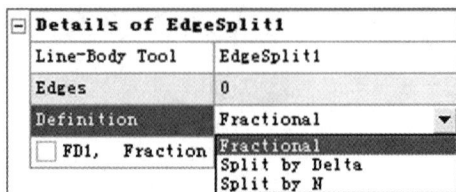

图 3-101　分割线体的细节窗口

(1)Fractional:用比例特性控制分割位置,需要在 Fraction 输入比例。

(2)按 Delta 分割:如图 3-102 所示,根据给定的 Delta 沿着线体确定每个分割点之间的距离,Sigma 为线体起点到第一个分割点的距离。

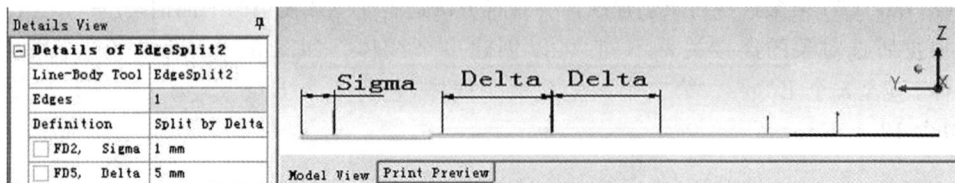

图 3-102　按 Delta 分割线体

(3)按 N 分割:如图 3-103 所示,将线体分成 N 个小段。Sigma 为线体起点到第一个分割点的距离,Omega 为线体终点到最后一个分割点的距离,N 为份数。

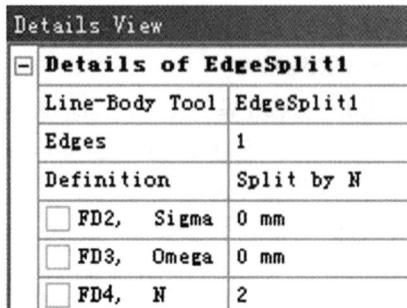

图 3-103　按 N 分割线体

3.4.2　线体的横截面

本节帮助路径:help/wb_dm/agp3Dcrosssection.html。

如果要在有限元数值模拟中用线体模拟梁单元,还需要先定义横截面,然后将横截面属性赋予线体。

1.横截面类型选择及尺寸修改

点击菜单 Concept→Cross Section,DM 提供了常见的横截面,见表 3-21。可以选定所需的横截面类型,此时在导航树窗口出现"Cross Sections"的分支,且在该分支中列出了刚刚选取的横截面类型,如图 3-104 所示。

在"Cross Sections"的分支选定其中某一种横截面后,便可以在细节窗口中 Dimensions 修改其截面尺寸,如图 3-104 所示。尺寸标注位置也可以修改。观察截面时,可以通过单击鼠标右键选择 Move Dimensions 来移动尺寸标注位置,如图 3-104 的图形工作区所示。

表 3-21　线体横截面

Cross Section	横截面说明
▣ Rectangular	矩形
⬡ Circular	圆形
◎ Circular Tube	圆环形
⊏ Channel Section	槽钢
⌶ I Section	I 形(工字形)
⅂ Z Section	Z 形
∟ L Section	L 形
⊥ T Section	T 形
⏀ Hat Section	帽形
▢ Rectangular Tube	矩形环
▦ User Integrated	用户集成
◩ User Defined	用户定义

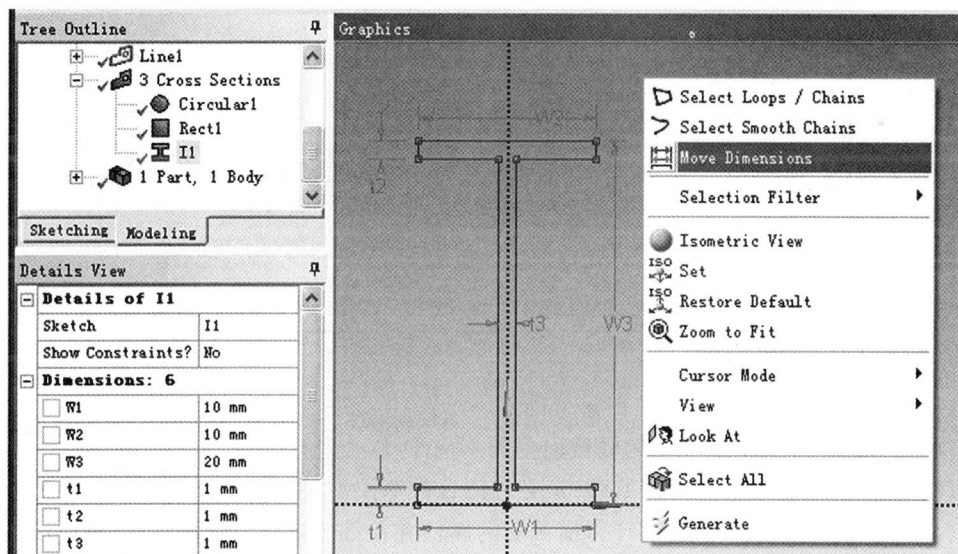

图 3-104　修改尺寸及修改标注位置

2. 将横截面赋给线体

(1)在导航树中选择线体。

(2)在细节窗口中选择 Cross Section 右边的下拉菜单,选择需要的横截面。

(3)单击 View→Cross Section Solids,看到带横截面的整个梁,如图 3-105 所示。

图 3-105　将横截面赋给线体

3.用户集成横截面

DM 中可以定义用户集成的横截面。不用画横截面,而只需在细节窗口中填写截面的如下属性,见表 3-22。

表 3-22　用户集成横截面

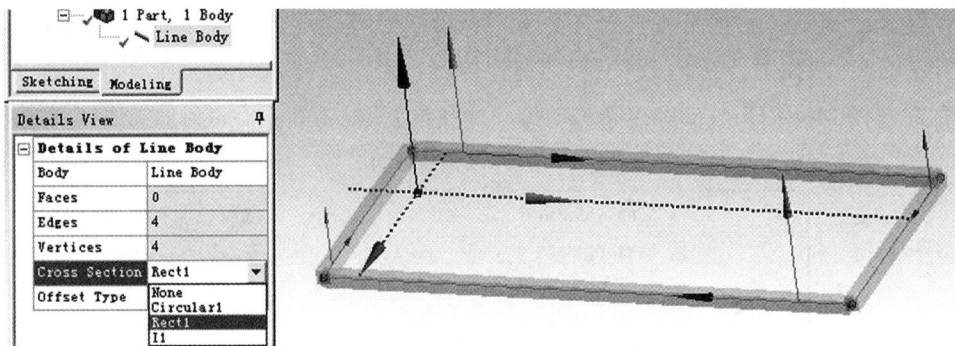

	用户集成横截面
	属性窗
A 1 mm²	截面面积
CGx 0 mm	质心的 x 坐标
CGy 0 mm	质心的 y 坐标
Iw 0 mm^6	翘曲常数
Ixx 1 mm^4	x 轴惯性矩
Ixy 1 mm^4	惯性积
Iyy 1 mm^4	y 轴惯性矩
J 1 mm^4	扭转常数
SHx 0 mm	剪切中心的 x 坐标
SHy 0 mm	剪切中心的 y 坐标

4.用户自定义横截面

(1)Concept→Cross Section→User Defined。

(2)在导航树目录中出现空的横截面草图 UserDef。

(3)点击 Sketch 绘制合适的草图,且必须闭合的草图。

(4)点击 Generate,DM 自动计算横截面的属性并在细节窗口中列出,且不可更改。

5.改变横截面对齐方式

以上操作确定了梁单元长度方向,以及横截面的类型,但是横截面如何放置呢? 即横截面上的坐标系与全局坐标系的相对位置如何呢?

如图 3-106(a)所示,在 DM 中梁模型的横截面位于 XY 平面,且 X 方向平行于横截面的一条 Line,而 Y 方向平行于横截面的另一条 Line,梁模型的长度方向(即线体的切线方向)为 Z 方向。但图形工作区并没有标注 X,Y 和 Z,而是用颜色进行表达,绿色箭头代表＋Y,蓝色箭头代表＋Z,＋X 符合右手定则(见图 3-105)。如果图形工作区没有显示横截面的坐标方向,请选中 View→Cross Section Solids 选项和 View→Cross Section Alignments 选项。

图 3-106　默认的横截面对齐方向

注意:如图 3-106(b)所示,在 ANSYS 经典环境中,横截面位于 YZ 平面中,用 X 方向作为线体的切线方向。ANSYS 两种环境关于横截面定位上的差异对有限元分析没有影响。

默认情况下,横截面的+Y 方向直接取自全局坐标系的+Y 方向。但有时候自动生成的方向为非法,导航树目录中的线体图标有可视化帮助,见表 3-23。此时选择线体并右击会弹出快捷菜单,如图 3-107 所示,点击 Select Unaligned Line Edges,在细节窗口出现图 3-108。或者在图形窗口选择某线体,那么在细节窗口也会出现图 3-108 所示的选项。

表 3-23　线体图标的颜色及含义

	颜色	含　义
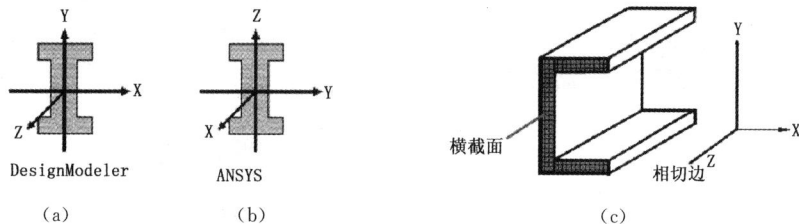	绿色	没有赋值横截面或使用默认对齐
	黄色	非法的横截面对齐
	红色	有合法对齐的赋值横截面

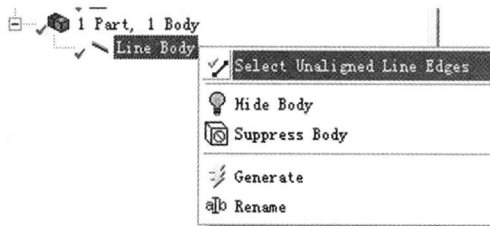

图 3-107　非法对齐的线体

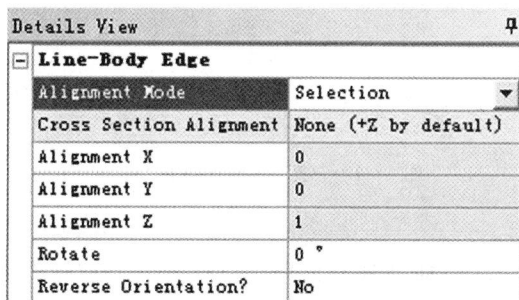

图 3-108　横截面对齐选项

如图 3-108 所示,有两种方式可以进行修改横截面对齐方向,任何一种方式都可以输入 Rotate 旋转角度,以及确定 Reverse Orientation 是否反向。

(1)Selection 选择法:选择使用现有几何体的边、点等作为对齐参照方式。

(2)Vector 矢量法:输入相应的 X,Y,Z 坐标方向,如图 3-109 和图 3-110 所示。

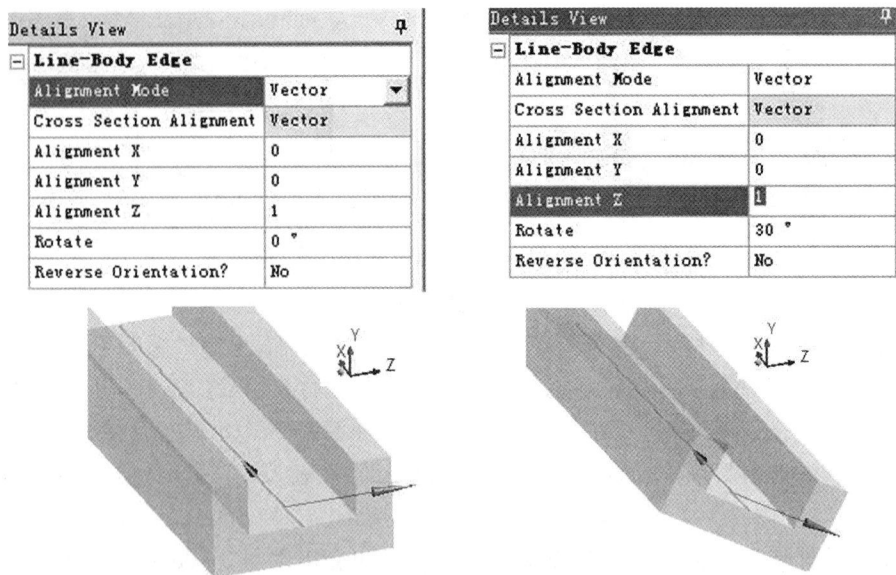

图 3-109　修改横截面方向(1)

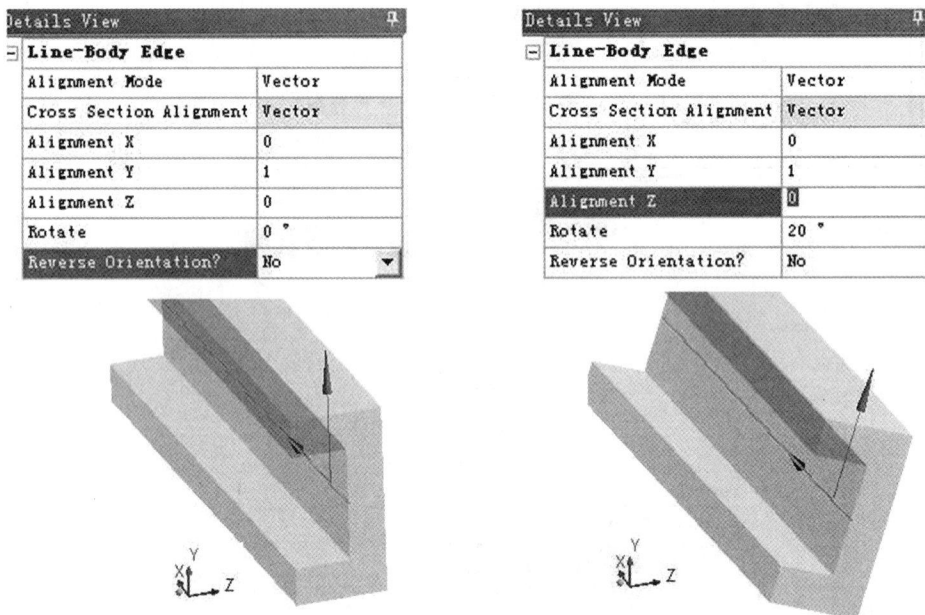

图 3-110　修改横截面方向(2)

6. 横截面偏移

将横截面赋给一个线体后,详细列表窗口中允许用户对横截面进行偏移。下面以槽钢为例,并且选中 View→Cross Section Solids 选项和 View→Cross Section Alignments 选项。

(1)Centroid 质心:横截面中心和线体质心相重合(默认)(见图 3-111)。

(2)Shear Center 剪力中心:横截面剪力中心和线体中心相重合。注意质心和剪力中心的图形显示看起来是一样的,但分析时使用的是剪力中心。

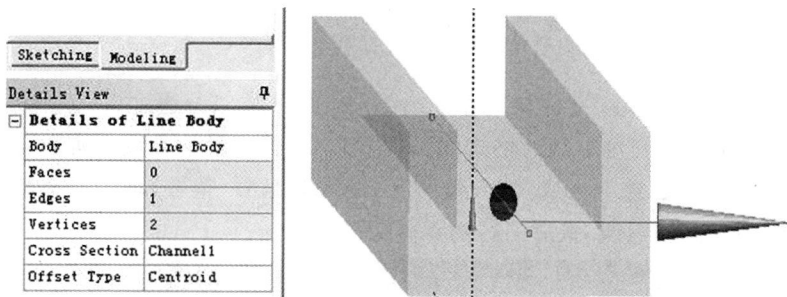

图 3-111　横截面偏移至质心 Centroid

（3）Origin 原点：横截面不偏移（见图 3-112）。

（4）User Defined 用户定义：用户指定横截面的 X 方向和 Y 方向上的偏移量。

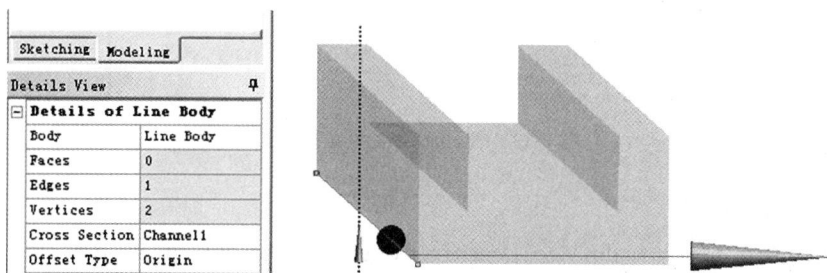

图 3-112　横截面偏移至 Origin

这项功能可以使用户直观地检查结构中的每个线体截面摆放是否正确。

3.4.3　3D 曲线特征

本节帮助路径：help/wb_dm/dm_3dcurve.html。

3D 三维曲线特征允许在 ANSYS DM 中创建基于现有点或坐标的曲线。点可以是任意二维素描点、三维模型顶点和点特征点（PF 点）。坐标是从文本文件中读取的。

单击菜单 Concept→3D Curve，在导航树建立 3D 曲线的分支，细节窗口如图 3-113 所示。其中 Definition 有两种选项，即两种方法创建 3D 曲线，从现有模型点 Point Selection 或者坐标（文本）文件 From Coordinates File。

第一种方法中，这些点可以是任何的 2D 草图点，3D 模型的点，或者特征点（PF，Point Feature Point）。曲线通过链路上所有的点，所有的点必须唯一的，曲线可能是开放的也可能是闭合的。

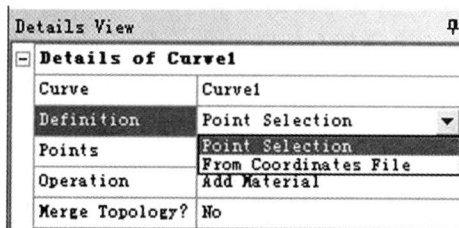

图 3-113　3D Curve 的细节窗口

在图形区右击鼠标弹出快捷菜单，有助于完成 3D 曲线，其中常用选项如下：

1）Closed End：将最后一点和起点连接，形成封闭曲线。

2）Open End：形成开放曲线。

3)Clear All Points:清除已选择的所有点。

4)Delete Point:从所选的点中去掉一个点。

第二种方法中,曲线坐标文件与文件方式输入点特征类似。通过 XYZ 坐标的文本文件创建 3D 曲线,文本需要满足一定的格式(见图 3-114)。其中 # 表示此行是注解,忽略空行。数据行包括 5 个数据域,被空格或 TAB 键隔开,依次为组号(整数),点号(整数),X 坐标,Y 坐标,Z 坐标。对于封闭曲线,最后一行的点号应该是 0。

```
Curve.txt - 记事本
文件(F) 编辑(E) 格式(O) 查看(V) 帮助(H)
# The number format is Group number, Sequence number , then X Y Z
# all delimited by spaces.

# Group 1 (open curve)
1 1 10.1234 15.4321 20.5678
1 2 15.2468 20.1357 25.1928
1 3 5.5555 6.6666 7.7777

# Group 2 (closed curve)
2 1 100.0101 200.2021 15.1515
2 2 -12.3456 .8765 -.9876
2 3 11.1234 12.4321 13.5678
2 0
```

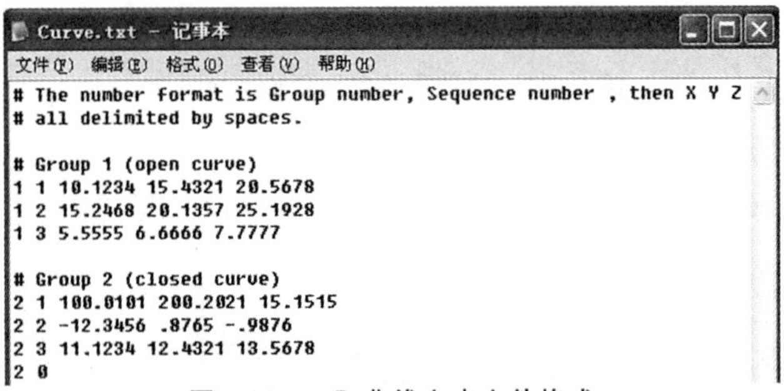

图 3-114　3D 曲线文本文件格式

3.4.4　创建表面体

本节帮助路径:help/wb_dm/agp3Dsurfacesfromlines.html 和 help/wb_dm/dm_SufacesFromSketches3DMod.html 以及 help/wb_dm/dm3dSurfacesFromFaces.html。

面体包括平面体和 3D 曲面体。平面体是在 XY 面的表面体,在 DM 中创建的平面体用于进行 2D 数值模拟,应用于平面应变、平面应力、轴对称,在数值运算上比 3D 模型高效的模型。而 3D 曲面体则用于数值模拟壳体模型。

(1)用边作为边界生成表面体 Surface From Edges(见图 3-115),其中 Flip Surface Normal 表示是否将表面的法向方向进行反转,Thickness 可以设置面体的厚度。

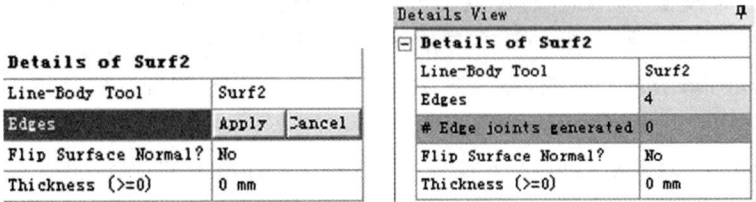

图 3-115　用边生成表面体

1)边可以是现成体的实体边,也可以是线体边。

2)这些边必须形成没有交叉的闭合回路。

3)闭合回路应该形成一个可以插入模型的简单表面形状,如平面、圆柱面、圆环面、圆锥面、球面和简单扭曲面(见图 3-116)。

4)每个闭合回路都可以创建 1 个冻结表面体。

5)无横截面属性的线体能用于将表面模型连在一起,在这种情况下线体仅仅起到确保表面边界有连续网格的作用。

由边生成面体会碰到边接合的问题。边接合 Joint 就是将放在一起的面体以及概念模型中梁和表面相黏合,每当生成一个接合,从边界生成线或从线特征生成表面时,DM 就隐含地创建了边接合。

图 3-116　由边生成面体(扭曲面)

选择 View→Edge Joints,在视图菜单中打开边接合显示 Edge Joints 选项就可以浏览边连接(见图 3-117),蓝色粗线(见图中 B 线)表示边接合包含在已正确定义的多体素零件中,可以随着交点所在的几何体传送到 Mechanical 中。红色粗线(见图中 R 线)表示边接合没有分组进同一个零件中。这时只需要将相交的实体合并成同一个体 part,就可以使红色变成蓝色交点。

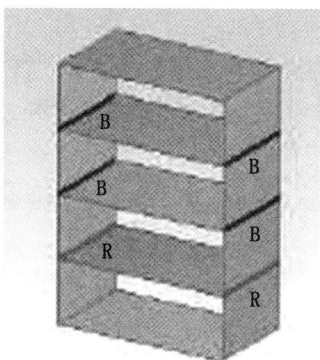

图 3-117　边接合的颜色

2. 草图生成面体 Surface From Sketches(见图 3-118)。

由草图作为边界来创建面体,但基本草图必须是不自相交叉且闭合的剖面。

(1)Base Objects:可以选择单个或多个草图。

(2)Operation:可以选择"添加材料"或"加入冻结体"操作。

(3)Orient With Plane Normal:是否和平面法线方向相同,Yes 表示和平面法线方向一致。

(4)Thickness:用户可以设置厚度。

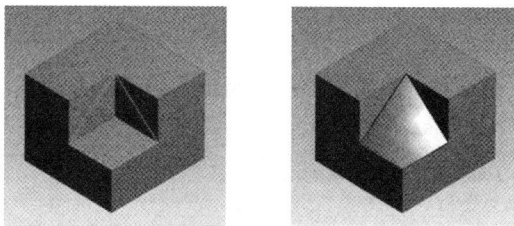

图 3-118　草图生成面体

3. 由表面生成面体 Surface From Faces(见图 3-119)。

(1)Faces:可以从实体、面体上选择单个或多个表面。根据所选表面是否连接,可以生成单个或多个面体。如图 3-120 所示,第 2 个选择上侧、前侧两个端面,则生成 1 个面体;第 3 个选择上、下两个端面,则生成 2 个面体。

（2）Operation：可以选择"添加材料"或"加入冻结体"操作。

图 3-119 表面生成面体的细节窗口

（3）Holes Repair Method：修复表面上的孔洞的方法，可选 No Healing 和 Natural Healing 两种（见图 3-120(d)），选择自然修复，则取得面体上面的孔洞。

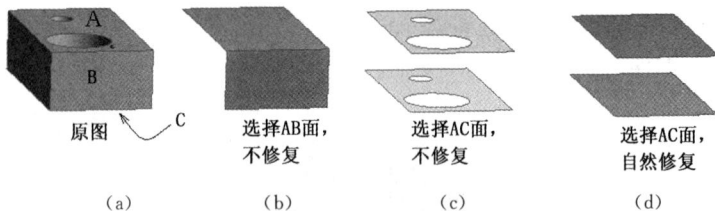

图 3-120 由表面生成面体

3.5 高级工具 Tools 之一

本节帮助路径：help/wb_dm/agpadvancedtools. html。

Tools 工具菜单给出用于 3D 建模常用命令，见表 3-24，其中一些命令演示如下。

表 3-24 高级工具菜单命令列表

		命　令	说　明
1	Freeze	Freeze	冰冻
2	Unfreeze	Unfreeze	解冻
3	Named Selection	Named Selection	命名选择
4	Attribute	Attribute	属性
5	Mid-Surface	Mid-Surface	抽取中面
6	Joint	Joint	接合
7	Enclosure	Enclosure	包围
8	Face Split	FaceSplit	表面分割
9	Symmetry	Symmetry	对称
10	Fill	Fill	填充
11	Surface Extension	Surface Extension	表面延伸
12	Surface Patch	Surface Patch	表面修补
13	Surface Flip	Surface Flip	表面翻转
14	Solid Extension (Beta)	Solid Extension	实体扩展
15	Merge	Merge	合并
16	Connect	Connect	连接
17	Projection	Projection	投影
18	Conversion	Conversion	变换
19	Weld	Weld	焊接

3.5.1　**冻结** Freeze

冻结 Freeze 的作用是建立模型时常常使用的隔离器。冻结是全局操作,冻结模型的所有体。完成冻结操作后,导航树中体分支前的立方体成为淡蓝色半透明的图标,图形工作区的实体也成为淡蓝色半透明实体。

冻结操作使得冰冻前创建的特征将变成冰冻体,此后对任何特征所做的添加、去除、印记面材料操作都将对所有的冰冻体不起作用。或者可以理解为,如果有冻结,冻结前后形成两个独立的实体;如果没有冻结的话,后面的操作将会与前面的实体进行布尔操作,从而成为一个实体。

3.5.2　**解冻** Unfreeze

解冻 Unfreeze 可以有选择地对单个或多个体移除冻结。

注意:如果从 CAD 软件中导入一个装配体,DM 将默认为装配体是没有冻结的分离零件,然而接下来的任何 3D 建模操作将合并装配体中的任何相互接触体,这些合并可以用冻结和解冻工具避免。

3.5.3　**命名选择** Named Selection

命名选择的对象可以是体、面、边和点。选择某个 Name Selection 特征后,右击鼠标并选择 Named Selection,在细节窗口中的 Named Selection 就可以更改名字,如图 3-121 所示。Propagate Selection 传播选项默认为 Yes,表示该命名可以传送到 Workbench 其他模块。

当模型比较复杂时,运用命名选择功能,用户可以给各个特征取特定的、易于分辨的名字,有利于后续的有限元分析。

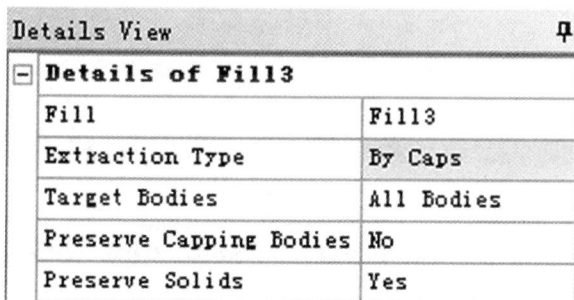

图 3-121　Name Selection 的细节窗口

3.5.4　**属性** Attribute

Attribute 选项允许用户将名称、数字等属性绑定到所需的几何上,并可以将这些属性传输到 ANSYS Mechanical 应用程序中。

单击主菜单 Tools→Attribute 后,在导航树建立 Attribute 分支,细节窗口如图 3-122(a)所示。在 Attribute Name 中用户可以输入任意名字。在 Geometry 中可选任意 3D 点、边、面、体的组合,在 Attribute Data Type 中可选项有 None,Boolean,Integer,Double 或 Text。

在建立了一组属性,即 Attribute Group1 后,且单击 Generate 前,用户在图形区右击鼠标,如图 3-122(b)所示,在快捷菜单中有 Add New Attribute Group,用户可以建立第二组属性。

在 Mechanical 应用程序中,选中 Geometry 下的实体,在细节窗口的 CAD Attribute 出现用户设定的属性,如图 3-122(c)所示。

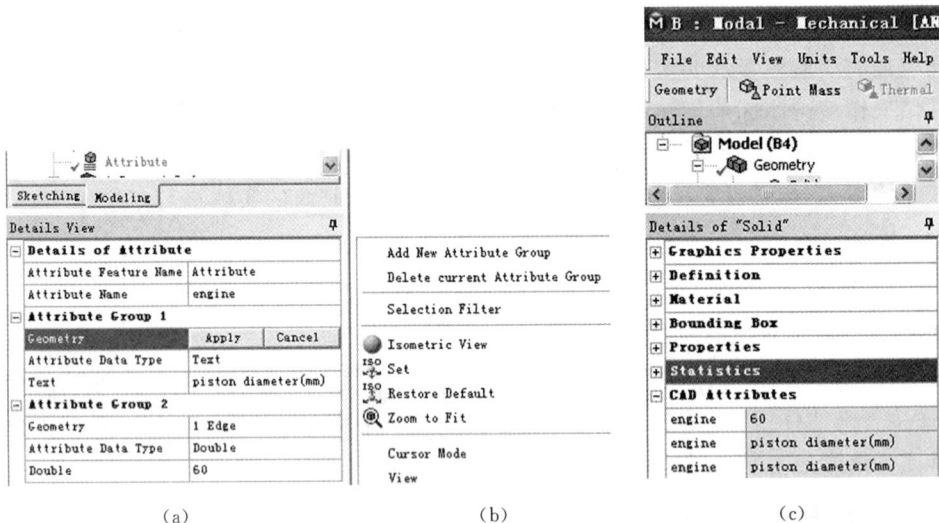

(a)　　　　　　　　　(b)　　　　　　　　　(c)

图 3-122　属性细节窗口

为了将这些属性传输到后续的应用程序,用户还要做一些设定。在 Workbench 主界面选择工程流程图的 Geometry,右击鼠标选择 Properties,弹出属性窗口,如图 3-123 所示,选中 Attribute,并将 Attribute Key 设为空白而不设定前缀,这样任意名称都可以传输。

图 3-123　Workbench 主界面中 Geometry 的属性窗

3.5.5　接合 Joint

对于面体结构,Joint 功能将在两个面体的交界处共享边,同时标记重合的边,当模型转换到 Design Simulation 时,在体之间会产生连续的网格,如图 3-124 所示。

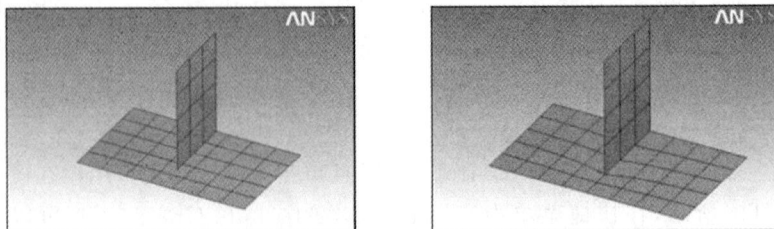

图 3-124　共享 Topology

接合 Joint 将表面体接合在一起,以便在分析模块中对其适当处理,可用于激活体或冻结体,拓扑结构可以共享网格,或不共享而成为接触区域。

在细节窗口中,将 Share Topology 共享拓扑设为 Yes(缺省),分析模型沿边界的网格是连续的;将共享拓扑设为 No,则用接触单元对边/面的边界进行建模。

创建有一致边的面和/或线多体零件时,会自动产生边结合。若一致拓扑,可以人工结合。

在 View 菜单中选中边结合选项,边接合将被显示。边接合以蓝色或红色显示。蓝色:边接合包含在已正确定义的多体素零件中。红色:边接合没有分组进同一个零件中。

3.5.6　包围 Enclosure 和例子 4

包围命令 Enclosure 沿实体模型创建一个环绕区域,以便于对场效应区进行数值模拟,如流体和电磁场等。细节窗口见表 3-25。

1. Shape

Shape 用于定义包围体采用哪种形状的几何体,可以使用块体 Box、球体 Sphere、圆柱体 Cylinder 或 User Defined 自定义的形状。

2. Cylinder Alignment

只有当选择圆柱体性质时,才出现此选项,选项有 Automatic(default),X-Axis,Y-Axis,Z-Axis。此选项决定了圆柱体的对称轴与哪个坐标轴对齐。

3. 对称平面

(1)Number of Planes:确定对称平面的数量,默认为 0。

(2)Symmetry Plane1:用户选择已建立的平面作为 1 号对称平面,如图 3-125(a)所示。

(3)Symmetry Plane2:用户选择已建立的平面作为 2 号对称平面,如图 3-125(a)所示。

表 3-25　包围的细节窗口

Details of Enclosure3		包围的细节	解　释
Enclosure	Enclosure3	包围 3	
Shape	Cylinder	包围的形状	用于包裹实体模型
Cylinder Alignment	Automatic	圆柱体的对齐方式	对称轴的分析
Number of Planes	2	对称平面数量	由于对称,只分析实体模型的局部
Symmetry Plane1	Plane6	对称平面 1	
Symmetry Plane2	Plane7	对称平面 2	
Model Type	Full Model		
Cushion	Non-Uniform	夹层	
☐ FD1, Cushion Radius (>0)	30 mm	圆柱体的半径	包围的尺寸
☐ FD2, Cushion (>0), +ive Direction	30 mm	正向长度	
☐ FD3, Cushion (>0), -ive Direction	30 mm	负向长度	
Target Bodies	All Bodies	目标体	
Merge Parts?	No		

4. Model Type

用户输入的是全模型还是局部模型,有两个选项。

（1）Full Model：使用所选的对称平面对模型进行切割，而且只保留平面正侧，即＋Z 轴方向的部分，如图 3-125（b）所示。

（2）Partial Model：用户建立或输入的模型已经是切割后剩余的部分模型，所以使用 Symmetry 后看起来没有什么变化。

如果在 Workbench 主界面下 Geometry 的 Properties 属性窗中，选中了 Enclosure and Symmetry Processing。那么在导入 ANSYS Mechanical 后，自动在导航树建立 Named Selection，其中包含用户在 DM 中建立的对称面，以及 Open Domain 开放区域，如图 3-125（c）所示。

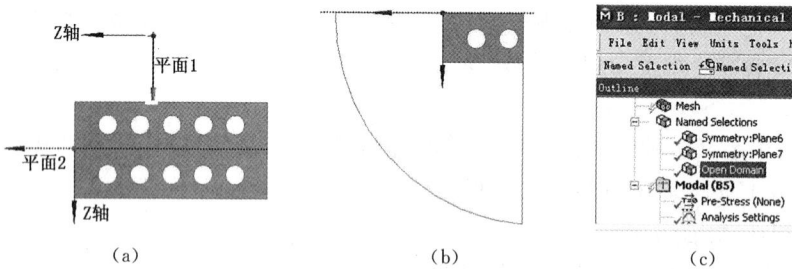

图 3-125 包围实例

5. Cushion 夹层特性

它指模型和封装体外表面之间的距离。

（1）Cushion，夹层类型，可选项有 Non-Uniform 和 Uniform，即不对称和对称。

（2）FD2，Cushion（＞0），＋ive Direction：从圆柱体夹层顶部到模型的距离。

（3）FD3，Cushion（＞0），－ive Direction：从圆柱体夹层底部到模型的距离。

6. Target Bodies

目标体，可选项有 all bodies，selected bodies。可以将包围应用于所有的体或仅对选定目标。

7. Merge Parts

合并属性项可以对多体零件自动创建包围体，确保划分网格时原始零件和场域有公共节点，即节点匹配。

下面讲解第 3 章例子 4，演示 Enclosure 建立包围体。相关文件见光盘 chapter 3/example 3.4。

如图 3-126 所示，导入一个 Parasolid 格式的叶片模型，使用包围体 Enclosure 创建一个实体区域，该实体区域代表叶片的周围区域，例如流体。

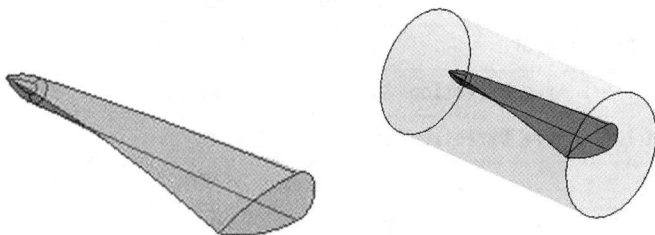

图 3-126 叶片以及外面的圆柱形包围体

（1）开启 Workbench，在 component systems 下双击 Geometry，这将会在项目管理区创

建一个"Geometry component"。右击 A2，即 Geometry，并点击 New geometry，启动 DM。

（2）DM 打开后，根据提示选择"meter"为长度单位。在菜单 Main menu→File→Import External Geometry File…浏览 Parasolids 文件"blade. x_t"并打开，点击"Generate"导入文件。

（3）从"Tools"菜单选"Enclosure"，在其详细列表窗口选择 Shape 为"Cylinder"，点击"Generate"生成包围体。注意：如图 3-127 所示，这里保留默认的 Cushion 夹层尺寸为 1 m。该选项可以定义大一点或小一点的包围夹层。

（4）生成包围体后，注意到在树形目录中有两个体，一个是冻结的（包围体），一个是激活体（叶片），如图 3-127 所示。

（5）右键点击树形目录中的高亮激活体（叶片），在弹出菜单中选择"Hide Body"。隐藏叶片后，可以看到包围体有一个空腔，代表结构的边界。这种包围体适合网格划分。

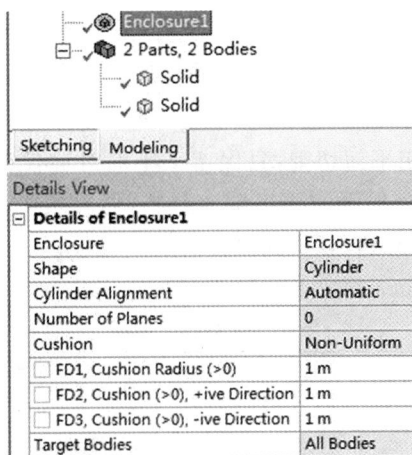

图 3-127　Enclosure 的细节窗口

3.5.7　**面分割** Face Split

Face Split Type 有两种选项，解释如下。

（1）By Points and Edges 点和线：如图 3-128 所示，通过点和由点构成的边来分割所选的面。不需要封闭曲线。在细节窗口右击鼠标弹出快捷菜单，如图 3-128 所示，可以添加更多的 Face Split Group，而且各组之间的前后位置可以用鼠标右键的快捷菜单中选择某一项进行移动。

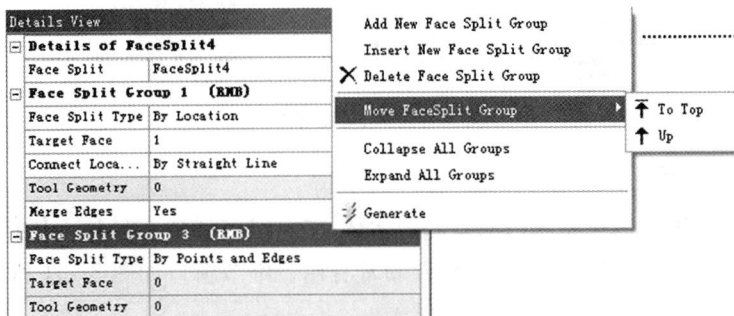

图 3-128　由点和线对面进行分割

（2）By Location 根据位置：如图 3-129 所示，在面上点击任意位置即可创建点，点与点之间以直线或者样条曲线连接,对面进行分割。不需要封闭曲线。

Connect Locations:有两个选项,By Spline 用样条曲线连接,By Straight Line 用直线连接。

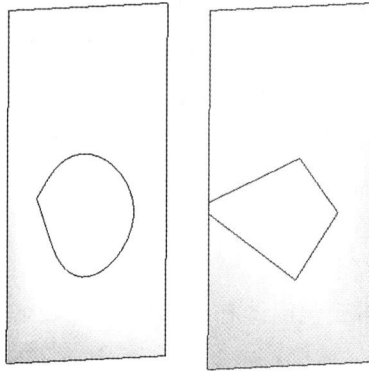

图 3-129　根据位置对面进行分割

3.5.8　对称 Symmetry

对称 Symmetry 将模型用平面切割,只保留一半的对称模型。可以定义最多 3 个对称平面,见表 3-26,最终保留每个平面的正半轴的材料,切除负半轴的材料。如图 3-130 所示的 3 个图分别为原图、单平面对称、双平面对称。

Model Type,Target Bodies 的选项类似于 Enclosure。

表 3-26　对称的选项

Details of Symmetry1		对称的选项	
Symmetry	Symmetry1	对称	Symmtry1
Number of Planes	3	对称平面数目	3 个
Symmetry Plane1	Plane4	第 1 个对称平面	平面 4
Symmetry Plane2	Plane5	第 2 个对称平面	平面 5
Symmetry Plane3	Plane6	第 3 个对称平面	平面 6
Model Type	Partial Model	类型	全部模型/局部模型
Target Bodies	All Bodies	目标体	所有体

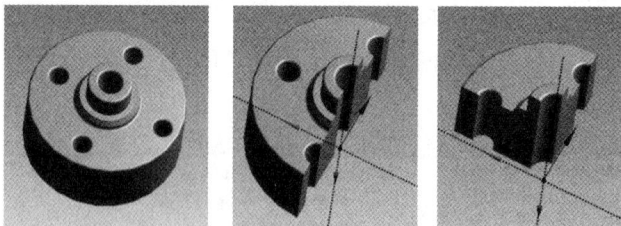

图 3-130　对称的示例

3.5.9　填充 Fill 和例子 5

填充命令 Fill 用于创建充满内部空腔的实体,可在激活体或冻结体中操作,但只能在实体中操作。该操作对大量的 CFD 应用软件非常有用。细节窗口如图 3-131 所示。创建方式 Extraction Type 有 2 种选项。

1.指定空腔内部表面 By Cavity

填充所指定的空腔内表面,最终形成冰冻的填充体。该方法适合于内表面较少且很好选择的实体。如果内部管道很多,有可能遗漏某些内表面,造成填充失败。

图 3-131　填充体的选项

2. 指定封盖面 By Caps

填充实体模型和所选封盖面之间所包围的空腔,最终形成冰冻的填充体。注意以下几点:

(1)必须先创建空腔与外界接触的封盖面,方法:Concept→Surface From Edges 创建封冻的面体,然后才能使用填充 Fill 功能。

(2)该方法适合于内部管道很多,但空腔与外界接触的封盖面较少的实体。

(3)如图 3-131 所示,Target Bodies 选择目标实体,Preserve Capping Bodies 是否保留封盖面,Preserve Solids 是否保留目标实体。

下面讲解第 3 章例子 5,演示 Fill 建立填充体。相关文件见光盘 chapter 3/example 3.5。

目标:如图 3-132 所示,导入一个 Parasolid 格式的容器模型,使用填充体 Fill 创建一个实体区域,该实体区域代表容器的内部区域,例如流体。

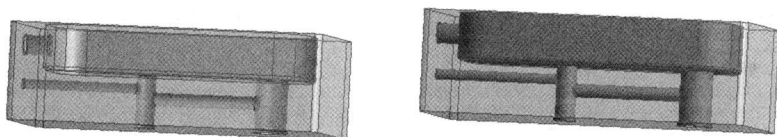

图 3-132　容器及内部的填充体

第一种方法,使用 Fill 的 By Cavity。

(1)开启 Workbench,在 component systems 下双击 Geometry,这将会在项目管理区创建一个“Geometry component”。右击 A2,即 Geometry,并点击 New geometry,启动 DM。

(2)DM 打开后,根据提示选择“meter”为长度单位。点 File→Import External Geometry File,选择 container.x_t 文件导入 DM。在细节浏览窗口,将 Operation 选项设成 Add Frozen,其他项采用默认值。点击 Generate。

(3)点击 Tools→Fill,细节窗口中使用默认的 By Cavity。对于 Faces,使用选择工具条的框选模式选中所有面,再切换到单选模式,按住 Ctrl 键取消选定的外表面(共有 10 个外表面需要取消选定),确定选定了所有的内表面(34 个),然后点击 Apply。如果有漏选面,在面域中编辑所选,按住 Ctrl 键进行选定或是取消选定面。

(4)点击 Generate。

(5)在显示树中,抑制实体容器,只显示填充体。

(6)有一些流场区域的细节特征(比如混合面和少量阶梯),这些特征在 CFD 仿真中不是必须的,将在划分网格之前移除它们。为简化模型,多次使用 Create→Face Delete,并选择图中所有高亮的小特征,点击 Generate 就可以删除小特征,如图 3-133 所示。

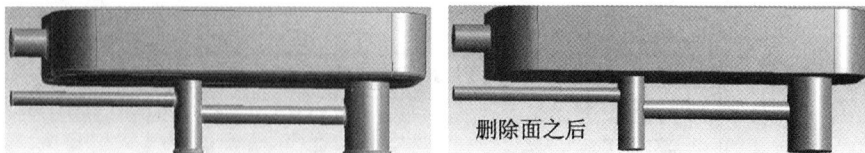

图 3-133　使用 Face Delete 删除小特征

第二种方法:使用 Fill 的 By Caps。

创建封盖面并填充的实例。如图 3-132 所示的容器,内表面较多且难以全部找到;而封盖面就是 4 个圆面及上方的椭圆长方形,非常简单。因此首先使用 Surface From Edges 建立 5 个封盖面,再用 Fill 的 By Caps 建立填充体。

(1)创建封盖面:Concept→Surface From Edges。

(2)按住 Ctrl,在图形区选择 4 个出口处的 4 个圆,再点击 Surf1 细节窗口的 Apply,单击 Generate 就可以生成 4 个封盖面,如图 3-134 所示。

(3)选择容器上端的椭圆长方形某一条边,再单击选择工具条的 Extend to Limits,再点击 Surf2 细节窗口的 Apply,单击 Generate 就可以生成 1 个封盖面,如图 3-134 所示。

(4)在导航树选中容器这个实体,在右键的快捷菜单将其隐藏,只剩下刚刚生成的 5 个封盖面,如图 3-134 所示。

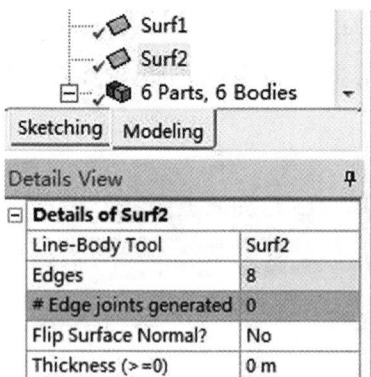

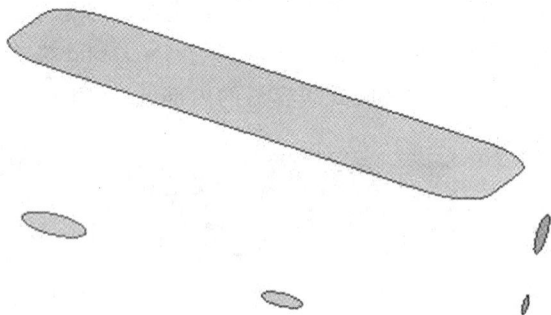

图 3-134　建立 5 个封盖面

(5)点击菜单 Tools→Fill,生成填充。

(6)选择导航树的 Fill1,在细节窗口将 Extraction Type 设为 By Caps,其他不变。

(7)点击 Generate,导航树显示只剩下 2 个实体,一个为原来的容器,一个为填充体,隐藏原来容器后如图 3-135 所示。

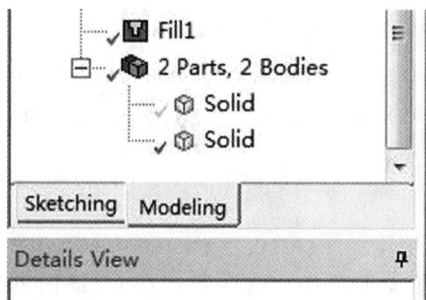

图 3-135　创建封盖面填充

3.5.10　抽取中面

抽取中面 Mid-Surface 将常厚度的实体模型转化为面体(壳模型),自动在所选的 3D"面对"的中间位置生成面体。在 Mechanical 中运用壳单元类型模拟原先的 3D 实体,以节省资源和时间。

1.自动模式

当 Selecting Method＝Automatic 时,为自动模式,如图 3-136 所示。

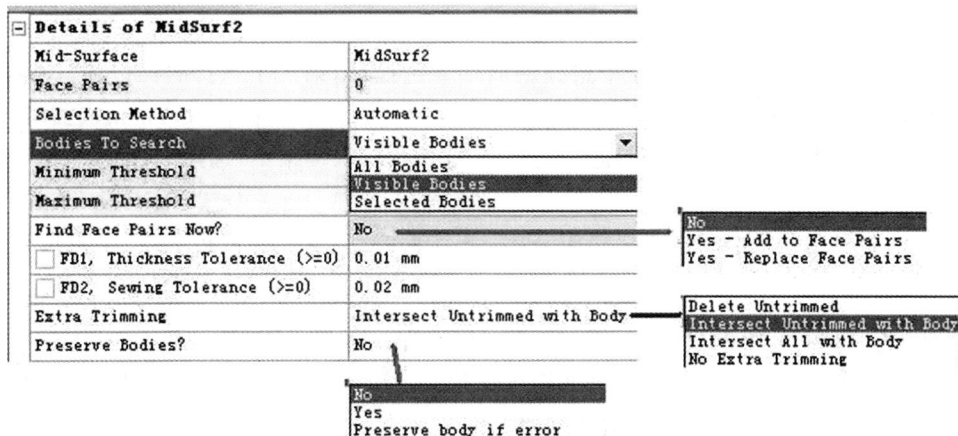

图 3-136　抽取中面之自动模式

(1)Face Pairs"面对"的数量:在自动模式下,用户设置好后,程序自动填入数字。

(2)Bodies to Search:待搜索的实体,有 3 种选项,如图 3-136 所示。

(3)Minimum Threshold:最小厚度阈值,设置自动检测模式下的"面对"之间的最小厚度。

(4)Maximum Threshold:最大厚度阈值,设置自动检测模式下的"面对"之间的最大厚度。

(5)Find Face Pairs Now:是否现在检测,分两种情况。

如果 Face Pairs＝0,则选项为 Yes,No。当用户选择 Yes,程序根据用户的设定立刻检测,把数值写入 Face Pairs,并把 Find Face Pairs Now 再设为 No。

如果 Face Pairs 不为 0,选项如图 3-136 所示。

(6)Thickness Tolerance:厚度容差。如果需连接的面的厚度差在"厚度容差"之内,Mid-Surface 可以使它们连接为一体。

(7)Sewing Tolerance:缝合容差。在"缝合容差"中,相邻面的缝隙可以在抽取中面的过程中被缝合。

(8)Extra Trimming:程序的内部修剪算法不能很好地处理某些情况时,此选项用来修剪表面体。选项有 4 种,如图 3-136 所示,分别为删除未修剪的、用实体把未修剪的部分连接起来、用实体把所有的部分连接起来和不修剪。

(9)Preserve Bodies:在完成抽取中面的操作后,那些已经被抽取了中面的实体是否保留。选项如图 3-136 所示,分别为不保留实体,保留实体,如果出错则保留实体。

2.手动模式

手动模式如图 3-137 所示。

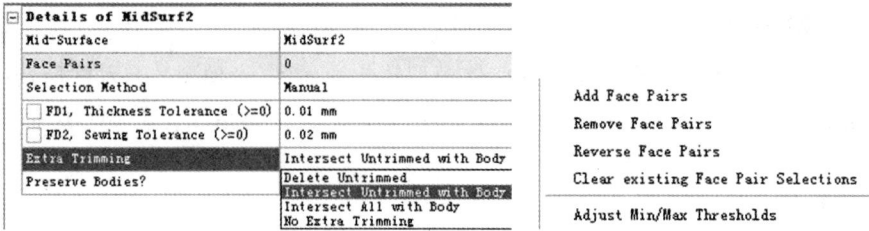

图 3-137 抽取中面之手动模式

Face Pairs：需要抽取中面的面对（面组）。每个面对包含两个面,且法线平行。注意选择面的顺序决定中面的法向：第一个选择的面以紫色显示,第二个选择的面以粉红色显示。在选择被确认后,被选色的面分别以深蓝色和浅蓝色显示。如果某个 Face Pairs（面对）中两个面之间的顺序需要颠倒,右击鼠标出现图 3-137 所示的快捷菜单,选择 Reverse Face Pairs 即可。

多个面组可以在单次中面操作组中 Surface Extension Group 被选取,但是被选择的面必须是成对的。

3.5.11　表面延伸和例子 6

表面延伸 Surface Extend 可以将面体进行延伸。用户可以自动或者手动选择面体上的几组边,这些边可以扩展而最终将面体延伸。

1.手动模式

当 Selection Method＝Manual,即选择模式设为手动,细节窗口如图 3-138 所示。

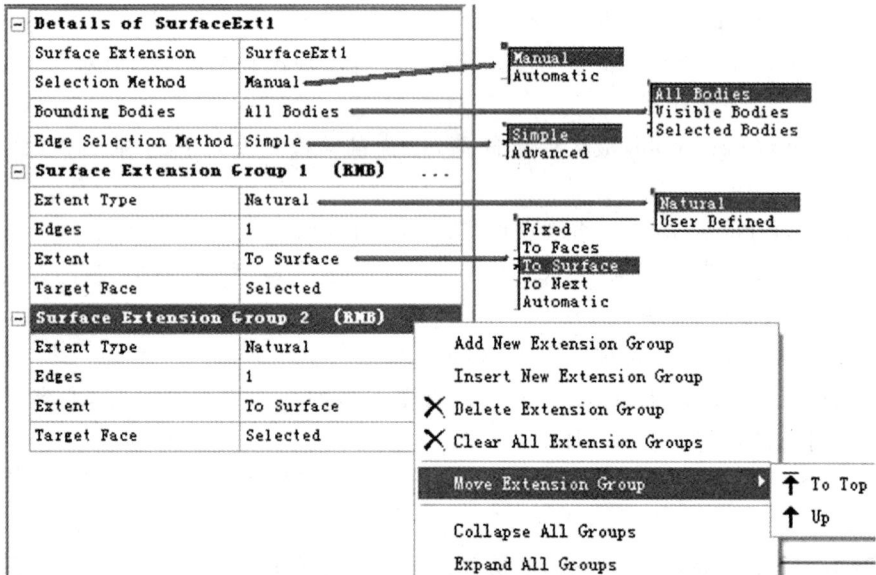

图 3-138　表面延伸的细节窗口

（1）Bounding Bodies：实体边界。当 Extent 选择为 To Next 或者 Automatic 时,该选项有用,用来考虑将表面延伸到哪些实体为止。

（2）Edge Selection Method：选择边的方法,有简单（默认）和高级两种。

在高级模式下,用户每次选择一条边（不按 Ctrl）就自动建立一个 Surface Extension Group,如果按住 Ctrl,所选的所有边都放置在同一个 Surface Extension Group 下。

（3）Edge Type：延伸类型，可选项为自然的/用户自定义。

（4）Edges：待延伸面上的边的数量，所选的边必须是表面的边界，不能是表面内部的边。

（5）Extent：延伸的长度，有 5 个选项，分别为固定、到面、到表面、到下一个几何特征、自动。类似于第 3.3.2 小节 Extent Type 的内容。

1）Fixed 固定：默认选项，延伸一个确定的长度。用户输入长度 Distance。

2）To Faces 到面：将表面延伸到一组面，而且待延伸表面必须与这组面相交，而不是这组面的延伸相交。

3）To Surface 到表面：将表面延伸到单个的、单一的表面，而且两者不必实际相交，可以与此单个表面的任意的、无界的扩展范围。

4）To Next 到下一个几何特征：将表面延伸到下一个实际相交的 face，而不是扩展 face后才相交。此选项类似于 To Faces，只是用户不用选择 Faces。这在装配体中比较有用。

5）Automatic 自动：当 Selection Method＝Automatic，即选择模式设为自动时，也用此方法。

（6）快捷菜单。在细节窗口任意位置单击鼠标右键，就会弹出如图 3-138 所示的快捷菜单。

Add New Extension Group：添加新的延伸群。

Insert New Extension Group：在此位置插入新的延伸群。

Delete Extension Group：删除延伸群。

Clear Extension Group：清除延伸群。

Move Extension Group：移动延伸群的前后顺序。

Collapse All Groups：收起所有群的细节。

Expand All Groups：展开所有群的细节。

2. 自动模式

自动模式的细节窗口如图 3-139 所示。

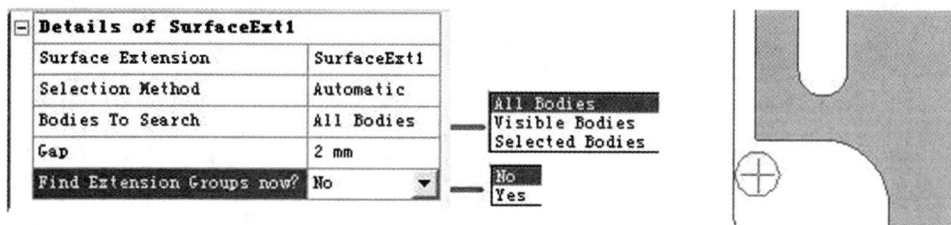

图 3-139　表面延伸之自动模式

（1）Bodies To Search：确定哪些实体被搜索。默认为 All Bodies。

（2）Gap：间隙长度，所选的边可以延伸的最远长度，用户给定数据后，在图形工作区显示以间隙长度为直径的圆和圆心，便于用户目测是否合适。

（3）Find Extension Group now：选择 Yes 后，程序按照用户的设定自动检测边，点击Generate 后完成表面的延伸。

下面讲解第 3 章例子 6，演示抽取中面和表面延伸。相关文件见光盘 chapter 3/example 3.6。

模型如图 3-140 所示，包括主体、前支撑、后支撑，但主体和后支撑是一个整体，因此共有两个部件。其中，主体厚度为 2 mm，前后支撑厚度为 1 mm。因为模型有不变截面积，可以用壳来离散该模型，从而可以节省时间与 CPU 资源。其中（1）～（10）为自动添加面对，

(11)～(17)为手动添加面对,(18)～(28)为表面延伸。

(1)在 Workbench 主界面拖入几何建模系统 Geometry 到工程流程图 Project Schematic。

(2)选择 Geometry 右击鼠标→Import Geometry→Browse 加入文件"bracket_mid_surface. x_t(见图 3-141)。

(3)保存工程文件 Surface。

(4)选择 Geometry,右击鼠标选择 Edit Geometry。

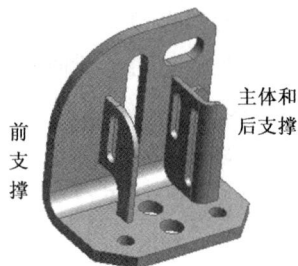

图 3-140 模型

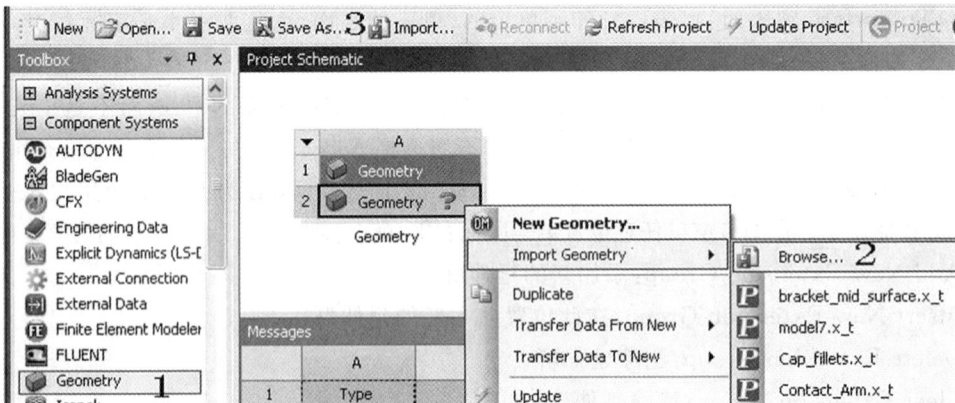

图 3-141 调入几何模型

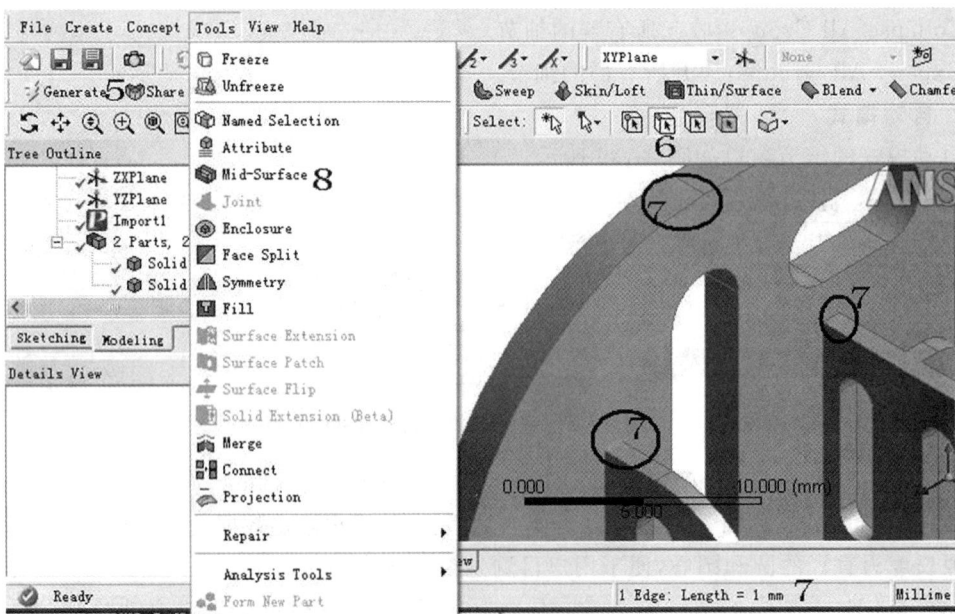

图 3-142 测量厚度

(5)在 DesignModeler 界面中选择 Generate 更新模型,出现支座模型。单击菜单 Units →Millimeter。

(6)输入选择工具条的 Selection Filter:Edges。

(7)该模型中,每个体都有不同的厚度,这些厚度可以在状态栏窗口中显示。分别选择主体、前支撑、后支撑的某个宽度边,在状态栏分别显示它们的厚度为 2 mm,1 mm,1 mm,

如图 3-14 所示。

(8)单击菜单 Tools→Mid-Surface。在导航树自动添加 Mid-Surface 分支。

(9)选择导航树中的 Mid-Surface,在细节窗口设置选择方法 Selection Method＝Automatic,面对之间的控制距离最小为 Minimum Threshold＝1 mm,最大为 Maximum Threshold＝2 mm,自动查找匹配的面对 Find Face Pairs Now＝Yes,其余保持不变。现在生成 10 个面对,Face Pairs＝10,如图 3-143 所示。

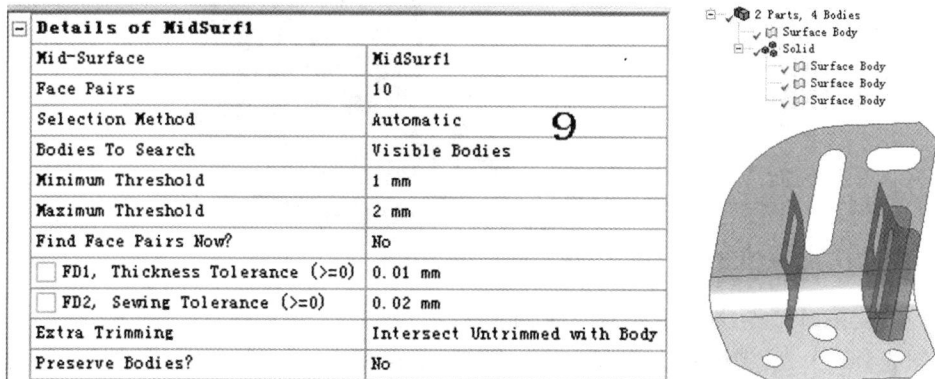

Details of MidSurf1	
Mid-Surface	MidSurf1
Face Pairs	10
Selection Method	Automatic
Bodies To Search	Visible Bodies
Minimum Threshold	1 mm
Maximum Threshold	2 mm
Find Face Pairs Now?	No
☐ FD1, Thickness Tolerance (>=0)	0.01 mm
☐ FD2, Sewing Tolerance (>=0)	0.02 mm
Extra Trimming	Intersect Untrimmed with Body
Preserve Bodies?	No

图 3-143　抽取中面

(10)工具栏单击 Generate 生成中面特征,则图形区得到中面模型,如图 3-143 所示。并且导航树得到 2 个面体,其中第 2 个面体是多体部件,包含 3 个面体零件。

下面使用手动方法添加 10 个面对。

(11)导航树选择 MidSurf1,右击鼠标选择 Edit Selections(见图 3-144)。

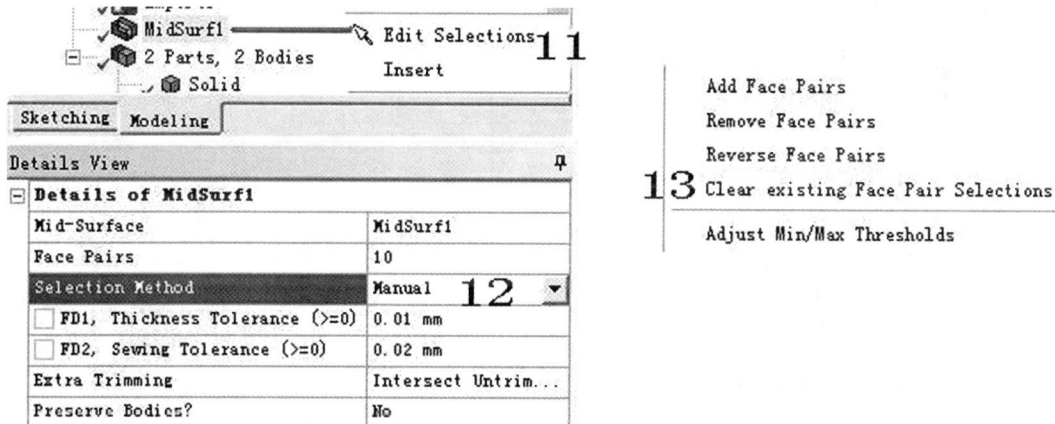

图 3-144　中面的细节窗口

(12)在细节窗口设置选择方法 Selection Method＝Manual。

(13)图形区单击鼠标右键选择 Clear existing Face Pair Selections,程序将前面所选的 10 副面对全部删除,此时 Face Pairs＝0。

(14)点击细节窗口的 Face Pairs,进入选择模式(Apply / Cancel)(见图 3-145)。

(15)点击所示的 A 平面,还需要选择与 A 相对应的一个面形成"面对",将来两个面合成一体而成为面体。此时按住 Ctrl,并单击在图形工作区左下角出现的第二层平面(如果此时单击细节窗口的 Apply,会发现 Face Pairs＝1,表明选中 1 个面对)。

（16）继续选择 B,C,一直到 I,J,最后单击细节窗口的 Apply,会发现 Face Pairs＝10。

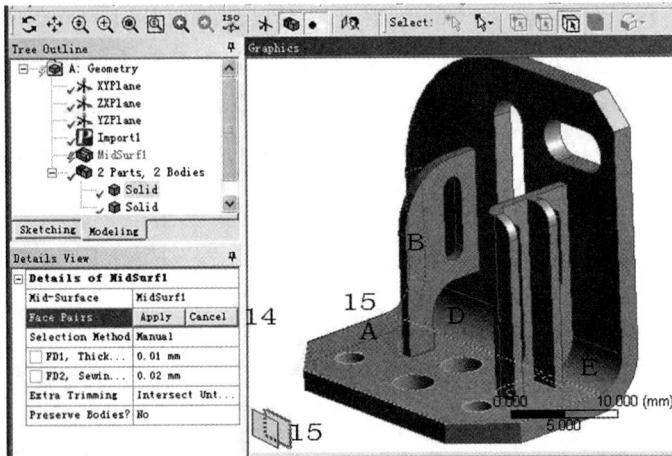

图 3-145　抽取中面

（17）重复第（10）步,即可完成抽取中面。

在图 3-146 中,后支撑面体（F 所在）会被自动延伸到主体上,因为后支撑与托架起初是同一几何体。但是对于前支撑（B 所在）起初是一单独体,所以抽中面后不会自动延伸到主体上,两者之间在两个地方有空隙。为了清晰将后支撑隐藏,前支架和主体需要用表面延伸命令连接起来,因此下面使用延伸工具延伸面体。

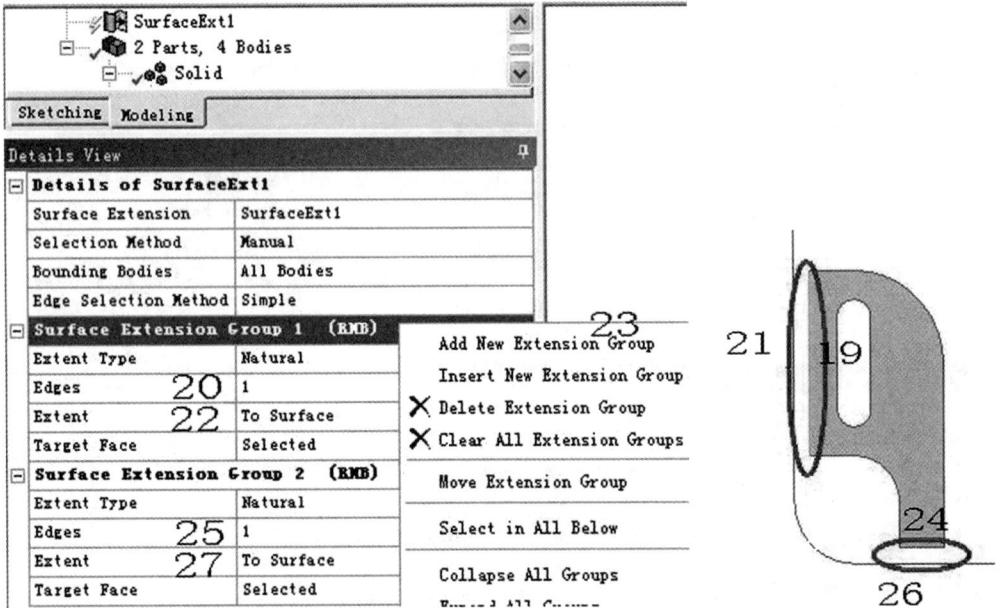

图 3-146　创建表面延伸

（18）如图 3-146 所示,选择菜单 Tools→Surface Extension。

（19）图形区选择前支撑的一条边,这条边将来与主体融和。

（20）在细节窗口确认选择边：Details View→Surface Extension Group 1→Edges＝Apply。修改所选边延伸到表面：Surface Extension Group 1→Extend→To Surface。

（21）图形区选择要延伸到的面。

（22）在细节窗口确认目标面：Surface Extension Group 1→Target Face→Apply。

（23）为了延伸前支架另一边，增加新的延伸组，点击鼠标右键 Surface Extension Group 1→Add New Extension Group。

（24）图形区选择前支架另一边，这条边将来也要与主体融和。

（25）细节窗口确认选择边：Details View→Surface Extension Group 2→Edges＝Apply，修改所选边延伸到表面：Surface Extension Group 2→Extend→To Surface。

（26）图形区选择要延伸到的面。

（27）细节窗口确认目标面：Surface Extension Group 2→Target Face→Apply。

（28）选择 Generate 更新模型，如图 3-146 所示。

3.5.12　表面修补和例子7

在 DesignModeler 界面下，面修补 Surface Patch 试图修补面体模型中的缺陷。如图 3-147（a）和（b）的中间两个圆孔所示，一般情况下，模型中的缺陷是缝隙、孔洞，用面修补方法可以用将其封闭。有时候缺陷的形状太复杂，或者缺陷在面体的边界上导致缺陷的边没有形成封闭的回路。碰到这些情况，先使用本面体的边，再借用别的面体的边，从而建立多个封闭的回路，然后就可以进行面修补。而在每个封闭回路中，第 1 条边决定了哪个面体需要进行修补。注意，用来形成封闭回路的线体，不要和待修补的面体上的边重合，以免出错。

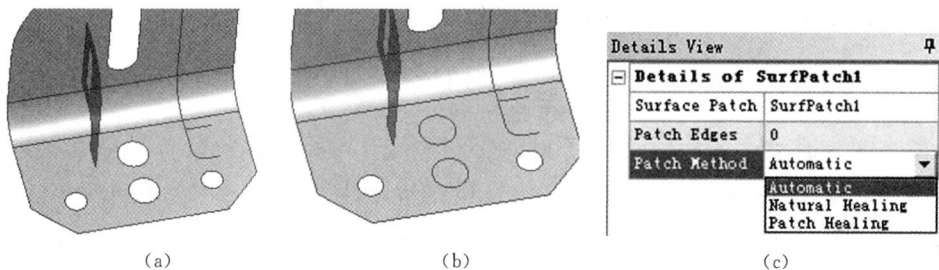

（a）　　　　　　　　　　　（b）　　　　　　　　　　　（c）

图 3-147　面修补的细节窗口

面修补的细节窗口如图 3-147（c）所示。Patch Method 修补方法有以下 3 种：

（1）Automatic：自动。

（2）Natural Healing：自然修补。

（3）Patch Healing：补片修补。

面修补使用类似于面删除的缝合方法，见第 3.3.4 节。

对于复杂的缝隙，可以创建多个面来修补缝隙。

下面演示第 3 章例子 7，对导入的几何模型仔细观察缺陷，使用 Surface Patch 进行表面修补。相关文件见光盘 chapter 3/example 3.7。

（1）开启 Workbench，在 component systems 下双击 Geometry，这将会在项目管理区创建一个"Geometry component"。右击 A2，即 Geometry，并点击 New geometry，启动 DM。

（2）DM 将打开，提示时选择"mm"作为长度单位。点击 File→Import External Geometry File 并选择导入 test11.x_t。该模型作为一个面体，如果仔细观察，会发现有 3 个区域缺少面。如果切换到线框显示（View→Wireframe），View→Graphics Options→Edge Coloring→By Connection，会看到缺少面的边用红色线来突出显示，如图 3-148 所示。

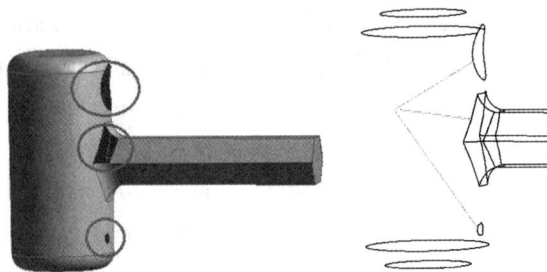

图 3-148　面体的三处缺陷

（3）首先修补圆柱最下部的六边形小洞。在 Model View 中选择六条边，并选择 Tools →Surface Patch。点中 Patch Edges 处的 Apply 按钮，选择六条边，如图 3-149（a）所示。用自动修补的方式进行修补，得到一个小面将原窟窿补上，如图 3-149（b）所示，再用 Create→ Delete→Face Delete 删除该小面，最终生成了一个光滑的表面，如图 3-149（c）所示。

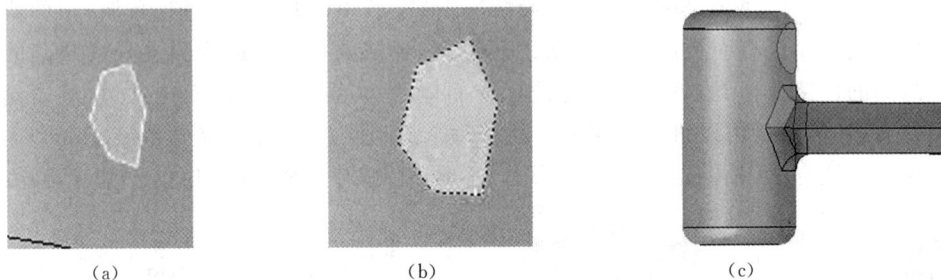

（a）　　　　　　　　　　（b）　　　　　　　　　　（c）

图 3-149　修补小洞

（4）接下来修补把手底部的缺少四边形面。在 Model View 中选择 Tools→Surface Patch 来选择四条边。点中 Patch Edges 处的 Apply 按钮，选择四条边。用 Automatic 自动修补的方式进行修补。生成一个光滑表面，在线框显示中，注意到已修补的两个面的边不再用红色线来突出显示。

（5）修补最上端的区域。注意：缺少的面横跨在两个不同曲率面之间，如果用自动修补的方法将其光滑填充会出现困难，在最后形成的区域中缺少两条边。

在 Model View 中，选择 Tools→Surface Patch 来选择两条边。点中 Patch Edges 处的 Apply 按钮，选择两条边。用 Automatic 自动修补的方式进行修补。可见生成的表面出现了波纹，在这个例子中，选用自然修补的方法，但没有保证圆柱的曲率（见图 3-150）。

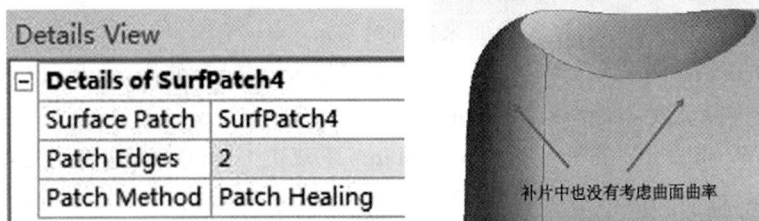

图 3-150　修补最上端的区域

（6）改用 Path Healing 补片复原的方法进行修补。在导航上选择 SurfPatch4，右击鼠标选中 Edit Selection，在其细节窗口中，将 Patch Method 换成在 Path Healing，最后单击 Generate 完成修补。这个例子中，基于边创建补片，也没有包括修补曲率。虽然这可能是个正确的重建，但有明显的曲面曲率不合适。

(7)使用延伸曲面工具,对缺失面有比较好的修补质量。先删除上一步的曲面补片,选择缺失面中较短的边,并选择 Tools→Surface Extension。如图 3-151 所示,将 Extent Type 设置为 Natural,且设置延伸距离为 50 mm,点击 Generate 延伸该曲面。注意到左侧曲面缺失部分被复原,而且延伸曲面在该面的自然边处停止。

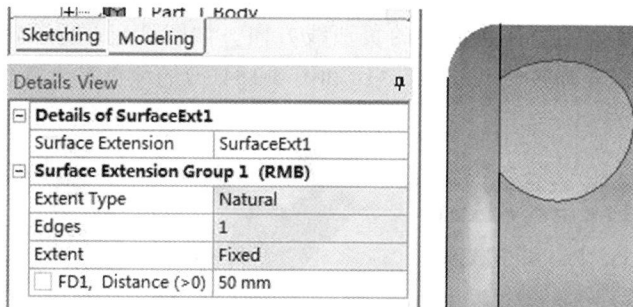

图 3-151　补齐左侧的短边

(8)曲面端部缺失部分被光滑修复了,接下来可以用 Surface Patch 的 Automatic 自动表面修复来修复现有的丢失面。在模型窗口中选择缺失面的两边,点击 Generate 用自动的方法来修复现有的丢失面。如图 3-152 所示,最终生成了光滑的曲面,同时考虑了圆柱的曲率。

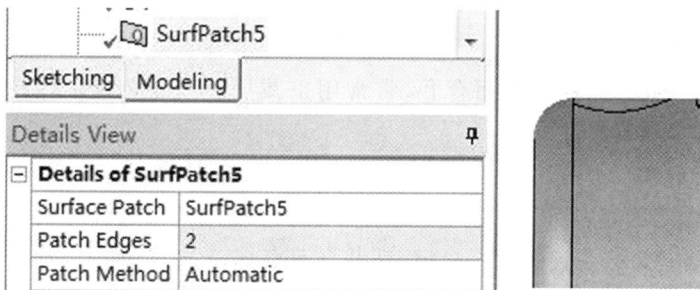

图 3-152　完成修复

(9)尽管不再有缺失面,模型仍是单个面体组成的。既然体围成了体积,可以使用缝合体操作把它转换成实体。选择 Create→Body Operation。

(10)选定体。把细节窗口的 Type 设成 Sew,并设定 Create Solids? 为 Yes。

(11)点击 Generate,将面体转换成实体。如图 3-153(a)所示,注意模型树中的变化,不再是面体,而变成了实体 Solid。还可以使用 Face Delete 删除多余的面,如图 3-153(b)所示。

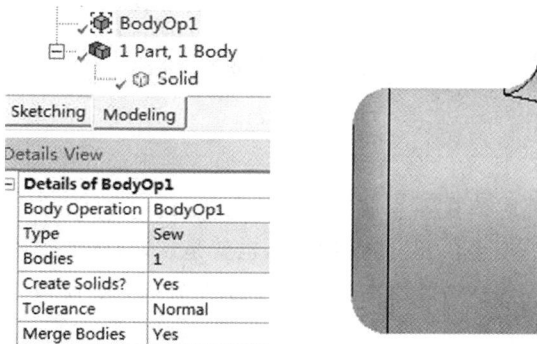

(a)　　　　　　　　　　　(b)

图 3-153　面体转换成实体

3.5.13 **表面翻转** Surface Flip

表面翻转用来将表面体的方向发生翻转。如图 3-154 所示，Bodies 只能选择面体，不能选择线体或者实体。

在 ANSYS DesignModeler 图形工作区，用鼠标选择了面体后（不是在导航树选择面体），面体上用绿色表示的一面是面体的负法线方向。如图 3-154 所示，U 形面体绿色的一侧为负法线。使用表面翻转后，图 3-154(b) 和图 3-154(c) 的绿色发生变化。

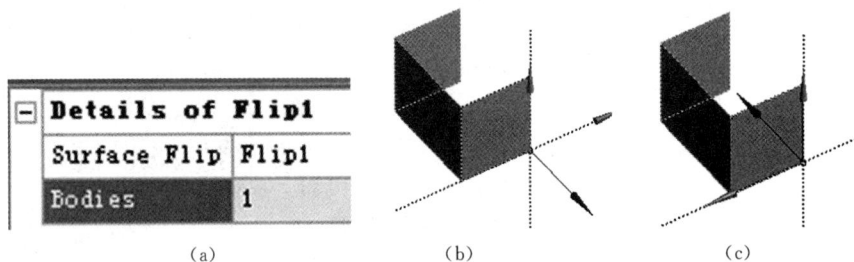

Details of Flip1	
Surface Flip	Flip1
Bodies	1

(a)　　　　　　　(b)　　　　　　　(c)

图 3-154　面体翻转

布尔操作中的 Unite 可以将两个面体合并，但两个面体的法线正方向不一致就会导致失败。此时需要用 Surface Flip 将表面翻转。

3.5.14 **合并** Merge

合并用于将一组边或者一组面合并，常常用来减少模型复杂性。操作方法可选自动、手动。

1.对边进行合并

细节窗口如图 3-155 所示，合并可以将符合如下准则的几条边合并成一条边：

(1)所选的这些边必须连接成一个链，即共享节点。

(2)所有的共享节点上只能有两条边。

(3)共享节点两侧的边之间的夹角必须大于或等于细节窗口中给定的角度。

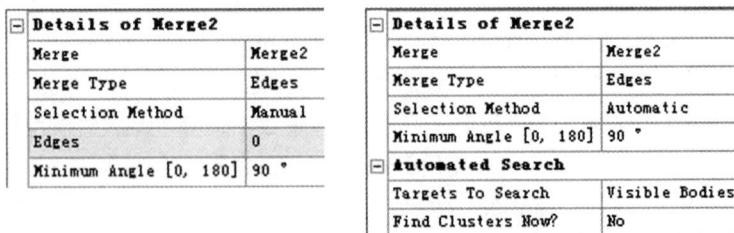

Details of Merge2	
Merge	Merge2
Merge Type	Edges
Selection Method	Manual
Edges	0
Minimum Angle [0, 180]	90 °

Details of Merge2	
Merge	Merge2
Merge Type	Edges
Selection Method	Automatic
Minimum Angle [0, 180]	90 °
Automated Search	
Targets To Search	Visible Bodies
Find Clusters Now?	No

图 3-155　对边进行合并

2.对面进行合并

细节窗口如图 3-156 所示。合并可以将符合如下准则的几个面合并成一个面：

(1)所选的这些面都应该在同一个实体上。

(2)每个边至少有一条边会和别的面共享，也就是说，所选的这些面相互连接。

(3)只有当两个面在共享边处所夹的角大于或者等于细节窗口中 Minimum Angle 给定的角度时，这两个面才能合并。

(4)所选的面如果所有方向都完全封闭（例如球体、环体），合并这个功能无法处理。如果所选的面只在一个方向封闭，例如圆柱体，合并这个功能可以处理。

Details of Merge2	
Merge	Merge2
Merge Type	Faces
Selection Method	Manual
Faces	0
Minimum Angle [90, 180]	90 °
Merge Boundary Edges	No

Details of Merge2	
Merge	Merge2
Merge Type	Faces
Selection Method	Automatic
Minimum Angle [90, 180]	90 °
Merge Boundary Edges	No
Automated Search	
Targets To Search	Visible Bodies
Find Clusters Now?	No

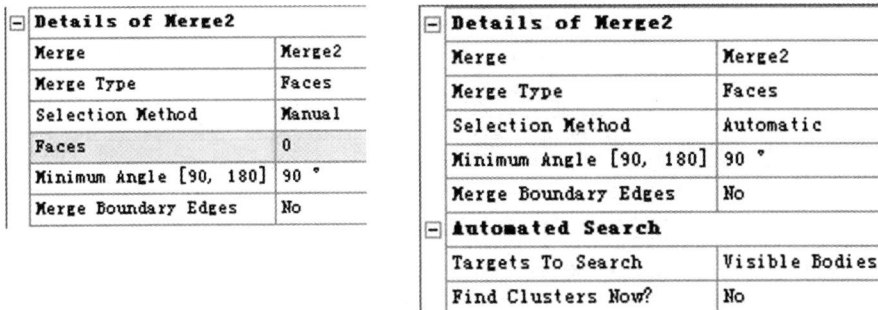

图 3-156　对面进行合并

3.5.15　连接 Connect

连接 Connect 用于对齐和连接一组点、边或者面,细节窗口如图 3-157 所示。

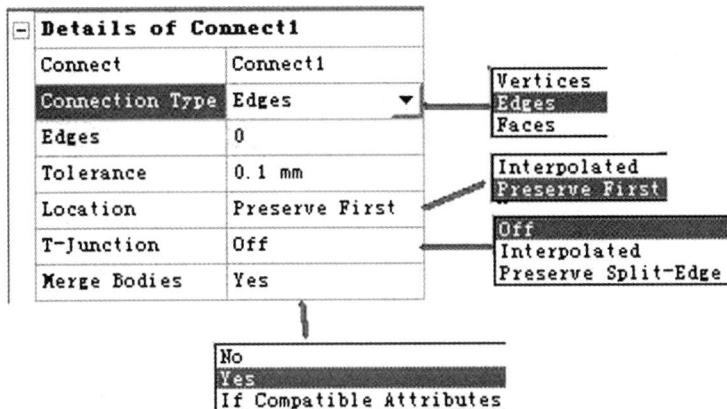

图 3-157　Connect 的细节窗口

1. Tolerance 距离的公差

检测 Connection Type 中所选类型之间的距离是否小于用户给定的 Tolerance。

2. Location 插值位置

该选项可以用于 vertices、edges 以及 faces。Location 有两个选项,如图 3-158 所示。如果待连接的模型中间有间隙,当选择如下选项时:

(1)Location＝Interpolated(默认),选择插值位置,所选对象都移动向中间插值处的位置;如图 3-158 所示选择两个立方体的点,Generate 后两点都向中间延伸而连接起来。

(2)Location＝Preserve First,保留第一个对象,则第二个对象移向第一个对象。如图 3-158 所示选择两个立方体的点,Generate 后右边的点不动,左边的点延伸而连接起来。

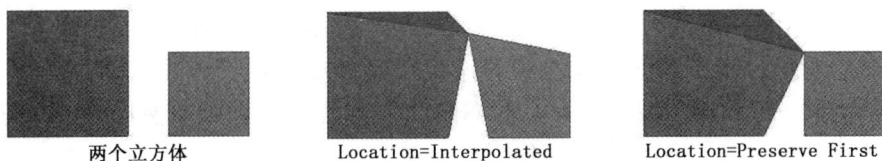

两个立方体　　　　Location=Interpolated　　　　Location=Preserve First

图 3-158　Location 选项

3. T-Junction

T-Junction,T 形连接可以用于边和面,不能用于点。

（1）当 Connection Type 选择为边时，T-Junction 有 3 个选项，如图 3-157 所示。只有当所选边上的顶点与其他边的距离位于用户定义的 Tolerance 公差内时，T-Junction 才能使用，否则会报错。

1）Off：不进行 T-Junction 检测和连接。

2）Interpolated：内插。

3）Preserve Split-Edge：保留分割边。

（2）当 Connection Type 选择面时，T-Junction 只有两个选项，Off 和 On。

1）Off：默认。设为 Off 时，表明只有完全重叠的表面才能连接。

2）On：对应两个表面之间只能部分重叠时，T-Junction 设为 On。

4. Merge Bodies 合并体

当 Connect 对所选对象进行连接时，多个线体或面体的顶点或边是否合并，由 Merge Bodies 来控制，选项如图 3-157 所示。

3.5.16 投影 Projection

投影 Projection 允许点在边或者面上投影，以及边在面或者体上投影。该工具对冻结体和激活体都有效。细节窗口的 Type 有 4 种选项。

1. Edges On Body Type

使用此选项，用户可以将边投影或印记到实体、面体上。细节窗口如图 3-159（b）所示。

（1）Direction Vector：投影方向，用户可以选择一个特定的方向来进行投影。如果设为 No（默认），则自动选择离目标体最近的方向进行投影，此时只能选择一个目标体。如果设为 Yes，可以选择多个目标体进行投影。

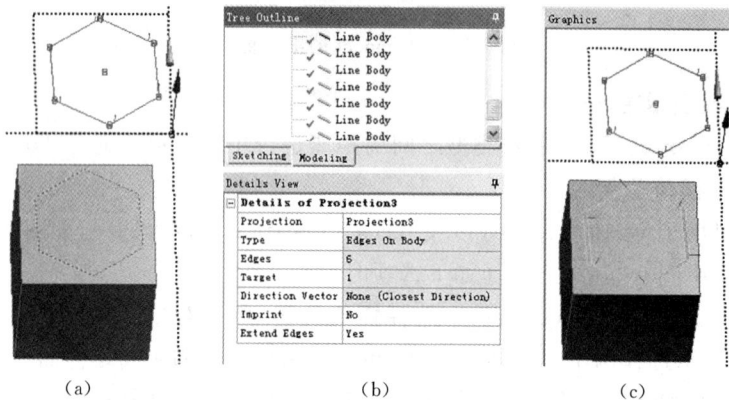

图 3-159 线投影到实体

（2）Imprint：印记。如果设为 Yes（默认），目标体（面体或者实体的面）加上印记，所以发生变化。如果设为 No，目标体不会发生变化，投影体成为单独的线体。

（3）Extend Edges：对投影产生的边进行扩展。如果设为 Yes，当选择 Edges 为单条边时，投影产生的边可以扩展到目标面的边界；如果所选的 Edges 为一组连接起来的边，那么投影产生的边只有在开口的地方会延伸。如果设为 No（默认），与所选的 Edges 保持一致而不扩展。

如图 3-159（a）所示，现在将六边形线体投影到立方体上，Imprint 设为 Yes，则投影为印记,表面被分割成两部分;如图 3-159(c)所示 Imprint 设为 No(默认),则投影后在立方体上建立 6 条线体。

2. Edges On Face Type

使用此选项,用户可以将边投影或印记到某个表面上。细节窗口与图 3-159 非常类似。

3. Points On Face Type

使用此选项,用户可以将点投影或印记到某个表面上。如果 Imprint 设为 No(默认),则投影后在面上建立结构点。细节窗口如图 3-160 所示。

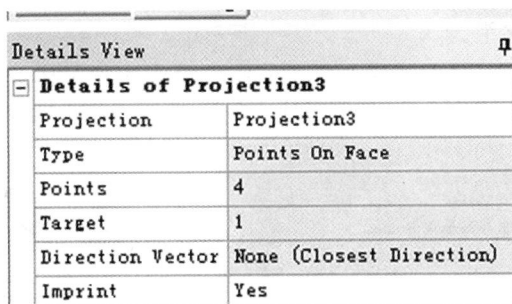

Details View	
Details of Projection3	
Projection	Projection3
Type	Points On Face
Points	4
Target	1
Direction Vector	None (Closest Direction)
Imprint	Yes

图 3-160　点投影到面

4. Points On Edge Type

使用此选项,用户可以将点投影或印记到某条 3D 边上。如果 Imprint 设为 No(默认),则投影后在面上建立结构点。细节窗口与图 3-160 非常类似。

3.5.17　转换 Conversion

从 DesignModeler 14.5 开始,用户把几何模型从其他 CAD 导入 DesignModeler 中时,可以有如下两种几何类型:

一种是 Workbench 格式的几何:这种几何表示形式,可以适用于 ANSYS 工作台中的各种应用,包括 Workbench Mechanical 和 Workbench Meshing。

一种是 DesignModeler 格式的几何:这种几何表示只能被 DesignModeler 应用程序使用。几乎所有的几何编辑操作都是在这种几何表示中执行的。在 DesignModeler 14.5 之前的 DesignModeler 版本中的几何学完全以这种形式存在。

而 Conversion 这个操作,可以将 Workbench 格式的模型转换成 DesignModeler 格式的模型。如果用户要在 DesignModeler 环境中修改模型,必须先用 Conversion 对 Workbench 格式的几何进行格式转换。

Conversion 的细节窗口如图 3-161 所示。

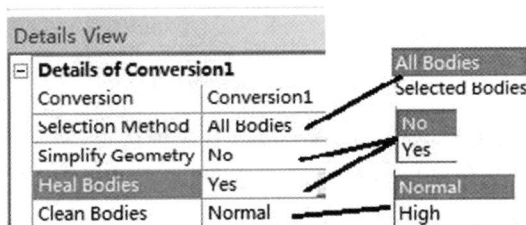

Details View		
Details of Conversion1		
Conversion	Conversion1	
Selection Method	All Bodies	All Bodies / Selected Bodies
Simplify Geometry	No	No / Yes
Heal Bodies	Yes	
Clean Bodies	Normal	Normal / High

图 3-161　变换的细节窗口

(1)Simplify Geometry 简化几何:如果是 Yes,模型的曲面和曲线将尽可能简化为解析几何。默认值是"No"。

(2)Heal Bodies：修补几何体，在将几何图形转换为 DesignModeler 格式之前尝试修复几何。默认值是"Yes"。

(3)Clean Bodies：对几何体进行清洁。在转换为 DesignModeler 格式后，尝试修复实体和表面物体的几何形状。"Clean Bodies"选项自动忽略线体。默认值是"Normal"。

3.5.18 焊接 Weld

焊接功能在两个 Bodies 之间创建焊缝，从而将两个 Bodies 形成一个焊接体。在每个焊接功能中可以有多个焊接组。

每个组分别以一个或多个 Edges 和 Faces 作为源体和目标体。焊缝将从选定的 Edges 创建到所选的 Faces 目标面。所生成的焊接体处于冰冻状态，为新的冰冻体，如图 3-162 所示。

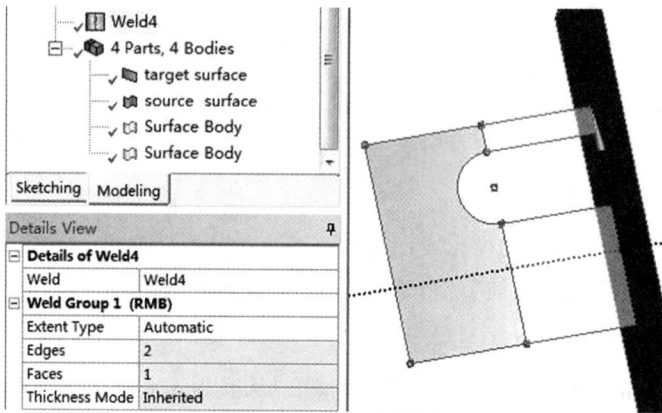

图 3-162　Weld 举例

(1)Edges：已输入边。这是一个 Apply/Cancel 按钮属性，用户选择一条或多条边，单击按钮，完成边的选择。对于 Natural 自然扩展类型，所选择的边缘必须位于曲面的边界上。对于 Projection 投影扩展类型，可以选择实体的边缘和表面物体内部的边缘。

(2)Faces：已输入面。这是一个 Apply/Cancel 按钮属性，用户选择一个或多个面，单击按钮，完成面的选择。基于该属性，焊缝将扩展到这组面所形成的边界上为止。

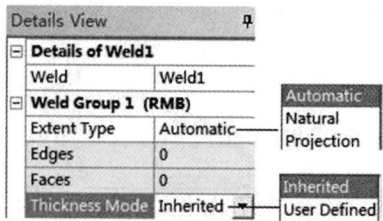

图 3-163　焊接的细节窗口

(3)Extent Type：扩展类型，如图 3-163 所示，有 3 种选项。

1)Automatic：这是默认的扩展类型，则首先使用 Natural 扩展类型创建焊缝体，如果它失败，则使用 Projection 扩展类型。

2)Natural：自然。焊接体就会被创建，就像用户所选 Edges 所在的表面沿着 Edges 延伸到所选的 Faces 一样。输入的 Edges 必须是表面体的边（不能是实体的边），才能使焊缝在 Natural 延伸类型中成功实现。

3）Projection：投影。焊缝体通过首先将 Edges 投影到 Faces 目标面上，得到投影线，然后通过 Edges（即已输入边）和投影边来拟合表面。已输入边可以是面体的，也可以是实体的。

（4）Thickness Mode：厚度模式。新生成的焊缝厚度受厚度模式控制。它有以下两个值：

1）Inherited：继承，表示新创建的焊缝体将从 Edges 这些边所属的父主体获取厚度值。当厚度模式设置为继承时，厚度属性将是只读的。

2）User Defined：用户自定义，表示新创建的焊缝体的厚度可以手动修改，厚度值将被保留。只有当厚度模式设置为"用户定义"时，才能手动更改厚度值。

3.6　高级工具 Tools 之二

在 ANSYS DesignModeler 菜单 Tools 下还有一些工具，分别是修补 Repair，分析工具 Analysis Tools，参数化 Parameters，Electronics，Addins，以及此 ANSYS DesignModeler 的设置 Option。

由于参数化 Parameters 属于优化的相关内容，本书不做讨论。

Electronics 为 Workbench 下的 Icepak 模块（电子产品热分析软件）创建模型，本书不做讨论。

Addins 打开新窗口，允许用户添加或卸载第三方的加载项，本书也不做讨论。

3.6.1　修补工具 Repair

本节帮助路径：help/wb_dm/dm3dRepair.html。

修补工具允许用户查找和修补几何错误、不需要的几何特征。修补工具可以用于冰冻体和激活体。修补命令包括 8 个半自动工具，如表 3-27 所示。

表 3-27　修补命令

Repair	修补命令	说　明
Repair Hard Edges	Repair Hard Edges	删除硬边
Repair Edges	Repair Edges	小边修补
Repair Seams	Repair Seams	缝隙修补
Repair Holes	Repair Holes	孔洞修补
Repair Sharp Angles	Repair Sharp Angles	尖角修补
Repair Slivers	Repair Slivers	裂痕修补
Repair Spikes	Repair Spikes	钉修补
Repair Faces	Repair Faces	碎面修补

硬边：硬边是指位于实体或面体内部，即没有参与形成表面的边界。在划分网格时会在硬边附近划分不需要的、细密的网格，所以必须删除。

本修补工具中的 Repair Holes 可以用来删除尺寸较小的孔洞，简化几何模型。

1. 修补步骤

（1）先根据一定的规则寻找所选体上的缺陷。

（2）在细节窗口列出缺陷，也列出推荐的修补方法。

(3)如果需要,复查每个缺陷,改变修补方法,或者选择不修补。

(4)单击 Generate,最后检查每个缺陷看修补后的几何特征是否合适。

注意:使用任意一种修补工具,且又设置为不修补,但不能保证几何缺陷没有修复。这是因为修补一个错误会导致别的几何错误自动被修补。

2.自动寻找几何缺陷

所有的修复工具都包含了缺陷自动寻找的设置,以孔洞修补为例,如图 3-164 所示。

(1)Bodies to Search:在哪些实体上寻找缺陷。有如下选项:可见的实体(默认),所有实体、所选实体。

(2)Minimum Limit:缺陷的最小值,用于设置查找缺陷的条件。大于此数值的缺陷可以自动找到,默认为零。

(3)Maximum Limit:缺陷的最大值,用于设置查找缺陷的条件。小于此数值的缺陷可以自动找到。初始时,这个数值是程序基于所查找实体自动设置的,并且用户可以修改。

(4)Find Faults Now:该选项常常显示为 No。如果用户选为 Yes,则程序根据用户的设置自动查找缺陷,结束后又变为 No。

3.错误列表

用户选择了 Find Faults Now 为 Yes 后,在细节窗口会列出错误的列表(见图 3-164)。每个缺陷包括了缺陷的尺寸 Hole Size、推荐的修复方法 Repair Method。当然用户可以单击 Repair Method 的下拉菜单,从建议的方法中更换修复方法。单击 Generate 后,图 3-164(b)所示的 3 个缺陷修复后成为图 3-164(c)所示的结果。

在细节窗口右击鼠标,弹出快捷菜单,其中 Select in All Below 是指在下面的缺陷修补方法中都用与此处相同的方法。

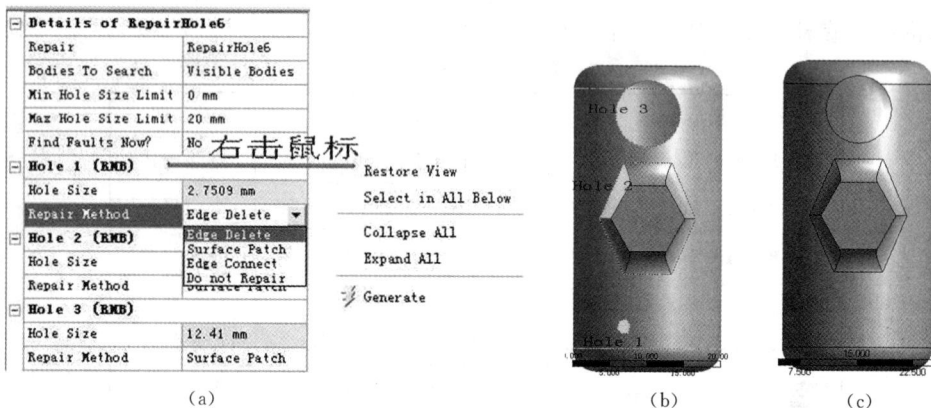

(a) (b) (c)

图 3-164 修补工具

3.6.2 **分析工具** Analysis Tools

本节帮助路径:help/wb_dm/dm3dAnalysisTool.html。

分析工具如表 3-28 所示。

1.检测距离 Distance Finder

检测距离工具用来计算两组对象之间的最短距离,在选定两组对象后,DM 将距离显示在图形工作区和细节窗口,并将最短距离所在的路径显示在图形工作区,如图 3-165 所示。

表 3-28　分析工具

Analysis Tools	分析工具	说　明
Distance Finder	Distance Finder	检测距离
Entity Information	Entity Information	对象的信息
Bounding Box	Bounding Box	边界框
Mass Properties	Mass Properties	质量属性
Fault Detection	Fault Detection	瑕疵检测
Small Entity Search	Small Entity Search	查找小对象

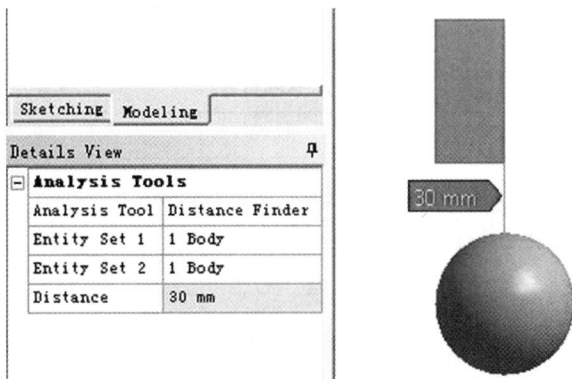

图 3-165　检测距离

2. 对象信息 Entity Information

使用对象信息工具,用户选择一个对象,DM 会在细节窗口显示其属性,如表 3-29 所示。

表 3-29　对象信息

所选对象类型	信　息
Body 体	实体类型,体积(固体),表面积(实体/面体),长度(线体)
Face 面	表面积,表面类型,半径(圆柱体、球体、环)
Edge 边	长度,曲线类型,半径(圆,椭圆)
Vertex 点	坐标

3. 边界框 Bounding Box

如图 3-166 所示,使用边界框工具,在用户选定一个或多个对象后,DM 会在图形工作区画出边界框,并在细节窗口显示每个边的长度。

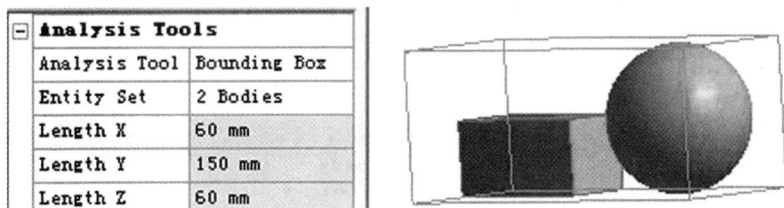

图 3-166　边界框

4. 质量属性 Mass Properties

使用质量属性工具,用户可以选择一个或多个同类型的对象,DM 在图形工作区显示其质心位置,并在细节窗口显示质心的坐标,如图 3-167 所示。

图 3-167　质量属性

5. 瑕疵检测 Fault Detection

使用瑕疵检测工具,用户只能选择实体,DM 可以检测所选实体的拓扑瑕疵,并将瑕疵分列在细节窗口中,见表 3-30。

表 3-30　瑕疵检测

瑕　疵	解　释
Corrupt Data Structure	损坏的数据结构
Missing Geometry	丢失几何对象
Invalid Geometry	无效的几何对象
Self Intersection	自相交
Tolerance Mismatch	误差不匹配
Size Violation	尺寸非法
Invalid Line-Body Edge,Region,Shell or Body Orientation	非法的线体边、区域、壳、实体方向
Internal Checking Error	内部检查错误

6. 查找小对象 Small Entity Search

使用查找小对象工具,细节窗口如图 3-168(a)所示。用户可以发现比较小或者有问题的对象有小面 Small Faces、短边 Short Edges、碎片 Slivers、尖角 Spikes、内部气孔 Internal Voids。首先选择需要分析的实体,并单击 Entity Set 的 Apply,然后定义每一项的查找标准,最后设置 Go 的选项为 Yes,就可以执行。

查找结束后,自动在细节窗口显示结果,如图 3-168(b)所示。

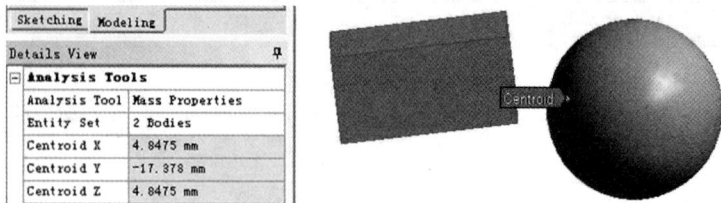

Analysis Tools	
Analysis Tool	Small Entity Search
Entity Set	1 Body
Check for Small Faces?	Yes
Small Face Limit	50 mm²
Check for Short Edges?	Yes
Edge Type	All Edges
Short Edge Limit	5 mm
Check for Slivers?	Yes
Sliver Width	1 mm
Check for Spikes?	Yes
Spike Width	1 mm
Check for Internal Voids?	Yes
Go!	No

Small Faces: 0	
Short Edges: 10	
Edge 1	0.78572 mm
Edge 2	0.78572 mm
Edge 3	0.78572 mm
Edge 4	0.78572 mm
Edge 5	0.87224 mm
Edge 6	0.99911 mm
Edge 7	1.006 mm
Edge 8	1.0129 mm
Edge 9	1.0718 mm
Edge 10	1.1904 mm
Slivers: 0	
Spikes: 0	
Internal Voids: 0	

(a)　　　　　　　　　　　　　　　　(b)

图 3-168　查找小对象

3.6.3　选项设置 Option

本节帮助路径:help/wb_dm/agp_agpconpan.html。

单击 Tools→Option,打开选项设置窗口。其中与 DesignModeler 有关的内容包括如下六部分。

1.Geometry 几何体

Geometry 进行导入、导出几何体设置,包括 Parasolid,CAD Options,Import Options,Selection 四部分。

其中 Parasolid 中 Transmit Version 常用。当用户用.x_t 或者.x_b 格式导出几何体时,DesignModeler 使用的是 Parasolid 格式的文件。此处可以设置版本为 22.0,21.0,20.0,19.0 以及 18.0,默认为 21.0 版本。

2.Graphics 图形显示设置(见图 3-169)

(1)Face Quality:DesignModeler 窗口中表面显示质量的高低,可选 1～10 级(最高质量)。

(2)Show Edges of Hidden Faces:是否显示隐藏面的边。

(3)Dimension Animation:用动画显示尺寸的显示比例,默认为最小 0.5,最大 1.5。用于设置 Sketching 草图模式下,Dimensions 工具栏下的 Animation。

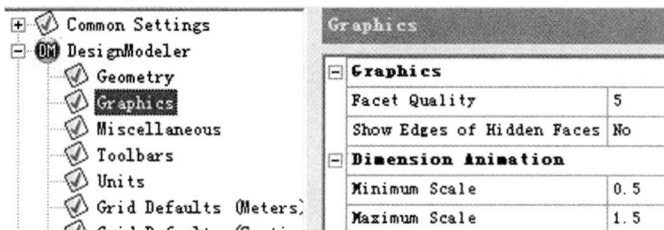

图 3-169　图形显示设置

3.Miscellaneous 杂项(见图 3-170)

(1)Display:启动后首先进入建模模式还是草图模式。

(2)Files:

1)Saved Feature Data:保存模型时,是否保存模型的附加信息。默认选项是 Partial 部分。

2)Auto-save Frequency:自动保存的间隔。默认每第 5 个 Generate 就自动保存模型。

3)Auto-save File Limit(per model):每个模型自动保存的文件数目,范围为 5～20,默认 10。

4)Delete auto-save files after(days):自动保存的文件在多少天后自动删除,默认 60。

5)Max Recent File Entries:在菜单 File 下 Recent Import 等下列出最近用过的文件,范围为 1～10,默认为 5。

(3)Print Preview

1)Image Resolution:图片的清晰度,选项有普通 Normal(默认),Enhanced 增强,High 高清。

2)Image Type:保存图片的格式,选项有 PNG(默认),JPEG,BMP。

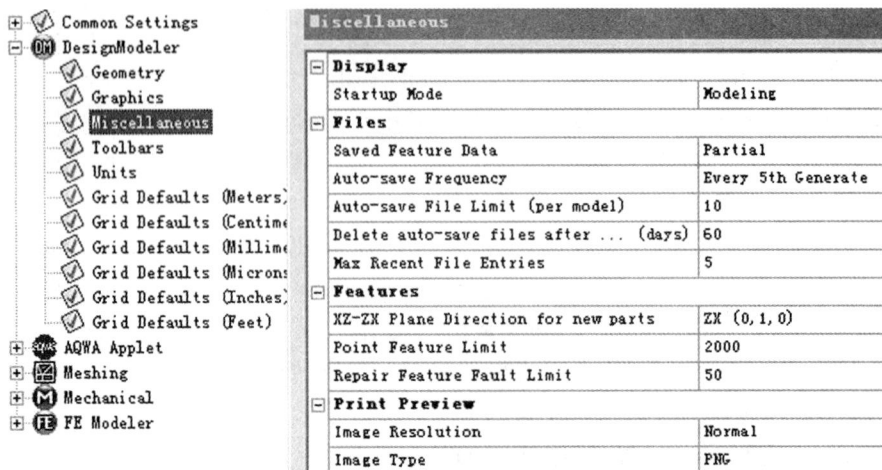

图 3-170 杂项设置

4. Toolbars 工具条

(1)Feature:Show icon in Feature Toolbar:是否在特征工具条上显示如下的特征按钮。

(2)Tools:Show icon in Feature Toolbar:是否在特征工具条上显示如下的工具按钮。

5. Units 单位制(见图 3-171)

(1)Length Unit:Use Project Unit 是指使用 Workbench 主界面下菜单 Units 中设定的单位。

(2)Display Units Pop-up Window:在刚刚进入 DesignModeler 界面时弹出 Unit 窗口。

(3)Enable Large Model Support:是否支持大模型。大模型是指外尺寸在 1 000 km³ 的模型。只有长度单位设为 Meter 或者 foot,此项才能被激活。

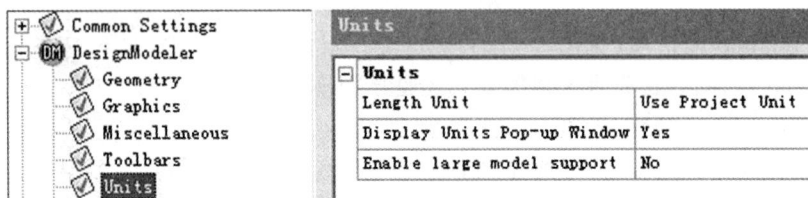

图 3-171 单位制

6. Grid Defaults 网格默认选项(见图 3-172)

进入 DesignModeler,在草图模式下,点击 Settings,选中 Grid 右边的 Show in 2D,此时在图形工作区显示栅格,而且下面部分属性在 Setting 也能设置。

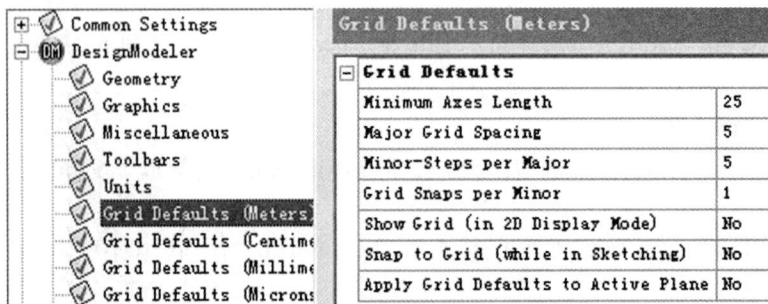

图 3-172 栅格属性

（1）Minimum Axes Length：新建平面的轴线的默认最小长度。如果模型大于此范围，轴线自动延伸。

（2）Major Grid Spacing：粗栅格的间距，是指 2D 草图中粗栅格线

（3）Minor-Steps per Major：每相邻两个粗栅格之间的细栅格的数量。

（4）Grid Snaps per Minor：每隔几个细栅格进行捕捉。

（5）Show Grid(in 2D Display Mode)：2D 模式下默认显示网格，选项为 Yes/No。

（6）Snap to Grid（while in Sketching）：在草图模式下默认捕捉栅格线，选项为 Yes/No。

（7）Apply Grid Defaults to Active Plane：在激活平面上应用默认栅格属性。

第4章　Meshing 网格划分

几何模型创建完毕后,需要对其进行网格划分,以便生成包含节点和单元的有限元模型。CAD 几何模型是理想的物理模型,而网格模型是一个 CAD 模型的数学表达方式。

网格划分是计算机辅助工程(CAE 技术)模拟过程中不可分割的一部分。有限元网格划分的好坏直接关系到求解的精度、收敛性和解决方案的速度。细密的网格可以使结果更精确,但是会增加 CPU 计算时间和需要更大的存储空间,因此需要权衡计算成本和网格划分份数之间的矛盾。在理想情况下,我们所需要的网格密度是使得计算结果不再随着网格的细化而改变,即网格细化后对求解没有什么影响。但要提示:细化网格不能弥补或者纠正不准确的假设和错误的输入条件。

本章帮助路径:help/wb_msh/msh_book_wb.html。

4.1　网格划分概述

4.1.1　ANSYS 18.0 网格划分

ANSYS 18.0 集成了行业内最好的源程序,包括 ICEM CFD,TGrid,GAMBIT,CFX,ANSYS Prep/Post 网格划分功能。在 ANSYS Workbench 18.0 中网格划分是一个独立的工作环境,它可以为 ANSYS 不同的物理场、求解器提供从简单、自动化网格,以及到高度复杂的流体网格。不同的物理场对网格的要求不一样,ANSYS 18.0 中物理场有结构场、流场(CFD)、电磁场。流场求解可采用 ANSYS CFX,ANSYS FLUENT,POLYFLOW,结构场求解可以采用显式动力学算法(AUTODYN,ANSYS LS DYNA)和隐式算法。

4.1.2　网格形状

如图 4-1 所示,3D 网格的基本形状有以下几种。

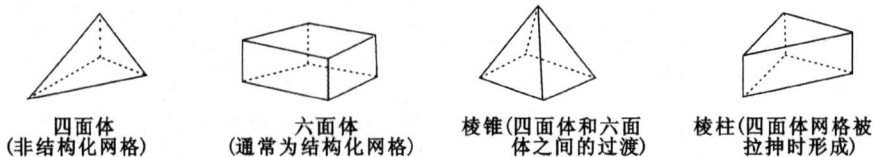

四面体　　　　六面体　　　　棱锥(四面体和六面　　棱柱(四面体网格被
(非结构化网格)　(通常为结构化网格)　体之间的过渡)　　　拉抻时形成)

图 4-1　3D 网格的形状

1.四面体网格

(1)可以快速、自动地生成,并适合于复杂几何。

(2)所有方向等向细化。如果为了捕捉一个方向的梯度,网格将在所有的 3 个方向细化,最终导致网格数量迅速上升。

(3)边界层有助于面法向网格的细化,但 2D 中仍是等向的(表面网格)。

2.六面体网格

(1)大多 CFD 程序中,使用六面体网格可以使用较少的单元数量来进行求解。例如:流体分析中,同样的求解精度,六面体节点数少于四面体网格的一半。

(2)对任意几何,六面体网格划分需要多步过程来产生高质高效的网格。

(3)对许多简单几何,扫掠技术、多区方法是生成六面体网格的一种简单方式。

4.1.3　网格划分的目的和流程

划分网格的目的是把求解域分解成适当数量的单元,以便得到符合精确要求的数值解。根据物理场的不同,可以对 FEA(结构)和 CFD(流体)模型实现离散化。

1.FEA 结构网格,以图 4-2(a)为例

(1)细化网格来捕捉关心部位的梯度,例如:温度、应变能、应力能、位移等。

(2)大部分可划分为四面体网格,但六面体单元仍然是首选的。

(3)有些显式有限元求解器需要六面体网格。

(4)结构网格的四面体单元通常是二阶的,即单元边上包含中节点。

2.CFD 流体网格,以图 4-2(b)为例

(1)细化网格来捕捉关心的梯度,例如:速度、压力、温度等。

(2)网格的质量和平滑度对结果的精确度至关重要。这导致较大的网格数量,经常为数百万个单元。

(3)大部分可划分为四面体网格,但六面体单元仍然是首选的。

(4)CFD 网格的四面体单元通常是一阶的,即单元的边上不包含中节点。

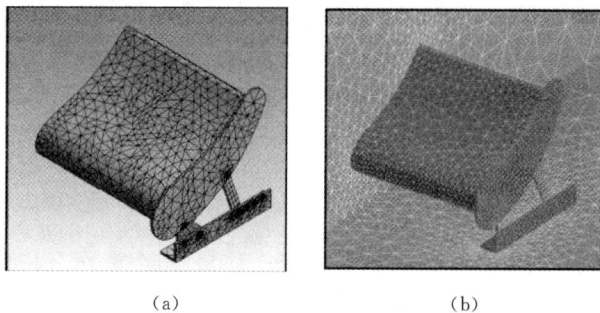

(a)　　　　　　　　　　(b)

图 4-2　结构化网格和流体网格

如果在求解之前没有进行网格划分,点击 Generate 按钮后程序将自动生成默认的网格。用户如想自行控制网格质量,那么网格划分流程如下,但并不是每一步都必须遵循以下流程:

(1)设置目标物理环境。自动生成相关物理环境的网格,如 FLUENT CFX 或 FLUENT,CFX,Mechanical。

(2)如有需要,修改网格选项 option,包括默认物理场、尺寸、膨胀层、高级选项、统计信息等。

(3)设定全局网格划分方法,包括自动、四面体、六面体、扫掠、多区等。

(4)定义局部网格划分方法,包括尺寸、接触、细化、映射面、匹配等。

(5)预览网格并进行必要调整。

（6）生成网格。

（7）检查网格质量，使用各种网格质量评定标准、网格质量图表。

（8）传递或者保存网格。

4.1.4　需考虑的原则

1.细节

用户需要分析，哪些几何细节是和物理分析有关的。不必要的细节会大大增加分析需求，如图 4-3 所示。

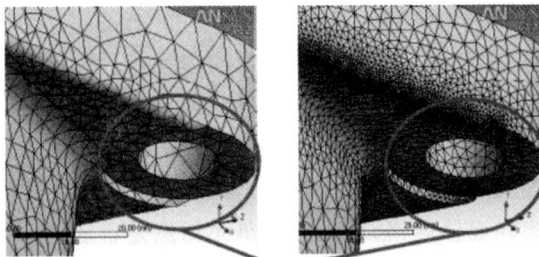

图 4-3　不需要关注的细节

2.细化

用户需要分析哪些是复杂应力梯度区域，在这些区域需要高密度的网格。如图 4-4 所示，螺栓孔和流体边界层需要细化。

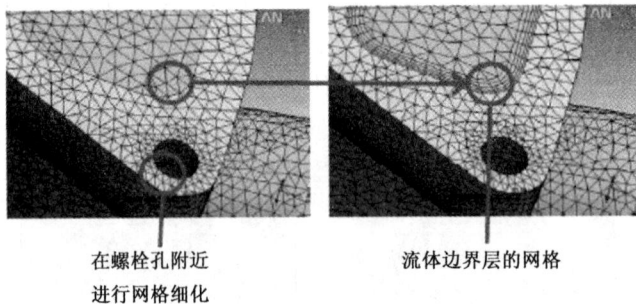

在螺栓孔附近
进行网格细化　　　　流体边界层的网格

图 4-4　需要细化的位置

3.效率与精度

大量的单元需要更多的计算资源（内存/运行时间），用户要在分析精度和资源使用方面进行平衡。如图 4-5 所示，第一种网格如果过分考虑了效率，可能计算结果不符合实际情况。

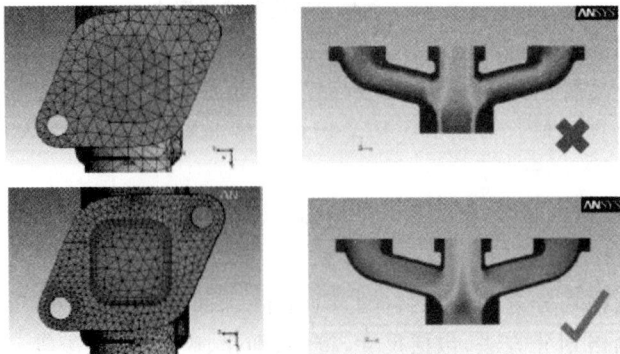

图 4-5　划分网格时兼顾效率与精度

4.2　网格划分的界面

本节帮助路径:help/wb_sim/ds_Interface.html 和 help/wb_msh/msh_interface.html。

打开 Mesh 有两种方法,一种是 ANSYS Workbench 主界面下工具栏中 Component System 下的 Mesh 模块,另一种是包含在 Analysis Systems 下面的某一种分析系统中。两种界面基本类似,下面介绍的内容以第二种为主。

选择几何模型后,进入网格划分 Meshing 环境,相关说明如图 4-6 所示。

顶端的标题栏表明当前的分析环境为 Model-Mechanical。Mesh 位于左侧的导航树中,添加的网格划分将位于 Mesh 下的次级目录中。在导航树选中 Mesh,会在屏幕上方的工具栏区域出现网格划分工具条。右侧网格选项 Meshing Option 显示默认的物理场及网格划分方法,中间图形工作区的网格显示为相关物理场的默认网格划分结果。

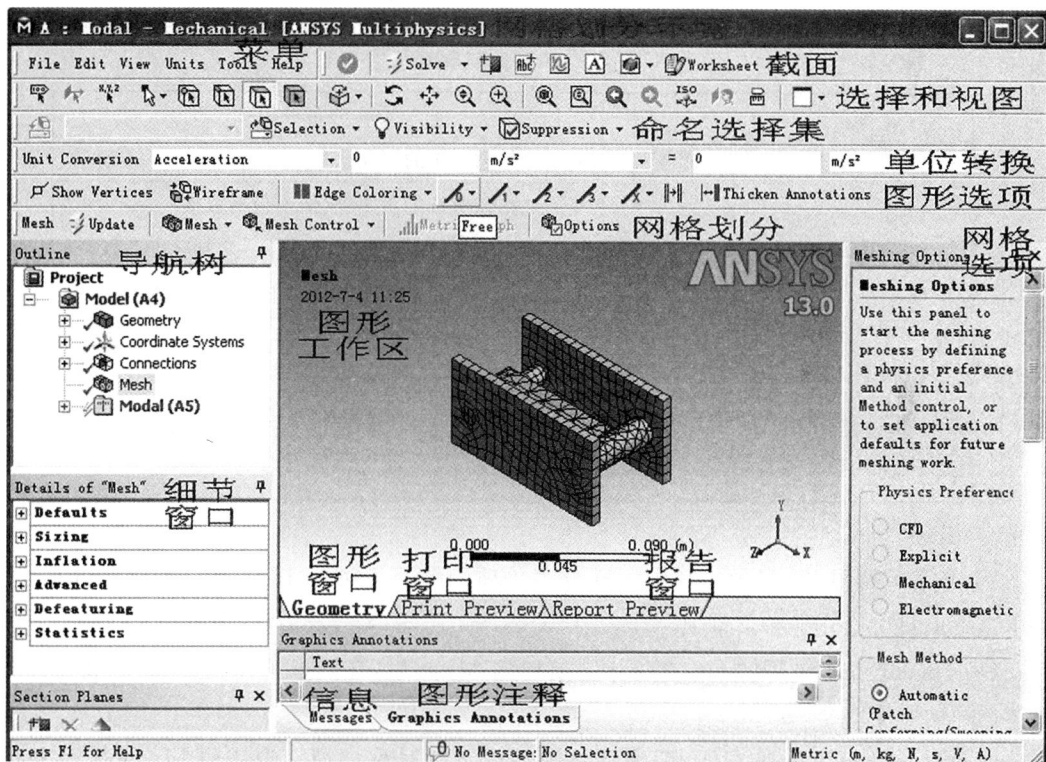
图 4-6　网格划分用户界面

4.2.1　主菜单

本节帮助路径:help/wb_sim/ds_MainMenu.html。

Mesh 界面中共有 6 种主菜单,其中 File,Units,Tools,Help 如图 4-7 所示,比较简单,其中 Tools→Options 的详细内容见第 4.6.1 节"网格的默认选项"。下面只讲述 Edit 和 View 的菜单项。其余菜单见第 6.2.1 节"主菜单"。

图 4-7 File,Units,Tools,Help 菜单

1. Edit

Edit 的菜单项见表 4-1。

表 4-1 Edit 的菜单项

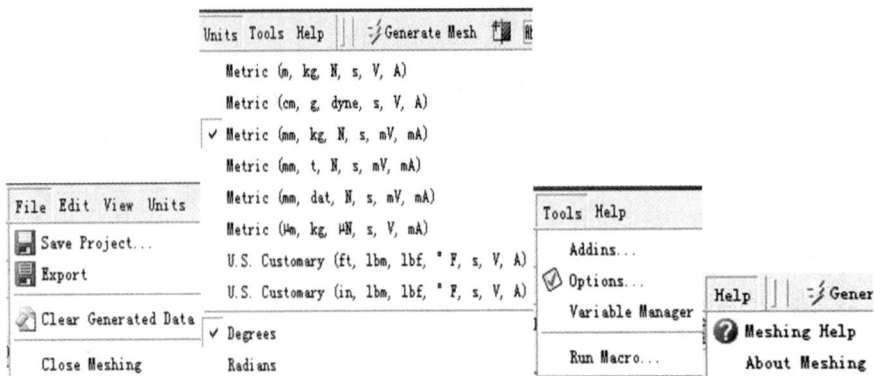

	Edit 的菜单项
Edit View Units Tools Help	
Duplicate	复制并粘贴所选的对象
Duplicate Without Results	复制并粘贴所选的求解项(但不包括数据)
Copy	拷贝一个对象,保存在内存,为下一步粘贴准备好
Cut	剪切一个对象,保存在内存,为下一步粘贴准备好
Paste	将拷贝或剪切的对象进行粘贴
Delete	将用户所选的对象进行删除
Select All (Ctrl+ A)	根据选择工具条的过滤类型,选择所有对象
Find In Tree (F3)	在导航树上查找某个名称

2. View

View 菜单如图 4-8 所示。其中大部分菜单项的解释见第 3.1.1 节"DesignModeler 主菜单",下面只讨论几个新菜单项。

(1)Thick Shell and Beams:在选中导航树的 Mesh 后,在图形工作区显示/隐藏壳体和线体(梁)的厚度。

(2)Visual Expansion:显示/隐藏循环模型或者全对称模型。当使用 Model 工具条的 Symmetry 建立了 Symmetry→Cyclic Region,Geometry 分支只使用部分模型,选中 Visual Expansion,Solution 中会显示全模型的结果。如果不选中 Visual Expansion,Solution 中只显示部分模型的结果,见第 6.3.1 节。

(3)Ruler:切换显示图形显示区下方的标尺。

(4)Legend:切换显示图形显示区的图例,一般在左上角,可以挪到其他位置。

(5)Triad:切换显示图形显示区的坐标系。

(6)Large Vertex Contours:在网格节点结果作用域中使用,切换显示,底层网格节点上

的结果显示点的大小。

（7）Display Edge Direction：显示边的方向。方向箭头出现在边的中点，箭头的大小与边长度成正比。

（8）Annotations Preferences：各种注释的偏好设置，例如边界条件、网格等。

（9）Outline：导航树的各级子目录张开/收拢。

（10）Toolbars：子菜单中有多个不经常使用的工具条，分别是命名选择、单位转换、图形选项、边的显示工具条、爆炸视图选项、导航树过滤器、Joint 设置等。

（11）Windows：子菜单中有多个不经常使用的窗口，分别是信息窗、Mechanical 向导、图形注释、截面窗口、Selection Information 窗口、管理视窗、标签窗口、恢复所有界面等。

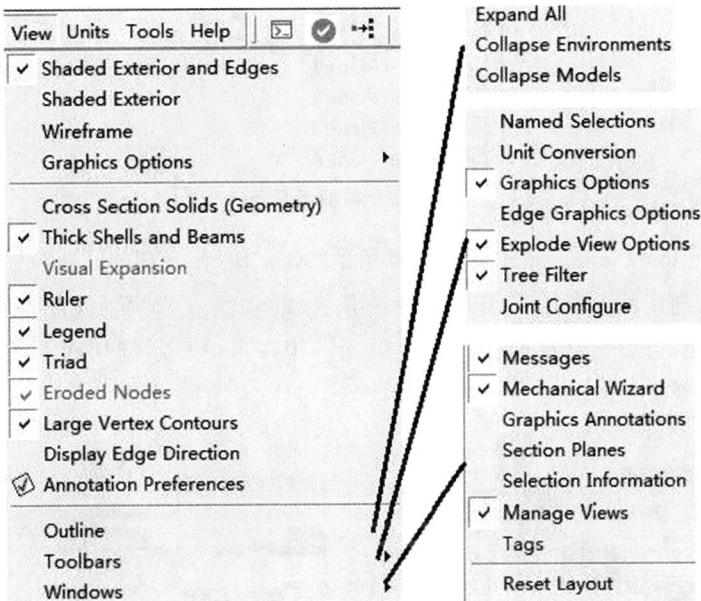

图 4-8　View 菜单

4.2.2　工具条

在网格划分环境中，如图 4-6 所示，有如下工具条：命名选择集工具条、截面工具条、选择和视图工具条、单位转换工具条、图形选项工具条、网格划分工具条。网格划分工具条用于网格控制及生成，具体内容见 4.3～4.6。很多工具条与第 3 章 DesignModeler 环境中的一致，下面只讨论其余的工具条。

1. 标准工具条的截面按钮

本节帮助路径：help/wb_sim/ds_Standard_Toolbar. html。

标准工具条如图 4-9 所示，有很多按钮，其他按钮见第 5.4.1 节中"标准工具条"。此处只介绍截面按钮，在网格划分程序中，可使用一个或者多个截面显示内部的网格。点击截面按钮后，出现的 Section Planes 窗口如图 4-10 所示。在该窗口中，可以点击复选框开启或关闭某截面。如果是仿真结果图，还可以配合使用结果工具条的 Edge Options 的 Show Undeformed WireFrame，可以观察到变形前后的差别。具体见第 5.4.1 节中"结果工具栏"。

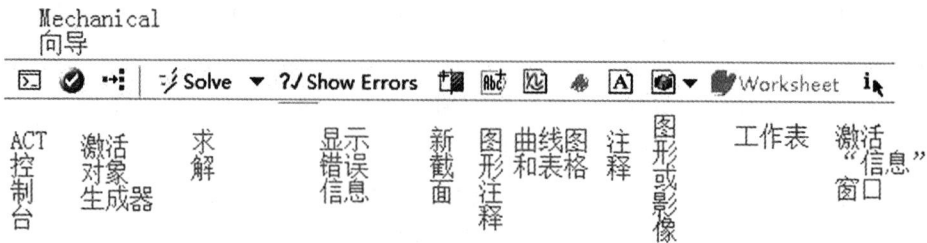

图 4-9　标准工具条

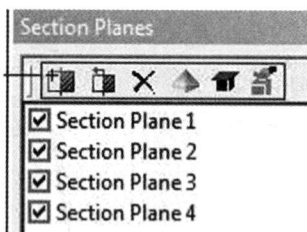

图 4-10　截面工具条

（1）New Section Plane。单击标准工具条的"New Section Plane"新截面按钮，在实体上拉一条直线作为剖切面。在图形窗口出现一条直线，如图 4-11 所示，直线上的实线表示显示，虚线表示隐藏，可以显示截面任一侧的单元。用户可以显示剖切面上的单元，只需单击直线上的实线都变成虚线。

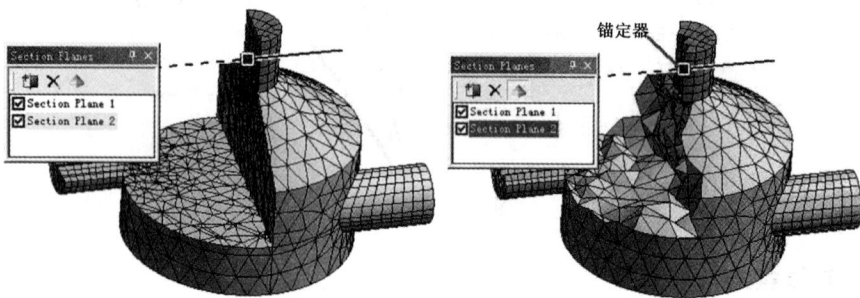

图 4-11　隐藏/显示剖面的单元

（2）Edit Section Plane。单击"Edit Section Plane"，在 Section Planes 窗口中选择某个截面的名称，拖动鼠标，可以改变截面的位置。

（3）Delete。在 Section Planes 窗口中选择某个截面的名称，再单击"Delete"可以删除此截面。

（4）Show Whole Elements(Mesh only)。单击"Show Whole Elements"按钮，可以显示出完整的单元，如图 4-11 所示。只有在选中导航树的 Mesh 分支才可以使用。

（5）Show Capping Faces(Geometry Only)。当窗口中只包含一个截面时，默认情况下，切片没有 Capping Faces，用户可以看到几何的内部。选择此选项将显示截面而不显示几何内部。

（6）Show Capping Faces By Body Color(Geometry Only)。此选择与 Show Caping

Faces 选项一起工作。选择此选项将更改截面表面的颜色,以匹配几何的体颜色。

2.命名选择集工具条

本节帮助路径:help/wb_sim/ds_NamedSelect_Toolbar. html 和 help/wb_sim/ds_NS_using. html。

点击菜单 View→Toolbar→Name Selection,就可以激活该工具条,如图 4-12 所示。

图 4-12　命名选择集工具条

(1)定义选择命名集。命名选择集允许把点、边、面或实体组合在一起。它为需要经常选择的几何集提供了一个简便方法,例如:网格加密控制、施加载荷和约束、定义接触域、指定结果、结构分析中的边界等等。另外,工具条中的 Visibility 和 Suppression 只能应用于实体命名选择集。

创建命名选择集的步骤如下:

1)先选择感兴趣的点、边、面或实体,然后点击 Selection Group 图标。注意:在一个指定的命名选择集里只允许出现一种实体类型。例如,在相同的命名集里就不能同时出现点和边。

2)在对话框中输入一个名称。

3)新的命名集将出现在导航树的 Named Selection Toolbar(命名选择集工具栏)下。

(2)使用。在很多细节窗口中可以直接引用命名选择集,举例如下:

1)压强载荷:在 Detail of Pressure 中,把 Method 由 Geometry Selection 换成 Named Selection。从下拉菜单中选择你想要的 Named Selection,如图 4-13 所示。

模拟时会过滤掉不能使用的命名选择集类型。

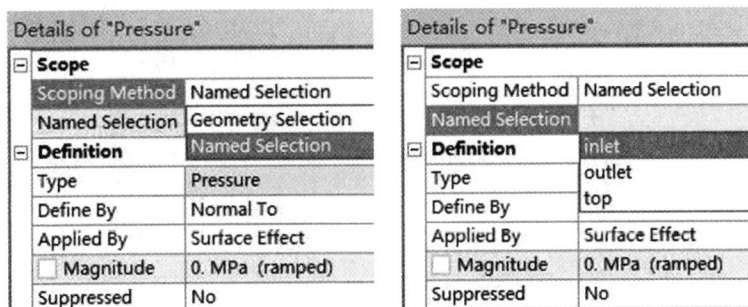

图 4-13 输入压强载荷时使用 Name Selection

2)在点中了 Geometry 的时候,命名选择集还可以用在其他情况,如图 4-14 所示。选择导航树 Named Selection 下的已经建立的某项。点击鼠标右键,出现快捷菜单选项:"Select Items in Group" "Add to Current Selection" "Remove from Current Selection"。

3)膨胀网格。右击 Mesh 并选择 Generate Mesh。膨胀层由所有没指配 Named Selection 的边界形成。膨胀层厚度是表面网格的函数,是自动施加的。

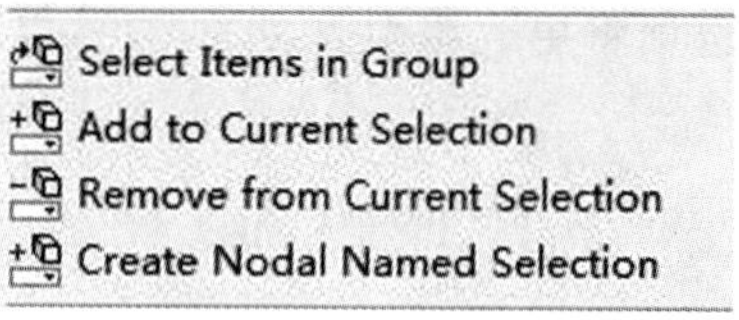

图 4-14　可以使用 Name Selection 的其他情况

（3）命名选择集可以通过 CAD 系统导入。在从第三方建模软件导入 CAD 模型的同时，也可以将命名选择集同时导入，见第 2 章第 2.1.5 节"主界面 Options 的设置"关于 Name Selection 的设置。

3.选择和视图工具条

本节帮助路径：help/wb_sim/ds_Graphics_Toolbar.html。

选择和视图工具条如图 4-15 所示，很多按钮与 DM 中一致，下面只讨论几个新按钮。

（1）Label：标签。在图形工作区给模型添加了载荷后，会出现一个五边形的标签，如图 4-16 所示。点击 Label，用户可以将标签在它的施加区域内移动，以改变标签的放置位置。

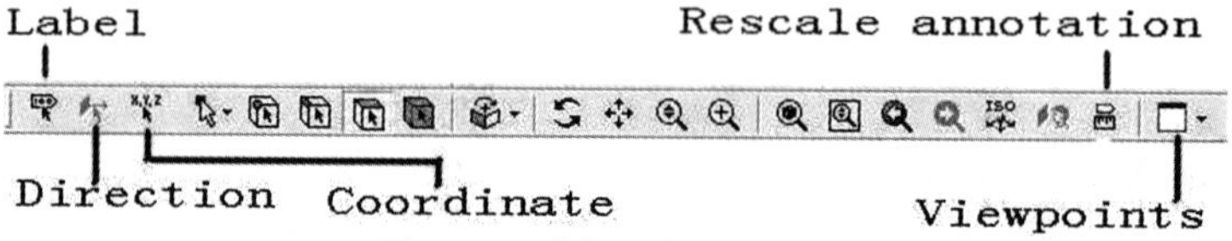

图 4-15　选择和视图工具条

（2）Direction：选择一个方向。当细节窗口的 Direction 被选中时，此按钮才可用。用户可以通过如下方式选择一个方向：选择一个面，或者选择两个点，或者一条边。

（3）Coordinate：坐标。按下此按钮，用户在图形工作区的模型上移动光标时，自动显示光标当前的坐标数值。

（4）Rescale annotation：自动调整注释符号的尺寸大小，例如图 4-16 中载荷的方向箭头的大小。

（5）Viewpoints：在图形工作区用多个视图显示各种载荷或计算结果。

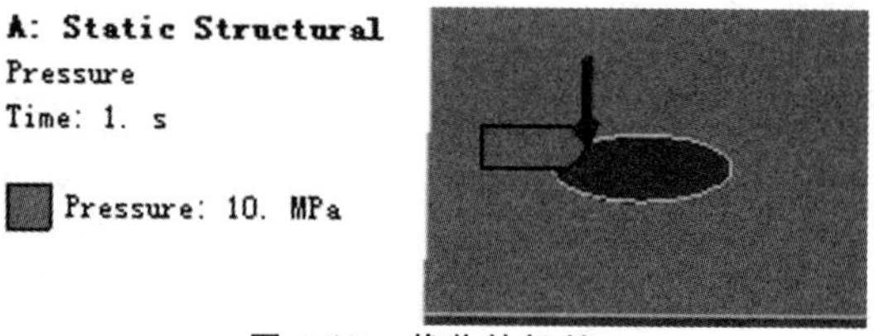

图 4-16　载荷的标签

4.单位转换工具条

本节帮助路径：help/wb_sim/ds_UnitConv_Toolbar.html。

在菜单 Units 下，共有 8 种可选的单位系统。

默认情况下，Unit Conversion 单位转换工具条是隐藏的，用户可以选择 View→Toolbars→Unit Conversion 将其打开，如图 4-17 所示。可以实现的物理量如表 4-2 所示。

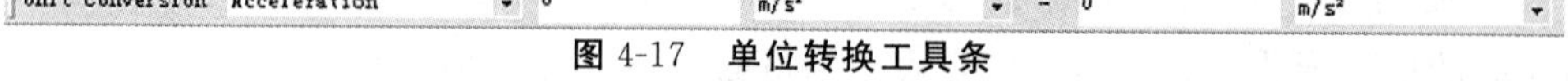

图 4-17　单位转换工具条

表 4-2　单位转换的物理量

英 文	中 文	英 文	中 文	英 文	中 文	英 文	中 文
Acceleration	加速度	Force Intensity	力场强度	Normalized Value	归一化值	RS Velocity	RS 速度
Angle	角度	Force Per Angular Unit	单位角度的力	Permeability	磁导率	Seebeck Coefficient	塞贝克系数
Angular Acceleration	角加速度	Fracture Energy	断裂能	Permittivity	电容率	Section Modulus	截面模量
Angular Velocity	角速度	Frequency	频率	Poisson's Ratio	泊松比	Shear Elastic Strain	剪切弹性应变
Area	面积	Gasket Stiffness	刚度	Power	功率	Shock Velocity	冲击速度
Capacitance	电容	Heat Flux	热流率	Pressure	压强	Specific Heat	比热
Charge	电荷	Heat Generation	生成热	PSD Acceleration	PSD 加速度	Specific Weight	比重
Charge Density	电荷密度	Heat Rate	发热率	PSD Acceleration (G)	PSD 加速度(G)	Stiffness	刚度
Conductivity	电导率	Impulse	脉冲	PSD Displacement	PSD 位置	Strain	应变
Current	电流	Impulse Per Angular Unit	单位角度的脉冲	PSD Force	PSD 力	Stress	应力
Current Density	电流密度	Inductance	电感	PSD Moment	PSD 力矩	Strength	强度
Decay Constant	裂变常数	Inverse Angle	反向角度	PSD Pressure	PSD 压强	Thermal Capacitance	热电容
Density	密度	Inverse Length	反向长度	PSD Strain	PSD 应变	Thermal Conductance	导热性
Displacement	位置	Inverse Stress	反向应力	PSD Stress	PSD 应力	Thermal Expansion	热膨胀
Electric Conductance Per Unit Area	单位面积的电导	Length	长度	PSD Velocity	PSD 速度	Temperature	温度
Electric Conductivity	电导率	Magnetic Field Intensity	磁场强度	Relative Permeability	相对磁导率	Temperature Difference	温差
Electric Field	电场	Magnetic Flux	磁通量	Relative Permittivity	相对电容率	Time	时间
Electric Flux Density	电通量密度	Magnetic Flux Density	磁通密度	Rotational Damping	转动衰减	Translational Damping	平移阻尼
Electric Resistivity	电阻率	Mass	质量	Rotational Stiffness	转动刚度	Velocity	速度
Energy	能量	Material Impedance	材料阻抗	RS Acceleration	RS 加速度	Voltage	电压
Energy Density by Mass	质量能量密度	Moment	力矩	RS Displacement	RS 位置	Volume	体积
Film Coefficient	膜导热系数	Moment of Inertia of Area	面积惯性矩	RS Strain	RS 应变		
Force	力	Moment of Inertia of Mass	质量惯性矩	RS Stress	RS 应力		

注：

(1)PSD：功率谱密度(Power Spectral Density)，也称为随机振动分析。

(2)RS：响应谱分析(Response Spectrum Analyses)。

5. 边显示工具条

本节帮助路径：help/wb_sim/ds_edge_graphics_options.html。

默认情况下，Graphics Options 图形选项工具条是显示的，用户可以选择 View→Toolbars→Graphics Options 将其隐藏。图形选项工具条如图 4-18 所示，很多按钮与 DM 中一致，下面只讨论几个新按钮。

图 4-18　图形选项工具条

(1)Show Vertices：显示模型上的端点，如图 4-19(a)所示。这在复杂的装配体中很有用，可以发现模型的边是完整的，而不是无意中被截断了。

(2)Wireframe：显示模型时，只用粗线显示其线框，如图 4-19(b)所示。尤其在观察面体之间的间隙时有用。

(3)Edges Joined by Mesh Connection：考虑网格接触信息，用彩色模式显示边。

(4)Thicken Annotations：如果某些线属于需要特殊显示(例如添加载荷、命名选择、点质量等等)，则将线加粗显示，使这些线容易辨认，如图 4-19(c)所示。

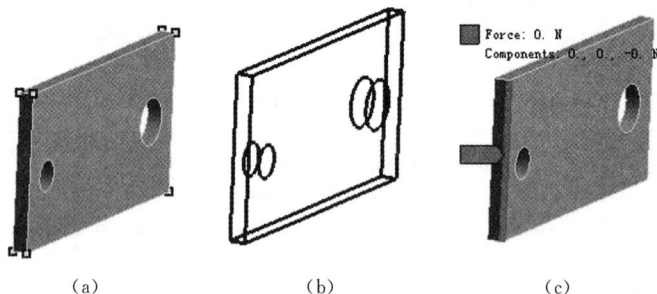

| (a) | (b) | (c) |

图 4-19　图形选项工具条的示例

6. 网格划分工具条

本节帮助路径：help/wb_sim/ds_Context_Toolbar.html。

用户在导航树选择 Mesh，就会在工具栏区域显示网格划分工具条，如图 4-20 所示。

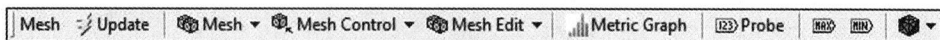

图 4-20　网格划分工具条

(1)Update：更新，见第 4.2.3 节"鼠标快捷菜单"。

(2)Mesh：Mesh 的下拉菜单如图 4-21(a)所示，包括 Generate Mesh(生成网格)、Preview Surface Mesh(预览表面网格)、Preview Source and Target Mesh(预览源及目标网格)、Edit in CFX-Mesh(在 CFX-Mesh 中编辑网格)。详细解释见第 4.2.3 节"鼠标快捷菜单"。

(3)Mesh Control：下拉菜单如图 4-21(b)所示，Mesh Control 具体内容将在第 4.3～4.5 节详细讲述。

在 Mesh Control 中，Method 属于整体网格划分，包含 6 种划分方法，见第 4.3 节。

其余的 Sizing（尺寸控制）、Contract Sizing（接触尺寸控制）、Refinement（网格细化）、Mapped Face Mesing（映射面网格划分）、Match Control（面匹配控制）、Pinch（收缩控制）、Inflation（膨胀控制）等 7 种属于局部网格划分，是在整体网格的基础上添加的，见第 4.4 节。

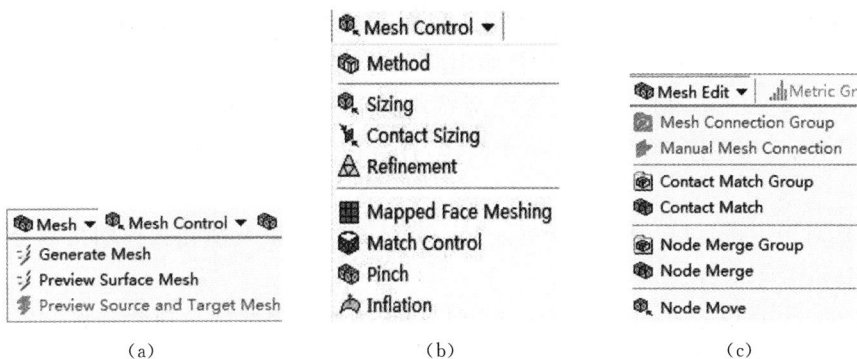

图 4-21　Mesh 的二级下拉菜单

（4）Mesh Edit：使用 Mesh Edit 网格编辑工具栏，用户能够修改和创建 Mesh Connection，而后者使用用户能够将拓扑断开的表面体的网格连接起来，并且移动网格上的单个节点。Mesh Edit 的下拉菜单如图 4-21(c)所示，包括以下设置和功能：

1）Mesh Connection Group：自动插入 Mesh Connection Group（即网格接触组）文件夹。

2）Manual Mesh Connection：手动插入 Mesh Connection Group（即网格接触组）文件夹。

3）Contact Match Group：接触组的网格匹配。

4）Contact Match：某一对接触对的网格匹配。

5）Node Merge Group：插入一个 Node Merge Group（即节点合并组）文件夹。

6）Node Merge：选择两个几何图形上属于 Tolerance 范围内的节点进行合并。

7）Node Move：选择并移动网格上的各个节点，需要网格生成。

（5）Metric Graph：度量图，用柱状图表达网格质量的分布图，详情见第 4.6.2 节"统计 Statistics"。

（6）Probe 和 Max 和 Min 以及 Edges Options：如果 Mesh 细节窗口的 Display→Display Style（对象显示样式）属性设置为默认设置 Body Color，则这些选项不可见。如果换成其他 8 种样式之一，并且细节窗口的 Statistics→Mesh Metric 设置为 None，这几个按钮就可以使用。

这些是注释选项。选择 Max 和/或 Min 按钮会显示用户所选择的网格标准（Element Quality 元素质量，Jacobian Ratio 雅可比系数等）的最大值和最小值。Probe 特性也是基于标准的。用户可以在模型上的一个点上放置一个探针 Probe，以在该点上显示注释。探针注释显示光标位置的基于网格标准的值。

4.2.3　鼠标快捷菜单

本节帮助路径：help/wb_msh/ds_meshing_ease_of_use.html。

图 4-22 所示为两种情况下的鼠标快捷菜单。左边为选中导航树中的 Mesh 弹出的快捷菜单，右边为选中 Mesh 下的某一个分支而弹出的快捷菜单。下面解释菜单中的选项。

（1）Update：更新。它比 Generate Mesh 的能力更大。点击 Update 后，会检查几何模型是否需要更新,如果需要就更新几何模型,同时生成网格,再把网格输出给导航树中 Mesh 下一个单元。它的功能类似于在 Workbench 主界面的工程流程图中,右击鼠标选择 Mesh,选择快捷菜单中的 Update。

(2)Generate Mesh:生成完整体网格。当用户修改了 Mesh 的设置时,点击 Generate Mesh 可以看到变化,但不会把网格文件输出到导航树中 Mesh 下一个单元。

(3)Preview Surface Mesh:预览表面网格。在设定了划分方法后,用户可以选择没有抑制的单体零件、多体零件、单个实体、多个实体,查看它们的表面网格。

注意:

1)但是对于 Patch Independent 方法、MultiZone 方法以及薄壳扫掠网格划分,Preview Surface Mesh 并不支持。

2)Preview Surface Mesh 比生成所有网格速度更快。因此用户通常首先选择该项用来预览表面网格,因此可看到需要改进的地方,然后查看网格质量 Statistics(请参考本章最后一节)。如果由于不能满足单元质量参数,导致网格生成失败,用户有可以针对性地重新划分。

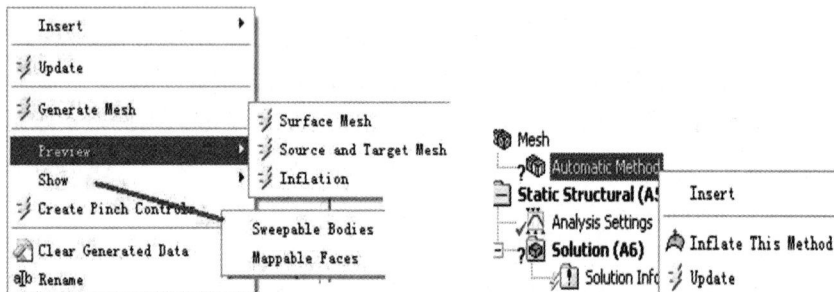

图 4-22 鼠标的右键弹出快捷菜单

(4)Preview Inflation:预览膨胀网格。设定完 Inflation 划分方法后,在导航树选择 Mesh,或者 Mesh 下任意分支,右击鼠标在快捷菜单中选择 Preview Inflation,在 Workbench 程序完成后,选择导航树的 Mesh,在图形工作区只显示膨胀层。

注意:

1)Preview Inflation 不支持 Patch Independent Tetra 方法以及 MultiZone 方法。

2)选择导航树的 Mesh,查看 Mesh 的细节窗口中的 Sizing→Use Advanced Size Function,并将其设为 Off,以保证 Preview Inflation 看到完全真实的膨胀网格,而不受高级尺寸功能中各种参数的影响。

3)选择导航树的 Mesh,查看 Mesh 的细节窗口中的 Inflation→Inflation Algorithm,并将其设为 Pre,这样 Preview Inflation 才能起作用。

4)同样,在图形工作区看到膨胀网格后,还可以在细节窗口查看网格质量 Statistics(请参考本章最后一节)。

(5)Preview Source and Target Mesh:预览源体和目标体的网格。所选的对象可以是单个实体、多个实体。只有当在 Mesh 下建立 Method,而且在细节窗口中将 Method 选为 Sweep 时,才出现该功能。注意:此功能不支持壳体模型扫掠。

(6)Show Sweep Bodies:显示可以扫掠网格的实体。

(7)Show Mappable Faces:显示可以映射的表面。

(8)Clean Generated Data:清除已生成的数据。用户可以清除所有的网格,也可以清除所选部件或实体的网格,也可以清除结果数据。

(9)Inflate This Method:在此网格方法的基础上进行膨胀网格划分。

4.3　3D 网格的全局控制 Method

本节帮助路径:help/wb_msh/ds_mesh_element_shape_control.html。

Method 为用户提供了划分 3D 实体模型的选项,该方法只能适用于实体。对应 2D 面体,网格整体控制见第 4.5.3 节"2D 网格划分方法"。

全局网格控制,选择命令 Mesh Control→Method,提供以下 5 种方法,如图 4-23 所示。

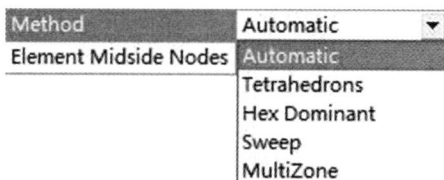

图 4-23　网格划分方法

对于任意一种方法,右击鼠标,还可以在其基础上使用第 4.4 节"3D 网格的局部控制"。

4.3.1　程序自动划分网格 Automatic

本节帮助路径: help/wb_msh/msh_auto_method_option.html。

软件自动检测模型,如果可以的话,实体将被扫掠网格划分,用六面体网格。否则,将自动使用 Tetrahedrons 下的 Patch Conforming 四面体网格划分器。同一部件的体有一致的网格单元。如图 4-24（a）所示为细节窗口,在 Method 下拉菜单中选择 Automatic。Geometry 选择需要划分的实体。Element Midside Nodes 是否保留单元的中间节点,有如下选项:

(1)Use Global Setting:默认选项。使用全局设置,即导航树下 Mesh 的细节窗口中 Advanced 下的设置。

(2)Dropped 退化形式:不保留中间节点。

(3)Kept 保留:保留中间节点。

图 4-24(b)所示的两部分圆柱为一个整体,无法扫掠,因此程序自动用四面体;图 4-24 (c)所示用冰冻、Slice 将其分成两部分冰冻体,但大圆柱有孔无法扫掠,因此小圆柱用六面体扫掠,大圆柱仍旧用四面体。

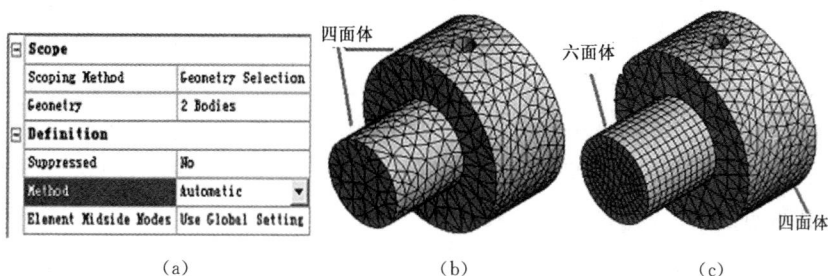

(a)　　　　　(b)　　　　　(c)

图 4-24　自动划分网格

4.3.2 四面体单元划分 Tetrahedrons

本节帮助路径：help/wb_msh/msh_tetra_method_option.html。

四面体单元划分有如下优点：

(1)任意体总可以用四面体网格。

(2)可以快速、自动生成，并适用于复杂几何。

(3)在关键区域容易使用曲度和近似尺寸功能自动细化网格。

(4)可使用膨胀细化实体边界附近的网格（边界层识别）。

同时四面体单元划分又有如下缺点：

(1)在近似网格密度情况下，单元和节点数高于六面体网格。

(2)一般不可能使网格在一个方向排列。

(3)由于几何和单元性能的非均质性，不适合于薄实体或环形体。

四面体单元划分的选项如图 4-25 所示。由 Algorithm 中可见，有两种算法生成四面体网格。一种是基于 TGid 的碎片均匀算法 Patch Conforming，一种是基于 ICEM CFD 的碎片无关算法 Patch Independent。

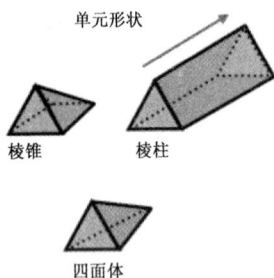

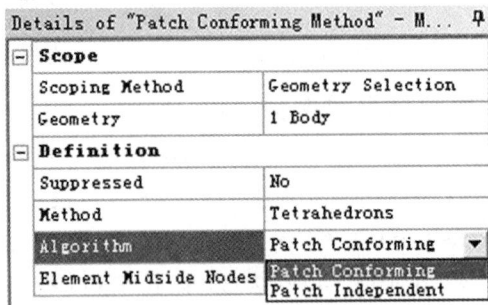

图 4-25　四面体单元划分的选项

1.碎片均匀 Patch Conforming

Patch Conforming 碎片均匀的四面体单元划分，首先由默认的考虑几何所有面和边的表面网格划分器生成表面网格（注意：一些内在缺陷在最小尺寸限度之下），然后基于 TGRID Tetra 算法由表面网格生成体网格。

可见，碎片均匀 Patch Conforming 的特点为：首先，采用自下而上的方法，划分过程为先表面网格，后体网格；其次，适合于考虑细节的 CAD 几何模型。默认时考虑所有的面和它们的边界（边和顶点），尽管在收缩控制和虚拟拓扑时会改变，且默认损伤外貌基于最小尺寸限制。

Patch Conforming 的细节窗口如图 4-26 所示，其中选项如下：

(1)Geometry：选择 3D 实体部件。

(2)Element Midside Nodes：是否保留单元的中间节点。见第 4.6.2 节"高级 Advanced"。

2.碎片无关 Patch Independent

碎片无关 Patch Independent 四面体单元划分采用自上而下的方法，网格划分先生成体网格，再映射到顶点、边和表面产生表面网格。

碎片无关 Patch Independent 具有如下特点：

(1)这个方法容许质量差的 CAD 几何，如图 4-27 所示。如没有命名选择、载荷、边界条件或其他作用,那么不必考虑公差范围内的面和它们的边界(边和顶点)。这种算法对忽略 CAD 模型中有长边的面、许多面的修补、短边等有用,适用于粗糙的网格或生成更均匀尺寸的网格。

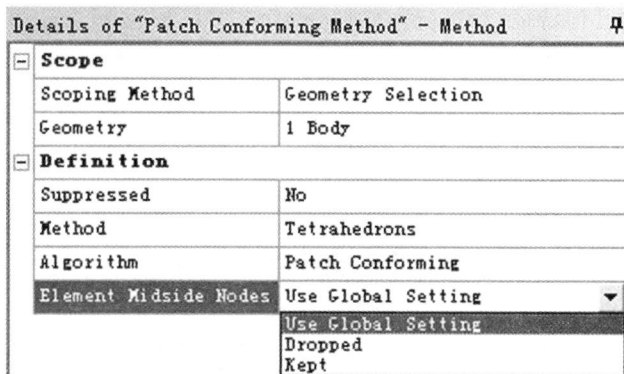

图 4-26　碎片均匀的细节窗口

(2)类似于高级尺寸功能的 Curvature 和 Proximity,Patch Independent 四面体方法对损伤几何有一个显示容差控制。

(3)可以强制地通过创建命名选项或设置 Defeaturing Tolerance 为 No 来考虑面、边或点。

(4)可以合并使用 Inflation。

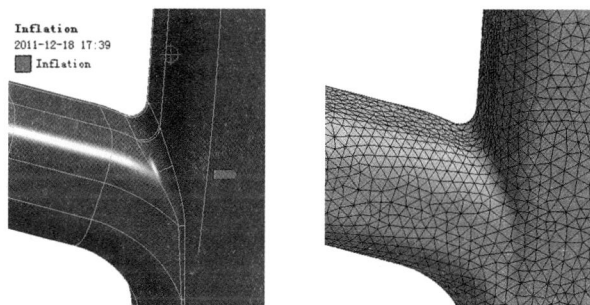

图 4-27　Patch Independent 示例

碎片无关的细节窗口如图 4-28 所示。

(1)Define By:Max Element Size/Approx Number of Elements per Part:分别为"初始单元划分的最大尺寸/模型中每个部件期望的单元数目"。注意该选项可以被其他网格划分控制所覆盖。

(2)Max Element Size:初始单元划分的尺寸。软件自动根据 Mesh 整体的细节窗口的设置确定默认值,但用户可以修改为自己需要的数值。

Approx Number of Elements per Part:给点单元的大致数目,默认 5.0E+05。只有当选择的是单体部件时,此选项才起作用。

(3)Feature Angle:特征角。特征角文本框中用户可以输入 0°~90°之间的数值,或者采用默认的 30°。当两个平面之间的法线夹角小于特征角时,外观上两平面接近共面,在划分网格时忽略两平面之间的交线,即节点不会放置的在交线上。如图 4-29 所示,平面 1 和平面 2 之间、平面 2 和平面 3 之间夹角小于 30°,忽略它们的交线。平面 3 和平面 4 之间、平面

4 和平面 5 之间夹角大于 30°，节点放置在它们的交线上。

（4）Mesh Based Defeaturing：是否定义边的损伤容差。选项有 Yes，No，默认为 No。如果设为 Yes，出现下面一条 Defeaturing Tolerance，可以输入数值。根据输入的容差大小和角度，忽略掉细碎的几何特征，而进行网格划分。

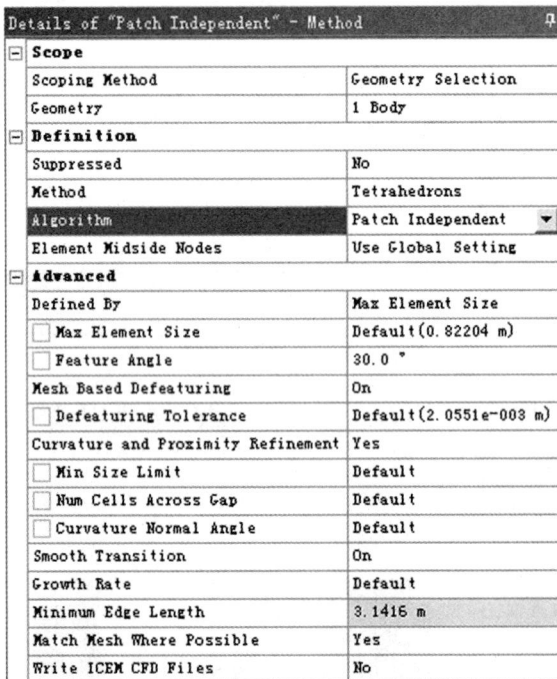

图 4-28　Patch Independent 的细节窗口

（5）Defeaturing Tolerance：损伤容差数值。默认的数值等于 Mesh 整体的细节窗口中 Defeaturing Tolerance 的数值。如果输入 0，表明采用默认数值。如果用户输入不同的数值，则以此处输入的数值为准而忽略 Mesh 整体的数值。如果导航树下有多个 Patch Independent 且有多个 Defeaturing Tolerance，则以最小的为准。

（6）Curvature and Proximity Refinement：与 Mesh 的总体控制中类似。根据 Min Size Limit，Num Cell Across Gap，Curvature Normal Angle 的数值，寻找模型中几何特征的曲率和曲率附近单元，自动加密网格。最终，在平坦的、光滑的表面生成相对大的单元，而在曲率变化大的区域、有小窄条的区域生成相对小的单元。详细见第 4.6.2 节"网格整体的细节窗口"。

（7）Min Size Limit：最小尺寸的极限。默认数值等于 Mesh 整体的细节窗口 Min Size。

（8）Num Cell Across Gap：狭缝单元数量，proximity 细化的目标。网格将在紧密区域细分，但细化受到 Min Size Limit 的限制，不会越过这个限制。Mesh 整体的细节窗口 Advanced Size Function 选中时，数值等于整体细节窗口的数值；相反，则缺省值是 3。

（9）Curvature Normal Angle：设置 Curvature 细化的目标。类似于 Mesh 整体的细节窗口 Advanced Size Function 的设置。这个细化也受到 Min Size Limit 的限制。

（10）Smooth Transition：平滑过渡。选项有 On/Off（默认）。如果选中 Off，体网格用 Octree 法划分。如果选为 On，体网格用 Delaunary 法生成。

(11)Growth Rate：增长率。相邻单元的单元边长的增长率。用户可以输入 1～5 之间的数值，或者输入 0 表示采用默认，默认数值与 Mesh 整体的细节窗口中的设置有关。

(12)Minimum Edge Length：最短的边的长度。软件自动检测的数据，不可更改，用于提示用户。

(13)Match Mesh Where Possible：如果可能，是否匹配网格。选项有 Yes(默认)/No。如果导航树中已经定义了接触，此功能不起作用。如果两个实体上有独立的表面，当 Match Mesh Where Possible 设为 Yes，则在两个表面都生成相似的单元，但不形成接触。

(14)Write ICEM CFD Files：选项有 Yes/No(默认 No)，是否写入 ICEM CFD 文件。如果用户在 Workbench 中完成了网格划分，而且想把文件输出后将来在 ICEM CFD 中编辑，则选为 Yes。

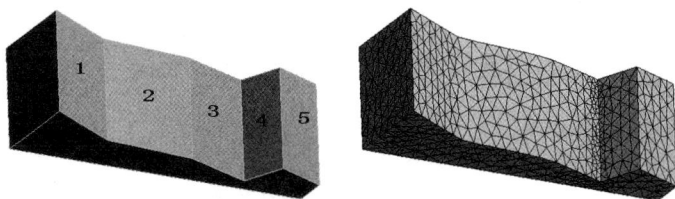

图 4-29　Feature Angle

4.3.3　六面体为主 Hex Dominant

本节帮助路径：help/wb_msh/ds_hex_dom_method_option.html。

Hex Dominant：主要采用六面体 Hexahedron 单元进行自由网格划分，首先生成四边形主导的面网格，然后得到六面体，再根据需要自动填充少量的棱锥、四面体单元、棱柱形(楔形体)单元，如图 4-30 所示。如果实体可能不适合进行 hex dominant 网格划分，将提醒用户。

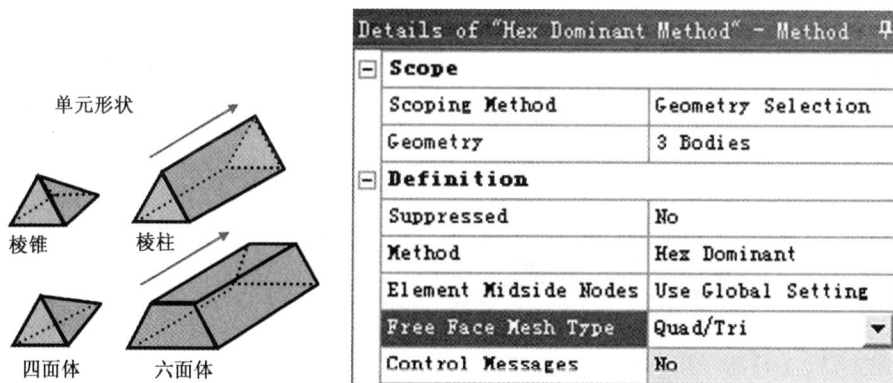

图 4-30　Hex Dominant **使用的单元和细节窗口**

如图 4-30 所示为 Hex Dominant 的细节窗口。

(1)Element Midside Nodes：是否保留单元的中间节点。见第 4.3.1 节"程序自动划分网格"。

(2)Free Face Mesh Type：在无法使用六面体的区域使用哪种单元进行填充，选项有 Quad/Tri、All Quad，即四面体/三棱柱、全部四面体。

(3)Control Messages：只读信息。当选定了实体采用 Hex Dominant 网格划分方法后，Workbench 自动计算体积与表面积之比，如果<2，表明模型不适合于 Hex Dominant，则显

示"Yes,Click To Display",点击后在 Messages 有警告信息,如图 4-31 所示。

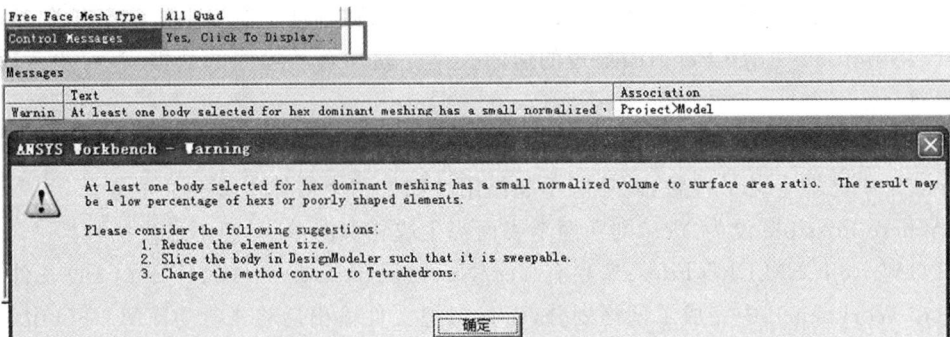

图 4-31 Hex Dominant 的警告信息

下面两种情况下推荐使用此方法:

(1)对于不可扫掠的体,但想要得到较多六面体单元时。

(2)对内部容积较大的实体,能得到比较好的网格。

下面 3 种情况下建议不要使用此方法:

(1)对体积与表面积之比很小的薄复杂体,不使用此方法。

(2)对于可以扫掠的体,或者经过分解后可以扫掠的体,建议不用 Hex Dominant 方法。

(3)不适合于 CFD,因为 Hex dominant 的芯部单元过渡比较急剧,影响 CFD 的计算精度。

4.3.4 扫掠划分 Sweep

本节帮助路径:help/wb_msh/ds_sweep_method_option. html。

Sweep 扫掠划分,要求实体在某一方向上具有相同的拓扑结构。

如图 4-32(a)所示,创建六面体网格时,先划分源面再延伸到目标面。其他面叫作侧面。扫掠方向或路径由侧面定义。源面和目标面间的单元层是由插值法而建立并投射到侧面的。扫掠后产生纯六面体或棱柱网格,如图 4-32(b)所示。

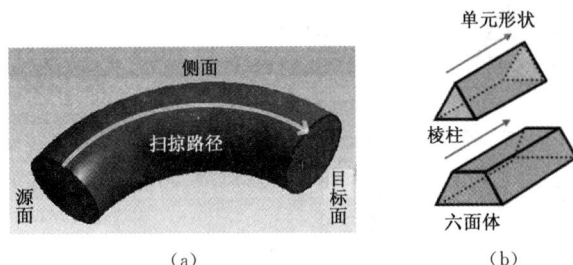

图 4-32 扫掠术语

扫掠的步骤如下:

(1)选择感兴趣的实体,或者右击 Mesh,选 Show Sweepable Bodies。

(2)在导航树选择 Mesh,右击鼠标选择 Insert→Method。

(3)在细节窗口中设置 Method 为 Sweep。此时导航树 Mesh 下多了一个分支 Sweep Method。

(4)右击 Sweep Method,在快捷菜单中选择 Preview→Source and Target Mesh。

(5)选择导航树的 Mesh,此时在图形工作区显示源体和目标体的网格。

1. 对简单的实体进行扫掠

体必须是可扫掠的。右击 Mesh，选 Show Sweepable Bodies，就可以在图形工作区显示可扫掠体，如图 4-33(a)所示。简单的体都可以扫掠，如图 4-33(b)所示的 3 个圆柱体。一个可扫掠体需要满足：①包含不完全闭合空间；②至少有一个由边或闭合表面连接的从源面到目标面的路径；③没有硬性分割定义以致在源面和目标面相应边上有不同分割数。

手动或自动设定 source 源面，target 目标面。通常是单个源面对单个目标面。

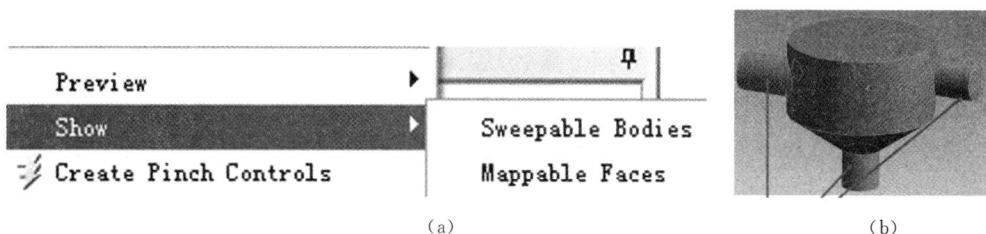

图 4-33 简单的体的扫掠

下面解释细节窗口的选项：

(1)是否保留单元中间节点，见第 4.3.1 节"程序自动划分网格"。

(2)Src/Trg Selection：源面/目标面：自动，手动源，手动源和目标，自动薄壁体，手动薄壁体，如图 4-34 所示。注意源面和目标面不必是平面或平行面，也不必是等截面的。

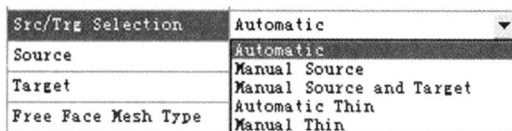

图 4-34　源面/目标面

(3)Free Face Mesh Type 自由表面的划分类型：全部三角形，四边形或三角形（默认），全部四边形，如图 4-35 所示。

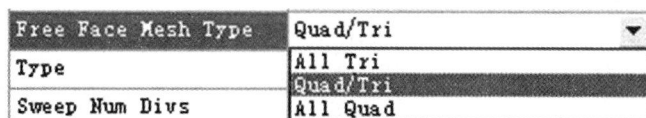

图 4-35　自由表面的划分类型

(4)Type：单元尺寸类型，设置在扫描路径上把整个路径划分成多少段，或者划分成多大的单元。选项如图 4-36 所示。

1)单元尺寸(软约束)，选中此项后多出一项 Sweep Num Divs，用户可以输入数值。

2)划分数量(硬约束)，选中此项后多出一项 Sweep Element Size，用户可以输入数值。

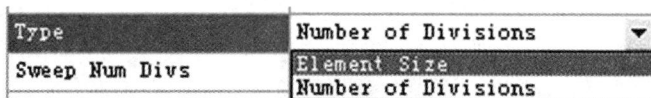

图 4-36　类型

(5)Sweep Bias Type 扫掠偏置类型：设置沿着扫掠方向上单元尺寸的变化规律，如图 4-37 所示，选项有：①右侧密集；②左侧密集（见图 4-38(a)）；③两侧密集；④中间密集（见图 4-38(b)）；⑤无扫掠偏置。

图 4-37　偏置 Bias 选项

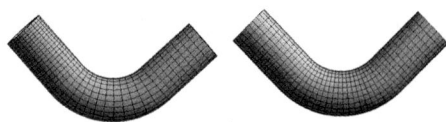

(a)　　　　　　(b)

图 4-38　扫掠偏置类型

2. 复杂体的扫掠

为划分完整的固体/流体,将几何分解(分裂)成可扫掠区域,然后才能用几个扫掠操作。这里几何分裂成了几个体,每个体有一个源面和目标面。

为使分解后的相邻两个实体在分界面上得到共形网格,多个实体应组装成多体部件(见图 4-39),在 DesignModeler 界面下,选中多个实体,右击鼠标选中 Form New Part 即可。

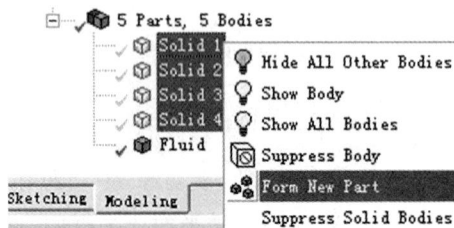

图 4-39　把多个实体组装成多体部件

如果是对多体部件进行扫掠划分,在细节窗口会多一个选项——Constrain Boundary 约束边界,如图 4-40 所示,选项有 Yes/No(默认)。如果选择 Yes,则程序会约束边界,即防止在扫掠划分区域的边界上分裂单元,而且防止在六面体/楔形划分中引入四面体和棱锥单元。

图 4-40　多体部件的扫掠

3. 薄体的扫掠

薄体扫掠需要满足如下的条件:

(1)模型应是薄的,"薄"意味着侧面相对于源面比较小(侧面/源面长径比小于 1/5)。

(2)模型必须有一个明显的"侧面"。且厚度方向可划分为多个单元。

(3)扫掠方向没有膨胀和偏斜,扫掠路径是直线的。

(4)捕捉多个源面,忽略多个目标面。而且源面和目标面不能相互接触。

(5)支持多体部件,但只允许一个单元穿过厚度。

薄模型不只一个源面,源面可自动或手动薄模型扫掠,另外还可以将多个源面合并成虚拟拓扑成为单个源面。解释如下:

(1)多个源面/目标面的几何体。在细节窗口中的选项较少,细节窗口如图 4-41 所示。细节窗口的 Src/Trg Selection 有 Manual Thin 和 Automatic Thin 选项。

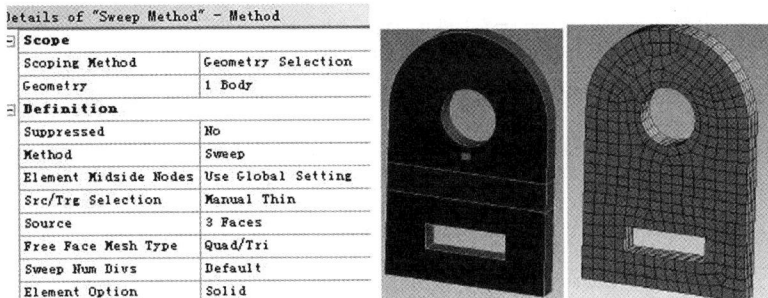

图 4-41　多个源面

（2）单个源面/目标面的几何体。如果使用 Virtual Topology 或者 CAD 工具，将所有源面合并成单个源面，将所有目标面合并成单个目标面，细节窗口中在扫掠方向会有更多的选项，如图 4-42 所示，例如允许扫掠方向和膨胀的偏斜。

4.扫掠网格的膨胀

对于扫掠网格，选择源面的边，则源面得到膨胀，细节窗口如图 4-42 所示。

（1）Src/Trg Selection 应设置为 Manual Source 或 Manual Source and Target。一旦定义了源面，就可以定义膨胀。

（2）扫掠网格的膨胀将使用 Pre inflation 算法。

（3）只能利用 First Layer 或 Total Thickness 选项。

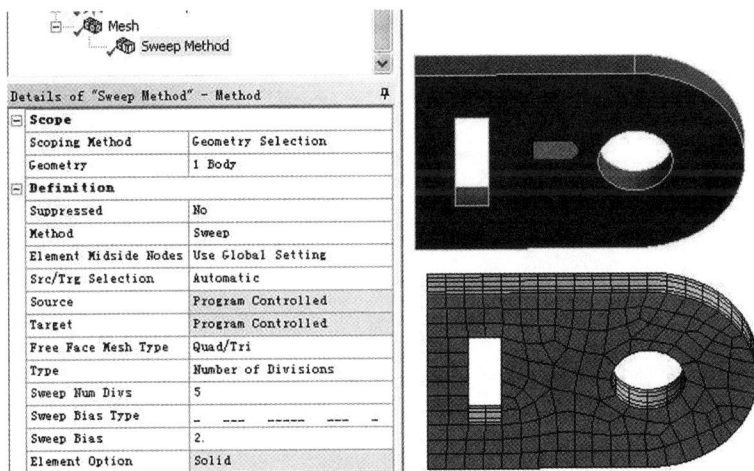

图 4-42　单个源面

4.3.5　多区 MultiZone

本节帮助路径：help/wb_msh/ds_multizone_method_option.html。

MultiZone：多区域网格划分自动将几何体进行分解成映射区域和自由区域，可以自动判断区域并把映射区生成纯六面体网格（即生成六面体/棱柱单元），对不满足条件的区域采用非结构网格划分，即自由区域 Free Mesh Type 可以由六面体为主、六面体-核心或四面体来划分网格，可以具有多个源面和目标面。多重区域网格划分和扫掠网格划分相似，但更适合于用扫掠方法不能分解的几何体。

另外，在导航树选择 Mesh，并在细节窗口中 Advanced Size Function 设为 Off，因为

MultiZone 中无法使用高级尺寸功能,如图 4-43(a)所示。

多区方法还可以添加膨胀,在导航树选择 MultiZone,右击鼠标选择 Inflate This Method 就可以创建膨胀。在膨胀的细节窗口中,Geometry 选择实体,Boundary 选择表面。如图 4-43(b)所示。

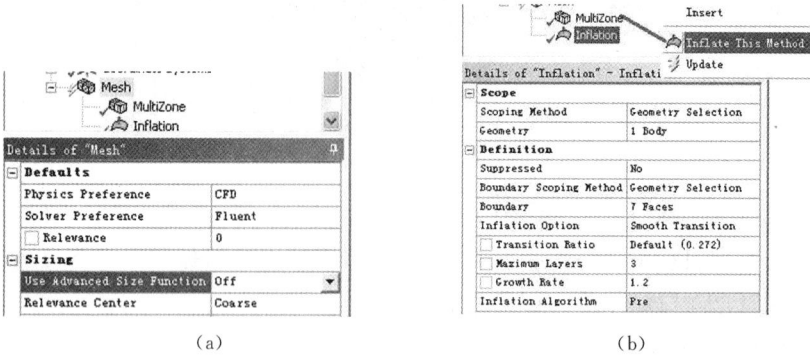

(a)　　　　　　　　　　　(b)

图 4-43　MultiZone 不支持高级尺寸功能以及 MultiZone 的膨胀

1. 细节窗口

(1)Mapped Mesh Type 映射区域单元类型。如图 4-44 所示,选项有 Hexa 六面体、Hexa/Prism 六面体或棱柱。

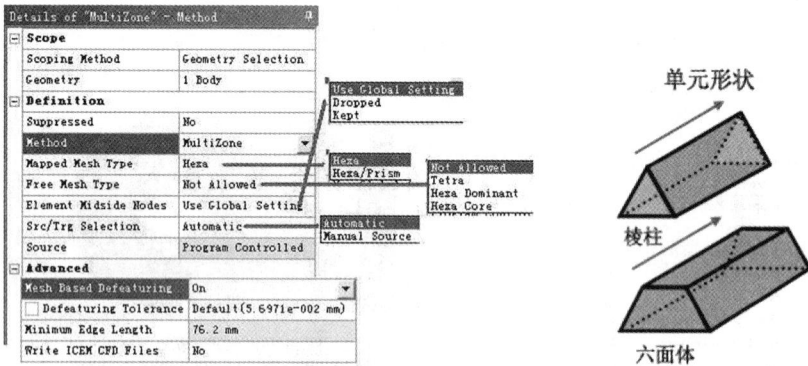

(2)Free Mesh Type 自由区域单元类型。如图 4-44 所示,选项有不允许、四面体、六面体为主和核心区为六面体,如图 4-45 所示,从左至右分别为四面体,六面体为主,核心区为六面体。

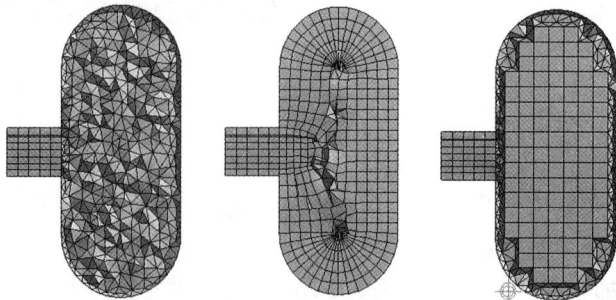

图 4-45　自由区域单元类型

(3)Element Midside Nodes:是否保留单元的中间节点。见第 4.3.1 节"程序自动划分网格"。

（4）Src/Trg Selection：源面/目标面。如图 4-44 所示，选项有自动、手动选取源面。

（5）Mesh Based Defeaturing：根据损伤容差进行边的过滤，Yes/No（默认）。如果设为 Yes，下面出现 Defeaturing Tolerance 可以输入数据。

（6）Defeaturing Tolerance：损伤容差。如果输入 0，表明它与 Mesh 整体的细节窗口中的 Defeaturing Tolerance 相同，或者输入大于 0 的其他数值。

（7）Minimum Edge Length：只读数据，给用户提示，模型的最小边长。

（8）Write ICEM CFD Files：见第 4.3.2 节"碎片无关 Patch Independent"。

2．对比 3 种方法

扫掠、多区、薄体扫掠这 3 种方法各有特点（见表 4-3）。一些模型的网格划分可以使用 3 种方法其中任一个。

表 4-3　扫掠、多区、薄体扫掠的比较

	源　面	目标面	分　解	其　他
扫　掠	单个源面（或者使用 Virtual Topology 将多个源面合并为一个）	单个目标面（或者使用 Virtual Topology 将多个目标面合并为一个）	需要分解几何以致每个扫掠路径对应一个体	很好地处理扫掠方向多个侧面
多　区	多个源面	多个目标面	不需要人工分解	
薄体扫掠	多个源面	多个目标面		很好地替代壳模型中面，以得到纯六面体网格

（1）在下列情况时使用扫掠方法。

1）一个多体部件中一些体应扫掠划分，一些应 Patch Conforming 四面体划分。

2）如果想要使用高级尺寸功能。

3）预览可扫掠体，显示所有体是可扫掠的。

（2）在下列情况时使用多区。

1）划分对于传统扫掠方法来说太复杂的单体部件。

2）需考虑多个源面和目标面（不能使用 VTs 集成一个源面/目标面）。

3）关闭对源面和侧面的膨胀。

4）"薄"实体部件的源面和目标面不能正确匹配，但关心目标侧的特征。

（3）在下列情况时使用薄扫掠。"薄"实体部件的源面和目标面不能正确匹配，并且不关心目标侧的特征。

4.3.6　第 4 章例子 1

目的：合并使用网格划分方法。相关文件见光盘 chapter 4/example 4.1。

第 4 章例子 1，混合使用多体元件中 Patch Conforming 四面体和扫掠网格划分方法，生成四面体/棱柱和六面体单元混合的一致网格，示范扫掠和 Patch Conforming 方法中 Inflation 的使用。

步骤如下：

（1）从文件夹将 sm.agdb 文件复制进工作目录。启动 Workbench 并双击右边 Toolbox 中的 Component Systems 面板下的 Mesh 项，这样在 Project Schematic 区建立新的 Mesh，如图 4-46 所示。

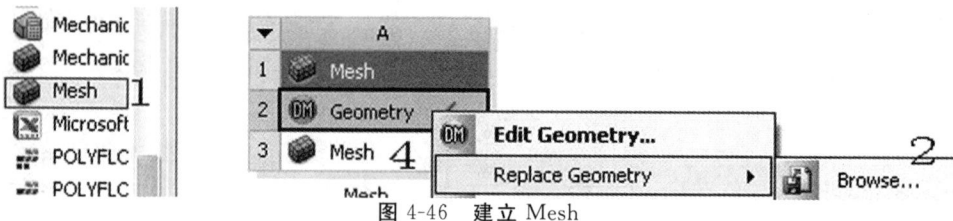

图 4-46　建立 Mesh

(2)右击工程流程图中 A2 项中,即 Geometry 并选择 Import Geometry→Browse。

(3)浏览刚刚复制的 sm. agdb 文件并点击"打开",回到 Workbench 主界面。

(4)双击工程流程图中 A3,即 Mesh 或右击并选择 Edit,打开界面。展开 Outline 中 Geometry 项看到一个多体部件,包含 4 个零件。

(5)左击 Mesh 项,将细节窗口中 Physics Preference 设置为 CFD,并选择 FLUENT 求解器。

(6)从模型中选择 3 个圆柱体(见图 4-47)。

(7)右击 Mesh 插入一个网格划分方法,并在细节窗口选择 Method 为 Sweep。

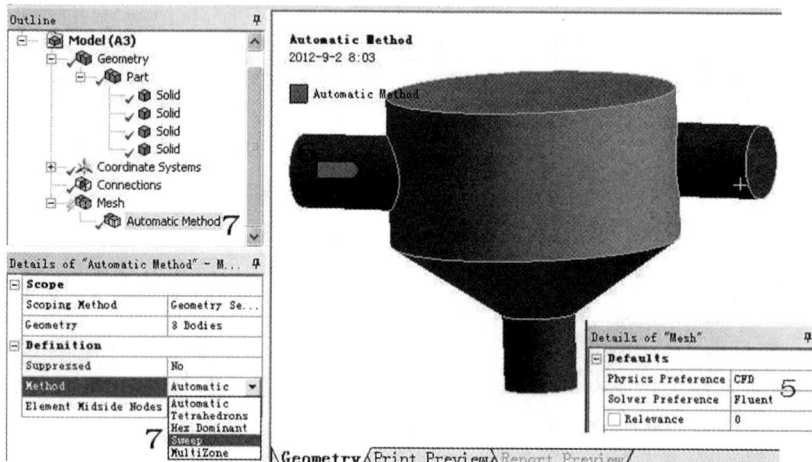

图 4-47　添加 Sweep 划分方法

(8)设置 Src/Target Selection 为 Manual Source,并选择圆柱体的 3 个端面(见图 4-48)。

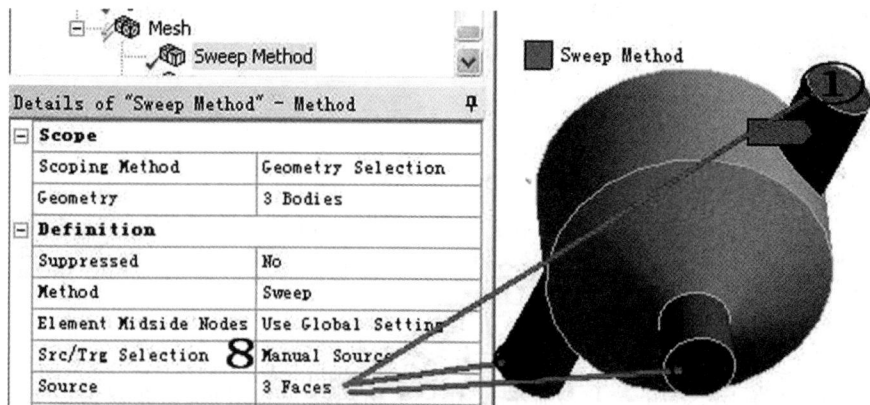

图 4-48　Sweep 的源面

(9)选择模型的中心圆锥体,右击 Mesh 插入一个网格划分方法,并选择 Patch

Conforming 四面体法(见图 4-49)。

图 4-49　添加四面体网格

(10)展开网格设置中 Inflation 项并将 Use Automatic Tet Inflation 选项设置为 None，因为后面将手动在两种不同方法中添加膨胀。

(11)右击 Mesh 点击 Update 生成网格，可见网格包含四面体/棱柱和六面体单元。

(12)右击 Sweep Method 并选择 Inflate This Method，膨胀将作用于 3 个源面(见图 4-50)。

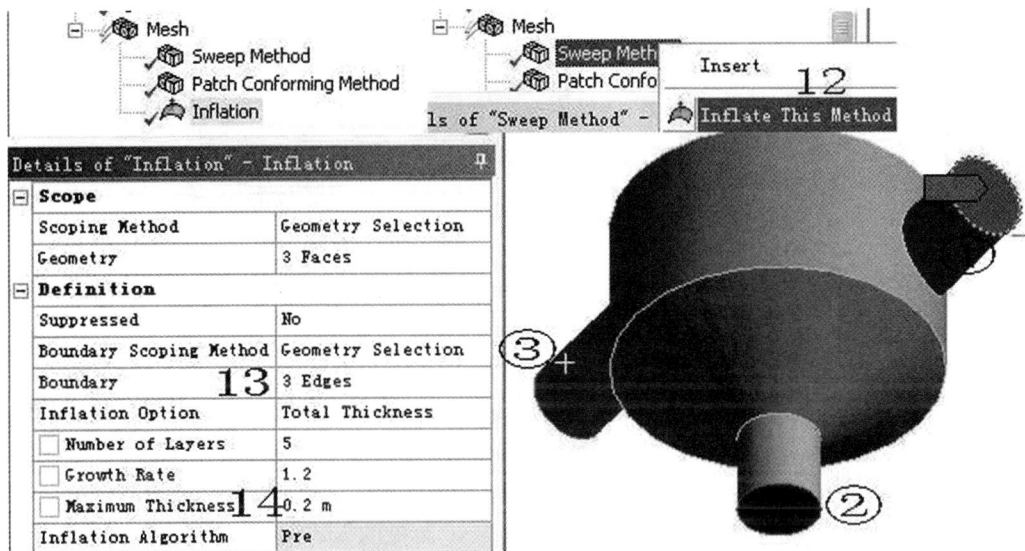

图 4-50　在 Sweep 上添加膨胀

(13)对 Boundary，需要选择面的 3 个外圆边(可能需要启动 Select Edges 触发器来执行这个操作)。

(14)设置 Inflation Option 为 Total Thickness，设置 Maximum Thickness 为 0.2 m，保留其他默认设置。

(15)右击四面体方法并选择 Inflate This Method 膨胀将作用于中心体，并选择 Boundary 为中心体的圆柱面和圆锥面，即进行面的膨胀(见图 4-51)。

(16)设置 Inflation Option 为 Total Thickness，并将 Maximum Thickness 设置为 0.2 m，保留其他默认设置(见图 4-51)。

(17)生成网格。注意扫掠区域产生了六面体而中心体生成了棱柱和四面体，如图 4-52 所示为膨胀网格的截面内部视图。

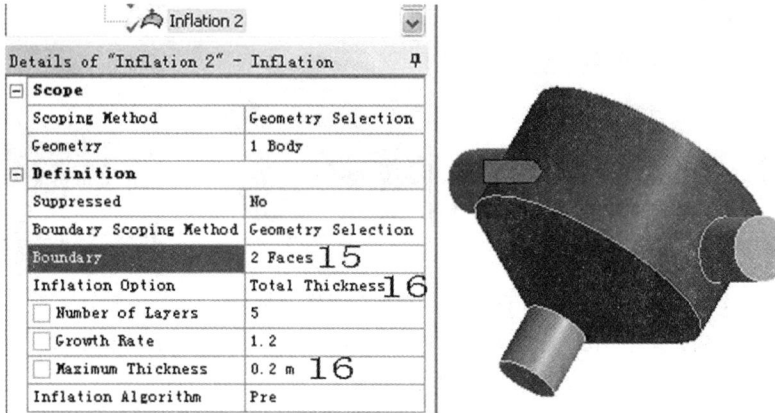

图 4-51　在四面体方法上添加膨胀

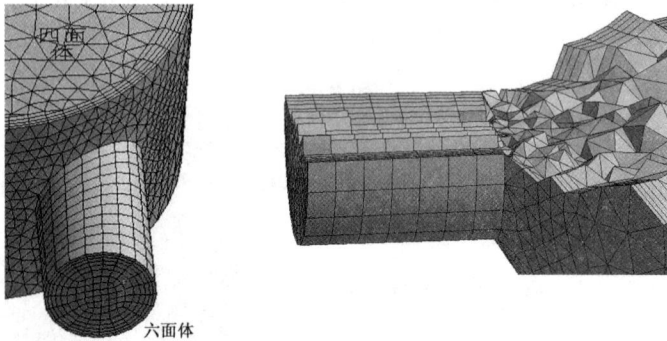

图 4-52　生成网格

4.3.7　第 4 章例子 2

第 4 章例子 2,示范单体的薄模型扫掠方法的使用,使多个单元穿过厚度,并且显示虚拟拓扑如何将模型转换为合适形态以能够标准扫掠,允许扫掠方向和膨胀的偏斜。相关文件见光盘 chapter 4/example 4.2。步骤如下:

(1)启动 Workbench,双击 Component Systems 面板的 Mesh 项。于是在工程流程图中建立 Mesh,如图 4-53 所示。

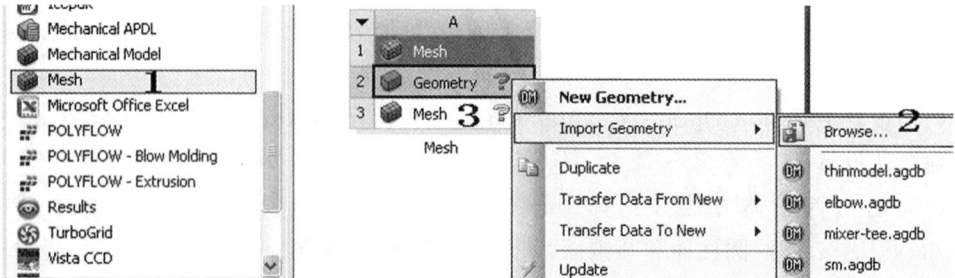

图 4-53　建立 Mesh 工程

(2)右击工程流程图中 Mesh 项中 A2 Geometry,并选择 Import Geometry→Browse。浏览 thinmodel. agdb 文件并点击 Open。

(3)双击工程流程图中 A3 Mesh 项,打开 Mesh 新窗口。设置 Units→Metric(mm,kg,N,s,mV, mA)。

(4)导航树选择 Mesh，在细节窗口中 Physics Preference 设为 CFD，并且 Solver Preference 设为 Fluent。展开 Sizing，并注意 Size Function 设置为 On:Curvature。

(5)导航树右击 Mesh 选择 Insert→Method 插入一个方法（见图 4-54）。

(6)在 Automatic Method 的细节窗口中，Geometry 选择整个实体，设置 Method 为 Sweep。设置 Src/Trg Selection 为 Manual Thin。选择所示 3 个面作为源面。设置 Sweep Num Divs 为 4。

(7)选择 Mesh 工具条的 Update。网格如图 4-54 所示。

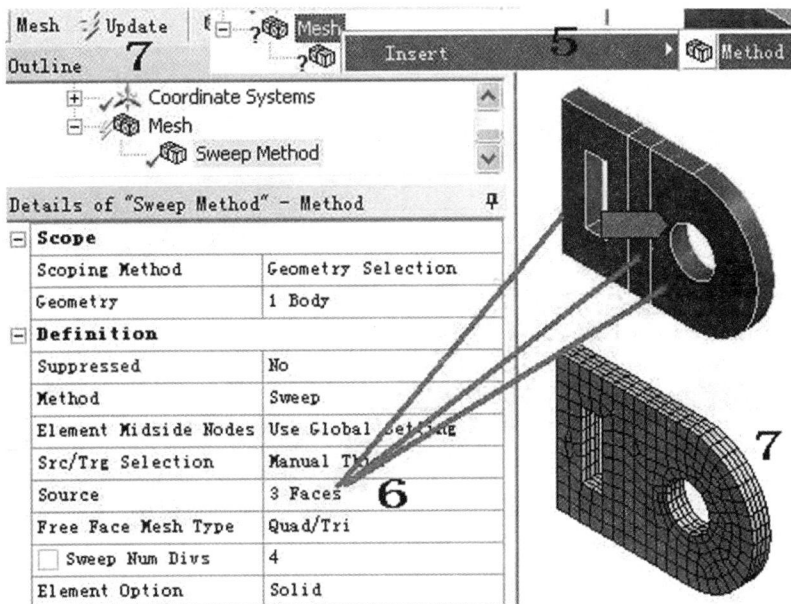

图 4-54　建立 Sweep

(8)如果源面和目标面的 3 个面使用虚拟拓扑合并成一个面，则产生的模型就可以用手动源面进行扫掠划分，允许扫掠方向和膨胀的偏斜。导航树选择 Geometry 然后，单击 Model 工具条的 Virtual Topology，这样在导航树添加了 Virtual Topology 分支（见图 4-55）。

(9)设置选择过滤器为面，并按住 Ctrl 选择组成扫掠源面的 3 个面。

(10)右击 Outline 中 Virtual Topology 并选择 Insert→Virtual Cell。

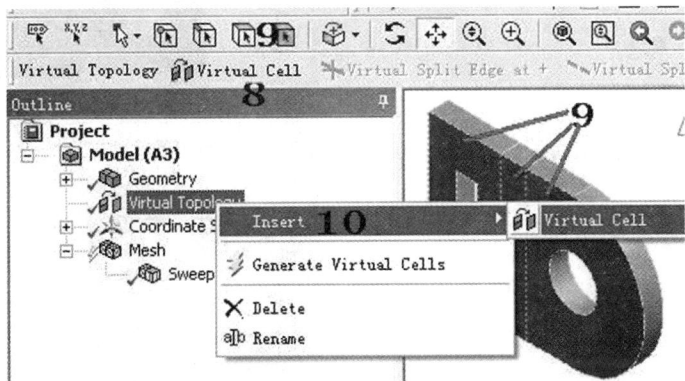

图 4-55　虚拟拓扑

(11)增加由目标面的 3 个面组成的第二个虚拟面(见图 4-56)。

(12)在扫掠方法中,需要将 Src/Trg Selection 改为 Manual Source 并输入已创建的虚拟源面。

(13)注意细节窗口现在有了更多的选项,可以在扫掠方向设置偏斜。在端面设置一个好的偏斜,Sweep Bias 值为 4。

(14)选择 Mesh 工具条的 Update。网格如图 4-56 所示,由于偏斜导致侧面网格的间距不同。

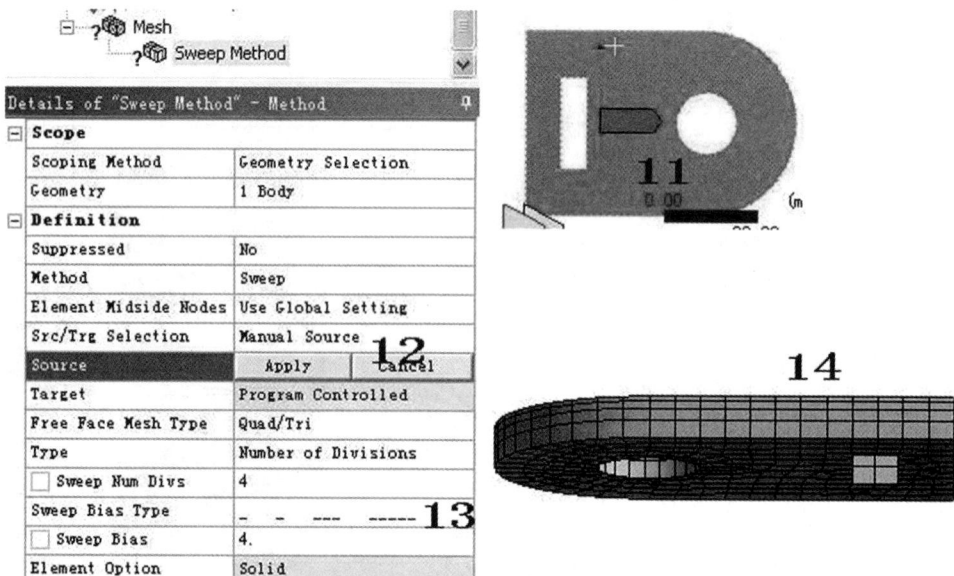

图 4-56　单个源面扫掠时可以添加偏斜

(15)还可以对源面进行膨胀。右击 Outline 中 Sweep Method 并选择 Inflate This Method(见图 4-57)。

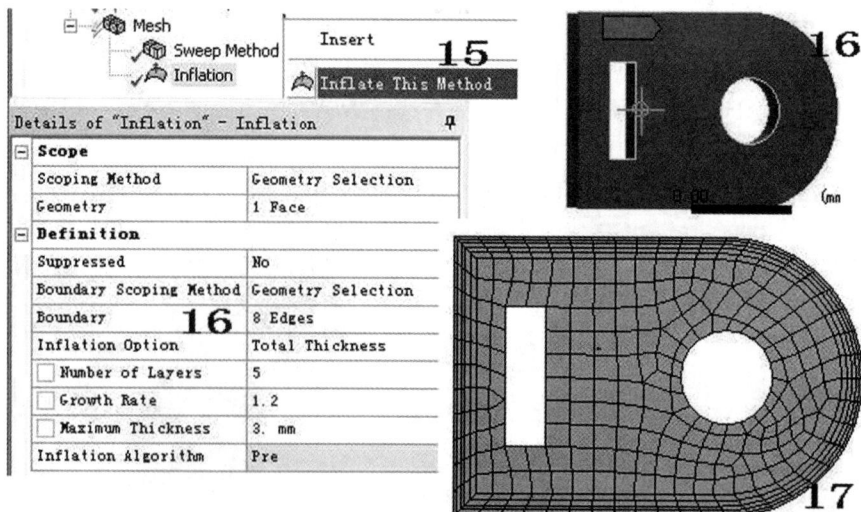

图 4-57　对源面添加 Inflation

(16)在细节窗口中 Boundary,按住 Ctrl 拾取虚拟源面的 8 个外部边(为了看清是否选择了边,点击菜单 View→Graphics Options→Double→Thick Double),将 Inflation Option 设为 Total Thickness,Maximum Thickness 的值为 3 mm。

(17)选择 Mesh 工具条的 Update 生成网格,注意外部边的膨胀。

4.3.8　第 4 章例子 3

第 4 章例子 3,几何模型如图 4-58(a)所示,得到如图 4-58(b)所示的网格,相关文件见光盘 chapter 4/example 4.3。本例子示范多体部件的扫掠划分,并设置边尺寸用来指定扫掠方向的网格等份,最后示范扫掠网格膨胀。

　　　　　(a)　　　　　　　　　　　　　　　　(b)

图 4-58　导入多体部件

(1)从文件夹将 multi.agdb 文件复制进工作目录。

(2)启动 Workbench 并双击 Component Systems 面板的 Mesh 项。

(3)右击 Project Schematic 区中 Mesh 中 Geometry 并选择 Import Geometry→Browse。

(4)浏览复制的 multi.agdb 文件并点击 Open,注意这时 Geometry 有一个绿色对号标记,暗示几何已经被定义。

(5)双击项目示图区 Mesh 对象中 Mesh 项。

(6)关掉右边网格划分选项面板,不进行任何设置。

(7)如图 4-59 所示,在 Mesh 选项中,设置 Physics Preference 为 CFD,Solver Preference 为 Fluent。Sizing→Size Function 设为 Adaptive。将 Element Size 设为 2.5 mm。展开 Statistics 将 Mesh Metric 设为 Skewness。

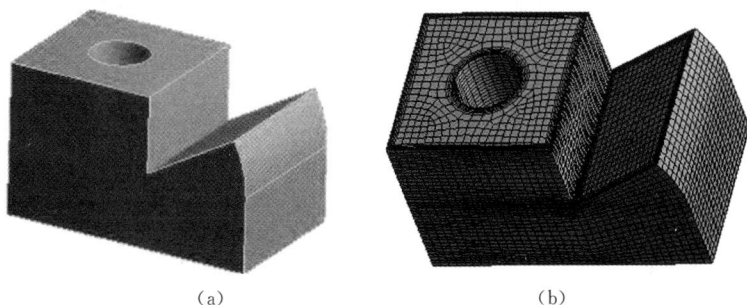

Details of "Mesh"	
Display	
Display Style	Body Color
Defaults	
Physics Preference	CFD
Solver Preference	Fluent
☐ Relevance	0
Export Format	Standard
Shape Checking	CFD
Element Midside Nodes	Dropped
Sizing	
Size Function	Adaptive
Relevance Center	Coarse
☐ Element Size	2.5
Initial Size Seed	Active Assembly
Smoothing	Medium

图 4-59　Mesh 细节窗口的总体设置

（8）右击 Mesh 插入一个方法。选择两个体并设置 Method 为 Sweep。

（9）将 Src/Trg Selection 设为 Manual Source，并选择所示两个底面作为源面，如图 4-60 所示。

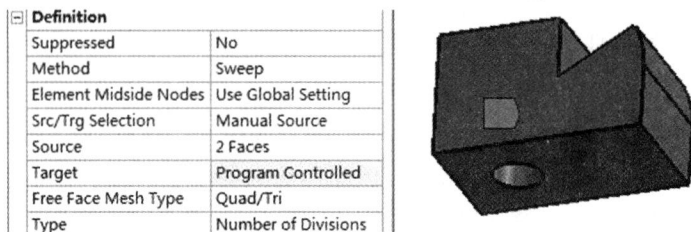

Definition	
Suppressed	No
Method	Sweep
Element Midside Nodes	Use Global Setting
Src/Trg Selection	Manual Source
Source	2 Faces
Target	Program Controlled
Free Face Mesh Type	Quad/Tri
Type	Number of Divisions

图 4-60　建立从 2 个底面的扫掠

（10）右击导航树的 Mesh 选择 Insert→Sizing，在 Sizing 的细节窗口中，Geometry 选择如图 4-61 所示两个边。边尺寸 Number of Division 定义为 20 等份。将 Bias Type 设为 shrink towards the ends，并将 Bias Factor 设为 4。

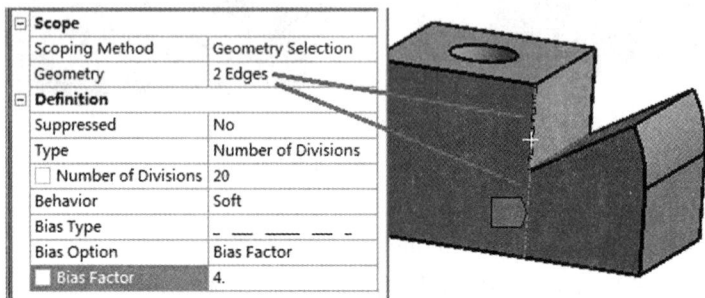

Scope	
Scoping Method	Geometry Selection
Geometry	2 Edges
Definition	
Suppressed	No
Type	Number of Divisions
Number of Divisions	20
Behavior	Soft
Bias Type	_ _ _ _ _
Bias Option	Bias Factor
Bias Factor	4.

图 4-61　两条边划条 20 等份和偏移率为 4

（11）生成网格。注意边尺寸和最大偏斜的影响。

（12）右击导航树的 Mesh 选择 Insert→Inflation，在 Inflation 的细节窗口中，Geometry 选择两个底面，Boundary 选择底面的所有边，即图 4-62 所示 8 个边进行扫掠膨胀。将 Inflation Option 设置为 Total Thickness 并设置 5 个层，且 Maximum Thickness 为 5 mm。

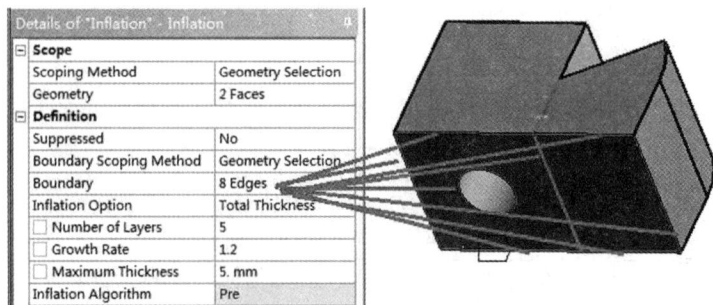

Details of "Inflation" - Inflation	
Scope	
Scoping Method	Geometry Selection
Geometry	2 Faces
Definition	
Suppressed	No
Boundary Scoping Method	Geometry Selection
Boundary	8 Edges
Inflation Option	Total Thickness
Number of Layers	5
Growth Rate	1.2
Maximum Thickness	5. mm
Inflation Algorithm	Pre

图 4-62　插入 Inflation

（13）生成网格，如图 4-58 所示。观察网格属性和最大偏斜。

4.3.9　第 4 章例子 4

第 4 章例子 4，使用多区 MultiZone 方法划分网格，不用分解几何而在控制区域产生六面体网格。相关文件见光盘 chapter 4/example 4.4。要求：

（1）产生适合流体 CFD 分析的网格。

(2)几何由容箱、一个入口管和一个出口管的 3 个体组成,如图 4-63 所示。在入口管路、出口管路添加圆柱面从外向内的膨胀。

(3)4 条直线中间稀疏两段密集,使得出现膨胀层。

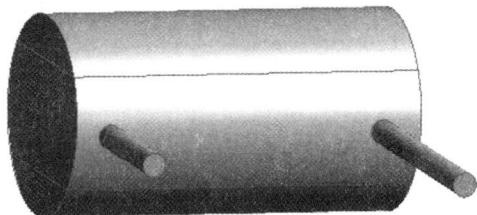

图 4-63　几何

步骤如下:

(1)从开始菜单激活 ANSYS 12.0 Workbench。

(2)打开 WB 用户图形界面左边工具箱的 Component Systems。

(3)双击 Mesh 选项,在 Project Schematic 区域建立 Mesh。

(4)右击 WB 面板右边的 Geometry 按钮并选择 Import geometry。输入 2-pipe-tank.agdb 文件。一旦输入了几何文件,Geometry 按钮上的问号标记变成勾号。

(5)双击 Project Schematic 区 Mesh 对象中 Mesh 项,激活网格应用程序。

(6)点击菜单 Units,确定单位制为 Metric,mm。

(7)在 Mesh 的细节窗口中选择以下网格选项:Physics Preference 为 CFD,以及 Solver Preference 为 Fluent。Statistics 的 Mesh Metric 设置为 Skewness。

(8)使用 Name Selection 命名选项用于指定 Fluent 名称和区域类型。

设置指针选择模式为面选择,选择入口面,RMB 选择 Create Named Selection,在弹出的 Named Selections 窗口中指定名称 Inlet,如图 4-64 所示。对出口重复以上操作,命名为 Outlet。

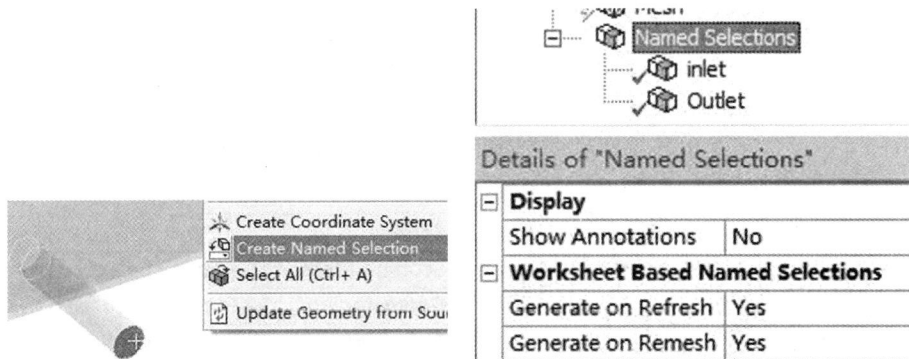

图 4-64　建立 Name Named Selections

(9)设置全局尺寸和网格控制。点击模型树中 Mesh 打开"Mesh"细节窗口,设置 Sizing →Size Function 为 Adaptive。设置 Relevance Center 为 Fine(在大多 CFD 分析中推荐)。设置 Statistics→Mesh Metric 为 Skewness。保持其他所有默认设置。

(10)插入第一个多区网格控制。设置指针选择模式为体选择,在图形区右击鼠标,在快捷菜单中选择最上层的实体即 Top。在导航上选择 Mesh,右击鼠标,在快捷菜单选择 Insert →Method。将 Method 的细节窗口的 Method 改为 Multizone。

选择源面和目标面。在 MultiZone 的细节窗口中,将 Src/Trg Selection 设为 Manual Source。设置指针模式为面选择,拾取左右两侧的两个圆弧面(见图 4-65),点击 Apply。

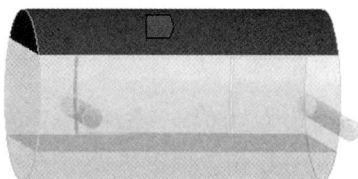

图 4-65　第一个多区

(11)插入第二个多区网格控制。类似于第(10)步,对底部的实体即 Bottom 完成同样的操作。源面目标面选择 Bottom 的左右两侧的圆弧面。

(12)插入第 3 个多区网格控制。类似于第(10)步,对中间的实体即 Center 完成统一的操作。为确保扫掠中间截面,注意源面目标面选择前侧的圆柱面和进口出口的两个圆面,以及后侧的 3 个圆柱面,如图 4-66 所示。

图 4-66　第 3 个多区的源面目标面

(13)在导航树右击鼠标选择 Generate Mesh,网格成功生成,但明显需要细化。例如:进口管,出口管,以及管/容箱交会附近的网格不足以适当地捕捉物理特性(见图 4-67(a))。可通过一些额外网格设置如 Inflation,Sizing 和 Biased Sizing 来改进管/容箱网格划分。

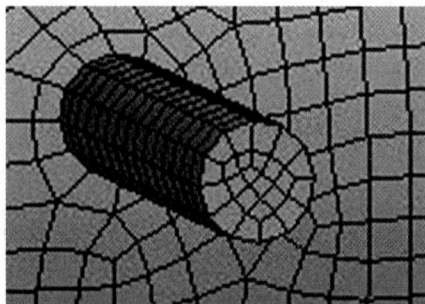

(a)　　　　　　　　　　　　(b)

图 4-67　进口管、出口管的网格

(14)对进口管、出口管增减 Face Sizing 来控制单元尺寸。

确保使用面选择并拾取如图 4-67 所示进口管圆面、出口管圆面,右击鼠标选择 Insert→

Sizing,建立 Face Sizing 分支。设置 Sizing 细节:设置 Element Size 为 0.5 mm(见图 4-67(b))。

(15)对进口管、出口管添加膨胀(边界层)。设置指针模式为体选择,选择中间绿色体。单击鼠标右键在快捷菜单选择 Insert→Inflation。在 Inflation 细节窗口。使用面选择方式,将 Boundary 选择为进口管、出口管的 4 个圆柱面并点击 Apply。将 Inflation Option 设置为 Total Thickness,Number of Layers 设置为 3,Maximum Thickness 设置为 1 mm。

(16)增加中间实体的四条边的 Edge Sizing。改变指针模式为边选择,按住 Ctrl,选择 Center 实体一侧的两条边,旋转模型,重复选择另一侧的两条边。单击鼠标右击,在快捷菜单选择 Insert→Sizing。如图 4-68 所示,在 Edge Sizing 的细节窗口,设置 Element Size 为 1 mm,设置 Behavior 为 Hard,设置 Bias Type 为_ _ __ _ _,设置 Bias Factor 为 6。

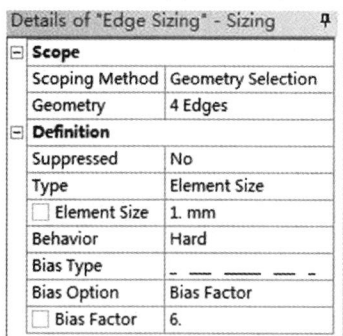

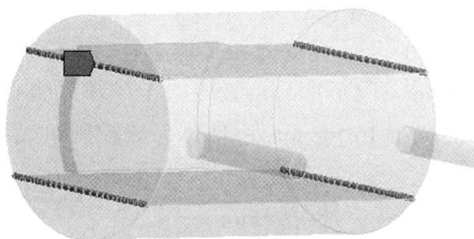

图 4-68　中间体的 Edge Sizing

(17)点击 Generate Mesh 生成网格,如图 4-69 所示。在 Mesh 的细节窗口中,Statistics 分支可以看到,Element 大约 4.8 万,Max Skewness 小于 0.8,总体来说是优质量的网格。

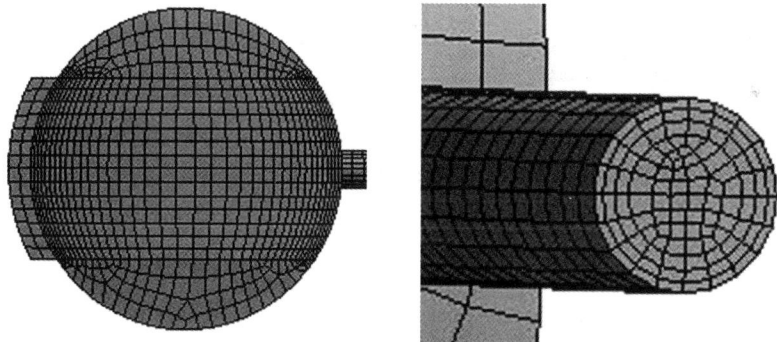

图 4-69　网格的细节

4.4　3D 网格的局部控制

本节帮助路径:help/wb_msh/ds_MeshCtrl_Tools.html。

4.4.1　网格局部尺寸控制 Sizing

本节帮助路径:help/wb_msh/ds_Meshing_Sizing.html。

Sizing 尺寸控制的细节窗口如图 4-70 所示,允许设置体、面、边、顶点的局部单元大小。

(1)Geometry:几何类型,用户先在工具栏设定选择过滤器为 Edge,Face 或者 Body,然后在图形区选择几何特征,再点击此处的 Apply。

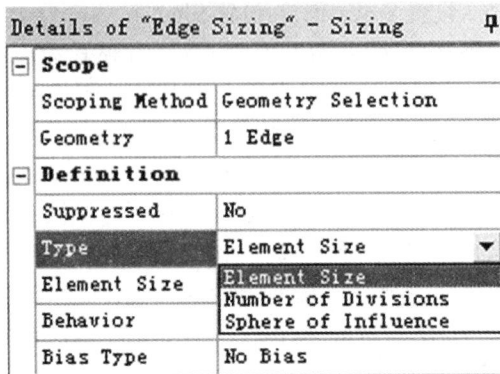

图 4-70　尺寸控制 Sizing 的细节窗口

（2）Type 有以下 3 种选项，假如 Geometry 选择了边：

1）Element Size：设置单元平均边长，在下面的文本框输入数据。

2）Number of Divisions：设定边上的单元数目，在下面的文本框输入数字。

3）Sphere of Influence：用球体区域控制单元平均大小的范围，如图 4-71 所示。

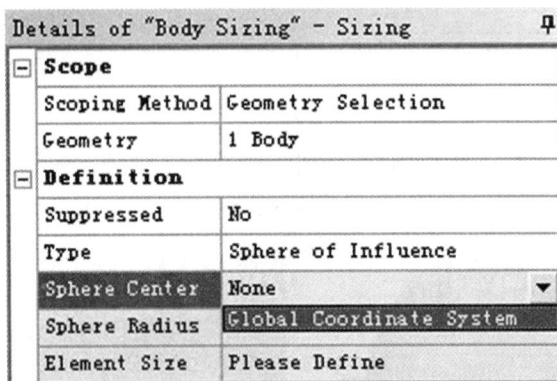

图 4-71　球体区域控制的选项

• Sphere Center 球体中心：球体的中心坐标采用的是局部坐标系。

• Sphere Radius 球体半径：用户给定。

• Element Size 单元尺寸：用户给定。只有此值小于 Mesh 整体的细节窗口的 Element Size，球体区域才能起作用。

可选择一个或多个对象，所有包含在球域内且选定对象的单元网格尺寸按给定尺寸划分，如图 4-72 所示。

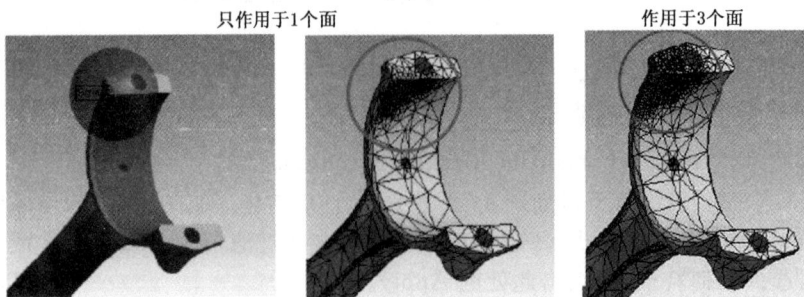

图 4-72　球体区域控制局部网格

以上 Type 可用选项取决于作用的实体,见表 4-4。

表 4-4　尺寸控制中 Type 选项的适用范围

	Element Size 单元尺寸	Numberof Element Division 单元数目	Sphere of Influence 球体区域
Bodies 实体	√		√
Faces 面体	√		√
Edges 线体	√	√	√
Vertices 点			√

(3)Behavior:行为,在已划分边、面、体这些实体上的行为。

Geometry 当选择了点,或者 Type 选择了 Sphere of Influence,Body of Influence,那么 Behavior 不会出现。选项如下:

1) Hard 硬的:表明 Type 中定义的 Element Size 单元尺寸、Number of Element Division 单元数目必须是固定不变的,不能被其他网格控制所覆盖。此选项有可能导致划分失败。

2)Soft 软的:表明虽然 Type 中定义的 Element Size 单元尺寸、Number of Element Division 单元数目,但是体、面、线的尺寸还是可以被其他网格控制所覆盖,例如 proximity,curvature。

(4)Bias Types 偏置类型和 Bias Factor 偏置因子。如图 4-73 所示。根据单元的长度不同,偏置类型分别为右端密集、左端密集、两端密集、中间密集。

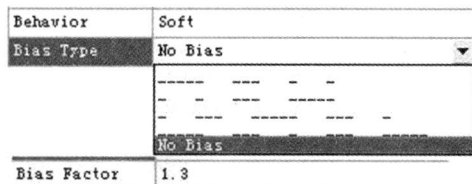

图 4-73　偏置因子

(5)更多选项。如图 4-74(a)所示,用户可以将 Mesh 整体的细节窗口中的高级尺寸功能打开。此时,在 Sizing 网格局部尺寸的细节窗口有更多选项。

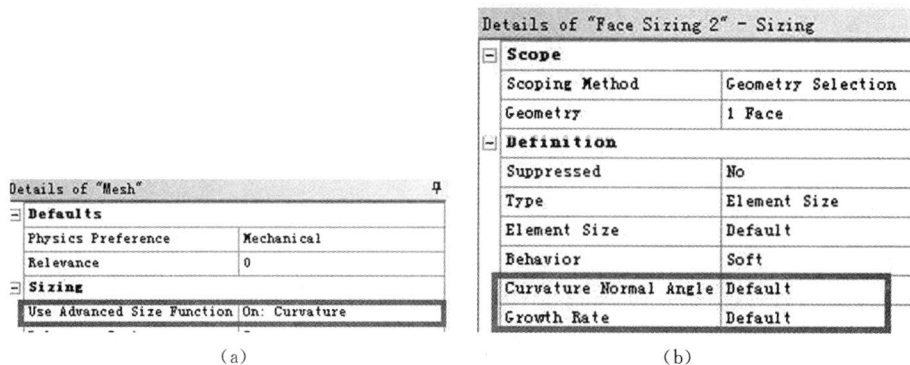

(a)　　　　　　　　　　　　(b)

图 4-74　高级尺寸功能的更多选项

1)如图 4-74(b)所示,在已划分边、面上,增加了两个选项。选项分别是 Curvature Normal Angle 曲率法向角度,Growth Rate 增长率,它们的含义与 Mesh 整体的细节窗口中一致,详情见第 4.6.2 节"尺寸 Sizing"。

2)如图 4-75 所示,在已划分的体上,Type 选项中出现 Body of Influence 影响体。

影响体只在高级尺寸功能打开,且 Geometry 为实体的时候,才被激活。

影响体可以是任何的 CAD 线、面或实体,如图 4-75 所示的圆环体。

影响体周围的 Geometry 网格被细化,但影响体没有划分网格,只是作为一个影响范围的发起者,如图 4-75 所示圆环体不被划分。

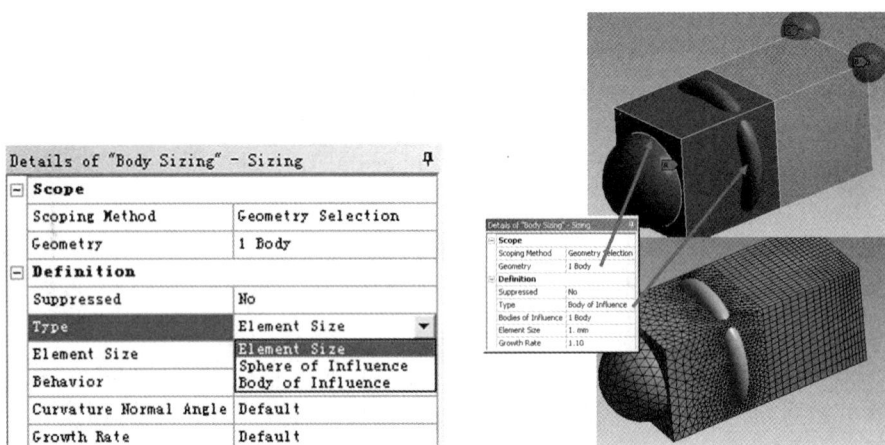

图 4-75　Body of Influence 影响体

4.4.2　接触网格尺寸控制 Contact Sizing

本节帮助路径:help/wb_msh/ds_Contact_Sizing.html。

Contact Sizing 在部件间接触面上产生近似尺寸的单元(网格的尺寸近似但不共形),如图 4-76 所示。

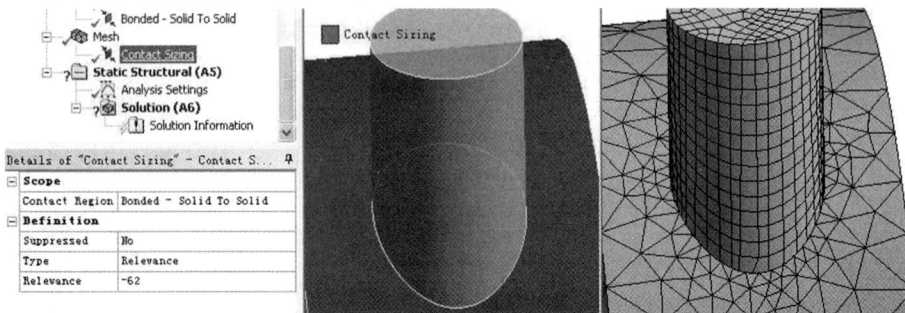

图 4-76　接触区网格控制

细节窗口如图 4-76 所示。

(1)Contact Region 可以从下拉列表中选取某一个接触对,而这些接触对就是已经在导航树 Connections 下建立好的。

(2)在接触区域可以设定 Type 为 Element Size 或者 Relevance。选择 Element Size 后,用户下面的 Element Size 中输入合适的数值。

4.4.3　网格局部单元细化控制 Refinement

本节帮助路径:help/wb_msh/ds_mesh_refinement.html。

细化 Refinement 可以对已经划分的网格进行单元细化,一般而言,先进行整体和局部网格控制形成初始网格,然后对被选的边、面或者体进行网格细化。对 Patch Independent Tetrahedrons 或 CFX-Mesh 不可用。由于不能使用膨胀,对 CFD 不推荐。

对于单元尺寸,可以定义被选定的边、面或者体的平均单元尺寸。对于边,用户可以定义边上的划分份数。细化水平可从"1"级(最低的)到"3"级(最高的)改变。其中"1"级的细化,这使单元边界划分为初始单元边界的一半,这是在生成粗网格后,网格细化得到更密网格的简易方法。如图 4-77 所示,左边采用了细化水平 1,而右边保留了缺省网格设置。

图 4-77　网格局部单元细化

提示:尺寸控制和细化控制的区别如下:

(1)尺寸控制在划分前先给出单元的平均单元长度。通常来说,在定义的几何体上可以产生一致的网格,网格过渡平滑。

(2)细化是打破原来的网格划分。如果原来的网格不一致,细化后的网格也不一致。尽管对单元的过渡进行平滑处理,但是细化仍然导致不平滑的过渡。

(3)在同一个表面进行尺寸和细化定义。在网格初始划分时,首先应有尺寸控制,然后再进行第二步的细化。

4.4.4　面网格映射控制及例子 5

本节帮助路径:help/wb_msh/ds_mapped_face_meshing.html。

1.映射面网格

映射面网格划分 Mapped Face Meshing 允许在面上生成结构网格。对内圆柱面进行映射网格划分可以得到很一致的网格,如图 4-78 所示。这样对计算求解有益。如果因为某些原因不能进行映射面网格划分,网格划分仍将继续,导航树上会出现相应的标志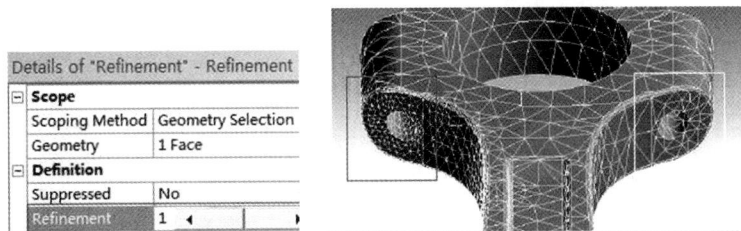。

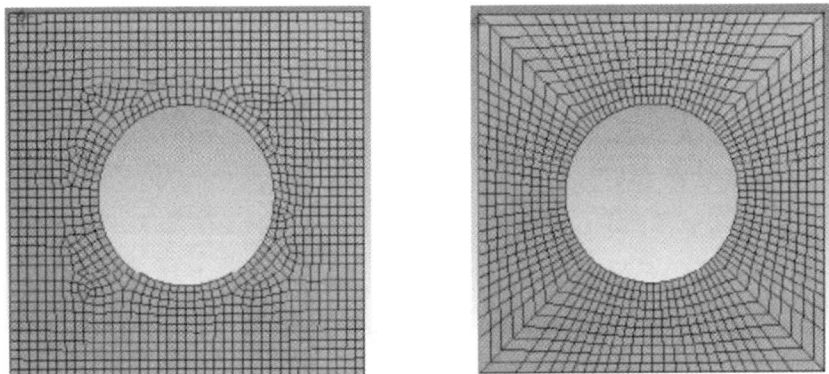

图 4-78　映射面网格无/有的区别

如果选择的映射面划分的面是由两个回线定义的,就要激活径向的分割数,即从内环指向外环的径向穿过环形区域的分割数。如图 4-79 所示,这用来产生多层单元穿过薄环面。

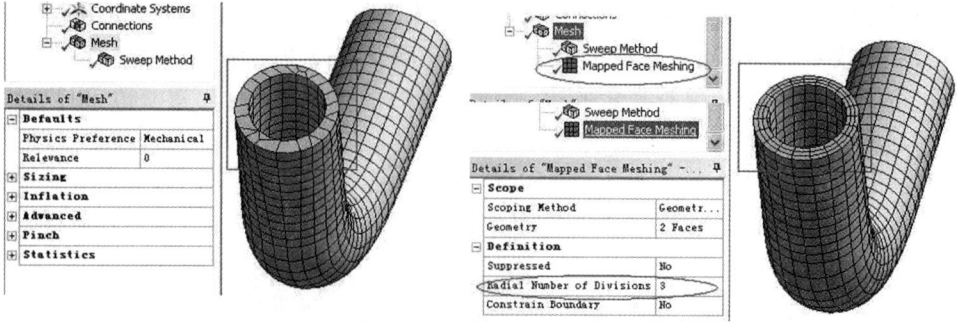

图 4-79　映射面网格划分

步骤如下：

(1)在导航树选择 Mesh 或者 Mesh 下任意一个分支，右击鼠标弹出快捷菜单。

(2)选择其中的 Show→Mappable Faces，图形工作区中所有可以映射的表面都高亮显示。

(3)在导航树选择 Mesh 或者 Mesh 下任意一个分支，右击鼠标弹出快捷菜单。

(4)选择其中的 Insert→Mapped Face Meshing，在细节窗口中 Geometry 显示了被选中的面的数量。

2. 第 4 章例子 5

目的：第 4 章例子 5，使用扫掠网格的映射面划分，设定薄环厚度上的径向份数。在源面和目标面的边上也设置了边尺寸，有助于生成高质量的网格。相关文件见光盘 chapter 4/example 4.5。

(1)从文件夹将 elbow.agdb 文件复制进工作目录。启动 Workbench，双击 Component Systems 面板的 Mesh 项。于是在工程流程图中建立 Mesh。

(2)右击工程流程图中 Mesh 项中 A2 Geometry，并选择 Import Geometry/Browse，浏览 elbow.agdb 文件并点击 Open。

(3)双击工程流程图中 A3 Mesh 项，打开 Mesh 新窗口。设置 Units→Metric(mm, kg, N, s, mV, mA)。

(4)右击 Mesh 在快捷菜单选择 Insert→Method 来插入一个方法。

(5)设置 Method 的 Geometry 为整个实体，并设置 Method 为 Sweep。设置 Src/Trg Selection 为 Manual Source，并选择如图 4-80 所示的一个圆环面为源面。

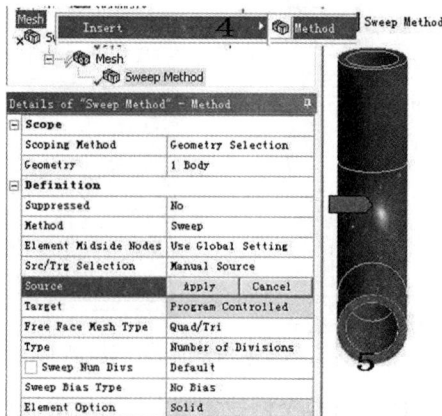

图 4-80　插入 Sweep Method

（6）在 Mesh 设置中，将 Physics 设置为 CFD，Solver Preference 设置为 Fluent。将 Statistics 下的 Mesh Metric 设置为 Skewness，如图 4-81 所示。

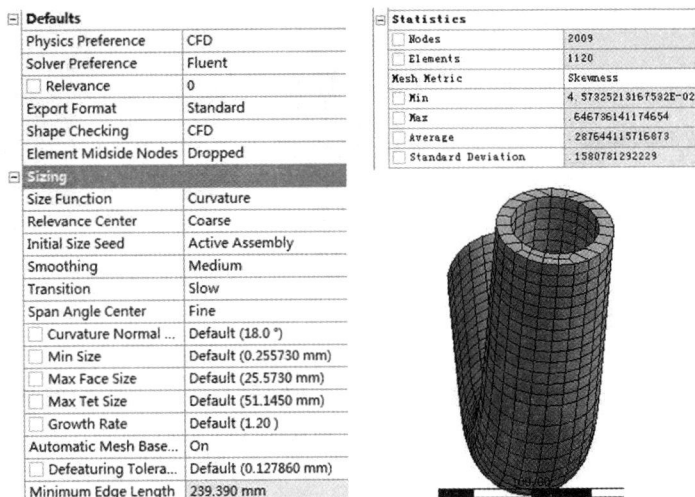

图 4-81　Mesh 整体的细节窗口和网格质量

（7）点击 Update 生成网格，注意这里环厚度方向大多只有一个单元，而 Skewness 相对较高。

（8）因为源面有内部圈和外部圈，增加 Mapped Face Meshing 将可以指定径向份数。右击 Mesh 插入 Face Meshing。拾取扫掠的源面并设置 Radial Number of Divisions 为 3，如图 4-82(a)所示。

（9）生成网格。注意这里环厚度方向有 3 个单元，但是从源面到目标面扫掠的网格有点扭曲。对这样一个简单的几何偏斜仍然相当高，如图 4-82(b)所示。

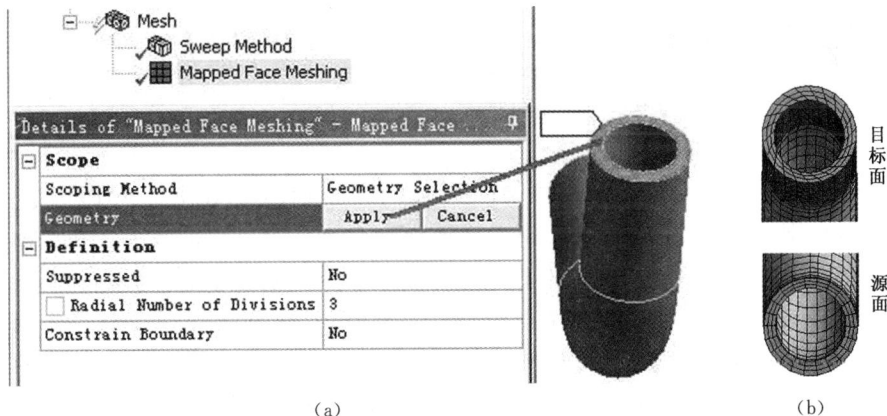

(a)　　　　　　　　　　　　　　　　　　(b)

图 4-82　增加映射面划分

（10）右击 Mesh 插入 Sizing。对源面和目标面的四条边定义一致的边尺寸以改进网格质量。

（11）拾取源面和目标面的四条边，设置 Type 为 Number of Divisions，并设置 Number of Divisions 为 20。Behavior 设为 Hard，如图 4-83 所示。

（12）重新生成网格。注意网格质量统计表中的改进。

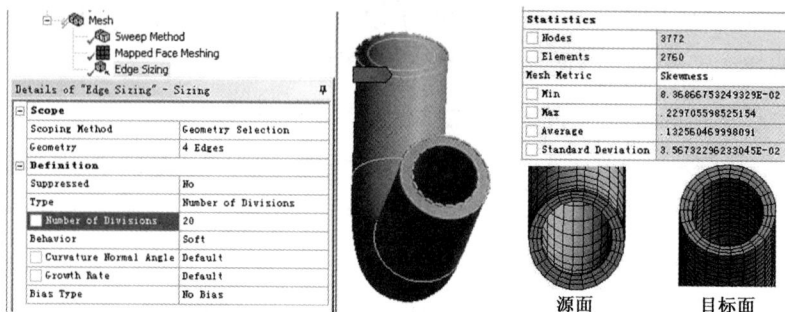

图 4-83　添加边的尺寸

4.4.5　匹配网格划分及例子 6

本节帮助路径:help/wb_msh/ds_Match_Face_Mesh. html。

匹配网格 Match Control 用于在对称体上划分一致的网格。匹配网格支持 3D 实体网格的 Sweep、Patch Conforming 方法,以及 2D 面体网格的 Quad Dominant、All Triangles 方法。

1.细节窗口(见图 4-84)

(1)High Geometry Selection 高几何体,在图形区蓝色显示。

Low Geometry Selection 低几何体,在图形区红色显示。

可以选择同一个实体的表面或者边。

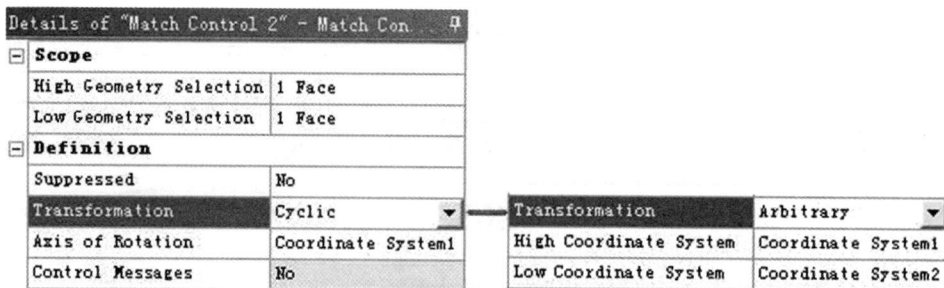

图 4-84　匹配网格的细节窗口

(2)Transformation 转换方式:有两种选项:①Cyclic 旋转,②Arbitrary 任意。

(3)Axis of Rotation 旋转轴:当转换方式选择为 Cyclic 时出现的选项。在后面的下拉栏中选择事先建立的坐标系,其中的 Z 轴作为高几何体转换到低几何体的旋转轴。

(4)High Coordinate System 高坐标系,Low Coordinate System 低坐标系。当转换方式选择为 Arbitrary 时出现的选项。在后面的下拉栏中选择事先建立的坐标系,注意两个坐标系一定要分别与两个几何体对应。表明当高坐标系转换到低坐标系时,高几何体能够与低几何体完全吻合。

2.注意事项

(1)薄壳体、2D 面体、3D 实体可以使用边匹配,3D 实体可以使用面匹配,匹配网格不能应用在多个部件上。

(2)用户所选的两个表面、两个边必须有相同的拓扑和几何,即,经过旋转或平移,两者可以完全重合。

(3)定义 Match Control 时要十分小心。有时候模型中的边、表面看起来很像,但实际上两者经常无法匹配,所以匹配网格划分失败。

(4)一个实体上定义多个匹配控制有可能造成冲突。例如两个表面分别定义了两个不同的匹配控制,但两个表面共享的边上会造成冲突,最终出错。

(5)一个匹配控制只能定义在一对表面上,而不能定义在多对表面上。不能把多个匹配控制定义在一对表面上。

(6)网格匹配不能同时使用 Refinement 方法。

(7)不论 High Geometry Selection 或 Low Geometry Selection 打开了 Advanced Size Function,那么高级尺寸能够在两个对象上都起作用。

(8)在一对面上定义的匹配控制能够添加 Pre Inflation 前膨胀,但在一对边上定义的膨胀不支持前膨胀。另外两种情况都不支持后膨胀。

(9)在一对面上定义的匹配控制不支持在 2D 表面上进行 Quad Dominant 划分。

(10)如果某个拓扑结构上已经添加了 Pinch,Mesh Connection,或者 Symmetry 控制,那么就不能使用 Match Control。

(11)Match Control 可以使用薄壳扫掠。

3. 第 4 章例子 6

第 4 章例子 6,建立 3D 模型,演示匹配网划分的步骤。相关文件见光盘 chapter 4/example 4.6。

(1)启动 Workbench,双击 Toolbox→Component Systems 面板的 Mesh 项。于是在工程流程图中建立 Mesh(见图 4-85)。

(2)双击工程流程图中 Mesh 中 A2 项 Geometry,打开 DesignModeler 界面。

(3)在 DesignModeler 界面,单击 Select desired length unit 窗口下 Millimeter 前面的圆点,最后单击 OK 键关闭此窗口。

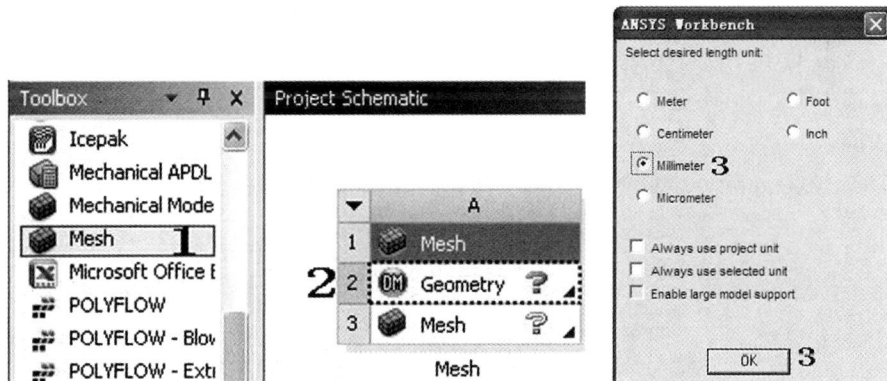

图 4-85　建立 Mesh

(4)选择导航树的 XYPlane,然后在坐标系工具条点击 New Plane,如图 4-86 所示。

(5)最后单击 Generate,这样基于 XY 平面建立新平面 Plane4,如图 4-86 所示。

(6)导航树选择 Plane4,单击坐标系工具条的 New Sketch,这样在导航树建立新草图 Sketch1,如图 4-86 所示。

(7)点击视图工具条的 Look At,图形工作区将变化到正视 Sketch1 的状态,如图 4-86 所示。

(8)单击模式工具条的 Sketching 进入草图模式,如图 4-86 所示。

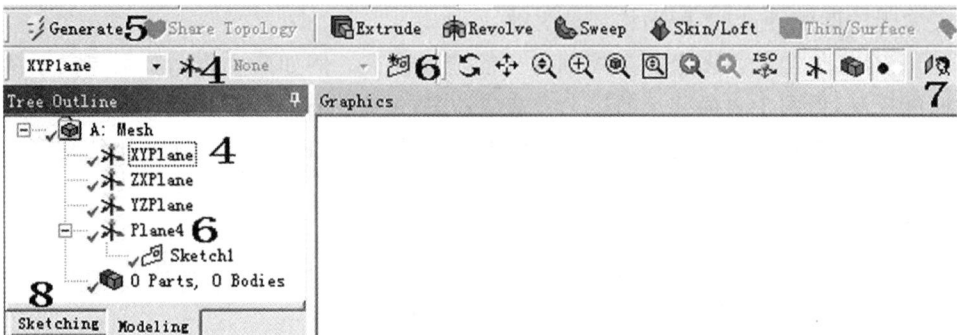

图 4-86　建立平面草图

(9)点击 Draw→Circle,然后在图形区画一个圆,如图 4-87 所示。

(10)点击 Draw→Line,然后从圆心开始画一条水平线(显示 H 时单击鼠标)和一条垂直线(显示 V 时单击鼠标),如图 4-87 所示。

(11)点击 Modify→Trim,然后修剪掉部分圆弧和线,最后形成如图 4-87 所示的图形。

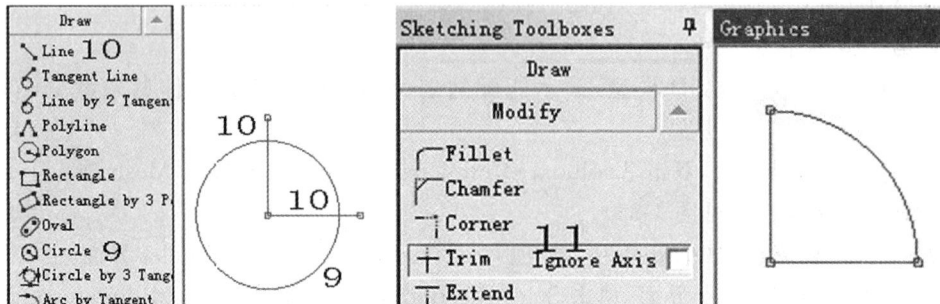

图 4-87　绘制圆弧三角形

(12)点击 Modeling 标签回到建模模式。

(13)点击工具条的 Extrude,程序自动在导航树添加 Extrude 分支。

(14)选中 Extrude1 分支,在细节窗口 Base Object＝Sketch1,FD1,Depth＝10mm,其余采用默认值。

(15)点击 Generate,生成如图的 3D 几何体,如图 4-88 所示。

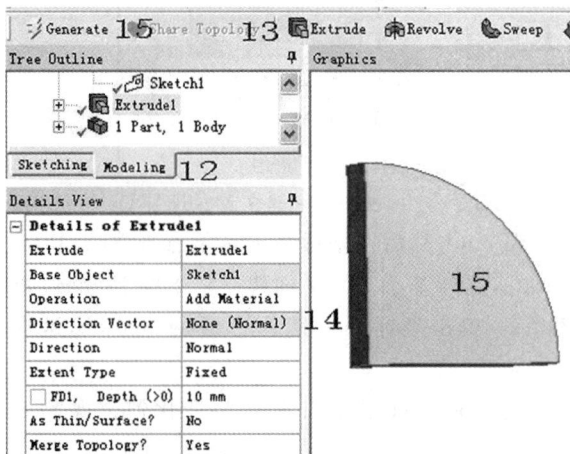

图 4-88　生成 3D 几何体

下面建立两侧矩形面的匹配网格。

(16)回到 Workbench 主界面,双击 Mesh 的 A3 项 Mesh,进入 Meshing[ANSYS ICEM CFD]界面。

(17)点击坐标系工具栏的 Create Coordinate System,自动在导航树建立新的坐标系 Coordinate System,如图 4-89 所示。

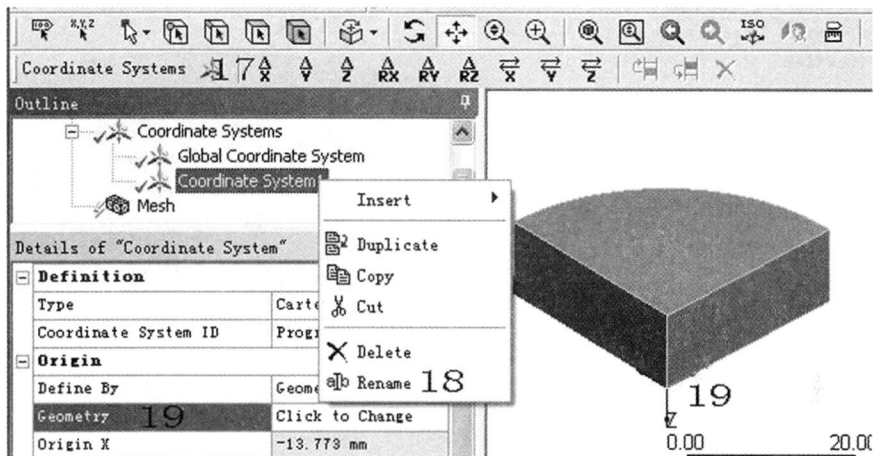

图 4-89　建立新坐标系

(18)选择刚刚建立的坐标系,右击鼠标选择 Rename,将其修改为 Coordinate System1。

(19)选择 Coordinate System1,在细节窗口中选择 Geometry,然后选中图形区的下底面的圆心,并点击 Geometry 的 Apply。这样把新坐标系的原点放置在圆心。

(20)选择导航树的 Mesh,再点击 Mesh 工具条的 Size,自动在导航树建立 Edge Sizing 分支(见图 4-90)。

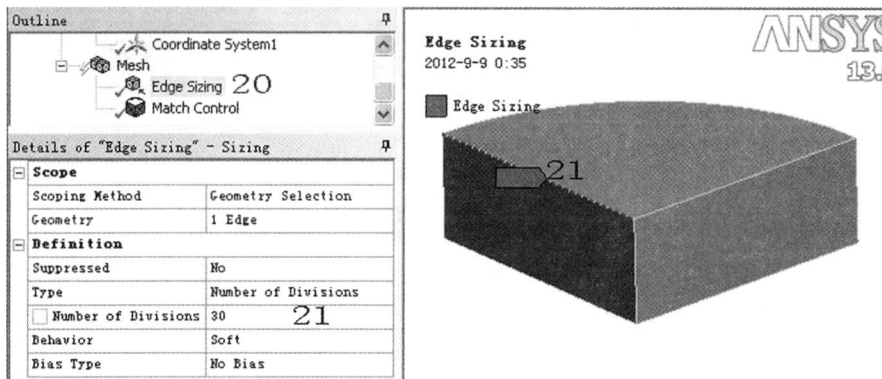

图 4-90　建立 Edge Sizing

(21)选择 Sizing,选择图形区的一条半径,点击 Sizing→Geometry→Apply。Type 选择为 Number of Divisions,并在下面的文本框输入 30。

(22)选择导航树的 Mesh,再点击 Mesh 工具条的 Match Control,自动在导航树建立 Match Control,如图 4-91 所示。

(23)在 Match Control 的细节窗口,High Geometry Selection 和 Low Geometry Selection 分别选择一个矩形侧面。Axis of Rotation 选择刚刚建立的坐标系。

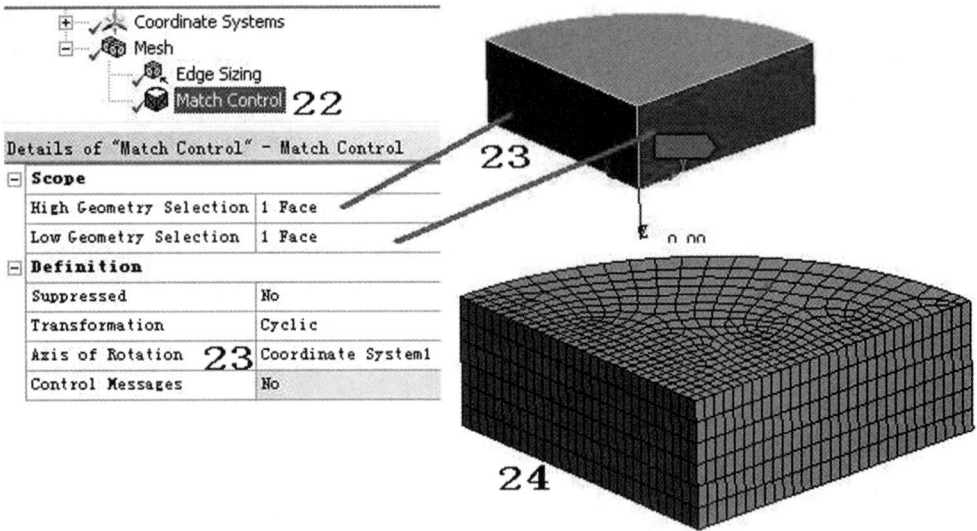

图 4-91　建立 Match Control

（24）单击 Update，生成网格，虽然只有一条半径定义了 Edge Sizing，但由于 Match Control，映射到 Low Geometry 上的对应半径上。

下面建立以下圆弧面为 High Geometry，上圆弧面为 Low Geometry，将两者匹配的网格（见图 4-92）。

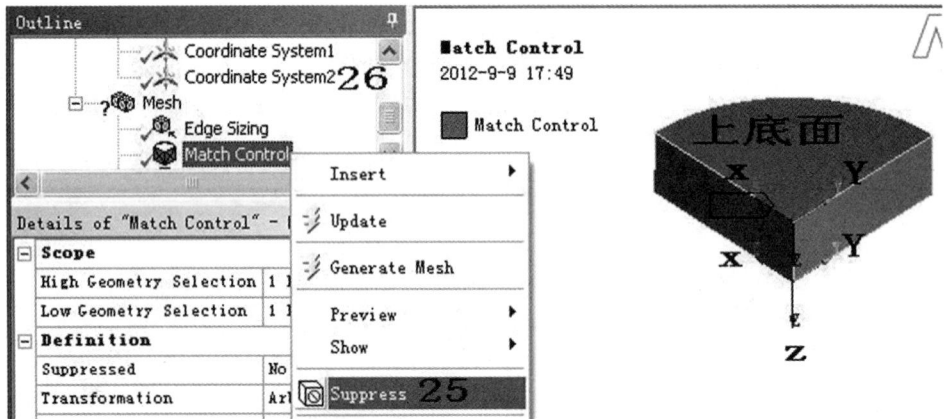

图 4-92　建立 Coordinate System2

（25）在导航树选择 Match Control，单击右键选择 Suppress，将第一个 Match Control 抑制，这是为了防止两种匹配网格产生冲突。

（26）类似于（17）（18）（19），基于上底面的圆心建立坐标系 Coordinate System2。

（27）类似于（22），建立 Match Control2。

（28）在 Match Control2 细节窗口中，High Geometry Selection 选择下底面，Low Geometry Selection 选择上底面，Transformation 选择 Arbitrary，High Coordinate System 选择 Coordinate System1，Low Coordinate System 选择 Coordinate System2，如图 4-93 所示。注意几何体和坐标系一定要对应。

（29）单击 Update，生成网格。

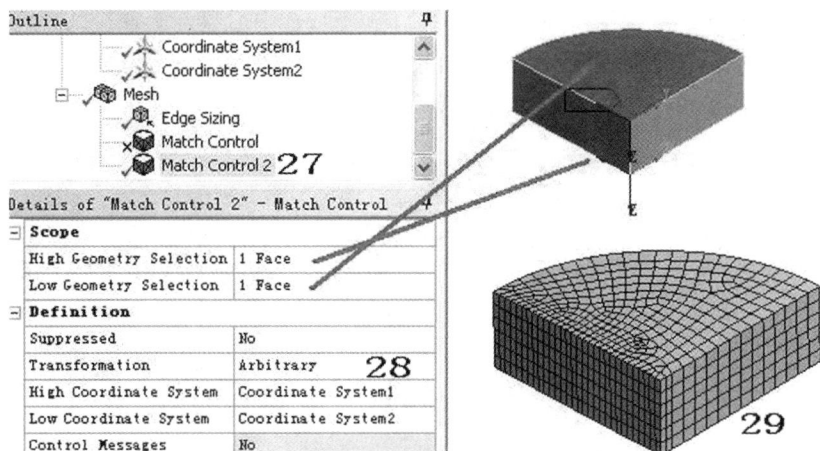

图 4-93　生成上、下两个底面的匹配网格

4.4.6　**网格修剪控制** Pinch

本节帮助路径：help/wb_msh/ds_Pinch.html。

Pinch Control 可以让用户清除网格中的小特征(例如小边、狭窄区域)对应的网格，用以防止这些特征导致质量差的单元，最终得到更好质量的网格。如图 4-94(a)所示，6 个区域属于小特征，且不是重点关注的几何位置，图 4-94(b)显示它们的网格很小很碎，必须将其清除，最终形成如图 4-94(c)所示的网格。

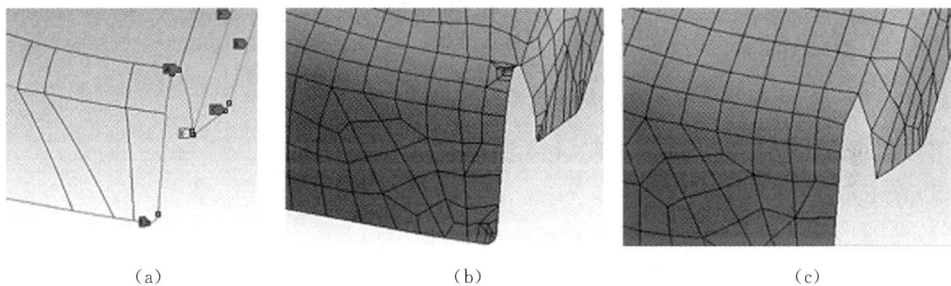

图 4-94　Pinch **示例**

图 4-95(a)所示为某实体表面上带印记面，自动网格划分后如图 4-95(b)所示。图 4-96(a)所示为 Pinch 细节窗口，解释如下。点击 Generate 后网格如图 4-96(b)所示，可见小圆附近的网格被清除。

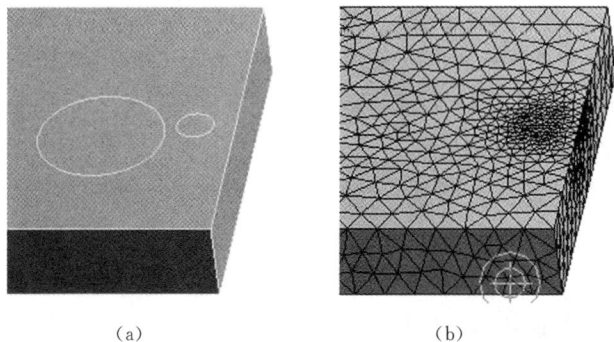

图 4-95　带印记面的实体的网格

（1）Master：Master 是指保留原有网格的几何模型，选中后显示为蓝色。

（2）Slave：Slaver 是要改变网格的几何体，它朝 Master 方向移动靠拢，选中后显示为红色。

（3）Tolerance：收缩容差要小于局部最小尺寸。

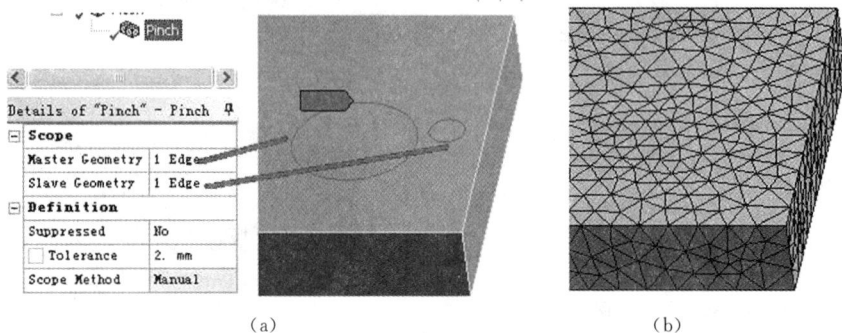

图 4-96　Pinch 的细节窗口及示例

用户既可以自动生成 Pinch Control，（右击导航树的 Mesh 选择），如图 4-97 所示。

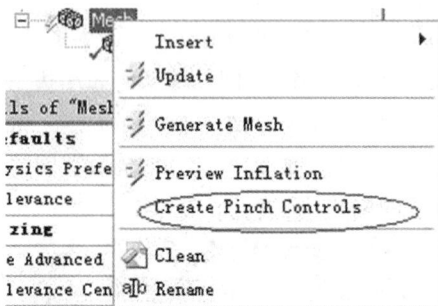

图 4-97　自动建立 Pinch Control

用户还可以手动建立 Pinch 控制，过程如下：

（1）点击 Mesh，右击鼠标 Insert→Pinch。

（2）在图形区选择一个或者多个表面，一个或多个边，一个或者多个点，然后单击细节窗口的 Master Geometry 作为 Master。

（3）在图形区选择一个或多个边，一个或者多个点，然后单击细节窗口的 Master Geometry 作为 Slaver。注意表面不能作为 Slaver。

注意：

（1）Pinch 控制只对顶点和边的网格起作用，面和体对应的网格不能清除。

（2）下列网格方法支持 Pinch 控制：

1）3D 实体网格方法中的：Patch Conforming Tetrahedrons，Thin Solid Sweeps，Hex Dominant。

2）2D 面体网格方法中的：Quad Dominant Surface Meshing，Triangles Surface。

4.4.7　网格膨胀控制 Inflation

本节帮助路径：help/wb_msh/ds_Inflation.html。

膨胀层网格沿着边界的法向拉伸来提供网格精度，用于解决 CFD 流体分析中的黏性边界层，electromagnetic 电磁分析中的薄层空气隙，解决结构分析中的应力高度集中区域。典型的 CFD 中，由三角形和四边形面网格作为边界网格 Boundary，再将边界网格进行边界法向的拉伸，来形成的用户所需的膨胀层。细节窗口提供多种选项控制膨胀层的增长以及网格质量。

膨胀层是在用其他方法建立了网格后的基础上才做的网格细节处理,详细的例子见第 4.3.2 节"碎片均匀 Patch Conforming"以及第 4.3.4 节"扫掠划分 Sweep"。

根据原来的实体是 3D 还是 2D,能支持膨胀的网格方法分别有:如下的 3D 实体网格方法支持膨胀:①Volume Meshing;②Patch Conforming;③Patch Independent;④Sweep,并且 Src/Trg Selection 选项必须设置为 Manual Source, Manual Source and Target;⑤MultiZone;⑥CutCell。注意六面体主导的网格不能应用膨胀层。如下的 2D 面体网格方法支持膨胀:①Quad Dominant;②All Triangles。

1.膨胀的细节窗口

膨胀的细节窗口如图 4-98 所示。

(1)Active,膨胀网格的活动状态。下列两种情况时出现 Active。

当 Suppressed 设为 Yes,且 Active 后面的框中显示"No,Suppressed。"

当在不合适的网格方法上建立膨胀时,且 Active 后面的框中显示"No, Invalid Method",如图 4-98 所示。

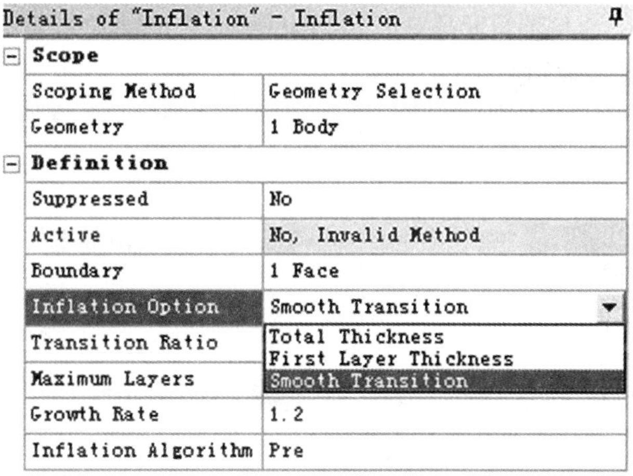

图 4-98　膨胀层的细节窗口

(2)Boundary Scoping Method,设定膨胀边界,有两种方法:

Geometry Selection 几何选择,在图形区选择几何体,再在 Boundary 单击 Apply。

Named Selection 命名选择,在 Boundary 的下拉框中选择已经定义好的命名,再单击 Enter。

(3)Inflation Option,共有 5 种选项。

1)Total Thickness:总厚度。如图 4-99 所示,选择 Total Thickness 后,下面还有 3 个选项共同起作用,Number of Layers 层数、Growth Rate 增长率、Maximum Thickness 最大厚度。

用户选择此膨胀选项后,程序使用层数和增长率,并保证所有膨胀层的总厚度等于最大厚度。

2)First Layer Thickness:第一层厚度。如图 4-99 所示,选择 First Layer Thickness 后,下面还有 3 个选项共同起作用,First Layer Height 第一层厚度、Maximum Layers 总层数、

181

Growth Rate 增长率。

用户选择此膨胀选项后,程序根据以上 3 个参数创建膨胀层,并保证第一层(从膨胀边界起算)所有网格的厚度不超过 First Layer Height。

3)Smooth Transition:平滑过渡,默认选项。如图 4-99 所示,选择 Smooth Transition 后,下面还有 3 个选项共同起作用,Transition Ratio 过渡比、Maximum Layers 总层数、Growth Rate 增长率。

用户选择此膨胀选项后,程序使用当地的四面体单元尺寸,来计算每个当地的初始高度和总高度,以达到平滑的体积变化比。这意味着对一均匀网格,初始高度大致相同,当然对于变化剧烈的网格,初始高度也是不同的。

增加 Growth Rate,会导致整个膨胀层的总厚度减小。

Transition Ratio 过渡比:是指膨胀层最后单元层和四面体区域第一单元层间的体尺寸改变。当求解器设置为 CFX 时,默认的 Transition Ratio 是 0.77。对其他物理选项,包括 Solver Preference 设置为 Fluent 的 CFD,默认值是 0.272。

另外,因为 Fluent 求解器是以单元为中心的,其网格单元等于求解器单元,而 CFX 求解器是以顶点为中心的,求解器单元是双重节点网格构造的,因此会发生不同的处理。

Inflation Option	Total Thickness		Inflation Option	First Layer Thickness
Number of Layers	8		First Layer Height	1. mm
Growth Rate	1.2		Maximum Layers	8
Maximum Thickness	10. mm		Growth Rate	1.2

Inflation Option	Smooth Transition		Inflation Option	First Aspect Ratio
Transition Ratio	Default (0.272)		First Aspect Ratio	5
Maximum Layers	8		Maximum Layers	8
Growth Rate	1.2		Growth Rate	1.2

Inflation Option	Last Aspect Ratio
First Layer Height	1. mm
Maximum Layers	8
Aspect Ratio (Base/Height)	3

图 4-99 膨胀厚度的选项

4)First Aspect Ratio:第一层的纵横比。如图 4-99 所示,选择 First Aspect Ratio 后,下面还有 3 个选项共同起作用,First Aspect Ratio 第一层的纵横比、Maximum Layers 总层数、Growth Rate 增长率。

First Aspect Ratio 是指第一层(从膨胀边界起算)当地的膨胀基尺寸与第一膨胀层的厚度之比。用户必须输入大于 0 的数值,默认是 5。

当 Inflation Option 选择为 First Aspect Ratio,Inflation Algorithm 不能使用 Post。

5)Last Aspect Ratio:最后一层的纵横比。如图 4-99 所示,选择 Last Aspect Ratio 后,下面还有 3 个选项共同起作用,First Layer Height 第一层的厚度、Maximum Layers 总层数、Aspect Ratio(Base/Height)纵横比。

Aspect Ratio(Base/Height)是指当地的基尺寸与膨胀层的高度之比,用户可以输入 0.5~20 之间的数值。如果求解器是 CFX,默认是 1.5。如果求解器 Fluent 或者 POLYFLOW,默认是 3。

用户选择此膨胀选项后,程序使用 First Layer Height 确定第一膨胀层的高度。使用当地网格的基尺寸,再加上 Aspect Ratio(Base/Height),就可以计算每一层的高度。

当 Inflation Option 选择为 Last Aspect Ratio,Inflation Algorithm 不能使用 Post。

(4)Inflation Algorithm 膨胀算法。根据所选用的网格方法的不同,Inflation Algorithm 决定采用哪种算法,选项有 Pre 和 Post 两种。

1)Pre:前处理。首先表面网格膨胀,然后生成剩余的体网格。这是所有物理类型的默认设置。注意以下 3 点:

· 如果要使用快捷菜单中的 Preview→Inflation,Inflation Algorithm 必须设定为 Pre。

· 如果 Inflation Option 设定为 First Aspect Ratio,Last Aspect Ratio,则 Inflation Algorithm 必须设定为 Pre,且是只读。

· 邻近面不能设置不同的层数。如果设置了不同层数,最终以最小的层数起作用。

2)Post:后处理。用户在 Inflation Algorithm 选择了 Post,那么在生成四面体网格后再进行表面网格膨胀,好处是移动膨胀选项发生了变化,不用重新生成四面体网格。注意:

· 多体部件如果有同时使用四面体和非四面体网格划分方法,那么不能使用 Post 的膨胀算法。如果想使用 Post 的膨胀算法,同一个部件上的所有实体都必须用四面体的划分方法。

· 如果 Inflation Option 使用了 First Aspect Ratio 或者 Last Aspect Ratio,那么不能使用 Post 算法。

2. 使用膨胀的步骤

用户可以在前面网格划分的基础上添加膨胀,或者使用单独的膨胀控制。

(1)在前面网格划分的基础上添加膨胀。添加膨胀的步骤如下:

1)在导航树的 Mesh 下建立一个 Mesh 方法(并且只能用上述所列举的其中一种方法),完成细节窗口的设置。

2)选中该 Mesh 方法,并右击鼠标,在下拉菜单选择 Inflate This Method。

3)选中刚刚建立的膨胀网格方法,

4)保持 Suppressed 选项为 No(默认是 No),表示本网格方法不进行抑制。如果设为 Yes,那么次膨胀网格被抑制,不起作用。

(2)单独的膨胀控制。膨胀层的 Geometry 可以选择为面或者体,与此相对应,边界 Boundary 使用相应的边或者面。

1)在图形区选择实体或者表面。

2)单击网格工具条的 Mesh Control→Inflation,从而在导航树建立 Inflation,或者右击鼠标在快捷菜单选择 Insert→Inflation。

3)Boundary Scoping Method 选择 Geometry Selection,然后在图形区选择合适的边或者面,最后单击 Apply。

4)设定 Inflation 的参数。

4.5 其 他 工 具

4.5.1 **虚拟拓扑工具** Virtual Topology

本节帮助路径：help/wb_msh/msh_virtual_topology.html。

1.虚拟拓扑

• Topology 拓扑的定义：拓扑是指 CAD 模型的连接性，即点连接到边，边连接到面，面连接到体，其中每一项都称为拓扑单元。

• Geometry 几何结构的定义：CAD 模型的几何结构就是拓扑单元的数学定义。

"Virtual Topology"不存在 Mesh 分支中，但可以在"Model"右击鼠标弹出的快捷菜单中找到，如图 4-100 所示。或者左键选择"Model"后，在自动出现"model"工具条中包括了"Virtual Topology"。

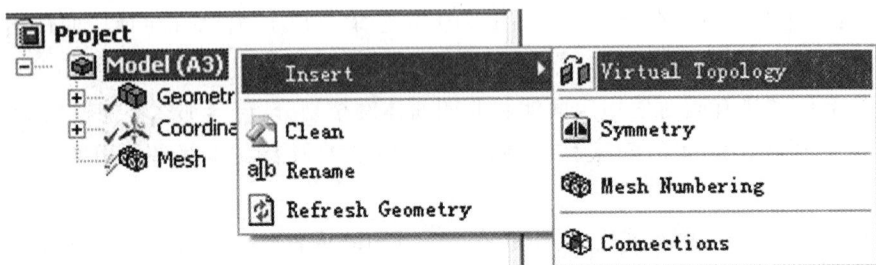

图 4-100 建立虚拟拓扑工具

虚拟拓扑 Virtual Topology 的细节窗口如图 4-101 所示。

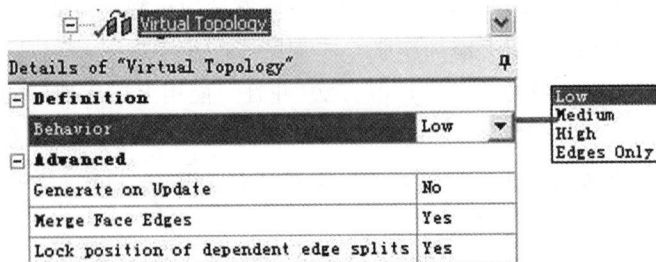

图 4-101 虚拟拓扑的细节窗口

(1)注意 Behavior 设为 Low。自动使用"Low"合并策略创建虚拟单元。"Medium"和"High"策略可能导致更多面合并成虚拟单元。Edges Only 只合并边，这是很保守的 Behavior。

(2)Generate on Update：默认 No，在用户选择 Update Geometry 后，导航树的 Virtual Topology 下所有自动生成的 Virtual Cell 对象，保持不变，除非模型拓扑结构发生了大的改变。虚拟单元上的载荷也不需要重新加载。如果设为 Yes，在用户选择 Update Geometry 后，Virtual Topology 下所有自动生成的 Virtual Cell 对象全部删除，再根据新的几何模型重新生成 Virtual Cell。而且添加在几何模型 Virtual Cell 上的载荷也必须重新加载。

(3)Merge Face Edges：默认 Yes。只有在手动生成虚拟表面的过程中才有该选项。设为 Yes，在生成虚拟表面的同时，也把虚拟表面的边界进行合并，从而生成虚拟边。如果设为 No，只生成虚拟表面。

（4）Lock Position of Dependent Edge Splits：见下面"2 虚拟拓扑的工具条"。

2. 虚拟拓扑的工具条

选中导航树的 Virtual Topology，在工具条区域出现虚拟拓扑的工具条，如图 4-102 所示，共有 3 个按钮，后两个非常类似，因此合并在一起讲解。

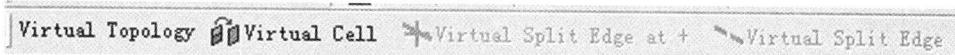

图 4-102　虚拟拓扑的工具条

（1）Virtual Cell。先选择多个相邻的面，再单击 Virtual Topology 工具条的"Virtual Cells"，这样虚拟单元可以把小面缝合成一个大的面，就是把一组相邻的面作为一个单独的面来发挥作用。属于虚拟单元原始面上的内部线不再影响网格划分。对于其他操作，如施加载荷和约束，一个虚拟子块可以被认为是一个单个的实体，即用虚拟单元代替，如图 4-103 所示。

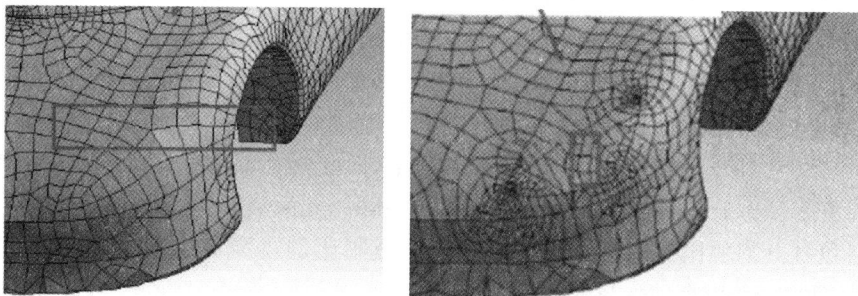

图 4-103　虚拟拓扑网格

Virtual Cell 的细节窗口以图 4-104（a）为例。Project to Underlying Geometry 含义为是否将虚拟单元投影到下方的几何体，默认是 Yes。如果设为 Yes，会增加仿真计算的花费。

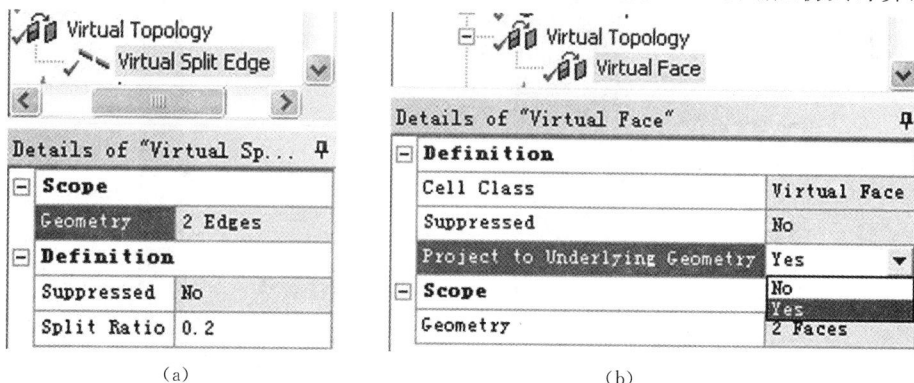

（a）　　　　　　　　　　　　　　　（b）

图 4-104　虚拟表面和虚拟边分割的细节窗口

注意：

1）虚拟单元只是在 Mechanical 应用程序或者 Meshing 应用程序中，把拷贝后的几何模型修改了拓扑，对原始的 CAD 模型没有影响，不会改变原始模型的拓扑。

2）Virtual Cell 作为一个独立对象，已有的 Virtual Cell 可以用来生成新的 Virtual Cell。

3）虚拟拓扑 Virtual Topology 虚拟单元通常用于删除小特征，从而在特定的面上减小单元密度，或删除有问题几何体，例如长缝或者小面，从而避免网格划分失败。Virtual Cell 虚拟单元就是把多个相邻的面定义为一个面。但是，要提示虚拟单元改变了原有的拓扑模型,因此内部的特征上如果有加载、支撑、求解等将不再被考虑。

(2)Virtual Split Edge at 和 Virtual Split Edge。在对模型进行网格划分之前,有时候需要用一个点将一条边虚拟分割成两段。例如,在矩形表面中,一侧的单条边与另一侧的两条边相对应,那么将单条边虚拟成两条边,使得矩形表面上的网格划分很均匀对称。

步骤如下:

1)在过滤工具条把选择工具设为 Edge。

2)在图形工作区选择需要虚拟分割的边,这条边既可以是真实的边,也可以是前面已经定义好的虚拟边。

3)如果要在光标单击此条边的位置进行虚拟分割,单击 Virtual Topology 工具条的"Virtual Split Edge at";如果要在细节窗口定义分割位置,单击 Virtual Topology 工具条的"Virtual Split Edge",如图 4-104(b)所示,然后在 Split Ratio 拉动滑块,或者输入 0~1 之间的合适的数值,其中 0 与 1 只能应用于封闭的线,它把封闭线分割成两段。

注意在 Virtual Topology 的细节窗口中,如图 4-101 所示,Lock position of dependent edge splits 是指当 Geometry 中所选的被分割边发生改变时,是否锁定此次分割的绝对位置。它有两种选项,解释如下:

(1)如果设为 No,此次分割的绝对位置不锁定,即此次分割的位置会改变,以满足 Split Ratio 中的数字。当 Lock position of dependent edge splits 设为 No,如图 4-105(a)为原始图,A 分割和 B 分割的比例都是 0.5。现在将 A 分割比例改为 0.1,结果如图 4-105(b)所示,B 分割位置改变,以自动保持比例为 0.5。

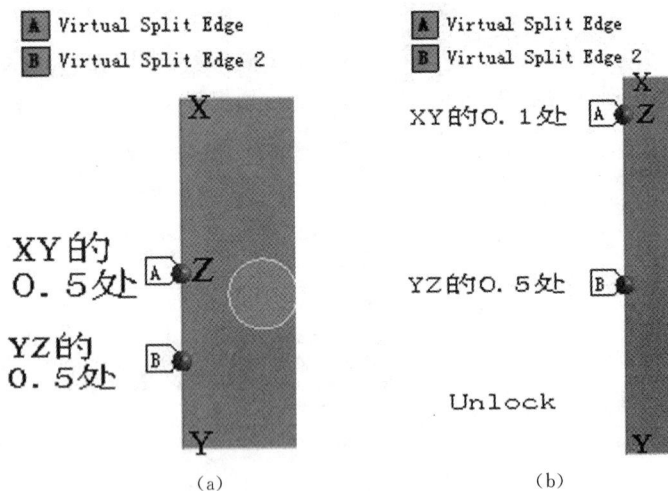

图 4-105 原始图和 A 分割比例由 0.5 变为 0.1 且 Unlock

(2)如果设为 Yes,此次分割的绝对位置锁定,但 Split Ratio 自动更正。当 Lock Position of Dependent Edge Splits 设为 Yes,在图 4-105(a)所示的基础上,将 A 分割的比例由 0.5 改为 0.1,B 分割绝对位置不变,但 B 分割比例自动变为 0.722 2,如图 4-106(a)所示。当然也有意外发生,例如在图 4-105(a)的基础上,将 A 分割的比例由 0.5 改为 0.8,如果 B 分割绝对位置锁定,它出现在 YZ 之外,所以程序自动忽略 Lock position of dependent edge splits 的设置,如图 4-106(b)所示。

(a)　　　　　　　　　　(b)

图 4-106　A 分割比例变为 0.1 和 0.8

4.5.2　2D **网格划分方法**

本节帮助路径：help/wb_msh/msh_Surf_Bod_Meth.html。

当所选的 2D 面体时，Mesh 工具条所选择的 Mesh Control→Method 的选项自动转换成二维图形可以使用的网格划分方法，见表 4-5。

表 4-5　2D 网格划分方法

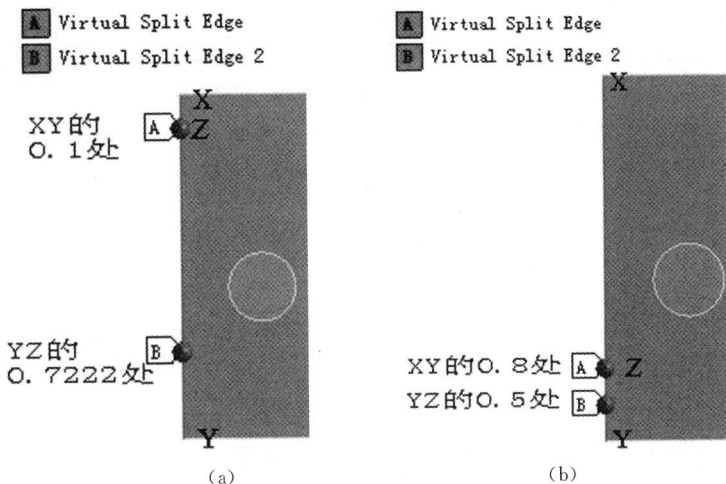

2D 网格方法
应用范围
用户选择几何体
选择一个面体
划分方法
四边形为主（默认）
三角形
均匀四边形和三角形
均匀四边形

1. Quadrilateral Dominant

四边形为主的面网格划分的细节窗口如图 4-107 所示。

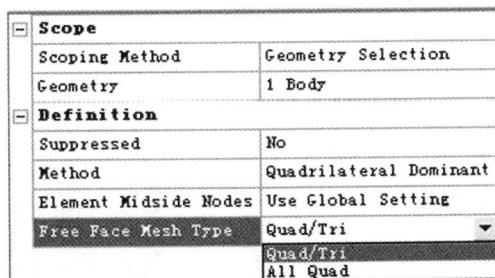

图 4-107　四边形位置的面网格划分方法

（1）Element Midside Nodes：是否保留单元中间节点。见第 4.3.1 小节"程序自动划分网格 Automatic"。

（2）Free Face Mesh Type：自由区域使用的网格类型，可选项有 Quad/Tri（四边形或者三角形),All Quad(全部四边形)。

图 4-108 为四面体为主的示例,并且在 Mesh 的整体细节窗口中,Physics Preference 设为 Mechanical,Use Advanced Size Function 设为 On:Curvature。图 4-108(a)所示为没有添加膨胀,图 4-108(b)所示为添加膨胀,图 4-108(c)所示为膨胀的细节窗口。

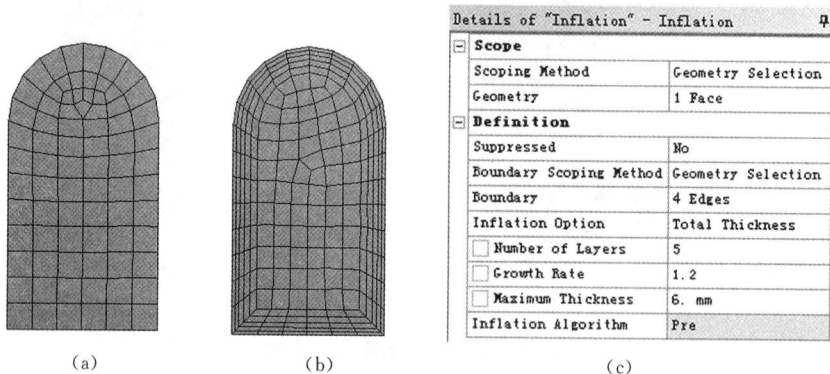

Details of "Inflation" - Inflation	
Scope	
Scoping Method	Geometry Selection
Geometry	1 Face
Definition	
Suppressed	No
Boundary Scoping Method	Geometry Selection
Boundary	4 Edges
Inflation Option	Total Thickness
Number of Layers	5
Growth Rate	1.2
Maximum Thickness	6. mm
Inflation Algorithm	Pre

(a)　　　　　(b)　　　　　(c)

图 4-108　四面体为主的面网格以及添加膨胀

2. Triangles

全部三角形的细节窗口如图 4-109(a)所示,图 4-109(b)所示为没有添加膨胀,图 4-109(c)所示为在 Triangles 的基础上添加膨胀。

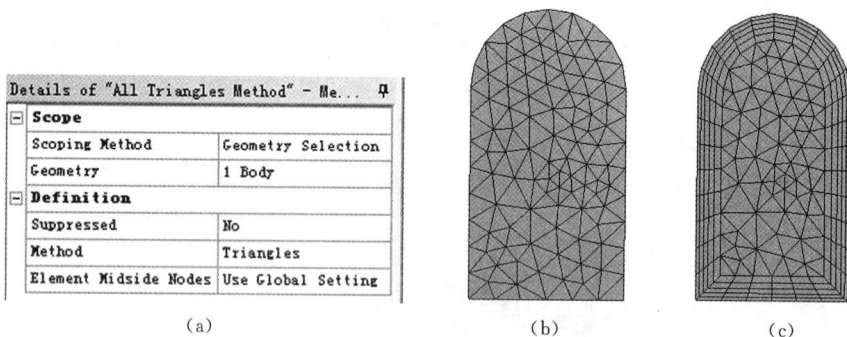

Details of "All Triangles Method" - Me...	
Scope	
Scoping Method	Geometry Selection
Geometry	1 Body
Definition	
Suppressed	No
Method	Triangles
Element Midside Nodes	Use Global Setting

(a)　　　　　(b)　　　　　(c)

图 4-109　全部三角形的面网格以及添加膨胀

3. Uniform Quad/Tri

均匀四边形/三角形的细节窗口如图 4-110 所示。该方法不支持 Mesh Connections 和 Pinch Control。

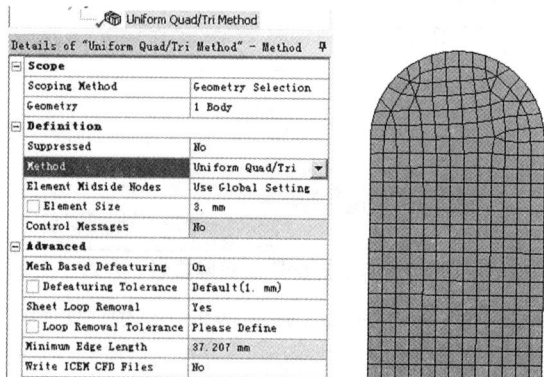

Uniform Quad/Tri Method	
Details of "Uniform Quad/Tri Method" - Method	
Scope	
Scoping Method	Geometry Selection
Geometry	1 Body
Definition	
Suppressed	No
Method	Uniform Quad/Tri
Element Midside Nodes	Use Global Setting
Element Size	3. mm
Control Messages	No
Advanced	
Mesh Based Defeaturing	On
Defeaturing Tolerance	Default(1. mm)
Sheet Loop Removal	Yes
Loop Removal Tolerance	Please Define
Minimum Edge Length	37.207 mm
Write ICEM CFD Files	No

图 4-110　均匀四边形/三角形的细节窗口和示例

(1)Element Midside Nodes：是否保留单元中间节点。见第 4.3.1 节"程序自动划分网格 Automatic"。

(2)Element Size：对 Geometry 中所选面体进行网格划分的单元尺寸。

(3)Control Message：只读框，当 Geometry 中所选面体包含 virtual topology 时，弹出报错信息。

(4)Mesh Based Defeaturing：选项有 On，Off。根据下面 Defeaturing Tolerance 中的尺寸，小于该尺寸的边，将忽略，如图 4-111 所示，左侧小尺寸的边自动忽略。默认情况下，此处的设置与导航树全局 Mesh 细节窗口的 Defeaturing→Automatic Mesh Based Defeaturing 一致。

(5)Defeaturing Tolerance：可以输入不小于 0 的数值。当输入 0（默认数值），表明与导航树全局 Mesh 细节窗口的 Defeaturing→Defeaturing Tolerance 一致。如果输入其他大于 0 的数值，将以此数值为准，它的权限大于全局的数值。推荐此处数值为 Element Size 的一半。

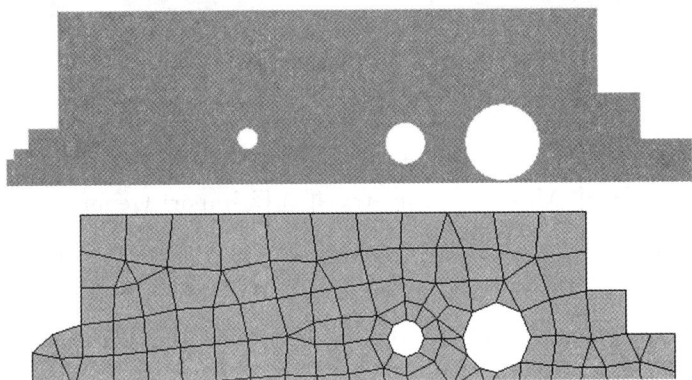

图 4-111　Mesh Based Defeaturing 和 Sheet Loop Removal

(6)Sheet Loop Removal：根据下面 Loop Removal Tolerance 的数值，将面体中的直径小于容差的小洞去除，以忽略细节而生成较好的网格，选项有 Yes，No。

(7)Loop Removal Tolerance：尺寸容差，凡是面体中小于该尺寸容差的小洞，程序将去除，如图 4-111 所示，左侧小尺寸的圆自动忽略，中间和右侧的圆因直径较大而不能忽略。用户可以输入大于 0 的数值。默认情况下，该数值等于导航树全局 Mesh 细节窗口的 Defeaturing→Loop Removal Tolerance 的数值。

(8)Minimum Edge Length：只读框，提示用户模型中的最小边的长度。

(9)Write ICEM CFD Files：是否写入 ICEM CFD 文件。见第 4.3.2 节"碎片无关 Patch Independent"。

4.Uniform Quad

均匀四边形的细节窗口与均匀四边形/三角形的完全一致，如图 4-112 所示。

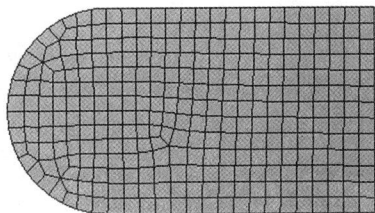

图 4-112　均匀四边形的示例

4.5.3 第 4 章例子 7

目标：第 4 章例子 7，示范对一个 2D 混合弯管生成网格，如图 4-113 所示。相关文件见光盘 chapter 4/example 4.7。混合弯管结构是通常在动力设备中遇到的 2D 形式的管系统。CFD 分析者所关心的是混合区域附近的流场和温度场。

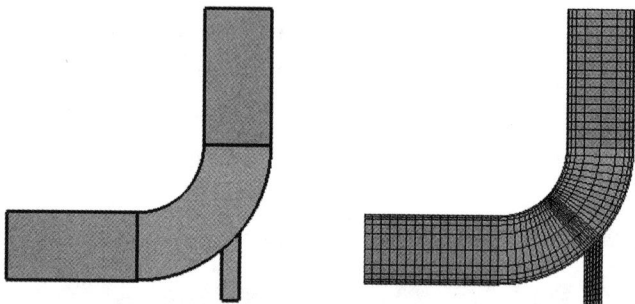

图 4-113　面体和网格

（1）从指南文件夹将 mixingelbow.agdb 文件复制进工作目录。

（2）启动 Workbench 并双击 Component Systems 面板的 Mesh 项。

（3）右击项目示图区中 Mesh 中 Geometry 并选择 Import Geometry/Browse，浏览复制的 mixingelbow.agdb 文件并点击 Open，注意这时 Geometry 有一个绿色对号标记，暗示几何已经被定义。

（4）双击 Project Schematic 区的 Mesh 对象中的 Mesh 项，打开 ANSYS 网格划分界面，选择菜单 Units→Metric(mm, kg, N, s, mV, mA)。

（5）在导航树选中两个线体，右击鼠标，选择 Suppress Body，只剩下 4 个面体。

（6）在 Mesh 细节窗口将 Physics Preference 设为 CFD。

（7）为了凸出显示 Edge，单击菜单 View→Graphics Options→Edge Coloring→Black。并且把 View→Graphics Options 的 Free，Single，Double，Triple，Multiple 都设置为 Thick，即所有的 Edge 都加粗显示。

（8）右击 Outline 中 Mesh，并选择 Insert/Sizing，将 Selection Filter 改为 Edges 并选择如图 4-114 所示粗管断面 4 条边。设置边尺寸 Type 为 Number of Divisions 并输入 10，Behavior 设为 Hard。Bias Type 设为 shrink towards the edges 且 Bias factor 为 10。

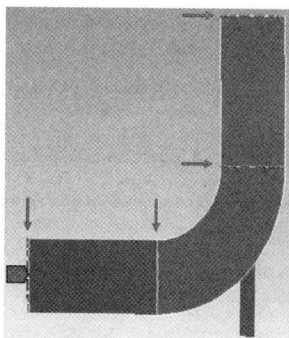

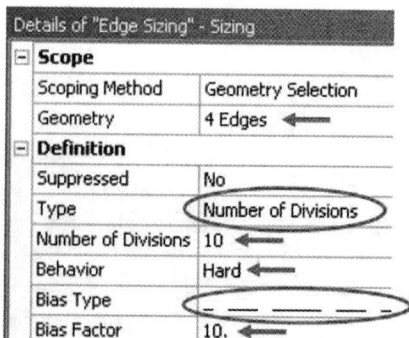

图 4-114　粗管断面 4 条边的尺寸划分

（9）选择粗管侧面四条直线边，如图 4-115 所示重复以上过程。

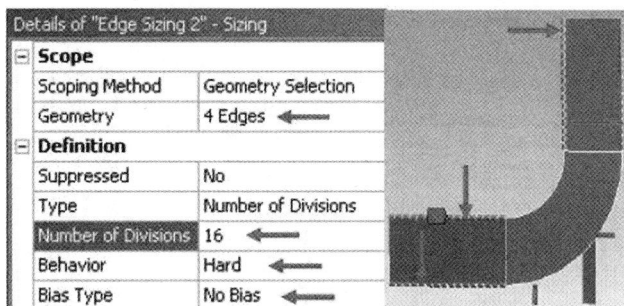

图 4-115　粗管侧面 4 条直线边的尺寸划分

（10）选择外侧圆弧 1，如图 4-116 所示重复以上过程。

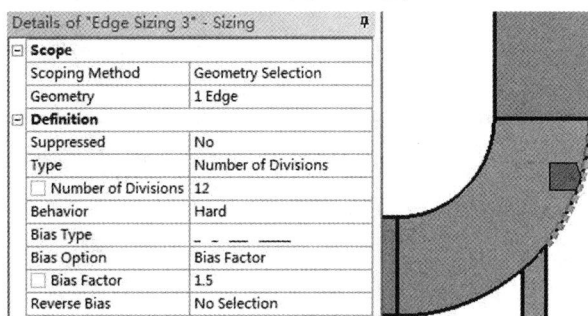

图 4-116　外侧圆弧 1 的尺寸划分

（11）选择外侧圆弧 2，如图 4-117 所示重复以上过程。

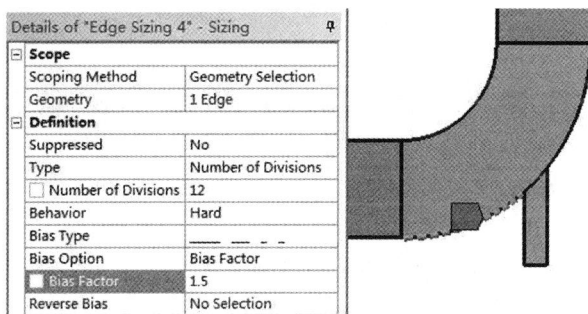

图 4-117　外侧圆弧 2 的尺寸划分

（12）选择内侧圆弧，如图 4-118 所示重复以上过程。

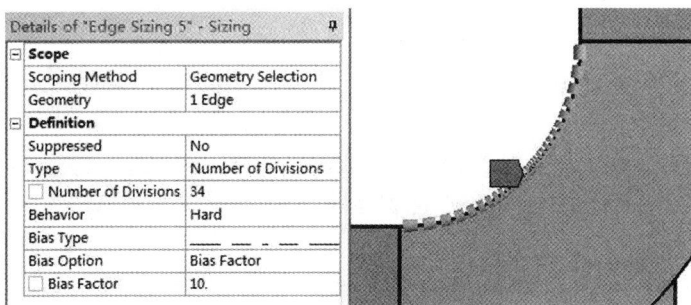

图 4-118　内侧圆弧的尺寸划分

(13)选择细管断面 2 条 Edge,如图 4-119 所示重复以上过程。

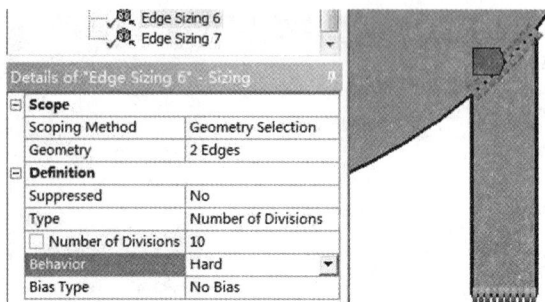

图 4-119　细管断面的尺寸划分

(14)选择细管侧面 2 条 Edge,如图 4-120 所示重复以上过程。

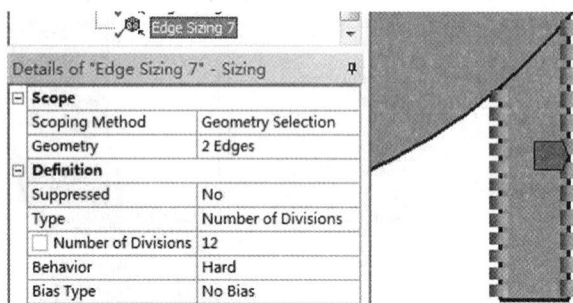

图 4-120　细管侧面的尺寸划分

(15)插入 Mapped Face Meshing。选择所有的 4 个面。

(16)生成网格,如图 4-113 所示,注意边尺寸的膨胀。

4.6　网格划分的默认选项、细节窗口及向导

4.6.1　网格的默认选项

本节帮助路径:help/wb_msh/msh_options.html。

在主菜单中选择 Tools→Options,打开网格划分的默认选项,如图 4-121 所示。在具体网格划分时,根据此处 Tools→Options 中的设置,决定导航树下 Mesh 的整体的细节窗口中的初始选项。所以这部分的内容与第 4.6.2 节很类似,具体的参数含义见第 4.6.2 节。

Tools→Options→Meshing 中各项解释如下:

1. Meshing

(1)Show Meshing Options Panel at Startup:启动 Meshing 环境时是否弹出"Meshing Options":Yes(只在 Meshing 程序),No。

(2)Relevance:默认关联度的数值:0。可在−100 至＋100 选择,表示网格由疏到密。

(3)Allow Direct Meshing:是否允许直接网格划分,默认为 Yes。

(4)Unmeshable Areas 无法网格划分的区域:显示第一个失败的区域。该选项只作用于 Patch Conforming 方法。

(5)Number of Retries:最多重复划分的次数:4 次。用于设置 Mesh 细节窗口中 Advanced 下的此项。

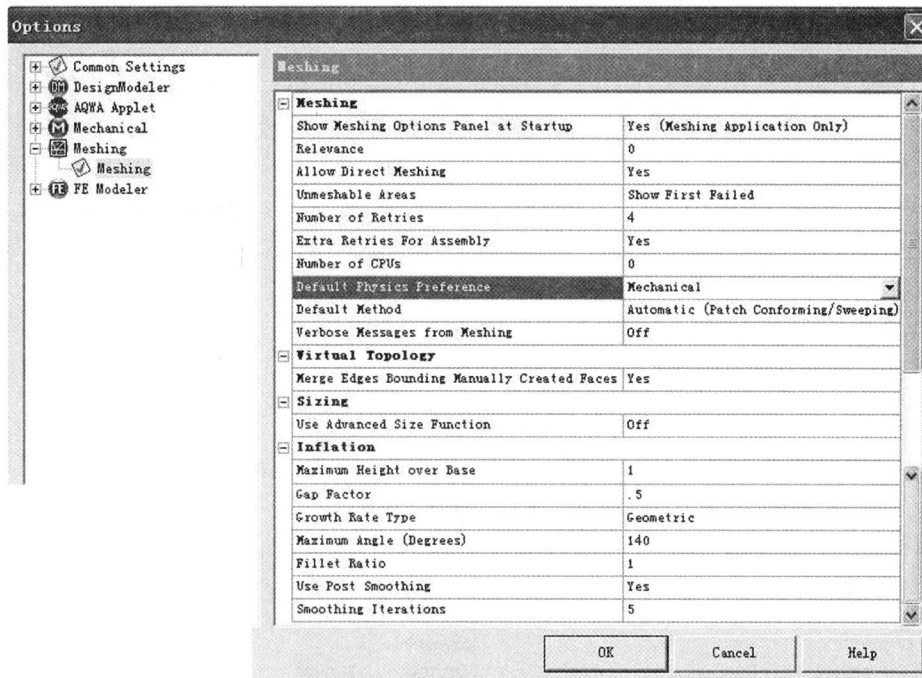

图 4-121　网格划分的默认选项

（6）Extra Retries For Assembly：对应装配体是否允许更多的重复划分次数，默认是
Yes。用于设置 Mesh 细节窗口中 Advanced 下的此项。

（7）Number of CPUs：在网格划分时使用的 CPU 的数量。多处理器只对 Uniform
Quad，Uniform Quad/Tri，Patch Independent Tetra 以及 MultiZone 有用，对其他方法无用。
默认为 0，表明 CPU 的数量自动设置最大可用数量。

（8）Default Physics Preference：默认的物理环境：Mechanical，Electromagnetics，CFD，
Explicit。不同的物理场对网格的要求不一样，通常流场（CFD）的网格比结构场
（Mechanical）要细密得多，因此选择不同的物理场，也会有不同的网格划分。

（9）Default Method：默认的网格划分方法：Automatic（Patch Conforming/Sweeping），
Patch Independent，Patch Conforming。用户在导航树 Mesh 下添加分支 Mesh Method 后，
Mesh Method 细节窗口中 Definition→Method 的默认初始选项就由此项控制。

（10）Verbose Messages from Meshing：是否在右下角的信息窗口显示出详细的网格划
分信息，默认是 Off。

2. Virtual Topology

Merge Edges Bounding Manually Created Faces：是否将手动生成表面的边进行融合。
用于设置 Virtual Topology 对象细节窗口中 Merge Face Edges 的默认选项，默认是 Yes。

3. Sizing

Use Advanced Size Function：是否使用高级尺寸功能。默认是 Off，其他还有 3 种选
项。此项用于设置导航树 Mesh 的细节窗口中 Sizing→Use Advanced Size Function 的默认选项。

4. Inflation

见第 4.6.2 小节"膨胀层 Inflation"。

4.6.2 网格整体的细节窗口

本节帮助路径：help/wb_msh/ds_Global_Mesh_Controls.html。

在导航树选择 Mesh,细节窗口为网格整体控制属性,可以分为 6 个部分。

1. 显示 Display

如图 4-122 所示,选项一类是 Body Color。另一类是各种网格准则,例如 Skewness。当选择某一种网格准则,并且在 Statistics 的 Mesh Metric 选择为 None 时,将网格用云图和图例形式显示。

图 4-122   Display 选项

2. 默认 Defaults

本节帮助路径：help/wb_msh/msh_def_grp.html。

Mesh 整体的第一部分 Defaults 的细节窗口见表 4-6。

表 4-6   Mesh 整体的细节窗口之一

Defaults		Defaults 默认设置
Physics Preference	CFD	选择物理场
Solver Preference	Fluent	CFD 的求解器
Relevance	0	网格细密度

(1) Physics Preference。

选择物理场,有 4 种选项。不同分析类型有不同的网格划分要求：

1) Mechanical：机械动力学(隐式)仿真。使用高阶单元划分较为粗糙的网格。

2) CFD：计算流体力学仿真。使用好的、平滑过渡的网格,边界层转化；不同 CFD 求解器也有不同的要求。

3) Electromagnetic：电磁场仿真。

4) Explicit：显式机械动力学仿真。使用均匀尺寸的网格。

通过设定物理优先选项,在 Mesh 整体的细节窗口中很多参数都有缺省值,详情请参考帮助文件// Meshing User's Guide // Global Mesh Controls // Defaults Group // Physics Preference。

在实际使用过程中,根据物理场的不同,用户不仅要设置 Physics Preference,还应该遵循如下网格尺寸策略。

　　·力学分析:用最小输入的有效方法解决关键的特征。定义或接受少数全局网格尺寸设置缺省值。用 Relevance 和 Relevance Center 进行全局网格调整。如有需要,可对体、面、边、影响球定义尺寸,对网格生成的尺寸设置施加更多的控制。

　　·CFD:在必要区域依靠 Advanced Size Functions 细化网格。包括 Curvature(默认的),Proximity。

　　识别模型的最小特征。该设置能有效识别特征的最小尺寸。如果导致了过于细化的网格,在最小尺寸下作用一个硬尺寸,使用收缩控制来去除小边和面,确保收缩容差小于局部最小尺寸。如有需要,可对体、面、边或影响体定义软尺寸,对网格生成的尺寸设置施加更多的控制。

　　(2)Solver Preference 求解器。

　　当物理场选择为 CFD 时,在其下方出现 Solver Preference 选项,有 CFX,Fluent,和 POLYFLOW 3 种选项。而且选择了不同的求解器后,Mesh 细节窗口中很多参数的默认选项也会自动修改。这主要影响 Inflation 的控制选项:Aspect Ratio(Base/Height),Collision Avoidance,Transition Ratio。

　　当用户拖动 Workbench 主界面工具箱 Rigid Dynamics,Transient Structural 到工程流程图,在进入 Mechanical 窗口后,如果物理场 Physics Preference 选择为 Mechanical,那么也会出现求解器,但选项为 Mechanical APDL 或者 ANSYS Rigid Dynamics。这主要影响 Element Midside Nodes 的设置。

　　(3)Relevance。

　　整个模型的网格细密度,可在滑动条上滑动,或者输入−100 至＋100 之间的数值,表示由疏到密。网格越密,计算结果的精度也越高,但同时,单元数量越多,计算时间越长,越消耗系统资源。

　　Relevance 与 Sizing 中的 Relevance Center 联合使用。

　　3. 尺寸 Sizing

　　本节帮助路径:help/wb_msh/ds_Sizing_Group.html。

　　Mesh 整体的细节窗口的第二部分见表 4-7。

表 4-7　Mesh **整体的细节窗口之二**

Sizing		Sizing 网格尺寸控制
Use Advanced Size Function	Off	使用高级尺寸函数(关闭)
Relevance Center	Coarse	相关度中心(稀疏)
□ Element Size	Default	定义平均的单元边长
Initial Size Seed	Active Assembly	初始单元尺寸(根据激活装配体确定)
Smoothing	Medium	平滑度(中等)
Transition	Fast	网格渐变过渡(快速)
Span Angle Center	Coarse	跨度角中心(稀疏)
Minimum Edge Length	0.143890 mm	最小单元边长

(1)Use Advanced Size Function。

高级尺寸功能的选项见表 4-8,共有 5 种情况。区别在于在高级尺寸方面,用户采用哪种细化机制。

1)Off:当物理场设为非 CFD 时,默认选项为 Off。当物理场设为 CFD 时,默认选项为 On:Curvature。

无高级尺寸功能时,根据已定义的单元尺寸对边,然后根据 Smoothing,Span Angle Center 等参数细化边,最终划分网格,如图 4-123 所示。

表 4-8　高级尺寸功能的选项

	选　项	含　义	备　注
1	Off(默认)	关闭高级尺寸功能	单元数少
2	On:Curvature	打开:曲率	单元数中等
3	On:Proximity	打开:邻近	单元数中等
4	On:Proximity and Curvature	打开:邻近和曲率	单元数最多
5	On:Fix	打开:固定	

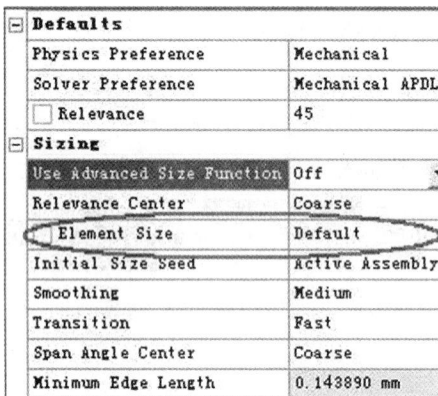

图 4-123　无高级尺寸功能

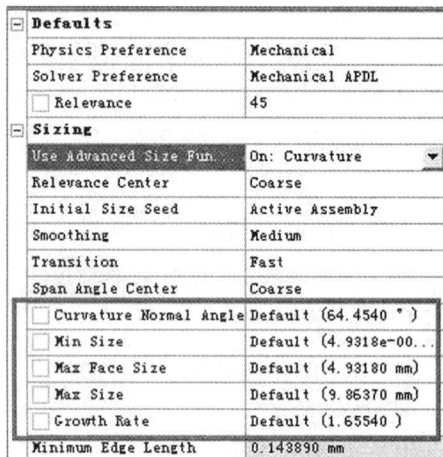

图 4-124　高级尺寸功能为 On:Curvature

2)On:Curvature。如图 4-124 所示,该功能是指在曲率过大的地方(例如圆、缝隙等),自动进行细化。

• Curvature Normal Angle:曲率法向角度,它是指一个单元边长跨度所允许的最大角度,可输入 0°～180°。缺省值根据相关性 Relevance 和跨度中心角 Span Angle Center 计算出来。

• Min Size:单元最小尺寸,由程序的尺寸函数自动生成数值作为默认值,用户也可以输入大于 0 的数值。

• Max Face Size:表面最大尺寸,由程序的尺寸函数自动生成数值作为默认值,用户也可以输入大于 0 的数值。

• Max Size:单元最大尺寸,由程序的尺寸函数自动生成数值作为默认值,用户也可以输入大于 0 的数值。如果模型中没有实体,该选项自动隐藏。

- Growth Rate：增值率，在每个后续层中单元边长的增长率，可以输入 1～5 或者使用默认值。该项不支持面体模型。

3）On：Proximity。该功能是在细化时，把附近的单元也进行细化。细节窗口如图 4-125 所示，需要再设置两个选项。

- Proximity Accuracy：邻近单元的准确性，允许用户控制邻近单元尺寸函数计算的精度水平。默认精度为 0.5，可输入 0（快，较差精度）～1（慢，较好精度）之间的数值。

- Num Cells Across Gap：在狭窄空隙中的单元的最小数目。加密受限于 Min Size。用户可以出入 1～100 之间的数值或者采用默认值。默认值基于 Relevance 的数值进行计算，例如如果 Relevance 为 0，则缺省值为每个缝隙 3 个单元（2D 和 3D）。

4）On：Proximity and Curvature。选择此项时，网格划分组合了上面 Proximity 以及 Curvature 两种划分功能。

5）On：Fix。采用 Fix，不像 Proximity 和 Curvature 那样能够根据模型中的几何特征的曲率或者相邻进行细化。Fix 采用固定的单元大小划分网格，根据指定的 Max Face Size 最大面单元的尺寸生成表面网格，根据指定的 Max Size 最大单元尺寸生成体网格，根据 Growth Rate 生成过渡网格。细节窗口如图 4-126 所示。

图 4-125　高级尺寸功能为 On：Proximity	图 4-126　高级尺寸功能 On：Fixed

（2）Relevance Center。

相关度中心，有 3 种选项，即 Coarse，Medium，Fine，分别代表粗糙的、中等的、精细的 3 种划分方式，与 Relevance 中控制－100，0，100 情况相同。

（3）Element Size。

设置整个模型使用的单元尺寸，这个尺寸将应用到所有的边、面和体的划分。当高级尺寸功能使用的时候这个选项不会出现，即不起作用。它的缺省值基于 Relevance 和 Initial Size Seed，当然用户可以输入想要的值。

（4）Initial Size Seed。

初始单元的尺寸，用来控制每一部件网格的初始大小。如果已定义单元尺寸则被忽略。

有以下 3 种选项。

1）Active Assembly：默认，初始网格大小将由激活的部件包围框的对角线长度决定。部件抑制状态改变后，网格可以改变。

2）Full Assembly：基于全装配，初始网格大小由所有装配部件包围框的对角线长度决定，不管部件是否抑制或激活。部件抑制状态改变后，网格不会改变。

3）Part：基于部件，网格划分时初始种子独立地取决于每个部件包围框的对角线长度，且网格不会因为部件受抑制而改变。部件抑制状态改变后，网格不会改变。当 Use Advanced Size Function 设置为 on 时，该选项不可用。

（5）Smoothing。

平滑度：只在 Advanced Size Function 关闭时使用。

平滑度是通过移动周围节点和单元的节点位置来改进网格质量的。有以下 3 种选项：

1）High：平滑度高，常常用于 Explicit。

2）Medium：平滑度中等，常常用于 Mechanical，CFD，Emag（电磁）。

3）Low：平滑度低。

（6）Transition。

渐变过渡：只在 Advanced Size Function 关闭时使用。

渐变过渡 Transition 用来控制邻近单元增长比。有以下 2 种选项：

1）Slow：网格渐变缓慢，生成光滑过渡的网格，常常用于 CFD，Explicit。

2）Fast：网格渐变快速，生成突变过渡的网格，常常用于 Mechanical，Emag。

对应包含面体和实体的装配体，Transition 不支持面体。

（7）Span Angle Center。

跨度中心角。只在 Advanced Size Function 关闭时使用。

Span Angle Center 设定基于弯曲区域的细化的曲度目标。网格在弯曲区域进行细分，直到每个单元都在指定的角度跨度，受限制于 Min Size Limit。有以下几种选择：

1）Coarse 粗糙，$-91°\sim60°$，如图 4-127（a）所示。

2）Medium 中等，$-75°\sim24°$。

3）Fine 细化，$-36°\sim12°$，如图 4-127（b）所示。

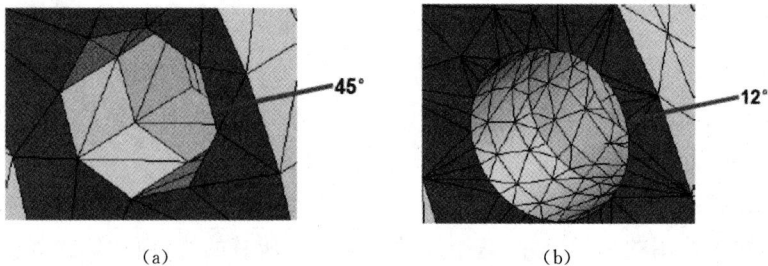

(a)　　　　　　　　　　　　(b)

图 4-127　跨度中心角的粗糙和细化

（8）Minimum Edge Length。

边的最小长度：不能由用户输入，是自动生成的，用于提示用户模型中的最短的边的长度。

4. 膨胀层 Inflation

本节帮助路径：help/wb_msh/ds_Inflation_Group. html。

Mesh 整体的细节窗口第三部分见表 4-9。

表 4-9　Mesh 整体的细节窗口之三

Inflation		Inflation 膨胀层控制
Use Automatic Inflation	None	自动生成膨胀层（无）
Inflation Option	Smooth Transition	膨胀选项
□ Transition Ratio	0.272	过渡比（0.272）
□ Maximum Layers	5	最大层（5）
□ Growth Rate	1.2	生长率（1.2）
Inflation Algorithm	Pre	膨胀算法（前）
View Advanced Options	Yes	显示高级选项：Yes/No
Collision Avoidance	Stair Stepping	冲突避免
□ Gap Factor	2.	缝隙因子（2）
□ Maximum Height over Base	1	从基础起算的最大高度
Growth Rate Type	Geometric	增长比的类型
□ Maximum Angle	140.0 °	最大角（140）
□ Fillet Ratio	1	倒圆角比例（1）
Use Post Smoothing	Yes	使用后处理平滑（是）
□ Smoothing Iterations	5	平滑迭代（5）

（1）Use Automatic Inflation。

自动生成膨胀层。有 3 种不同的选项。

1）None，不进行全局膨胀，默认选项。选择该选项，用户可以选择需要膨胀层的局部区域，再用局部膨胀网格划分方法。

2）Program Controlled：程序控制，只能用于 3D 实体。

用户选择了该选项，单击鼠标右键，在快捷菜单选择 Show → Program Controlled Inflation Surfaces，可以看到程序自动选择的表面。实际上，Workbench 的选择原则为，除了如下表面外，模型中的所有表面都被选为膨胀区域：

· Named Selections 中的表面。

· Contact region（s）接触区域的面。

· 对称面。

· 表面所在的部件或实体已经定义了网格，且网格不支持 3D 膨胀层，例如 Sweep 扫掠、Hex Dominant 六面体域。

· 薄板区域的面。

· 手动设置膨胀层的面。

用户选定了 Program Controlled 自动膨胀，程序划分膨胀网格的规则如下：

· 对于单体部件，所选定的表面向实体内部膨胀。

· 对于包含流体、固体的多体部件，流体区域的表面向流体内部膨胀，固体区域不膨胀；材料相同的表面不膨胀。

- 对于相同材料的多个部件,共享表面不膨胀。

3)All Faces in Chosen Named Selection:只在所有指定了 Named Selection 的边界形成膨胀层。

(2)Inflation Option。

膨胀选项,见第 4.4.7 节"网格膨胀控制 Inflation"。

(3)Transition Ratio。

过渡比,见第 4.4.7 节。

(4)Maximum Layers。

膨胀层的层数,见第 4.4.7 节。

(5)Growth Rate。

增长率,见第 4.4.7 节。

(6)Inflation Algorithm。

膨胀算法,见第 4.4.7 节。

(7)View Advanced Options。

是否显示膨胀的高级选项:选项有 Yes,No。只有选择为 Yes,才会出现下面(8)~(15)的选项。

(8)Collision Avoidance。

在几个邻近区域都进行膨胀时,由于间隔较小有可能导致这些膨胀网格发生冲突,例如网格重叠、网格穿透对面的边界、面积太小质量太差的网格。通过使用 Collision Avoidance 冲突避免的合适选项,在加上下面的参数 Gap Factor,以及其他参数,来决定合适的膨胀区域。注意:Collision Avoidance 冲突避免只作用于膨胀相互邻近的区域。

冲突避免的选项如图 4-128 所示,有 3 种选项。

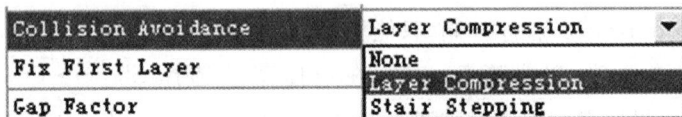

图 4-128　冲突避免的选项

1)None:不检测膨胀层的冲突。这种选项可以很快生成膨胀层,但可能产生非法网格甚至划分失败,一般不推荐。

2)Layer Compression:层压缩。

当物理场选择为 CFD 且求解器设为 Fluent 时,Collision Avoidance 默认为层压缩。

使用此选项,如果不同面的膨胀阵面扩展过程中有可能冲突,那么膨胀层就要受压缩。已定义的网格高度和纵横比都减小,以保证膨胀层数量满足给定的层数(见图 4-129(a))。

3)Stair Stepping:阶梯式。Stair Stepping 是 Collision Avoidance 的默认选项,除非物理场选择为 CFD 且求解器设为 Fluent 时则采用 Layer Compression。

使用 Stair Stepping 选项,程序自动减少膨胀层,以防止膨胀面在扩展时发生冲突,或者避免在尖角处产生坏质量的网格(见图 4-129(b))。

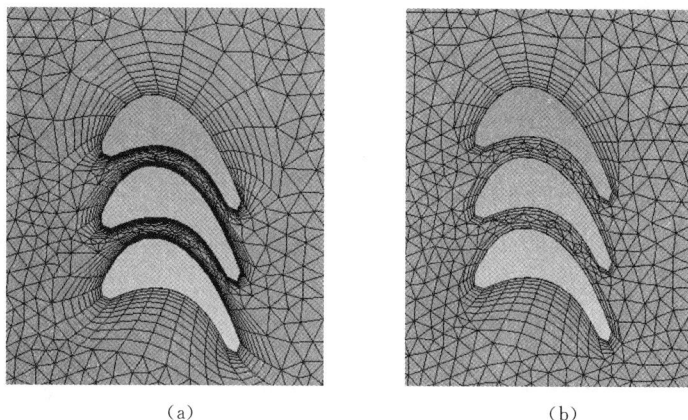

(a)   (b)

图 4-129　层压缩和阶梯式

（9）Gap Factor。

缝隙因子，用户可以输入 0～2 之间的数值，默认是 0.5。如果输入 1，表明在相互邻近的膨胀区域，缝隙中的网格是理想的四边形单元，即单元高度等于单元基面的长度。

（10）Maximum Height over Base。

棱柱的纵横比（高度与底座尺寸之比）的最大值，有效值为 0.1～5，默认为 1.0。用于保证单元的形状。

（11）Growth Rate Type。

增长率类型：在给定初始高度和高度比之后，Growth Rate Type 决定膨胀层的高度，有 3 个选项。

1）Exponential：指数型。某一层棱柱的高度为 $h \times e^{(n-1)p}$，其中 h＝初始高度，p＝指数，n＝层数。

2）Geometric：几何，默认。某一层棱柱的高度为 $h \times r^{(n-1)}$，其中 h＝初始高度，r＝高度比，n＝层数。n 层膨胀层的总高度为 $h(1-r^n)/(1-r)$。

3）Linear：线性。棱柱高度＝ $h[1+(n-1)(r-1)]$，其中 h＝初始高度，r＝高度比，n＝层数。n 层膨胀层的总高度为 $nh[(n-1)(r-1)+2]/2$。

（12）Maximum Angle。

最大角度（角度）：用于可以输入 90°～180° 之间的角度，最好应该 120°～180° 之间，默认 140°。

Maximum Angle 根据膨胀边界与附近表面之间夹角的大小，来决定在两表面之间的夹角附近生成三棱柱层还是四棱柱。如果两个表面之间的角度小于给定点的 Maximum Angle，那么在夹角附近生成三棱柱，如图 4-130(a)所示；否则生成四棱柱，如图 4-130(b)所示。

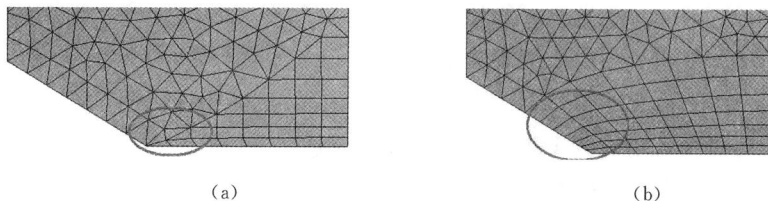

(a)   (b)

图 4-130　Maximum Angle 的示例

(13)Fillet Ratio。

在四面体网格划分中,拐角区域膨胀层结束后的第一个非膨胀层生成了三棱柱,是否要三棱柱划分成倒角形式。倒角比例表示内部三棱柱倒角的半径与整个三棱柱厚度之比。用户可以输入 0～1 之间的数值,0 代表不倒角,1 为默认数值。

如图 4-131 所示,Fillet Ratio 分别为 0,0.5,1。

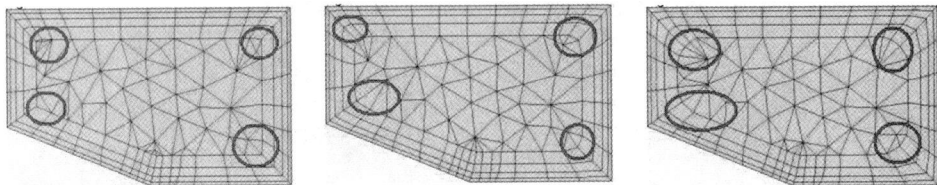

图 4-131　Fillet Ratio 分为 0,0.5,1

(14)Use Post Smoothing。

是否进行膨胀后的光滑处理:光滑处理可以根据周围节点和单元的情况,通过移动节点位置来提供网格单元质量。选项有 Yes(默认),No。

(15)Smoothing Iterations。

光滑处理的迭代次数:用户可以输入 1～20 之间的数值,默认 5。

5.高级 Advanced

本节帮助路径:help/wb_msh/ds_Advanced_Meshing.html。

高级 Advanced 选项见表 4-10。

表 4-10　Mesh 整体的细节窗口之四

Advanced		Advanced 网格高级控制
Shape Checking	Standard Mechanical	形状检查检验单元质量(标准结构)
Element Midside Nodes	Program Controlled	单元是否带中节点(程序控制)
Straight Sided Elements	No	网格采用直边单元(无)
Number of Retries	Default (4)	重试次数(默认为 4)
Extra Retries For Assembly	Yes	对于装配体,是否要增加重试次数
Rigid Body Behavior	Dimensionally Reduced	刚体行为
Mesh Morphing	Disabled	是否允许网格变形(否)

(1)Shape Checking:单元形状检查。

1)Standard Mechanical:对于线形结构分析、模态分析、热分析,用 Standard Mechanical 即可。通过比较体单元的体积与边长三次方之比,或者壳单元的面积与边长二次方之比,得到一个无量纲量。

2)Aggressive Mechanical:对于非线性结构分析、大变形和场分析,需用严格的检验,即 Aggressive Mechanical。该选项可能导致单元数量多、划分时间长或者划分网格失败。

3)Electromagnetics:当物理场设为 Electromagnetic 时,用此准则。

4)CFD:当物理场设为 CFD 时,用此准则。

5)Explicit:当物理场设为 Explicit 时,用此准则。

6)None:关闭单元形状检测。

(2)Element Midside Nodes。

是否保留单元的中间节点,有如下 3 种选项。

1)Program Controlled:程序自动判别是否保留中间节点,默认选项。

2)Dropped 退化形式:不保留中间节点

3)Kept 保留:保留中间节点。

(3)Straight Sided Element:No/Yes。

当模型中存在实体,或存在由 DesignModeler 使用 enclosure 得到的场体时,才显示 Straight Sided Element 选项。但在上一栏选项定义为 Dropped 时,该栏变为不可选。

如果该选项设为 Yes,表明采用直边单元。电磁分析时必须使用。

(4)Number of Retries。

Number of Retries 设定了由于网格质量差而重新划分网格的次数。用户可以输入 0～4 之间的数值。如果物理场设为 CFD,Number of Retries 默认是 0,其他情况下默认值是 4。

(5)Extra Retries For Assembly。

Extra Retries For Assembly 选项有 Yes(网格),No。当几何模型是装配体时,是否要在 Number of Retries 的基础上,进行更多的网格重试次数,以避免生成较差的网格。

(6)Rigid Body Behavior。

Rigid Body Behavior 刚体行为决定在一个刚体上要生成全部网格(Full Mesh),还是只生成表面接触(Dimensionally Reduced)。Rigid Body Behavior 可以适用于所有的实体类型。

只有当物理场设为 Explicit,该选项自动为 Full Mesh,其他情况自动设为 Dimensionally Reduced,并且用户不能自行修改选项。

(7)Mesh Morphing。

Mesh Morphing 网格变形的选项有 Enable 和 Disable。

如果用户设为 Enable,随着几何模型的变形,可以使用变形网格,而不用再重新生成网格。但请切记,此时用户不能进行任何拓扑改动,即变形前后的几何模型有相同数量的 part 部件、体、表面、边、点,并且实体之间的连接关系不变。否则弹出警告信息,并自动重新生成网格。

6.**统计** Statistics

本节帮助路径:help/wb_msh/ds_Statistics_Group. html。

Mesh 整体的细节窗口的统计 Statistics 见表 4-11。

表 4-11　Mesh **整体的细节窗口之五**

Statistics		Statistics 网格划分统计
Nodes	3620	网格划分的节点数,只读框
Elements	1352	网格划分的单元数,只读框
Mesh Metric	Skewness	网格检查准则,7 种选项
Min	1. 3057293693791E-10	最小,只读框
Max	. 884234548222046	最大,只读框
Average	. 162977364548811	平均,只读框
Standard Deviation	. 188363841975683	标准偏差,只读框

（1）Nodes 节点。

只读文本框，提示用户网格的节点总数目。如果模型中有多体部件，或者多个实体，用户可以在导航树选择单个实体，然后在细节窗口的 Statistics 查看节点数目。

（2）Elements。

Elements 的内容类似于 Nodes。

（3）Mesh Metric。

Mesh Metric 为网格检查准则。

1）表 4-12 为网格检测准则，共 7 种。详细内容见第 4.7.1 节"网格质量的度量"。

表 4-12　网格检测准则

Mesh Metric	None	无（默认）
Min	Element Quality	单元质量检验
Max	Aspect Ratio	纵横比检验
Average	Jacobian Ratio	雅可比率检验
Standard Deviation	Warping Factor	扭曲因子检验
	Parallel Deviation	平行偏差检验
	Maximum Corner Angle	最大顶角检验
	Skewness	单元畸变度检验

2）Metric Graph 度量图。用户选中任意一种准则，那么在 Mesh Metric 下面的细节窗口列出了 Min，Max，Average，以及 Standard Deviation 标准偏差，并且在图形工作区下面显示 Metric Graph，如图 4-132 所示，它是表达网格质量的柱状图。图中横坐标代表所选的某一种网格 Mesh Metric，纵坐标可选择 Number of Element（代表属于某个网格质量范围内的单元总数，如图 4-132 所示），也可以选择 Percent of Volume/Area（代表属于某个网格质量范围内的单元百分比）。

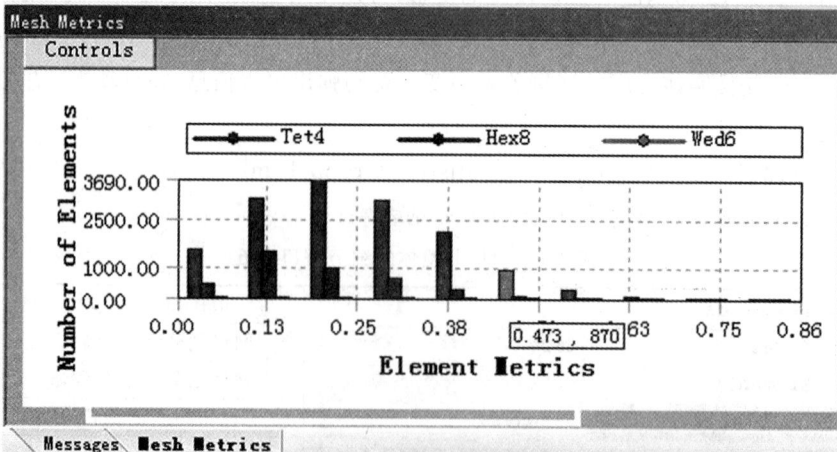

图 4-132　网格质量的度量图

3）显示柱体对应的网格。单击度量图的某一条柱体，或者柱体太小时可以单击某柱体垂直上方的空白区，图形工作区的几何模型变透明，只有属于横坐标区域的网格单元才会显示出来，如图 4-133 所示。

如图 4-132 所示,用户单击某柱体并按住鼠标左键不动,可以看到一个提示,第一个数字(例如图中 0.473)表示此柱体的横坐标,第二个数字(例如图中 870)表示属于此网格质量区域的单元数量或者百分比。

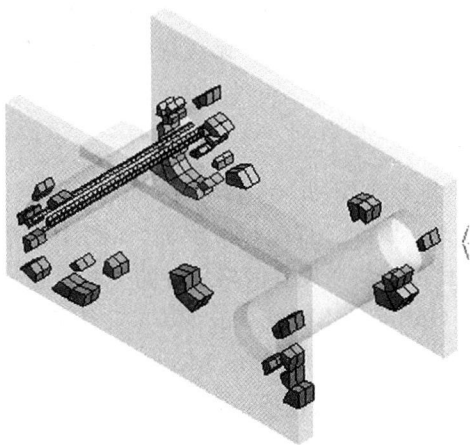

图 4-133　显示出属于某一网格质量区域的单元

如果想同时选择多个柱体,可以在用鼠标单击柱体的同时使用 Ctrl 键。

如果某个实体已经被隐藏,那么它对应的单元也不会显示出来,即使有单元属于所选的柱体。

单击度量图的空白区域,但避开柱体上方,就可以退出图 4-133 所示的状态,而显示所有网格。

4)使用度量图的 Controls。单击度量图的 Control,可以访问度量图的图形控制界面,如图 4-134 所示。

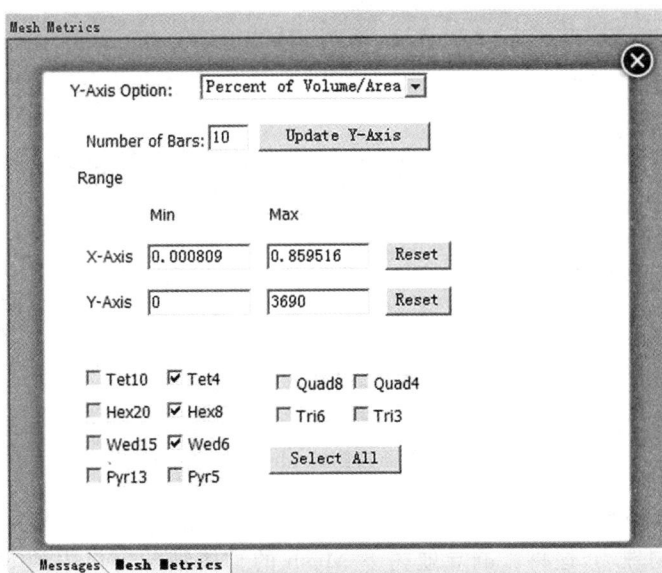

图 4-134　度量图的图形控制界面

- Y-Axis Option:Y 轴显示单元数量或者百分比。
- Number of Bars:度量图上显示的柱体的数量,默认 10。

• Range：确定横坐标、纵坐标的范围，单击 Reset 就可以使用其默认值。用户可以修改 Range，然后单击 Update Y - Axis，以方便显示网格质量最差的单元，从而用户可以在 DesignModeler 中有针对性地去除对应的有问题的几何特征。

• 单元列表。选中单元前面的方框，此单元就会出现在度量表中。如果在网格划分过程中没有用到的单元，则成为只读模式，用户无法选中。默认情况下所有可用的单元类型都选中。

4.6.3　Meshing Options

本节帮助路径：help/wb_msh/msh_capabilities.html。

在工程流程图中点击 Mesh 后，进入 Mesh 界面，如图 4-6 所示，在界面右侧有 Meshing Options。使用该面板，用户可以快速设置网格划分的一些重要选项。

如果关闭了 Meshing Options，还可以点击 Mesh 工具条的最后一个按钮，即图 4-20 最右端的 Option，就会在图像工作区的右侧弹出 Meshing Options 面板，如图 4-135 所示。

在图 4-135 中，已经有了一些默认选项，这些默认选项请参考第 4.6.1 节"网格的默认选项"。

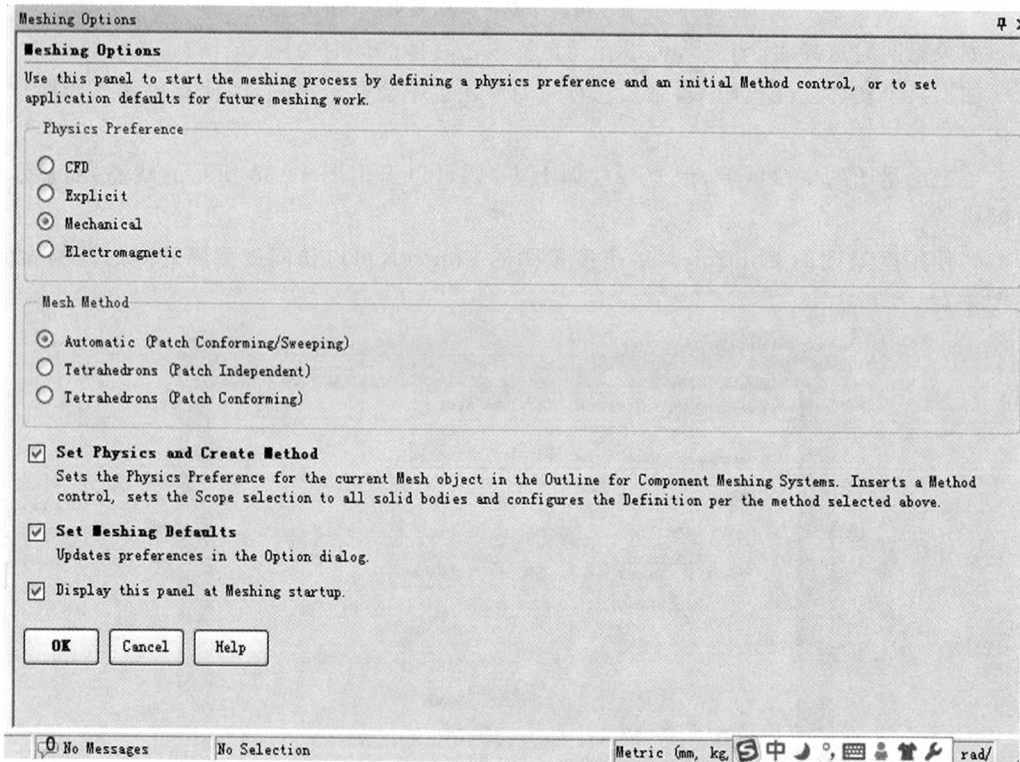

图 4-135　界面右侧的 Meshing Options

1. Physics Preference

设定仿真的物理场，这将影响导航树下 Mesh 的整体细节窗口中的 Mesh→Defaults→Physics Preference。

2. Mesh Method

用户改变 Physics Preference 后，Mesh Method 自动选中比较合适的方法。

3. Set Physics and Create Method

根据上面的设置,为导航树中的 Mesh 设置物理场,并插入一个网格划分方法,在网格划分方法的细节窗口的 Scope→Geometry 设置为整个实体。为使此项可用,导入的几何模型必须包含实体必须删除所有 Mesh 下所有的网格方法。

4. Set Meshing Defaults

用上面的选项来更新主菜单 Tools→Options 对话框中的默认选项。

5. Display this panel at Meshing startup

在 Meshing 程序启动时自动弹出此 Meshing Options 面板。

4.7　网格划分质量

本节帮助路径:help/wb_msh/msh_troubleshoot. html。

4.7.1　网格质量的度量

复杂几何区域的网格单元会变扭曲。劣质的单元会导致劣质的结果,或者在某些情况无结果。Mesh 选项中可得到 Mesh Metric 网格度量,可对其进行设置和查看来评估网格质量。

如表 4-12 所示,ANSYS 网格划分中可得到的 Mesh Metric 网格度量有:①Element Quality 单元质量;②Aspect Ratio 纵横比;③Jacobian Ratio 雅可比率;④Warping Factor 扭曲因子;⑤Parallel Deviation 平行偏差;⑥Maximum Corner Angle 最大顶角;⑦Skewness 单元畸变度。

1. Element Quality 单元质量

Element Quality 用来计算模型的每个单元,但不能计算线单元和点单元。Element Quality 表示单元的体积与边长之比,范围为 0~1,其中 0 代表单元体积为零或者负值,1 代表完美的正方形或正方体。

2. Aspect Ratio 纵横比

一般三角形和四边形的纵横比是最长比与最短边比的函数。如图 4-136 所示,等边三角形或正方形的纵横比等于 1,是理想的、完美的单元。对于小边界、弯曲体、细薄体、尖角等特征,生成的网格中会有一些单元一些边远远长于另外一些边,导致的纵横比很大。推荐纵横比如下:结构分析应该小于 20,例如四边形单元的警告极限为 20。

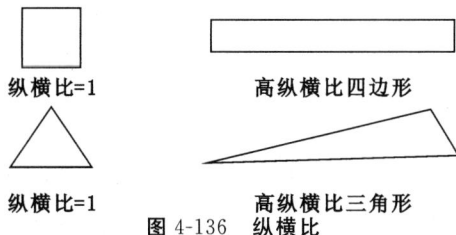

纵横比=1　　　　　高纵横比四边形

纵横比=1　　　　　高纵横比三角形

图 4-136　纵横比

3. Jacobian Ratio 雅可比率

除了没有中间节点的线性的三角形和四面体,或者有完全对中的中间节点的三角形和四面体之外,雅克比率可以计算所有的其他单元。

雅克比率是 1,表示三角形或四面体的每个中间节点位于对应边的两个端点之间的平分位置处。如果中间节点离开了所在边的平分位置,雅克比率随之变大,如图 4-137 所示。一般雅克比率小于 40 是可以接受的。很大的雅克比率表示单元空间与真实空间的映射极度失真。

图 4-137　雅克比率

4. Warping Factor 扭曲因子

较大的扭曲因子表示程序无法很好地处理单元算法,或者提示网格质量有缺陷。

如图 4-138 所示,理想的、无变形的平面四边形的扭曲因子为 0,对于壳单元扭曲因子的错误限制为 1。对于六面体单元,某一个面相对于基面旋转 22.5°和 45°,相当于产生的扭曲因子分别为 0.2 和 0.4。

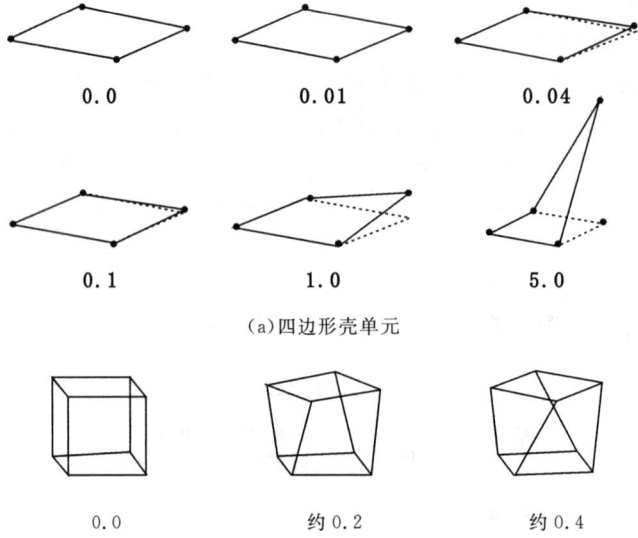

(a)四边形壳单元

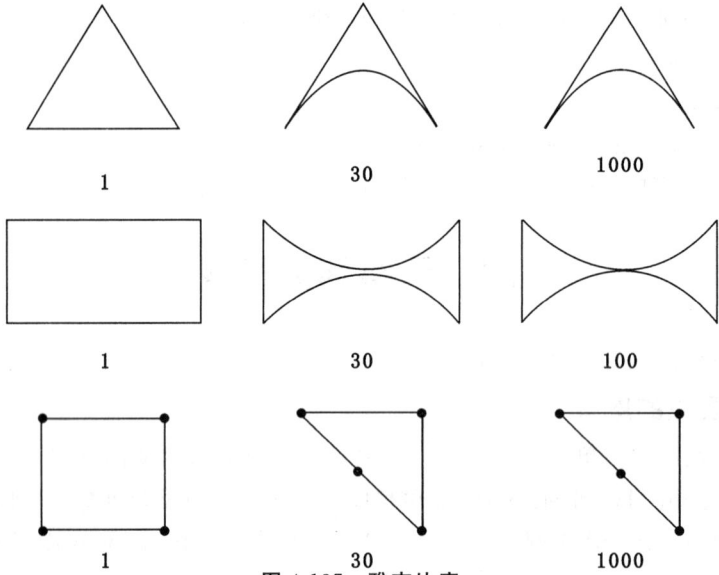

(b)六面体单元

图 4-138　扭曲因子

5. Parallel Deviation 平行偏差

以平面四边形单元为例,忽略中间节点,沿着单元的每个边建造单位矢量,如图 4-139(a)所示。然后取每一对边(处于相对位置)的单位矢量,将两者点乘,再对点乘结果取反余弦,得到平行偏差角度(单位为度),如图 4-139(b)所示。

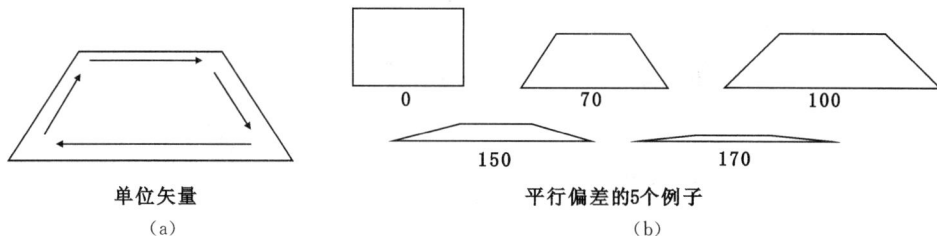

单位矢量
(a)

平行偏差的5个例子
(b)

图 4-139　平行偏差

6. Maximum Corner Angle 最大顶角

除了 Emagic 和 FLOTRAN 单元外,其他所有单元都计算最大顶角。例如无中间的四边形单元最大顶角的警告限值为 $155°$,而其错误限制为 $179.9°$。理想三角形的最大顶角为 $60°$,四边形的最大顶角为 $90°$,如图 4-140 所示。

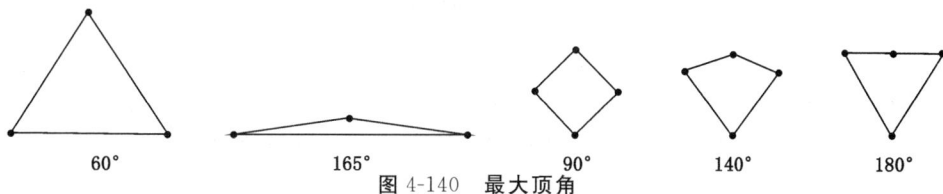

$60°$　　　$165°$　　　$90°$　　　$140°$　　　$180°$

图 4-140　最大顶角

7. Skewness 单元畸变度

畸变度是单元相对其理想形状的相对扭曲的度量,是一个值在 0(极好的)到 1(无法接受的)之间的比例因子,如图 4-141 所示。

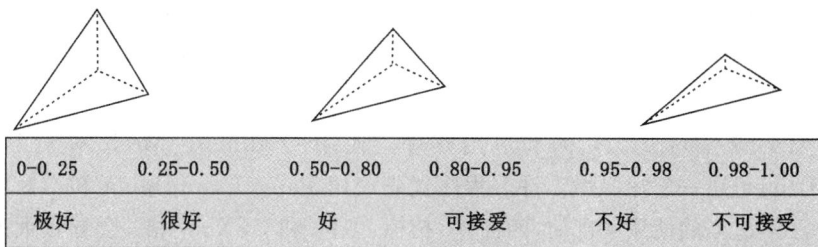

0-0.25	0.25-0.50	0.50-0.80	0.80-0.95	0.95-0.98	0.98-1.00
极好	很好	好	可接受	不好	不可接受

图 4-141　单元畸变度

4.7.2　网格划分失败的原因

从网格质量的度量来说,如果体网格满足以下一个或更多条件,则认为不可接受:① FLUENT 网格非常高的单元畸变度(> 0.98);②退化单元 (单元畸变度$\approx$1);③高纵横比单元;④负体积。

如果进行网格划分不能生成合适形状的单元,程序就将生成 error 信息,并且在导航树上出现带感叹号的标志。在导航树的 Mesh 对象下,使用 Show Worst Elements 可突出显示最坏单元,如图 4-142 所示。

在 Tools menu→Options:meshing,可以设置网格划分错误信息的选项。如果某些几何体有问题,Show First Failed 表示 mesher 在找到第一个错误后就停止,Show All Failed

表示 mesher 会找出所有划分失败的问题。

引起网格划分失败的可能原因如下:

1. CAD 问题

在进行 CAD 建模过程中,有可能出现如下问题:①小边,尖锐边和面;②边和面之间的小缝隙或者通道;③未连接的几何体。

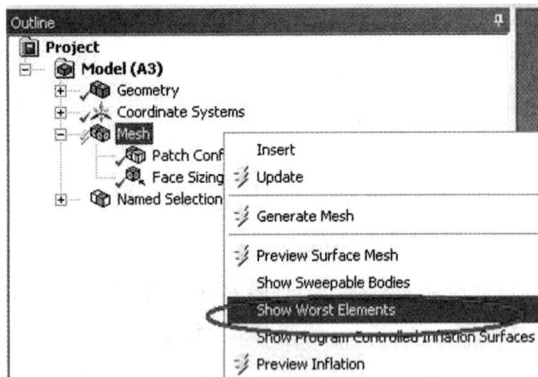

图 4-142　显示最坏单元

2. 网格分解和分布

如果 CAD 建模过程中必须考虑以上的特征而不能忽略,那么这些急剧变化的几何,不连续或小缝隙可能需要更多网格分解,用户必须进行适当的网格分解和分布。

不适当的分解和分布可能导致大的单元尺寸变化、纵横比和(或)偏斜。

3. 尺寸功能类型

不适当的使用(或根本不使用)高级尺寸功能(ASF)可能导致差网格质量。例如:

(1)对弯曲特征支配地位的几何,建议最好使用 Curvature ASF(高级尺寸功能)。

(2)对有缝隙或狭窄成分的几何,建议最后使用 Proximity ASF。

(3)对综合这些特征的几何,建议最好使用 Curvature and Proximity ASF。

4. 划分方法

划分方法的选择取决于几何和应用程序。使用 Outline 中 Mesh 对象下 Show the Sweepable Bodies 是一个好习惯。许多程序优先使用 Patch Conforming 和扫掠划分方法。

划分方法不适当的使用(自动,四面体,扫掠,多区 和 CFX -网格)会导致大的偏斜。

5. 膨胀引起的划分失败

在定义膨胀时,不适当的操作和选项都可能引起划分失败,主要原因如下:膨胀表面选择错误,表面网格质量较差,膨胀选项、膨胀算法、膨胀参数、高级膨胀选项等设置错误,都可能导致差的网格质量。

4.7.3　补救措施及例子8

1. 措施

(1)CAD 清除。使用 CAD 或 DM 对模型进行处理,主要包括:①简化几何,移除不必要几何;②合并小边,几何相加;③分解几何;④几何修补。

(2)虚拟拓扑 Virtual Topology。DM 中使用 Virtual Topology 连接细长条和非常小的面,从而简化几何细节,详情见第 4.5.2 节"虚拟拓扑工具 Virtual Topology"。

（3）网格修剪控制 Pinch。允许在网格水平移除小的特征（小边或狭小面），详情见第 4.4.6 节"网格修剪控制 Pinch"。

（4）变换网格控制方法。采用 ANSYS Meshing 程序中不同方法，并设定合适的全局和局部尺寸和参数。

（5）减小网格尺寸和膨胀设置。例如修改 Min Size，以适应狭小几何，最终可以使网格质量得到改进。

2. 第 4 章例子 8

第 4 章例子 8，对集流管划分网格，相关文件见光盘 chapter 4/example 4.8。这个几何如图 4-143（a）所示，包含很多有问题的小面和尖角，有可能导致比较差的网格，如图 4-143（b）和图 4-143（c）所示。一种方法是使用 Patch Independent 方法，忽略表面的细节，用来生成一个高质量网格，而不用修改几何。另一种方法就是使用虚拟拓扑合并有问题的小特征，然后使用默认的 Patch Conforming 网格划分方法。

(a)　　　　　　　　　　　　　　　　　　(b)　　(c)

图 4-143　模型

（1）启动 ANSYS Workbench。

（2）点击左边工具箱中 Component Systems，双击 Mesh 选项将其添加到项目示图区。

（3）接下来，设置源文件的 Named Selections 被引入 Meshing。

右击 A2 即 Geometry，然后在快捷菜单选择 Properties，在出现的 Properties of Schematic A2 ：Geometry 窗口，确保 Named Selections 是选中的，并且 Named Selection Key 是空白的，如图 4-144 所示。

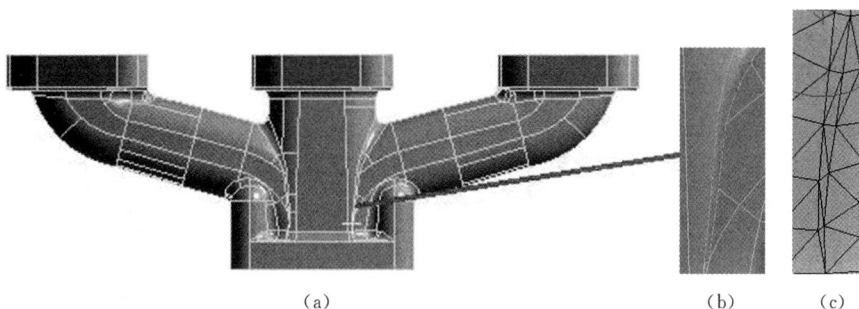

| 16 | Named Selections | ☑ |
| 17 | Named Selection Key | |

图 4-144　导入命名选择集

（4）在 Project Schematic 中右击 Geometry 并选择 Import Geometry→Browse 选择 Auto-Manifold.agdb 文件，单击确定。

（5）双击 A3 即 Mesh 打开网格划分窗口。设置 Units→Metric（mm，kg，N，s，mV，mA）。

（6）抑制流体区域，先只对固体划分网格。

确保选择工具条的过滤为 Body 图标，选择内部流体区域，以致其绿色加亮显示，然后右击并选择 Suppress Body。

（7）选择 Outline 中 Mesh，在 Details 中设置 Physics Preference 为 CFD（这里假设固体中热传递用 CFD 求解器求解）。如图 4-145（a）所示，展开 Sizing 选项，设置：Size Function =

Adaptive；Element Size＝ 10.0 mm。

（8）右击 Outline 中 Mesh 并选择 Preview Surface Mesh。由于体是不可扫掠的，将应用默认的 Patch Conforming 方法。

Patch Conforming 方法划分每个单独表面。在这个几何中将使某些面产生差的网格质量，如图 4-143(b)所示。检查表面网格并注意差网格质量区域。通过在 Geometry 和 Mesh 间切换，使差网格质量区域和下表面几何相联系。其中一个例子如图 4-143(c)所示。

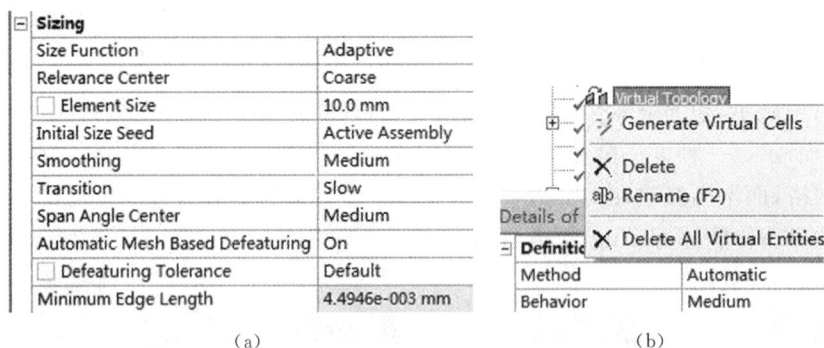

Sizing	
Size Function	Adaptive
Relevance Center	Coarse
☐ Element Size	10.0 mm
Initial Size Seed	Active Assembly
Smoothing	Medium
Transition	Slow
Span Angle Center	Medium
Automatic Mesh Based Defeaturing	On
☐ Defeaturing Tolerance	Default
Minimum Edge Length	4.4946e-003 mm

(a)

Virtual Topology
- Generate Virtual Cells
- ✕ Delete
- Rename (F2)
- ✕ Delete All Virtual Entities

Details of
Definitio...

Method	Automatic
Behavior	Medium

(b)

图 4-145　Mesh 和 Virtual Topology 的细节窗口

下面采用虚拟拓扑合并相邻面，移除不想要的表面几何特征，并生成更高质量网格。

（9）在 Outline 导航树右击 Model（A3）并选择 select Insert→Virtual Topology。在 Virtual Topology 的细节窗口中，Behaviour 设为 Low，如图 4-145(b)所示（自动使用"Low"合并策略创建虚拟单元。"Medium"和"High"策略可能导致更多面合并成虚拟单元，如图 4-146 和图 4-147 所示 ）。

（10）右击 Virtual Topology 并选择 Generate Virtual Cells，如图 4-145(b)所示。当选择了 Virtual Topology ，指示器会显示所有已创建的虚拟单元，如图 4-147 所示。检查新的表面几何，注意到大多问题面已被合并为清爽的表面。

图 4-146　Behaviour 设为 Medium　　　　图 4-147　Behaviour 设为 High

（11）Details 中将 Behaviour 改为 Medium。右击 Virtual Topology 并选择 Generate Virtual Cells。注意更多的面合并到虚拟单元。

（12）尝试使用 Behaviour 的 High 选项生成虚拟单元。如图 4-147 所示，这个选项不能作用于这个几何。

（13）将 Behavior 重新切换回 Medium 选项，重新生成虚拟单元。

（14）点击 Update 重新生成表面网格，并检查前面出现差质量网格的区域，应该发现表面得到很大的改进。

（15）仍然有些区域的网格需要改进，可手动添加虚拟单元进一步改进网格。

拾取工具栏的 Face selection 图标，从 Outline 中选择 Virtual Topology，选择图 4-148(a)左侧的 4 个面，然后右击并选择 Insert→Virtual Cell，添加新的虚拟单元。

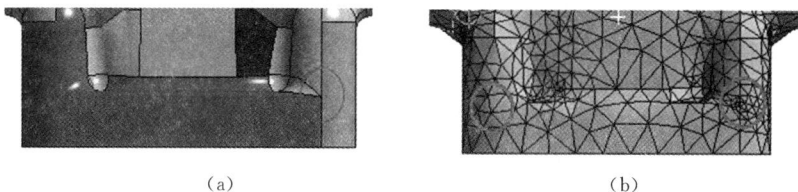

(a)　　　　　　　　　　　　　　　　(b)

图 4-148　手动添加虚拟单元

(16)重新生成网格,再次检查前面出现差质量网格的区域。看到改进的表面网格,如图 4-146(b)所示,对比左右两侧圆圈处的网格。如有必要继续添加 Virtual Cells。

在某些情况,自动添加可能会合并一些并不想合并的面。可选择 Virtual Topology 项下的 Virtual Face 并右击 Delete 来删除个别虚拟单元。

(17)右击 Mesh 并选择 Generate Mesh 生成最终固体网格。

下一步是创建流体区域的网格。

(18)在 Outline 中展开 Geometry→Part,右击第一个固体并选择 Hide Body 来隐藏固体区域。右击被抑制的（第二个）固体并选择 Unsuppress Body。对第二个选择固体,在 Details 视窗展开 Graphical Properties section 并设置 Transparency 为 1。

(19)从 Outline 选择 Virtual Topology。流体区域的虚拟单元早已建立。检查自动虚拟单元,看是否合理。模型中应该没有小面残留。

(20)下一步是对流体壁添加膨胀。右击 Mesh 并选择 Insert→Inflation。在 Geometry 栏需选择对应流体区域的固体,然后点击 Apply。

一旦已选择了固体,在 Inflation 细节窗口的 Definition→Boundary 栏点击 No Selection,出现 Apply / Cancel 按钮。现在选择模型除入口、出口外的任意的一个面,从工具栏选择 Extend to Limitst,就可以选择所有流体壁,点击 Boundary 栏的 Apply,其余采用默认设置。

(21)右击 Mesh 并选择 Generate Mesh 生成最终网格,如图 4-149 所示。

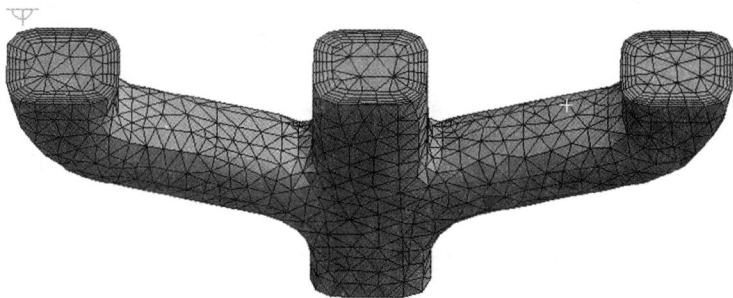

图 4-149　带 Inflation 的流体域网格

第5章 Mechanical 基础

5.1 Engineering Data 定义材料属性

5.1.1 材料数据的窗口

本节帮助路径:help/wb_eda/eda_book.html。

利用 Workbench 平台模拟不同分析类型的工程问题时,比如静力分析、动力分析、自由振动等,这些分析类型中可能包含不同的材料、非线性、瞬态载荷、刚体运动等特征,这就需要增加相应的材料属性,以帮助完成分析。

The Engineering Data 应用程序可以输入新材料或者从材料库中选择材料,并且可以全面控制材料属性,例如密度、热膨胀系数和传热系数,是每项工程分析的必须部分。Engineering data 可以单独打开,在工程流程图中,选择 Engineering Data→Edit,程序就打开 Engineering Data 项,进入工程材料数据窗口,如图 5-1 所示。

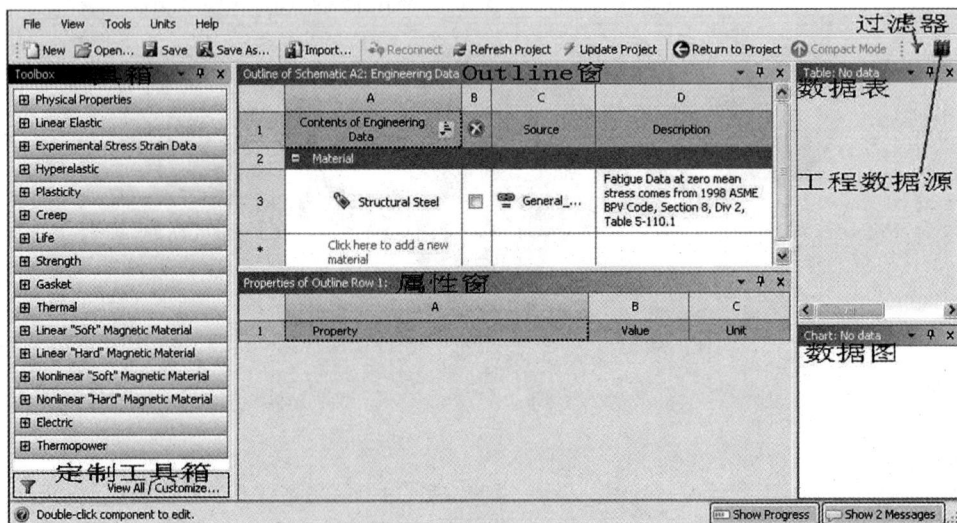

图 5-1　Engineering Data 应用程序界面之一

1. 工具箱 Toolbox

如果在工程流程图建立 Engineering Date,那么工具箱会包含所有的类别的材料属性,见表 5-1。如果是建立了某种分析系统,例如 Model,Static Structural,那么可能只包含一部分类别的材料属性。

2. 工具条

Engineering Data 的工具条与 AWB 主界面的工具条基本一致，只是最右侧添加了如下两个按钮。

（1）Filter Engineering Data for Physics，Analysis and Solver：过滤器，用户单击后有按下、弹起两种状态，表示选中、不选中两种选项。如果选中，软件将根据物理场、分析类型和求解器的不同，自动将左侧 Tools 的属性过滤，只把有关的属性显示出来。但是不论是否选中该选项，所有的材料数据都会传递到后面的分析系统。

（2）Engineering Data Sources：工程数据源。单击该按钮，会出现新的工程数据源窗口，而且布置在"Outline 窗口""属性窗口"的上方，如图 5-2 所示。3 种窗口从上到下的关系属于主从关系，并且随着上层窗口中所选某一行的不同，下层窗口的标题和内容也会改变。

表 5-1　Engineering Data 的工具箱

Toolbox	Toolbox 工具箱
Physical Properties	物理属性
Linear Elastic	线弹性
Experimental Stress Strain Data	实验应力应变数据
Hyperelastic	超弹性
Plasticity	塑性
Creep	蠕变
Life	寿命
Strength	强度
Gasket	垫圈、垫片
Thermal	热分析
Linear "Soft" Magnetic Material	线性软磁材料
Linear "Hard" Magnetic Material	线性硬磁材料
Nonlinear "Soft" Magnetic Material	非线性软磁材料
Nonlinear "Hard" Magnetic Material	非线性硬磁材料
Electric	电场
Thermopower	热能
Brittle/Granular	脆性/颗粒状物料
Equations of State	状态方程
Porosity	疏松度
Failure	破坏/故障
Nonlinear	非线性
Elasto-Plastic Behavior	弹塑性特性

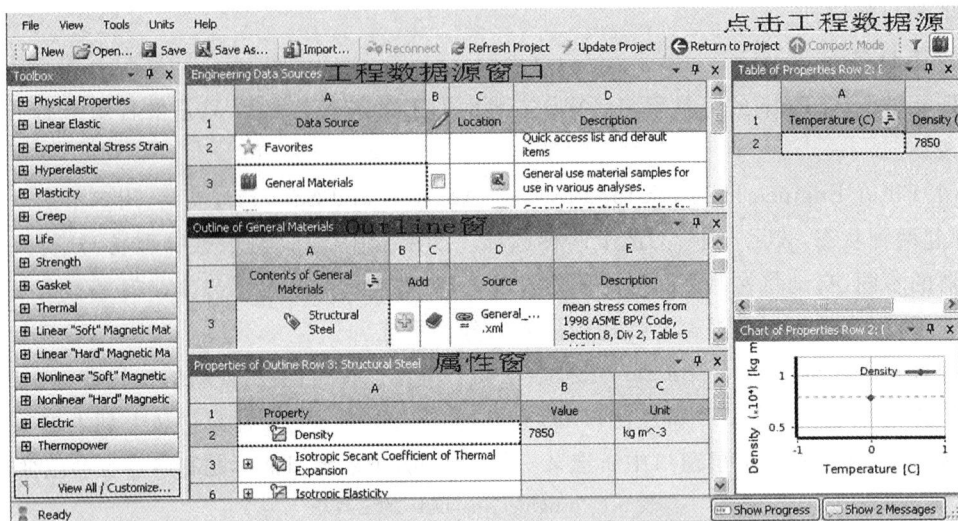

图 5-2　Engineering Data 应用程序界面之二

3. 工程数据源窗口 Engineering Data Sources

Engineering Data Sources 如图 5-3 所示，每一列的含义如下：

(1) Data Source：数据源。

(2) Favorites：快速查看默认的材料。

(3) General Materials：不同分析中使用的各种通用材料。

(4) General Non-linear Material：非线性分析中使用的各种通用材料。

(5) Explicit Materials：显式分析中使用的材料。

(6) Hyperelastic Materials：超弹性材料，用于曲线拟合的应力-应变数据。

(7) Magnetic B-H Curves：磁场分析中的 B-H 磁化曲线。

(8) Thermal Materials：热分析中使用的材料属性。

(9) Click here to add a new library：添加新材料目录。

图 5-3　工程数据源窗口

4. Outline 窗口 Outline of ××

如图 5-2 所示，显示用户当前工程中可以使用的材料种类、来源、简单的描述。

5. 属性窗口 Properties of Outline Row ××

如图 5-2 所示，在 Outline 窗口选择了某种材料，其各种属性显示在此窗口中，如表 5-2

所示。

表 5-2　材料属性

Properties of Outline Row 3: Aluminum Alloy		Outline 窗口第 3 行属性：铝合金
	A	A 列
1	Property	属性
2	Density	密度
3	⊞ Isotropic Secant Coefficient of Thermal Expansion	热膨胀的各向同性正割系数
6	⊞ Isotropic Elasticity	线弹性
12	⊞ Alternating Stress R-Ratio	交变应力 R 值
16	Tensile Yield Strength	拉伸屈服强度
17	Compressive Yield Strength	压缩屈服强度
18	Tensile Ultimate Strength	拉伸强度极限
19	Compressive Ultimate Strength	压缩强度极限
20	⊞ Isotropic Thermal Conductivity	各向同性导热系数
23	Specific Heat	比热
24	Isotropic Relative Permeability	各向同性相对磁导率
25	⊞ Isotropic Resistivity	各向同性电阻率

5.1.2　材料数据的使用

本节帮助路径：help/wb_eda/eda_overview.html。

1.从材料库中选择并添加默认材料

下面从 ABW 13 的 General Materials 材料库中选择并添加材料到结构静力分析。

(1)单击工具条的按钮 Engineering Data Sources 工程数据源,弹出工程数据源窗口。或者在任意位置单击鼠标右键选择 Engineering Data Sources。

(2)选择 Engineering Data Sources 下的某一行,例如 General Materials,如图 5-4(a)所示。

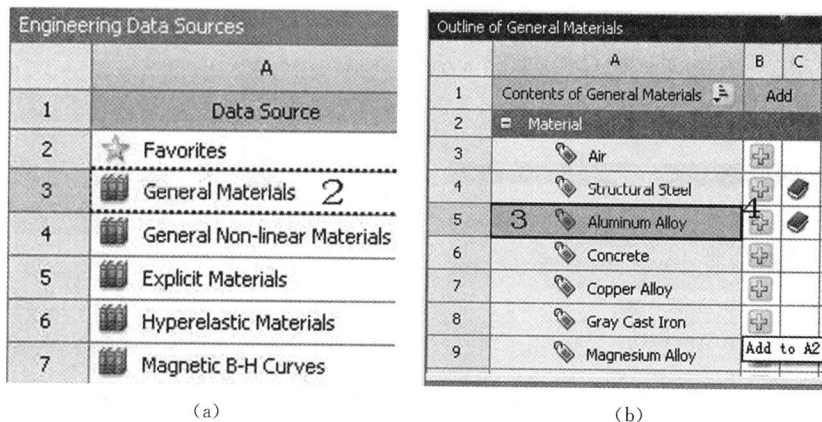

(a)　　　　　　　　(b)

图 5-4　从 General Materials 材料库中选择并添加材料

(3)在 Outline of ×× 窗口下选择所需材料,例如 Aluminum Alloy。

(4)在单击后面的加号,这样就在 Outline of Schematic A2 中添加了该材料,如图 5-4

(b)所示。

(5)再次工具条的按钮 Engineering Data Sources,此时在 Outline of Schematic A2 就添加了铝合金材料,如图 5-5 所示。

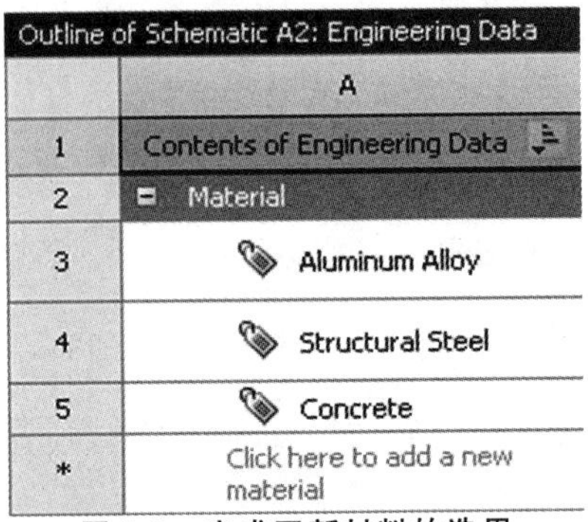

图 5-5　完成了新材料的选用

2.常用的材料参数

根据仿真分析的类型不同,在 Engineering Data 中必须输入如下材料参数。

(1)在线性静态结构分析中需要给出杨氏模量和泊松比。

(2)存在惯性时,需要给出材料密度。

(3)当施加了一个均匀的温度载荷时,需要给出热膨胀系数。

(4)在均匀温度载荷条件下,不需要指定导热系数。

(5)想得到应力结果,需要给出应力极限。

(6)进行疲劳分析时需要定义疲劳属性。

5.1.3　第 5 章例子 1

第 5 章例子 1,演示添加新材料名称及性能参数,以芯片 chip 为例。相关文件见光盘 chapter 5/example 5.1。

(1)在 AWE 主界面的 Toolbox→Component System,拖动 Engineering Data 到 Project Schematic。双击 A2,即 Engineering Data 进入如图 5-1 所示工程材料数据详细窗口。

(2)单击 Outline of Schematic A2 窗口的"Click here to add a new material",如图 5-6(a)所示。

(3)建立材料名为 chip 的材料,如图 5-6(b)所示。

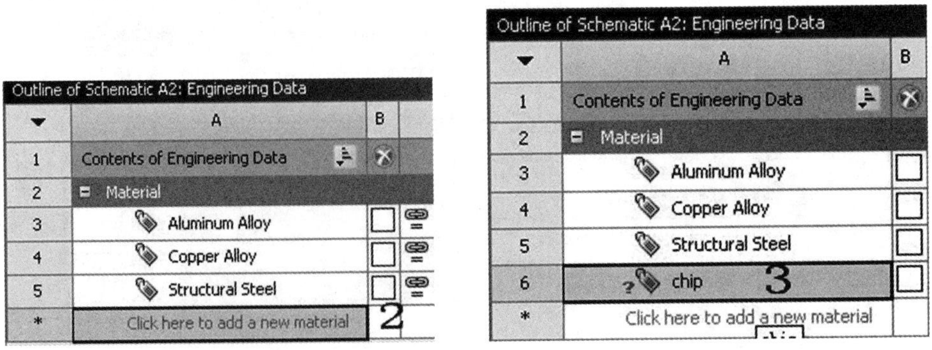

(a)

(b)

图 5-6　建立 chip 的材料名

(4)先建立密度。用鼠标选中 Toolbox 的 Density 项,如图 5-7 所示。

(5)并在右键弹出的快捷菜单中选中 Include Property,如图 5-7 所示。

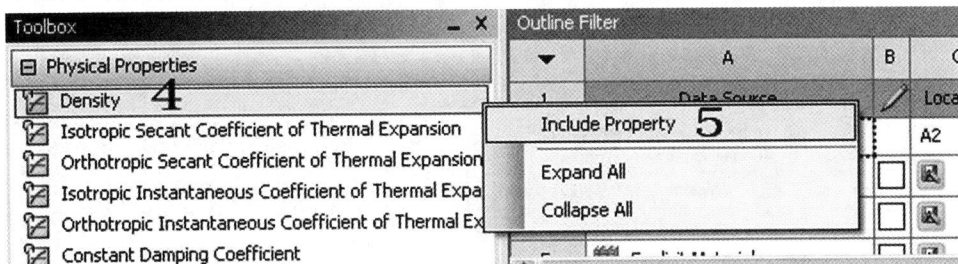

图 5-7　添加密度属性

(6)在随后弹出的 Properties of Outline Row 对话框中输入 5 000 kg/m³,如图 5-8 所示。

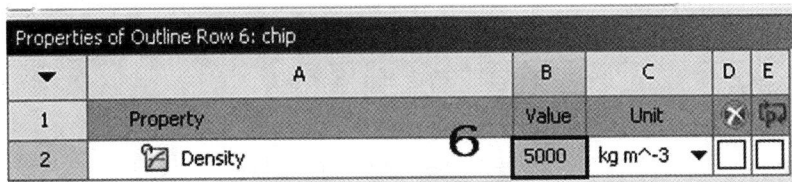

图 5-8　输入 chip 材料的密度

(7)接下来确定 chip 材料的温度膨胀系数。如图 5-9 所示,用鼠标选中 Toolbox 中的 Isotropic Secant Coefficient of Thermal Expansion 项。

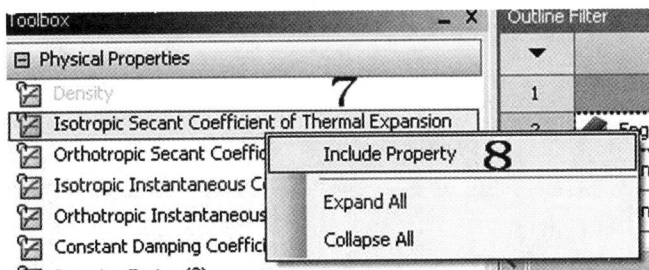

图 5-9　选择新属性

(8)在右键弹出的快捷菜单中选中 Include Property。

(9)在随后弹出的对话框中输入 chip 材料的温度膨胀系数 3E-06,参考温度输入 22,如图 5-10 所示。

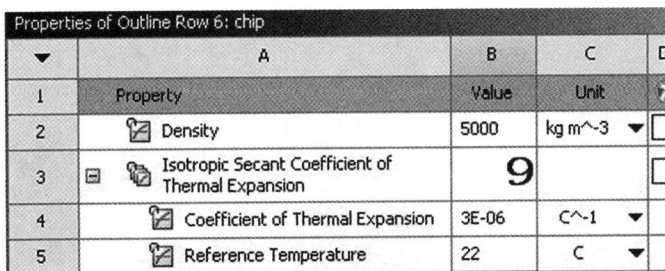

图 5-10　确定 chip 材料的温度膨胀系数

(10)同理,在 Toolbox→Linear Elastic→Isotropic Elasticity 双击鼠标左键,在随后弹出的 Properties of Outline Row 对话框中,输入 chip 材料的弹性模量和泊松比,分别为(1.6E+11)Pa 和 0.3,最终结果如图 5-11 所示。

	A	B	C
1	Property	Value	Unit
2	Density	5000	kg m^-3
3	⊟ Isotropic Secant Coefficient of Thermal Expansion		
4	Coefficient of Thermal Expansion	3E-06	C^-1
5	Reference Temperature	22	C
6	⊟ Isotropic Elasticity		
7	Derive from	Young's Modulus and Poisson's Ratio ▼	
8	Young's Modulus	1.6E+11	Pa
9	Poisson's Ratio	0.3	
10	Bulk Modulus	1.3333E+11	Pa
11	Shear Modulus	6.1538E+10	Pa

图 5-11　确定 chip 其余参数

5.2　准 备 工 作

1.提取分析模型

任何结构都不是孤立的,由于分析结构和周围环境存在拉压力、剪切力、弯矩和扭矩等载荷传递,以及存在刚性、弹性位移约束等,因此提取分析模型时必须考虑并表征分离界面上的这些关系。

2.对称性

考虑结构、载荷、材料特征及约束条件是否存在对称轴、对称面或周期对称性。

(1)如果结构正对称,载荷也正对称,则变形正对称,对称面只有对称的内力和应力,约束对称面上反对称位移自由度。

(2)如果结构正对称,载荷反对称,则变形反对称,对称面只有反对称的内力和应力,约束对称面上正对称位移自由度,

多数情况下,使用对称、反对称、平面应力、平面应变等简化假定能更有效地完成 3D 模型的数值模拟分析,如图 5-12 所示。也就是说,如果工程问题满足简化条件,就应该使用这些简化假设,而不必进行 3D 整体模型的数值模拟分析。

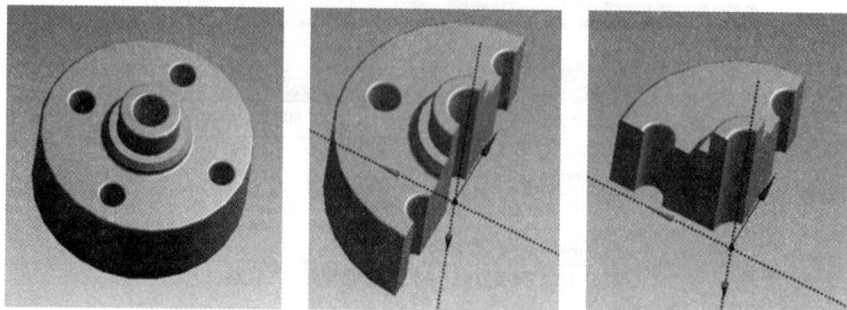

图 5-12　模型的对称性

3.寻找重点关心位置

重点关心的位置是指最危险的或最感兴趣的部位。这样在建模时需给予特殊考虑,如

网格细化等,而对于非重点处,则不用过多考虑,以使模型简化,降低分析成本。

4. 细节结构的简化

细节指出了结构主题尺寸以外的细节尺寸,如小的过度圆角、凹槽、凸台、焊接高度等,考虑如下:

(1)分析类型:进行静力分析,仅考虑薄膜应力和弯曲应力,而不考虑峰值应力,因此造成峰值应力的局部小尖角等细节尺寸可以忽略。而进行疲劳分析,需要考虑峰值应力,应详细考虑实际的细节尺寸。

(2)细节结构位置:远离重点部分时,其影响可以忽略。

模型细节结构的简化主要是将模型中不关心的细节特征去除,从而有效合理地划分网格。

5. 定义零件行为

零件行为可以是刚性或柔性的,对于刚体零件,静力分析中仅考虑惯性载荷,可以通过关节载荷施加到刚体上,刚体输出结果为零件的全部运动和传递力。如果柔体零件包含非线性行为如大变形或超弹性等,计算时间将显著增加,因此需要尽可能简化模型,如将 3D 结构转变为 2D 平面应力、平面应变或轴对称模型等。

5.3　Geometry 导入几何模型

对于许多人来说,DesignModeler 建模的许多命令都不熟悉,但大多数人都熟悉一门三维 CAD 软件,用户可以在自己熟悉的 CAD 中建好模型,再导入 Workbench。

5.3.1　几何模型的种类

AWB 有限元仿真分析中可以使用的几何结构类型,有实体、壳、梁、点质量等,详细叙述如下。

1. 实体

实体一般为 3D 或 2D,如图 5-13 所示。

3D 实体是由带有二次状态方程的高阶四面体或六面体实体单元进行网格划分的。

2D 实体是由带有二次状态方程的高阶三角形或四边形实体单元进行网格划分的。几何导入后,不能将几何类型由 2D 变成 3D。

结构的每个节点含有 3 个平动自由度(DOF)或对热场有一个温度自由度。

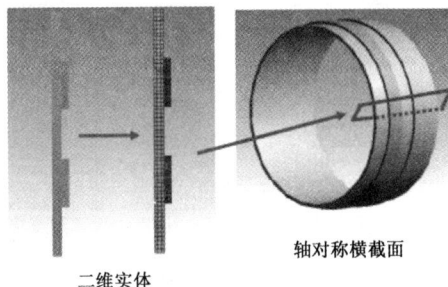

二维实体

轴对称横截面

图 5-13　三维实体和简化后的二维实体

2. 面体(壳体)

面体是指几何上为 2D、空间上为 3D 的体素。面体为有一层薄膜(有厚度)的结构,在

Details of"Surface Body"中一定要指定厚度值,如图 5-14 所示。

面体由带有 6 个自由度(UX, UY, UZ, ROTX, ROTY, ROTZ)的线性壳单元进行网格划分。

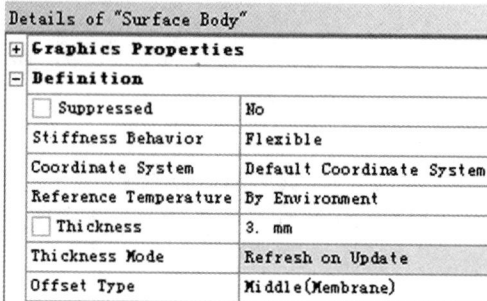

图 5-14　面体厚度

3. 线体(梁)

线体是指几何上为一维、空间上为三维的结构。线体是用来描述与长度方向相比较其他两个方向的尺寸很小的结构,截面的形状不会显示出来。

线体(梁)的截面形状和方向在 DesignModeler 已经指定,并且可以自动地传到结构静力分析模型中。线体由带有个 6 个自由度(UX, UY, UZ, ROTX, ROTY, ROTZ)的线性梁单元进行网格划分。

4. 点质量

结构静力分析中引入点质量只是为了考虑结构中没有建模(没有确切几何模型)的附加质量,同时必须有惯性力出现。

在结构静力分析中,点质量只能添加惯性力,即点质量只受加速度、标准重力加速度和旋转速度的作用。质量点不存在转动惯性,只有面和实体才能定义点质量,质量是与选择的面联系在一起的,并假设它们之间没有刚度。

单击 Geometry 工具条的 Point Mass 就可以建立点质量,点质量将会以圆球出现。如图 5-15 所示,其要点如下。

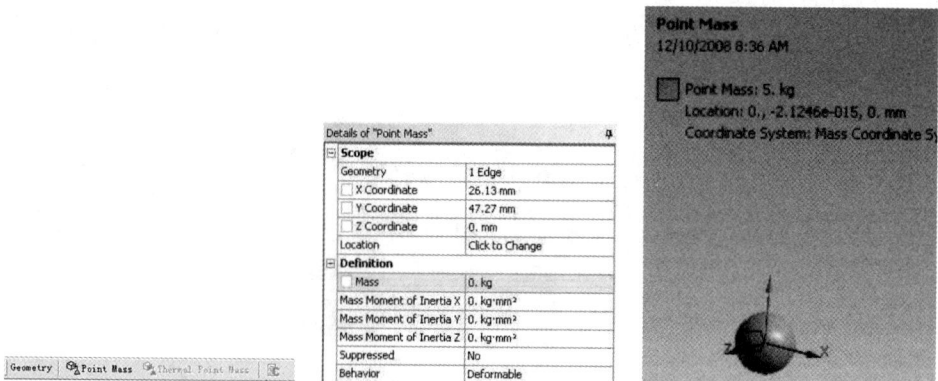

图 5-15　点质量

(1)有两种方法进行定义质量点的位置。第一种方法,细节窗口中 Geometry 表示点质量与实体模型的连接位置。在定义的坐标系中,设置(x, y, z)坐标值来定义点质量模型的质心位置。另一种方法,也可以在细节窗口中 Location 选择点、边、面来定义点质量位置。

（2）质量大小在细节窗口 Mass 中输入。

5. 组件(Parts)

（1）使用组件的场合：如图 5-16 所示，以球轴承为例，为了模拟保持架对滚珠的限制作用，在柱坐标系下约束每个滚珠与内、外环接触点连线上所有节点的周向与轴向自由度，需要将滚子切割成 8 个实体。但实际上它们属于一个整体，所以需要将它们合并成一个 Part。

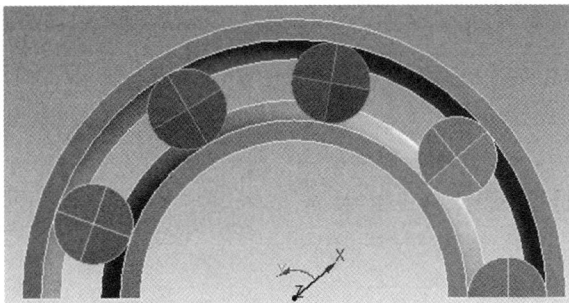

图 5-16　使用组件的场合

（2）组件的好处：如图 5-17 右侧 4 个图所示，组件中两个实体共用边界的地方，在公共界面上的节点是共用的，在这种情况下是不需要定义接触的。

（3）形成组件的方法：在导航树选择 Geometry，选择多个实体，然后单击鼠标右键选择 Form New Part。如图 5-17 左侧所示，由圆柱体 Solid 和长方体 Solid 合并成 Part。

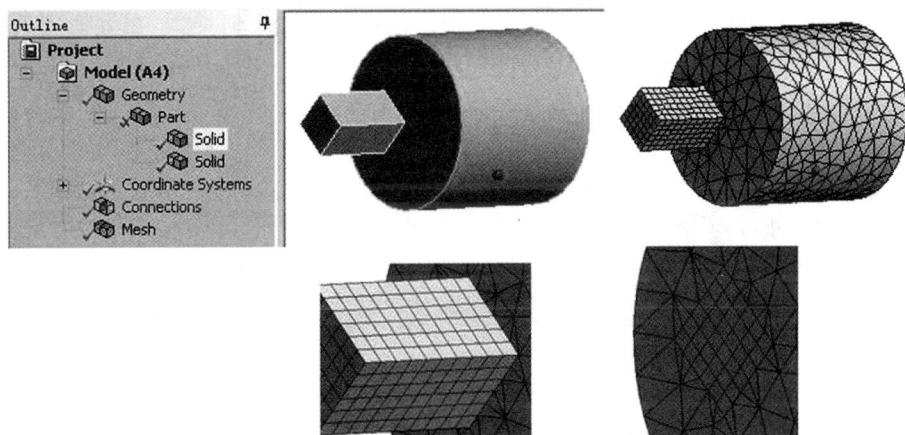

图 5-17　形成组件以及组件的用处

5.3.2　Geometry Property

可以从支持的 CAD 系统输入各种几何项目：几何体素、坐标系、参数、材料属性等。

至于要输入其中的哪些参数，可以在 AWB 主界面建立项目工程，右键单击 Geometry 选择 Properties，弹出 Properties of Geometry 进行设置，如图 5-18 所示。包括 Geometry 的存储位置、基本选项、高级选项。

如果想修改它们的默认设置(Geometry Preferences 几何首选项)，用户可以在 AWB 总界面中，选择菜单 Tools→Options→Geometry Import。详情见第 2.1.5 节"Geometry Import 选项"。

另外，请注意，并不是这里描述的所有输入能力都可以应用在所有的 CAD 系统中。这些功能取决于 CAD 软件，并由 CAD 厂商的 API 提供支持。

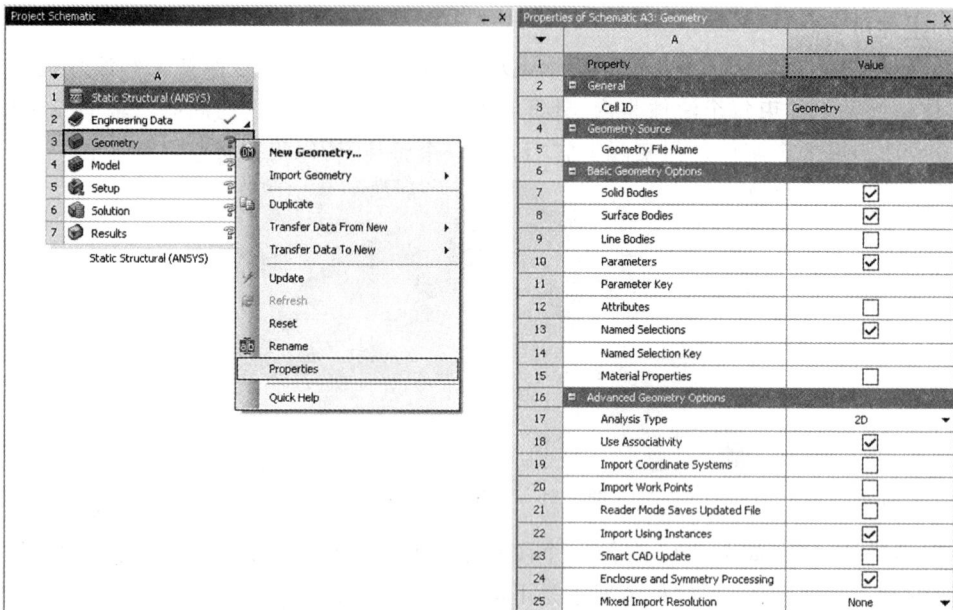

图 5-18　从其他 CAD 导入几何项目

（1）几何模型的存储位置，见图 5-18 第 4,5 条。

（2）输入实体、面或线体，见图 5-18 第 7～9 条。选择想要的几何类型，在方框中点击使出现对号，不需要的几何类型去掉对号进行几何过滤。可以导入实体和面体的装配体，但不能输入由实体和面体组成的混合零件。

（3）CAD 如果有参数化尺寸，可以导入 Mechanical，见第 10,11 条。选择"Yes"（默认），尺寸命名中包含 Parameter Key（默认为"DS"）的参数化尺寸将会输入到 Mechanical 中。若要输入所有的参数化尺寸，必须使得 Parameter Key 的区域为空白。

CAD 参数化尺寸将会出现在几何体的细节窗口中，如图 5-19 所示。

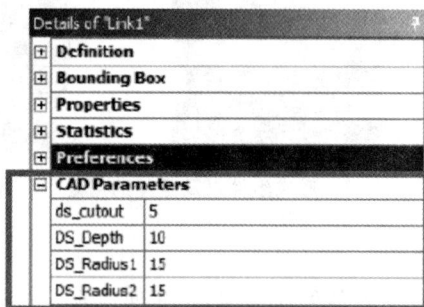

图 5-19　从 CAD 导入参数化尺寸

（4）输入命名选择集，见图 5-18 第 13,14 条。如果"Groups"定义在 CAD 包内，它们可以作为 Named Selections 输入。"Groups"的名字包含特定的前缀，将前缀输入 Named Selection Key 中（默认的为"NS"）。

若要输入所有 groups，必须使得 Named Selection Key 的区域为空白。

（5）材料属性：见图 5-18 第 15 条，默认为 No。允许从支持的 CAD 系统中输入部分材料属性，例如弹性模量（Young's Modulus，杨氏模量），泊松比，密度，比热（Specific Heat），导热率(Thermal Conductivity),热膨胀系数(Thermal Expansion Coefficient)。其他还有哪些数据可以导入 ANSYS,这取决于不同的 CAD 软件。导入材料属性后,会自动生成一个文件,里面包含了模型的 CAD 材料属性,并出现在 Engineering Data 分支,用户可以使其生效或者修改材料属性值。

注意:

1)如果材料类型在 CAD 中改变,在 ANSYS 中这将会在更新中反映出来。

2)如果材料属性值在 CAD 中改变,在 ANSYS 中这将不会更新。因为如果用户已经在 ANSYS 中把导入的材料属性值进行了设置,如果材料属性值又在 CAD 中改变,那么 CAD 中的数值不会反映在 ANSYS 中,防止用户在 ANSYS 的设置被覆盖。

(6)分析类型,见图 5-18 第 17 条。在项目框图中,可以设置分析类型为 2D 或者 3D。

(7)Use Associativity,见图 5-18 第 18 条。在不定义材料属性、载荷、约束等条件下,允许在 Mechanical 中进行 CAD 几何体的更新。

(8)导入坐标系,见图 5-18 第 19 条。允许从 CAD 模型导入几何局部坐标系。

(9)智能 CAD 更新,见图 5-18 第 23 条。仅对装配体中修改的 CAD 模型进行更新。

5.3.3　几何模型的导入

本节帮助路径:help/wb_dm/agpfilemenu.html。

用户可以在 ANSYS DesignModeler 中生成几何模型,文件后缀为.agbd,如有需要可以建立参数化模型。DesignModeler 与 Workbench 的仿真模块之间可以实现参数双向传输。

用户还可以从自己熟悉的 CAD 软件系统中先建好模型,再将模型导入 Workbench 中。Workbench 能够与大多数主流的 CAD 软件之间实现模型的传递。根据 CAD 与 Workbench 之间能否进行参数双向传输,可分为两种方法,分别是单向连接、双向连接。

1.单向连接

从下面两种方法导入的几何模型都属于单向连接,其缺点之一是从 CAD 软件中转换的模型不能进行参数化计算,不能修改构件的几何尺寸,要修改尺寸还必须返回到 CAD 中,然后再转换到 Workbench 中。

(1)导入其他 CAD 软件已经激活的几何模型,只能选择已保存的 CAD 模型,可以导入参数和命名选择。导入方法为单击 Design Modeler 中菜单 File 下中的 Attach to Active CAD Geometry。属于 Plug-in 模式。

ANSYS 支持的 CAD 格式如下:

1)Autodesk Inventor;

2)Autodesk Mechanical Desktop;

3)CATIA V4(* . model, * . exp, * . session, * . dlv, * . CATPart, * . CATProduct);

4)CoCreate Modeling (* . pkg, * . bdl, * . ses, * . sda, * . sdp, * . sdac, * . sdpc);

5)GAMBIT (* . dbs);

6)Inventor (* . ipt, * . iam);

7)JT Open (* . jt);

8)Monte Carlo N-Particle (* . mcnp);

9)Pro/ENGINEER (* . prt, * . asm);

10)Solid Edge (* . par, * . asm, * . psm, * . pwd);

11）SolidWorks（＊.sldprt，＊.sldasm）；

12）SpaceClaim（＊.scdoc）；

13）NX（＊.prt）。

（2）导入第三方格式。AWB 提供的模型数据交换接口有 ACIS（＊.sat，＊.sab），BladeGen（＊.bgd），Monte Carlo N-Particle（＊.mcmp），IGES（＊.igs 或者 ＊.iges），Parasolid（＊.x_t，＊.xmt_txt，＊.x_b，＊.xmt_bin），二进制文件（＊.x_b 和 ＊.xmt_bin），STEP（＊.step 以及 ＊.stp），DXF，DWG，等等。

导入方法为点击 Design Modeler 中菜单 File 下中的 Import External Geometry File。或者 Workbench 主界面下 Project Schematic 中，鼠标右击选择 Geometry，在快捷菜单中选择 Import Geometry，如图 5-20 所示，属于 Reader 模式。

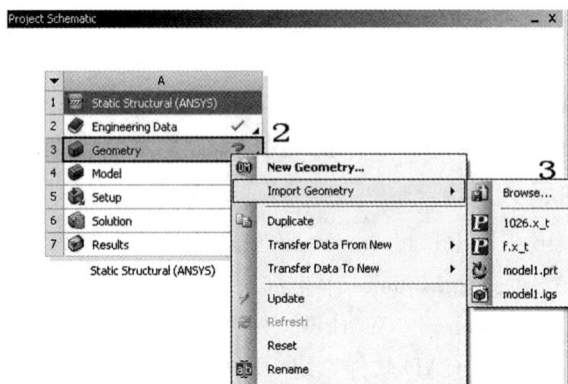

图 5-20　用第三方格式导入已有的几何模型

（3）细节窗口。在 DesignModeler 界面下，使用了 Attach to Active CAD Geometry 的细节窗口如图 5-21(a)所示，Import External Geometry File 如图 5-21(b)所示。

在细节窗口中，很多选项与第 2.1.5 节和第 5.3.2 节完全一样，下面只介绍部分选项。

1）Simplify Geometry：默认 No，如果用户选为 Yes，那么 DesignModeler 应用程序根据解析几何原理，在可能的地方简化表面和曲线。

2）Simplify Topology：默认 No，如果用户设为 Yes，那么 DesignModeler 应用程序在可能的地方，清除冗余表面、曲线、顶点。

3）Heal Bodies：默认 Yes，程序在执行 Import 和 Attach 之前，尝试修补几何体。

4）Clean Bodies：默认 Yes，程序在执行 Import 和 Attach 之后，对实体和面体尝试修补几何体，Clean Bodies 不作用于线体。

5）Refresh：当用户把 CAD 模型 Imported 或者 Attached 到 DesignModeler 后，可能用户又在原 CAD 软件中对 CAD 模型进行了改动。如果 Refresh 设为 Yes，并且用户单击 Generate 后，那么这些改动就会反映在 DesignModeler 中，保证最新状态的模型。

2.双向连接

从 CAD 软件下启动 Workbench，可以实现 Workbench 与 CAD 之间模型的双向连接，即可以把 CAD 里的参数导出到 Workbench，CAD 的参数变化可以在 Workbench 中反映出来；反过来也可以。

有关导入参数和命名选择的相关知识，见第 5.3.2 节。

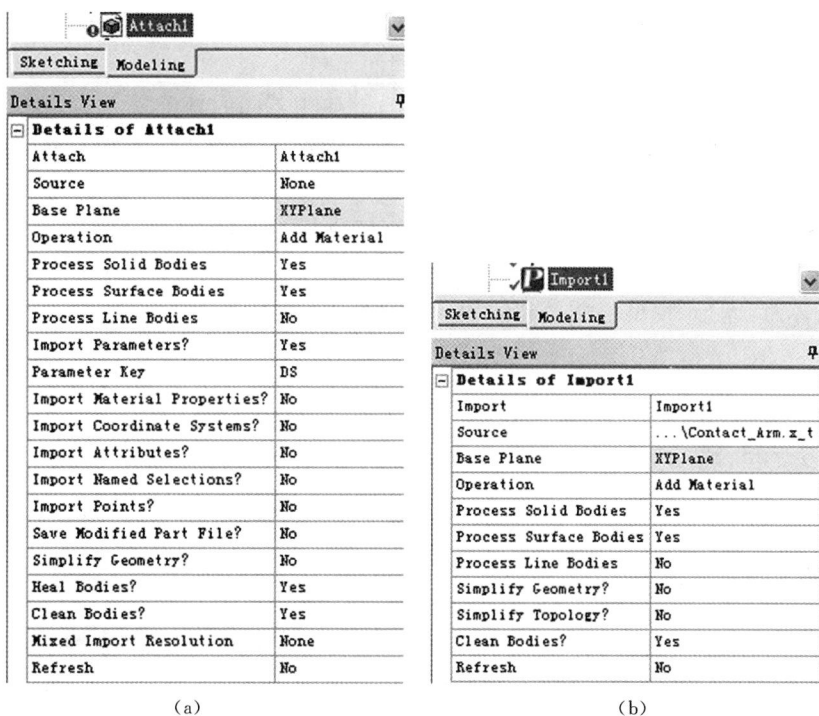

(a)　　　　　　　　　　　　　　　　　(b)

图 5-21　Attach 和 Import 的细节窗口

5.3.4　Geometry **细节窗口**

本节帮助路径:help/wb_sim/ds_Geometry_o_r.html。

Geometry 的细节窗口的很多参数是只读文本框,或者由模型本身决定,或者由第 5.3.2 节决定。

1. Definition

Geometry:几何模型,选择该分支后,在细节窗口中有多个选项,其中 Definition 下的 Display Style 为如何显示实体的颜色,如图 5-22(a)所示,选项如下。

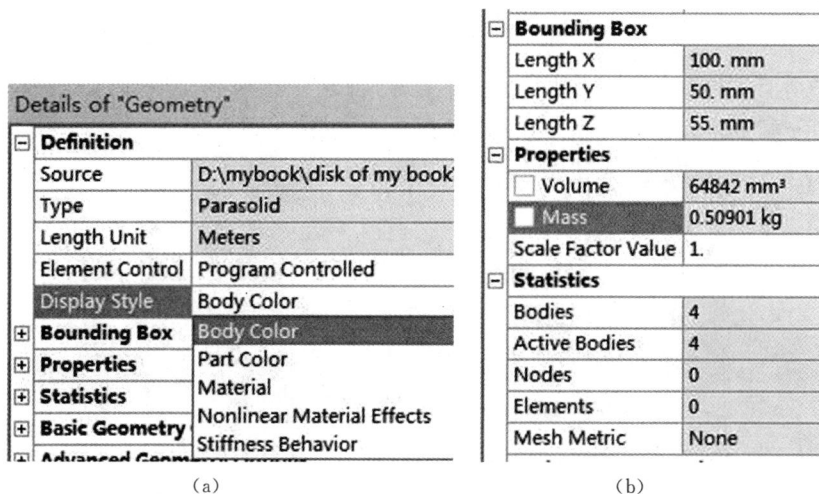

(a)　　　　　　　　　　　　　　　　　(b)

图 5-22　Geometry 细节窗口一

(1)Part Color:不同的零部件自动使用不同的颜色。

（2）Shell thickness：根据薄壁件的厚度自动选择不同的颜色。

（3）Material：根据材料的不同自动使用不同的颜色。

（4）Nonlinear Material：根据材料的非线性自动使用不同的颜色。

（5）Stiffness Behavior：根据刚度行为自动使用不同的颜色。

2. Bounding Box

只读文本框。显示模型在笛卡尔坐标系 3 个坐标轴方向的最大尺寸（见图 5-22(b)）。

3. Properties

只读文本框。显示模型的质量和体积（见图 5-22(b)）。

4. Statistics

只读文本框。显示模型的实体数量，激活实体数量，网格节点数量，网格单元数量，网格质量（见图 5-22(b)）。

5. Basic Geometry Options

只读文本框（见图 5-23(a)）。是否显示实体、面体、线体等。

6. Advanced Geometry Options

只读文本框（见图 5-23(b)）。

Basic Geometry Options	
Solid Bodies	Yes
Surface Bodies	Yes
Line Bodies	No
Parameters	Yes
Parameter Key	ANS;DS
Attributes	No
Named Selections	No
Material Properties	No

（a）

Advanced Geometry Options	
Use Associativity	Yes
Coordinate Systems	No
Reader Mode Saves Updated File	No
Use Instances	Yes
Smart CAD Update	Yes
Compare Parts On Update	No
Attach File Via Temp File	Yes
Temporary Directory	C:\Users\Administrator\AppDat
Analysis Type	3-D

（b）

图 5-23　Geometry 细节窗口二

5.3.5　零件的信息

本节帮助路径：help/wb_sim/ds_Geometry_o_r.html。

将模型导入后，双击"Geometry"下面的某一个工程单元就可以进入仿真界面。首先要为模型中的所有实体添加材料属性。方法为从导航树中选取某个实体，然后在细节窗口选择 Material→Assignment，在下拉菜单选取合适的材料，如图 5-24 所示。

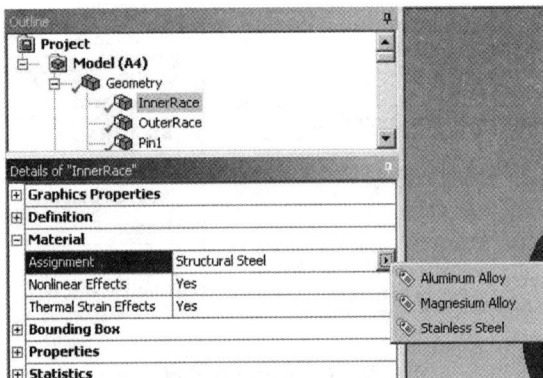

图 5-24　给实体指定材料

在仿真界面下可以查看模型所含部件的信息,方法如下。

1.细节窗口

在 DesignModeler 界面,选中模型某一个部件,在其细节窗口显示其各种属性,见表5-3。

表 5-3 DesignModeler 中的部件的细节窗口

Details of Body		实体的细节窗口
Body	SidePlate1	实体名称(只读)
Volume	23724 mm³	体积的大小(只读)
Surface Area	11382 mm²	表面积的大小(只读)
Faces	8	表面的总数量(只读)
Edges	16	边的总数量(只读)
Vertices	8	顶点的总数量(只读)
Fluid/Solid	Solid	流体还是实体

在 Mechanical 界面,选择导航树的 Geometry 下的某一个部件,在其细节窗口显示其各种属性,见表5-4 和表5-5。根据所选对象的不同,例如线体、面体、实体,细节窗口有部分项目不相同。

表 5-4 Mechanical 中的实体的细节窗口之一

Details of "SidePlate1"		实体的细节窗口
Graphics Properties		图像属性
Visible	Yes	是否可见:是
Transparency	1	透明度:0 完全透明,1 不透明
Color		实体颜色:单击右侧的……可修改颜色
Definition		定义
□ Suppressed	No	是否抑制:否
Stiffness Behavior	Flexible	刚度行为:弹性体
Coordinate System	Default Coordinate System	坐标系:默认
Reference Temperature	By Environment	参考温度:环境温度
Material		材料
Assignment	Structural Steel	材料属性赋值:结构钢
Nonlinear Effects	Yes	非线性效果:使用非线性
Thermal Strain Effects	Yes	热应变效果:使用热应变

2. Worksheet

选中导航树的 Geometry,单击工具栏的按钮"Worksheet",那么在图形工作区的位置弹出 Geometry 表格 Worksheet,显示部件名称、已经定义的材料、体积、质量、节点数目、单元数目、非线性行为、刚度行为等等,如图5-25 所示。

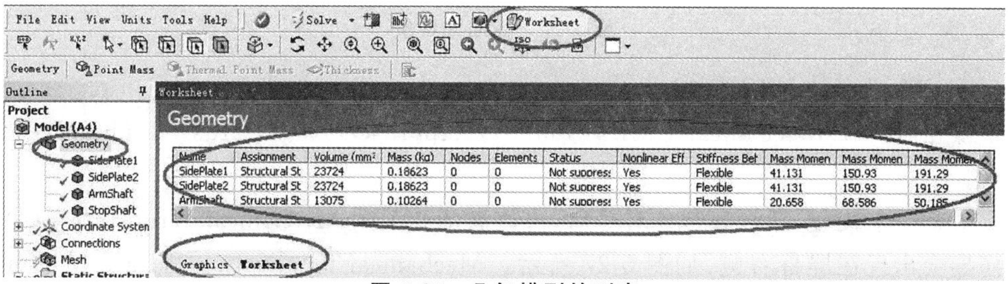

图 5-25 几何模型的列表

表 5-5　Mechanical 中的实体的细节窗口之二

Bounding Box		边界框：
Length X	100. mm	X 向长度：(只读)
Length Y	50. mm	Y 向长度：(只读)
Length Z	5. mm	Z 向长度：(只读)
Properties		属性：
☐ Volume	23724 mm³	体积：(只读)
☐ Mass	0.18623 kg	质量：(只读)
Centroid X	49.334 mm	质心位置 X 坐标：(只读)
Centroid Y	25.049 mm	质心位置 Y 坐标：(只读)
Centroid Z	2.5 mm	质心位置 Z 坐标：(只读)
Moment of Inertia Ip1	41.131 kg·mm²	惯性矩：(只读)
Moment of Inertia Ip2	150.93 kg·mm²	惯性矩：(只读)
Moment of Inertia Ip3	191.29 kg·mm²	惯性矩：(只读)
Statistics		统计
Nodes	0	节点数目：(只读)
Elements	0	单元数目：(只读)
Mesh Metric	None	网格质量：(只读)
CAD Attributes		CAD
PartTolerance	.000001	部件的尺寸容差：1E−6

5.4　后处理之查看结果

本节帮助路径：help/wb_sim/ds_Review_Results_section. html。

5.4.1　标准工具条

本节帮助路径：help/wb_sim/ds_Toolbars. html。

标准工具条如图 5-26 所示。

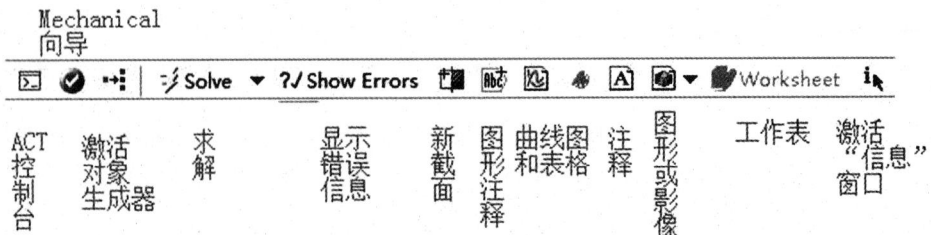

图 5-26　标准工具条

1. the Mechanical Wizard

步骤路径：// Mechanical User's Guide // Approach // Wizards // The Mechanical Wizard。

点击第一个按钮,即红底黄色对号后,可以激活和关闭 Mechanical Wizard 力学向导,该力学向导会出现在屏幕右侧,如图 5-27 所示。Mechanical Application Wizard 是个可以打开也可以不打开的窗口。它用于提醒用户在进行分析时所需要的步骤。每一步前面的图形符号表明了该步当前的状态,图形符号的含义见表 5-6。

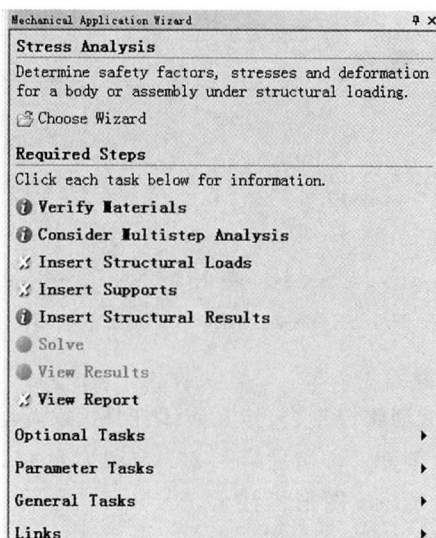

图 5-27　Mechanical Wizard **的窗口**

表 5-6　**分析向导的图标及其含义**

分析向导的图标	描　述	含　　义
	绿色对号	这一步已经完成
	绿色"i"	显示这一步的信息
	灰色的圆圈	表示该步骤无法执行
	红色问号	表示这一步是一个不完整项目,需要用户进一步完善
	黄色"X"	表示这一步还没有完成
	黄色闪电	表示这一步准备求解或更新

目前共有如下几种 Mechanical Wizards,分别是:

(1)Safety factors, stresses and deformation:安全系数向导,应力向导,变形向导。

(2)Fatigue life and safety factor:疲劳寿命和安全系数的向导。

(3)Natural frequencies and mode shapes:自然频率和振型的向导。

(4)Optimizing the shape of a part:部件形状优化的向导。

(5)Heat transfer and temperatures:热传导和温度的向导。

(6)Magnetostatic results:静磁分析向导。

(7)Contact region type and formulation:接触类型和公式的向导。

2. Solve

Solve 共分两部分。点击右侧的下拉三角形,出现下拉菜单有两种选项,分别是:

(1)My Computer:本机的求解处理器。

(2)My Computer,Background:可使用远程处理器。

用户对 Solve 的设置,需要在 Mechanical 界面下,主菜单的 Tools → Solve Process Settings 中完成,激活 Solver Process Setting 界面进行设置,窗口如图 5-28 所示。点击左侧的 Solve 就可以开始求解。

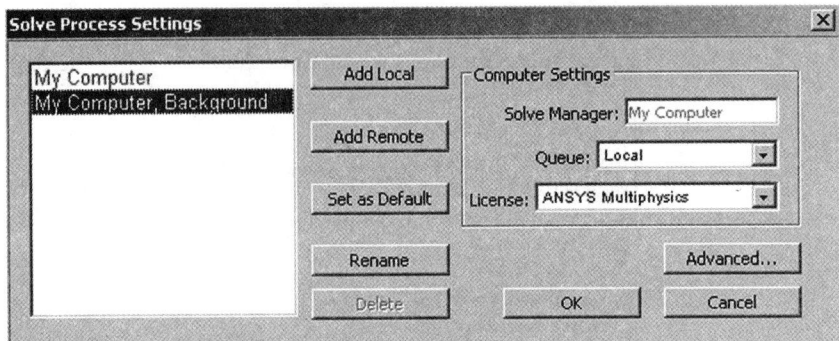

图 5-28　Solve Process Setting 的窗口

3. New Section Plane 截面

用户建立一个截面,该截面将模型(包括几何体、网格、求解结果云图)切割开,用户可以在该截面的左侧或右侧观察剖面。详情见第 4.2.2 节和第 5.4.2 节。

4. New Graphics Annotation 图形标注

详情见第 5.4.3 节"标注 Annotation"。

5. New Chart and Table 曲线和表格

详情见第 5.4.4 节"曲线图和表格 New Chart and Table"。

6. Comment 注解

详情见第 5.4.5 节"注解 Comment"。

7. Figure and Image 图形和照片

详情见第 5.4.6 节"图形和照片 Figure and Image"。

8. Show/Hide Worksheet Window:激活或关闭 Worksheet 窗口

5.4.2　截面 Section

本节帮助路径:help/wb_sim/ds_Standard_Toolbar. html 和 help/wb_sim/ds_New_Sec_Plane. html。

在仿真结果中也会用到标准工具条的截面按钮,如图 5-26 所示。添加截面,可以把模型用一个或者多个平面进行剖切,并在模型、网格、结果 3 种状态下观察截面的情况。使用方法见第 4.2.2 节。

5.4.3　标注 Annotation

本节帮助路径:help/wb_sim/ds_Annotations. html。

如图 5-26 所示,标准工具条的按钮 New Graphics Annotation,意思为在图形工作区某个所选对象上添加文字标注。如图 5-29 所示,步骤如下:

(1)在标准工具条选择 New Graphics Annotation 按钮。

(2)在选择工具条确认合适的选择过滤器。

(3)单击模型上合适的实体对象,此时出现凿子形标注放置在实体对象附件。

(4)图形工作区下方出现 Graphics Annotations 窗口,并有一个空白行,用户可以在空白行的 Text 列中输入想要显示的文本。

(5)该文本出现在凿子形标注上。

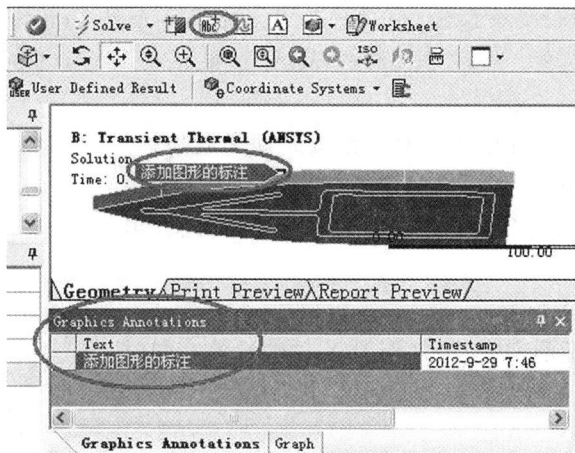

图 5-29　添加图形的标注

5.4.4　曲线图和表格 New Chart and Table

本节帮助路径：help/wb_sim/ds_result_outputs.html。

如图 5-26 所示，标准工具条的按钮 New Chart and Table，用于把多分析步（静态或瞬态）的结果数据绘制成曲线图和表。使用 New Chart and Table 按钮，用户可以完成如下功能：

(1)建立载荷或者结果随时间变化的曲线。

(2)建立一种结果随载荷或者另一种结果变化的曲线。

(3)把两种不同的分析方法得到的结果进行比较。例如，两种瞬态分析分别使用了不同的阻尼特征，用户可以比较其位移结果。

Chart 的细节窗口如图 5-30 所示，解释如下。

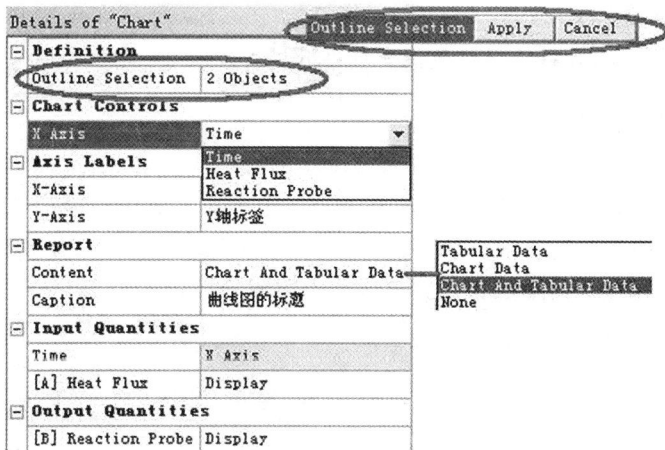

图 5-30　Chart 的细节窗口

1. Definition→Outline Selection

单击 Outline Selection 右侧的"1 Objects"，就变化为图 5-30 所示的 Apply/Cancel 形式，允许用户在导航树选择所有在 Chart 中显示的物理量，但必须符合如下规则。

(1)只有载荷、Probe 标签、结果可以添加到图表中。

(2)用户可以从同一个 Model 的不同分析中选取导航树的对象。如图 5-31 所示，同一个 Model 下有两个分析,一个是 Steady-State Thermal,一个是 Transient Thermal。用户可以选择两个分析中的对象。按住 Ctrl 键选择多个结果。

2. Chart Control→Axis

默认情况下,Definition 中所有对象都以时间为横坐标。用户可以单击下拉三角形,从所选对象中选择载荷或者结果作为横坐标。注意如果 Definition 中选择了温度,则此处出现的是温度的 Min 和 Max。

3. Axis Labels→X - Axis

用户可以输入合适的文字,将来作为 X 轴的标签。同时用括号显示了 X 轴对应物理量的单元。

4. Axis Labels→Y - Axis:

用户可以输入合适的文字,将来作为 Y 轴的标签。同时用括号显示了 Y 轴对应物理量的单元。如果 Y 轴有多个物理量,如何有一致的单位,则显示该单位。如果单位不一致,则归一化显示。

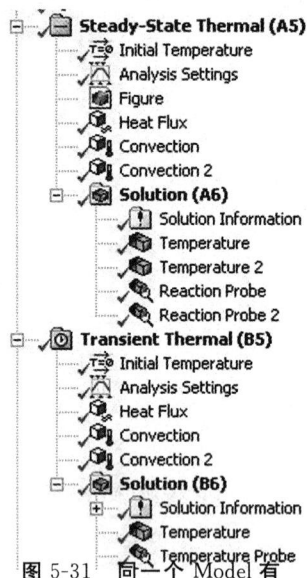

图 5-31　同一个 Model 有两个不同的分析

5. Report→Content

默认情况下,曲线图和表格都添加到 Report 中。其他选项如图 5-30 所示。

6. Report→Caption

用户可以输入合适的文字作为标题,将来标题被添加到 Report 中。

7. Input Quantities

时间作为自变量会列在此处。Definition 中选择的所有载荷对象都会列在此处。

8. Output Quantities

Definition 中选择的所有结果对象都会列在此处。

5.4.5　注解 Comment

本节帮助路径:help/wb_sim/ds_Figures.html。

如图 5-26 所示,标准工具条的按钮 Comment,用于在导航树中添加注解。当鼠标选中 Mechanical 导航树的某一分支时,点击 Comment,就可以在父对象之下建立 Comment。使用 Comment Context Toolbar 窗口(见图 5-32)可以编辑注释。

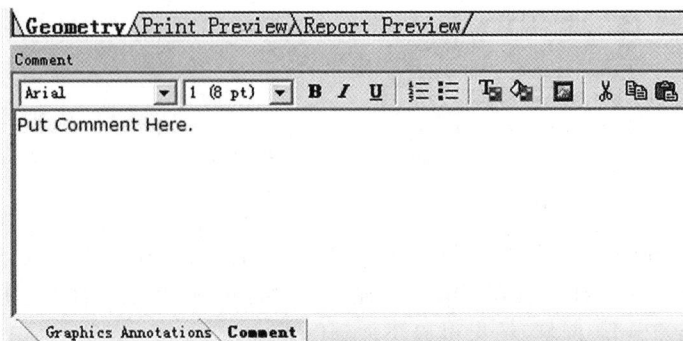

图 5-32　注释工具条

5.4.6　图形和照片 Figure and Image

本节帮助路径:help/wb_sim/ds_Figures. html。

如图 5-26 所示,标准工具条的按钮 Figure and Image 可以在导航树添加图形和照片。

1. Figure

当鼠标选中导航树的某一分支时,点击 Figure,可以把图形工作区目前显示的任意图形抓取下来(例如模型、网格、载荷、结果等),并在导航树的父对象下建立 Figure,最终该 Figure 会出现在 Report 中。

注意:

(1)Figure 是矢量图,可以进行视图转换,例如缩放平移,而且 Figure 的视图转换与全局视图转换相互独立。即对 Figure 的视图转换不会影响到全局的视图。

(2)随着父对象数据的改变,Figure 中显示的数据也会发生改变,但是仍保持原先的视角和图形设置。

(3)用户可以删除 Figure,但不会影响父对象。删除父对象,将会删除父对象之下的所有 Figure。

(4)在 Figure 的细节窗口中可以输入 Figure 的名字。

2. Image 照片

当鼠标位于导航树的某一位置时,把图形工作区目前显示的任意图形抓取为照片,并在导航树的相应位置建立 Image。该 Image 是静态图片,不能进行视图转换。

3. Image from File

从已有的照片文件导入。

4. Image to File

把当前的图保存为照片文件。

5.4.7　结果工具条

本节帮助路径: help/wb_sim/ds_Context_Toolbar. html。

结果工具栏如图 5-33 所示,包括 7 个部分。

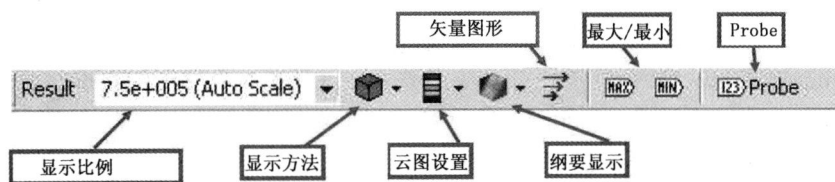

图 5-33　结果工具栏

1. 显示比例(见图 5-34(a))

对于结构分析(静态、模态、屈曲分析),可以改变变形形状的比例。其中,Auto Scale 默认值,是一个标量乘以实际的位移。用户可以改为真实比例(True Scale),或者显示未变形的模型图(Undeformed),或者改为其他比例,例如 2 倍比例、5 倍比例。

2. Geometry 显示方式(见图 5-34(b))

Geometry 按钮控制着等高线显示方式。有 4 种可选选择:

(1)Exterior 外观图:默认的显示选项,而且是最常用的。

(2)IsoSurfaces 等值面:用来显示具有相同数值的区域。

(3)Capped IsoSurfaces 上限等值面:将删除模型中高于(或低于)一个指定值的区域。

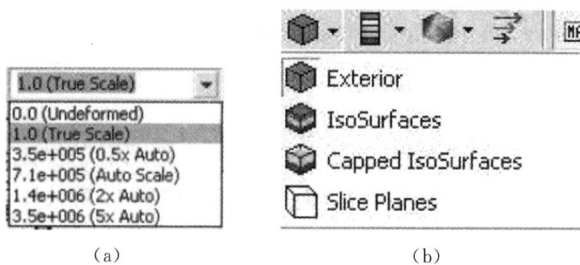

（a）　　　　　　　　　　　（b）

图 5-34　显示比例和 Geometry 显示方式

Capped IsoSurfaces 通过独立菜单控制操作(见图 5-35)。等值面的分界值通过调整滑块或者直接输入数值来控制。

图 5-35　Capped IsoSurfaces 上限等值面工具条

允许进行 IsoSurface,Top Capped IsoSurface,Bottom Capped IsoSurface,分别表示单一等值面,上端封口的等值面,底部封口的等值面,即只显示等于该数值、小于等于该数值、大于等于该数值的单元的云图,如图 5-36 所示。图例中加叉号(×)的区域表示该区域不被显示。

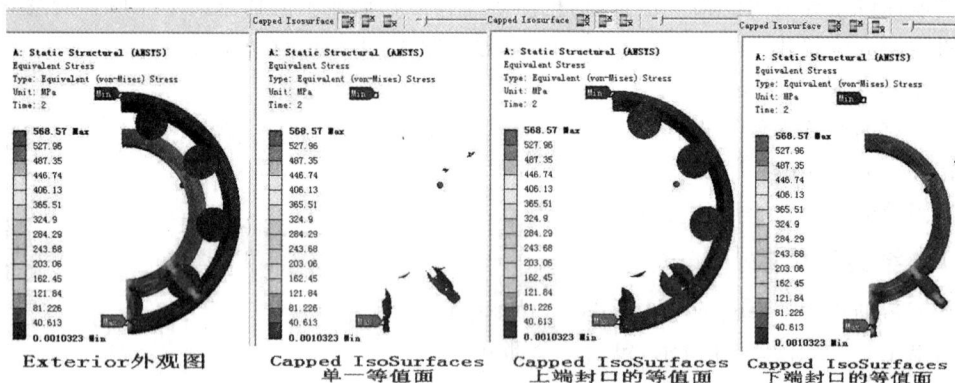

图 5-36　Geometry 显示方式的例子

(4)"Slice Planes"(切面)让用户可以从视觉上穿过模型。需要先建立横截面,然后该项功能才能使用。同样可以使用 Capped Slice Plane(上限切面)。

3. Contours 云图设置(见图 5-37(a))

Contours 按钮控制着模型上的等高线显示形式。

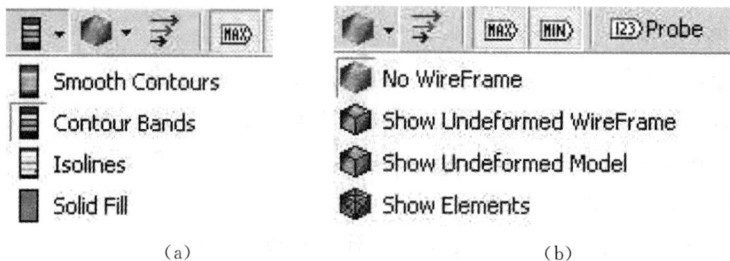

（a）　　　　　　　　　　　（b）

图 5-37　Contours 云图设置工具条和 Edges 纲要显示工具条

（1）Smooth Contours：平滑等高线。

（2）Contour Bands：等高线带。

（3）Isolines：等值线。

（4）Solid Fill：实芯填充。

4. Edges 纲要显示（见图 5-37（b））

Edges 按钮允许显示未变形前的几何或单元。

（1）No Wireframe (default)：默认，无线框。

（2）Show Undeformed Wireframe：显示未变形的线框，在显示应变时很有用。

（3）Show Undeformed Model：显示未变形的模型。

（4）Show Elements：显示单元。

5. Graphics

弹出 Vectors Display 矢量显示工具条，如图 5-38 所示。矢量图包含了任意结果的大小和方向，如挠度、主应力和主应变以及热通量（见图 5-39）。

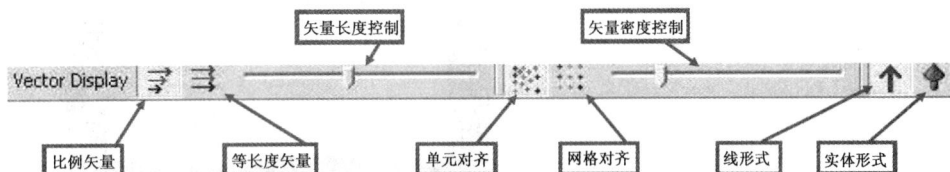

图 5-38　Vectors Display 矢量显示工具条

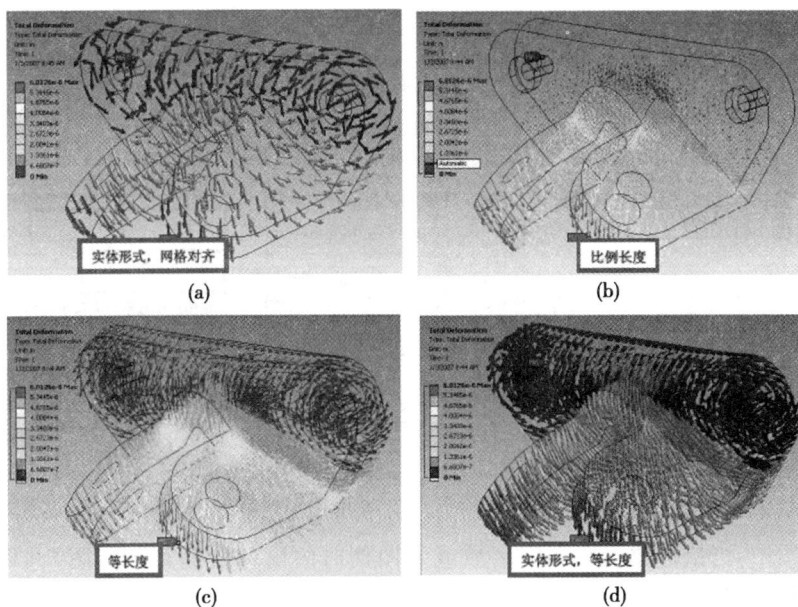

图 5-39　矢量显示例子

（1）Proportional Vectors 比例矢量，例子见图 5-39（b）。

（2）Uniform Vectors 等长矢量，例子见图 5-39（c）。

（3）矢量长度控制，用户可以用鼠标拉动滑动条来控制矢量长度。

（4）Element Aligned 单元对齐。

（5）Grid Aligned 网格对齐，例子见图 5-39（a）。

（6）矢量密度控制，用户可以用鼠标拉动滑动条来控制矢量密度。

（7）Line Form 线形式，例子见图 5-39(a)(b)(c)。

（8）Solid Form 实体形式，例子见图 5-39(d)。

6. Max/Min 标签

在结果图中用 Max,Min 标出最大值、最小值所在位置。

7. Probe：探针

该 Probe 是在结果工具栏上的 Probe，在选中 Solution 下某一项结果后它会出现在结果工具栏上。它与第 6.10.5 节"探针 Probe"不同，后者出现在 Solution 工具栏上。

点击结果工具栏的 Probe 后，用户可以在图形工作区的模型的任意位移点击，然后会出现凿子形的标签，标签上显示此处的仿真结果，如图 5-40 所示。

如果想删除 Probe，用户可以将选择工具条的 Label 菜单激活，如图 5-40 所示，然后用鼠标选择想取消的标记，按 Delete 键删除。

图 5-40　结果工具栏的 Probe

5.4.8　图例的快捷菜单

本节帮助路径：help/wb_sim/AWEResultsLegend.html。

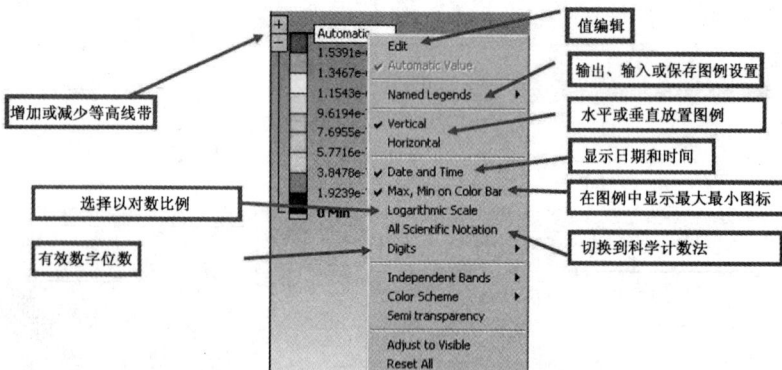

图 5-41　结果图中 Legend 的鼠标快捷菜单

在结果图中，当鼠标放置在文字区域或者图例时的鼠标快捷菜单如图 5-41 所示，可以调整图例各种控制。

（1）Edit：编辑图例上某个色带对应的数值。

（2）Named Legends 图例命名：Named Legends 的备选项如图 5-42 所示。

1）New：在用户点击 New 后，弹出一个对话框，可以输入新的图例名称。新名称列在原来 3 个选项之后，如图 5-42 所示的 ff,123。

2）Unnamed：未命名的图例。这是默认选项。

3）Manage：管理图例名称。用户单击 Manage 后，弹出"Manage Named Legends"窗口，

可以对图例完成如下操作:导入、导出、重命名、删除。

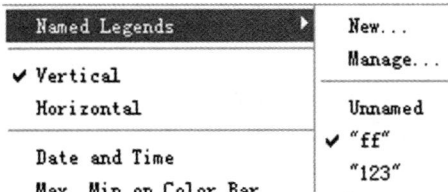
图 5-42　Named Legends 选项

(3)Vertical 与 Horizontal:表示图例是垂直方向放置还是水平方向放置。

(4)Date and Time:是否在图形工作区的文字区域显示日期和时间

(5)Max,Min on Color Bar:是否在彩色图例上显示最大值、最小值。

(6)Logarithmic Scale:是否用对数方式(而不是线性方式)显示图例。

(7)All Scientific Notation:是否用科学计数法显示图例的数字。

(8)Digits:图例上数字小数点后的有效位数,可选 2,3,4,5,6,7,默认 3。

(9)Independent Bands 独立色带:Independent Bands 的选项如图 5-43 所示,使用报警颜色带来代表超出 Top 或者 Bottom 的模型区域。

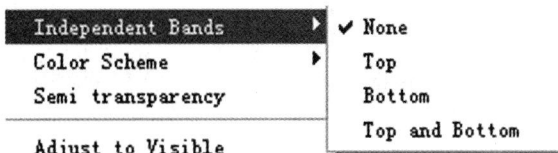
图 5-43　Independent Bands 选项

(10)Color Scheme:Color Scheme 的可选项如图 5-44 所示,用来改变图例的色谱类型。可选项有彩虹、反彩虹、灰色、反灰色等 4 种色谱。

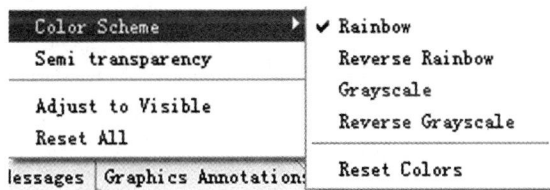
图 5-44　Color Scheme 选项

(11)Semi Transparency:设置图形工作区中,文字区域和图例区域采用全透明还是半透明。

(12)Reset All 全部重设为默认值。

5.4.9　动画窗口 Animation

本节帮助路径:help/wb_sim/AWEResultsAnimation.html。

1.按钮

动画工具栏如图 5-45 所示,显示在图形工作区下方的 Graph 区。

(1)Distributed 分布式:该选项用来确定动画帧插值方式。如果是静态分析,把分析结果进行线性插值来作为动画帧,即第一帧表示初始状态,最后一帧表示求解器计算的最终结果。如果是阶跃分析(瞬态分析),根据所选的时间域来确定动画帧。

(2)Result sets 结果组式:该选项用只有在阶跃分析(瞬态分析)才实际可用。每个动画帧代表了求解器计算的结果。

(3)Frame Marks 帧的标记:选中该按钮后,在时间区的时间点处绘制竖线,表明动画过程中使用了这些时间点。

(4)Export Video file 输出:把动画保存为 AVI 格式的文件。注意:在导出 AVI 文件的过程中,请保证 Workbench module 窗口始终处于最上层,如果其他窗口位于最上层,有可能把其他窗口的内容页导出到 AVI 文件中。

(5)节选时间区:用户在时间区任意位置,按住鼠标左键并拖动鼠标,光标滑过的时间区变成蓝色,这个时间段称为节选时间区。

(6)快捷菜单:在节选时间区单击鼠标右键,弹出快捷菜单,如图 5-45 所示,Retrieve This Result 表示重新恢复时间区,Zoom to Range 表示把节选时间区放大导致整个 Graph,Zoom to Fit 表示缩放到合适大小。

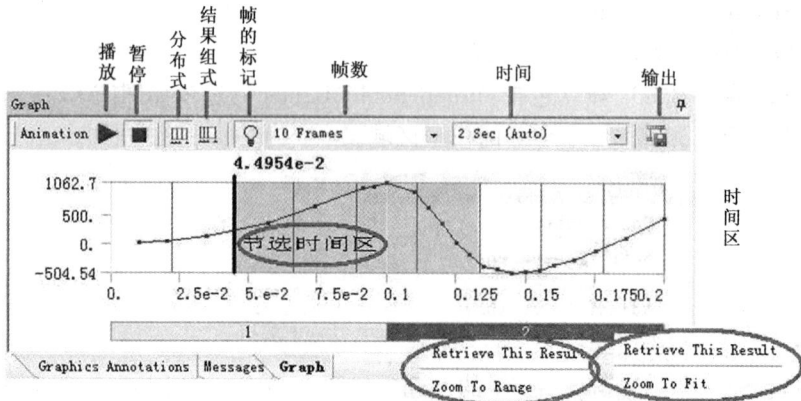

图 5-45　动画工具栏

2.动画行为

如果是静态分析,动画的流程按照线性方式,从初始状态开始自动向后,到达最终结果,再倒回到初始状态。

如果是瞬态分析,动画的流程按照时间或者步长递增方式,从初始时间或者初始步长开始,始终向后,到达最终结果,再从初始状态开始。而且可以使用节选时间区,只演示节选时间区域的动画。

5.4.10　多窗口

本节帮助路径:help/wb_sim/ds_Graphics_Toolbar.html。

多窗口工具条位于视图工具条的最后一个,如图 5-46 所示,可以将图形工作区分成 1 个、横向 2 个、纵向 2 个、4 个窗口。多个视窗能够同时显示各种图片(模型或后处理结果)。这有利于对比多个结果,例如不同环境得到的结果或多个模态形状,如图 5-47 所示。

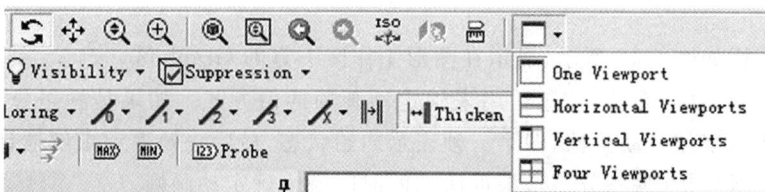

图 5-46　多窗口工具条

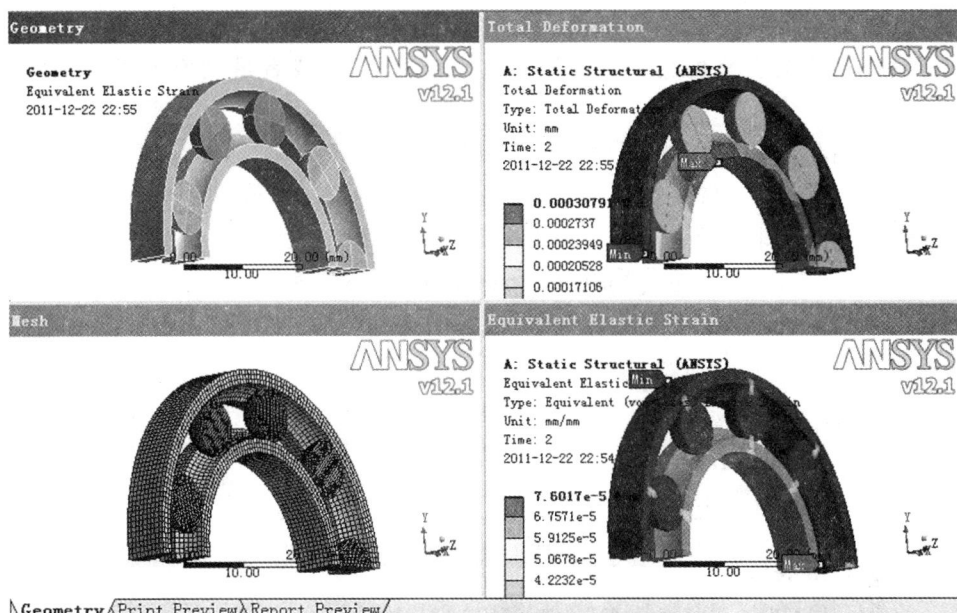

图 5-47　多窗口例子

5.4.11　报警器 Alert

本节帮助路径：help/wb_sim/ds_Alert_o_r.html。

Alert（报警器）是一种简单的检查方式，查看是否有一个标量结果值满足标准。Alerts 可以在等高线结果（Contour results）（除了矢量结果）、接触结果（Contact Tool results）和形状搜索上使用（Shape Finder）。步骤如下：

（1）选中特定的结果项，点击鼠标右键选择插入 Alert（报警器，如图 5-48 所示）。

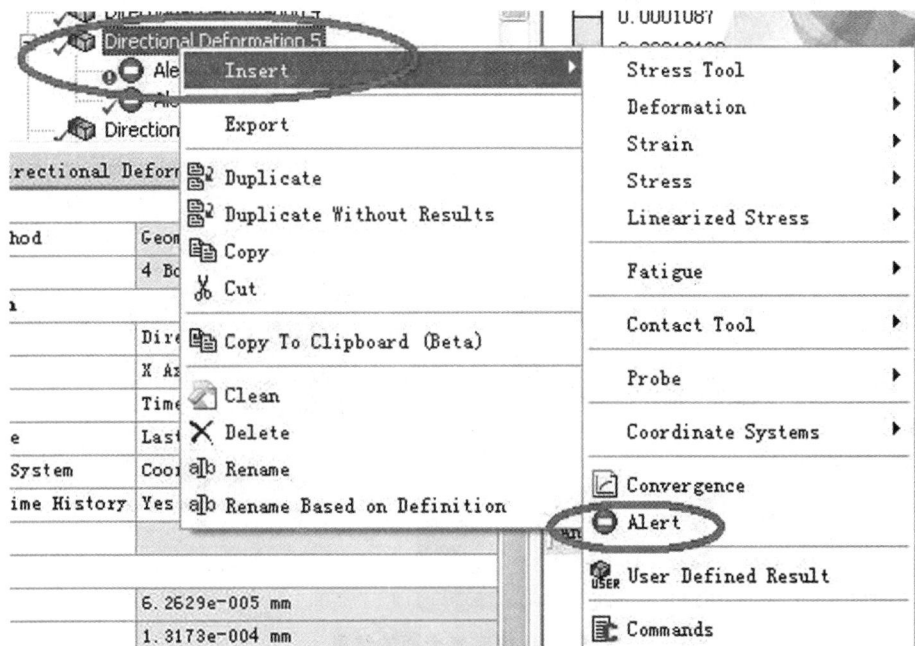

图 5-48　建立 Alert

（2）在图 5-49 的细节窗口中，Fails If 有两个选项：Minimum Below Value/Maximum Above Value，含义为当分析结果中的最小值小于指定值，或者最大值大于指定值时，则报警。

（3）在细节窗口中，Value 由用户输入指定值。

（4）在大纲树下，一个绿色对号表示正常，一个红色惊叹号表示报警（表示计算结果超出指定范围）。并且，在细节窗口中，Status 出现当前的状态。

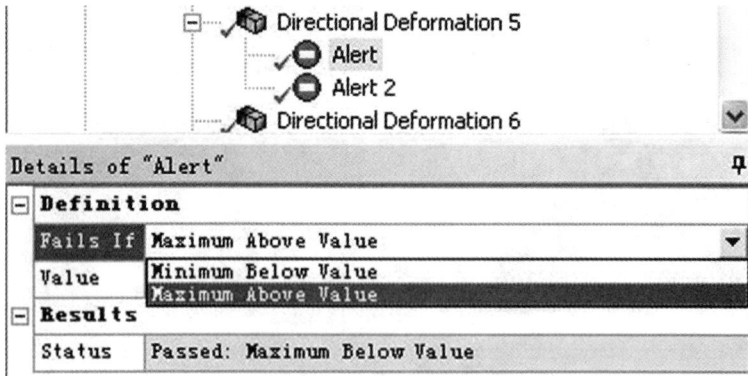

图 5-49　Alert 的细节窗口

5.5　后处理之指定结果和输出结果

5.5.1 指定结果

1. 指定部件体、面、线、点的结果

本节帮助路径：help/wb_sim/ds_result_outputs. html。

步骤：先选中几何模型，然后指定感兴趣的结果。没有选中的几何模型将显示成半透明的，如图 5-50 和图 5-51 所示。

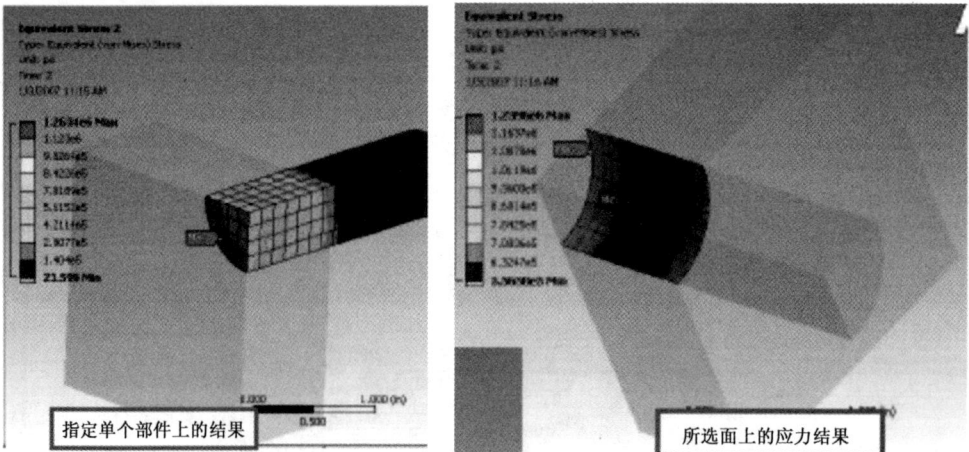

图 5-50 指定某个面的结果

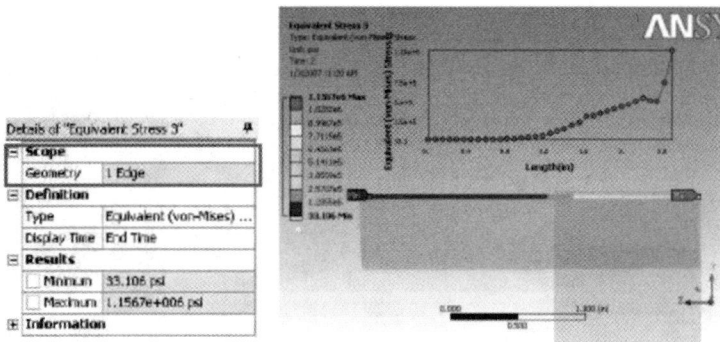

图 5-51　指定某条线的结果

2.指定一条路径上的结果

本节帮助路径:help/wb_sim/ds_path_results.html。

结果可以映射到按各种方式定义的路径上。

(1)使用几何结构建立路径。或者通过坐标系、模型边或存在的点定义路径。生成路径的步骤和方法见第 6.3.1 节"模型 Model 工具条"。

(2)X 轴可以代表路径位置(S)或时间(瞬态分析),如图 5-52 中左下角所示。

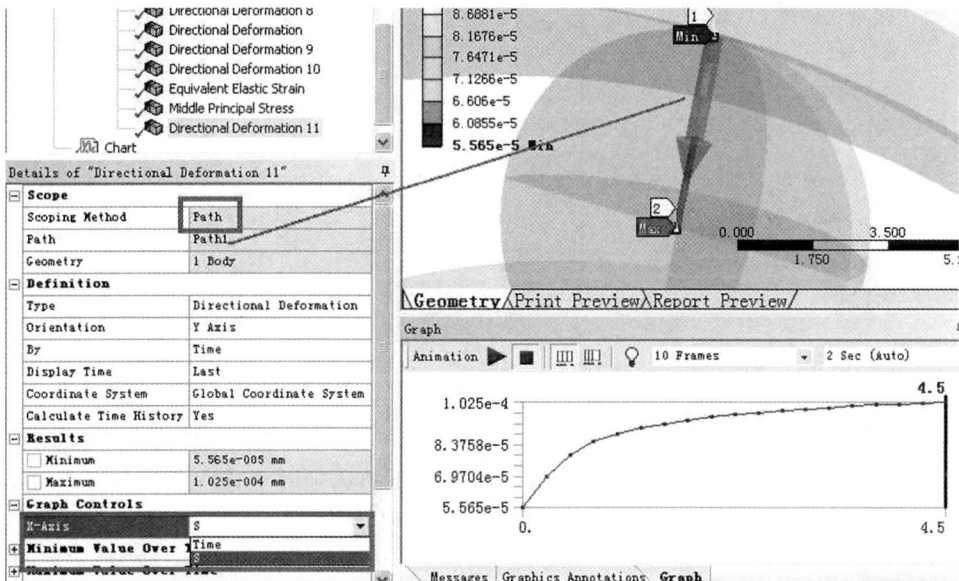

图 5-52　指定一条路径上的结果

3.指定坐标系的结果

本节帮助路径:help/wb_sim/ds_CS.html。

指定方向的变形、正应力(应变)、切应力(应变)和指定方向的热通量可以使用坐标系统,此时指定分量的结果可以映射到全局坐标系,也可以映射到局部坐标系下。

局部坐标系在导航树中 Coordinate Systems 事先定义,然后从细节窗口中的下拉菜单中选自定义好的坐标系。

对于图 5-53 所示轴对称模型,部件的轴向应力(Y 向)应该也是轴对称的。左侧结果图在整体坐标系下显示。中间的结果图在局部柱坐标系中显示应力结果,可见此图更清晰地反映了应力的特点。

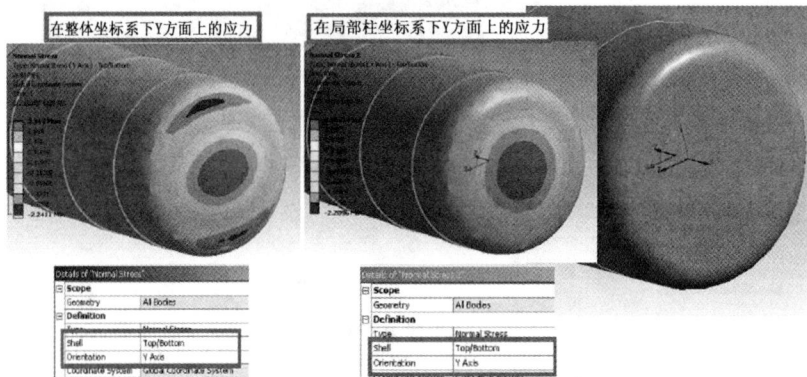

图 5-53　指定坐标系的结果

4.线性应力

一个线性应力计算可以使用路径显示特点来显示(通常使用各种结构代码如 ASME 表示,如图 5-54 所示)。

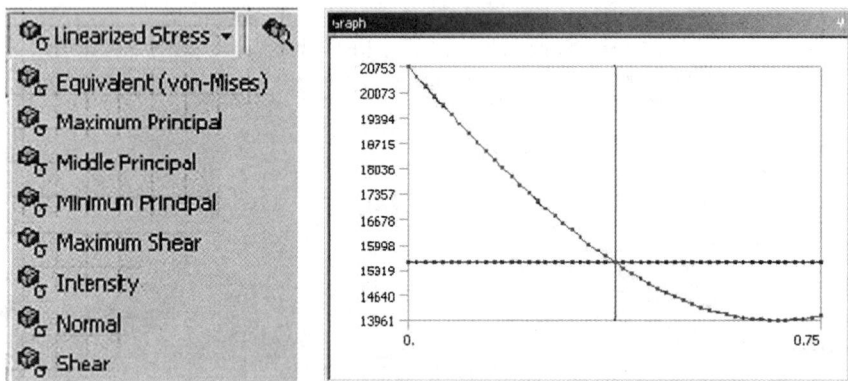

图 5-54　线性应力

5.5.2　输出结果

(1)输出 Worksheet(工作表)标签信息:选择需要的选项并点击 Worksheet 标签,用鼠标右键点击相同选项,并选择"Export",如图 5-55(a)所示。

输出Worksheet　　　　　　　输出结果　　　　　　　输出表格

(a)　　　　　　　　　　(b)　　　　　　　　　　(c)

图 5-55 输出结果

(2)输出等高线结果:用鼠标右键点击感兴趣的结果项并选择"Export",如图 5-55(b)所示。

(3)模块中的表格数据可以输出到电子表格中:选择要输出的模块,点击鼠标右键选择

Copy Cell，复制模块中的所有数据，粘贴到电子表格中，如图 5-55(c)所示。

　　为了在结果输出中包含节点的位置和矢量方向，需要把 Include Node Location 选项改为 Yes，通过"Tools menu→Options…→Simulation：Export"实现，如图 5-56 所示。

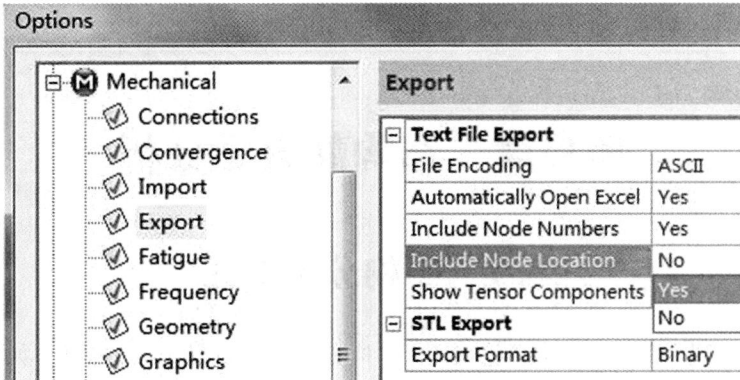

图 5-56　输出选项

第6章　结构静力学分析

6.1　结构分析概述

任何结构受到力的作用都会产生变化,结构分析就是研究结构的变化(如位移、速度、加速度、应力、应变等)和力的关系的学科。

结构设计中,产品高速化、轻量化、精密化、大功率化的趋向不断促进结构力学的发展,随着结构速度的提高,结构惯性力增加,随着结构的柔度加大,结构更易产生振动,振动会降低结构的精度和寿命。因此综合考虑这些影响因素是结构分析的关键任务。

现代结构设计方法中,有如下4种不同水平的分析方法:

1. 静力分析

静力分析用于对低速结构,运动中产生的惯性力可以忽略,对结构运动过程中的各个位置,采用静力平衡方程分析结构承载能力。

2. 动态静力分析

随着结构速度的提高,惯性力不能被忽略,假设结构遵循理想运动规律,根据达朗贝尔原理,将惯性力计入静力平衡方程,这种方法称为动态静力分析。由于该方法中需要计入惯性力,因此动态静力分析之前需要进行运动分析,获得结构的加速度。

3. 刚体动力分析

实际运动中需要考虑结构的真实运动,但结构假设为刚性的分析方法。

4. 柔体动力分析

随着结构柔度增加,结构固有频率降低,速度增加,结构激振频率上升。随着激振频率靠近固有频率,引发共振,从而破坏结构运动精度,降低结构疲劳强度,并引发噪声。因此结构运动中的变形不能忽略,需要采用柔体动力分析方法。

结构运动方程可以表示为

$$M\ddot{u} + C\dot{u} + Mu = F(t)$$

式中,M 为结构质量矩阵;C 为结构阻尼矩阵;K 为结构刚度矩阵;$F(t)$ 为随时间变化的载荷函数;u 为节点位移矢量;$\dot{u}$ 为节点速度矢量;$\ddot{u}$ 为节点加速度矢量。

ANSYS 12.0 WORKBENCH 中采用不同的分析类型对方程的不同形式进行求解。

结构静力分析(Static Structural (ANSYS))用于完成结构线性和非线性的静力分析和动态静力分析。

静力分析方程为

$$Ku = F$$

其中，K 为刚度矩阵；u 为位移矢量；F 为静力载荷。静力分析中不考虑随时间变化的载荷，忽略惯性力和阻尼。如果假设材料为线弹性，结构小变形，则 K 是常量，求解的是线性静力问题；如果 K 为变量，则求解的是静力非线性问题。

动态静力分析：考虑惯性力，忽略阻尼，方程为

$$Ku = F - M\ddot{u}$$

实际工程中，结构除了承受永久性载荷以外，还会受到动载荷的影响，当载荷变化缓慢，变化周期远大于结构的自振周期时，其动力响应很小，可以作为静载荷处理。反之则作为动载荷处理。

6.2　结构静力分析模块的界面

本节帮助路径：help/wb_sim/ds_Interface.html，help/wb_sim/ds_static_mechanical_analysis_type.html。

在 AWB 主界面左侧的工具箱中，从组件系统 Component Systems 中将结构静力分析 Static Structural 拖入工程流程图区域 Project Schematic，然后在分析系统中选择 Geometry →Import Geometry，加入几何模型，如图 6-1 所示。

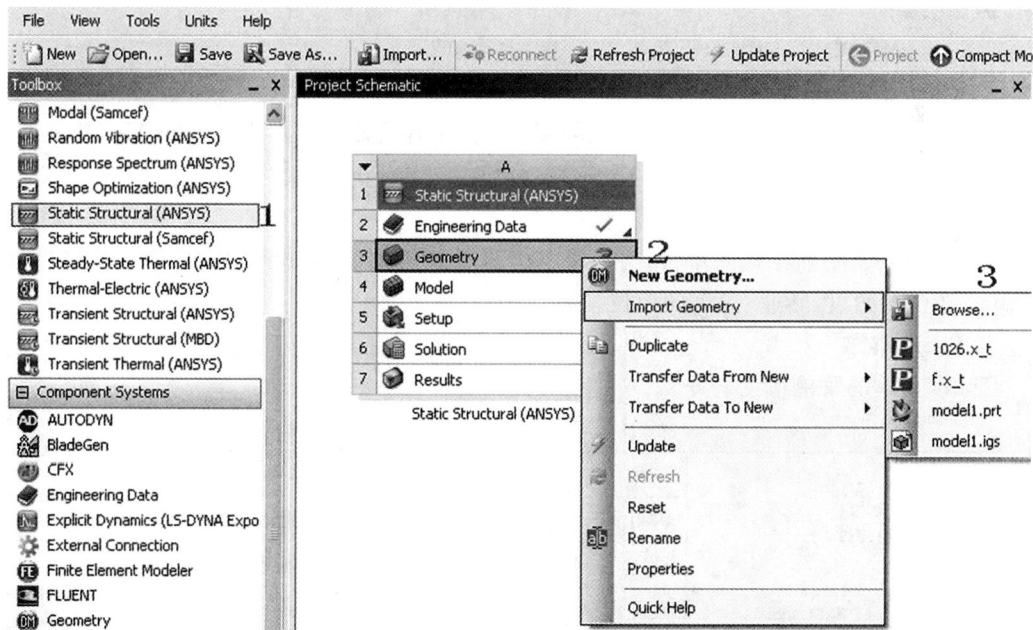

图 6-1　调入结构静力分析

在 Static Structure 分析系统中，A4Model，A5Setup，A6Solution，A7Results 都集中在同一个环境中，即结构静力分析环境 Mechanical。在 Static Structure 分析系统中选择 A4Model→Edit，进入结构静力分析环境 Mechanical，界面如图 6-2 所示。

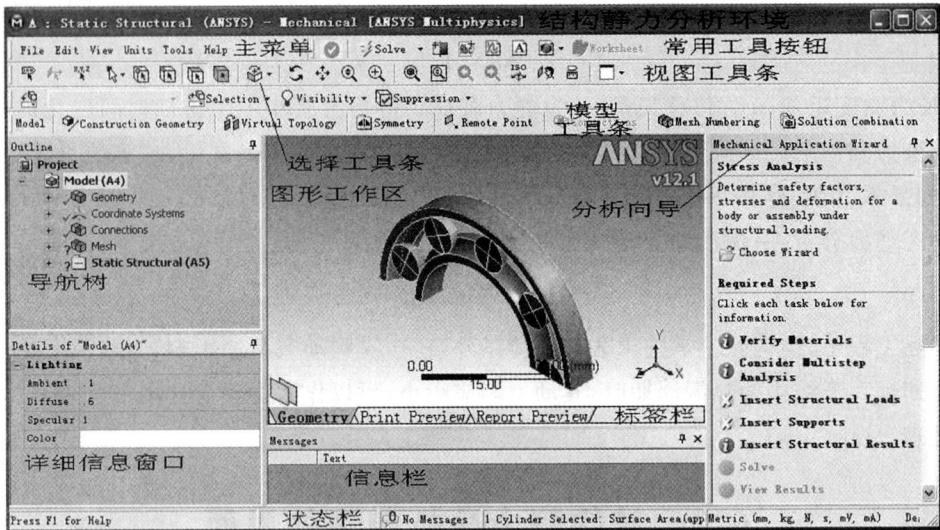

图 6-2　结构静力分析的界面

6.2.1　主菜单

本节帮助路径：help/wb_sim/ds_MainMenu.html。

Mechanical 界面中共有 6 种主菜单。详情见第 4.2.1 节"主菜单"。

1. File

File 的菜单项比较简单，详细内容见第 3.1.1 节"DesignModeler 主菜单"。

2. Edit

Edit 比较简单。详细内容见第 4.2.1 节"主菜单"。

3. View 菜单

View 的菜单项在前面两章已经有详细的讲述，详情见第 3.1.1 节"DesignModeler 主菜单"和第 4.2.1 节"主菜单"。

4. Unit 菜单

Units 下的菜单项比较简单，用与确定本仿真系统的单位，包括长度、质量、力等物理量的单元，还包括角度、转速、温度的单位。

5. Tools 菜单

Tools 菜单的菜单项见表 6-1。

表 6-1　主菜单中的 Tools 菜单

	Tools 的菜单项
Tools Help	将当前 Solution 分支写入 Mechanical APDL 应用程序的 Input 文件
Write Input File...	读入 Mechanical APDL 结果文件并置放在 Solution 分支
Read Result Files...	设置求解处理器，将打开 Solver Process Settings 窗口
Solve Process Settings...	插件管理器，将打开 Addins 窗口
Addins...	详情见第 6.2.3 节 Options
Options...	变量管理器，激活 ANSYS Workbench Variable Manager 窗口
Variable Manager	打开并运行脚本文件
Run Macro...	

6.2.2　界面中其他部分

本节帮助路径：help/wb_sim/ds_Interface.html。

界面中其他部分与"DesignModeler 几何建模"非常类似，详情见第 3.1 节 "DesignModeler 平台"。

(1)标题栏提示当前为结构静力分析环境 Static Structure，如图 6-3 所示。

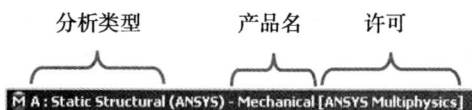

图 6-3　Static Structure 的标题栏

(2)标准工具条。标准工具条如图 6-4 所示，详细解释见第 5.4.1 节"标准工具条"。

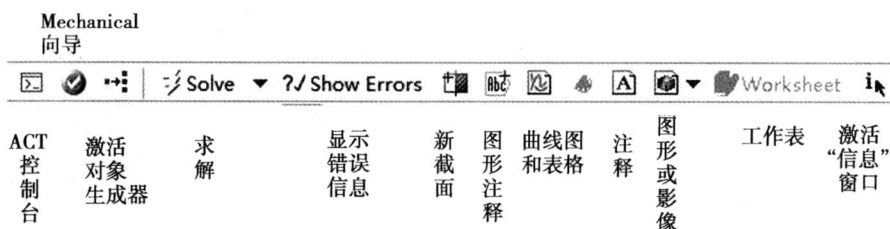

图 6-4　标准工具条按钮

(3)选择工具条、视图工具条中许多和 DM 中一致(见图 6-5)。

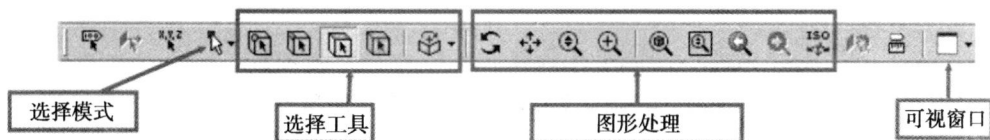

图 6-5　选择工具条和视图工具条

(4)Graphics Window 图形工作区和标签栏。图形工作区中显示几何体和分析结果，下面还有 Geometry/Print Preview/Report Preview 等切换标签，用于显示几何体/打印预览/报告预览等(见表 6-2)。

表 6-2　导航树的图标及其含义

	图标	意　义
	对号	该分支完全定义,OK
	问号	项目数据不完全,需要输入完整数据
	黄色闪电	数据已更新,需要求解
	感叹号	存在问题
	错号	项目已被抑制,不会被求解
	透明对号	体或部件被隐藏
	绿色闪电	项目目前正在求解
	减号	映射面网格划分失败
	半对号	部分结构已进行网格划分
	红色闪电	求解失败

（5）导航树 Outline Tree。

导航树提供了简单的分析流程，是进行分析的基本步骤。The Context Toolbar 各种工具条，Details View 细节窗口，和 Graphics Window 图形工作区的更新，都是靠 Outline Tree 的分支进行选择的。

导航树中，每个分支都有一个图标，分别代表不同的含义，见表 6-2。

导航树"Model A4"主要包括如下几个分支，如图 6-6(a)所示。

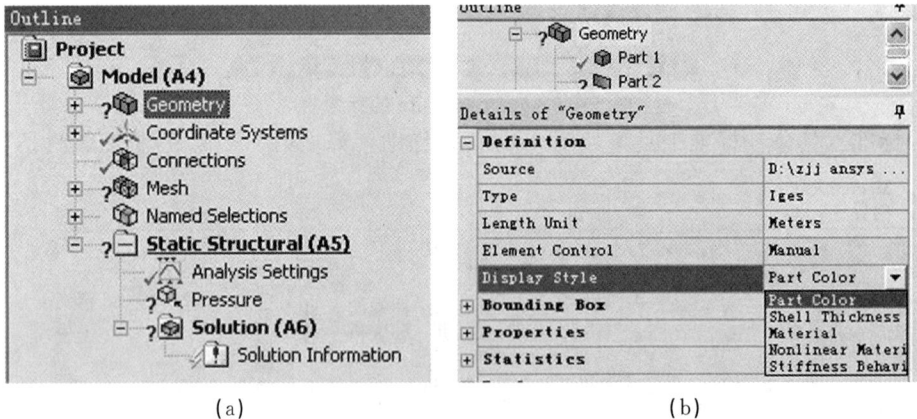

(a)   (b)

图 6-6 导航树的 Geometry 及其细节窗口

1）Geometry：几何模型，细节窗口如图 6-6(b)所示，详细内容见第 6.3.2 节"几何 Geometry 工具条"。

2）Coordinate Systems：坐标系，详细内容见第 6.3.3 节"坐标系 Coordinate System"。

3）Connections：连接关系。详细内容见第 6.4 节"连接关系 Connections 工具条"。

4）Mesh：网格。详细内容见第 4 章。

5）Named Selections：命名选择，用户建立了命名选择后才会出现该分支。

6）Static Structural：静态结构分析的设置、载荷、结果等。详细内容见第 6.5～6.9 节。

（6）细节窗口 Details View 提供了输入数据的列表，会根据选择分支的不同自动改变。

1）白色区域：显示当前输入的数据。在白色文本区域内的数据可以通过单机来改变。有些数据的输入要求用户在屏幕上选取实体模型，然后单击"Apply"。还有的数据需要通过键盘或下拉菜单中选取。

2）灰色区域：显示信息数据。这个区域的数据不能被编辑。

3）黄色区域：未完成的信息输入。黄色区域的数据信息不完整，用户需要输入完整的数据信息才能求解。

（7）信息栏和状态栏与 DesignModeler 中的非常类似，只不过具体的命令和内容发生了变化。

（8）除了以上工具条以外，当选择导航树中不同分支时，还会出现其他的专用工具条。例如 Coordinate System 坐标工具条、Connections 接触工具条、Mesh 网格划分工具条、Environment 加载工具条、Solution 结果后处理工具条等。这些工具条将在下面几节一一介绍。

6.2.3 Options

本节帮助路径：help/wb_sim/ds_Control_Panel. html。

点击主菜单 Tools→Options,出现 Options 设置窗口。Options 用来设定 Mechanical 的默认选项。注意:用户在一种语言环境下完成的 Options 独立于另一种语言环境下的 Options。为防止出现问题,建议在两种语言环境下都使用同样的 Options 设置。

1. Connections **连接**

(1)Auto Detection:自动检测,可以给定如下的默认选项:

Auto Detect Contact on Attach:在导入了几何模型后,是否可以自动检测不同部件之间的接触,默认 Yes。

Tolerance:通过后面的滑动条设定接触检测的尺寸容差,默认是 0,可选范围-100～+100。该尺寸容差给定了相对距离,用来检测部件之间的接触。数字越大,容差越小,也就是说,容差设为 100 找到的接触总数少于容差设为 0 找到的接触总数。

Face/Face:是否自动检测面与面之间的接触,默认是 Yes。

Face/Edge:是否自动检测面与边之间的接触,默认是 No。其他可选项有 Yes,Only Solid Body Edges(仅查找实体的边之间的接触)、Only Surface Body Edges(仅查找面体的边之间的接触)。

Edge/Edge:是否自动检测边与边之间的接触,默认是 No。

Priority:在模型中各个部件之间所有接触类型的优先级,选项有 Include All(默认),Face Overrides(面的接触有优先权),Edge Overrides(边的接触有优先权)。

Revolute Joints:是否自动检测并生成转动副,默认是 Yes。

Fixed Joints:是否自动检测并生成固定副,默认是 Yes。

(2)Transparency 透明度,Transparency 在细节窗口中没有对应的选项。

Parts With Contact:在接触区域选中接触对后,接触体、目标体突出显示,透明度的数值默认 0.8,可选范围 0～1。

Parts Without Contact:在接触区域选中接触对后,而其他没有选中部件显示为透明,透明度的数值默认是 0.1,可选范围 0～1。

(3)Default,包含如下分支,用于给定细节窗口中的如下选项的默认值。

Type:用来设定单个接触的细节窗口 Definition→Type 的默认值,可选项有 Bonded(默认),No Separation,Frictionless,Rough,Frictional。

Behavior:用来设定单个接触的细节窗口 Definition→Behavior 的默认值,可选项有程序自动设定(Program Controlled)、非对称接触(Asymmetric)、对称接触(Symmetric)、自动非对称(Auto Asymmetric)。

Formulation:用来设定 Contact Formulation Method 的默认值,可选项 Augmented Lagrange,Pure Penalty(默认),MPC,Normal Lagrange。

Update Stiffness:用来设定 Contact Stiffness Update 的默认值,可选项有 Never(默认),Each Equilibrium Iteration,Each Equilibrium Iteration, Aggressive。

Shell Thickness Effect:此设置使用户能够在接触计算期间自动包括表面物体的厚度,默认设置为 No。

Auto Rename Connections:当运动副、弹簧、接触的类型或者区域发生变化时,是否对运动副、弹簧、接触自动重命名,默认是 Yes。

2. Convergence 收敛

(1)Target Change：对所选的求解结果(例如应力、位移、振型、温度、热流率等)，在迭代过程中，上一个合适的求解结果与下一个合适的求解结果之间的变化百分比，默认 20，用户可以输入 0～100 之间的数值。该设置决定图 6-7 所示的默认设置 Allowable Change。

(2)Allowable Change：衡量标准是求解结果的最大值，还是求最小值，默认是 Max。该设置决定图 6-7 所示的默认设置 Type。

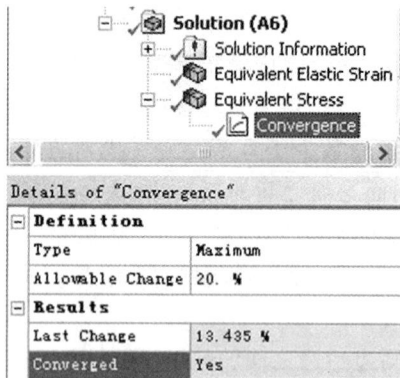

图 6-7　收敛的细节窗口

(3)Max Refinement Loops：网格细化的最大循环次数。默认 1，用户可以输入 1～10 之间的数值。该设置决定分析模块中，Solution 细节窗口中 Adaptive Mesh Refinement→Max Refinement Loops 的默认数值。

3. Export 导出

Export 的几个选项在细节窗口中没有对应的设置。

(1)File Encoding：选择 ASCII(默认)或 Unicode(仅限 Windows)作为导出数据的编码。

(2)Automatically Open Excel：在导出数据时自动打开 Excel，默认是 Yes。

(3)Include Node Numbers：在导出数据中包含节点数目，默认是 Yes。

(4)Include Node Location：在导出数据中包含节点位置，默认是 No。

(5)Show Tensor Components：选项包括"是"和"否"(默认)。对于默认设置 No，导出数据包含主应力和应变以及 3 个 Euler 角。Yes 设置的导出数据包含应力和应变的原始分量(X,Y,Z,XY,YZ,XZ)。

4. Fatigue(见图 6-8)

(1)Design Life：在疲劳分析中默认的设计寿命，即循环次数，默认是 1E+9。

(2)Analysis Type：在处理平均应力效应时，默认的疲劳分析方法。其中 Goodman，Soderberg，Gerber 使用静态材料属性、S-N 数据来计算平均应力。但 Mean-Stress Curves 使用实验疲劳数据来计算平均应力。

(3)Bin Size：雨流法(rainflow cycle)计算使用的 Bin 尺寸。可输入 10～200 之间的数值。默认 32，表示雨流矩阵尺寸为 32×32。

(4)Lower Variation：默认 50。灵敏度分析中使用的，基本载荷变动范围的下限百分比。

(5)Upper Variation：默认 150。灵敏度分析中使用的，基本载荷变动范围的上限百分比。

（6）Number of Fill Points：在灵敏度曲线上绘制的点数，默认 25，可输入 10～100 之间的数值。

（7）Sensitivity For：疲劳分析的结果类型，可选项有寿命 Life（默认）、Damage 故障损坏、Factor of Safety 安全系数。

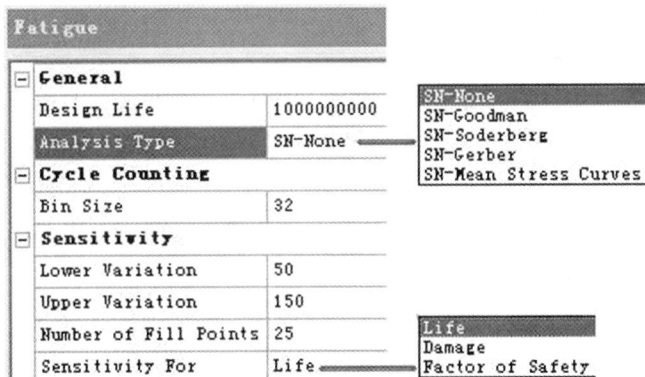

图 6-8　Fatigue 的设置

5. Frequency 频率

（1）Max Number of Modes：在新生成的频率分支中指定的模数，默认是 6，范围是 1～200。

（2）Limit Search to Range：在计算频率时，是否考虑频率搜索范围，默认是 No。

（3）Min Range：系统频率的搜索下限，默认是 0 Hz。

（4）Max Range：系统频率的搜索上限，默认是（1E＋9）Hz。

（5）Cyclic Phase Number of Steps：用来划分循环相位范围（0～360）的间隔数目，它是在循环模态分析中生成的，默认是 36。

6. Geometry 几何模型

Geometry 的如下选项对当前的仿真不起作用，只对下一个新建立、新导入的几何模型起作用。

（1）Nonlinear Material Effects：是否考虑材料的非线性，默认是 Yes。

（2）Thermal Strain Calculation：是否考虑热应力，默认是 Yes。

7. Graphics 图形

Graphics 用来设定图形工作区的如下默认设置。详情见第 5.5.1 节"结果工具栏"。

（1）Show Min Annotation：当选中 Solution 的某个计算结果分支时，是否在图形工作区显示 Min 注释。默认不显示。

（2）Show Max Annotation：当选中 Solution 的某个计算结果分支时，是否在图形工作区显示 Max 注释。默认不显示。

（3）Contour Option：定点设定等高线的默认选项，可以从如下几种选项中选择一种。

Smooth Contour：平滑等高线；Contour Bands：等高线带；Isolines：等值线；Solid Fill：实心填充。

（4）Edge Option：图形工作区中如何显示实体的边，有如下几种选项可以设为默认选项。

• No Wireframe（default）：默认，无线框。

• Show Undeformed Wireframe：显示未变形的线框。

• Show Undeformed Model：显示未变形的模型。

• Show Elements：显示单元。

（5）Highlight Selection：当选中一个表面时，是只显示外表面，还是外表面、内表面都显示。选项有 Single Side（默认），Both Sides。

8. Miscellaneous 杂项

（1）Load Orientation Type：载荷方向类型。在 Load 载荷的细节窗口 Define By 的选项有两种，分别是 Vector，Component，此处定义哪一种作为默认的载荷方向类型，默认是 Vector。

（2）Image Transfer Type：当用户把图像文件传到 Microsoft Word，PowerPoint 时，使用哪种文件格式，可选项有 PNG（默认），JPEG，BMP。

此选项在导航树的细节窗口中没有对应项。

9. Report（见图 6-9）

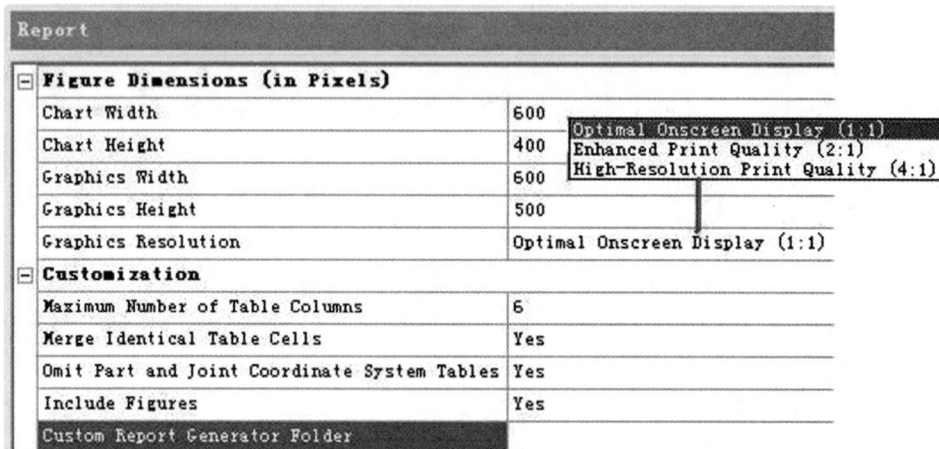

Report	
Figure Dimensions (in Pixels)	
Chart Width	600
Chart Height	400
Graphics Width	600
Graphics Height	500
Graphics Resolution	Optimal Onscreen Display (1:1)
Customization	
Maximum Number of Table Columns	6
Merge Identical Table Cells	Yes
Omit Part and Joint Coordinate System Tables	Yes
Include Figures	Yes
Custom Report Generator Folder	

（弹出菜单选项：Optimal Onscreen Display (1:1)／Enhanced Print Quality (2:1)／High-Resolution Print Quality (4:1)）

图 6-9　Report 的选项

（1）Figure Dimension（in Pixels）。在结构静力分析界面的图形工作区下方标签栏中有 Report Preview 标签，用来生成结果报告。此处 Figure Dimension（in Pixels）用来设定结果报告（为打印做好准备）的默认选项。

• Chart Width：表格宽度，默认 600 像素。

• Chart Height：表格高度，默认 400 像素。

• Graphics Width：图形宽度，默认 600 像素。

• Graphics Height：图形高度，默认 500 像素。

• Graphics Resolution：图形分辨率，可选项有最佳 1:1，增强 2:1，高清 4:1。

（2）Customization 设定结果报告的如下选项。

Maximum Number of Table Columns：新生成的表格包含的列数，默认 6 列。

Merge Identical Table Cells：当表格单元包含相同数值时，是否将这些单元进行合并，默认 Yes。

Omit Part and Joint Coordinate System Tables：在结果报告中是否去掉坐标系数据（比较庞大），默认 Yes，即去掉坐标系数据。

Include Figures：使用标准工具条的 Figure 可以在导航树添加 Figure 对象，而 Include Figures 用来设置是否在结果报告中包含 Figure 对象。默认 Yes，即可以包含 Figure 对象。如果模型太大，或者网格太大，导致 Figure 对象太大，生成结果报告慢，用户最好选择 No。

注意：该选项只对 Figure 起作用。而对结果图、工程数据图等没有影响，会一直显示出来。

Custom Report Generator Folder：结果报告生成器的文件夹。如果把 Workbench 的 Report2006 文件夹放在一个新的目录下，那么结果报告就可以脱离 Workbench 还可以运行。

10. Analysis Settings and Solution

关于分析和结果的设置，详情见第 6.6.1 节"设置"。

Solver Type：采用哪种 ANSYS 求解器类型，可选项如图 6-10 所示。

Use Weak Springs：是否使用弱弹簧，可选项如图 6-10 所示。

Calculate Stress：是否计算应力，默认 Yes。

Calculate Strain：是否计算应变，默认 Yes。

Calculate Thermal Flux：是否计算热通量，默认 Yes。

Retain Restart Files：当用户请求 restart points 时，由于各种原因所选的 Restart Files 还没有准备好，或者是因为循环失败，或者是因为用户中断。而在求解过程成果完成后，用户有两种请求选项，如果设为 Yes，保持 restart points；如果设为 No，删除 restart points。

此项设置与细节窗口的 Analysis Setting→Restart Controls 进行默认设置。注意：只有 Static Structural、Transient Structural 有 Restart Controls 此选项，其他分析类型没有。

Refresh Time：当求解过程正在进行时，导航树的 Solution Information 分支中对 Solution 各个求解项进行跟踪、更新的频率，默认为 2.5 s。

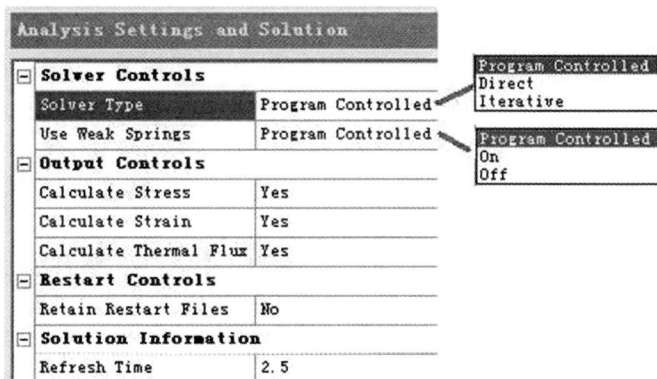

图 6-10　Analysis Settings and Solution 的设置

11. Visibility

Visibility 的如下选项在细节窗口中没有对应的设置，即只能在此处进行设置。

(1)Mesh Folder：Mesh 分支是否在导航树出现，默认是 Visible。

(2)Part Mesh Statistics：在网格划分好后，用户选中导航树的 Geometry 下的某个部件，是否在细节窗口的 Statistics 显示网格的节点数和单元数，默认是 Visible。

(3)Fatigue Tool：打开/关闭 Fatigue Tool 疲劳工具，默认是 Visible。

(4)Shape Finder：打开/关闭 Shape Finder 工具，默认是 Visible。

(5)Contact Tool：打开/关闭 Contact Tool 接触工具，默认是 Visible。

12.Wizard 向导

Wizard 的选项如图 6-11 所示，在细节窗口中没有对应的设置，即只能在此处进行设置。

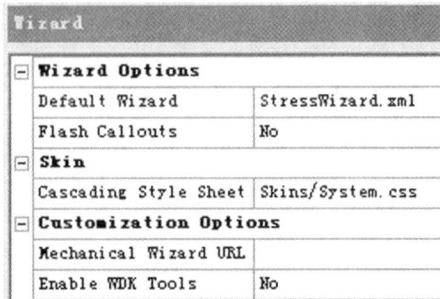

图 6-11　Wizard 的选项

(1)Default Wizard：默认的向导是 StressWizard.xml，没有可选项。

(2)Flash Callouts：当用户选中向导中的某一项，该项对象的图标是否在界面中闪现，默认是 Yes。

(3)Cascading Style Sheet：默认是 Skin/System.css，没有可选项。

(4)Mechanical Wizard URL：Mechanical Wizard 的 URL(网页地址)

(5)Enable WDK Tools：是否激活 Wizard Development Kit(WDK)工具，可以为 Mechanical Wizard 添加一些高级工具。建议只有高级人员才激活才功能，默认是 No。

6.3　几种简单的工具条

6.3.1　模型 Model 工具条

本节帮助路径：help/wb_sim/ds_Context_Toolbar.html。

模型 Model 工具条如图 6-12 所示。其中的 Connections 是本章的重点，详细内容见第 6.4 节"连接关系 Connections 工具条"。

图 6-12　模型工具条

1.Construction Geometry

Construction Geometry 建造几何体按钮。点击 Construction Geometry，在导航树自动生成 Construction Geometry 分支。在导航树中选择 Construction Geometry，其细节窗口只有一项，即 Display→Show Mesh，建议用户选择为 Yes。

点击 Construction Geometry，弹出图 6-13 所示的工具条，包含两个按钮：Path 和 Surface。

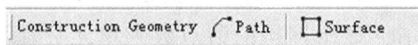

图 6-13　Construction Geometry 工具条

(1)Path 路径：通过存在的点、模型边或坐标系定义路径。

1）Two Points。Two Points 确定起点、终点来生成路径,细节窗口如图 6-14 所示。这种方法定义的路径只能映射到实体、面体上,不能映射到线体上。

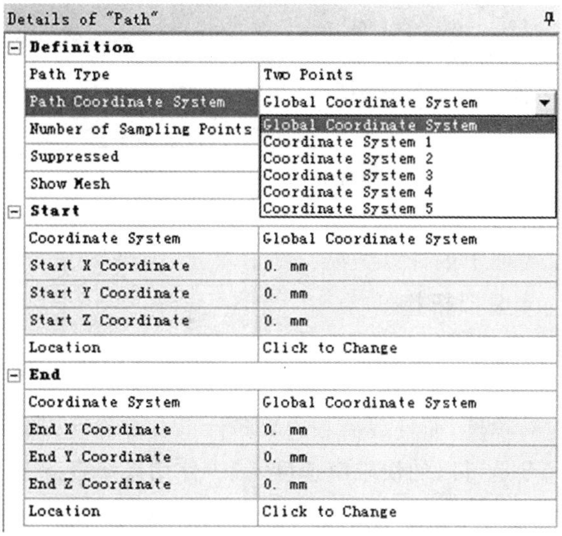

图 6-14　通过两点生成 Path 路径的细节窗口

Path Coordinate System:生成的路径可能是直线,也可能是曲线,这取决于坐标系是直角坐标系还是圆柱坐标系,但除全局坐标系外其他坐标系都需要事先设定。

Number of Sampling Points:样点数量,默认 47,最多可达 200。

2）Edge。选择实体的边生成路径,细节窗口如图 6-15（a）所示。按住 Ctrl,用户可以选择连接在一起的多条边。

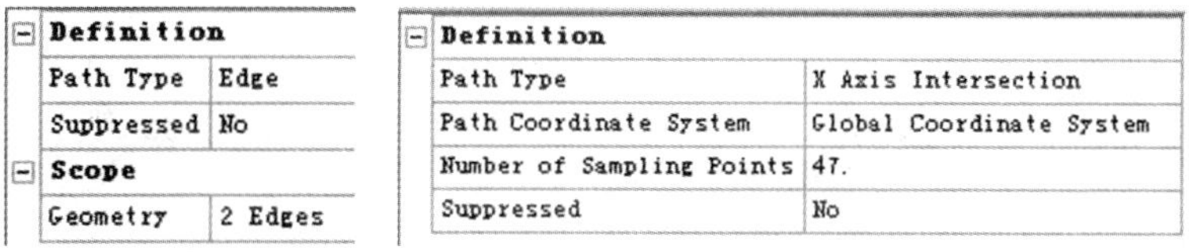

(a)	(b)

图 6-15　通过实体边生成路径和通过坐标系 X 轴生成路径

3）X Axis Intersection。X Axis Intersection 选择坐标系建立路径。路径的起点为坐标系的原点,终点为 X 轴正方向与几何模型的某个边界相交的点。细节窗口如图 6-15（b）所示。

4）快捷菜单。以上 3 种方法用于生成 Path。选中导航树的 Path,右击鼠标,在快捷菜单中与 Path 的有如下选项:

Export:把路径上各点的坐标数据导出到 TXT 文件中。

Flip Path orientation:把路径的起点和终点互换,即把路径的方向进行反向。

Snap to Mesh nodes:把路径的起点和终点对齐到网格节点。

在 Solution 工具条的 Linearized Stresses 中,用户定义的路径的起点和终点必须与网格的节点重合,否则会发生错误,尤其是在曲面几何体上生成路径。

（2）Surface 生成平面。Surface 的细节窗口如图 6-16 所示,用户事先建立合适的局部坐标系,然后在 Coordinate System 中选择合适的坐标系。如果是直角坐标系,根据坐标系 XY

平面与实体模型的交界建立平面。如果是圆柱坐标系,根据圆柱的底面与实体模型的交界来建立平面。

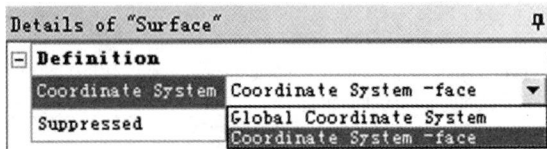

图 6-16　生成 Surface 平面的细节窗口

生成的 Surface 可以用来作为截面,在 Solution→User Defined Result 中的 Scoping Method 用到,用来定义表面上的计算结果。

2. Virtual Topology 虚拟拓扑

具体见第 4.5.2 节"虚拟拓扑工具 Virtual Topology"。

3. Symmetry 对称

如果几何模型存在对称性,而且载荷和边界条件也有对称性,那么用户可以只导入模型的一部分进行仿真。优点是可以加快求解速度,减少使用系统资源。

如图 6-17 所示为对称的工具条,其中 Symmetry Region 可以用于结构分析,并且只能用于弹性体;Periodic Region 可以用于静态磁场分析;Cyclic Region 可以用于结构分析和热分析。

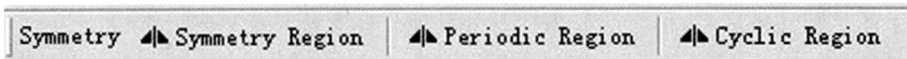

图 6-17　对称的工具条

Symmetry Region 的例子如图 6-18 所示,为两类结构对称,图 6-18(a)为正对称,图 6-18(b)为反对称。

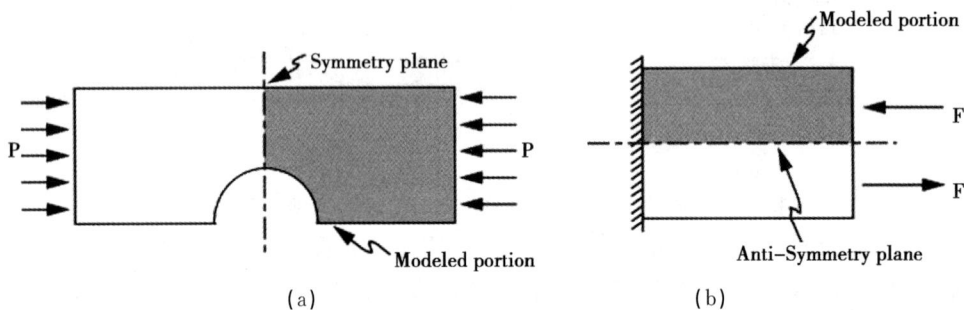

图 6-18　两类对称

Cyclic Region 为循环对称,模型在外形上表现为循环对称,即有几何拓扑相同的部件围绕在一条轴线周围。循环对称的模型可以进行静态结构分析、模态分析。常见的有车轮、直齿圆柱齿轮、涡轮叶片等。

对称平面可以在 DesignModeler 中定义,参见第 3.5.7 节"对称 Symmetry",DesignModeler 中使用 Symmetry 定义对称面,将全模型切割后称为部分模型。当把此模型导入 Mechanical 中后,在导航树自动添加 Symmetry 和 Named Selection,如图 6-19(a)所示。图 6-19(b)所示为 Symmetry Region 的细节窗口,其中 Type 可选项有 Symmetry 和 Anti-Symmetry 两种。Scope Mode 为只读框,此时显示为 Automatic。此外其他项目都是继承自 DesignModeler 中的设置。

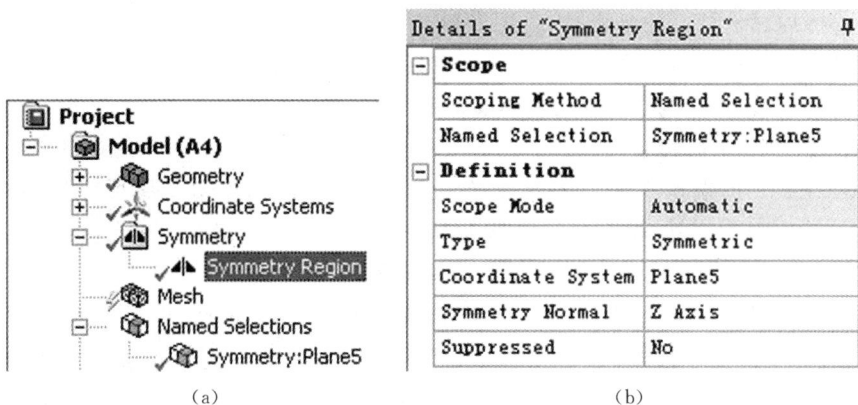

图 6-19　导入 Mechanical 中的对称

对称平面也可以在 Mechanical 中定义。步骤如下：

（1）选择导航树的 Model，点击模型工具条的 Symmetry，那么在导航树添加 Symmetry。

（2）选择 Symmetry，点击 Symmetry 工具条任意一种对称类型，那么在导航树 Symmetry 下面建立了对称类型，类似于图 6-19(a)。

（3）在该对称类型的细节窗口中，设定 Scoping Method，有两种选项，如图 6-20 所示。

1）Geometry Selection，那么用户在图形工作区选择合适的对称平面，然后点击细节窗口中 Geometry Selection 的 Apply。如果是 Symmetry Region，用户可以选择多个对称面。如果是 Periodic Region 或者 Cyclic Region 对称类型，用同样的方法，在 Low Boundary 和 High Boundary 中输入相对立的两个面或者两条边。并且网格划分器自动在这两个边界区域划分匹配的网格。

另外，在导航树选中，单击鼠标右键，在快捷菜单中有 Flip High/Low 选项，用于将 Low Boundary 和 High Boundary 进行对调。

2）Named Selection，需要用户事先在导航树 Named Selection 分支中定义好对称面的名称，然后在此处的 Named Selection 的下拉菜单选择合适的对称面。

（4）Scope Mode：只读框，此时显示为 Manual。

（5）对应 Symmetry Region 和 Periodic Region，需要设置 Type，可选项有 Symmetry 和 Anti-Symmetry 两种。

（6）Coordinate System：坐标系。用户需要事先定义局部坐标系，方法见第 6.3.3 节"坐标系 Coordinate System"。Symmetry Region 必须使用直角坐标系，Periodic Region 和 Cyclic Region 必须使用圆柱坐标系，如图 6-20 所示。

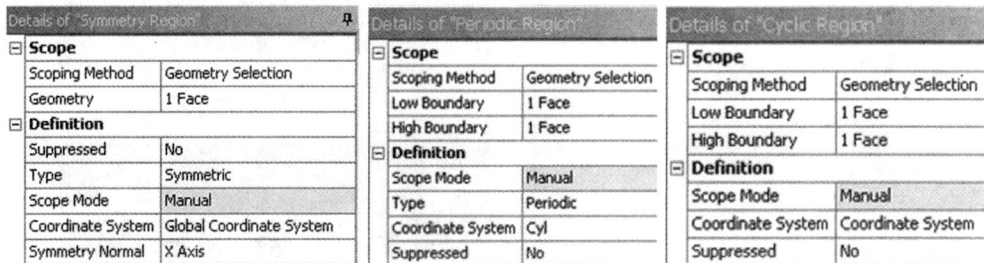

图 6-20　3 种类型的细节窗口

（7）Symmetry Normal：只有 Symmetry Region 类型，需要定义对称面的法向方向，从下

拉菜单中选择局部坐标系的坐标轴（见图 6-20）。

对于 Cyclic Symmetry，虽然 Geometry 中只使用了部分模型，但可以在 Solution 中观察全模型的仿真结果，方法为点击主菜单 View→Visual Expansion。

4．Remote Point 远端点

Remote Point 远端点在与几何模型有关联的某个空间处建立一个点。用户可以用 Remote Point 作为下列边界条件的放置位置，分别是 Point Mass，Thermal Point Mass，Joints，Springs，Remote Displacement，Remote Force，Moment。但是请注意：在一个 Remote Point 上只能定义最多一个 Remote Force 和一个 Moment，如果放置了多个远端力或者力矩，就会弹出警告信息。

如果上述多个边界条件直接施加在几何体上，由于每个载荷都需要添加接触单元，这样就有可能出现过约束。而在 Remote Point 上添加多个边界条件可以避免过约束，因此可以添加多个约束条件。

添加 Remote Point 的方法如下：

（1）用户选择导航树的 Model，点击 Model 工具条的 Remote Point，如图 6-21（a）所示，或者右击 Model，在快捷菜单选择 Insert→Remote Point，就可以在导航树建立唯一的 Remote Point 分支。

（2）选择导航树的 Remote Point 分支，在 Remote Point 工具条点击 Remote Point，或者右击鼠标在快捷菜单选择 Insert→Remote Point，就可以建立一个远端点，用户可以更名。

（3）在远端点的细节窗口中，如图 6-21（a）所示，Scoping Method 可以使用 3D 实体或者面体的面、边、点，以及 2D 面体或线体的边、点。

（4）Behavior 行为有两种选项，刚体行为和可变形。

（5）Pinball Region：影响球，可以使用默认的 All，也可以输入数字，显示为球体（见图 6-21（b））。

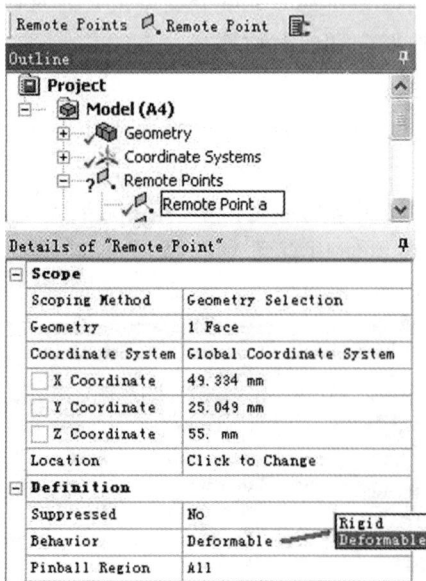

(a)   (b)

图 6-21　Remote Point 的工具条和细节窗口

在使用以上方法添加了 Remote Point 后，可以使用 Remote Point。如图 6-22（a）所示，在定义远端力时，细节窗口的 Scope→Scoping Method 的选项，除了 Geometry Selection，Name Selection 外的第 3 个选项为 Remote Point。本例中选用了 Remote Point。

下面出现 Remote Points 选项，如图 6-22（b）所示，在后面的下拉列表中有用户建立的远端点"Remote Point a"。选择此远端点后，下面的坐标位置自动变成"Remote Point a"的坐标且不可更改。

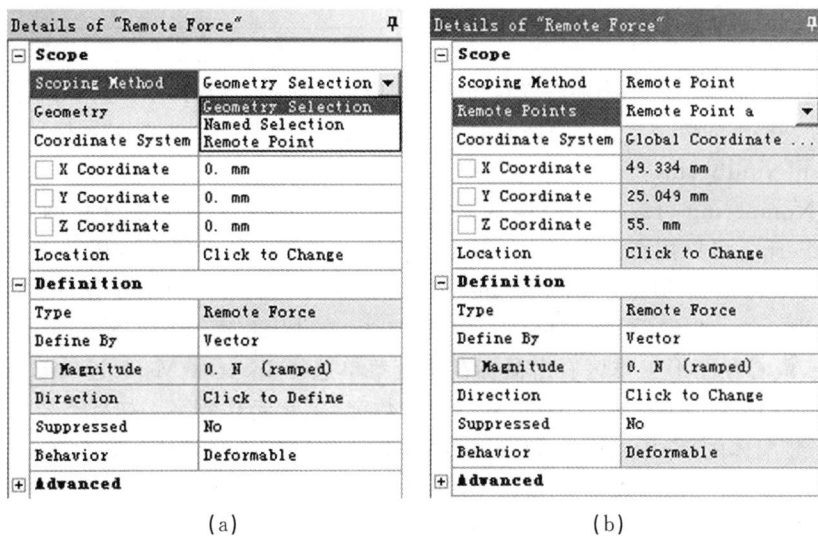

（a）　　　　　　　　　　　　（b）

图 6-22　定义远端力的位置时使用远端点

为了在图形工作区显示几何模型对应面与远端点之间的连接线，如图 6-23（a）所示，用户可以激活 Remote Point 细节菜单的 Show Connection Lines 为 Yes，如图 6-23（b）所示。

如果已经划分了网格，那么在远端点和几何模型对应面上的节点之间都有连接线，如图 6-23（c）所示。

如果定义了 Pinball Region，那么对连接线也会有影响，只有位于影响球内部的节点才有连接线，如图 6-21（b）所示。

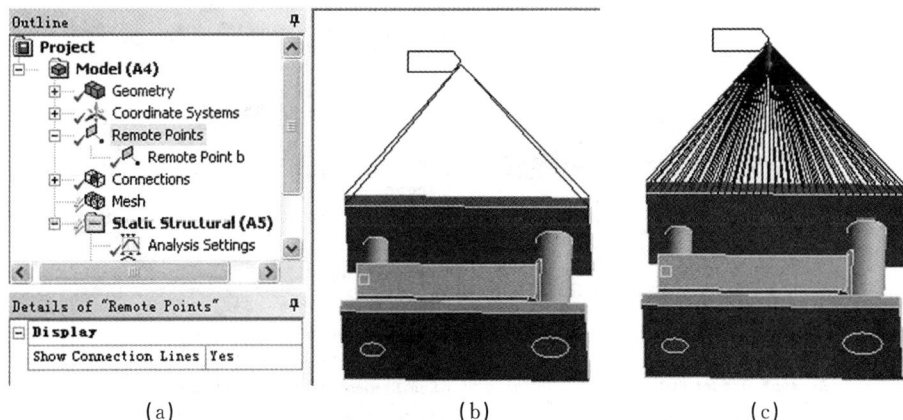

（a）　　　　　　　　　　（b）　　　　　　　　　　（c）

图 6-23　远端点的连接线

5. Fracture 断裂

Fracture 断裂工具栏如图 6-24 所示，用户能够使用与断裂分析相关的对象，包括 Crack 裂纹和渐进故障特征（包括 Interface Delamination 界面剥离和 Contact Debonding 接触脱粘）。

| Fracture | 🔲 Arbitrary Crack | 🔲 Semi-Elliptical Crack | 🔲 Pre-Meshed Crack | ⊱ Interface Delamination | ⊱ Contact Debonding | 📑 |

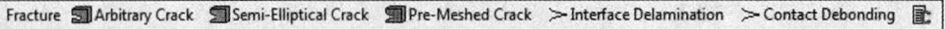

图 6-24　断裂工具条

断裂分析涉及断裂参数的计算,这些参数可以帮助用户在结构灾难性破坏的范围内进行设计。断裂分析假定结构中存在裂缝,计算的断裂参数为应力强度因子(SIFS)、J 积分(JINT)、能量释放率、材料力、T 应力和 C * 积分。

6. Mesh Edit 工具条

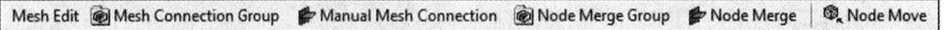

| Mesh Edit | 🔲 Mesh Connection Group | 📝 Manual Mesh Connection | 🔲 Node Merge Group | 📝 Node Merge | 🔲 Node Move |

"网格编辑"工具栏使用户能够修改和创建网格连接对象,将拓扑断开的表面体的网格连接起来,并移动网格上的单个节点。网格编辑上下文工具栏具体见第 4.2.2 节"网格划分工具条"。

7. Mesh Numbering

Mesh Numbering 可以对已经生成网格的模型重新计算节点数量和网格单元数量。Mesh Numbering 可以用在除 Rigid Dynamic 刚体动力学之外的所有分析系统中。

(1)在导航树插入 Mesh Numbering。方法有 3 种,选择 Model 在 Model 工具条单击 Mesh Numbering,或者选择 Model,右击鼠标在快捷菜单选择 Insert → Meshing Numbering,或者在图形工作区右击鼠标在快捷菜单选择 Insert→Mesh Numbering。

(2)Node Offset,Element Offset 节点起算数字,单元起算数字。如有需要,在细节窗口中设置整个装配体的 Node Offset,Element Offset,如图 6-25(a)所示。例如,Node Offset 设为 2 表示计算整个装配体的节点总数时从 2 起算。

(3)选择 Mesh Numbering,并在下面插入 Numbering Control 分支。有 3 种方法,过程类似于 1。

(4)选择 Numbering Control,在细节窗口中的 Scoping Method 中有两种选项,分别是 Geometry Selection 和 Remote Point,用来确定一个部件、一个点或者一个 Remote Point,它们的单元数目、节点数目需要重新计数,如图 6-25(b)所示。

(5)右击 Mesh Numbering 或者 Numbering Control,选择 Renumber Mesh,就可以重新计算节点数目和网格单元数目。

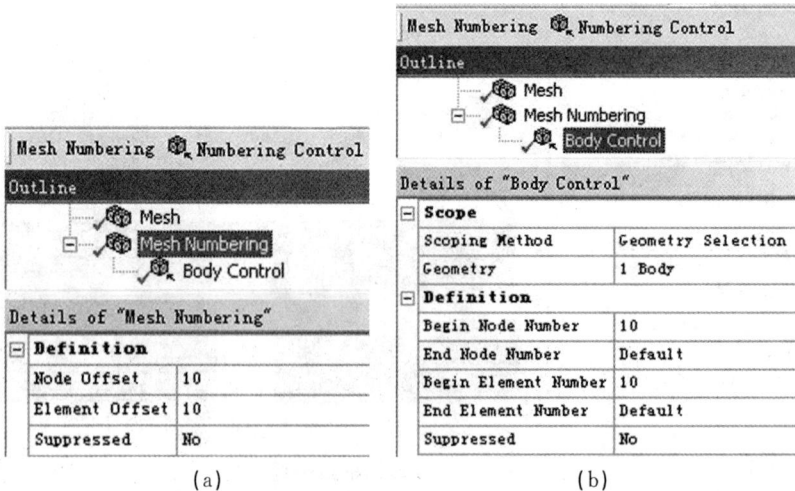

(a)

(b)

图 6-25　Mesh Numbering

8. Solution Combination 组合求解

Solution Combination 组合求解,用户可以把选取一个环境或多个环境下的结果,进行

组合得到新的结果。如图 6-26 所示，在 Workbench 主界面下使用 Duplicate 建立静态结构
分析的两个环境。进入 Mechanical 仿真界面，如图 6-27 所示，导航树中有两种环境下的静
力结构分析，分别是 Static Structure 和 Static Structure 2。下面可以使用 Solution
Combination 工具进组合求解。

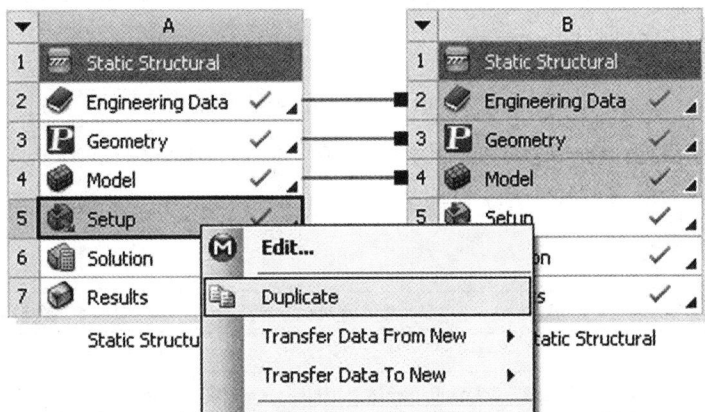

图 6-26　使用 Duplicate 建立两个环境

点击 Model 工具条的 Solution Combination，自动在导航树建立 Solution Combination
分支，如图 6-27 所示。同时弹出 Solution Combination 工具条，如图 6-28 所示。可以建立
变形、应力、应变、线性化应力、应力工具、疲劳工具等的组合求解。工具条中的下拉菜单见
第 6.10 节"求解结果 Solution"。

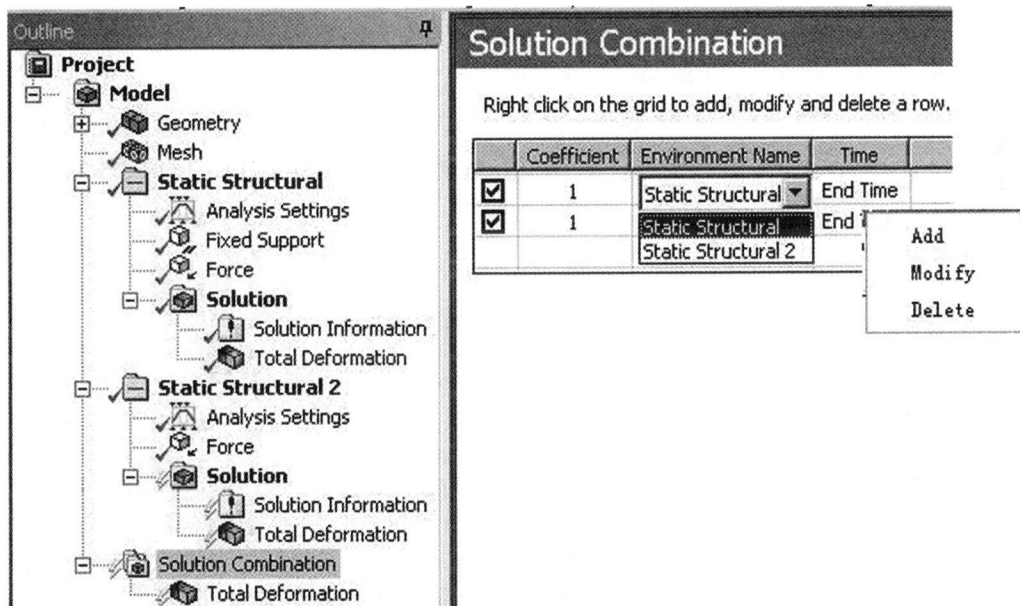

图 6-27　组合求解的导航树和 Worksheet

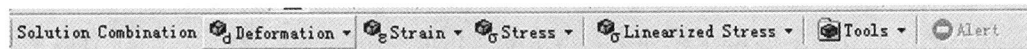

图 6-28　组合求解的工具条

可以建立多个 Solution Combination，每个 Solution Combination 有独立的设置页，如图
6-27 右侧所示。在 Worksheet 页面中单击鼠标右键，在快捷菜单选择 Add，可以添加多个仿

真环境。

其中 Environment Name 的下拉菜单可以选择导航树中的仿真环境,Coefficient 为该仿真环境下结果的系数,最终的组合求解的计算结果为:

(coefficient 1 X value from environment 1)+(coefficient 2 X value from environment 2)+etc.

6.3.2　几何体 Geometry 工具条

本节帮助路径:help/wb_sim/ds_Context_Toolbar.html。

当用户选择导航树中的 Geometry 几何分支或几何分支中的任何项时,才会出现此工具条,如图 6-29 所示。用户别的 CAD 软件平台或者 Geometry 建立了模型,但是还有一些特殊 Geometry 需要在此处建立。

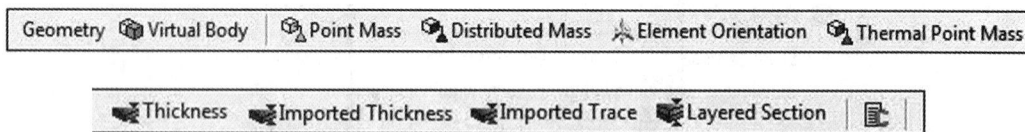

图 6-29　Geometry 工具条

(1)Virtual Body。如果使用 assembly meshing algorithm 装配体网格算法,则可以使用"几何"工具栏插入虚拟体。

(2)各种特殊质量。用户可以应用 Point Mass 点质量(Point Mass 见第 5.3.1 节"几何模型的种类")、Distributed Mass 分布式质量、Thermal Point Mass 热点质量(在瞬态热分析期间),也可以指定 Element Orientation 元素定向对象。

(3)Thickness 和 Imported Thickness。对于表面体,可以添加一个 Thickness 厚度对象,或 Imported Thickness 导入的厚度对象来定义可变厚度,或者添加 Layered Section 分层分段对象来定义应用于表面的层。

(4)Imported Trace。对于印刷电路板(PCB)的模型,"Imported Trace 导入跟踪组"文件夹提供"导入跟踪"选项。此特性用于 Trace Analysis 跟踪分析。

(5)还可以向单个主体添加 Commands object 命令对象。

6.3.3　坐标系 Coordinate System

本节帮助路径:help/wb_sim/ds_Context_Toolbar.html。

默认情况下,Mechanical 应用程序中的所有几何模型显示在全局坐标系下。全局坐标系是固定的直角坐标系。此外,用户还可以生成局部坐标系,可以用于弹簧、连接副、载荷、支撑、结果等的细节窗口的下拉菜单中。局部坐标系可以设为直角坐标系,也可以是圆柱坐标系。

用户要添加局部坐标系,步骤如下。选中导航树的 Coordinate System 分支,右击鼠标在快捷菜单选择 Insert→Coordinate System,或者在 Coordinate System 的工具条单击 Create Coordinate System,如图 6-30 所示,就可以在导航树 Coordinate System 下方建立新坐标系,与默认的全局坐标系并列,如图 6-31 所示。用户可以给局部坐标系重新命名。

图 6-30　坐标系工具条

坐标系的细节窗口如图 6-31 所示。

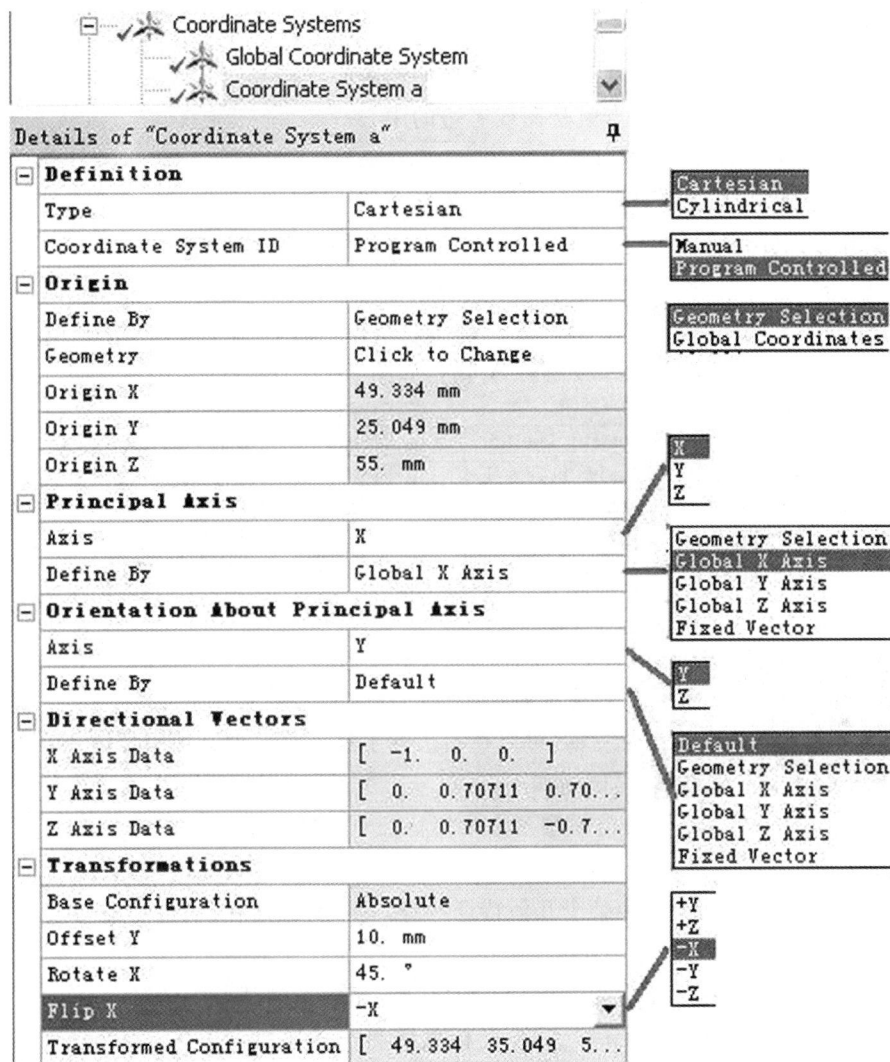

图 6-31　坐标系的细节窗口

1. Definition 定义

（1）Type：坐标系的类型，可选项有直角坐标系和圆柱坐标系。

（2）Coordinate System ID：坐标系的编号，可选项有程序自动编号，手动编号。如果选择手动编号，下方会添加一行，运行用户输入编号，但编号必须大于等于12，且不同局部坐标系的编号必须不同。

2. Origin 坐标系原点

用户通过设定坐标系的原点，可以把新建立的坐标系设为与几何体关联，或者与几何体无关联。

Define By:定义原点的方式,可选项有几何体和全局坐标系,

(1) Geometry:由几何体定义,这将生成了关联坐标系(Associative Coordinate System)。坐标系会移动到几何上,它的平移和旋转都依赖于几何模型。

选择此选项后,在下方出现 Geometry,用户可以在图形工作区选择合适的几何体后单击 Apply,如图 6-32(a)所示。

选择单个点:原点就是此点。

选择多个点:原点就是多个点组成的面或者体的中心。

选择一个面或者一条边:原点就是面或者边的中心。

选择圆柱体:原点就是圆柱体的中心。

选择圆或者圆弧:原点就是圆或者圆弧的圆心。

(2)Global Coordinate:由全局坐标系定义,这将生成无关联坐标系(Non-Associative Coordinate System)。坐标系将始终保持原有的定义,它独立于几何模型。

选择此选项后,有两种方法输入原点,一种是直角输入 XYZ 坐标,一种是在图形工作区选择合适的点,然后点击 Location 后面的 Apply,如图 6-32(b)所示。

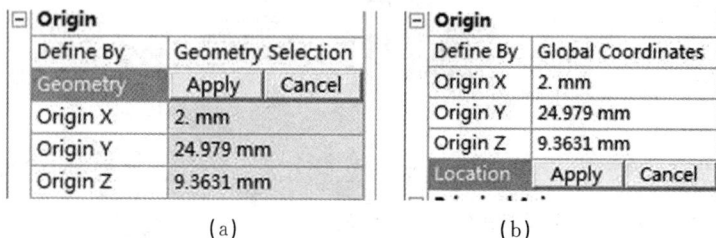

□ Origin		
Define By	Geometry Selection	
Geometry	Apply	Cancel
Origin X	2. mm	
Origin Y	24.979 mm	
Origin Z	9.3631 mm	

□ Origin		
Define By	Global Coordinates	
Origin X	2. mm	
Origin Y	24.979 mm	
Origin Z	9.3631 mm	
Location	Apply	Cancel

(a)　　　　　　　　　(b)

图 6-32　局部坐标系的原点

3. Principle Axis 坐标系的一条主轴

(1)Axis:定义坐标系的一条主轴,可以在右边的下拉菜单 3 个选项中任选一个。

(2)Defined By:定义方式,可选项如下:

Geometry Selection:将主轴与模型某个几何特征对齐并与该特征保持关联。在该特征方向改变后,主轴方向也会跟着改变。

Fixed Vector:将主轴与模型某个几何特征对齐,并一直固定在此方向,即与该几何特征不关联。

Global X,Y,Z Axis:让局部坐标系的主轴与全局坐标系的某条主轴对齐。

4. Orientation About Principle Axis 坐标系的另一条主轴

(1)Axis:定义坐标系的另一条主轴,可以在右边的下拉菜单 2 个选项中任选一个。

(2)Defined By:定义方式,同上。

5. Transformations 坐标变换

坐标变换可以让用户对坐标系进行精细调节。如图 6-30 所示,可以使用 Coordinate System 工具条的平移、旋转、反向共 9 个按钮,并在细节窗口 Transformations 下方对应位置输入合适的数值,如图 6-31 所示为偏移、旋转、反向的例子。

如果需要,用户可以把多个坐标变换的前后顺序进行调节,方法为使用图 6-30 所示工具条的上移、下移按钮,或者使用删除按钮把不需要的坐标变换进行删除。

6.4 连接关系 Connections 工具条

6.4.1 Connections 连接

本节帮助路径：help/wb_sim/ds_Context_Toolbar.html 和 help/wb_sim/ds_connections_folder.html。

1. 连接概述

装配体中的连接关系 Connections 可以通过接触 Contact、焊点 Spot Weld、运动副 Joint、弹簧 Spring、梁 Beam 实现。程序会自动检测并添加接触关系，而其他连接关系则需通过手动加入。

在静力学分析中，装配体各零部件之间主要使用接触、焊点、梁，如图 6-33 所示上部分。

在动力学分析中，装配体各零部件之间主要使用运动副、弹簧，如图 6-33 所示下部分，所以运动副、弹簧的知识见柔性（瞬态）动力学。另外 Body Interaction 用于 Explicit Dynamics Analysis 中实体之间的接触。

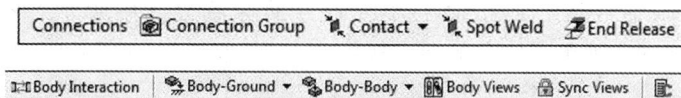

图 6-33 连接工具条

2. 连接的细节窗口

连接的整体属性如图 6-34 所示，分别为是否在几何模型更新时自动生成连接关系，是否激活透明显示。

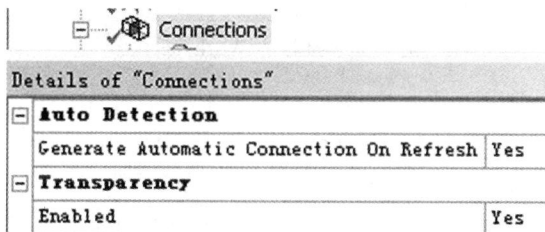

图 6-34 连接的整体属性设置

3. 连接的快捷菜单

本节帮助路径：help/wb_sim/ds_tree_go_to.html。

在图形工作区选择某个实体，右击鼠标选择"Go To"，能够快速找到用户关心的对象，如图 6-35 所示，绝大部分功能与连接关系有关：

(1) Unmeshed Bodies：没有划分网格的实体。

(2) Corresponding Bodies in Tree：在导航树的 Geometry 下找到该对象。

(3) Bodies Without Contacts in Tree：导航树中找到没有建立接触的实体。

(4) Parts Without Contacts in Tree：导航树中找到没有建立接触的部件。

(5) Bodies With One Element Through the Thickness：在厚度方向只有一个单元的实体。

(6) Contacts for Selected Bodies：与所选这些实体有关的接触对。

(7)Contacts Common to Selected Bodies:所选这些实体之间建立的接触对。

(8)Joints for Selected Bodies:与所选这些实体有关的连接副。

(9)Joints Common to Selected Bodies:所选这些实体之间建立的接触对。

(10)Springs for Selected Bodies:所选实体之间的弹簧。

(11)Mesh Controls for Selected Bodies:所选这些实体的网格控制。

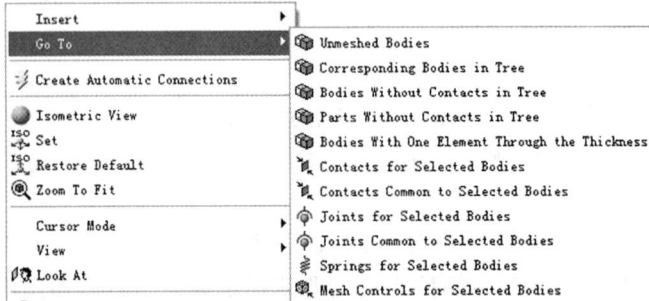

图 6-35　Go To 的弹出菜单

4. **接触的** Worksheet

单击"Connections",然后在图形工作区下方的标签分支中单击"Worksheet",出现"Contact Information",列出了定义的所有接触和点焊,如图 6-36 所示。

Worksheet

Contacts

Contact Information

Name	Type	Scope	Scope Mode	Behavior	Normal Stiff	Update Stiff	Statu
Bonded - SidePlate1 To StopShaft	Bonded	Face (Solid)	Automatic	Symmetric	Program Co	Never	Not su
Bonded - SidePlate2 To ArmShaft	Bonded	Face (Solid)	Automatic	Symmetric	Program Co	Never	Not su
Bonded - SidePlate2 To StopShaft	Bonded	Face (Solid)	Automatic	Symmetric	Program Co	Never	Not su
Bonded - ArmShaft To StopShaft	Bonded	Face (Solid)	Automatic	Symmetric	Program Co	Never	Not su

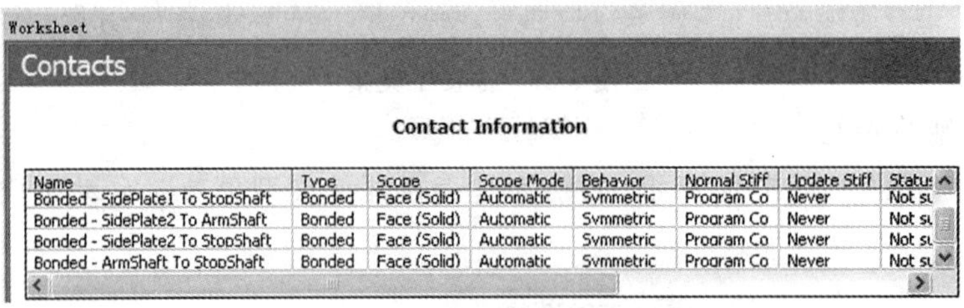

图 6-36　**接触的** Worksheet

6.4.2　Connection Group

本节帮助路径:help/wb_sim/ds_connections_group.html。

1. **建立** Connection Group

只选择模型的一部分实体组成一个群,然后在这个群的实体互相之间建立连接。步骤如下:

(1)按住 Ctrl,并在图形工作区选择多个实体,单击鼠标右键,在快捷菜单选择 Inset→Connection Group。那么在导航树建立 Connection Group。

(2)在导航树选择刚刚建立的 Connection Group,单击鼠标右键,在快捷菜单选择 Create Automatic Connection 即可。

2. Connection Group **的细节窗口**

点击 Connection 工具条的 Connection Group 后,在导航树生成 Connection Group 分支,细节窗口如图 6-37 所示,细节窗口各项的解释见第 6.4.3 节"接触的整体选项"。细节窗口是对本 Connection Group 下所包括的连接进行全局设置。

其中 Connection Type 的可选项有 Connect,Mesh Connection,Joint。选择 Connection Group 分支,右击鼠标在快捷菜单选择 Create Automatic Connection,则分支名字自动更新成为 Connect,Mesh Connection 或者 Joint。在这些分支下面可以添加具体的连接。

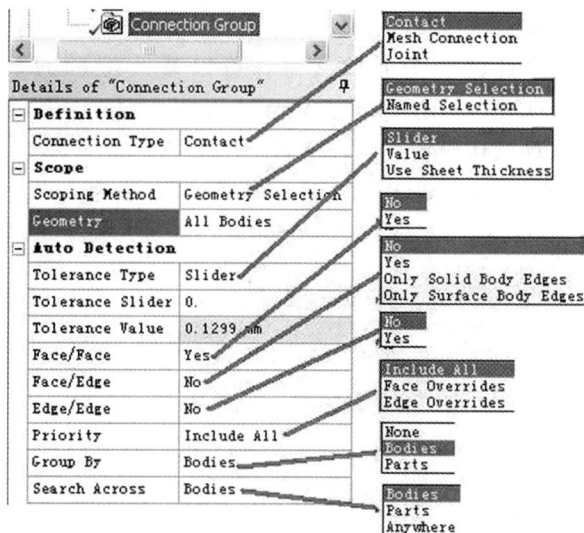

图 6-37　Connection Group 的细节窗口

6.4.3　连接之接触 Contact

本节帮助路径：help/wb_sim/ds_Contact_bodies. html。

当零件之间的接触状态发生变化，或者零件之间的摩擦效应很重要时，必须使用接触。与接触有关的工具条如图 6-38(a)所示。

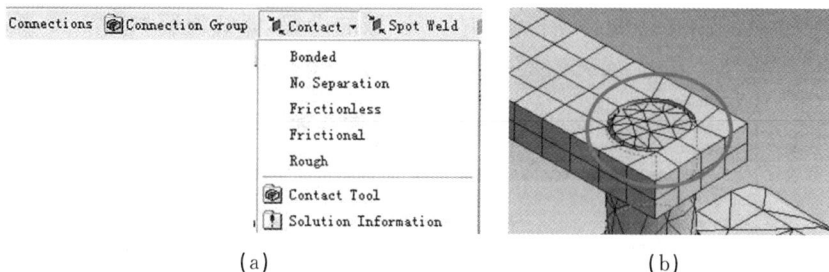

(a)　　　　　　　　　　　　(b)

图 6-38　接触对两个部件的网格相互独立

1.接触

接触可以在 2D 面体(柔性体、刚体都可以)或者 3D 实体之间定义。存在多个部件时，需要确定这些部件之间的相互关系、相互作用，此时需要用接触 Contact 来定义。例如：①在结构分析，接触和点焊防止部件的相互渗透，同时也提供了部件之间载荷传递的方法。②在热分析，接触和点焊允许部件之间的热传递。若不进行接触或点焊设置，部件将不会相互影响。另外，多体部件不需要接触或点焊。

每个接触对包含两个部件，每个部件维持独立的网格，如图 6-38(b)所示。这意味着，小体和大体没必要保持一致的网格精度，在部件接触处允许不匹配的网格。四面体单元和六面体单元组合是可行的。

接触的属性分两类。一类是全局属性，是指所有接触共同的属性，见第 6.4.3 节"接触的整体选项"。一类是具体属性，是指单个接触对独有的属性，见第 6.4.3 节"单个接触的选项"。

有两种添加接触的方法。分别为：

（1）自动添加接触。从 CAD 系统向 Mechanical 应用程序输入装配体时，程序自动检测接触面并生成接触对，并且默认为面面接触。可以修改接触的默认设置，路径为在 Mechanical 应用程序主菜单中，单击 Tools→Options，打开 Options 窗口，在 Mechanical 下面的 Connections 中有各种默认设置。

如果几何模型重新导入后，需要再次自动添加接触，方法为点击导航树的 Connections 分支，右击鼠标在快捷菜单中选择 Create Automatic Contact（见图 6-39）。

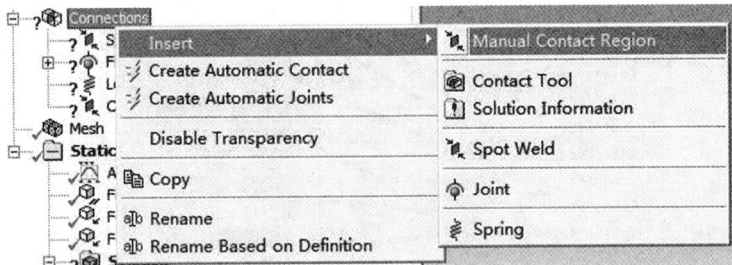

图 6-39　添加接触

建议用户在进行分析之前检查自动生成的接触对。

（2）手动添加接触。点击如图 6-39 所示的 Manual Contact Region，自动导航树生成新的接触，然后在细节窗口进行设置。

2.接触的整体选项

本节帮助路径：help/wb_sim/ds_connections_group.html。

整体功能包括控制接触的自动检测和接触区域的设置，详细说明如图 6-40 所示。

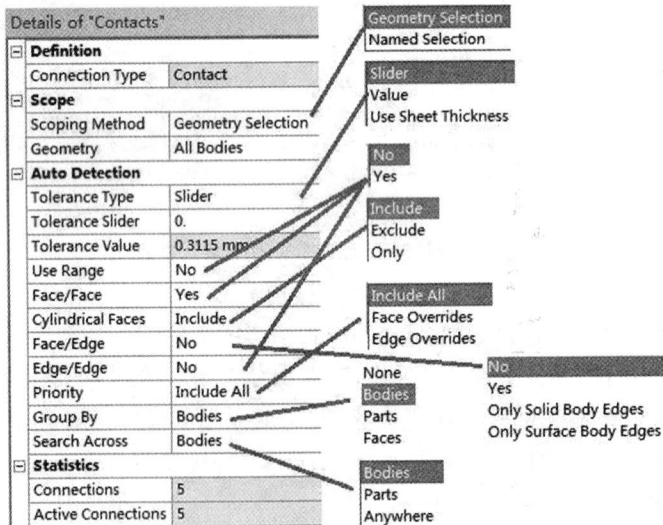

图 6-40　接触的整体的细节窗口

（1）Scoping Method 选择区域，可选项有选择几何体、命名选择。

（2）Geometry 几何体，默认所有的几何体，也可以在图形工作区选择感兴趣的部分几何体。

（3）Tolerance Type 容差类型。

从 CAD 系统的导入的装配体中，有可能部件装配不够精确，或者有空隙或者重叠。Tolerance Type 是指检测部件之间装配不正确时的容差类型。有 3 种选项，选择每种选项后下方出现新的项目。而且调整接触容差时,出现在导航树中的接触对数量也会改变。

Tolerance Slider 滑动条,下方出现 Tolerance Slider 项目,可以输入+100 到−100 之间的相对容差,且没有单位。越接近+100,表示部件之间的很小间隙或很小穿透。改变滑动条的同时,下方的只读框 Tolerance Value 也会跟着改变。

Value 容差数值,下方出现 Tolerance Value 项目,输入容差的绝对数值,有单位。

选择以上两种选项时,在图形工作区的光标上会出现带小圆的十字瞄准线,如图 6-41 所示,圆的直径与用户所定义的容差相关联,而且随着几何模型的缩放而缩放。

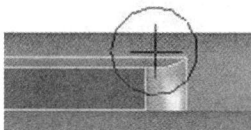

图 6-41 容差在图形区的显示

Use Sheet Thickness 薄片厚度,当后面的 Group By 选择为 None 或者 Bodies 时,此处就可以使用 Sheet Thickness 选项,并且下方出现 Thickness Scale Factor 项目。默认的厚度比例因子是 1。

(4)Use Range 使用范围。当公差类型属性设置为 Slider 或 Value 时出现。选项包括"是"和"否"(默认)。如果设置为"是",则出现 Min Distance Percentage 和 Min Distance Value(只读框),用户可以调节前者,从 0% 到 100%。则连接检测搜索将在从容差值 Tolerance 到包含最小距离值 Min Distance Value 的范围内进行。

(5)Face/Face。检测不同实体之间的面与面接触,默认为 Yes。

(6)Cylindrical Faces。只有在 3D 分析中可用。只有当 Connection Type 属性设置为 Contact,而 Faces/Face 属性设置为 Yes 时,此项属性才是可见的。可用选项包括默认、排除和仅限。此属性确定应用程序在自动生成接触时如何处理圆柱面。例如,给出了一个包含螺栓连接的模拟,其中螺栓杆应该有 Frictionless 无摩擦接触,螺栓头应该有 Bonded 绑定接触。设置此属性后,在自动生成过程中适当地创建接触,会定义圆柱形接触(仅对螺栓杆设置)和平面接触(不包括螺栓头)。

(7)Face/Edge。检测不同实体之间的面与边接触,选项有是、否(默认)、仅实体的边、仅面体的边。检测结束后,面作为目标体 Target Body,边作为接触体 Contact Body。

(8)Edge/Edge。检测不同实体之间的边与边接触,默认为 No。

(9)Priority。对应大装配体模型,部件非常之多,Create Automatic Connections 得到的接触对很多是冗余的。使用 Priority 可以减少自动检测得到的接触对。

优先权有 3 个选项:包括所有 Include All、面优先 Face Overrides、边优先 Edge Overrides。面优先指面与面接触优于面与边接触,不含边与边接触。边优先指边与边接触优于面与边接触,不含面与面接触。

(10)Group By。成组检测有 3 个选项:实体 Bodies、零件 Parts 和无 None。按实体成组指在一个接触区允许有多个面或边;按零件成组允许多个零件包含在一个独立区域;不成组则生成的任何接触区的目标对象或接触对象上仅一个面或边。如果一个单独区域包含大量的接触及目标面,该方法可以避免过多的接触搜索时间。另外,该选项也适用于不同的接触区域定义不同的接触行为,如螺栓和支座接触案例中,可以在螺栓螺纹和支座之间定义绑定接触,而螺栓头和支座之间定义无摩擦接触行为。

(11)Search Across。搜索范围有 3 个选项：①Bodies：在实体间。②Parts：搜索不同 Parts 的实体之间的接触,也就是说,在同一个 Part 中的不同实体之间,不搜索接触。③Anywhere：包含任何自接触的地方。

3.单个接触的选项

本节帮助路径：help/wb_sim/ds_contact_object_properties.html。

单个接触区域的选项包括接触范围 Scoping、定义接触类型 Definition,高级控制命令 Advanced,Geometric Modification,细节窗口如图 6-42 和图 6-44 所示。

(1)Scoping Method 选择区域,可选项有选择几何体、命名选择。

(2)Contact 和 Target 接触面与目标面。

在图形工作区或者命名选择,在每个接触对中都要定义目标面和接触面。接触面不能穿透目标面。接触面和目标面的确定准则如下：

如果凸面和平面或凹面接触,应指定平面或凹面为目标面；

如果一个面上的网格较粗而另一个面上的网格较细,应指定粗网格面为目标面；

如果一个面比另一个面的刚度大,应指定刚度大的面为目标面；

如果一个面为高阶单元而另一面为低阶单元,应指定低阶单元面为目标面；

如果一个面比另一个面大,应指定大的面为目标面。

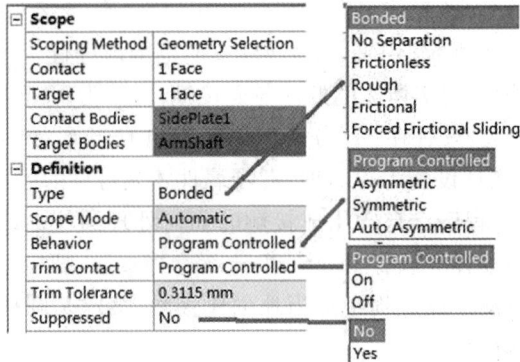

图 6-42　单个接触的细节窗口一

(3)Contact Bodies 和 Target Bodies：只读框,接触区域的其中一个表面构成接触面,在图形工作区用红色表示；接触区域的另一个表面构成目标面,用蓝色表示。

(4)Type 接触种类。Workbench 共有 6 种接触类型：绑定、不分离、无摩擦、粗糙、有摩擦、强迫摩擦滑动,如图 6-42 所示。

1)绑定接触关系是 Workbench 软件缺省状态下默认接触,任何 CAD 模型导入 Workbench 后,系统将各个部件之间的连接都默认为绑定关系。它是接触中最基本、最常见的连接关系。

绑定接触是指两个部件之间面面(faces)接触,线线(edges)接触,线面(face and edge)接触不会发生分离或相对滑动,可将它们看作黏合的一体。在受力过程中绑定接触的接触线或面不会发生改变,因此绑定接触只应用于线性分析。在分析过程中,接触之间的间隙和渗透将被忽略。

2)不分离接触类似于绑定接触,它不允许面面之间发生法向分离,但可以允许沿着接触面发生微小的相对无摩擦滑动(显式动力分析中不支持此类接触)。

3)无摩擦接触只应用于面面接触,在受力作用下,接触面面积可能发生改变,产生间隙。因此,它属于非线性分析求解。由于无摩擦,所以接触面之间也可能发生相对位移,装配体中会施加弱弹簧帮助固定模型,以得到合理的解。使用这种接触方式时,需注意模型约束的定义,防止出现欠约束。

4)有摩擦接触只应用于面面接触,摩擦系数为非负值。接触面受到法向压力时,在发生相对滑动前,两接触面可以通过接触区域传递一定数量的剪应力,有点像胶水的作用。当接触面水平方向受力大于摩擦力时,接触面上将发生相对滑动。

5)粗糙接触只应用于面面接触,它允许接触面法向有间隙,但是接触面不会发生相对位移。在无滑移处设置完全粗糙的摩擦接触,对应于无限大的摩擦因数(显式动力分析中不支持)。

6)强迫摩擦滑动:在这种情况下,在每个接触点施加切线阻力。切线力与法向接触力成正比。这种设置类似于摩擦,只是没有"黏着"状态,只支持刚性动力学。

在选定为第4),6)种接触类型后,下面出现新的 Friction Coefficient,用户可以输入摩擦系数。

前面 2 种 Bonded 绑定、No Separation 不分离属于线性接触,仅仅需要一次迭代计算。后面 4 种 Frictionless,Frictional,Rough,Forced frictional sliding 属于非线性接触,需要多次迭代计算。非线性接触需要更长的计算时间,可能发生收敛性问题,需要接触面设置更好的网格。如果考虑模型发生轻微的分离是很重要的,或者接触面的应力很重要,考虑使用非线性接触类型,可以模拟间隙及更准确的接触状态。不同的接触行为在于描述法向分离和切向滑移方向的不同,见表 6-3。

表 6-3　5 种接触类型

接触类型	解释	线性/非线性	迭代次数	法线方向行为(分离)	切线方向行为(滑动)
Bonded	绑定	线性接触	1	无分离	无滑动
No Separation	无分离	线性接触	1	无分离	允许滑动
Frictionless	无摩擦	非线性接触	多次	允许有间隙	允许滑动
Frictional	有摩擦	非线性接触	多次	允许有间隙	允许滑动
Rough	粗糙	非线性接触	多次	允许有间隙	无滑动
Forced frictional sliding	强迫滑动	非线性接触	多次	允许有间隙	允许滑动

(5)Behavior 接触行为,有 4 种选项。

Program Controlled:默认选项。对于弹性体-弹性体之间的接触,程序选择为 Auto Asymmetric。对于弹性体-刚体之间的接触,程序选择为 Asymmetric。对于弹性体-弹性体之间的接触,且其作用范围为非线性自适应区域,程序选择为 Symmetric。

Asymmetric:当一面被设计为接触面,另一面被设为目标面时,这就是非对称接触(见图 6-43)。

Symmetric:如果两边互为接触面(Contact Bodies)和目标面(Target Bodies),那就叫对称接触(见图 6-43)。

Auto Asymmetric：如果可能的话，自动创建非对称接触对。在某些情况下，这可以显著提高性能。当用户选择此设置时，在解决方案阶段，解决程序将自动选择更合适的接触面指定。不支持显式动力学分析。

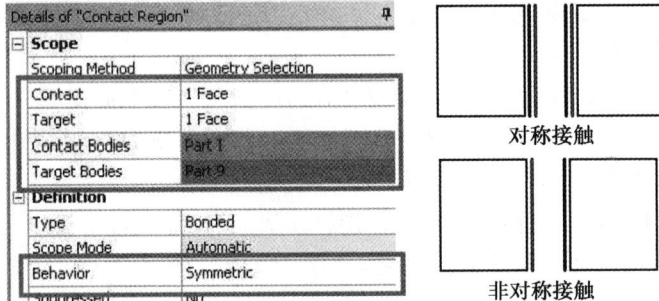

图 6-43　接触行为是否对称

（6）Trim Contact 和 Trim Tolerance。

Trim Contact 为修剪接触，Trim Tolerance 为修剪公差。通过减少发送到解算器的接触元素的数量，来加快求解时间。请注意，刚体动力学分析不支持此功能。有以下 3 种选项。

Program Controlled：这是默认设置。应用程序选择适当的设置。通常情况下，程序设置 Trim Contact 为 ON。但是，如果存在手动创建的接触条件，则不执行裁剪。

On：在创建求解器的输入文件的过程中，程序自检以确定源元素和目标元素之间的接近程度。源和目标侧的元素不够接近（由 Trim Tolerance 公差确定）不会写入文件，因此在分析中被忽略。

Off：无。

（7）Formulation 接触算法。不同的接触算法允许建立不同接触体之间的数学关系。Formulation 有 6 种选项，如图 6-44 所示。

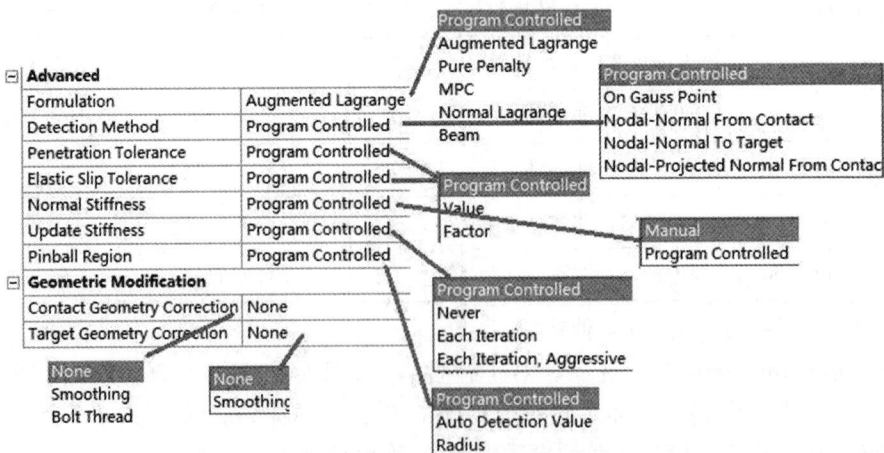

图 6-44　单个接触的细节窗口之二

Program Controlled：这是默认设置。对于两个刚体之间接触，应用程序选择的 Pure Penalty 纯罚函数法；对于所有其他接触情况下，选择 Augmented Lagrange 增广拉格朗日。

Pure Penalty：纯粹的罚函数法。

Augmented Lagrange：增强拉格朗日法。

MPC 多点约束方程法：适合于 Bonded，No Separation 接触类型。在 Mechanical APDL 应用求解过程中，在内部建立多点约束方程，将物体连接在一起。如果需要真正的线性接触，或者处理自由振动的非零模态问题（如果使用惩罚函数的话），此选项将是很有帮助的。注意，基于接触的结果（如压力）将为零。

Normal Lagrange：纯拉格朗日法。

Beam：只适用于 Bonded 类型。这个公式是通过使用无质量线性梁单元将接触拓扑"缝合"起来的。

建议：

1）对于绑定或者不分离接触，接触区域根据几何和 pinball 可以预先知道。推荐的接触算法是使用"Pure Penalty"或者"MPC"。

在绑定的接触中，纯粹的罚函数法可以想象为在接触面间施加了十分大的刚度系数来阻止相对滑动，这个结果是在接触面间的相对滑动可以忽略的情况下得到的。

多点约束方程法 MPC 对接触面间的相对运动定义了约束方程，因此没有相互的滑动，这个方程经常作为罚函数法的最好的替代。

2）对于 Rough，Frictionless 和 Frictional 接触，接触区域不能预先知道，所以必须进行迭代计算。推荐的接触算法是："Augmented Lagrange"。

（8）Detection Method。检测方法使用户能够选择接触检测的位置进行分析，以获得较好的收敛性。适用于 3D 面面接触和 2D 边边接触。

（9）Penetration Tolerance。当用户将 Formulation 设置为 Program Controlled、Pure Penalty、或 Augmented Lagrange 时，穿透公差属性使您可以指定接触的穿透公差值或穿透公差因子。选项有以下 3 种。

Program Controlled：默认设置。

Penetration Tolerance Value：指定穿透公差值。

the Penetration Tolerance Factor：指定穿透公差因子，属于 0～1 之间的数字，无单位。

（10）Elastic Slip Tolerance。弹性滑移公差特性使用户能够为接触设置允许的弹性滑移值。选项有以下 3 种：

Program Controlled：默认设置。

Value：弹性滑移公差值。

Factor：直接输入弹性滑动公差系数。此条目必须等于或大于零，但也必须小于 1。此条目没有单位。

（11）法向刚度 Normal Stiffness。法向刚度可选项有：由程序控制（默认），和手动控制。选择 Manual，下面出现 Normal Stiffness Factor（FKN）法向刚度因子编辑框，只能输入正值。

法向刚度因子是计算刚度代码的乘子，因子越小，法向接触刚度就越小。法向接触刚度是影响精度和收敛行为最重要的参数。刚度越大，结果越精确，收敛变得越困难。如果接触刚度太大，模型会振动，接触面会相互弹开。以表 6-4 为例，刚度增加，渗透减少，而最大压力增加,并且通常会有更多的迭代和更长运行时间。

表 6-4　改变法向刚度因子的例子

法向刚度因子	接触算法	总变形	接触压力	渗透	迭代次数
0.01	Aug Lagrange	0.003 290 2	565.05 MPa	0.011 864	17
0.1	Aug Lagrange	0.003 303 3	774.12 MPa	0.001 625 3	17
1	Aug Lagrange	0.003 305 2	811.34 MPa	0.001 703 5	20
10	Aug Lagrange	0.003 305 5	816.26 MPa	0.000 017 138	24
N/A	Aug Lagrange	0.003 305 3	812.78 MPa	0.000 019 984	57

接触问题法向刚度选择一般准则:

1)从接触种类来说,对于绑定和不分离的接触,默认 FKN ＝10。其他形式接触,默认 FKN＝1.0。

2)从分析的几何模型来说,对于体积为主的问题,用"Program Controlled",或者手动输入"Normal Stiffness Factor"为"1"。

对于弯曲为主的问题,手动输入"Normal Stiffness Factor"为"0.01"到"0.1"之间的数值。

(12)刚度更新 Update Stiffness。在仿真过程中是否允许程序自动改变接触刚度。如果选为允许,在仿真过程中,程序根据模型的物理状态,例如单元应力和穿透情况等,自动修正刚度。自动修正刚度的好处是,程序可以通过改变 Update Stiffness ,来保证既要计算收敛又要减小穿透。当 Formulation 设为 Augmented Lagrange 以及 Pure Penalty,才会出现该选项。

刚度更新有以下 4 种选项:

Program Controlled:程序自动控制。

Never:从不(默认),关闭程序对刚度的自动更新。

Each Iteration:每个子步平衡迭代后更新刚度值。如果用户不能确保自己使用的 Normal Stiffness Factor 是否合适,为了获得较好的仿真结果,建议用户使用该选项。

Each Iteration,Aggressive:每个子步平衡迭代后更新刚度值,刚度变化范围更剧烈。

用户可以使用 Result Tracker 来监控刚度变化情况,详情见第 6.9 节"求解选项"。

(13)影响球区域 Pinball Region。影响球区域有 3 个选项:程序控制(默认)、程序自动检测值、指定半径,如图 6-44 所示。

影响球区域可以自己定义和显示出来,Pinball 区域表示接触探测区域,可输入 Pinball 半径尺寸,以球形显示在图形窗口中。影响球区域定义了近距离开放式接触的位置,即 Inside pinball ＝ near-field contact。而超出影响球区域范围之外的为远距离开放式接触,即 Outside pinball ＝ far-field contact。

影响球区域作为十分有效的接触探测器使用,但是它也用于其他方面,例如绑定接触等。对于绑定或者不分离的接触,假如间隙或者穿透小于影响球区域,则间隙/穿透自动被删除,如对于以 MPC 为基础的绑定接触,可以将搜索器设定为目标法向或是影响球区域。假如存在间隙,这在壳的组合体中经常出现,影响球区域可以用来作为探测越过间隙的接触探测器。

(14) Interface Treatment 界面处理。当接触类型选择为 Frictionless,Rough 和 Frictional 时,在细节窗口的 Geometric Modification 分支出现更多选项,如图 6-45 所示。

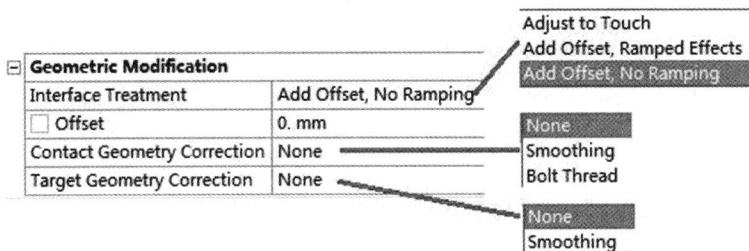

图 6-45 单个接触的细节窗口之三

非线性接触类存在一个 Interface Treatment(界面处理),选项如下:

1)Adjusted to Touch 调整到刚刚接触。初始状态如果接触对之间有小空隙,或者接触对之间有穿透,选择此选项后都会把接触对调整到恰好接触的位置。注意,Pinball 区域大小会影响这种自动方法,因此必须保证 Pinball 半径大于接触对最小的缝隙距离。

如果不使用该设置,由于有初始间隙的存在,导致接触对的两部件互相远离,因此这种选项是为了保证有初始接触发生。但是在非线性接触分析过程中,接触对仍然会发生分离。

2)Add Offset,Ramped Effects 设置偏移量(含渐变):在初始接触状态的基础上,根据用户输入的 Offset,把接触对进行移动,使接触面在正向或相反方向上偏移一个指定的距离 Offset。

Ramped Effects 是指斜坡效应,仿真过程中在一个载荷步内分几个子步逐步地施加载荷。该选项对富于挑战的干涉问题的收敛是有帮助的。

3)Add Offset,No Ramping 设置偏移量(无渐变):与上面的类似。No Ramping 是指没有斜坡效应,仿真过程中在第一个子步内一次性完成载荷的施加。

4)Offset 偏移量。在 Interface Treatment 选择了后面两种选项后,下方出现的 Offset 可以输入数值。正值使接触对更接近(减小缝隙或者增加穿透量),负值是指接触对更远离(增加缝隙或者减小穿透量)。

(15)Contact Geometry Correction 和 Target Geometry Correction。接触体/目标体的几何修正,选项有 3 种:None,Smoothing,Bolt Thread。分别介绍如下:

1)None:不执行修正。

2)Smoothing:选为平滑选项,对于 Contact 和/或 Target,使用户能够提高圆形边缘(2D)和球面或旋转曲面(3D)的精度,这是因为程序评估接触检测的精确几何体而不是网格。由于网格 Dropped Midside nodes 即去掉中间节点,Smooth 这一特性软件能够更有效地分析仿真曲线几何。

注意:①Behavior 不支持 Symmetric and Auto-Asymmetric 属性,即对称和自动不对

称。②为了避免应用程序不正确地修改严重变形的接触面的几何形状,在分析指定大挠度时不要使用平滑特征 Large Deflection。

下方出现新的选项,即 Contact Orientation,如图 6-46 所示。

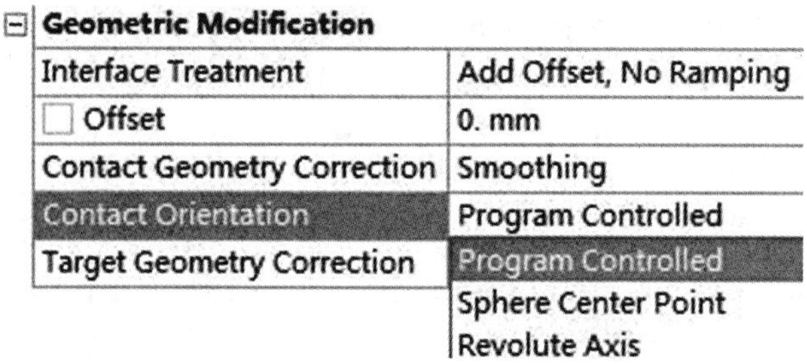

Geometric Modification	
Interface Treatment	Add Offset, No Ramping
☐ Offset	0. mm
Contact Geometry Correction	Smoothing
Contact Orientation	Program Controlled
Target Geometry Correction	Program Controlled
	Sphere Center Point
	Revolute Axis

图 6-46 接触体的几何修正设为 Smoothing

选项有:

a. Program Controlled:该选项只有在接触范围位于一个球体或一个简单的圆柱体上时才有效。当指定的作用域为如下时选项无效:

· 包括不止一个面;

· 是在一个单一的圆柱体表面,但圆柱包括两个以上的边缘;

· 是在一个单一的圆柱体表面且有两个边,但 CAD 软件包不确定它是一个圆柱。在这种情况下,您可以使用选择信息窗口确认模型的几何信息。

· 如果程序控制选项无效,则可以使用旋转轴 Revolute Axis 选项,手动识别圆柱。

b. Sphere Center Point (3D) or Circle Center Point (2D):选择该属性时,下方还会显示 Contact CenterPoint ,即"中心点"属性。中心点属性提供的下拉列表,例如可用坐标系、全局坐标系以及用户定义坐标系。根据需要,在球体的中心创建一个局部坐标系。

c. Revolute Axis:当选择旋转轴时,下方将显示附加属性:Starting Point,Ending Point。这些属性定义了坐标系的轴,即用于生成接触平滑所围绕的轴。

3)Bolt Thread。此几何校正选项使用户能够建模螺栓线程。对于二维轴对称模型,只支持边到边的作用域。对于三维模型,只有面对面的范围是支持的。

4. 关于接触的其他操作

本节帮助路径:help/wb_sim/ds_contact_ease_of_use. html。

图 6-47(a)所示为选择接触整体时的快捷菜单,图 6-47(b)所示为选择单个接触时的快捷菜单。

(1)透明显示。在 Contact 分支点击某个接触对,选取一个接触对,与该接触对无关的部件变成透明的,以便观察。在 Contact 分支的快捷中可以关掉透明显示,方法为选择"Disable Transparency"。如果想再次启动透明度,单击 Enable Transparency。

透明度的默认值可以通过"Tools→Options→Mechanical→Connection→Transparency"控制。详情见第 6.2.3 节"Options"。

(2)Rename 重命名。接触可以基于接触类型、部件名称进行快速的重命名,方法为选择 Rename Based on Definition。

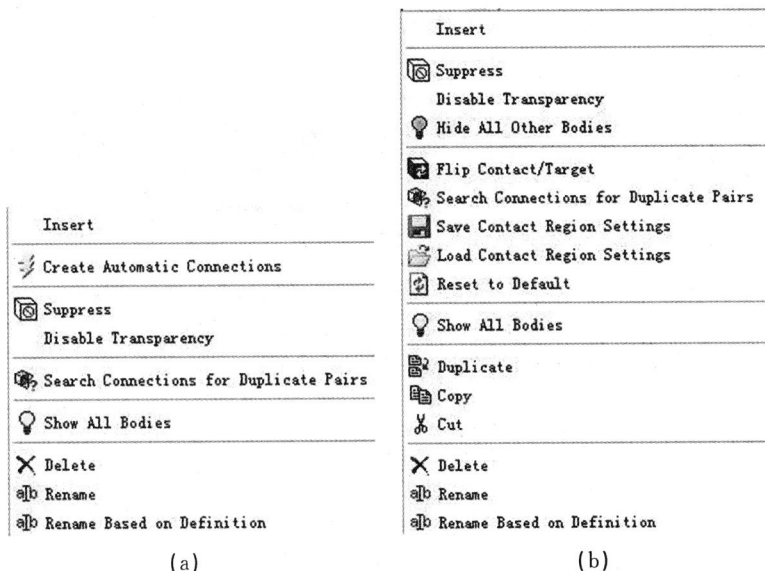

(a)　　　　　　　　　　　　　　　(b)

图 6-47　接触整体和单个接触的快捷菜单

(3) Hide All Other Bodies：隐藏除接触对以外的其他实体。

(4) Flip Contact/Target：将接触对的接触面和目标面调换。

5. 接触工具条之初始接触结果

本节帮助路径：help/wb_sim/ds_con_tool_init_info.html。

Contact Tool 可以在加载前检测装配体的接触情况，以及仿真后核实载荷在接触区的传递情况。如图 6-48(a) 所示为 Connections 工具条上的 Contact 下拉菜单，如图 6-48(b) 所示为 Solution 工具条的 Contact 下拉菜单，两者都包含 Contact Tool。如图 6-48(c) 所示为选中 Connections 工具条中的 Contact Tool 后弹出的接触工具条。它针对仿真前对接触区域进行检查。

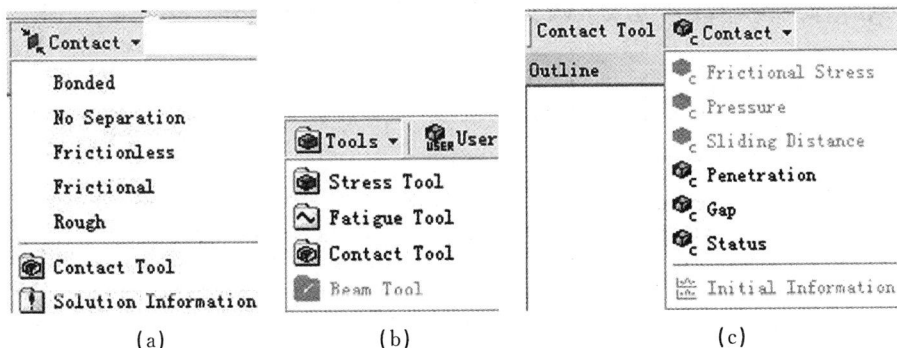

(a)　　　　　　　　　(b)　　　　　　　　　(c)

图 6-48　接触工具条

在接触工具条中，仿真初始时刻会用到 Penetration，Gap，Status，Initial Information 功能。选择这些功能并设置好后，在导航树选择 Contact Tool 右击鼠标选择 Generate Initial Contact Results 即可。本节只介绍接触工具条的初始时刻的用途。

仿真结束后会用到 Frictional Stress，Pressure，Sliding Distance，Penetration，Gap，Status 功能。仿真结束后的用途见第 6.10.8 节"接触工具 Contact Tool"。

(1) 检测区域。接触工具可以作用于所有几何体，或者给定的几何体，方法为在 Contact

Tool 细节窗口中选择 Worksheet 或者 Geometry Selection，图 6-49 所示为使用 Scoping Method 选为 Worksheet 后，对 Worksheet 进行设定的窗口。

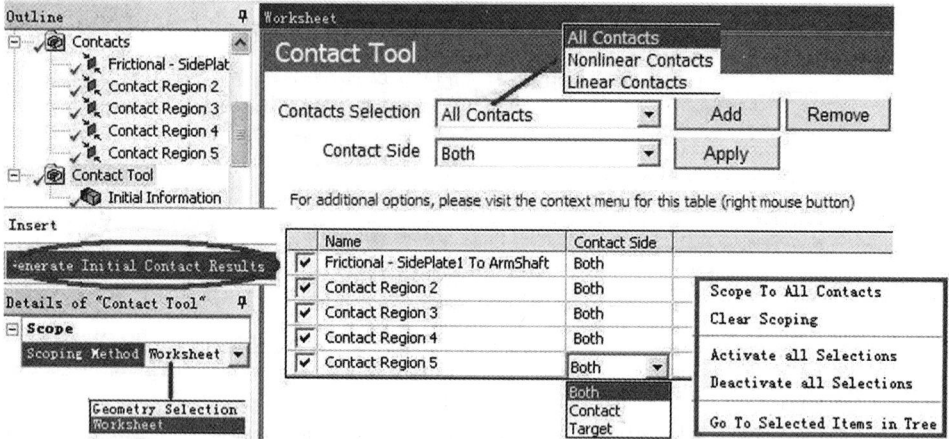

图 6-49　设定 Worksheet 的选项

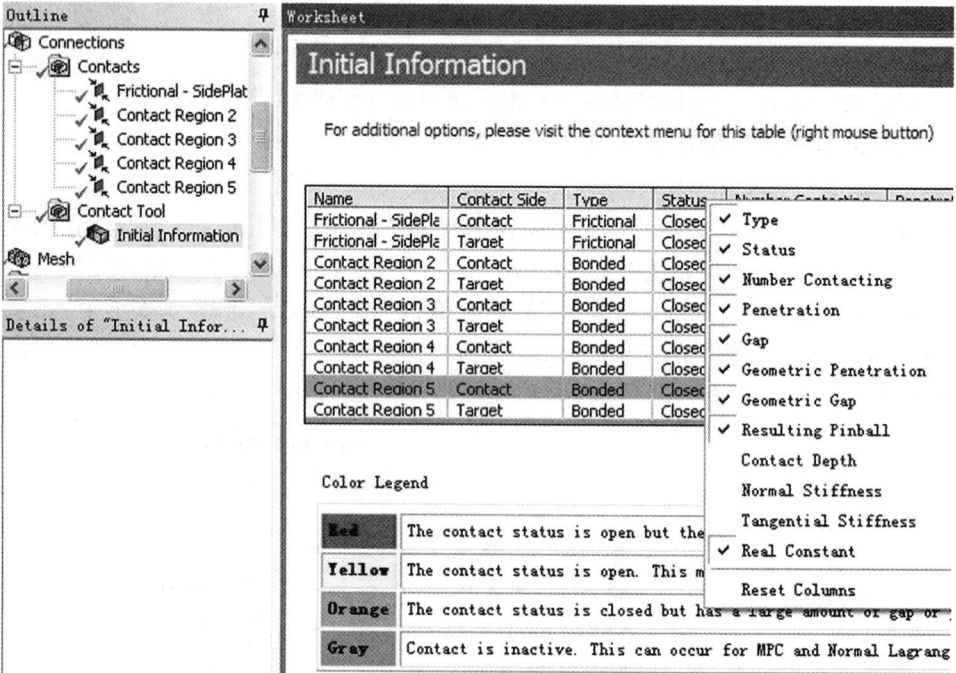

图 6-50　接触的 Initial Information

1）Contacts Selection：哪些接触需要检测，可选项有所有接触、非线性接触、线性接触。单击 Add，Remove 完成设置。

2）Contact Side：接触对的哪个部分需要检测，可选项有双方、接触面、目标面。单击 Apply 完成设置。

3）可以对单个接触对的 Consider Side 进行单独设置，方法为单击 Worksheet 下接触对列表框中，在单个接触对的 Contact Side 区域双击鼠标，在弹出的下拉菜单中选择 Both，Contact 或者 Target。

4）快捷菜单解释如下。

Scope To All Contacts：把导航树 Contacts 下的所有接触对都选中，作为 Worksheet 的检测区域。

Clear Scoping：清除所有的检测区域。

Activate all Selections：激活（选中）Worksheet 中列出的所有接触对。

Deactivate all Selections：抑制（不选中）Worksheet 中列出的所有接触对。

Go To Selected Items in Tree：根据 Worksheet 中所选的接触对，跳转到导航树对应的接触对。

（2）Initial Information 窗口。完成了以上设置后，右击 Contact Tool 后选择 Generate Initial Contact Results，完成后在 Worksheet 窗口显示 Initial Information，即初始信息窗口，如图 6-50 所示。

1）颜色的含义。

红色：目前接触状态 Open，但接触类型（Bonded 和 No Separation）设定为 Closed。估计是模型中的接触对没有装配到位。

黄色：目前接触状态为 Open，但对于接触类型 Frictionless，Rough，Frictional 来说，这种接触状态在某种条件下是可以允许的。

桔色：目前接触状态为 Closed，但是有很多间隙或穿透，请检查穿透或间隙与 Pinball 或 Depth 的相对关系。建议用户改变几何结构，以减小间隙或者穿透。

灰色：接触没有激活，有可能是 MPC 和 Normal Lagrange 方法引起的，也有可能是 Asymmetric 行为引起的。

2）每一列的含义，见表 6-5。

表 6-5　初始信息的 Column

Name	接触对的名字
Contact Side	接触对的某一侧，或者 Contact 或者 Target
Type	接触对类型，Bonded，No Separation，Frictionless，Rough，Frictional
Status	接触状态，Open，Closed，Far Open 远离
Number Contacting	接触区域中 Contact 或者 Target 的单元数目
Penetration	穿透深度
Geometric Penetration	接触体表面和目标体表面在初始状态下的穿透深度
Gap	缝隙宽度
Geometric Gap	接触体表面和目标体表面在初始状态下的缝隙宽度。对于 Frictional 和 Frictionless，它是最小缝隙。对于 Bonded 和 No Separation，它是最大缝隙
Resulting Pinball	影响球半径，用户定义的，或者 Mechanical APDL 应用程序计算出来的
Contact Depth	单元的平均接触深度
Normal Stiffness	最大法向刚度
Tangential Stiffness	最大切向刚度
Real Constant	接触实常数

（3）Penetration 穿透深度（见图 6-51（a）），用正值表示。

（4）Gap 间隙大小（见图 6-51(b)），用负值表示。

（5）Status（见图 6-51(c)）有如下 5 种结果。

Over Constrained 过定位；Far 接触对的两者相互远离；Near 接触对的两者相互接近；Sliding 接触对的两者相互滑动；Sticking 接触对的两者相互黏着。

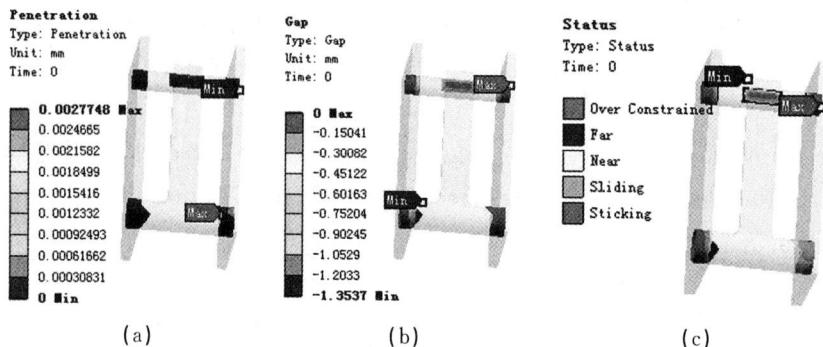

(a)　　　　　　　　　　(b)　　　　　　　　　　(c)

图 6-51　仿真前的穿透、间隙和接触状态

6.4.4　第 6 章例子 1

第 6 章例子 1，演示一个简单装配体的接触行为，说明由于设置不适当的接触会导致刚体运动。相关文件见光盘 chapter 6/example 6.1。

几何模型如图 6-52 所示，假设 Arm Shaft 和 Side Plate 上的孔间的摩擦忽略不计，同样 Arm Shaft 和 Stop Shaft 之间的接触也忽略不计。最后假设 Stop Shaft 固定在两个 Side Plate 之间。

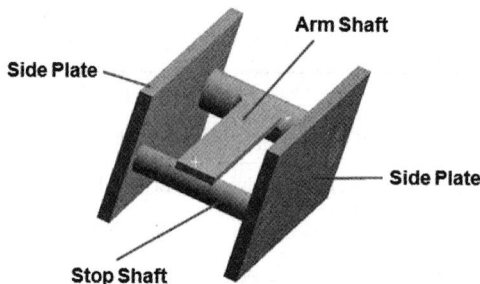

图 6-52　几何模型

（1）打开 ANSYS Workbench，选择菜单"Units" 菜单确定"Metric（kg，m，s，℃，A，N，V），选择"Display Values in Project Units"。

（2）在主界面的 Toolbox(工具箱)中双击 Static Structural 建立新的分析系统。在 A3 即 Geometry 上点击鼠标右键选择 Import Geometry 导入 Contact_Arm. x_t 文件。

（3）双击 A4 即 Model 打开 Mechanical application 界面。

（4）在 Mechanical application 界面，设置作业单位制系统：Units→Metric（mm，kg，N，s，mV，mA）。

（5）在导航树选择 Connections→Contacts，点击鼠标右键选择 Rename Based on Definition。此时，在各个部件彼此之间都定义了接触，且每个接触的名字还显示了接触的类型（如 bonded 等）（见图 6-53(a)）。

（6）在前面假设的基础上改变其中 3 个接触区域为"No Separation"。

如图 6-53(a)所示,使用 Ctrl 选择与 ArmShaft 有关的 3 个接触,在细节窗口 Definition →Type 里将 Bonded 改变类型为 No Separation,如图 6-53(b)所示。可以分别修改每个接触,不过一次选择其中 3 个会节省时间。

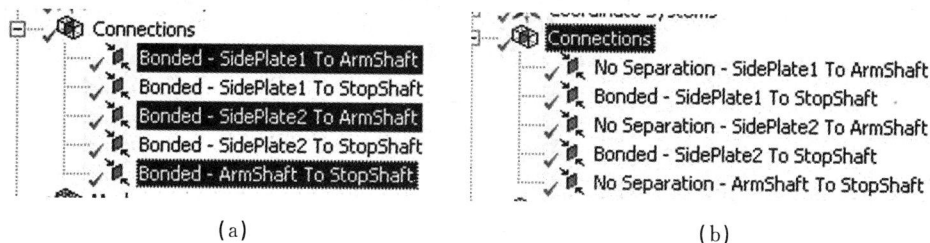

(a)

(b)

图 6-53　修改 3 个接触的属性

(7)固定组件。选择导航树的 Static Structural branch(A5)。确认选择工具条的选择过滤器为 Face,选择 Side Plates 的两个端面。点击鼠标右键→Insert→Fixed Support,如图 6-54(a)所示。

(8)在 ArmShaft 上施加一个集中力。

选择 ArmShaft 上的长方形小块表面,点击鼠标右键选择→Insert→Force。在 detail of force 里选择 Component 设置如下:Y component = - 50 N,Z component = +1E-5 N,如图 6-54(b)所示。

(9)选择导航树的 Solution branch(A6),点击鼠标右键选择→Insert→Deformation→Total。

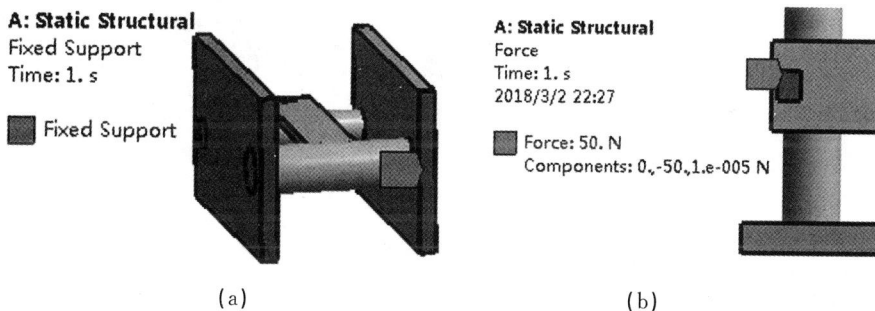

(a)

(b)

图 6-54　固定约束和载荷

(10)点击标准工具条的 Solve(求解),会看到模型出现 Error Warning 没有约束的警告信息,其中一个 Warning 如图 6-55 所示,变形量远远超出了模型的边界,请检查约束条件。

选择"Total Deformation"查看结果。但可以发现 ArmShaft 开始向一边移动,整体移动了 1.8 m,如图 6-56 所示。目前的设置还没有接触或边界条件来阻止移动。如果 Z 向分量载荷值足够大,求解就会失败。

(11)在 ArmShaft 上施加一个无摩擦约束。

选择 ArmShaft 旋转轴的其中一个轴端面(可以选择轴的任意端),点击鼠标右键选择 →Insert→Frictionless Support。无摩擦约束给施加面上提供了垂直方向的限制,如图 6-57 所示。这样,轴就可以自由转动而不会跑到平面外(限制了 Z 方向的位移,即 ArmShaft 旋转轴方向)。

(12)再次求解模型和查看变形,发现 ArmShaft 没有发生移动。

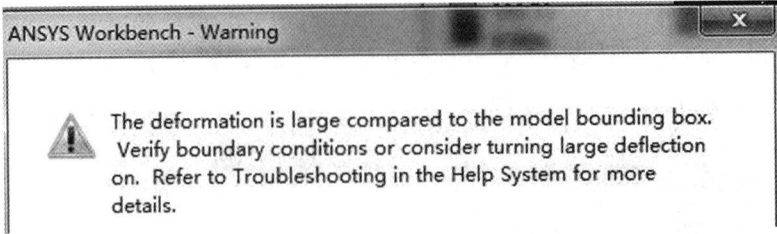

图 6-55　警告信息

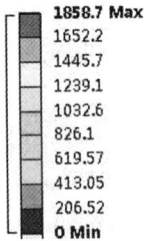
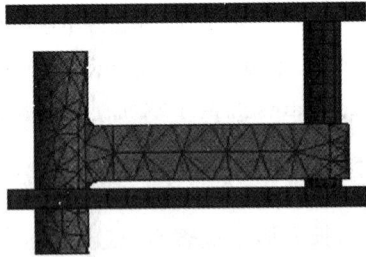

图 6-56　变形

图 6-57　添加无摩擦约束

6.4.5　连接之 Spot Weld 焊接点

本节帮助路径:help/wb_sim/ds_Spot_Welds. html。

焊点连接 Spot Weld 用于在不连续位置处连接独立的面体和面体,从而形成面体的装配体。载荷可以通过焊点,从一个面体传递到另一个面体。可见,焊点的作用类似于实体之间的接触。

目前,只有 DesignModeler 和 Unigraphics 中定义的焊点,才能在 Mechanical 被认可。焊点在几何模型中成为硬点(Hard Point),硬点是网格划分中用梁单元连接在一起的几何中的顶点。

如果包含焊点的模型导入 Mechanical 应用程序中后,自动生成焊点,焊点出现在导航树的 Connection 分支下。选择某一个焊点,在图形工作区用黑色小方块表示焊点,旁边有凿子形注释,如图 6-58(a)所示。

如果 CAD 不能定义焊点,可以在焊点的位置定义点,然后在 Workbench 的 Project Schematic 导入模型,进入 Mechanical 中插入焊点。方法为点击 Connection 工具条的 Spot

Weld,然后再选取图形工作区的两个点；或者先选择两个点，再点击 Connection 工具条的
Spot Weld。细节窗口如图 6-58(b)所示。

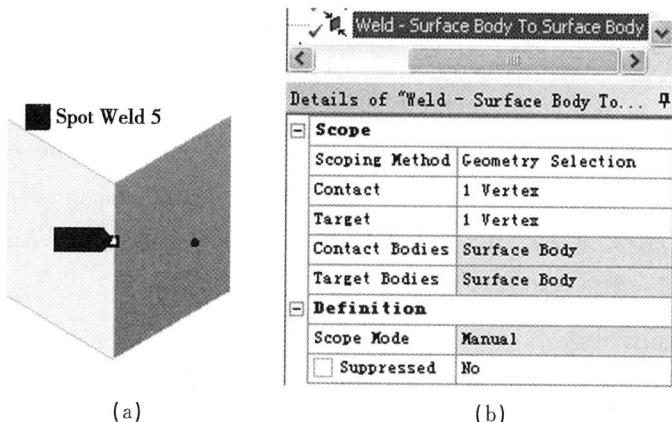

(a)　　　　　　　　　　　　(b)

图 6-58　在 Mechanical 中插入 Spot Weld

6.4.6　End Release

本节帮助路径：help/wb_sim/ds_beam_end_releases.html。

如果几何模型中有两条或者多条线体之间共享一个顶点，使用 End Release 可以释放该
顶点的一部分自由度。在一个共享顶点上只能使用一个 End Release。

点击 Connections 工具条的 End Release 后，在导航树自动建立 End Release 分支，细节
窗口如图 6-59 所示。其中 Edge Geometry 为图形工作区的线体，Vertex Geometry 为所选
线体和别的线体的共享顶点。后面的 6 个自由度可选项为固定、自由。Behavior 的可选项
为连接(默认)或运动副。

注意：End Release 只有在使用 ANSYS 的求解器的结构分析环境中才能使用。

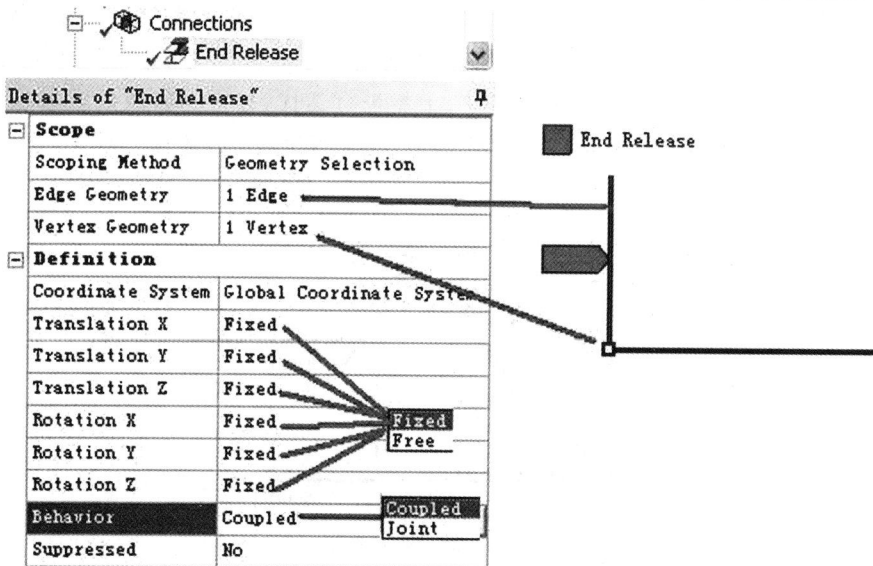

图 6-59　End Release 的细节窗口

6.5 分析设置

本节帮助路径：help/wb_sim/ds_Analysis_Settings_Types. html。

Analysis Setting 分支自动添加在 Mechanical 应用程序的导航树下。根据分析系统的不同，Analysis Setting 会有不同的细节窗口，一般有 Step Controls，Solver Controls，Restart Controls，Nonlinear Controls，Output Controls，Analysis Data Management 等分支。

对简单线性分析无须设置，对复杂分析则需要设置一些控制选项。Analysis Settings 的细节窗口中提供了一般的求解过程控制。

6.5.1 Step Controls

本节帮助路径：help/wb_sim/ds_Step_Controls. html，help/wb_sim/ds_Steps_Step_Controls. html，以及 help/exd_ag/exd_ag_wf_bcs. html。

1. 时间步概述

(1)时间的作用。在所有静态、瞬态分析中，时间都可以用作跟踪参数，不论分析系统是否使用了时间作为自变量。好处是用户可以在所有情况下都使用一致的跟踪器、计数器，而不必使用与分析系统相关的专业术语。而且，时间一直是单增变量。

在瞬态分析时间中，时间就代表实际的时间，可以是秒、分钟或者小时。而在静态分析中，时间仅仅是计数器，用来区分不同的时间步和子步。

(2)解释一下什么是时间步 Load Step，子步 Substep。在每个静态或者瞬态分析中，至少有一个时间步，也可以有多个时间步。时间步以 time =0 为起点，一直到用户给定的时间终点(Step End Time)。

对于非线性分析问题，需要保证迭代求解过程的收敛性。为了保证收敛性，这就要求载荷逐步增加，而且每增加一部分载荷都能得出对应的结果。一个时间步的这些中间求解点称为子步，如图 6-60 所示。也就是说，在每个子步进行迭代，并得到收敛的结果，这称为平滑迭代。一个时间步可以分成多个子步，每个子步的时间间隔可以不同。

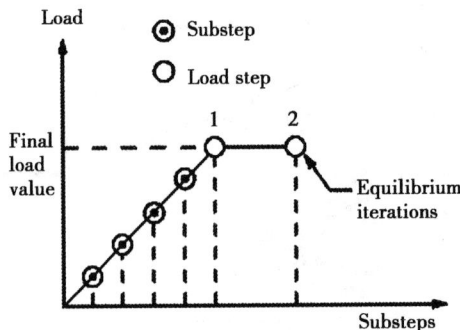

图 6-60　时间步和子步

2. 时间步的细节窗口

时间步的细节窗口如图 6-61 所示。

(1)Number of Steps：时间步的数量。

(2)Current Step Number：当前时间步的 ID 号。同时在 Graph 窗口的当前时间步横条被选中，Tabular Data 窗口的对应时间步也被选中，如图 6-62 所示。

(3)Step End Time：当前时间步的结束时间。

(4)Auto Time Stepping：自动时间步设置。该设置适用于静态分析、瞬态分析中，尤其对于非线性分析有用。有如下选项：

1)Program Controlled：程序自动控制（默认）。根据分析类型，Mechanical 应用程序自动调节时间步的设置，如表 6-6 所示。

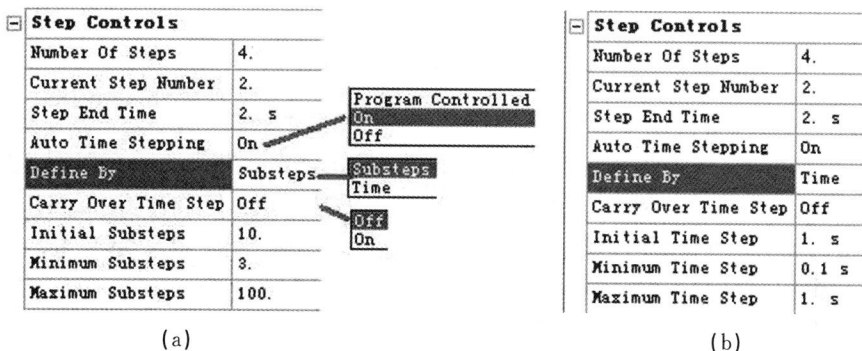

(a)　　　　　　　　　　　　　　　(b)

图 6-61　时间步的细节窗口

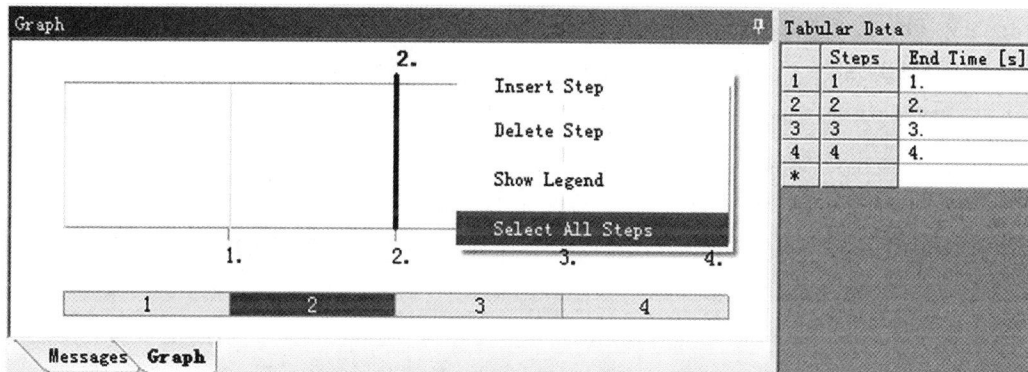

图 6-62　Graph 窗口和 Tabular Data 窗口

表 6-6　程序控制的时间步

Program Controlled 的自动时间步			
Analysis Type	Initial Substeps	Minimum Substeps	Maximum Substeps
Linear Static Structural	1	1	1
Nonlinear Static Structural	1	1	10
Linear Steady-State Thermal	1	1	10
Nonlinear Steady-State Thermal	1	1	10
Transient Thermal	100	10	1000

2)On：用户给定。只有当 Auto Time Stepping 设为 On 时，才会出现下列 4 个设置，一种情况如图 6-61(a)所示。

Defined By：选择为 Substep，用子步方式确定增量加载的方式。

Initial Substeps：初始的子步，默认 1。

Minimum Substeps：最少的子步数目，默认 1。

Maximum Substeps：最大的子步数目，默认 10。

另一种情况如图 6-61(b)所示。

Defined By：选择为 Time，用时间方式来确定加载增量的方式

Initial Time Step：初始的时间，默认为 1 s。

Minimum Time Step：最小的时间，默认 0.1 s。

Maximum Time Step：最大的时间，默认 1 s。

3）Off：关闭。

（5）Carry Over Time Step。当有多个时间步时，才会出现此选项。在时间步之间进行载荷增量时，如果用户不希望任何载荷突变，建议使用此功能。可选项有 On，Off。如果选择 On，会使得 Initial Time Step 等于上一时间步的最后时间，或者 Initial Substeps 等于上一个时间步的最后一个子步。

3.建立时间步

对于 Structural Static，Transient Structural，Rigid Dynamics，Steady-state Thermal，Transient Thermal，Magnetostatic，Electric Analyses 等分析系统，可以建立多时间步。而且每个时间步的 Step Control 可以互不相同。有以下 3 种方法建立多时间步。

（1）在导航树的 Analysis Setting 的细节窗口中（见图 6-61）。

1）选择 Analysis Settings。

2）修改 Number of Steps，键入用户需要的时间步的总数目。

3）单击 Current Step Number，键入 1，下面修改第一个时间步的细节，包括 Step End Time，Auto Time Stepping 等。

4）类似地，单击 Current Step Number，键入 2，并修改第二个时间步的细节。

（2）在 Tabular Data 中（见图 6-62）。

1）选择 Analysis Settings。

2）在屏幕右下角的 Tabular Data 窗口中，在 End Times 列的最后一行键入 2，建立第 2 个时间步，且结束时间为 2 s。

3）类似地，建立第 3 个时间步。注意：一定保证时间步的结束时间随着时间步的增加而单增。

（3）在 Graph 窗口（见图 6-62）。

1）选择 Analysis Settings。

2）在 Graph 窗口的时间域，单击鼠标右击，在快捷菜单选择 Insert Step，自动在鼠标点击位置添加时间步。如果不合适可以在 Tabular Data 中修改时间。

4.查看 Worksheet 表单和中间结果

（1）通过选择 Analysis Type，然后点击标准工具条的 Worksheet 表单查看所有不同时间步（见图 6-63）。

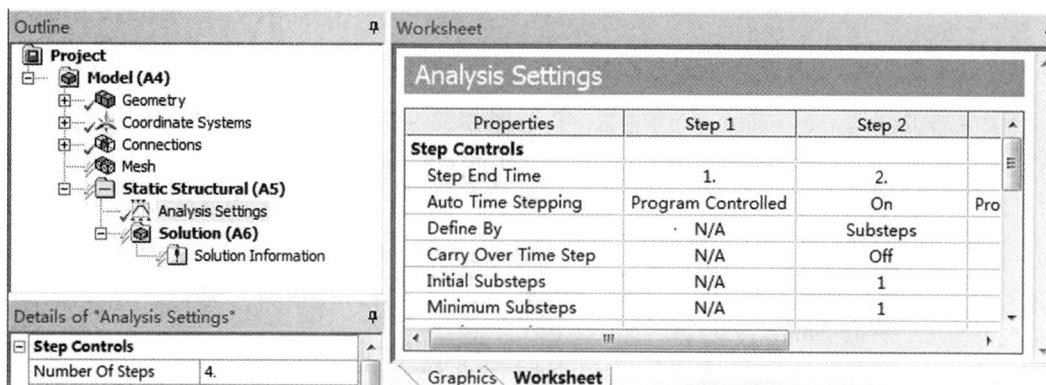

图 6-63　Worksheet 中显示所有的分析步

(2)每个时间步添加不同大小的载荷。本章第 6.6 节"惯性载荷和结构载荷工具条"会讲述各种载荷,这些载荷可以随着时间步的不同而变化。在 Tabular Data 里可以指定每个分析步的载荷值。同时,在图形窗口中给出了时间和载荷值的关系图,如图 6-64 所示。

(3)查看中间结果。求解完成后,可以选择需要的求解步,然后点击鼠标右键选择 Retrieve This Result ,查看每个独立步骤的结果,如图 6-65 所示。可以一个分析步一个分析步地查看结果。

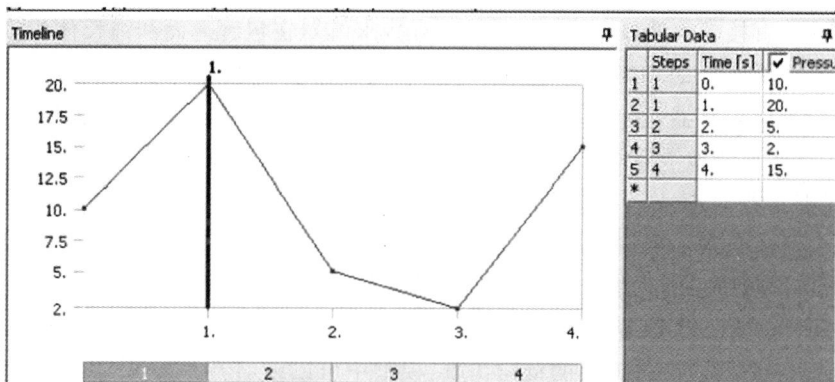

图 6-64　每个时间步的载荷值

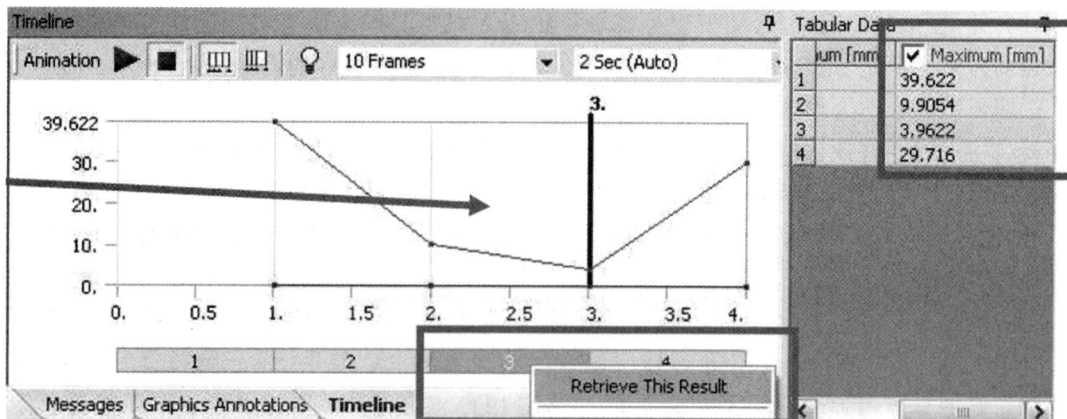

图 6-65　显示中间某一点的结果

6.5.2 Solver Controls

本节帮助路径:help/wb_sim/ds_Solver_Controls.html。

求解器控制 Solver Controls 的细节窗口如图 6-66 所示。

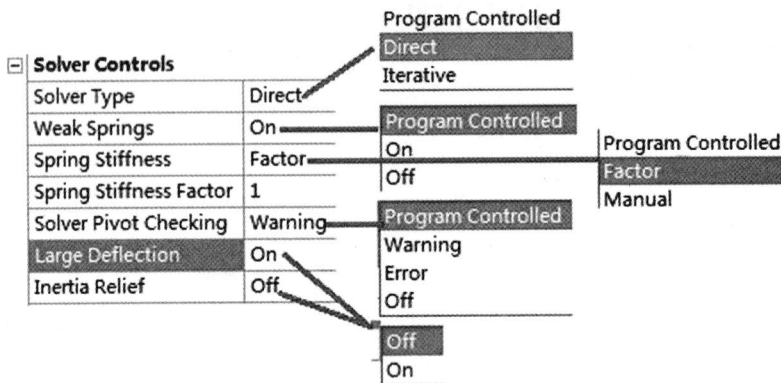

图 6-66　求解器控制的细节窗口

1. Solver Type 求解器类型

Solver Type 有 3 种求解器可以使用,程序控制(默认)、直接法、迭代法。

(1)大多数情况下,程序控制能够自行选择合适的求解器。

(2)Direct:直接求解器(Block Lanczos):直接求解器在包含薄面和细长体的模型中是有用的,它是个性能良好的求解器,可以处理大型模型的很多模态(大于 40 阶以上)。分块 Lanczos 法特征值求解器是缺省求解器,它采用 Lanczos 算法,是用一组向量来实现 Lanczos 递归计算。这种方法和子空间法一样精确,但速度更快。分块 Lanczos 法都将自动采用稀疏矩阵方程求解器。

(3)Iterative:迭代求解器(PCG Lanczos):迭代求解器可以处理体积大的模型(500 000 个自由度),可以求解最高大约 100 阶模态。但它对梁和壳来说不是很有效。

2. Weak Springs 弱弹簧

对于关于应力和应变等方面的结构仿真,模型中可以施加弱弹簧 Weak Springs,弱弹簧可以阻止奇异矩阵,有助于避免数学仿真中的不稳定。当然弱弹簧不属于真实的工程载荷。

另外,在某些情况下,希望模型是在平衡状态下而不是约束所有可能的刚性模型,需要添加弱弹簧。但是,用户应该约束所有可能的刚体运动,这是很好的习惯。

弱弹簧有如下 3 种选项。

(1)程序控制(默认):程序如果检测到模型没有约束,或者不稳定的接触,或者只激活了 compression only supports(仅压缩的约束)等情况发生,那么自动添加弱弹簧。

(2)On:始终添加弱弹簧,然后下方出现 Spring Stiffness,用来设定弹簧刚度,可选项有 3 种:

1)Programmed Controlled(默认):使用标准弱弹簧刚度,其数值类似于 Weak Springs 选择为 Programmed Controlled 时程序设定的弱弹簧刚度。如果 Programmed Controlled 自动给定的标准弱弹簧刚度太大或者太小,或者用户想自行调节弱弹簧刚度以观察仿真结果,那么可以使用下面两种选项。

2)Factor:弱弹簧刚度因子(见图 6-67(a))。则实际弱弹簧刚度等于 Factor 乘以

Programmed Controlled 设定的标准弱弹簧刚度。

3）Manual：手动输入弱弹簧刚度（见图 6-67（b））。

Solver Controls	
Solver Type	Program Controlled
Weak Springs	On
Spring Stiffness	Factor
Spring Stiffness Factor	20
Large Deflection	Off
Inertia Relief	Off

Solver Controls	
Solver Type	Program Controlled
Weak Springs	On
Spring Stiffness	Manual
Spring Stiffness Value	0. N/mm
Large Deflection	Off
Inertia Relief	Off

(a) (b)

图 6-67　输入弱弹簧刚度

（3）Off：不添加弱弹簧。

3. Solver Pivot Checking

在欠约束模型或接触相关问题的情况下，病态求解矩阵将在求解器中产生错误消息并中止求解。Solver Pivot Checking 该属性指示程序如何处理此类实例。选项包括：

（1）Program Controlled（default）：程序控制（默认），允许软件求解器确定响应。

（2）Warning：警告。指示求解器在检测到状态时，继续尝试求解。

（3）Error：错误，指示求解器在检测到情况后停止，并发出错误消息。

（4）Off：关闭，即不执行关键检查。

可以使用菜单 Tools→Options→Analysis Settings and Solution→Solver Controls 对话框，修改此属性的默认设置。

4. Large Deflection 大变形开关

选项有 Yes，No（默认）。该选项适用于静态结构、瞬态结构分析中，用于需要考虑大挠曲、大旋转、大应变等大变形效应的场合。

对于典型的细长结构弯曲变形，当横向位移超过长度的 10％时，应设置大变形选项 Large Deflection 为 On。对于超弹性材料模型，也应该设此选项为 On。

5. Inertia Relief 惯性释放

这是个开关量，选项有 Yes，No（默认）。该选项只适用于线性静态结构分析。

通常做线性静力分析需要保证结构没有刚体位移，否则求解器没有办法计算。施加在模型上的位移约束只能用来限制刚体运动（3D 结构有 6 个自由度）。但是很多结构的静力分析，例如飞机在飞行时，轮船在航行时，物体整体具有加速度。要想计算结构上的应力分布，需要采用惯性释放（inertia relief），就是通过计算加速度的方法来施加虚假的惯性力，即在结构上施加一个虚假的约束反力，用来保证结构上合力的平衡。

由于在约束点的反作用力之和必须为零，所以根据单元的刚度矩阵，以及所施加的载荷来计算加速度，给约束点施加惯性力。在计算质量时需要的数据，例如密度等，必须预先在 Engineering Data 中输入。平移加速度、旋转加速度都可以进行计算。

惯性释放是 MSC. NASTRAN 或 ANSYS 中的一个高级应用，允许对完全无约束的结构进行静力分析。简单地说就是用结构的惯性（质量）力来平衡外力。尽管结构没有约束，分析时仍假设其处于一种"静态"的平衡状态。采用惯性释放功能进行静力分析时，只需要对一个节点进行 6 个自由度的约束（虚支座）。针对该支座，程序首先计算在外力作用下每个节点在每个方向上的加速度,然后将加速度转化为惯性力反向施加到每个节点上,由此构造一个平衡的力系(支座反力等于零)。求解得到的位移描述所有节点相对于该支座的相对运动。

6.5.3　Restart Controls

本节帮助路径:help/wb_sim/ds_Restart_Controls.html。

重启动控制的细节窗口如图 6-68 所示。

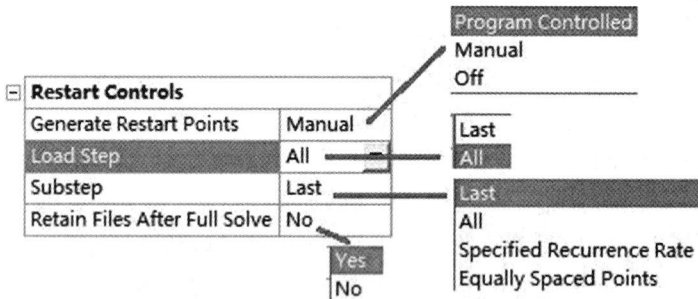

图 6-68　重启动控制的细节窗口

(1)Generate Restart Controls:生成重启动的方法,有如下 3 种选项:

程序控制:程序控制重启动的细节中,Load Step = Last and Substep = Last。

手动:用户可以手动设置重启动的细节。

关闭:不允许生成重启动点。

(2)Load Step:用哪个时间步来生成重启动点。有如下 2 种选项:

All:在所有时间步获得重启动点。

Last:只在最后一个时间步获得重启动点。

(3)Substep:在一个加载步中生成几个重启动点。有如下 4 种选项:

Last:只把加载步的最后一个子步写入文件。

All:加载步的所有子步都写入文件。

Specified Recurrence Rate:下方出现 Ratec,可以输入整数 N,在每一个加载步中生成 N 个子步。

Equally Spaced Points:下方出现 Rate,可以输入整数 N,在一个加载步中按住相等的时间间隔生成重启动点。

(4)Maximum Points to Save Per Step:每个时间步保存文件的最大数量。

输入 0,显示为 All。不覆盖任何文件。默认可以最大保存 999 个文件,如果超过该文件数目,继续仿真但不覆盖文件。

输入正整数 N,如果每个加载步保存文件数量已达到 N,后续子步的文件不断从头开始覆盖前面子步的文件。

(5)Retain Files After Full Solve:求解结束后是否保留文件。

设为 Yes,在求解过程顺利结束后,保留重启动点的文件。设为 No,删除重启动点的文件。该选项的默认设置位于:Tools→Options→Mechanical→Analysis Settings and Solution →Restart Controls→Retain Restart Files。此处细节窗口的设置优先于 Option 中的默认设置。

另外,该设置还受细节窗口中 Analysis Data Management 下 Future Analysis,Delete Unneeded Files 的控制和影响。

6.5.4　Nonlinear Controls

本节帮助路径:help/wb_sim/ds_nlad_controls.html。

Mechanical 应用程序的非线性控制的细节窗口如图 6-69 所示。

1. Newton-Raphson Option

对于非线性静态结构和全瞬态结构分析类型,Newton-Raphson 是可用的。此属性指定在求解过程中更新刚度矩阵的频率。选项包括 Program Controlled (default setting),Full,Modified,Unsymmetric。如果遇到收敛困难,切换到 Unsymmetric 非对称解算器可能有助于收敛。

2.收敛准则

求解非线性静态或者瞬态分析时,在每个子步都要进行平衡迭代。当不平衡载荷小于给定的收敛准则时,可以认为求解是成功的。

力收敛准则、力矩收敛准则、位移收敛准则、转角收敛准则的可选项如图 6-69 所示。

(1)Program Controlled 程序控制(默认):Mechanical 应用程序自动设置收敛准则。

(2)On:用户自行设置收敛准则。用户输入以下 3 类参数:

Value:如果输入 0,则显示为 Calculated by Solver,表示求解器根据外部载荷和对应的反作用力自动计算收敛准则,类似于程序控制。用户也可以输入恒定值。

Tolerance:容差。用户可以输入大于零的数值。将 Tolerance 乘以 Value 就是收敛准则。

Minimum Reference:最小参考值。当外部载荷接近于零时,最小参考值很有用。例如在自由热膨胀时,需要防止刚体运动。此时,较大的 Value 或者 Minimum Reference 可以用来作为参考值。

(3)Remove:在求解过程中去除此类收敛准则。

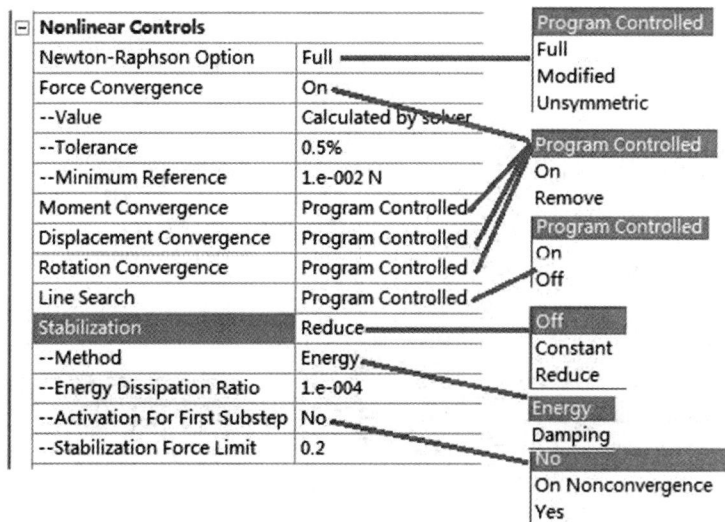

图 6-69　非线性控制的细节窗口

3. Line Search 线性搜索

程序控制有 3 种选项：程序控制（默认）、打开、关闭。线性搜索有助于加强收敛，但有时候会增加计算机花费，特别是对于弹性材料。如下几种情况建议用户设置线性搜索：

(1)几何模型受到力的载荷，而不是位移控制。

(2)待分析的系统是不可靠结构，表现为刚度在不断增加，例如钓鱼竿。

(3)在程序输入信息栏中出现了振荡收敛。

4. Stabilization 稳定性

(1)Off：抑制温度控制（默认）。

(2)Constant：常量。激活稳定控制，在加载步中，能量耗散系数、阻尼系数保持常数。

(3)Reduce：减小。激活稳定控制，在加载步中，能量耗散系数、阻尼系数线性减小，且在加载步结束时变为 0。当选择为 Reduce 时，出现更多的如下选项：

1)Method：温度控制的方法，有两种选项：Energy：能量耗散系数作为控制参数，默认选项；Damping：阻尼系数作为控制参数。

2)Energy Dissipation Ratio/Damping Factor：能量耗散系数/阻尼系数，取决于 Method 的选项而改变。能量耗散系数是稳态情况下力所做的功与单元潜在能量之比，用户可以输入 0~1 之间的数值，默认是 1.0E−4。阻尼系数 ANSYS 为后续的所有子步计算稳态力需要的数值，必须大于 0。

3)Activation For First Substep：第一个子步是否激活稳定性，有 3 种选项。

No：默认选项。如果第一个子步达到允许的最小时间增量时，仍然没有收敛，也不激活稳定性。

On Non-convergence：如果第一个子步达到允许的最小时间增量时，仍然没有收敛，必须激活稳定性。只在第一个时间步使用此选项。

Yes：在第一个子步就使用稳定性。

4)Stabilization Force Limit：输入 0~1 之间的数值，默认 0.2。如果要忽略稳性力判断，请设为 0。

6.5.5　Output Controls

本节帮助路径：help/wb_sim/ds_solve_output_controls.html。

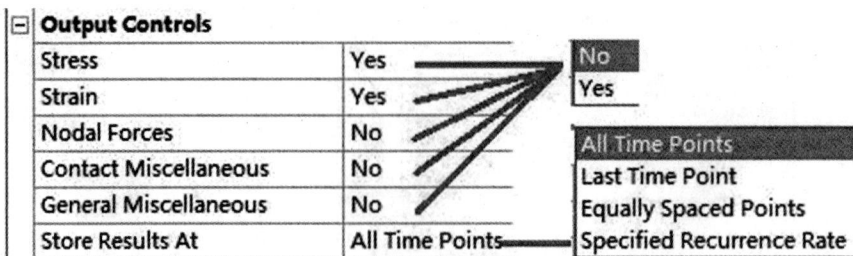

图 6-70　输出控制的细节窗口

输出控制 Output Controls 的细节窗口如图 6-70 所示。输出控制允许在结果后处理中得到需要的时间点结果,尤其在非线性分析中,中间载荷的结果是很重要的。

(1)是否得到应力计算结果:是(默认)。

(2)是否得到应变计算结果:是(默认)。

(3)是否得到节点的作用力:否(默认)。

(4)计算接触的各种杂项:在静态结构分析和瞬态结构分析中有此选项。如果 Solution 分支中建立了 Force Reaction,应将此处设为 Yes。

(5)其他各种杂项:否(默认)。

(6)保存哪些计算结果:在所有时间点(默认)、在最后时间点、在等距离时间点、特定的。

6.5.6　Analysis Data Management

本节帮助路径:help/wb_sim/ds_Analysis_Data_Management.html。

分析数据管理保存静力分析结果文件用于其他的分析系统。如离心力载荷作用下涡轮叶片承受很大的拉应力,叶片刚性增加,自然频率增加,因此可以将静力分析结果随后的分析 Future Analysis 设置为预应力分析 Pre-Stressed Analysis 用于后面的模态分析。分析数据管理 Analysis Data Management 的细节窗口如图 6-71 所示。

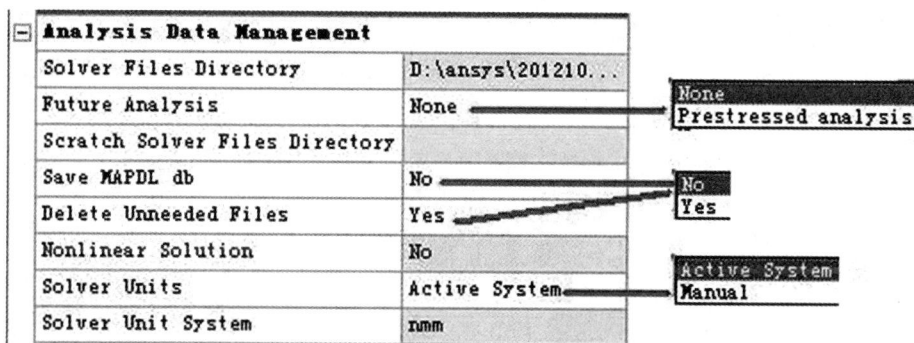

图 6-71　分析数据管理的细节窗口

(1)求解器工作路径:给出了相关分析文件的保存路径是在矩阵方程求解过程中保存临时文件的地方,缺省条件下,使用 Windows 系统环境变量。

(2)后续分析类型:无(默认)。指定求解中是否要进行后续分析(如预应力模型)。如果在 Project Schematic 里指定了耦合分析,将自动设置该选项。

(3)求解中的临时文件夹。

(4)是否保存 ANSYS DB 文件:选项有 No(默认),Yes。有些 Future Analysis 设置需要 ANSYS DB 能够被写入,此时自动保存 ANSYS DB 文件自动设为 Yes。

(5)是否删除不需要的文件:是(默认)。在 Mechanical APDL 中,可以选择保存所有文件以备后用。

(6)是否非线性求解:否(默认)。

Nonlinear Solution 显示分析的类型,如果出现接触行为和仅有压缩支撑的约束,求解就变成非线性了,这些类型的求解器需要多重反复迭代以及比线性求解器更长的时间。

（7）求解器单位：当前活动系统（默认），或者手动设置，那么可以在下方的 Solver Unit System 的下拉菜单选择合适的单位系统。

（8）求解器单位系统：nmm（默认）。如果以上设置是人工的，那当 Mechanical APDL 共享数据的时候，就可以选择 8 个求解单位系统中的一个来保证一致性（在用户操作界面中不影响结果和载荷显示）。

6.5.7　Restart Analysis

本节帮助路径节：help/wb_sim/ds_Restart_Analysis.html。

当根据第 6.6.1 节"Restart Controls"生成了重启动点，而且根据第 6.6.1 节"Analysis Data Management"将 Delete Unneeded Files 设为 No 后，才在细节窗口出现 Restart Analysis 这一类选项。

Restart Analysis 重启动分析细节窗口如图 6-72 所示。

（1）Restart Type：重启动类型，有 3 种选项：

Program Controlled：Mechanical 应用程序跟踪记录重启动点的状态，选择最合适的点。

Manual：手动设定，选定后如图 6-72(a)所示。

Off：禁止重启动分析。

（2）Current Restart Point：使用哪个重启动点。如果选择为 Initial，则剩余的选择自动变为 Initial，如图 6-72(b)所示。

（3）Load Step：使用重启动点的哪个时间步，如图 6-72(a)所示。

（4）Substep：使用重启动点的哪个子步，如图 6-72(a)所示。

（5）Time：使用重启动点的哪个时间，如图 6-72(a)所示。

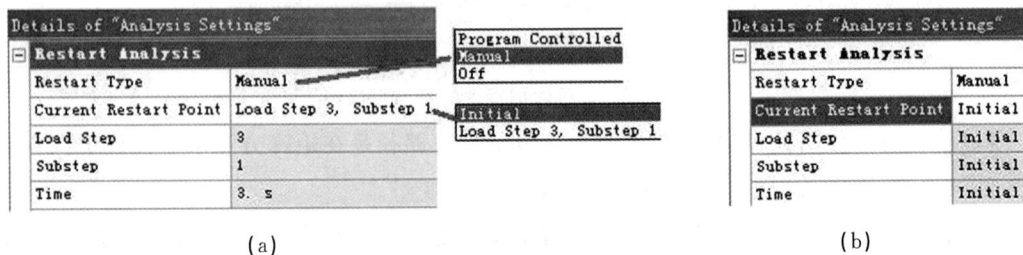

(a)　　　　　　　　　　　　　　　(b)

图 6-72　重启动分析

6.6　惯性载荷和结构载荷工具条

如图 6-73 所示，在静态结构分析中，Environment 工具条包含以下几个分支：Inertia，Loads，Supports，Conditions，Direct FE，Insert Commands。结构静力分析中的载荷可以分为惯性载荷 Inertial、结构载荷 Loads。载荷的命令说明见表 6-7。本节介绍惯性载荷和结构载荷。

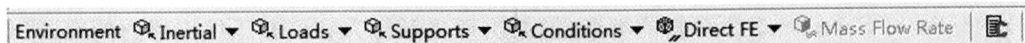

图 6-73　Environment 工具条

表 6-7 载荷命令及说明

Inertial ▾　Loads ▾		结构载荷如下
⬚ Acceleration	惯性载荷	压强载荷
⬚ Standard Earth Gravity	加速度	管道压强
⬚ Rotational Velocity	重力加速度	静水压强
	旋转速度	力

Loads ▾　Supports ▾	
Pressure	远端力
Pipe Pressure	轴承载荷
Hydrostatic Pressure	螺栓预紧载荷
Force	力矩
Remote Force	广义平面应变
Bearing Load	线性压强
Bolt Pretension	热载荷
Moment	管道温度
Generalized Plane Strain	运动副载荷
Line Pressure	流固交界面载荷
Thermal Condition	爆炸点
Pipe Temperature	旋转力
Joint Load	
Fluid Solid Interface	
Detonation Point	
Rotating Force	

6.6.1　载荷分类及细节窗口

6.6.1.1　分类

本节帮助路径:help/wb_sim/ds_boundary_condition_types.html。

惯性载荷作用在整个系统中,和结构物的质量有关,因此材料中必须输入密度,点质量只受这些载荷的作用;结构载荷是作用在系统部分结构上的力或者力矩;热载荷会生成一个温度场,并且使得整个模型上引起热膨胀和热传导。只有在动力学中先添加运动副,然后才能添加运动副载荷,详细情况见柔性体(瞬态)动力学分析。

6.6.1.2　细节窗口

1. Define By

(1)Components。载荷和约束是以所选单元的自由度的形式定义的。对大多数有方向的载荷,其方向多可以在任意直角坐标系中定义,坐标系必须在加载前定义(见图 6-74)。载荷的方向分量可以在整体坐标系或局部坐标系中定义,在 Details view 中,改变 Define By→Components,然后从下拉菜单中选择合适的坐标系,在所选直角坐标系中指定 X,Y,和 Z 分量,如图 6-74 所示。

297

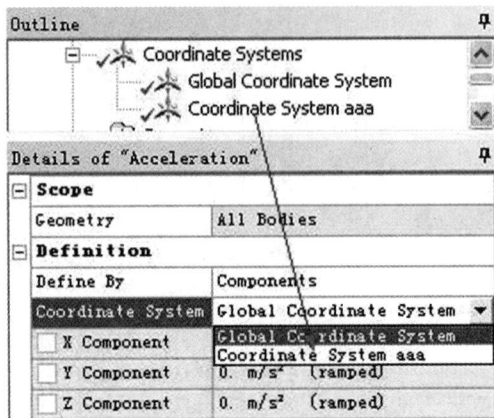

图 6-74　用坐标系分量方式设置载荷

（2）Vector。载荷方向也可以用向量进行定义。如图 6-75 所示，在"Details"窗口，选择"Define By：Vector"。可利用 3 种类型的向量：①垂直于面或沿着圆柱面的轴向；②沿着直线或垂直于圆柱边；③两点定义的矢量方向。点击"Direction"并选择用于定义方向的几何体后，在图形窗口切换红色、黑色箭头可以切换方向，结束时按"Apply"，最后输入载荷大小。

（3）Normal To。如果是力、压强等载荷，经常使用该选项，表明添加的载荷垂直于所选的几何体表面。

2. Magnitude

当 Define By 选择为 Vector，Normal to 时，下方会出现 Magnitude，用于输入载荷的数值，如图 6-75 所示，有 5 种方式输入数据。

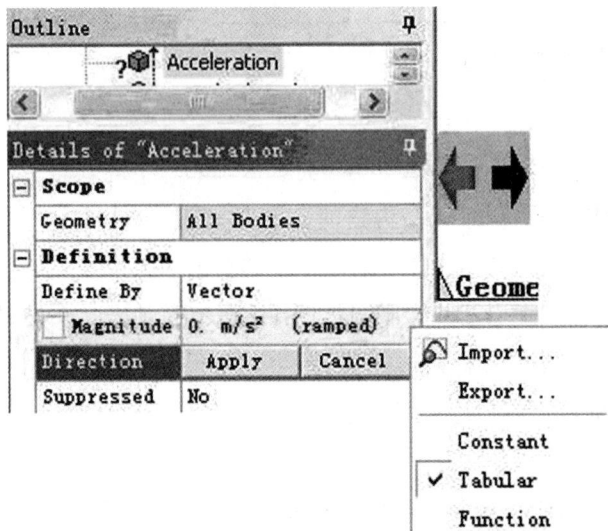

图 6-75　用向量方式定义载荷

（1）Constant Load Values：数值常量。在细节窗口单击 Magnitude 右侧的箭头，在弹出菜单中选择 Constant，就可以在 Magnitude 右侧的空格中输入数值常量。

（2）Constant Load Expressions：表达式常量。用户输入常量载荷，也可以使用等号为开头的表达式，例如"＝2＋(3＊5)＋pow(2,3)"，此时它的作用相对于计算器。

1）可以使用的运算符：＋(加号)－(减号)＊(乘号)/(除号)^(乘方)%(整数模)。

2）可以使用的内联函数见表 6-8。

3）运算顺序从高到低为：圆括号、内联函数、乘方、乘法除法整数模、加法减法。

表 6-8 内联函数

函数	解释（角度根据 Mechanical 菜单设置）
sin(x)	计算正弦、双曲正弦
sinh(x)	
cos(x)	计算余弦、双曲余弦
cosh(x)	
tan(x)	计算正切、双曲正切。
tanh	
asin(x)	计算反正弦（x 属于 −1 和 +1 之间）
acos(x)	计算反余弦（x 属于 −1 和 +1 之间）
atan(x)	计算 x 的反正切，
atan2(,x)	计算 y/x 的反正切
pow(x,y)	计算 x 的 y 次方（x 为底数，y 为指数）
sqrt(x)	计算平方根（ x 为非负数 ）
exp(x)	计算指数（x 为浮点数）
log(x)	计算 x 的自然对数
log10(x)	计算以 10 为底的常用对数
rand()	生成一个随机数
ceil(x)	向上取整。得到大于或者等于 x 的最小整数
floor(x)	向下取整，得到小于等于数值 x 的最大整数
fmod(x,y)	返回被除数(x)除以除数(y)，即 x/y，所得的浮点数余数。 x = i * y + f，且 i 为整数，f 和 x 的符号相同，f 的绝对值小于 y 的绝对值

（3）Tabular（Time）。

1）可以用表格输入的结构分析载荷。Acccleration，Rotational Velocity，Pressure，Force，Remote Force，Moment，Line Pressure，Thermal Condition，Joint Load，Displacement，Remote Displacement，Velocity，Fixed Rotation，RS Base Excitation（RS Acceleration，RS Velocity，RS Displacement），PSD Base Excitation（PSD G Acceleration，PSD Acceleration，PSD Velocity，PSD Displacement）。

不能用表格形式输入的结构分析载荷：Standard Earth Gravity，Hydrostatic Pressure，Bearing Force，Bolt Pretension。

2）可以用表格输入的热分析载荷：Temperature，Convection Coefficient，Heat Flow，Heat Flux，Internal Heat Generation。

3)可以用表格输入的电磁载荷：Voltage，Current。

（4）Function

1)可以用公式输入的结构分析载荷：Acceleration，Rotational Velocity，Pressure，Force，Remote Force，Moment，Line Pressure，Thermal Condition，Joint Load，Displacement，Remote Displacement，Velocity，Fixed Rotation。

2)可以用公式输入的热分析载荷：Temperature，Convection Coefficient，Heat Flow，Heat Flux，Internal Heat Generation。

3)可以用公式输入的电磁载荷：Voltage，Current。

（5）Import 和 Export。

Export：将表格或方程形式的载荷导出为.xml 格式的文件，以备下次重复使用。

Import：导入.xml 格式的载荷文件。

6.6.1.3　随空间变化的载荷或位移约束

本节帮助路径：help/wb_sim/ds_spatial_load.html，和 help/wb_sim/ds_timeline_tab_data.html。

1. 变化载荷和变化位移约束

随空间变化的载荷和位移约束，简称变化载荷和变化位移约束，是指在单个坐标系方向，即 X 轴、Y 轴或者 Z 轴上载荷或位移约束有变化的数值，它们都以坐标系的原点为计算起点。如下 5 种可以定义为变化载荷、变化位移约束：

（1）Pressure：只有在结构分析中，并且在细节窗口中 Define By 设为 Normal To，Magnitude 设为 Tabular Data 或者 Function，如图 6-76(a)所示。

（2）Line Pressure：只有在结构分析中，而且细节窗口中 Define By 设为 Tangential，Magnitude 设为 Tabular Data 或者 Function，如图 6-76(b)所示。

（3）Temperature：在 Transient Thermal，Steady-State Thermal 分析中。

（4）Thermal Condition：在结构分析中（见图 6-77(a)）。

（5）Displacement：给定点、边、面的位移，在结构分析中，如图 6-77(b)所示。

Details of "Pressure"	
Scope	
Scoping Method	Geometry Selection
Geometry	1 Face
Definition	
Type	Pressure
Define By	Normal To
Magnitude	Tabular Data
Suppressed	No
Tabular Data	
Independent Variable	Time
	Time
	X
	Y
	Z

Details of "Line Pressure"	
Scope	
Scoping Method	Geometry Selection
Geometry	No Selection
Definition	
Type	Line Pressure
Define By	Tangential
Magnitude	Tabular Data
Suppressed	No
Tabular Data	
Independent Variable	Time
	Time
	X
	Y
	Z
	Normalized S

　　　　　　　(a)　　　　　　　　　　　　　　　　　　　(b)

图 6-76　空间变化的压强、线性压强的细节窗口

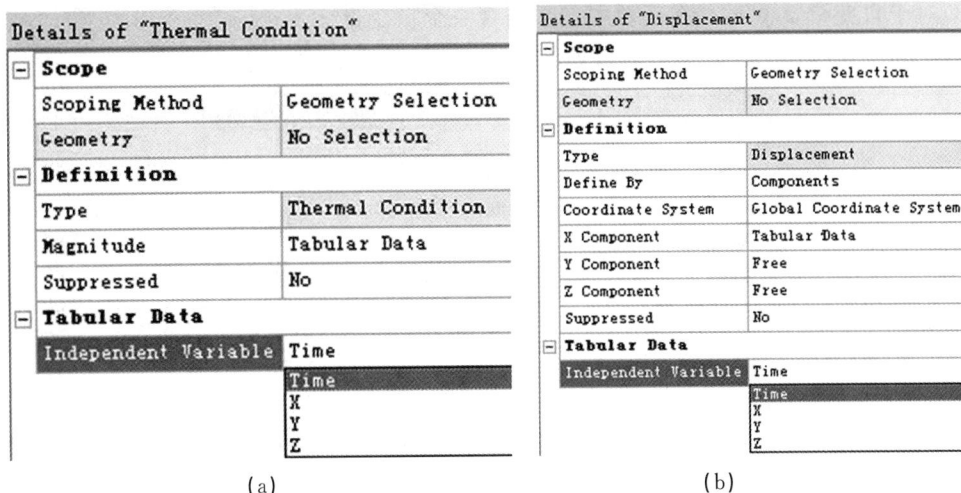

(a)　　　　　　　　　　　　　　(b)

图 6-77　空间变化的热载荷、位移约束

2. 变化载荷(或变化位移约束)的表格输入

对于变化载荷(或变化位移约束),用户在细节窗口将 Magnitude 设为 Tabular Data,就可以用表格输入数据,如图 6-76 和图 6-77 所示。

细节窗口中,Independent Variable 独立变量,即自变量,可选项有 Time(默认),X,Y,Z 轴。

对于 3D 分析中的 Line Pressure,以及 2D 分析中的 Pressure,会出现另一种自变量,即 Normalized S(见图 6-78)。使用此选项,某条路径长度为自变量,压强为路径的方程。在 Graph 区域和 Tabular Data 区域,横坐标为 Normalized S,当路径长度为零时,表明路径的起点处,路径长度为 1,表明为路径的终点。用户可以在 Tabular Data 区域输入对应的 Line Pressure。在求解过程中采用一阶插值。

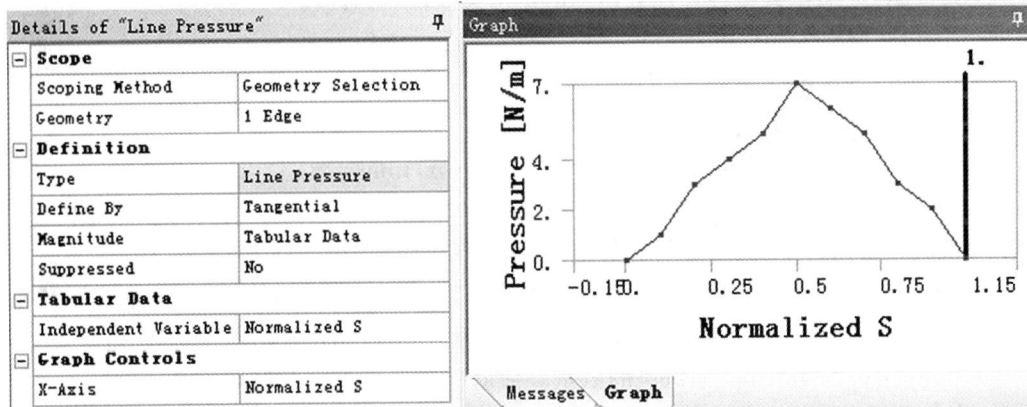

图 6-78　线性压强以 Normalized S 为横坐标

3. 变化载荷的函数输入

对于变化载荷,用户在细节窗口将 Magnitude 设为 Function,就可以用函数输入数据。

注意:

1)函数中可以用到自变量 x,y,z,以及实际 time,但必须用小写字母,例如 sin(time)。

2)对于 3D 分析中的 Line Pressure,以及 2D 分析中的 Pressure,函数中可以用到自变量 s(小写字母),表示某条路径的长度,例如:s * time, or s * sin(time/s)。

3)对于自变量 x,y,z,s,在函数中最多出现一个自变量。

以 Line Pressure 为例,细节窗口如图 6-79 所示,各个选项解释如下。

Details of "Line Pressure"	
Scope	
Scoping Method	Geometry Selection
Geometry	1 Edge
Definition	
Type	Line Pressure
Define By	Tangential
Magnitude	= 1+sin(360*x)
Suppressed	No
Function	
Unit System	Metric (m, kg, N, s, V, A) ...
Angular Measure	Degrees
Coordinate System	Global Coordinate System
Graph Controls	
X-Axis	X
Range Minimum	0. m
Range Maximum	1. m
Number Of Segments	200.

图 6-79　变化载荷(或变化位移约束)的函数输入

(1)Definition。

Define By:对于 Pressure,Define By 设为 Normal To;对于 Line Pressure,Define By 设为 Tangential。

(2)Function。

1)Unit System:函数中各种参数使用的单位系统,不可修改。

2)Angular Measure:三角函数中,角度使用 Degree 度作为单位。

(3)Graph Controls。

根据用户给定的函数的不同,可能有多种选项。

1)X-Axis:自变量,根据函数的不同,可以是 x,y,z,time。

2)Alternate Value:备用自变量,如果函数中自变量除了 time 外,还有 x,y,z 其中之一,那么 time 就是备用自变量,它必须给定一个数值,保证函数为单一自变量。

3)Range Minimum:自变量的最小值。如果自变量为 time,此处为零且不可改变。

4)Range Maximum:自变量的最大值。如果自变量为 time,此处为最大时间且不可改变。

5)Number of Segments:插值点的数量。插值后显示在 Graph 区域。

4. 变化位移约束的函数输入

对于变化位移约束,即 Displacement,也可以采用函数输入方式。Geometry 可以选择点、边、面。

6.6.2　加速度

本节帮助路径:help/wb_sim/ds_Acceleration.html。

Acceleration 只能添加常值、平动(不是旋转)的加速度,而且是添加在整个模型上,不能选择模型中的单个实体。而且一个模型只能添加一个加速度。加速度的单位为 m/s^2。

在细节窗口中,Define By 有两种方法定义加速度。一种是通过定义 Components 坐标系分量,另一种是 Vector 矢量进行施加。详细解释见第 6.6.1.2 节"细节窗口"。

根据公式 $F=-ma$,惯性力的方向与所施加的加速度的方向相反。物体运动方向为加速度的反方向。

提示:由于模型绕着某根轴转动,因此要特别提示这个轴。载荷与几何模型改变相关联,但载荷方向不关联。其他载荷,例如力矩、加速度、力、轴承载荷,都需要选旋转轴,所以都有这种特征。

6.6.3　标准的地球重力

本节帮助路径:help/wb_sim/ds_Gravity.html。

标准的地球重力 Standard Earth Gravity 可以作为一个载荷施加,以反映重力的作用效果。其值大小为 9.806 65 m/s^2(在国际单位制中)。标准的地球重力载荷方向可以沿整体坐标轴、局部坐标系的 $+x,-x,+y,-y,+z,-z$ 中任何一个轴。

标准的地球重力是一种特殊的加速度,相同点是在仿真中都是固定不变的数值。两者不同点是物体运动方向与重力加速度的方向相同,而与加速度方向相反。重力与加速度的比较如图 6-80 所示。

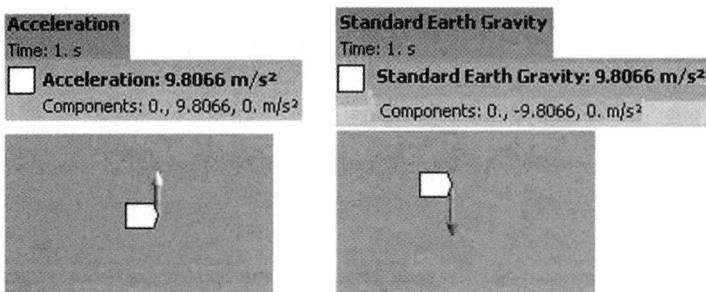

图 6-80　加速度与重力加速度

6.6.4　旋转速度

本节帮助路径:help/wb_sim/ds_Rotational_Velocity.html。

用户可以将旋转速度施加在实体、3D 面体、2D 模型和 2D 线体上。对于装配体,用户可以将旋转速度施加在整个模型上,也可以施加在所选的实体上。注意,多个旋转速度不能施加在同一个实体上。

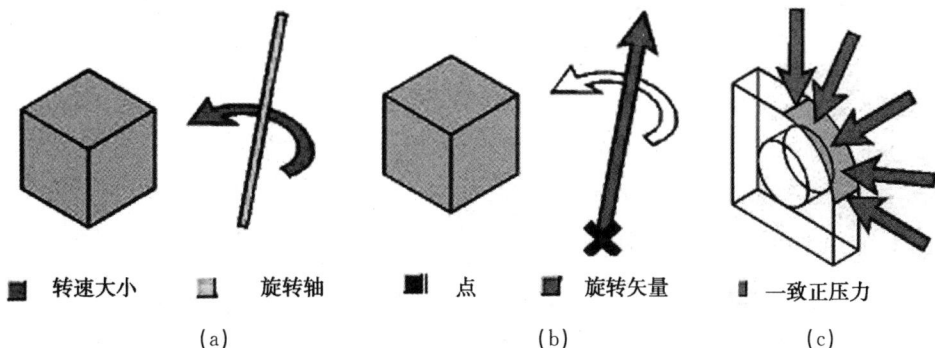

■ 转速大小　　■ 旋转轴　　■ 点　　■ 旋转矢量　　■ 一致正压力

(a)　　　　　　　　　　(b)　　　　　　　　　　(c)

图 6-81　旋转速度和压强载荷

在细节窗口中,Define By 有两种方法定义旋转速度。一种可以通过定义一个矢量 Vector 来实现,给定转速大小和旋转轴,如图 6-81(a)所示;另一种可以通过分量来定义,在总体坐标系下指定点和分量值,如图 6-81(b)所示。注意:对应 2D 轴对称仿真,旋转速度只能施加在 Y 轴方向。

6.6.5 压强

本节帮助路径:help/wb_sim/ds_Pressure_Loads.html。

压强 Pressure 只能施加在表面(平面或曲面),均匀加载在表面的所有地方。如果用户选择了多个表面,那么同样的压强施加在所选的这些表面上。如果由于 CAD 参数的改变,导致施加的表面积增加了,那么表面整个受力增加了,但压强仍然保持不变。对于 2D 仿真,压强只能施加在一条或多条边上。

压强方向通常与表面的法向一致。压强的大小,正值代表进入表面(例如压缩),而负值代表从表面出来(例如抽气等)(见图 6-81(c))。压强的单位为每个单位面积上的力的大小。细节窗口中 Define By 有 3 种方式,各项解释见第 6.6.1 节"细节窗口"。

6.6.6 管道压强

在任何结构分析中,管道压强对管道应力分析和管道设计都有很大的帮助。管道压强仅适用于 3D 仿真中的线体形式的管道。只能在如下分析模块中有用:Harmonic Response,Explicit Dynamics,Static Structural,Transient Structural。

Pipe Pressure 支持三维仿真。在三维结构分析中,管道压力荷载可以以恒定数值、表格或带变量的方程 3 种形式进行施加于一个或多个线体,这些线体被设置为管道。Pipe Pressure 不支持 2D 模拟。

6.6.7 静水压强

本节帮助路径:help/wb_sim/ds_Hydrostatic_Pressure_Loads.html。

静水压强 Hydrostatic Pressure 模拟由于流体重力产生的压力。添加静水压强的步骤如下:

(1)在 Workbench 主界面定义 Static Structural 分析系统,并导入模型。流体可能处于结构的内部或者外部。

(2)双击 Model 单元,进入 Mechanical 环境,点击导航树的 Static Structural (A5),在 Environment 工具条点击 Load→Hydrostatic Pressure。

(3)在细节窗口,Geometry 选择所有接触着液体的表面。

(4)如果是面体模型,在 Geometry 下方出现 Shell Face 选项,用来定义面体的那一侧是时间静水压强,选项有 Top,Bottom。

(5)Definition 定义液体的密度 Fluid Density。

(6)Hydrostatic Acceleration 静水的加速度。用来定义静水压力的大小和方向,类似于施加加速度。一般情况下是由于地球重力引起的加速度,但可能有其他的加速度数值,这取决于模型的具体情况。例如,如果要模拟液体火箭燃料舱的静水压强,燃料受到地球重力加速度和火箭自身加速度的双重作用,此时加速度应该是两者的矢量和。

(7)定义流体自由表面位置 Free Fluid Location。

(8)对模型进行网格划分,显示静水压力载荷。示例如图 6-82 所示。

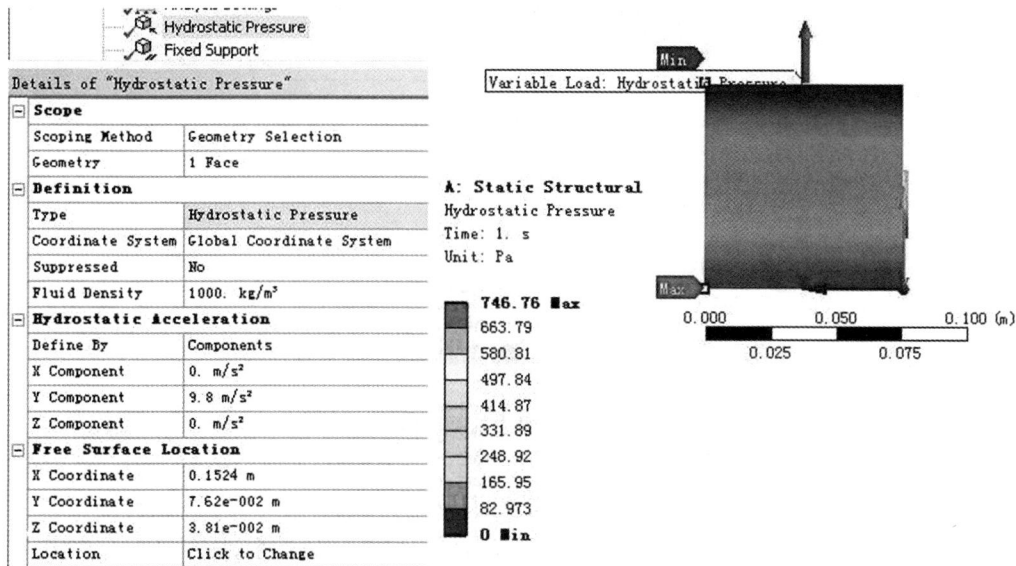

图 6-82　静水压强载荷

6.6.8　力

本节帮助路径:help/wb_sim/ds_Force_Load.html。

力 Force 可以施加在结构的表面、边缘或者点,如图 6-83 所示。力载荷将分布到所定义的整个结构当中去,这就意味着假如一个力施加到两个同样的表面上,每个表面将承受这个力的一半。力可以通过定义矢量,或者分量来施加。力单位为 $kg \cdot m/s^2$。

在程序内核中,力其实是将其转换为压强再施加的。如果由于 CAD 参数的改变,导致施加的表面积增加了,但力仍然保持不变。

■力作用在顶点上　　■力作用在边上　　■力作用在面上

图 6-83　力载荷

6.6.9　远端力

本节帮助路径:help/wb_sim/ds_Remote_Force_Load.html。

远端力 Remote Force 的细节窗口如图 6-84 所示。施加远端力类似于施加普通的力载荷。

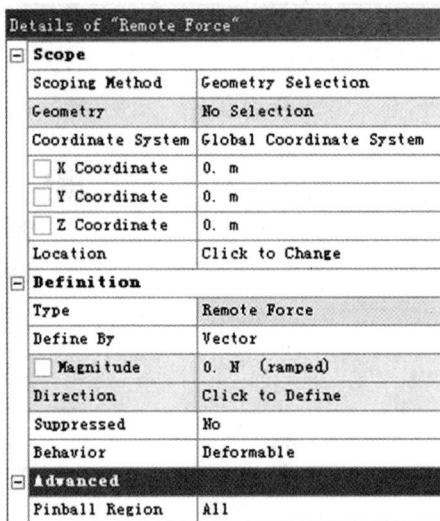

图 6-84　远端力的细节窗口

1. Scope：定义远端的位置

(1) Geometry：可以选择实体模型的面或者面体模型的边和面。

(2) Coordinator System：远端力的位置和方向可以在全局坐标系、局部坐标系中定义。

(3) XYZ Coordinator：远端力的位置的坐标系，采用坐标系的方式输入。

(4) Location：但是力的初始位置可以由用户任意设置，可以利用顶点、边、圆。默认的位置时所选几何体的中心。

2. Definition 对力进行定义

(1) Define By：定义远端力的方式，有两种选项，分别是：

Vector：即远端力可以通过矢量和大小的方式进行定义。

Component：用分量的方式来定义。

(2) Behavior：行为，选项有 Deformable，Rigid。

如图 6-85 所示，这个在面上将得到一个等效的力加上由于偏置的力所引起的力矩，这个力分布在表面上，但是包括了由于偏置力而产生了力矩。

远端力 Remote Force 等效于一个普通的 Force，外加力矩。使用远端力的好处是，用户可以直接在空间定义力所作用的位置。

当载荷所关联的几何体发生改变时，载荷的方向并不改变。

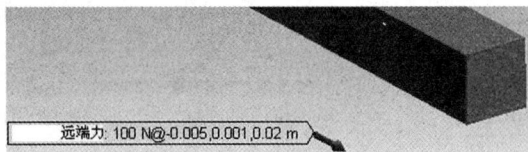

图 6-85　远端力的例子

6.6.10　轴承载荷

本节帮助路径：help/wb_sim/ds_Bolt_Load.html。

轴承载荷 Bearing Load 的细节窗口如图 6-86(a)所示。

1. Geometry

在 3D 模型的完整圆柱面上,或者 2D 模型的圆形的边上,可以施加轴承载荷。

轴承载荷 Bearing Load,其径向分量将根据投影面积来分布压力载荷。径向压力载荷的分布如图 6-86(b)所示。

一个圆柱表面只能施加一个轴承载荷。不能将一个轴承载荷施加在多个圆柱表面,否则,程序根据每个圆柱表面积所占的比例,将轴承载荷平分在多个圆柱表面上。

假如一个圆柱表面切分为两个部分,那么在施加轴承载荷的时候一定要保证这两个柱面都要选中。

2. Define By

定义方式。轴承载荷有两种式添加,一种是 Define By:Vector,即可以通过矢量和大小来定义,另一种是 Define By:Components,即通过分量来定义。

添加轴承载荷时,必须使用局部坐标系,将其作用在圆柱的直径方向,不允许存在轴向载荷分量。如果 Mechanical 检测到轴向载荷,求解器会停止求解过程并报告出错信息。

3. Magnitude

轴承载荷的大小,单位同力的单位一样。

用户不能用 Tabular 或者 Function data 来定义轴承载荷的大小。在每个时间步中,用户必须将轴承载荷设为 Constant 或者 Ramped Magnitude,保证每个时间步有一个确定的值。

如果加载的表面增大了(例如由于 CAD 参数的改变),在整个表面上施加的总载荷保持不变,但单位面积的作用力,即压强减小了。

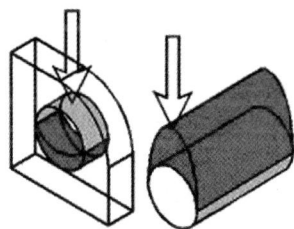

(a)　　　　　　　　　　　　　　　(b)

图 6-86　轴承载荷

6.6.11　螺栓预紧载荷

本节帮助路径:help/wb_sim/ds_Pretension.html。

螺栓预紧载荷 Bolt Pretension 的细节窗口如图 6-87 所示。

1. Geometry:应用范围

螺栓预紧载荷 Bolt Pretension 可以在圆柱形截面上施加预紧载荷以模拟螺栓连接。需要定义一个以 Z 轴为主方向的局部柱坐标系,然后把螺栓预紧载荷加载在局部坐标系原点且沿着 Z 轴方向。

螺栓预紧载荷也可以施加在线体上,且线体是基于实体的单条直边建立的。载荷的方向与边的方向一致。

螺栓预紧载荷可以施加到单个实体,也可以施加到多体部件(multiple bodies)。例如一个螺栓载荷应用到划分为多体零件的螺栓上。

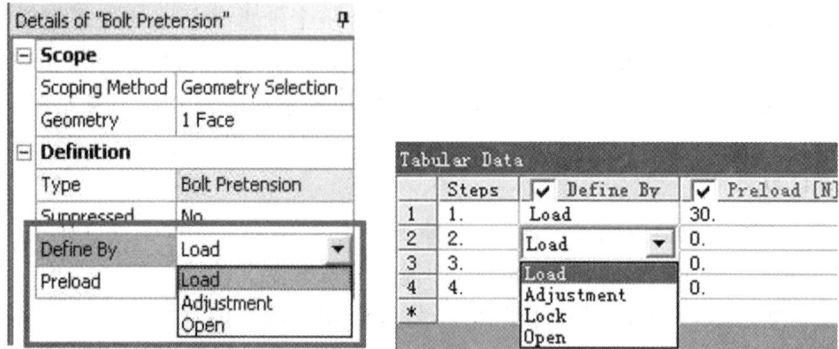

Details of "Bolt Pretension"	
Scope	
Scoping Method	Geometry Selection
Geometry	1 Face
Definition	
Type	Bolt Pretension
Suppressed	No
Define By	Load
Preload	Load / Adjustment / Open

Tabular Data			
	Steps	✔ Define By	✔ Preload [N]
1	1.	Load	30.
2	2.	Load	0.
3	3.	Load / Adjustment / Lock / Open	0.
4	4.		0.
*			

(a) (b)

图 6-87 螺栓载荷的细节窗口

2. Defined By:定义方式

如图 6-87(a)所示,在细节窗口中,Defined By 有 3 个选项,而在多个载荷步的 Tabular Data 中 Defined By 有 4 个选项。

Load 预紧力,下方的 Preload 用于输入螺栓预紧力的数值,单位和力的单位一样。示例如图 6-88(a)所示,施加以 Load 方式、大小为 1 000 N 施加的预紧载荷。

Adjustment 预紧长度,下方的 Preadjustment 用于输入螺栓预紧长度的数值,单位和长度的单位一样。示例如图 6-88(b)所示。

Lock 为固定螺栓预紧,实现了载荷的施加与保持,用于螺栓预紧载荷顺序加载过程中除第一个子步外的任何子步(见图 6-87(b))。

Open 选项释放螺栓预紧载荷,即无预紧力,可用于任何子步。

提示:为了避免无约束条件下的收敛问题,应设置一个小载荷,一般为最大载荷的 0.01%。在静力分析中预紧载荷施加在初始求解中,而其他载荷施加在子步求解中;在第二步求解时,螺栓预紧会自动被锁死;除第一步求解以外,在顺序求解的每一步中可以选择是否打开螺栓预紧。

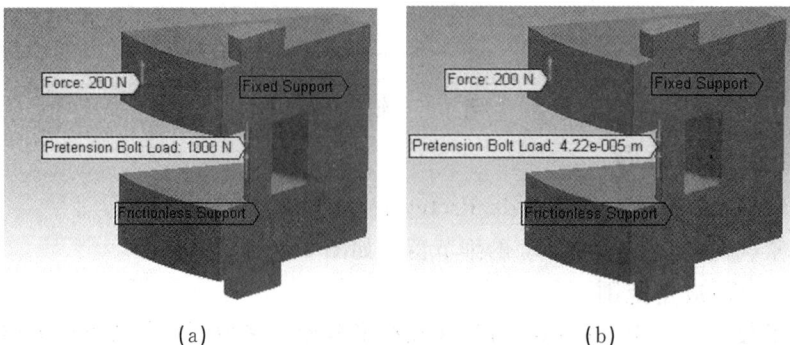

(a) (b)

图 6-88 螺栓预紧载荷

3. 注意事项

具体施加螺栓预紧力的注意事项如下：

(1)螺栓预紧载荷只能在 3D 模拟中采用。既可以用在纯结构分析,也可以用在热应力分析中。

(2)即使在不同的位置,也不要在同一个体上施加多个螺栓预紧载荷。如果在一个圆柱面上添加了多个螺栓预紧载荷,只有第一次的载荷起作用,后面的都不起作用。

(3)在螺栓预紧处推荐单元细化(螺栓长度方向上的单元数至少为 2)。

(4)如果螺栓载荷通过多个分割面,螺栓预紧载荷只能加载在一个分割面上,螺栓载荷是加载在整个圆柱上的,因此即使只选择部分圆柱,也会通过整个圆柱自动切分。

(5)尽量避免螺栓预紧载荷施加到有绑定接触的圆柱表面,因为绑定接触会锁定螺栓预紧功能。

(6)螺栓预紧载荷应施加到包含实体模型的圆柱表面,而不是加载在孔的内表面上。

6.6.12　力矩载荷

本节帮助路径:help/wb_sim/ds_Moment.html。

对于实体,力矩 Moment 可以施加在一个或者多个平面或者曲面,也可以施加在一个或者多个边、点上(见图 6-89)。

(1)假如选择了多个表面,那么力矩将分摊在这些表面上。如果加载的表面增大了(例如由于 CAD 参数的改变),在整个表面上施加的总载荷保持不变,但单位面积的作用力减小了。

(2)假如选择了多个点,这些点必须属于同一实体类型的,例如,实体、3D 面体、线体。

力矩可以用矢量及其大小的方式,或者用分量方式来定义。当用矢量表示时,其遵守右手法则。力矩的单位为 N·s。

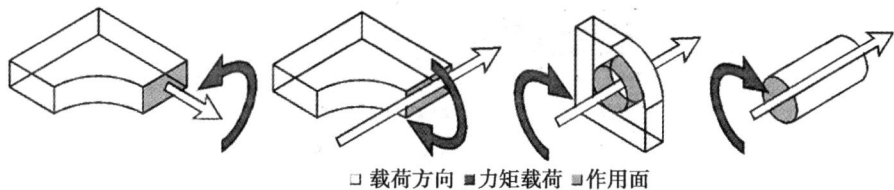

□ 载荷方向　■力矩载荷　■作用面

图 6-89　力矩载荷

6.6.13　广义平面应变

本节帮助路径:help/wb_sim/ds_gen_plane_strain_load.html。

广义平面应变 Generalized Plane Strain 只能用在 2D 分析中。

6.6.14　线压强

本节帮助路径 help/wb_sim/ds_Line_Pressure_Loads.html。

线压强 Line Pressure 只能用于三维模拟中,线压强通过力密度形式给一个边上施加一个分布式载荷,单位是单位长度上的力。

线压力 Line Pressure 可按以下 3 种方式定义,如图 6-90 所示。

(1)Components:分量值和分量方向,可以使用总体或者局部坐标系。坐标系可以使用笛卡儿坐标系或者圆柱坐标系。

（2）Vector：向量值和向量方向。

（3）Tangential：切向数值。可以使用随时间变化的载荷。如图 6-90 所示，具体内容见第 6.6.1.3 节"随空间变化的载荷或位移约束"。

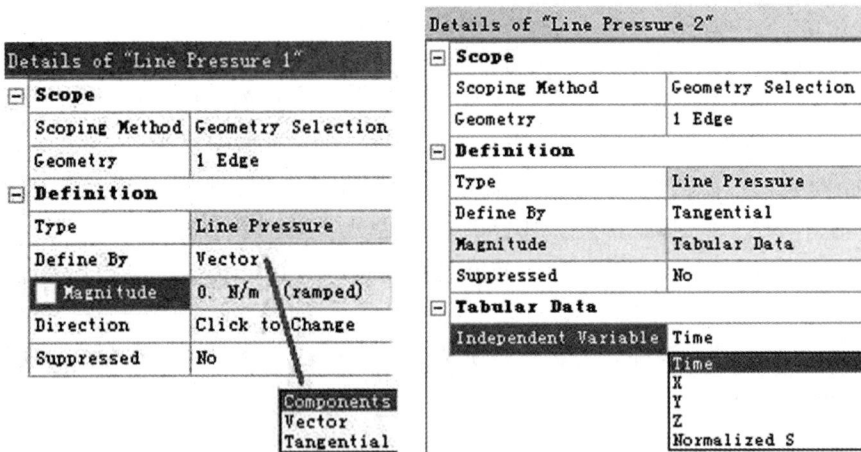

图 6-90　线压力的细节窗口

6.6.15　热载荷

本节帮助路径：help/wb_sim/ds_therm_cond. html。

在 Structure 或者 Electric 分析中，用户使用热载荷 Thermal Condition，可以添加一个均匀温度载荷。注意不是数据传输的温度，而是在细节窗口的 Magnitude 输入温度数值，细节窗口如图 6-91 所示。

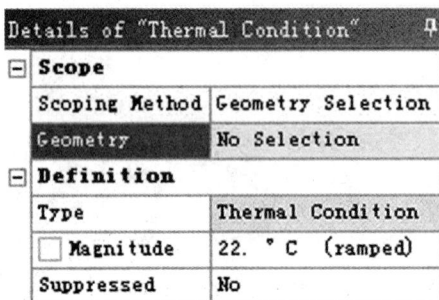

图 6-91　热载荷的细节窗口

1. Geometry

（1）可以施加到面体，默认情况下面体的上表面、下表面的温度都等于 Magnitude 的数值。当然，如果想使面体的上表面、下表面输入不同的温度，细节窗口的 Shell Face 可以实现。

（2）热载荷可以施加到实体，不会出现 Shell Face 选项。

（3）如果装配体中有多种拓扑结构，每种拓扑结构定义一个 Thermal Condition。即线体、面体、实体的温度不能在同一个 Thermal Condition 下定义。

2. Magnitude

用户可以输入定值温度，也可以使用 Tabular，Function 等方式，输入随时间变化的温度、随空间变化的温度，如图 6-92 所示。

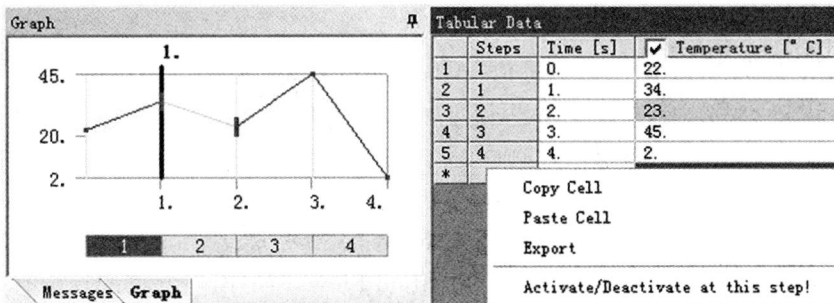

图 6-92　Tabular 输入 Thermal Condition

如果使用 Tabular 方式,可以在不同载荷步设定不同的温度。但注意:

(1)对于一个特定的载荷步和同一个实体,如果有 Imported Body Temperature,即导入温度,它将覆盖此载荷步的 Thermal Condition 定义的温度。

(2)在 Tabular Data 选中某载荷步,单击鼠标右键,选择 Activate/Deactivate at this step 可以只撤销此步的载荷。

(3)每个载荷步激活状态的 Thermal Condition,会覆盖前面载荷步的所有 Thermal Condition,但必须是施加在同一个实体上。

(4)每个载荷步撤销状态的 Thermal Condition,也会覆盖前面载荷步的所有 Thermal Condition,但必须是施加在同一个实体上。

模型中温度差会引起结构热膨胀或者热传导。热应变 ε_{th} 计算如下:

$$\varepsilon_{th} = \alpha(T - T_{ref})$$

其中,α 是热膨胀系数(CTE 材料特性);T 是施加的温度;T_{ref} 是参考温度,即热应变为零时的温度。在整体环境中定义参考温度(见图 6-93(a)),或把它作为单个实体的特性进行定义(见图 6-93(b))。

热应变自身不会引起应力。而当约束、温度梯度或者热膨胀系数不相匹配时才会产生应力。热膨胀系数为单位温度下的应变,任何温度载荷都可以施加,详见热分析,机械分析通常首先进行热分析,然后在结构分析时将计算所得的温度作为热载荷输入。

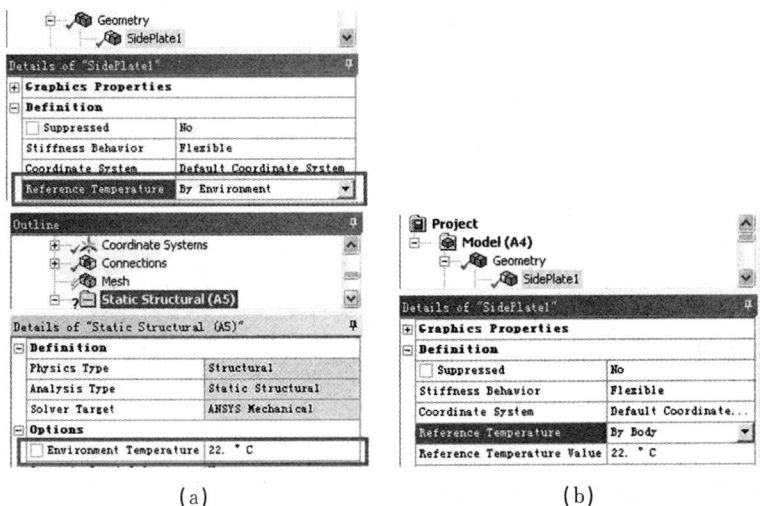

(a)　　　　　　　　　　　　　　　(b)

图 6-93　参考温度

6.6.16　流固界面载荷

本节帮助路径：help/wb_sim/ds_Fluid_Solid_Interface. html。

Fluid Solid Interface,流体-固体界面边界条件,可以用来识别从外部流体软件 CFX 或 FLUENT 传递的载荷。该载荷可以在如下模块中使用：Static Structural,Transient Structural,Steady - State Thermal Analysis,Transient Thermal Analysis,以及 AWE 主界面的工具箱的流固耦合,即 Toolbox→Custom System→ FSI：Fluid Flow（CFX）→Static Structral,Toolbox→Custom System→FSI：Fluid Flow（FLUENT）→Static Structral。

6.7　约束支撑工具条

本节帮助路径：help/wb_sim/ds_Support_Types. html。

约束支撑 Supports 是利用约束来防止部分范围内的移动,AWB 提供的约束见表 6-9。

表 6-9　支撑命令及说明

	支撑命令
Supports ▾ Conditions	
Fixed Support	固定约束
Displacement	位移约束
Remote Displacement	远端约束
Velocity	速度
Impedance Boundary	阻抗边界（电磁）
Frictionless Support	无摩擦约束
Compression Only Support	仅压缩约束
Cylindrical Support	圆柱约束
Simply Supported	简支约束
Fixed Rotation	固定旋转
Elastic Support	弹性支撑

实体的自由度是 x,y 和 z 方向上的平移（壳体还得加上旋转自由度,绕 x,y 和 z 轴的转动）

提示：约束和接触对都可以归结为边界条件。接触模拟在两个已知模型之间的一个"柔性"边界条件,固定约束在被模拟零件之间提供一个"刚性"边界条件,刚性的固定零件不必建立模型。假如对零件 A 和 B 之间连接比较感兴趣,那么就要考虑两个部分是否都需要分析（通过接触）或者仅提供零件 B 对 A 的影响的固定约束是否足够。换句话说,零件 B 相对于 A 来说是"刚性的",可以仅仅模拟对零件 A 的一个固定约束。假如不是则需要模拟两者之间的接触行为。

6.7.1　固定约束

本节帮助路径：help/wb_sim/ds_Fixed_Supports. html。

固定约束可以选择面、边、点,如图 6-94 所示。

面:可以选择一个或者多个平面、曲面,限制它们的移动和变形。

边:可以选择一个或者多个直线、曲线,限制它们的移动和变形。注意,固定的边在实际中是不存在的,有可能导致奇异应力。也就是说,在固定边附近的应力接近无穷大。用户应该忽略固定边附近的应力和弹性应变。

点:可以选择一个或者多个点,限制它们的移动。对于固定点,约束了所有的自由度。同样,固定的点在实际中不存在,有可能出现奇异应力。处理方法类似于固定边。

■ 固定顶点　　　　　　■ 固定边　　　　　　■ 固定面

图 6-94　固定约束

6.7.2　位移约束

本节帮助路径:help/wb_sim/ds_Displacements.html。

Displacement 位移约束,可以选择顶点、边缘或面,给定已知的位移,允许在 x,y 和 z 方向给予强制位移,但顶点、边缘、面保持原形的形状,如图 6-95 所示。

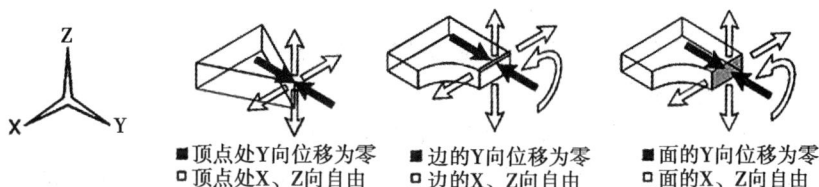

■顶点处Y向位移为零　　■边的Y向位移为零　　■面的Y向位移为零
□顶点处X、Z向自由　　　□边的X、Z向自由　　　□面的X、Z向自由

图 6-95　位移约束

细节窗口如图 6-96 所示。

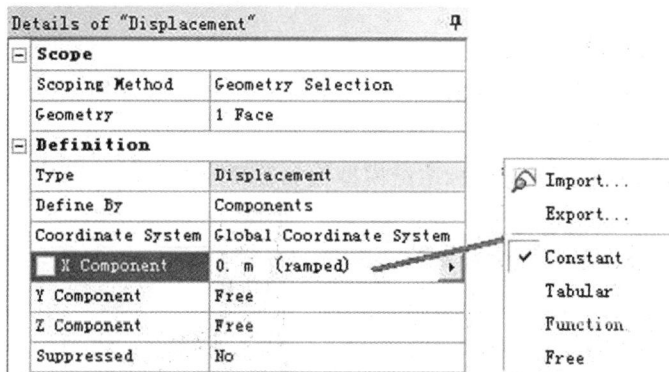

图 6-96　位移约束的细节窗口

(1)Geometry:可以选择顶点、边缘或面。

(2)Define By:定义方式,有两种。

一种是 Normal To,它只能用于表面,下方的 Distance 用来输入表面在垂直方向的位移。

另一种是 Components。如图 6-96 所示,先选择坐标系,然后在对应的分量上输入位移。输入方式可以采用 Constant 常量、Tabular 表格、Function 公式、Free 自由。

输入"0"代表此方向上即被约束,不能移动、不能旋转,不能变形。

输入 Free,表示不设定某个方向的值,意味着实体在这个方向上自由运动,如图 6-96 所示。

6.7.3 远端位移

本节帮助路径 help/wb_sim/ds_Remote_Displacement.html。

Remote Displacement,远端位移,允许在任意远端位置加载平动和旋转位移,细节窗口如图 6-97 所示。

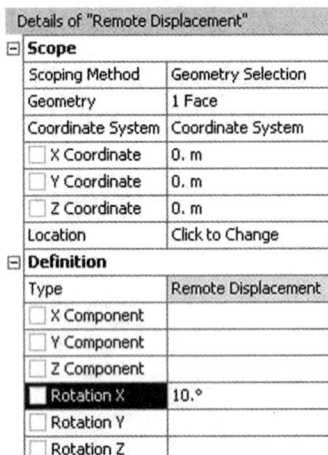

图 6-97 远端位移的细节窗口

1. Scope:定义远端的位置

Geometry:可以选择实体模型的面或者面体模型的边和面。

Coordinator System:远端力的位置和方向可以在全局坐标系、局部坐标系中定义。

XYZ Coordinator:远端力的位置的坐标系,采用坐标系的方式输入。

Location:位移的初始位置可以由用户任意设置,可以利用顶点、边、圆。默认的位置是所选几何体的中心。

2. Definition:对位移进行定义

其中 X Component,Y Component,Z Component 为平动位移。Rotation X,Rotation Y,Rotation Z 为旋转角度。

远端位移最常用的是在局部坐标系给模型施加旋转的远端位移,如图 6-98 所示。

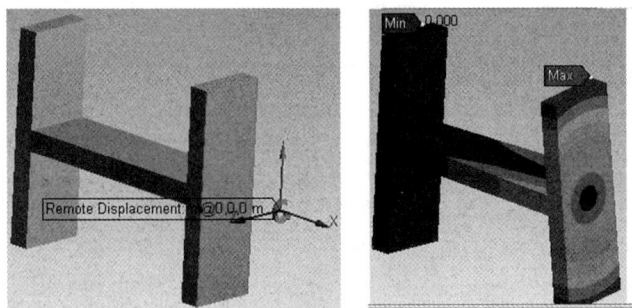

图 6-98 远端位移的例子

在 Modal 模态分析中,只有数值为零的 Remote Displacement 是有效的,不能输入非零的远端位移。或者可以先在 Static Structure 中添加非零数值的远端位移,再完成有预应力模态分析。

6.7.4　无摩擦约束

本节帮助路径：help/wb_sim/ds_Frictionless_Surface.html。

如图 6-99 所示，无摩擦约束 Frictionless Support 施加可以在一个或者多个平面或者曲面上，限制了法线正负方向的移动和变形，但该约束允许其余切向方向的移动、旋转、变形。这是一种保守的方法。

对于实体，这个约束可以用来模拟一个对称边界约束，因为对称面等同于法向约束。

图 6-99　无摩擦约束

6.7.5　仅有压缩的约束

本节帮助路径：help/wb_sim/ds_Pinned_Cylinder.html。

在任何给定的表面可以施加法向仅有压缩的约束 Compression Only Support。这个约束仅仅限制这个表面在约束的法向正方向的移动。如图 6-100 所示，圆柱孔施加向下的轴承载荷，底部施加固定支撑，区别在于图 6-100（b）圆柱孔还施加了 Compression Only Support。由两个变形图可见圆柱孔上端有明细的差别，图 6-100(a)上端也有变形，图 6-100(b)上端显示出了没有变形的圆柱的轮廓。这是因为而可伸长的表面自由变形（见图 6-100(a)），有 Compression Only Support 的表面阻止原始圆柱变形（见图 6-100(b)）。

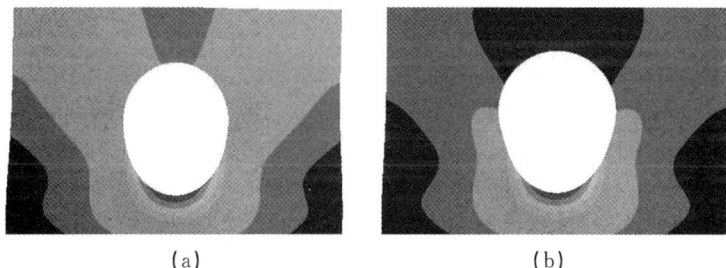

(a)　　　　　(b)

图 6-100　仅有压缩约束

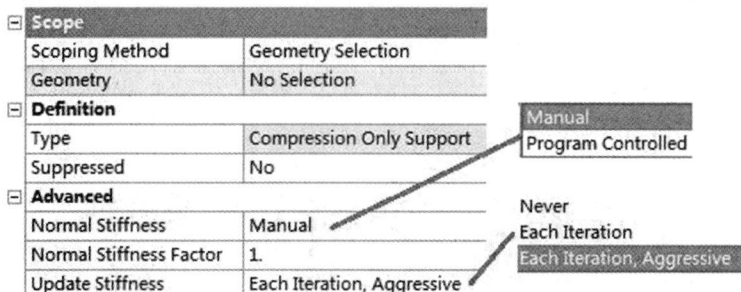

图 6-101　Compression Only Support 的细节窗口

由于事先不知道压缩面的行为，所以需要利用迭代求解来判断哪个表面显示的是压缩行为，为非线性问题。

细节窗口如图 6-101 所示,关于 Normal Stiffness 和 Update Stiffness 的解释,请参考第 6.4.3 节"单个接触的选项"。

6.7.6 圆柱面约束

本节帮助路径:help/wb_sim/ds_Independent_Cylinder. html。

圆柱面约束 Cylindrical Support 施加在圆柱表面,可以指定是轴向、径向或者切向约束(见图 6-102)。该约束仅仅适用于小变形(线性)分析。

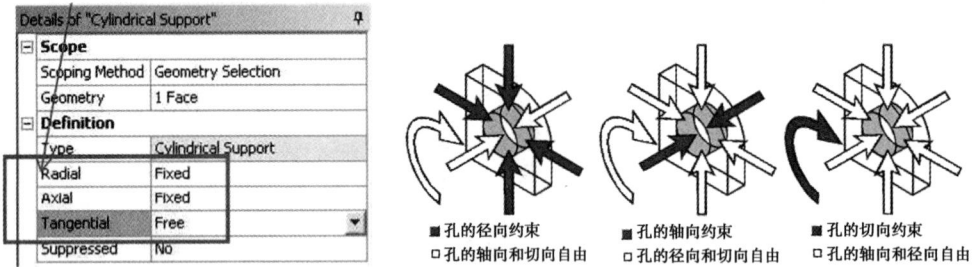

图 6-102　圆柱面约束的细节窗口

6.7.7 简单约束

本节帮助路径:help/wb_sim/ds_SimpleEdge_Support. html。

简单约束 Simply Support 仅用于 3D 模拟,而且仅是面体或线体模型,可以施加在梁或壳体的边或者顶点上,限制平移但是所有旋转都是自由的(见图 6-103)。

在点上施加简单约束,在实际中不存在,有可能出现奇异应力,即在此点附近的应力接近无穷大。用户应该忽略此点附近的应力和弹性应变。

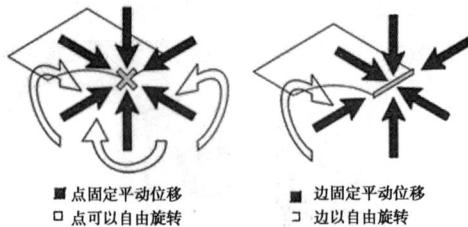

图 6-103　简单约束

6.7.8 约束旋转

本节帮助路径:help/wb_sim/ds_FixedSurfaceRotation_Support. html。

约束旋转 Fixed Rotation 可以施加在壳或梁的表面、边或者顶点上,用户可以约束旋转,但是平移不限制(见图 6-104)。在细节窗口中,Rotation X,Rotation Y,Rotation Z 任意一个旋转方向都可以选择 Free 或者 Fixed。

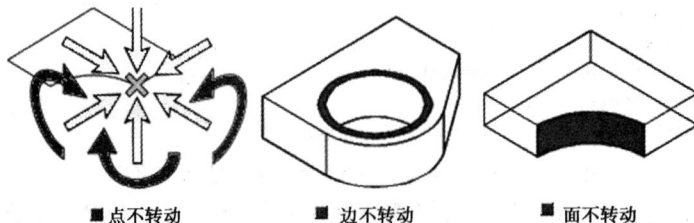

图 6-104　固定旋转

6.7.9　弹性支撑

本节帮助路径:help/wb_sim/ds_Elastic_Support.html。

弹性支撑 Elastic Support 允许面或边根据弹簧行为产生移动或形变。弹性支撑根据细节窗口中定义的基础刚度 Foundation Stiffness,即基础产生单位法向变形的所需要压力值(见图 6-105)。

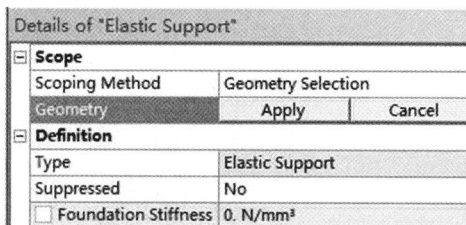

图 6-105　弹性支撑的细节窗口

6.7.10　第 6 章例子 2

几何模型是由压力帽和定位法兰组成的装配体,压力帽材料为不锈钢,定位法兰材料为结构钢(见图 6-106(a))。我们将用 90°对称的 3D 模型,以及 2D 轴对称模型来分析(见图 6-106(b)和(c))。目的是为了比较两种方法的一致性和经济性。

假设:法兰在其装配孔处被固定,零件间接触区域无摩擦,压力帽底部是只能受压的支撑约束。

注意:因为有螺栓孔存在,整个结构不是完全轴对称的。分析的一个目的就是为了验证在这种情况下轴对称假设的正确性。

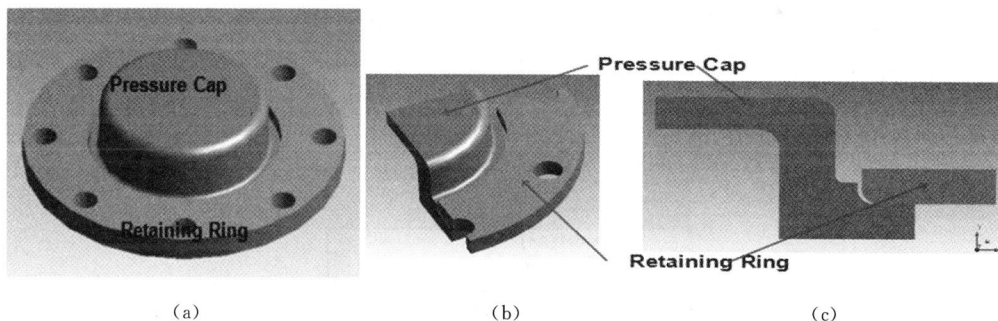

|　(a)　|　(b)　|　(c)　|

图 6-106　3D 模型和 2D 轴对称模型

1.2D 模型

(1)打开 ANSYS Workbench,选择菜单"Units"菜单确定"Metric(kg,m,s,℃,A,N,V)。选择"Display Values in Project Units"。

(2)在主界面的 Toolbox→Analysis Systems,双击 Static Structural 添加一个新的分析系统。

(3)双击 Engineering Data 打开 Engineering Data 窗口,准备添加 Material Properties(材料特性)。

(4)选中 Engineering Data Sources 窗口的 General Materials,点击不锈钢 Stainless

Steel 后面的图标"＋"，把材料添加到项目中，如图 6-107 所示。

(5)最后关闭该窗口返回 Project 主界面。

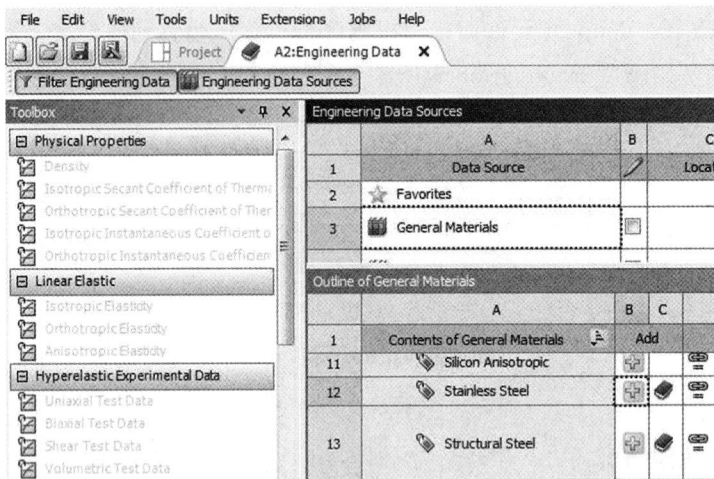

图 6-107　添加材料 Stainless Steel

(6)在导入几何模型前，选择 A3"Geometry"分支，先右击鼠标选择 Property，然后在 Properties of Schematic A3：Geometry 中将"Advanced Geometry Option"改为"2D"。

这样的设置表示分析的不是三维整体模型，而是一个对称截面。切记，在导入几何模型之前就设置好是很重要的，因为在导入后就不能再改变设置。

(7)右击选择 Geometry，选择 Import Geometry→From File ...，然后选择"Axisym_pressure_2D. x_t"。

(8)点击 A4 即 Model 进入 Mechanical 界面，在菜单 Units 设定系统单位制为 Metric (mm，kg，N，s，mV，mA)。

(9)在导航树选择 Geometry，在细节窗口的 Definition→2D Behavior 改为"Axisymmetric"。就可以改变部件特性为轴对称，如图 6-108 所示。

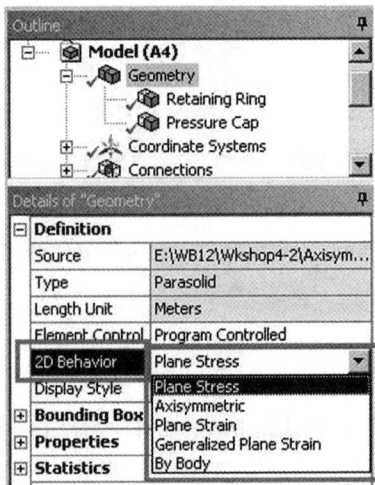

图 6-108　设置轴对称

(10)在导航树中选择 Model→Geometry→Parts 1，右击鼠标，选择 Rename，改名为"Retaining Ring"。同理将"Parts 2"并改名为"Pressure Cap"。

(11)在导航树选择 Model→Geometry→Pressure Cap，在细节窗口→Material→Assignment 中设定材料为"Stainless Steel"，如图 6-109 所示。

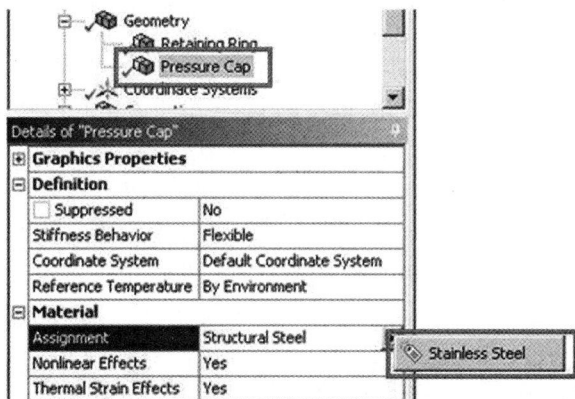

图 6-109　给零件赋予材料属性

(12)修改接触行为：在导航上选择 Connections→Contacts，选择自动生成的接触，在其细节窗口中，把 Definition→Type 设为 Frictionless，如图 6-110 所示。

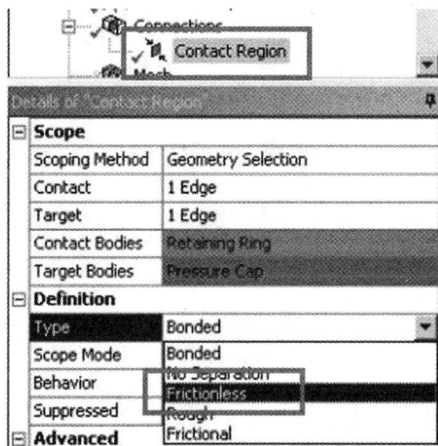

图 6-110　改接触为无摩擦

(13)在导航上选择 Mesh，在 Mesh 的细节窗口中，设置 Defaults→Relevance 为 100。在 Mesh 点击鼠标右键选择 Generate Mesh，完成网格划分。

(14)给模型施加载荷。先选中 Static Structural，再选择 Pressure Cap 的 4 个内边（如图 6-111 中黑色虚线所示）。点击鼠标右键选择→Insert→Pressure。最后在 Pressure 的细节窗口→Definition→Magnitude，输入压强值为 0.1 MPa。

提示：选择其中一个边，再使用选择工具条的"extend to limits"，就可以很快选择 4 条内边。

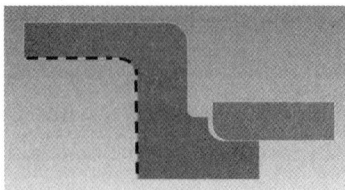

图 6-111　施加载荷

(15)给模型施加约束。先选中 pressure cap 的(如图 6-112(a)中黑色虚线所示),点击鼠标右键选择→Insert→Compression Only Support,给压力帽底部施加约束。

先选择 retaining ring 上部的中线(如图 6-112(b)中黑色虚线所示),点击鼠标右键选择→Insert→Fixed Support,给法兰的螺纹孔位置添加固定约束。

注:这里的轴对称假设是指 retaining ring 是一个连续实体。实际上在它的环面上存在螺纹孔。因此,当模型在建模软件里生成时,就有意地生成了一条独立的线,用来添加约束。

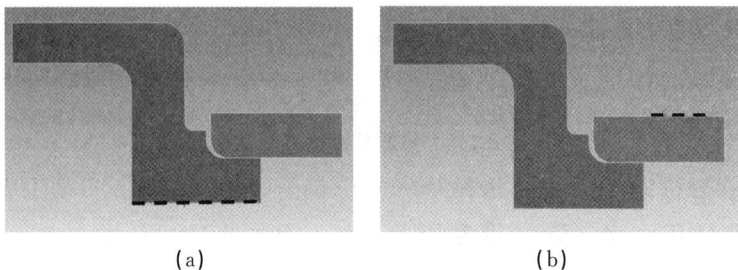

(a)　　　　　　　　　　　　　(b)

图 6-112　施加约束

(16)点击标准工具条的 Solve,求解模型。

轴对称性:注意模型处在 X 正半轴空间内,且 Y 轴是它的旋转轴。此即轴对称性。

轴对称性假设模型是一个完全360°模型。因此,在 X 方向上没有限制。在 X 正半轴上的压力假设是和 X 负半轴上的压力相同。

(17)查看警告和错误信息:在图形窗口的底部的 Messages 中给出了错误和警告信息。在 message 上双击查看,如图 6-113 所示。点击 OK 键关闭警告窗。由于是用光滑接触和只受压的支撑来约束 pressure cap 的,因此使用 weak springs 来阻止发生刚体运动。

图 6-113　警告信息

(18)在 Solution 中插入结果。

选中 Solution,点击鼠标右键选择 Stress→Equivalent (von－Mises)。

选中 Solution,点击鼠标右键选择 Deformation→Total。

选择实体选择模式,选择 pressure cap ,重复步骤(1)(2),只查看压力帽的应力和变形。

(19)再次点击 Solve 求解。选中查看每个结果对象。如图 6-114 所示为模型的变形和应力。

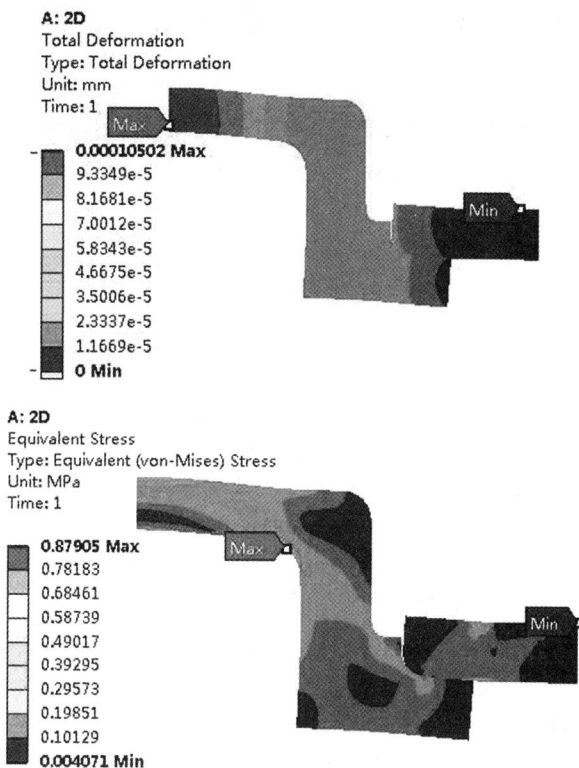

A: 2D
Total Deformation
Type: Total Deformation
Unit: mm
Time: 1

0.00010502 Max
9.3349e-5
8.1681e-5
7.0012e-5
5.8343e-5
4.6675e-5
3.5006e-5
2.3337e-5
1.1669e-5
0 Min

A: 2D
Equivalent Stress
Type: Equivalent (von-Mises) Stress
Unit: MPa
Time: 1

0.87905 Max
0.78183
0.68461
0.58739
0.49017
0.39295
0.29573
0.19851
0.10129
0.004071 Min

图 6-114　变形和应力

（20）查看其他数据。

在导航树选择 Mesh，在细节窗口的 Statistics 可以查看节点数量、单元数量，见表 6-10。

通过选中 Solution Information 查看求解时间：图形窗口将变成 Worksheet 工作表查看。移到求解信息的底部，并注意 CP 时间和 Elapsed Time（运行时间）（随机器而改变）。

注：CP 时间给出的是所有处理器整个过程的时间之和。在多处理器机器中它常会超过 Elapsed Time。

2.3D 模型

我们将使用相同的边界条件来计算三维对称模型。

（1）在 AWR 主界面，从 Toolbox→Analysis Systems 选择 Static Structural，将其拖动并放置在 A2，即共享第一个仿真的材料属性。点击左上角的三角形，在下拉菜单中选择 Rename，将第一个分别重命名为 2D。类似地第二个分析重命名为 3D，如图 6-115 所示。

（2）鼠标右键选择 B3 即 Geometry，在快捷菜单中选择"Geometry→Import From File…"导入"Axisym_pressure_3D. x_t"文件。

（3）点击 B4 即 Model 进入 Mechanical 界面，在菜单 Units 设定系统单位制为 Metric（mm，kg，N，s，mV，mA）。

（4）在导航树中选择 Model→Geometry→Parts 1，右击鼠标，选择 Rename，改名为"Retaining Ring"。同理将"Parts 2"改名为"Pressure Cap"。

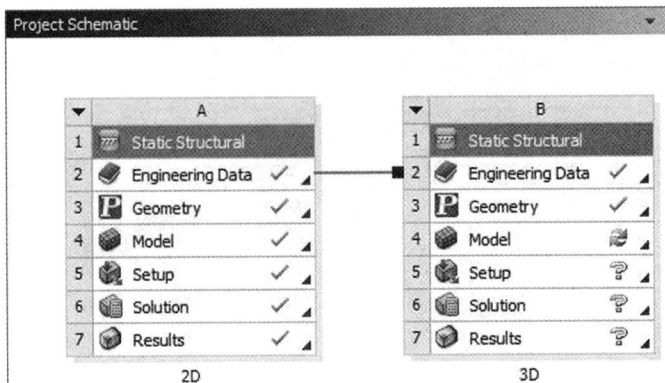

图 6-115　两个仿真共享 Engineering Data

（5）在导航树选择 Model → Geometry → Pressure Cap，在细节窗口 Material → Assignment 中设定材料为 "Stainless Steel"，如图 6-109 所示。

（6）修改接触行为：在导航上选择 Connections→Contacts，选择自动生成的接触，在其细节窗口中，把 Definition→Type 设为 Frictionless，如图 6-110 所示。

（7）在导航上选择 Mesh，在 Mesh 的细节窗口中，设置 Defaults→Relevance 为 100。在 Mesh 点击鼠标右键选择 Generate Mesh，完成网格划分。

（8）给模型施加载荷。先选中 Static Structural，再选择 Pressure Cap 的 3 个内表面，如图 6-116 所示。点击鼠标右键选择 Insert→Pressure。最后在 Pressure 的细节窗口设置 Definition→Magnitude，输入压强值为 0.1 MPa。

提示：选择其中一个面，再选择工具条的 "extend to limits"，就可以很快选择 3 个内表面。

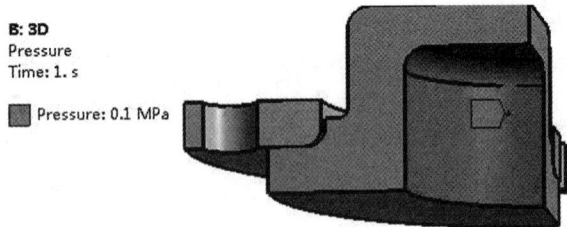

图 6-116　添加载荷

（9）给模型施加约束：先选中 Pressure Cap 的底面，如图 6-117(a) 中所示，点击鼠标右键选择→Insert→Compression Only Support，给压力帽底部施加约束：

先选择 3 个螺栓孔的圆柱内表面，如图 6-117(b) 中所示，点击鼠标右键选择→Insert→Fixed Support，给法兰的螺纹孔位置添加固定约束。

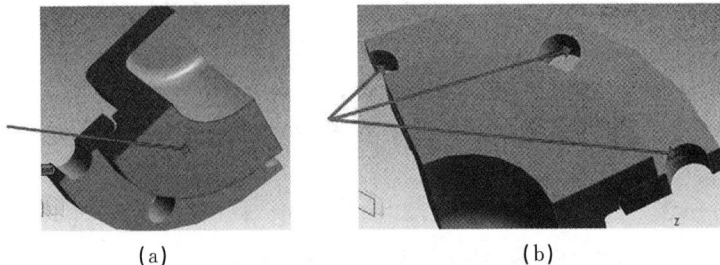

（a）　　　　　　　　　　　　　　　（b）

图 6-117　添加约束

（10）选择代表对称性的 6 个截面，RMB→Insert→Frictionless Support，如图 6-118 所示。注意，无摩擦支撑约束法向位移。这主要用来模拟对称条件。

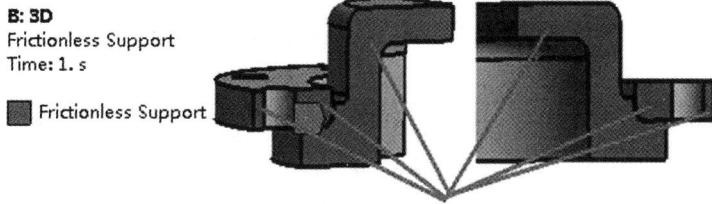

图 6-118　模拟对称条件

(11)在 Solution 中插入结果。

选择导航树的 Solution 分支,点击鼠标右键插入 Stress→Equivalent(von-Mises)

选择导航树的 Solution 分支,点击鼠标右键以及 Deformation→Total。

选择实体选择模式,选择 Pressure Cap ,重复步骤(1)(2),只查看压力帽的应力和变形。

(12)求解,部分结果云图如图 6-119 所示。

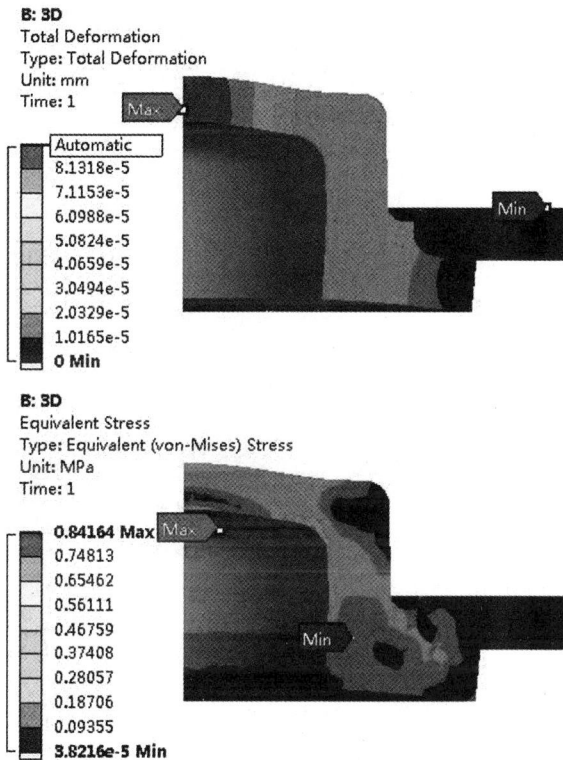

图 6-119　3D 仿真的变形和应力

(13)查看其他数据。完成 2D 和 3D 分析后,可以对结果进行比较,见表 6-10。(注意,实际结果可能和这里的不一样,求解时间也会和这里的不一样)。可见,2D 分析比 3D 分析,节点和单元数量少,计算时间短,但仿真结果的数据非常接近。

表 6-10　2D 和 3D 对比

	节点数量	单元数量	CP Time	Elapsed Time	最大变形	最大应力
2D	1 698	510	2.3 s	4 s	(1E−4)mm	0.879 MPa
3D	14 504	8 279	27 s	28 s	(9E−5)mm	0.84 MPa

6.8 Conditions 工具条

条件 Conditions 的分支如图 6-120 所示。

图 6-120 Conditions 的分支

6.8.1 Coupling

本节帮助路径:help/wb_sim/ds_coupling_condition.html。

耦合,见第 10.2.5 节。只能使用于 Electric Analysis,Steady-State Thermal Analysis,Transient Thermal Analysis,Thermal-Electric Analysis。

6.8.2 约束方程

本节帮助路径:help/wb_sim/ds_constraint_equation.html。

约束方程可以使用在 Harmonic,Modal,Modal（SAMCEF）,Static Structural,Static Structural(SAMCEF),Transient Structural 等分析系统中。使用约束方程 Constraint Equation,可以将模型中一个或者两个远端点之间的自由度建立联系。例如:远端点 A 的 X 坐标与远端点 B 的 Z 坐标之间有关联,表达为下式,等号左端为无量纲的数值,右端为坐标的线性组合,每个坐标前面为系数和系数单位:

$16 = [2/\text{mm} * \text{Remote Point A(X Displacement)}] - [4.1/\text{mm}^* \text{Remote Point B (Z Displacement)}]$

点击 Environment 工具条的 Supports,在下拉菜单选择 Constraint Equation。在导航树选中刚刚建立的 Constraint Equation,它的细节窗口如图 6-121 所示,并且自动打开 Worksheet 窗口,如图 6-121 所示。

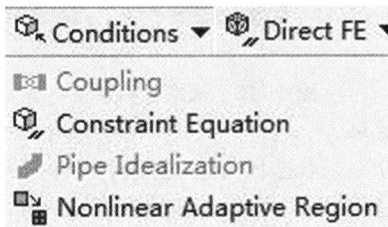

图 6-121 约束方程

（1）在细节窗口的 Definition→Constant Value 输入等式左端的数值，例如 16，如图 6-121所示。默认是 0。

（2）在 Worksheet 窗口的表格第一行右击鼠标，在快捷菜单选择 Add。

（3）在 Coefficient 输入系数 2，在 Remote Point 的下拉菜单选择已经建立的远端点 Remote Point 1，在 DOF Selection 的下拉菜单选择合适的自由度 X Displacement。

（4）类似于（2）和（3）。在快捷菜单中可以使用删除、修改。

（5）最终的表达式如图 6-121 所示。

注意：

（1）位移自由度的系数的单位为 1/长度单位，角度自由度的系数的单位为 1/角度单位。

（2）如图 6-121 所示，等式左端的常量前面有矩形框，单击后在矩形框中出现 P，即它可以作为设计参数。

（3）如果导航树中 Construction Equation 出现问号，可能是由于如下原因：Worksheet 窗口没有设置；没有定义远端点或者远端点被抑制；分析系统不支持约束方程；所选的自由度为非法（2D 还是 3D）。

6.8.3　Pipe Idealization

本节帮助路径：help/wb_sim/ds_pipe_idealization.html。

理想化管道是一种边界条件，用来模拟具有截面变形的管道。这常用于在载荷作用下的弯曲管道结构。它与网格相关，非常类似于网格控件。管道元件是由网格线或曲线形成的。

注意：

（1）只能在 3D 仿真的线体上。

（2）在导航树的分支 Model→Geometry，选择线体，在线体的细节窗口中，Definition→Model Type "模型类型"选项必须设置为 Pipe，即管道。

（3）所选的线体必须用高阶单元进行网格划分。这意味着 Mesh 对象的高级类别下的 Element Midside 节点选项必须设置为 Kept。否则求解程序报告一个错误。

（4）导航树的 Mesh 分支的细节窗口中，必须将 Advanced→Element Midside Nodes 元素中间节点设置为"Kept"；否则，解决程序将报告错误。

（5）Pipe Idealization 只能在如下分析中使用：Modal，Harmonic Response，Static Structural，Transient Structural。

6.8.4　Nonlinear Adaptive Region

本节帮助路径：help/wb_sim/ds_nonlinear_adaptive_region.html。

非线性自适应区域条件使用户可以在求解阶段改变网格，以提高精度，而不需要付出大量的计算代价。非线性自适应区域特征是完全自动的，在解决方案阶段不需要任何用户输入。它根据一定的标准充当一个 REMESH 控制器。细节窗口中的 Criterion 标准决定了网格是否需要修改，如果需要，哪些部分需要修改。此特性基于加载步长 Load Stepping，要求用户为分析定义许多子步，同时还允许用户在每个子步的基础上激活和/或禁用该功能。

Nonlinear Adaptive Region 可能对如下情况很有用：由于单元扭曲而遇到收敛困难或

精度问题的非线性问题。大变形问题最适合使用 Nonlinear Adaptive Region。该功能只能使用于 Static Structural Analyses 分析中。

非线性自适应区域条件需要以下设置。①必须将"Analysis Settings 分析设置"的"Solver Controls"类别中的"Large Deflection"属性设置为"ON"。②在 Analysis Settings→"Output Controls"的 Store Results At 必须设置为所有时间点 All Time Points。

由于此条件会导致解决方案过程中的网格更改,因此存在结果范围限制。①Scoping 只有 Body 是允许的。②结果不支持对元素选择进行。③网格重画后的穿透图可能显示曲线的不连续性。④不能传递变形的几何,不能传递变形后的网格。

细节窗口如图 6-122 和图 6-123 所示。

Scope	
Scoping Method	Geometry Selection
Geometry	1 Body
Definition	
Criterion	Energy
☐ Energy Coefficient	1
Check At	Equally Spaced Points
--- Value	1
Time Range	Entire Load Step
Suppressed	No

(a)

Scope	
Scoping Method	Geometry Selection
Geometry	1 Body
Definition	
Criterion	Box
Coordinate System	Global Coordinate System
Length X	0. mm
Length Y	0. mm
Length Z	0. mm
Check At	Specified Recurrence Rate
--- Value	1
Time Range	Entire Load Step
Suppressed	No

(b)

图 6-122　非线性分析的网格自适应细节窗口之一

Scope	
Scoping Method	Geometry Selection
Geometry	1 Body
Definition	
Criterion	Mesh
Option	Skewness
Skewness Value	.9
Check At	Specified Recurrence Rate
--- Value	1
Time Range	Manual
Start Time	0. s
End Time	1. s
Suppressed	No

图 6-123 非线性分析的网格自适应细节窗口之二

1. Criterion

有以下 3 种选项:

(1)Energy:如图 6-122(a)所示,用户选择 Criterion 为 Energy 后,下面出现 Energy Coefficient,用户输入能量系数值。能量系数必须是非负数。默认数值是 1。

(2)Box:如图 6-122(b)所示,Box 选项定义模型上的区域。用户选择 Criterion 为 Box 后,下方出现坐标系以及 3 个长度。坐标系的原点给出了 Box 的最小值,Length X,Y,Z 给出了 Box 的 3 个方向的长度。长度值必须是正数。

（3）Mesh：推荐使用 Mesh，如图 6-123 所示。

在 3D 分析中，Option 自动为网格元素定义一个偏斜值 Skewness。该值必须介于 0（等边）和 1（退化）之间。更大的值会减少发生网格重画的机会。默认值为 0.9。

在 2D 分析中，Option 自动指定 Maximum Corner Angle 网格元素的最大角。该值必须在 0°～180°之间。默认设置为 160°。

2. Check At

如图 6-122(a)(b)所示，有 2 种选项：Equally Spaced Points，Specified Recurrence Rate，即"等距点"或"指定的复发率"。

在下方输入 Value 属性。此值必须是整数。缺省整数值为 1。

3. Time Range

如图 6-122(b)和图 6-123 所示，有两个选项：Entire Load Step 和 Manual。

如果设定为手动，如图 6-123 所示，在下方的 Start Time 和 End Time 输入起始时间和结束时间值。起始时间值和结束时间值管理着可能重新网格化的范围。在此范围之外的某个时间不会发生重新网格化。

6.9　求　解　选　项

6.9.1　求解精度

本节帮助路径：help/wb_sim/ds_Convergence.html。

用户有两种方法来控制求解的相对精度。

一种方法是在求解之前对网格进行细化，方法见第 4 章。一般情况下，网格越细，得到的结果将变得更加精确，但是这将增加计算时间。

另一种方法是在求解过程中，根据用户选定的求解结果的收敛程度不断地自动网格细化。

如何得到精度与计算量的平衡呢？Workbench 中提供收敛性控制工具，它根据用户指定的精度等级去自适应细化。应用技巧：可以只对用户关心的某个体、面或线的结果设置收敛性控制。这样程序会细化这一局部的网格，而其他部分的网格保持不变。

这需要两方面的设置。一方面是对模型某个区域的结果的收敛进行设置，详情见 6.2.3 节"Options"。例如图 6-7 所示为选择等效应力，右击鼠标在快捷菜单中选择 Convergence，从而添加了分支 Convergence。另一方面是对网格细化进行设置，详情见第 6.9.2 节"Solution 细节窗口"。

6.9.2　Solution 细节窗口

本节帮助路径：help/wb_sim/ds_Solution_o_r.html。

Solution 的细节窗口如图 6-124 所示，主要对自适应网格细化进行设置。在自适应网格求解时，程序先在原先的网格上完成第一次求解结果。然后根据用户选定的结果（例如变形、应力）检查每个单元。如果某个单元的结果具有很高的 Zienkiewicz-Zhu 值，即出现了 ZZ 错误，那么下一次将对此单元进行细化。最后程序细化所有有问题的网格，再执行一次求解。由于网格细化过程中是将六面体为主的网格划分成四面体网格，建议最好一开始就使用四面体网格。

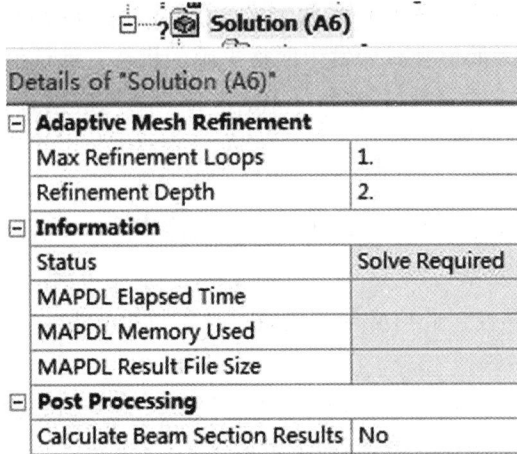

图 6-124　求解的细节窗口

（1）Max Refinement Loops：细化的最大循环次数。其默认的数值在 Tools→Option→Mechanical→Convergence 下进行修改。

（2）Refinement Depth：网格细化的深度，对于结构分析默认为 2，对于静态电磁分析默认为 0，用户可以输入 0～3 之间的数值，或者拖动滑动条。数值越大，能保证网格的更好的 transition，避免网格畸形，如图 6-125 所示。但是数值越大，需要的计算机资源越大，求解时间越长。

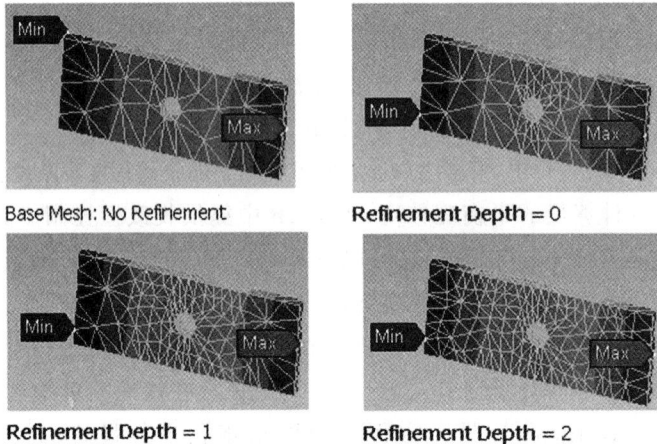

图 6-125　网格细化的深度

（3）Information：只读框。Status 的 Solve Required 表明在求解过程进行网格细化。

6.9.3　Solution Information 细节窗口

本节帮助路径：help/wb_sim/ds_Nonlinear.html，以及 help/wb_sim/ds_Solution_Information_o_r.html。

可以在求解之前，也可以求解结束后，设定求解结果对象。点击在标准工具条上的 Solve 按钮进行求解计算。

在求解过程中，用户可以使用 Solution Information 对求解过程进行跟踪、监测、或者诊断。

进行非线性分析可能会遇到收敛困难的问题,如有间隙的接触面产生刚体运动,过大的载荷步增量,材料不稳定或大变形产生网格畸变。为了处理这些问题可以使用求解信息工具 Solution Information 来查看,如输出力收敛,其响应如图 6-126 所示。

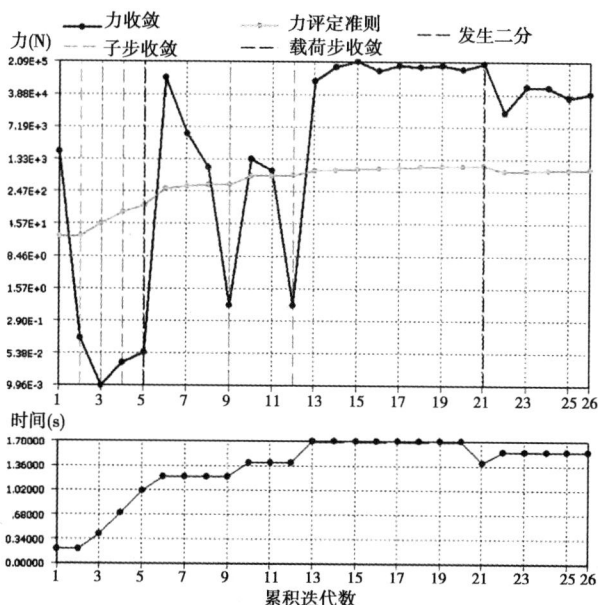

图 6-126　求解输出力收敛响应

模型有大量接触面或其他非线性,会导致求解过程中不收敛,可以显示牛顿-拉普逊残差云图 Newton-Raphson Residuals,出现高残差力的地方能提示问题所在。

在分析系统的导航树中,Solution 下面自动建立 Solution Information 分支。Solution Information 的细节窗口如图 6-127 所示,共有如下选项。

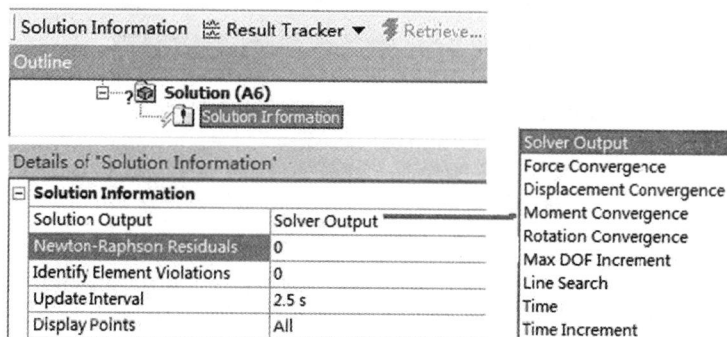

图 6-127　Solution Information 细节窗口之一

1. Solution Information

(1) Solution Output。用户希望求解过程中显示哪些选项的变化规律,在 Static Structural 仿真环境中可用的选项如图 6-127 所示:

Solver Output:默认选项,显示 TXT 格式的求解输出文件,以便于用户诊断选项的执行情况。

Force Convergence:力收敛响应曲线图(见图 6-126)。

Displacement Convergence:位移收敛曲线图。

Moment Convergence：力矩收敛曲线图。

Rotation Convergence：转角收敛曲线图。

Max DOF Increment：最大自由度(DOF)的变化量。

Line Search：线搜索。

Time：时间。

Time Increment：时间增量。

所有的选项随着求解进程而实时显示。除 Solver Output 外其他选项都会显示一个图形，记录迭代过程。以图 6-126 为例，在实线中，蓝色为力收敛(Force Convergence)，绿色为力评定准则(Force Criterion)。在虚线中，红色为二分发生点(Bisection Occurred)，绿色为子步收敛点(Substep Converged)，蓝色为载荷步收敛点(Load Step Converged)。

如果求解过程使用了很多子步、迭代，线条数量超过 1 000，那么 Substep Converged 和 Load Step Converged 这两条线不再显示。同样，图形也只显示线，不再显示代表子步、迭代位置的点。

横坐标，也就是数据显示频率，可以是时间步频率，也可以是物理时间频率。默认情况下，每 100 个时间步显示一次数据信息。

当残差进入到收敛准则(在 Analysis Settings 下的 Nonlinear Controls 设置)以下时，表示收敛。其中计算残差是所有单元内力的范数(一般是 2 范数)，只有当残差小于准则时，非线性迭代才算收敛。

(2)Newton-Raphson Residuals 残差。

只有在稳态结构分析和瞬态结构分析环境中出现非线性时，该选项才可用。

在点击 Solver 后，如果不收敛，或者在求解中途用户点击了 ANSYS Workbench Solution Status 对话框，如图 6-128 所示，即求解状态对话框的"Interrupt Solution"或者"Stop Solution"，自动在 Solution Information 下建立 Newton-Raphson Residuals 分支。

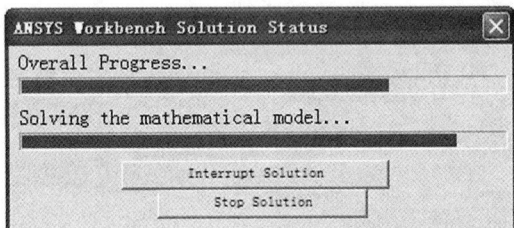

图 6-128　求解状态对话框

Newton-Raphson Residuals，即牛顿-拉普逊残差，图 6-127 中默认为 0，即不显示残差。如果输入整数 n，表示在求解不收敛时，显示最后 n 次迭代的 Newton-Raphson Residual Force，即牛顿-拉普逊力残差，并在图形工作区显示残差云图，如图 6-129 所示。在每个牛顿-拉普逊迭代过程中，都计算力残差。根据残差云图，用户可以找出模型中哪些地方不满足平衡迭代。如果结果出现发散，用户从云图辨别出哪些区域的牛顿-拉普逊力残差很大，就可以很直观地找出问题所在。

图 6-130 所示为在导航树选择某个力残差，对应的细节窗口，其中 Result 显示云图中的模型的最大、最小力残差。Convergence 中，Criterion 为收敛准则，Value 为当前的收敛值。Information 显示迭代过程的时间信息，包括模型加载时间、载荷步、子步、迭代次数。

图 6-129　残差云图

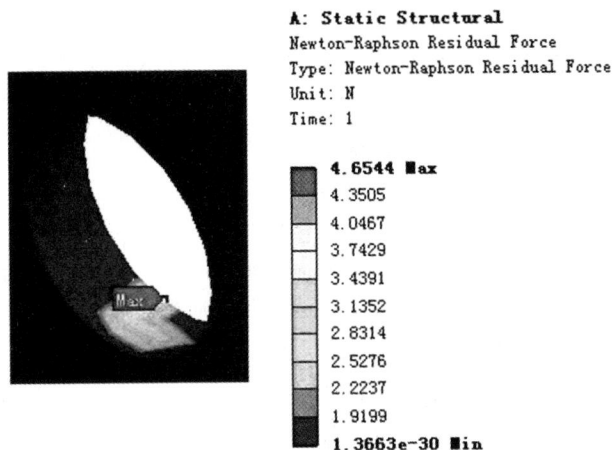

图 6-130　残差的细节窗口

（3）Identify Element Violations 单元与求解条件的冲突，只适用于非线性结构环境。

此属性是一种诊断工具，使用户能够识别和查看模型上的单元，这些单元在解决方案过程中未能满足特定的求解器条件。应用程序生成错误消息，并创建 Named Selection 放置在导航树的 Solution Information 下，在 Named Selection 中包含违反下列求解器条件的元素：

1）单元失真过大（HDST）。

2）在非线性分析中，这些单元的节点具有近零主元（PIVT）。一般是模型中出现了过约束（over constraint）或者是约束不够而导致 rigid mode。

3）塑性/蠕变的应变增量过大（EPPL/EPCR）。

4）这些单元不满足混合 U-P 约束（MXUP），只满足 18x 实体单元的混合 U-P 选项。

5）径向位移（Rdsp）不收敛。此属性的默认设置为 0（不返回任何冲突）。这个值可以设置为 n，其中 n 是大于 0 的整数值。此值定义了含失败元素的最后 n 个程序迭代。

（4）Update Interval 更新的时间间隔。在求解过程中，Solution Information 下用户添加的跟踪项目进行更新的时间间隔，默认是 2.5 s。

（5）Display Points 显示多少个点。Solution Output 设定的显示项目中，在 Worksheet 区域用图形显示时，显示多少个点。输入 0 表示显示所有点。

2. FE(Finite Element) Connection Visibility

在求解过程中,机械应用程序有时会为某些对象创建附加单元或约束方程(Constrain Equations,CE),例如远程边界条件、点焊、运动副 Joint、MPC 基接触,或者弱弹簧。为了更好地理解如何应用边界条件,Mechanical 应用程序允许用户在解决方案完成后"查看"这些连接。细节窗口如图 6-131 所示。

(1)Activate Visibility。是否在解决方案期间存储 FE Connections 数据。如果在存在许多约束方程的极端模型上,永远不需要 FE Connections 的可视化,或求解性能最大化,那么在求解该模型之前,可以通过将数值设置为 No 来取消该特性。注意,在多步分析的情况下,如果存在约束方程,将在第一个加载步就会报告约束方程。

(2)Display,有以下 5 种选项:

All FE Connectors:默认设置,显示所有的 FE Connectors。

CE Based:仅显示用于计算目的的概要节点或空心节点 outlined or hollow nodes。

Beam Based:显示 Beam。

Weak Springs:显示弱弹簧。

None:都不显示。这种控制对于将约束方程连接与梁连接分离尤其有用。

(3)Line Color:指定颜色以使用户能够区分连接。备选方案包括 2 种:

Connection Type(默认):显示一个颜色图例,用于约束方程连接,另一个颜色用于约束连接。

Manual:手动设置。如果 Line Color 行颜色设置为手动,则下方出现 Color 颜色。通过单击此字段,用户可以从调色板中选择颜色。

(4)Visible on Results。

在结果上可见:当设置为 Yes(默认)时,任何结果图都会显示有限元连接(基网格除外)。当设置为 No 时,只有在选择解决方案信息对象时才会显示连接。

(5)Line Thickness 线宽。线宽:根据 Single(默认)、Double 或 Triple,显示有限元连接线的厚度。

(6)Display Type 显示类型:允许用户将 FE 连接视为线(默认)或点。如果希望查看指定的命名选择的点,则属于命名选择的节点将显示为纯色。不属于命名选择的任何其他关联节点,仅以轮廓显示。

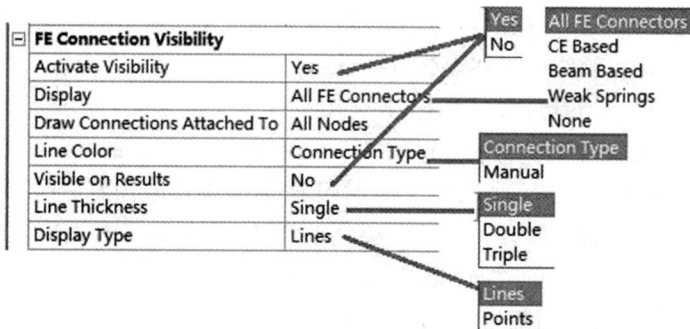

图 6-131　Solution Information 细节窗口之二

6.9.4　Result Tracker 工具条

本节帮助路径:help/wb_sim/ds_Result_Tracker.html,以及 help/wb_sim/ds_Result_Tracker_o_r.html。

结果跟踪 Result Tracker 工具用于监测位移和能量结果,该工具对处理由于结构失稳不稳定导致收敛困难特别有效。

Solution Information 工具条只有一项,即 Result Tracker 结果跟踪器(见图 6-132)。根据仿真环境的不同,结果跟踪器可分为三大类:Structural Result Trackers,Thermal Result Trackers,Explicit Dynamics Result Trackers。本章只介绍结构分析环境中可以用的结果跟踪器,分别是 Deformation,Contact,Kinetic Energy,Stiffness Energy 这 4 种。对于那些屈曲现象而导致失稳的情况,这种方法有助于找出可能的收敛困难之处。

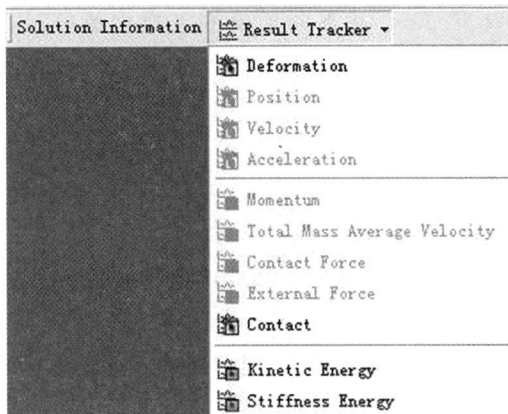

图 6-132　Result Tracker 工具条

1. Deformation 变形的结果跟踪器

如图 6-133(a)所示,显示某个点的变形。Geometry 只能选择模型的某个点,Orientation 可以选择某一坐标轴方向。

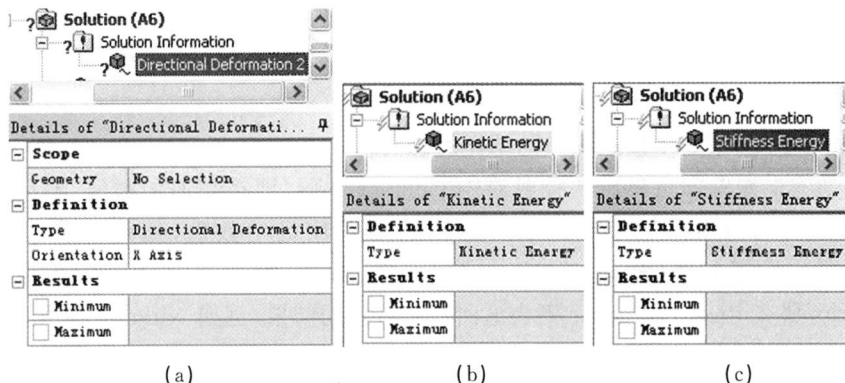

(a)　　　　　　　　　(b)　　　　　　　　　(c)

图 6-133　变形、动能、刚度的结果跟踪器

2. Kinetic Energy 动能的结果跟踪器

细节窗口如图 6-133(b)所示,在 Worksheet 用曲线显示动能随加载时间的变化规律。

3. Stiffness Energy 刚度的结果跟踪器

细节窗口如图 6-133(c)所示,在 Worksheet 用曲线显示刚度随加载时间的变化规律。

4. Contact 接触的结果跟踪器

接触跟踪器的细节窗口如图 6-134 所示。

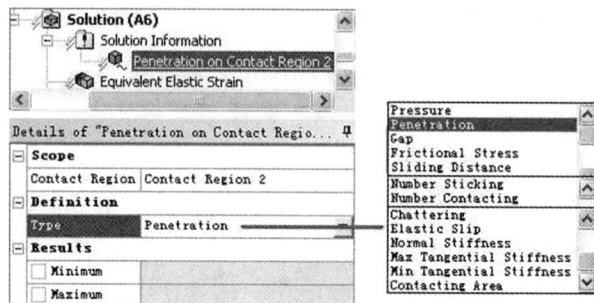

图 6-134　接触的结果跟踪器

（1）Scope——Contact Region：从下列菜单的已建立的接触区域中选择感兴趣的接触对。

（2）Definition——Type：从下列菜单选择接触对的某一种跟踪项目。

Pressure：最大压力。

Penetration：最大穿透深度。

Gap：最小间隙。用负值表示间隙，如果是零表示接触区域处于接触状态。如果接触区域属于远场接触，即接触面位于 Pinball 半径之外，那么间隙等于 Pinball 半径。

Frictional Stress：最大的摩擦应力。

Sliding Distance：最大的滑动距离。

Number Sticking：处于黏着状态的单元的数目。

Number Contacting：默认选项，处于接触状态的单元的数目。如果数值显示为 −1，表示接触对处于远场接触，即接触面位于 Pinball 半径之外。

Chattering：最大的颤振。

Elastic Slip：最大的弹性滑移。

Normal Stiffness：最大的法向刚度。

Max Tangential Stiffness：最大的切向刚度。

Min Tangential Stiffness：最小的切向刚度。

Contacting Area：处于接触状态的单元的总面积。

注意：所有的跟踪项目只反映接触对中 Contact 一侧，即接触面的数值，不反映 Target 一侧，即目标面的数值。如果想显示目标面的跟踪项目的数值，用户可将接触对设为 Asymmetric，并把接触面、目标面进行反转。如果由于各种原因，使用了 Auto Asymmetric，那么 Result Tracker 不会返回任何有用的结果，例如 Number Contacting 返回值为 −2。

6.9.5　Result Tracker 的其他功能

1. Worksheet 的曲线图的缩放

不论是 Solution Information 细节窗口中 Solution Output 选择的选项（见图 6-127），还是 Result Tracker 选择的某种结果跟踪项目，都在 Worksheet 下显示曲线。

如果多个 Result Tracker 对象的横坐标、纵坐标都一致，那么在导航树同时选择这些

Result Tracker 对象,就可以在一张曲线图上显示所有的对象。

使用 Alt 和鼠标左键可以缩放 Worksheet 的曲线图,按住鼠标左键并向右下移动将放大,按住鼠标左键并向左上移动将缩小。

使用标准工具条的 New Figure or Image 下面的 Image to File,可以抓图并保存为图形文件。

2. 重命名

在导航树选择某个或者某些 Result Tracker,右击鼠标在快捷菜单选择 Rename Based on Definition,程序将根据它们的属性自动更名。

3. 导出

在导航树选择某个或者某些 Result Tracker,右击鼠标在快捷菜单选择 Export,用户输入合适的名字,程序将把数据导出到 Excel 文件。

6.10　求解结果 Solution

本节帮助路径:help/wb_sim/ds_Context_Toolbar.html。

Solution 的工具条如图 6-135 所示,在后处理中可以得到多种不同的结果:例如各个方向变形或总变形、应力应变、接触工具、支反力等。每个结果的细节窗口都很相似,细节窗口中每一项的含义见第 6.10.1 节"变形 Deformation"和第 6.10.2 节"应变 Strain 和应力 Stress"。

结果通常是在计算前指定的,但是它们也可以在计算完成后指定。假如计算一个模态,则可以在计算完成后查询所要结果。点击按钮 Retrieve Results 结果会重新得到。假如某种结果的类型已经提前确定则不需要新的求解,比如总体变形提前设定,现在增加了方向上的变形,则只要更新结果就可以。

图形显示:所有的云图和矢量经常在变形的几何体中显示,改变结果的比例或者显示到想要的设置。具体内容见第 5 章。

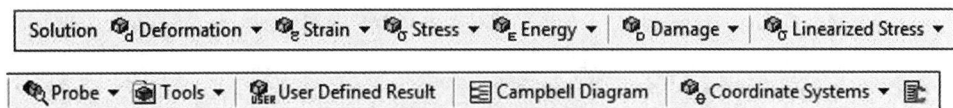

图 6-135　Solution 的工具条

6.10.1　变形 Deformation

本节帮助路径:help/wb_sim/ds_Deformation.html,以及 help/wb_sim/ds_structural_result_types.html。

变形的工具条下拉菜单如图 6-136 所示,在静态结构分析中只有前两项可以用。其他的速度、加速度在 Transient Structural,Rigid Dynamics,Random Vibration,Response Spectrum Analyses 等分析环境中可用。

变形结果对线、面和体都适用。变形结果仅仅和移动自由度有关,线和面的旋转自由度不能够直观地显示,但可以跟踪点的角度变化获得。

变形可以用于如下用途:①研究装配体或者零部件上所选区域的变形。②设置 Alert 对象,具体见第 5.4.11 节"报警器 Alert"。③控制精确度和收敛性,观察收敛结果。

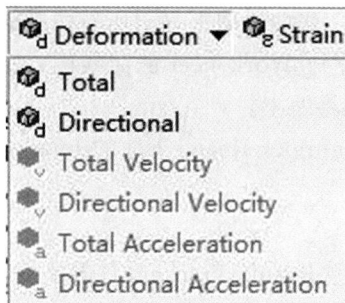

图 6-136　变形的种类

1. Total 总体变形

总体变形是一个标量,细节窗口与图 6-137 非常类似。计算公式如下:

$$U_{\text{total}} = \sqrt{U_x^2 + U_y^2 + U_z^2}$$

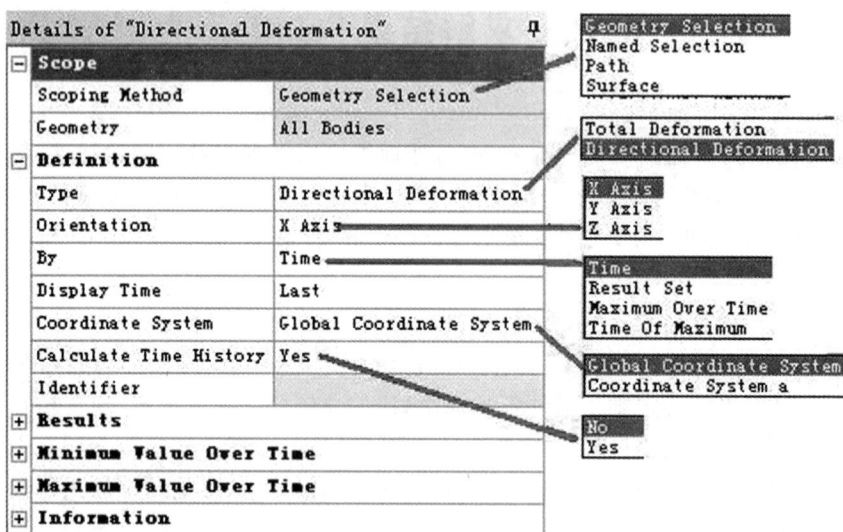

图 6-137　总变形和方向变形的细节窗口

2. Directional Deformation 方向变形

方向变形的细节窗口如图 6-137 所示。

(1)Type:类型,可以选择总体变形和方向变形。

(2)Orientation:可以在下拉菜单中选择 X,Y 和 Z 方向,从而得到对应方向的变形。

(3)By:横坐标。可选项如下:

Time:时间,下面的选项框变成 Display Time,如果输入 0 表示 Last,输入其他大于零的表示加载时间。

Result Set:结果集,下面的选项框变成 Set Number,用户可以输入正整数。

Maximum Over Time:整个时间段内的最大值,下面没有对应的选项框。云图的图例为变形。

Time Of Maximum:变形最大值所对应的时间,下面没有对应的选项框。云图的图例为加载时间。

(4)Coordinate System:坐标系。可以指定给定的整体或局部坐标系,如利用柱坐标系显示圆柱体在径向的变形。

（5）Calculate Time History：是否显示下面的 Minimum Value Over Time 和 Maximum Value Over Time。

（6）Results，Information 为只读项。

6.10.2　应变 Strain 和应力 Stress

本节帮助路径：help/wb_sim/ds_Stress_Strain. html。

应变 Strains 实际上是弹性应变，应力和（弹性）应变是张量，并且有 6 个分量，(x,y,z,xy,yz,xz)。AWB 的结构静力分析能够获得的应变和应力如图 6-138 所示。

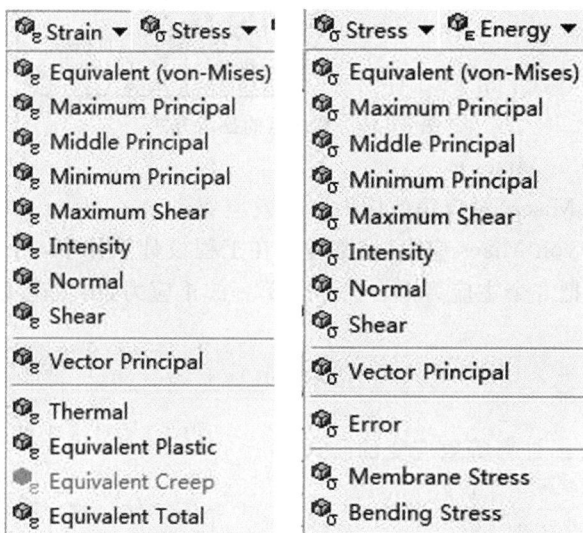

图 6-138　应变和应力的种类

在应力应变的细节窗口中，有很多共同选项，下面只介绍两种。

（1）在 Scope 设置项下，如果模型中有面体，那么出现 Scope→Shell 设置项，如图 6-139 所示。可选项有：

1）Top/Bottom：默认情况下同时显示面体的顶面的、地面的应力和应变。

2）Top：只显示顶面的应力、应变。

3）Middle(Membrane)：只显示中间应力应变（膜应力、膜应变）。

4）Bottom：只显示地面的应力和应变。

5）Bending：只显示弯曲应力、弯曲应变。

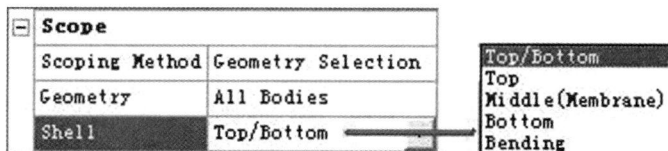

图 6-139　面体的 Scope 设置项

（2）Integration Point Results 节点结果的整合方式，如图 6-140 所示，下面的 Display Option 有多种选项：

1）Unaveraged：对节点结果不求平均值。

2）Averaged：对节点结果求平均值。

3）Nodal Difference：对节点结果求差分。

4）Nodal Fraction：对节点结果球百分数。

5）Elemental Difference：对单元结果求差分。

6）Elemental Fraction：对单元结果求百分数。

7）Elemental Mean：对单元结果求平均数。

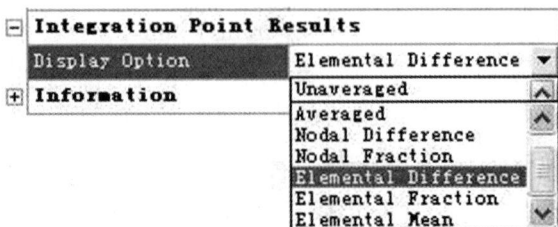

图 6-140　集成点的显示方式

1. Equivalent（von-Mises）

Equivalent（von-Mises）对应等效应力和等效应变。

等效应力也叫作 von-Mises 应力，经常运用在工程设计工作中，用来预测延展性材料是否到达屈服极限。它把 3 个主应力汇合为一个单一的正应力，由主应力 σ_1，σ_2，σ_3 计算等效应力的公式为

$$\sigma_e = \left[\frac{(\sigma_1 - \sigma_2)^2 + (\sigma_2 - \sigma_3)^2 + (\sigma_3 - \sigma_1)^2}{2} \right]^{1/2}$$

由主应变 ε_1，ε_2，ε_3 计算等效应变的公式为

$$\varepsilon_e = \frac{1}{1+\upsilon'} \left\{ \frac{1}{2} \left[(\varepsilon_1 - \varepsilon_2)^2 + (\varepsilon_2 - \varepsilon_3)^2 + (\varepsilon_3 - \varepsilon_1)^2 \right] \right\}^{1/2}$$

其中，υ' 为有效泊松比，弹性材料取其泊松比，塑性材料取 0.5。

2. Maximum，Middle and Minimum Principal

Maximum，Middle and Minimum Principal 对应最大应力（应变）、中间应力（应变）、最小应力（应变），也就是 3 个主应力 σ_1，σ_2，σ_3 和 3 个主应变 ε_1，ε_2，ε_3，并且

$$\sigma_1 \geqslant \sigma_2 \geqslant \sigma_3 , \quad \varepsilon_1 \geqslant \varepsilon_2 \geqslant \varepsilon_3$$

3. Maximum Shear

最大切向应力为 $\tau_{max} = \dfrac{\sigma_1 - \sigma_3}{2}$

最大切向应变为 $\gamma_{max} = \varepsilon_1 - \varepsilon_3$

4. Intensity

应力强度定义为 $\sigma_I = MAX(|\sigma_1 - \sigma_2|, |\sigma_2 - \sigma_3|, |\sigma_3 - \sigma_1|)$，也可以表达为 $\sigma_I = 2\tau_{max}$。

应变强度定义为 $\varepsilon_I = MAX(|\varepsilon_1 - \varepsilon_2|, |\varepsilon_2 - \varepsilon_3|, |\varepsilon_3 - \varepsilon_1|)$，也可以表达为 $\varepsilon_I = \gamma_{max}$。

5. Normal

法向应力和法向应变，分别都有 3 个分量 Normal(x,y,z)。

6. Shear

切向应力和切向应变，分别都有 3 个分量 Shear(xy,yz,xz)。

7. Vector Principal

在图形窗口的三维几何模型上，用向量形式显示每个单元的主应力（或者主弹性应变）

的相对大小和方向,正值方向向外,负值方向向内。

向量式主应力(应变)有助于观察在加载情况下,实体中每个单元的最大法向应力(应变)。例如,最大主应力的轨迹就显示了载荷如何在实体中传递的路径。

在导航树选择 Vector Principal,右击鼠标点击快捷菜单的 Export,可以将数据导出的 Excel 文件。包含 7 列,前 4 列分别是单元号、最大主应力(应变)、中间主应力(应变)、最小主应力(应变)。后 3 列对应 3 个主应力(应变)的欧拉角,3 个欧拉角可以用于生成坐标系的 X,Y,Z 轴,对应于 3 个主应力的方向。

由于 Vector Principal 用向量方式显示,点击 Result 工具条的 Graphics,用户可以使用弹出的 Vector Display 工具条,具体见第 5.4.7 节"结果工具条"。

8. Thermal Strain

具体见第 10 章。

9. Equivalent Plastic Strain

等效塑性应变在模型上用云图显示塑性应变,或者叫永久应变的数值。如图 6-141 所示为材料的比例极限(弹性极限)、屈服极限、塑性应变。

在 Equivalent Plastic Strain 使用之前,用户应该在 Engineering Data 中定义材料的塑性属性,位置在 Toolbox→Plasticity 下。

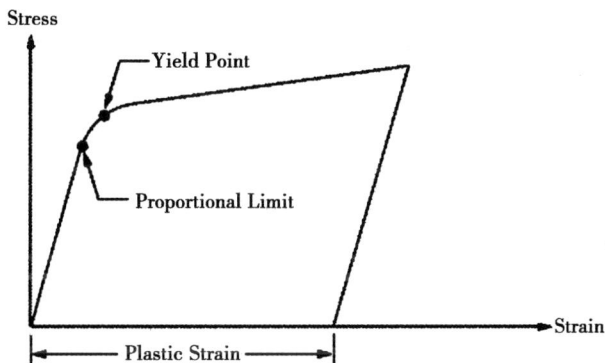

图 6-141　塑性应变

10. Equivalent Creep Strain

固体材料在保持应力不变的条件下,应变随时间延长而增加,这种变形称为蠕变。它与塑性变形不同,塑性变形通常在应力超过弹性极限之后才出现,而蠕变只要应力的作用时间相当长,它在应力小于弹性极限时也能出现。Equivalent Creep Strain 用来计算模型的蠕变应变大小。

在 Equivalent Creep Strain 使用之前,用户应该在 Engineering Data 中定义材料的蠕变属性,位置在 Toolbox→Creep 下。

11. Equivalent Total Strain

等效全应变用于计算 Mechanical 分析环境中模型的全部应变的总和。它的每个分量等于弹性应变、塑性应变、蠕变应变三者对应分量之和。此功能只有在 Mechanical 环境中可用,而且存在 3 种应变之一时才能在后处理时使用。

12. Error (Structural) for Stress

如图 6-142 所示为 Error 云图,是根据单元应力而得到的。从 Error 云图,可以看出模型中哪个区域需要网格细化,从而得到更精确的结果。

注意:①本功能只能用于装配体或者实体,不能用于面体、线体和点。②Error 是根据线性应力得到的,如果是非线性分析可能会不够精确。③Error 功能只能用于各向同性材料。

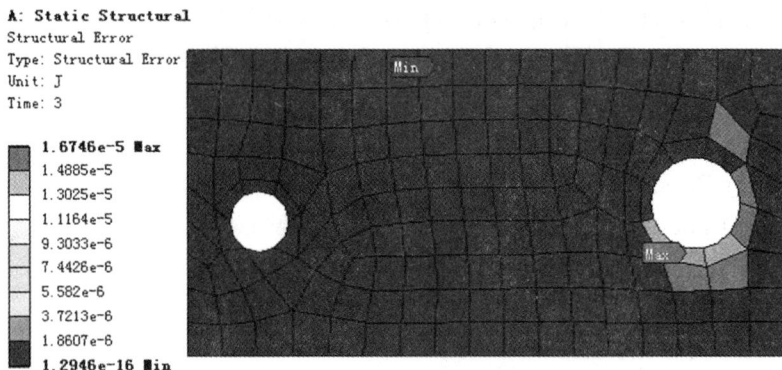

图 6-142 Error 的例子

6.10.3 能量 Energy

本节帮助路径:help/wb_sim/ds_stabil_energy. html,以及 help/wb_sim/ds_Strain_Energy. html。

选择导航树 Solution 分支,在 Solution 工具条选择 Energy,下拉菜单有两个选项,如图 6-143 所示,分别是稳态能量和应变能量。细节窗口的选项与前面的 Deformation,Strain,Stress 等类似。

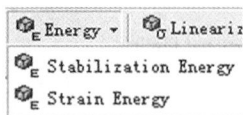

图 6-143 能量工具条

1. Stabilization Energy

Stabilization Energy 稳态能量用云图显示每个单元的能量大小,单位为 J。

ANSYS 自动报告稳态力的绝对值,并把它和内部力的绝对值进行比较,以决定收敛问题是否达到稳态。但是还需要同时再检测稳态能量,看稳态能量是否太大。如果稳态能量远远小于势能(例如 1%),那么认为此结果是准确的。

有些情况下,如果稳态能量比较大,用户可以检测所有子步中每个自由度的稳态力,如果稳态力远远小于加载力和反应力,例如 0.5%,那么计算结果仍然是准确的。这种情况常见于对一个弹性系统先加载,然后再卸载。最终有可能单元的势能较小,而且所有的稳态力较小,但稳态能量相对较大。注意,通常情况下,所有的稳态力都保存在 *.OUT 文件中。

即使稳态能量和稳态力都比较大,计算结果也可能是准确的。例如,大部分的弹性结果经历了刚体位移(例如突弹跳变),此时稳态能量比较大,而且在一些子步中某些自由度的稳态力也比较大,但是计算结果仍然是准确的。

2. Strain Energy

物体变形过程中储存在物体内部的能量,这部分能量称为应变能 Strain Energy。应变能与弹性势能的区别:弹性势能只包括可还原的形变;而应变能包括不可还原的形变所储存的能量,也包括弹性势能。

Strain Energy 应变能是根据实体的应力、应变计算得到的。它用云图显示每个单元的应变能的大小,单位为 J。

6.10.4　损伤 Damage

本节帮助路径:help/wb_sim/ds_dmg_results.html。

使用非线性材料模型时,Mechanical 支持许多损伤结果,包括 Mullins Effect(超弹性材料的马林斯效应),渐进损伤和物理破坏准则。

6.10.5　线性应力 Linearized Stress

本节帮助路径:help/wb_sim/ds_linearized_stresses.html。

在 Mechanical 应用程序中,使用 Linearized Stress 线性应力功能,可以沿着一条直线路径来显示各种应力,工具条如图 6-144 所示,每一项的含义见第 6.10.2 节"应变 Strain 和应力 Stress"。

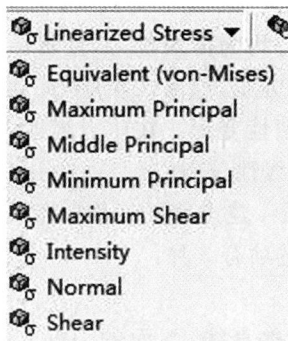

图 6-144　线性应力的工具条

1. 路径 Path

关于建立路径的方法,请参见第 6.3.1 节"Construction Geometry"的内容。请注意:

(1)路径必须是直线而且都位于模型的单元内。

(2)线性应力使用的路径,Type 只能用"Two Points"以及"X Axis Intersection",不能用"Edge"方法。

(3)推荐使用"X Axis Intersection"方式。

(4)如果使用"Two Points"方式,当几何表面是曲面时,一定把 Construction Geometry 的细节窗口中 Show Mesh 设为 Yes,并且 Path 的快捷菜单中选择 Snap to Mesh Nodes。

(5)Number of Sampling Points 至少有 47 个样本点,并且只能是奇数。否则无法求解结果,且会弹出出错信息。

2. 线性应力的细节窗口

线性应力的细节窗口如图 6-145 所示,主要介绍如下几个选项,其他见前面的 Deformation,Strain,Stress 等。

(1)Subtype,在 Graph 窗口和 Tabular Data 窗口显示哪些应力,有如下 6 种选项。选定其中一项后,在导航树选择线性应力,右击鼠标在快捷菜单选择 Evaluate All Results。计算结束后,在屏幕右下角的 Graph 窗口显示沿路径的应力变化曲线,并在 Tabular Data 窗口显示对应的数据。

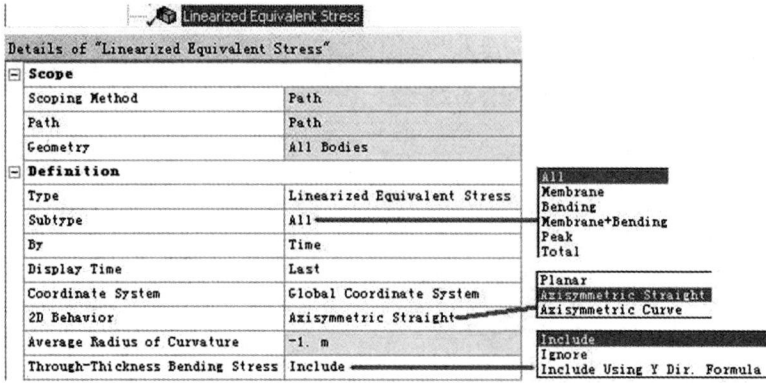

图 6-145　线性应力的细节窗口

All：所有应力。Membrane：薄膜应力。Bending：弯曲应力。Membrane ＋ Bending：薄膜应力和弯曲应力。Peak：应力峰值。Total：总应力。

注意：薄膜应力沿截面厚度均匀分布的应力成分，它等于沿所考虑截面厚度的应力平均值。由无力矩理论求解的壳体应力均为薄膜应力，且属一次薄膜应力。根据有力矩理论计算，不连续应力中也含有薄膜应力分量，但属二次应力。由于薄膜应力存在于整个壁厚，一旦发生屈服就会出现整个壁厚的塑性变形。在压力容器中，其危害性大于同等数值的弯曲应力（弯曲应力沿壁厚呈线性或非线性分布）。

（2）Coordinate System 坐标系。建议使用直角坐标系，例如全局直角坐标系。

（3）2D Behavior 平面行为的选项有 3 种：

Planar：平面的。

Axisymmetric Straight：轴对称直线，下面的 Average Radius of Curvature 自动设为－1，表示平均曲率半径为无穷大。

Axisymmetric Curve：轴对称曲线。

（4）Average Radius of Curvature：平均曲率半径。当 2D Behavior 的选择为后面两项时才出现此项。Average Radius of Curvature 后面的文本框中输入数值。平均曲率半径是指轴对称部分内部和外部表面在 XY 平面的平均曲率半径。

如果 Average Radius of Curvature 为－1，表示平均曲率半径为无穷大。

如果 Average Radius of Curvature 大于零，Mechanical 在局部坐标系下显示线性应力，其中 SX 沿着路径，SY 垂直于路径，SZ 为圆周方向。在这种情况下，本细节窗口中前面的 Coordinate System 选项不起作用。

如果 Average Radius of Curvature 为零，Mechanical 在当前激活的结果坐标系下显示出线性应力。

（5）Through-Thickness Bending Stress 沿厚度的弯曲应力。当 2D Behavior 的选择为后面两项时才出现此项。有如下 3 种选项：

Include：包含厚度方向的弯曲应力。

Ignore：不包含厚度方向的弯曲应力。

Include Using Y Dir, Formula：包含厚度方向的弯曲应力，并且使用与 Y 方向（轴向）弯曲应力相同的公式计算厚度方向的弯曲应力。同时也用相同的公式计算切向应力。

3. 求解后的细节窗口

求解后细节窗口中，除了图 6-145 所示的 Scope，Definition 外，还在 Results、Information 中有结果信息。以线性最大主应力为例，细节窗口的 Results 如图 6-146 所示。其中 Inside 为路径的起点，Outside 为路径的终点，Center 为路径的中点。

选中导航树的某种线性应力，再点击基本工具条的 Worksheet，显示出更详细的应力，以线性最大主应力为例(见图 6-147)。

Linearized Maximum Principal Stress

Details of "Linearized Maximum Principal...

Scope	
Definition	
Results	
Membrane	24930 Pa
Bending (Inside)	48713 Pa
Bending (Outside)	4183. Pa
Membrane+Bending (Inside)	68796 Pa
Membrane+Bending (Center)	24930 Pa
Membrane+Bending (Outside)	11663 Pa
Peak (Inside)	2112.1 Pa
Peak (Center)	64503 Pa
Peak (Outside)	32796 Pa
Total (Inside)	1133.1 Pa
Total (Center)	88509 Pa
Total (Outside)	11826 Pa
Information	
Time	3. s
Load Step	3
Substep	1
Iteration Number	18

图 6-146 细节窗口的 Results

Worksheet

Linearized Maximum Principal Stress

Stress Units: Pa

Subtype	SX	SY	SZ	SXY	SYZ	SXZ	S1	S2	S3	SINT	SEQV
Membrane	442.9	22183	-226.91	-1619.8	8156.4	111.71	24930	460.33	-2991.3	27921	26365
Bending (Inside)	-813.83	45918	-763.68	8548.9	-8181.4	598.95	48713	-189.28	-4183.	52896	51017
Bending (Outside)	813.83	-45918	763.68	-8548.9	8181.4	-598.95	4183.	189.28	-48713	52896	51017
Membrane+Bending (Inside)	-370.93	68101	-990.59	6929.1	-24.995	710.66	68796	-317.26	-1738.4	70534	69834
Membrane+Bending (Center)	442.9	22183	-226.91	-1619.8	8156.4	111.71	24930	460.33	-2991.3	27921	26365
Membrane+Bending (Outside)	1256.7	-23736	536.77	-10169	16338	-487.24	11663	600.2	-34205	45868	41459
Peak (Inside)	-1202.9	-67649	1509.8	-8100.2	-505.64	-1251.	2112.1	-825.93	-68628	70740	69318
Peak (Center)	2334.2	63807	657.25	-2560.5	6219.9	1910.2	64503	3559.5	-1264.8	65768	63494
Peak (Outside)	3826.1	26703	-1216.1	2440.4	-14299	2163.8	32796	4493.2	-7975.8	40771	36186
Total (Inside)	-1573.8	452.31	519.22	-1171.1	-530.64	-540.29	1133.1	555.52	-2291.	3424.1	3174.9
Total (Center)	2777.1	85989	430.34	-4180.3	14376	2021.9	88509	3843.2	-3155.3	91664	88373
Total (Outside)	5082.8	2967.5	-679.31	-7728.3	2039.1	1676.6	11826	831.6	-5286.6	17113	15019

图 6-147 Worksheet 窗口中的线性应力

6.10.6 探针 Probe

本节帮助路径：help/wb_sim/ds_probes_structural.html。

Probe 工具允许用户观察特定位置的结果，并找出体、面、线、点上的最大结果值和最小结果值。细节窗口中：

(1)Display Time 还可以设置时间点。

(2)Location Method 可限定于几何模型，局部坐标系或使用远程点来指定。

(3)Orientation 指结果的方向，可以以整体或局部坐标系指定。

(4)Definition 下面的选项，有时候是 Geometry(几何体)，或者 Location(位置)，或者 Boundary Condition(边界条件)，这取决于 Probe，详细情况见表 6-11。

结构分析环境中可以用的 Probe 见表 6-11。

表 6-11 结果分析环境中 Probe 的细节窗口

探针类型	哪些分析环境中可以使用	细节窗口中的选项
Deformation 变形	Static Structural, Transient Structural, Rigid Dynamics, Explicit Dynamics	实体类型：弹性体和刚性体； Geometry：实体（如果是刚性体，只能是单体部件，不能是多体部件（multiple bodies）；面；线；点； Orientation：任何坐标系，默认为全局直角坐标系
Strain 应变	Static Structural, Transient Structural, Explicit Dynamic	实体类型：弹性体和刚性体； Geometry：实体；面；线；点； Orientation：任何坐标系，默认为全局直角坐标系
Stress 应力	Static Structural, Transient Structural, Explicit Dynamic	实体类型：弹性体和刚性体； Geometry：实体；面；线；点； Orientation：任何坐标系，默认为全局直角坐标系
Position 位置	Static Structural, Transient Structural, Rigid Dynamics, Explicit Dynamic	实体类型：只有刚性体； Geometry：实体； Orientation：任何坐标系，默认为全局直角坐标系
Velocity 速度	Transient Structural, Rigid Dynamics, Explicit Dynamics	实体类型：弹性体和刚性体； Geometry：实体（如果是刚性体，只能是单体部件，不能是多体部件（multiple bodies）；面；线；点； Orientation：任何坐标系，默认为全局直角坐标系
Acceleration 加速度	Transient Structural, Rigid Dynamics, Explicit Dynamics	实体类型：弹性体和刚性体； Geometry：实体（如果是刚性体，只能是单体部件，不能是多体部件（multiple bodies）；面；线；点； Orientation：任何坐标系，默认为全局直角坐标系
Angular Velocity 角速度	Transient Structural, Rigid Dynamics	实体类型：只有刚性体； Geometry：实体； Orientation：任何坐标系，默认为全局直角坐标系
Angular Acceleration 角加速度	Transient Structural, Rigid Dynamics	实体类型：只有刚性体； Geometry：实体； Orientation：任何坐标系，默认为全局直角坐标系
Energy 能量	Static Structural, Transient Structural, Rigid Dynamics	实体类型：弹性体和刚性体； Result Selection：All 所有能量，Kinetic 动能，Strain 应变能量
Force Reaction 反作用力	Static Structural, Transient Structural	实体类型：弹性体和刚性体 范围：边界条件，接触区域 Orientation：任何坐标系，默认为全局直角坐标系
Moment Reaction 反作用力矩	Static Structural, Transient Structural	实体类型：只有弹性体； 范围：边界条件，接触区域； Orientation：任何坐标系，默认为全局直角坐标系 Summation Point：求和点

续表

探针类型	哪些分析环境中可以使用	细节窗口中的选项
Joint 运动副	Transient Structural, Rigid Dynamics	可以施加于:只有运动副; Orientation:只有运动副参考系; Summation point:求和点,一般位于运动副求力矩
Spring 弹簧	Static Structural, Transient Structural, Rigid Dynamics	可以施加于:只有弹簧; Orientation:只有弹簧的轴线方向
Beam 梁	Static Structural, Transient Structural, Rigid Dynamic	边界条件:所选择的梁
Bolt Pretension 预紧螺栓	Static Structural, Transient Structural	可以施加于:边界条件(螺栓预紧力位于 Y 向); Orientation:任何坐标系,默认为全局直角坐标系
Generalized Plane Strain 通用平面应变	2D:Static Structural, Transient Structural	Orientation:任何坐标系,默认为全局直角坐标系
Response PSD	Random Vibration	可以施加于:只有弹性体; 范围:位置和点; Orientation:任何坐标系,默认为全局直角坐标系

1. Deformation Probe 细节窗口

Deformation Probe 的细节窗口中,Location Method 是指确定位置的方法,有 3 种选项:

(1)Geometry Selection:选择某个几何体(见图 6-148(a)),其中 Orientation(坐标系方向)可以用全局坐标系,也可以基于某个实体建立局部坐标系。

(2)Coordinate System:选择某个坐标系位置(见图 6-148(b))。其中 Orientation(坐标系方向)、Location(坐标系原点)这两个选项,可以用全局坐标系,也可以基于某个实体建立局部坐标系。

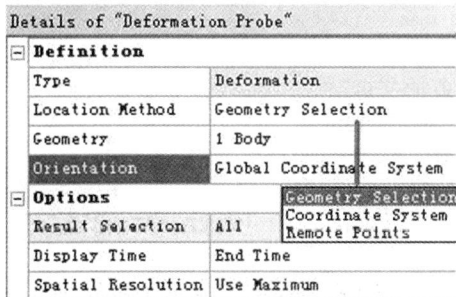

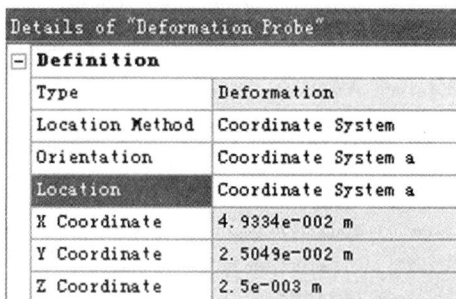

(a)　　　　　　　　　　　　　　　(b)

图 6-148　Deformation Probe 细节窗口

(3)Remote Points。选择远端点,需要预先定义远端点。

2. Strain Probe 细节窗口

Strain Probe 的 Orientation 表示坐标系方向,有 3 种选项,如图 6-149 所示。其中 Solution Coordinate System 为结果坐标系。

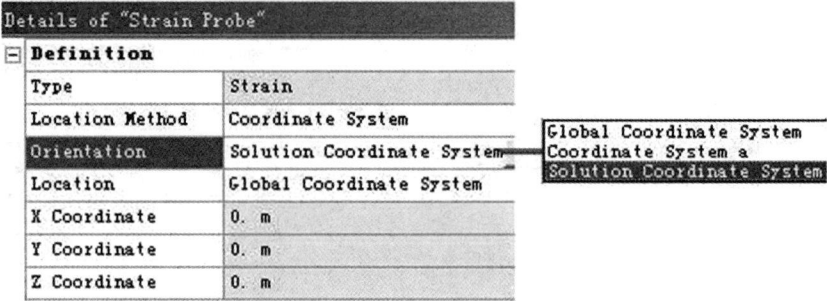

图 6-149　Strain Probe 细节窗口

3. 支反力 Force Reaction 和支反力矩 Moment Reaction

对于任何一个边界条件,包括约束、连接关系如接触、关节、弹簧、梁等,计算完成后都可以显示支反力 Force Reaction 和支反力矩 Moment Reaction。x,y 和 z 分量是关于总体坐标系的。力矩是对于边界的质心而言的,假如用到弱弹簧的支反力的话,在计算完成后,其值应该足够小以保证弱弹簧的影响是可以忽略的。

如一个约束与另外一个约束共用一个顶点、一条边或者一个面、接触对或载荷,则支反力的显示将不正确,这是由于公共部分的网格划分将会产生多重支撑或者载荷施加到相同的节点上,计算结果将是有效的,但是由于这个原因,其值就不正确了。

4. Joint 运动副

Result Type 的选项见图 6-150,解释如下:

Total Force:所有的力。

Constraint Force:约束力。

Total Moment:所有的力矩。

Constraint Moment:约束力矩。

Elastic Moment:弹性力矩。

Damping Moment:阻尼力矩。

Relative Rotation:相对旋转的角度。

Relative Angular Velocity:相对旋转的角速度。

Relative Angular Acceleration:相对旋转的角加速度。

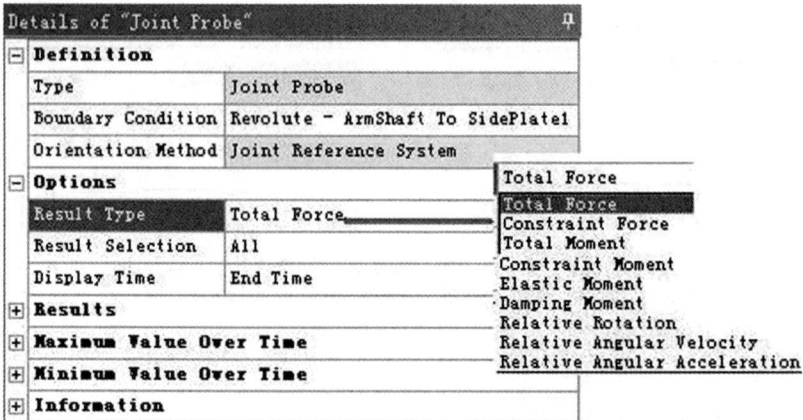

图 6-150　Joint Probe 运动副的细节窗口

5. Spring 弹簧

Spring Probe 的细节窗口如图 6-151(a)所示。Result Selection 有 5 个选项：

All：所有选项。

Force：也就是 Elastic Force 弹性力，计算公式为弹簧刚度×拉伸长度，力的方向沿着弹簧拉伸方向。

Elongation：拉伸长度，也就是弹簧起点、终点相对位置的变化量。拉伸长度可以是正值（拉伸弹簧），也可以是负值（压缩弹簧）。

Velocity：速度是指弹簧拉伸（或者压缩）的速率。只有在 Transient Structural 和 Rigid Dynamics 两种分析环境中计算速度。

Damping Force：阻尼力，阻碍运动。它的计算公式为 Damping Factor×Velocity，即阻尼系数×速度。

6. Beam 梁

Beam Probe 提供梁的力和力矩。Beam Probe 的细节窗口如图 6-151(b)所示。Result Selection 有 7 个选项：

All：显示所有的选项。

Axial Force：轴向力。

Torque：扭矩。

Shear Force At I：I 方向的剪切应力。

Shear Force At J：J 方向的剪切应力。

Moment At I：I 方向的力矩。

Moment At J：J 方向的力矩。

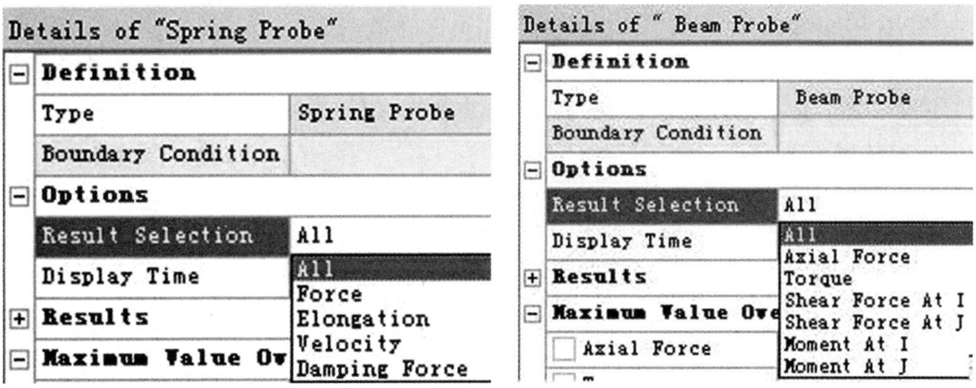

(a)　　　　　　　　　　(b)

图 6-151　Spring Probe 和 Beam Probe 的细节窗口

6.10.7　应力工具 Stress Tool

本节帮助路径：help/wb_sim/ds_Stress_Tools.html。

1. 应力工具的工具条

应力工具的工具条如图 6-152 和图 6-153 所示，共有 3 种工具。如果用户想插入应力工具，例如插入等效应力的安全系数，可以选择 Insert→Stress Tool→Safety Factor。

图 6-152　应力工具的细节窗口

图 6-153　应力工具

Safety Factor,Safety Margin,Stress Ratio 3 个工具很类似,都是用云图显示每个单元的安全系数、安全裕度、应力比。细节窗口的选项见 6.10.1"变形 Deformation"和 6.10.2 "应变 Strain 和应力 Stress"。

2. 应力工具 Stress Tool 的细节窗口

图 6-152 所示为应力工具 Stress Tool 的细节窗口。

(1)Theory 强度理论。在应力工具 Stress Tool 的细节窗口中,Theory 有 4 种选项,对应 4 种强度理论。

1)Maximum Tensile Stress Safety Tool,最大拉应力理论,即第一强度理论,指无论材料处于什么应力状态,只要最大拉应力达到极限值,材料发生脆性断裂。该理论适用于脆性材料的拉、扭,脆性或塑性材料的三向拉伸,铸铁的二向拉扭或拉压。

考虑安全系数可以表示为

$$\sigma_1 \leqslant [\sigma_b]/n$$

2)Mohr-Coulomb Stress Safety Tool,莫尔强度理论,即第二强度理论,是以各种状态下的材料的破坏试验结果为依据建立起来的有一定经验性的理论。该理论考虑材料拉压强度不等的情况,可以用于铸铁等脆性材料,也可用于塑性材料,当材料拉压强度相同时,等效于最大剪应力理论。

3)Maximum Shear Stress Safety Tool,最大剪应力理论,即第三强度理论,指无论材料处于什么应力状态,只要最大剪应力达到极限值,材料就会发生屈服破坏。该理论适用于塑性材料屈服破坏及一般材料三向受压。

强度条件:

$$\sigma_1 - \sigma_3 \leqslant [\sigma_s]/n$$

σ_1-σ_3 称为应力强度 SINT,其缺点是没有考虑中间主应力 σ_2 对材料屈服的影响。

4)Maximum Equivalent Stress Safety Tool,形状改变比能理论(最大等效应力),即第四强度理论,指无论材料处于什么应力状态,只要形状改变比能达到极限值,材料发生屈服破坏。该理论适用于塑性材料屈服破坏,以及塑性和脆性材料三向受压应力状态。

(2)Stress Limit Type 或者 Tensile Limit Type。在应力工具 Stress Tool 的细节窗口中,Stress Limit Type 或者 Tensile Limit Type 有 3 种选项,对应 3 种拉伸应力极限类型。

Tensile Yield Per Material:对应每种材料都使用拉伸屈服强度。

Tensile Ultimate Per Material:对应每种材料都使用拉伸强度极限。

Custom Value:固定值。

3. Safe Factor,Safe Margin,Safe Ratio 的细节窗口

三者的细节窗口类似,如图 6-154 所示。

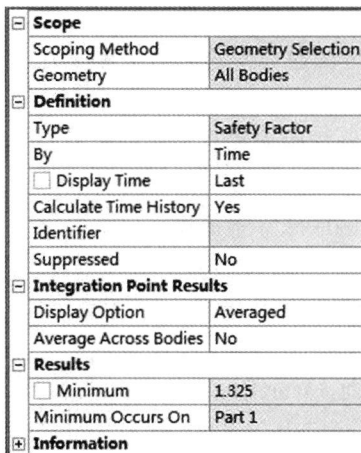

Scope	
Scoping Method	Geometry Selection
Geometry	All Bodies
Definition	
Type	Safety Factor
By	Time
☐ Display Time	Last
Calculate Time History	Yes
Identifier	
Suppressed	No
Integration Point Results	
Display Option	Averaged
Average Across Bodies	No
Results	
☐ Minimum	1.325
Minimum Occurs On	Part 1
⊞ **Information**	

图 6-154　某种应力工具的细节窗口

6.10.8　接触工具 Contact Tool

本节帮助路径:help/wb_sim/ds_Contact_Tool.html,help/wb_sim/ds_Contact_Results.html。

Contact Tool 显示有接触单元的实体或者表面接触结果,有如下注意事项:

(1)ANSYS 13.0 中接触单元利用的是接触面和目标面的概念,只有接触面的单元可以显示接触结果。但是以 MPC 为基础的接触,任何接触的目标面以及以边为基础的接触都不显示结果,并且线不能显示任何接触结果。

(2)如果使用不对称和自动不对称,只有接触面上有结果而目标面上结果为零。

(3)如果使用对称接触,接触面和对称面上都会有结果。比如接触压力,真实的接触压力为接触和目标面上的平均值。

在接触工具条中,仿真初始时刻也会用到 Penetration,Gap,Status,Initial Information 功能,详细情况见第 6.4.3 节"接触工具条之初始接触结果"。

仿真结束后会用到 Frictional Stress,Pressure,Sliding Distance,Penetration,Gap,Status 功能。导航树选择 Solution,对应 Contact Tool 工具条如图 6-155 所示,此工具条针对接触的仿真结果。细节窗口的选项见第 6.10.1 节"变形 Deformation"和第 6.10.2 节"应变 Strain 和应力 Stress"。

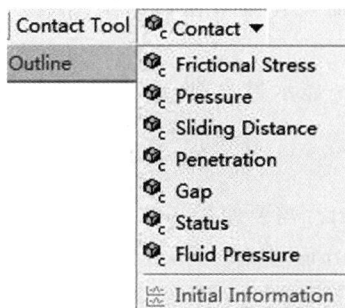

Contact Tool	Contact ▼
Outline	Frictional Stress
	Pressure
	Sliding Distance
	Penetration
	Gap
	Status
	Fluid Pressure
	Initial Information

图 6-155　选中 Solution 时接触工具的工具条

1. Frictional Stress

Frictional Stress 用云图显示接触区域的单元由于摩擦力引起的切向接触应力。

2. Pressure

Pressure 用云图显示接触区域的单元的法向接触压力。

3. Sliding Distance

Sliding Distance 用云图显示接触面相对滑移的距离。

4. Penetration

Penetration 用云图显示接触区域穿透深度。

5. Gap

Gap 用云图显示接触区域在 pinball 半径内的缝隙大小。

6. Status

Status 提供是否接触的信息:Over Constrained 表示过约束,Far 表示在 pinball 影响球区外,Near 表示在 pinball 影响球区内,Sliding 表示有相对滑移,Sticking 表示黏结在一起。

7. Fluid Pressure

流体渗透压力仅用于 face-face 接触。请注意,要应用加载来创建此结果,需要输入命令片段。有关更多信息,请参见 Applying Fluid Pressure — Penetration Loads in the Mechanical APDL Contact Technology Guide。参考路径见"help/ans_ctec/ctecfluidpress.html"。

6.10.9 用户自定义结果 User Defined Result

本节帮助路径:help/wb_sim/ds_user_defined. html。

1. 概述

除了标准结果,用户可以插入自定义结果。所有的分析类型和求解器都可以使用 User Defined Result。

为了显示所有的结果,用户可以在导航树选择 Solution,然后单击基本工具条的 Worksheet,所有的结果,包括用户自定义结果,都会显示在 Solution 的 Worksheet 窗口中。

自定义结果包含数学表达式和多个结果的组合。可以把维数一致的任意结果类型组合在一起,如果维数不一致就不能组合。例如:位移向量是三维的,应力向量是 6 维的,两者不能相加。

与其他结果类型相比,用户自定义结果也用云图显示,共同点如下:

(1)可以选择的几何类型包括点、边、面、体,或者使用命名选择。

(2)根据分析类型的不同,需要在细节窗口中给定结果组,或者加载时间,或者频率、周期。

(3)在细节窗口中的 Results 显示最大值、最小值,并且在 Graph 显示曲线,在 Tabular Data 窗口显示对应的数据。

(4)显示节点的平均数据。

(5)可以把云图添加为 Chart。需要使用标准工具条的 Chart 按钮。

(6)可以使用 Probe Annotation(注释)、Slice Plane(分割平面)、Isosurface(等值线)等云图工具。详细方法见第 5.4 节"后处理之查看结果"。

(7)可以清除、删除。

与其他云图的不同点如下：

（1）不能复制、拷贝粘贴。

（2）如果此用户自定义结果是基于其他用户自定义结果，并且后者被修改、删除或清除，那么前者也无法使用，并在 Graphic 窗口显示为空白。

（3）用户自定义结果不能使用 Probe。

（4）用户自定义结果不能连接到多个分析环境，即不能使用 Solution Combination 功能。详情见第 6.3.1 节"Solution Combination 组合求解"。

2.应用

有以下 3 种方法可以建立 User Defined Result：

（1）在 Solution 工具条点击 User Defined Result 按钮。

（2）在导航树选择 Solution，右击鼠标在快捷菜单选择 User Defined Result。

（3）选中导航树的 Solution，单击标准工具条的 Worksheet，在 Worksheet 窗口中选中合适的某一行，单击鼠标右击选择 Create User Defined Result，如图 6-157 所示。

User Defined Result 的细节窗口如图 6-156 所示，其中的 Expression 用户可以输入合适的表达式，Identifier 可以输入合适的标示符。详情见下文。

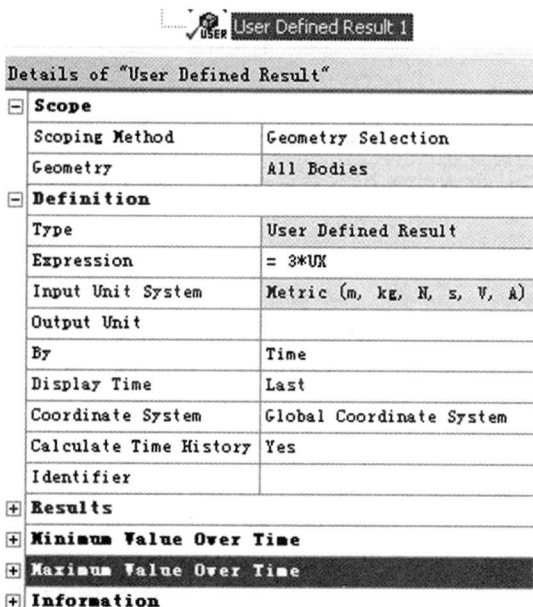

图 6-156　用户自定义结果的细节窗口

3.用户自定义结果的表达式

Expression 有 3 种含义：

（1）首先，Expression 表达式是各种数学操作符号、变量的组合，需要满足语法规则，只能使用 Workbench 中规定的运算符。

（2）其次，在 Solution Worksheet 窗口中，Expression 表示结果类型，如图 6-157 所示。

（3）最后，在用户自定义结果的细节窗口中，Expression 表示用户输入的表达式，如图 6-156所示。

在 User Defined Result 的细节窗口中，Expression 表达式允许使用各种数学操作符号，见表 6-12，缩写符号"s"代表标量，"a"代表数组，数组的行数与单元或者节点数目有关，数组的列数为 1 或者 3 或者 6。

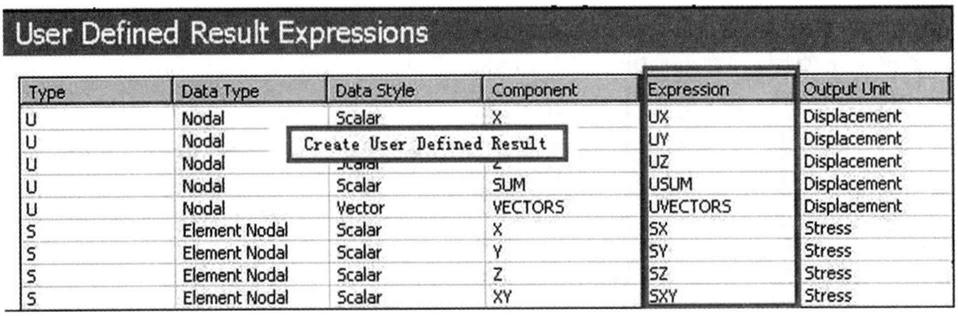

Type	Data Type	Data Style	Component	Expression	Output Unit
U	Nodal	Scalar	X	UX	Displacement
U	Nodal			UY	Displacement
U	Nodal			UZ	Displacement
U	Nodal	Scalar	SUM	USUM	Displacement
U	Nodal	Vector	VECTORS	UVECTORS	Displacement
S	Element Nodal	Scalar	X	SX	Stress
S	Element Nodal	Scalar	Y	SY	Stress
S	Element Nodal	Scalar	Z	SZ	Stress
S	Element Nodal	Scalar	XY	SXY	Stress

图 6-157　Solution Worksheet

表 6-12　用户自定义时可以的数学符号

	举　例	注　释
加号(＋)	s1＋s2，a1＋a2，a＋s	不支持 s＋a
减号(－)	s1－s2，a1－a2，a－s	不支持 s－a
乘号(＊)	s1＊s2，a1＊a2，a＊s，s＊a	
除号(/)	s1/s2，a1/a2，a/s	不支持 s/a
乘方(^)	s1^s2，a^s	如果 s1 ＝ 0 且 s2 ＜ 0，无结果
以 10 为基的对数(log10)	log10(s)，log10(a)	s＞ 0.0 和 a＞0.0
平方根(sqrt)	sqrt(s)，sqrt(a)	s≥0.0 且 a≥0.0
点乘(dot)	dot(a1，a2)	结果为向量 a1 和 a2 的内积(数量积)，a1 和 a2 有相同的维数
叉乘(cross)	cross(a1，a2)	结果为 a1 和 a2 的向量积，a1 和 a2 向量必须有 3 列
最大值(max)	s ＝ max(s1，s2)，a ＝ max(a1，a2)	
最小值(min)	s ＝ min(s1，s2)，a ＝ min(a1，a2)	
绝对值(abs)	s ＝ abs(s1)，a＝abs(a1)	
三角函数(sin，cos，tan)	sin(s)，cos(s)，tan(s)，sin(a)，cos(a)，tan(a)	s 和 a 都是弧度
反三角函数 (asin，acos，atan)	asin(s)，acos(s)，atan(s)，asin(a)，acos(a)，atan(a)	计算值为弧度；注意 asin 和 acos 中，－1≤s≤1 且－1≤a≤1

4. 用户自定义结果的标示符

如图 6-158 所示，Identifier(标识符)为用户给 Expression 定义的唯一名字。结果图例包含 Identifier (标识符)和表达式。

标示符遵循如下规则：

（1）以字母或者下划线开头。

（2）可以包含多个字母、数字、下划线。

（3）不区分大小写（表达式方程中的数学运算符号一般是小写）。

（4）建议按照标示符的独立性从前往后进行定义。例如，先定义 A,B,最后 C＝A^2＋B^2。

（5）不能循环定义。例如，下面的定义是非法的：User Defined Result 1：A ＝ UX ＋ C,User Defined Result 2： C ＝ 2 ＊ A－1。

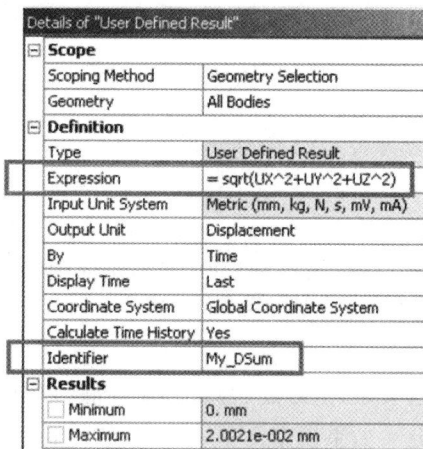

图 6-158　用户自定义的细节窗口

6.10.10　坐标系 Coordinate Systems

本节帮助路径：help/wb_sim/ds_CS.html。

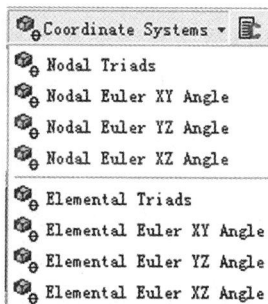

图 6-159　坐标系的工具条

每个节点上都有一个与此节点关联的局部坐标系，默认情况下，节点坐标系与全局坐标系对齐。用户可以采用在每个节点位置的欧拉三轴坐标系，或者采用以每个节点的轴进行旋转的欧拉旋转角。Coordinate Systems 的下拉菜单如图 6-159 所示，解释如下。

Nodal Triads：节点坐标系，定义每个节点的自由度方向和节点结果（节点内力与位移）的方向。

Elemental Triads：单元坐标系，确定材料特性主轴和单元结果（单元内力与位移）的方向。

Nodal(Elemental) Euler XY Angle：第一个旋转叫作节点（单元）Euler XY，是指以 Z 轴为旋转轴，在 X - Y 平面内 X 轴转到 Y 轴位置。

Nodal(Elemental) Euler YZ Angle:第二个旋转叫作节点(单元)Euler YZ,是指以 X1 轴为旋转轴,在 Y1 - Z1 平面内 Y1 轴转到 Z1 轴位置。

Nodal(Elemental) Euler XZ Angle:第 3 个旋转叫作节点(单元)Euler XZ,是指以 Y2 轴为旋转轴,在 Z2 - X2 平面内 Z2 轴转到 X2 轴位置。

其中:X1,Y1,Z1 是指以 Z 轴为旋转轴完成第一次旋转后得到的坐标系;X2,Y2,Z2 是指以 Z 轴为旋转轴完成第一次旋转后,再以 X1 为旋转轴完成第二次旋转得到的坐标系。

6.11 结构静力分析的步骤及策略

结构静力分析步骤如下:

(1)创建分析系统。方法为将结构静力分析 Static Structural 调入工程流程图 Project Schematic。

(2)定义材料属性。方法为单击 Engineering Data,在工程数据窗口中进行设置。

(3)创建或导入几何模型,并在细节窗口中定义和分配部件的材料特性。方法为单击 Geometry,在弹出的 DesignModeler 窗口进行设置。

(4)定义零件行为。例如对称等。

(5)定义连接关系。接触关系、运动副、弹簧和梁在静力分析中都有效。

(6)对模型进行网格划分。如果模型简单,可以让软件自动划分网格。

(7)创建分析设置。对简单线性行为无须设置,对复杂分析则需要设置一些控制选项。

(8)施加边界条件或约束。

(9)施加载荷。

(10)设置需要的结果选项并求解。

(11)结果后处理。结果后处理包括结果云图显示和动画,对非线性分析,使用探测器 Probes 显示随载荷的增加而产生变化的结果。如果关心输出结果之间的关系如位移-载荷,可以使用图表 Charts。

6.11.1 模型和网格划分

Workbench 软件中可以使用的模型,以及导入模型的方法,请见第 5.3 节"Geometry 导入几何模型的"。

对模型进行网格划分的方法详见第 4 章。机械分析中网格划分应注意的问题如下:

(1)接触面提供适当精细的网格密度可使接触应力平滑分布。

(2)充分关心应力梯度,如应力梯度较大的区域是问题的考虑重点,在该区域应采用细致的网格。

(3)计算位移是准确的,应力结果才可接受,有时,给出好的位移结果的网格,应力结果不如想象中的准确,这就需要调整网格密度。

(4)考虑结构非线性时,几何模型需要更细的网格,如塑性变形梯度很大的地方由于需要合理的积分点密度,因此需要好的网格质量。

(5)网格划分应比较准确地反映结构真实形状,对于复杂的形状,粗大的网格会造成分析结果失真。

(6)为得到较好的位移解,单元纵横比尽量小于 7;为得到较好的应力解,单元纵横比尽量小于 3。

(7)网格粗细过渡应按照单元渐变原则处理,其要有合理过渡,如 20 节点六面体和 10 节点四面体连接会产生错误结果,中间用金字塔过渡单元,才得到合理解。

(8)不同分析类型,构造网格的规则不同,如屈曲分析,一般使用规则、均匀和对称的网格。

(9)分析模型中忽略"非承载"部件,可能造成较大误差。

6.11.2　载荷

工况分析目的是确定结构静力分析的载荷。分析之前需周详地加以考虑和确定。从载荷种类方面考虑,有压力载荷、温度载荷、风载荷、地震载荷、重力载荷、附加载荷等;从设备使用方面考虑,有设计载荷、正常运行的操作载荷、事故条件的特殊载荷、设备启停的不稳定载荷等。

施加载荷与约束条件时,请注意:

(1)尽量避免集中载荷施加到某个节点上,否则会产生应力奇异。

(2)封闭系统外载荷平衡。

(3)约束条件:防止模型有刚体运动。

6.11.3　求解模型和检查结果

1.试算结果评估

(1)结构变形检查:异常变形往往由载荷或约束不当引起。

(2)应力等值线检查:如果网格足够细,应力等值线是连续光滑曲线。如应力等值线不光滑或有尖角,则网格太粗,这对重点区域很重要。

(3)检查单元应力,如应力跳跃太大需细化网格。

2.尖角处理

模型中的尖角问题如角接焊缝,错边,或接管开孔等,如用尖角模拟,实际结构采用弹性分析方法,往往得不到收敛结果,也就是应力集中现象。实际上,理论上的尖角是不存在的。因此静强度校核可以直接分析,疲劳分析需考虑详细结构。如随着网格加密,薄膜应力和弯曲应力逐渐收敛,峰值应力则发散,尖角改为圆角后,$45°$应力强度、结构最大应力强度及薄膜应力和弯曲应力、峰值应力均收敛。

错边问题:错边和不等厚会经常碰到,在错边处,总应力强度和峰值应力不收敛,由于焊缝存在,实际结构不会如此,因此,应考虑实际焊接接头的具体情况。当直径小时,可采用三维分析。如接管开孔:角度大于 $180°$ 的外尖角总应力强度和峰值应力不收敛,角度小于 $180°$ 的内尖角总应力强度和峰值应力收敛。

3.热点应力

尖角位置存在明显的应力集中,反复加载卸载中会诱发疲劳裂纹,裂纹一旦产生,应力集中不再存在,推动裂纹扩展的动力是局部弯曲应力和薄膜应力。出现明显应力集中的尖角位置为热点,热点位置薄膜应力和弯曲应力(即总应力中去除峰值应力后得到的应力)称为热点应力,利用热点应力可以获得分散程度最小的疲劳评定曲线(S-N 曲线)。

6.11.4　强度评定

不同的材料具有不同的强度指标,材料的强度指标通常包括屈服强度 σ_s 和抗拉强度 σ_b,材料的强度指标随温度有明显变化,工程构件的强度受结构形状和尺寸的影响很大,如不连续性引起应力集中,从而降低结构的整体承载能力。外载荷的形式对材料的强度有明显影响,如材料的静载强度,在交变载荷条件下表征材料承载能力的疲劳强度,在冲击载荷条件下的冲击强度,在高温条件下的持久强度等,这些与材料的静载强度有完全不同的概念。

从设计上讲,强度是对构件中应力水平的限制,强度和设计意图有关,如构件不发生屈曲,过量变形,疲劳断裂等,因此可以定义为应力的最高允许值,即强度条件可以表示为结构不发生损坏需满足的条件,一般表达为 $A \leqslant B$。A 表示使结构产生屈服、过量变形或断裂等的推动力,如整体或局部应力、应力幅等;B 表示结构的抵抗能力,如静态条件下的许用应力,循环载荷下的许用应力幅,高温条件的持久强度等。

1. 强度理论

强度理论表述了对材料破坏现象的各种分析假设。材料的破坏可以分为脆断破坏和塑性屈服破坏两种形式,材料在断裂前没有明显的塑性变形称为脆断破坏,如脆性材料。材料在断裂前有明显的塑性变形称为塑性屈服破坏,如塑性材料。但是材料危险点的应力状态可能是单向、双向或三向的。材料产生何种形式的破坏,和应力状态有关,一种材料在不同的应力状态下,会发生不同类型的破坏。如塑性材料处于三向拉伸应力时往往发生脆性破坏,而脆性材料在三向受压的应力状态,也会出现明显的塑性变形。

四大强度理论,分别是:第一强度理论(最大拉应力理论,Maximum Tensile Stress);第二强度理论(最大伸长线应变理论 Mohr-Coulomb Stress);第三强度理论(最大剪应力理论 Maximum Shear Stress);第四强度理论(形状改变比能理论 Maximum Equivalent Stress)。四大强度理论详细解释见第 6.10.7 节"应力工具 Stress Tool"。

不同行业有不同评定标准,压力容器设计标准中,圆筒体设计采用第一强度理论,强度校核通常采用第三强度理论。

2. 应力分类

承压设备在工作中,除了简单的一次薄膜应力外,还存在其他应力。例如筒和封头连接处的边缘效应区中,内压作用下,除了薄膜应力外,还有为满足变形协调的弯曲应力。再比如在开孔或缺口等局部不连续处,会出现应力集中,产生高于整体应力数倍的局部应力,还有会承受整体或局部热应力。因此根据应力在结构中具体位置和分布情况及应力产生原因,分别采用不同的许用应力限制。如承压圆筒体,当内压逐渐增大,薄膜应力不断上升,其环向应力达到材料屈服点时,如不考虑材料应变硬化,则壁厚开始减薄,直径变大,最终爆破,因此内压引起的薄膜应力需限制在屈服应力下,但是在缺口处,尽管局部已经屈服,但只要材料是延性的,载荷不过多地反复循环导致疲劳裂纹萌生,结构仍是安全的。

构件某个区域热膨胀受阻带来热应力,结构中自平衡的,不需平衡外部机械载荷,如果屈服,反而可以帮助材料克服温差变形,因此允许这种应力超过材料屈服点。同样边缘应力也是如此,因为屈服可以缓解变形不协调,也是自平衡的。所以,因变形不协调引起的应力与平衡压力和外部机械载荷引起的应力相比有完全不同的含义。

压力容器规范中,应力从不同角度分类:从范围分为总体应力和局部应力;按照沿壁厚的分布情况分为均匀分布(薄膜应力)、线性分布(弯曲应力)和非线性分布应力;按性质分为一次应力、二次应力、峰值应力。以上这些应力往往互相交叉,常用的有一次总体薄膜应力、一次弯曲应力、一次局部薄膜应力、二次应力和峰值应力等。

(1)一次应力:一次应力是由于压力、重力与其他外力载荷的作用所产生的应力。一次应力是平衡外力和其他机械载荷引起的应力,随外力载荷的增加而增加。一次应力包括法向应力和剪切应力,是基本应力。一次应力的特点是没有自限性,当一次应力超过材料屈服点时,管道内的塑性区扩展达到极限状态,即使外力载荷不再增加,管道仍将产生不可限制的塑性流动,直至被破坏。

一次应力又可分为一次总体薄膜应力 P_m、一次局部薄膜应力 P_1 和一次弯曲应力 P_b。

(2)一次总体薄膜应力(general primary membrane stress)P_m:沿壁厚均布的薄膜应力,等于沿壁厚截面法向应力的平均值。一次薄膜应力影响范围遍及整个结构。在塑性流动中,一次薄膜应力不会发生重新分布,将直接导致结构破坏。如筒体在内压作用下的环向薄膜应力和轴向薄膜应力。

(3)一次局部薄膜应力(local primary membrane stress)P_1:应力水平大于一次总体薄膜应力,但影响范围仅限于局部区域的一次薄膜应力。当结构局部发生塑性流动时,这类应力将重新分布。若不加以限制,则当载荷从结构的某一高应力区传递到另一低应力区时,会产生过量塑性变形而导致破坏。

局部薄膜应力包含一次成分,也包含二次成分,通常都归入 P_1,一次局部薄膜应力指局部区域薄膜应力的总量,局部应力区域中由于 P_m 成为 P_1 的一个组成部分,因此只需校核 P_1 即可。

(4)一次弯曲应力(primary bending stress)P_b:由内压或其他机械载荷引起的沿着截面厚度线性分布的弯曲应力。如平封头中心部位在内压作用下引起的应力。在进入屈服后,弯曲应力发生重新分布,可以提高平封头的设计承载能力。

(5)二次应力:二次应力是由于热胀冷缩、端点位移等位移荷载的作用所产生的应力。也有资料称:把相邻结构的约束或者结构自身约束引起的法向应力和剪应力称为二次应力。二次应力不直接与外力平衡,而是为满足外部约束条件或结构自身变形连续所必需的应力。

一次应力没有自限性,也就是在应力达到屈服后,在载荷的推动下,结构整体的塑性流动无法限制,而形成垮塌。而二次应力的特点是具有自限性,是指由于一次应力控制在弹性范围,二次应力超过屈服点,局部产生塑性变形或小量变形,该变形就可以满足位移约束条件或自身变形连续要求,从而变形不再继续发展,破坏就不会继续发生。只要不反复加载,二次应力不会导致结构破坏。例如筒体和封头的连接,为消除二者之间径向位移不连续而附加的薄膜应力和弯曲应力。

(6)峰值应力:局部结构不连续或局部热应力的影响而叠加到一次加二次应力之上的应力增量。介质温度急剧变化在器壁或管壁中引起的热应力也归入峰值应力。

峰值应力最主要的特点是高度的局部性,因而不引起任何明显的变形,其有害性仅是可能引起疲劳破坏或脆性断裂。相比于二次应力,其危险性还要低。在反复载荷作用下,一旦二次应力影响区很小,仅能产生浅表裂纹。因此,对于应力采用安定性来控制,而对峰值应力仅在考虑疲劳破坏或防止脆断时才加以限制。

3.分类应力强度的评定

基于应力分析和应力分类的强度评定中通常采用第三强度理论,评定时,选取穿过壁厚的评定线,即确定路径,将评定线上的应力分解为薄膜应力、弯曲应力和峰值应力,求取应力强度,按照不同的原则进行评定,见表 6-13,其中 S_m 为设计许用应力,S_a 为疲劳曲线得到的许用应力强度幅。

表 6-13　分类应力强度的评定

类　　别	计　　算	限制值
一次总体薄膜应力强度 P_m	P_m	S_m
一次局部薄膜应力强度 P_1	P_1	$1.5S_m$
一次薄膜(总体或局部)加一次弯曲应力强度 P_b	P_1+P_b	$1.5S_m$
一次加二次应力强度 Q	P_1+P_b+Q	$3S_m$
总应力强度	P_1+P_b+Q+F	S_a

4. 应力分析和强度评定注意事项

(1)为了将温差带来的应力和压力及其他机械载荷分开,作为不同的工况分别计算。

(2)对应力进行正确分类是强度评定的关键问题,需要分析人员根据应力产生原因做具体判断。

(3)应力评定线是穿过壁厚的直线,通常都取在最危险位置。因此计算应力强度后,再在最大应力位置及邻近区域取多条评定线,分别进行评定。

(4)静载分析评定表 6-13 前四项,疲劳分析评定所有项目。

6.12　第 6 章例子 3

6.12.1　UG 模型处理

下面以某深沟球轴承为例,进行结构静力学分析。由于深沟轴承的过渡圆角和倒角等部分对内部接触应力分布和变形的影响很小,为了简化网格划分,建模时将其忽略。

考虑到轴承具有对称性,在后面的有限元分析时可以取其中剩余 1/4,所以将轴承分割两次并删除多余实体,结果如图 6-160(a)所示。为了在滚子上添加约束,建立基于滚子中心的局部坐标系,并将滚子沿着其轴线切为 4 块对称的实体,如图 6-160(b)所示。

最后将处理好的文件保存为 Parasolid 格式,即 1026.x_t。

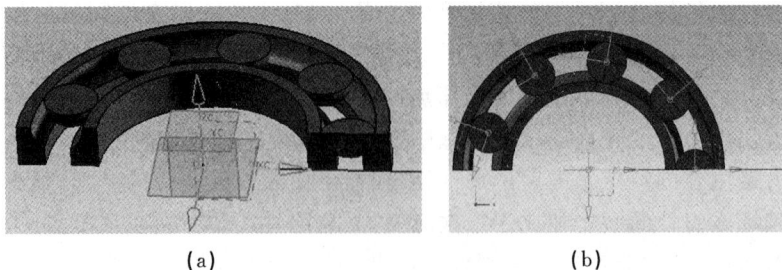

(a)　　　　　　　　　　　　　　(b)

图 6-160　保留轴承的 1/4 对称体并切割

6.12.2　有限元模型

1. 在 Workbench 的 Geometry 中处理模型

(1)进入 AWB 后,在主界面的 Project Schematic 建立新的 Static Structural。

(2)选择并单击 A3Geometry,在弹出的快捷菜单选择 Import Geometry,找到刚才在

UG 中导出的 Parasolid 格式文件 1026.x_t。

（3）双击 A3Geometry，进入 DesignModeler 环境。

（4）找到同一个滚子的 4 个或 2 个 Solid 实体，将其选中并右击，在弹出的菜单中选择 Form New Part，合并成同一个 Part。

（5）最终得到了 7 个 Part，包括 20 个实体，如图 6-161 所示。保存文件并关闭 DesignModeler 环境。

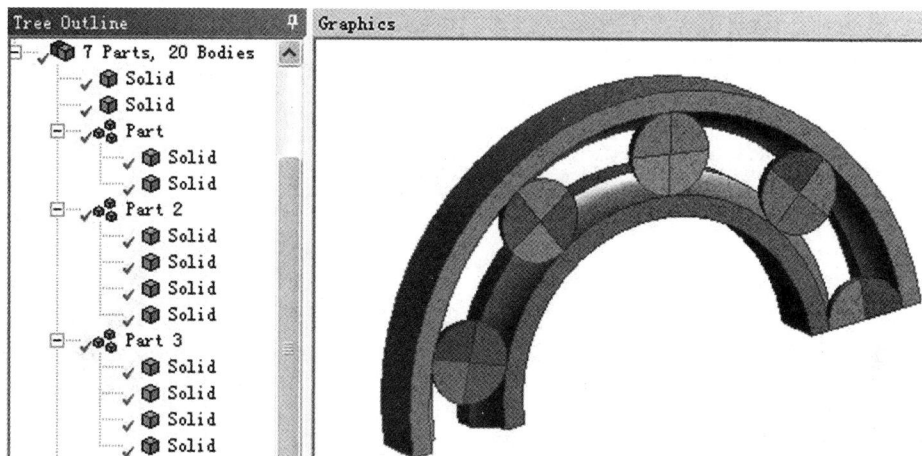

图 6-161　在 Geometry 中合并 Solid 后得到 7 个 Part

2.在 AWB 的 Model 中处理

下面需要在 Mechanical 环境中，按次序处理坐标系、接触、网格划分、添加约束。

（1）在工程页中双击轴承静力分析工程的 A4 Model，弹出 Mechanical 环境。

（2）在此处设置给 5 个滚子各建立一个局部坐标系，目的是查看每个滚子的局部坐标系下的仿真结果。选择 Coordinate systems，坐标系原点位于轴承中心，X 轴分别指向其中一个滚子中心。如图 6-162 所示为基于第 2 个滚子建立的局部坐标系，其细节窗口中 Transformations→Rotate Z 设为 40°，就可以保证 X 轴指向其中第 2 个滚子中心。

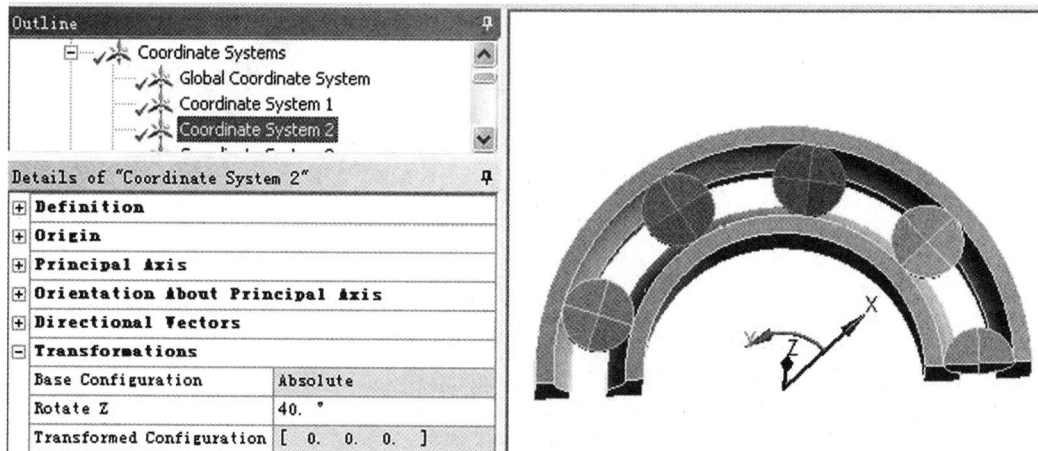

图 6-162　基于第二个滚子建立局部坐标系

（3）在 Mechanical 界面，选择 Connection，设定接触。

修改 Connections→Contacts 的总属性：细节窗口→Auto Detection→Tolerance type 选

择 Value。

　　程序自动将每对实体建立了接触。选择同一个滚子与内环(或外环)的接触面,单击鼠标右键选择 merge selected contact regions 进行合并,最终建立 10 个接触。

　　修改接触属性,检查接触面、目标面是否正确。否则需要 Flip contact/target。修改接触类型为 Frictional,摩擦因数为 0.003,且是非对称接触。并选中其他选项,例如 Adjust to Touch,Each Equilibrium Iteration。如图 6-163 和图 6-164 所示为第 1 个滚子、第 2 个滚子与外环的接触对。

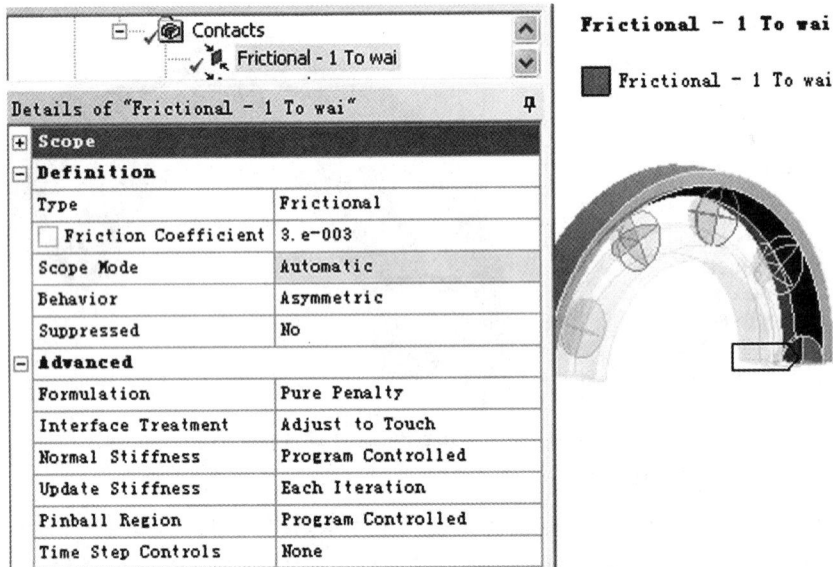

图 6-163　修改第 1 个滚子与外环的接触对

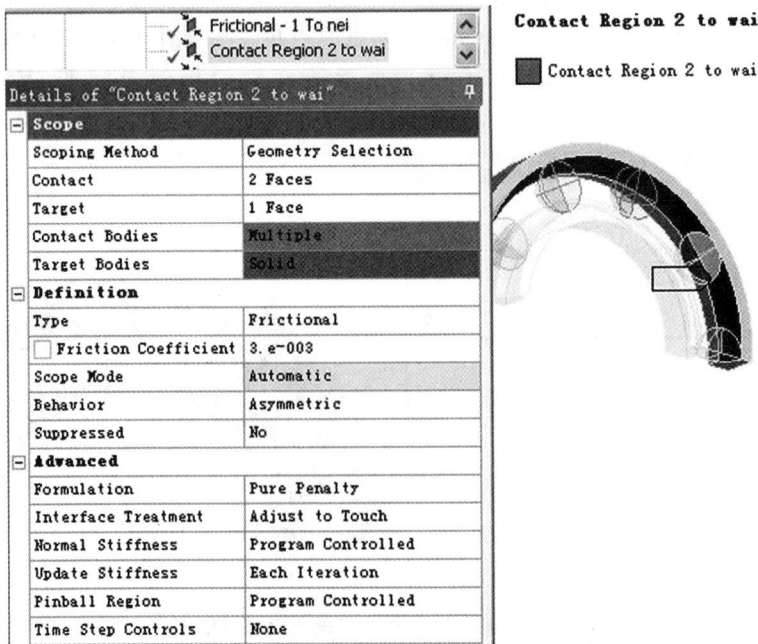

图 6-164　修改第 2 个滚子与外环的接触对

　　(4)在 Mechanical 界面,选择 Mesh,设定网格划分。设定 Mesh 的总属性,如图 6-165 所示。

Details of "Mesh"			Advanced	
Defaults			Shape Checking	Aggressive Mechanical
Physics Preference	Mechanical		Element Midside Nodes	Program Controlled
☐ Relevance	0		Straight Sided Elements	No
Sizing			Number of Retries	Default (4)
Use Advanced Size Function	Off		Extra Retries For Assembly	Yes
Relevance Center	Fine		Rigid Body Behavior	Dimensionally Reduced
☐ Element Size	Default		Mesh Morphing	Disabled
Initial Size Seed	Part		**Defeaturing**	
Smoothing	High		Pinch Tolerance	Please Define
Transition	Slow		Generate Pinch on Refresh	No
Span Angle Center	Coarse		Automatic Mesh Based Defeaturing	On
Minimum Edge Length	2.25e-003 m		☐ Defeaturing Tolerance	Default
Inflation			**Statistics**	
Use Automatic Inflation	None		☐ Nodes	100790
Inflation Option	Smooth Transition		☐ Elements	23849
☐ Transition Ratio	0.272		Mesh Metric	None
☐ Maximum Layers	5			
☐ Growth Rate	1.2			
Inflation Algorithm	Pre			
View Advanced Options	No			

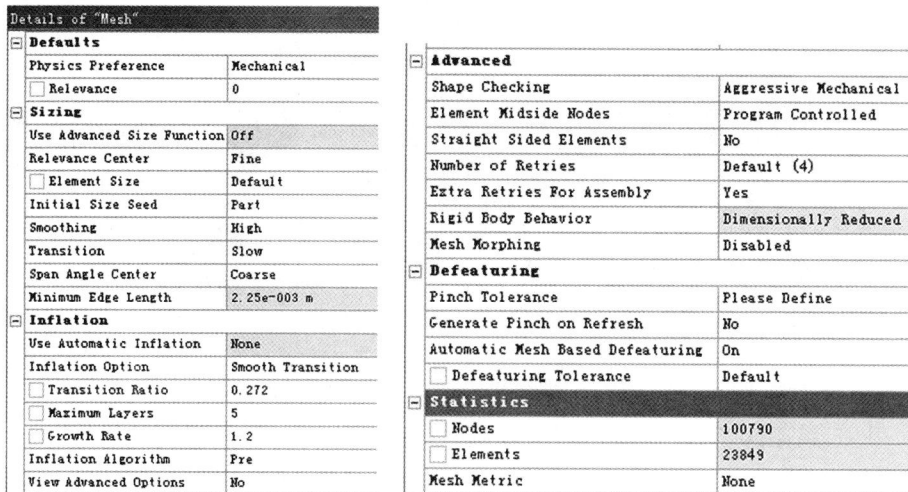

图 6-165　设定 Mesh 总属性

滚子 18 个 Bodies 的 Body Sizing：5e－4 m。

内外环 2 个 Bodies 的 Body Sizing：8e－4 m。

滚子 18 个 Bodies 以六面体划分为主：Hex Dominant Method。

最终得到网格划分结果如图 6-166 所示，100 790 个节点，23 849 个单元。

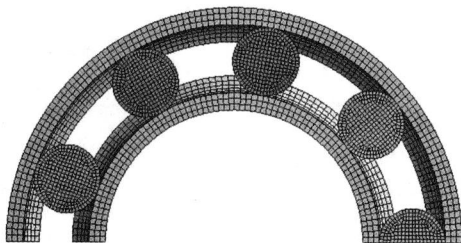

图 6-166　网格划分结果

（5）在 Mechanical 界面，选择 Static Structural，设置分析类型并添加载荷。

设定 Analysis Settings，如图 6-167 所示，其他默认。

添加 Rotational Velocity 1，选第一个球，如图 6-168 所示，设定轴线，添加旋转角速度的大小，此处用 Vector 方式定义比较方便。类似地，可以设定其他几个滚珠的旋转角速度。

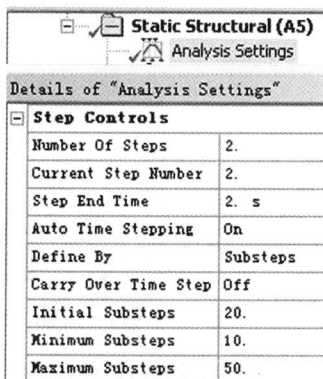

Static Structural (A5)	
Analysis Settings	
Details of "Analysis Settings"	
Step Controls	
Number Of Steps	2.
Current Step Number	2.
Step End Time	2. s
Auto Time Stepping	On
Define By	Substeps
Carry Over Time Step	Off
Initial Substeps	20.
Minimum Substeps	10.
Maximum Substeps	50.

图 6-167　分析设置

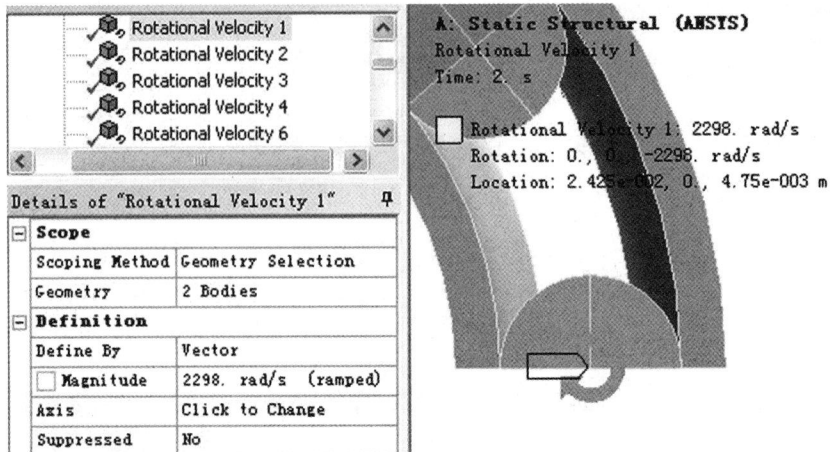

图 6-168　设定第一个滚子的旋转速度

添加 Rotational Velocity 6，选内环，如图 6-169 所示，设定轴线，添加角速度大小，此处用 Component 方式定义比较方便。

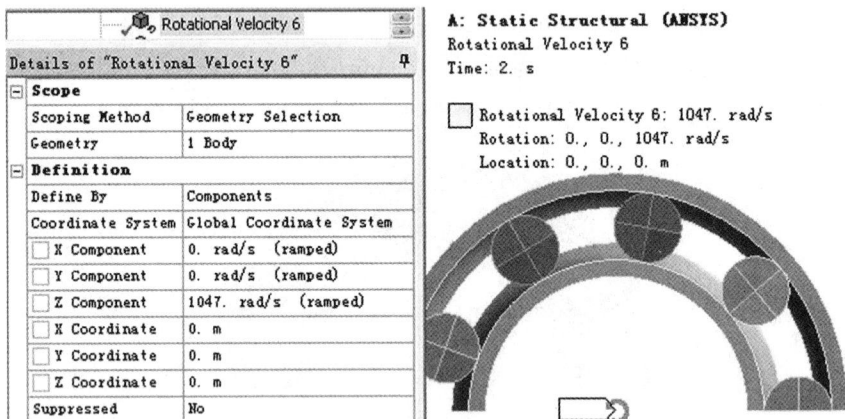

图 6-169　设定内环的旋转速度

在平行于 XZ 平面的截面上，共有 6 个 Faces，约束其 Y 向分量的位移，添加 Displacement p1 约束，如图 6-170 所示。

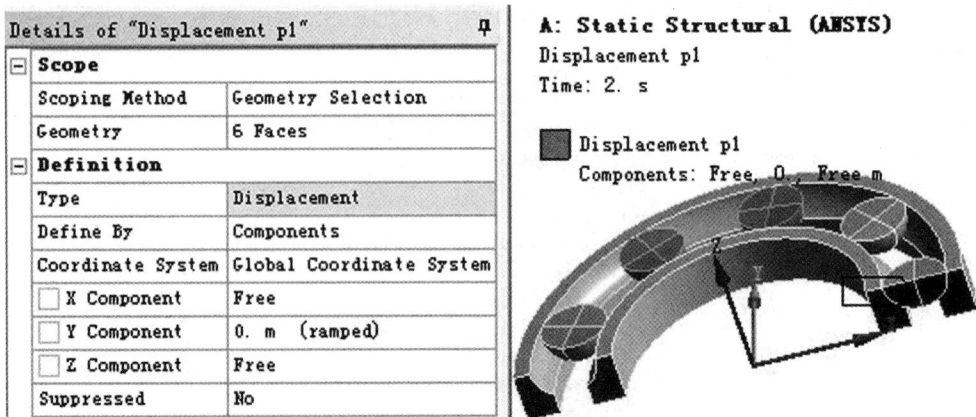

图 6-170　对平行于轴线的剖面进行约束

在平行于 XZ 平面的截面上，共有 20 个 Faces，约束其 Z 向分量的位移，添加

Displacement p2 约束,如图 6-171 所示。

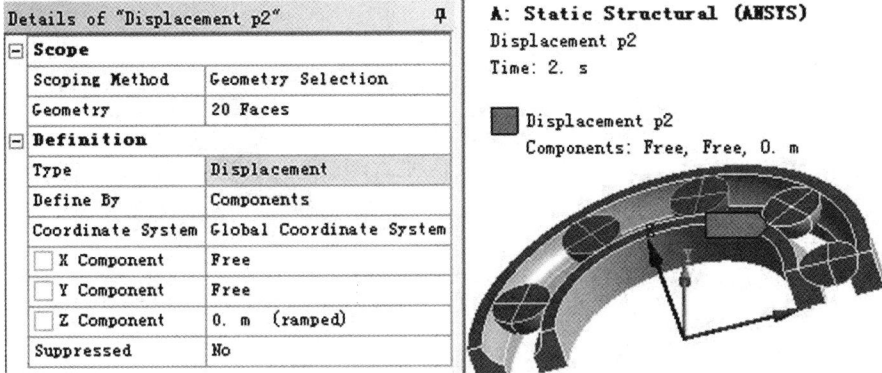

图 6-171　对垂直于轴线的剖面进行约束

为了模拟轴承座的影响,约束轴承外环外圆面上所有节点在 X,Y,Z 3 个方向的平动自由度。添加 Cylindrical Support 在外环外圆柱面,全部固定,如图 6-172 所示。

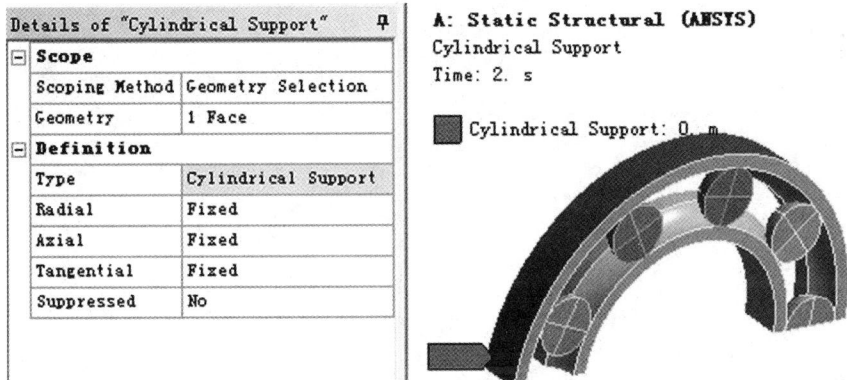

图 6-172　约束外环外圆柱面

为了模拟轴承的装配情况,分别约束外环和内环外侧面所有节点 Z 方向的平动自由度。添加 Displacement Side,内外环的侧面,2 个 Faces,Z 向分量=0,如图 6-173 所示。

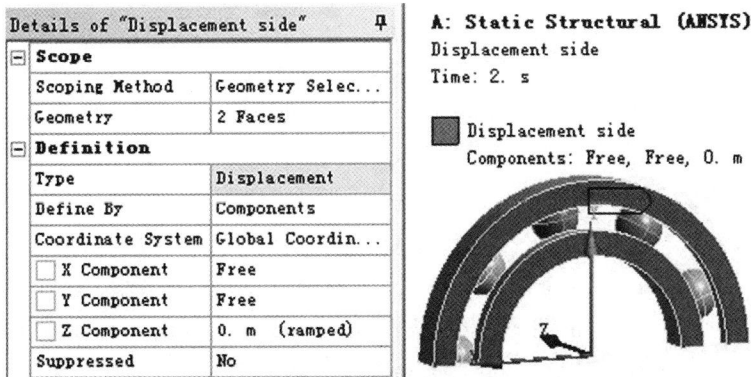

图 6-173　约束内外环的外侧面

为了模拟保持架对滚珠的限制作用,在柱坐标系下约束每个滚珠与内、外环接触点连线上所有节点的周向与轴向自由度。以第二个滚子为例,如图 6-174 所示,添加 Displacement 2,选第 2 个滚子的两条半径,用指向其球心的柱坐标系,固定 YZ 自由度。

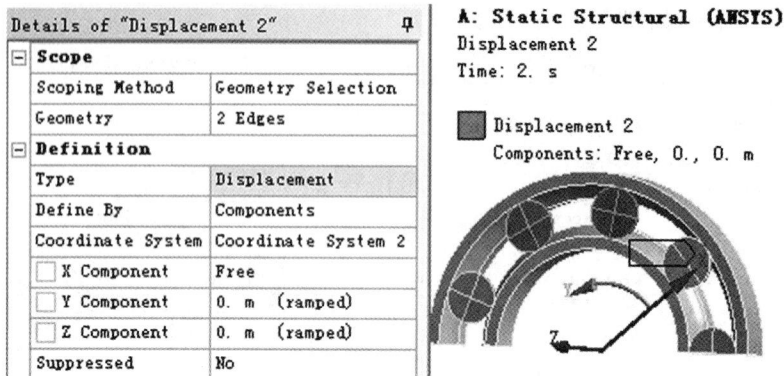

图 6-174　约束第 2 个滚子的自由度

以上添加的是惯性力载荷,除此之外,内环还承受径向载荷。下面添加径向载荷,选用 Bearing Load,选择内环内表面为作用表面,力作用方向为 Components X 方向,并给定大小为 1 000 N,如图 6-175 所示。

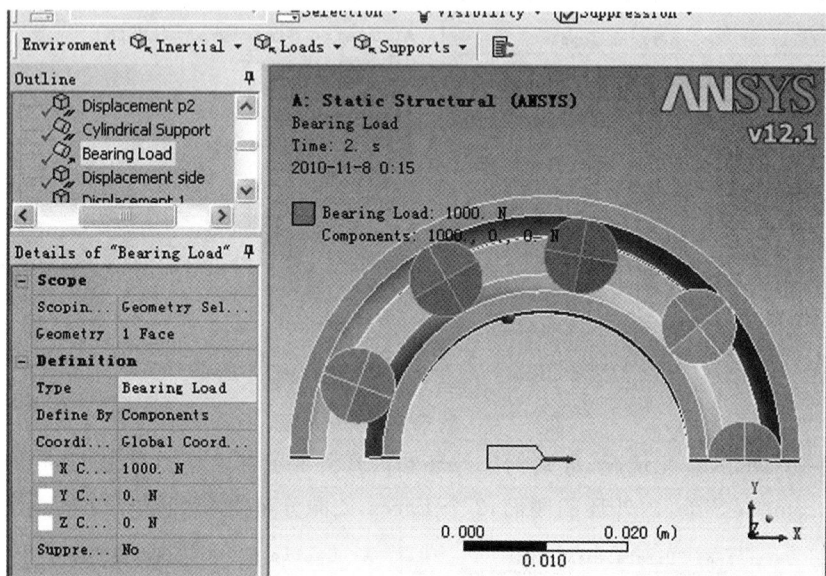

图 6-175　给定轴承内环载荷

(6)在 Mechanical 界面,选择 Static Structural 下的 Solution,设定结果输出项目。本次静力结构分析的输出项目见下面的分析结果。

6.12.3　只有径向载荷

由于径向载荷下,第 4 和第 5 个滚子不会有力的作用,脱离接触,为保证能够顺利运算需要将其抑制。在 Workbench 界面选择 Model,进入界面后选择 Geometry 下的这两个滚子,将其 Suppress Body 后即可把这两个抑制。当然也要去掉这两个滚子与内外环的接触。当只有径向力作用在内环时,如果给定径向负荷为 1 000 N,作用力的方向通过 1 号滚子的中心,得到如下分析结果。

图 6-176 所示为所有部件的总变形量。

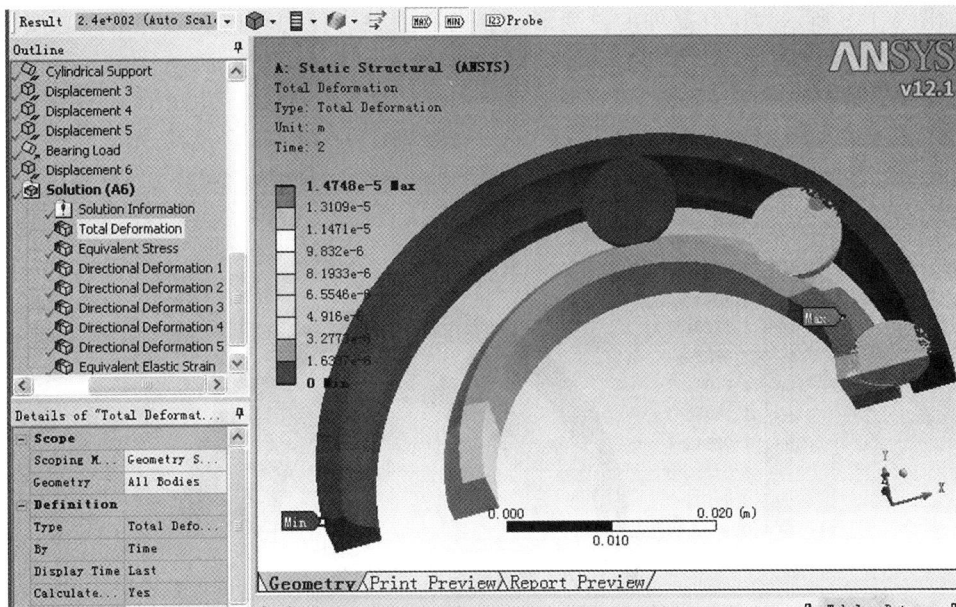

图 6-176　轴承所有部件的总变形量

由于 3 个滚子的变形主要位于轴承的径向,即每个滚子局部坐标系的 X 方向,图 6-177 所示为第 1 个滚子在其对应局部坐标系下 X 方向变形。

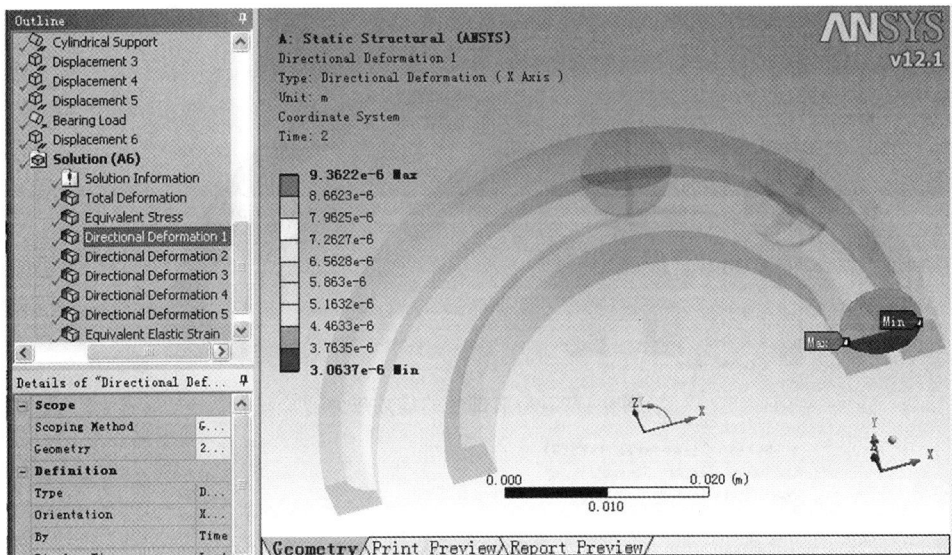

图 6-177　第 1 个滚子在其局部坐标系下 X 方向变形

6.12.4　只有惯性力载荷

轴承的内环由于涡轮机主轴带动进行高速工作时,轴承的所有部件,包括所有滚子,都有惯性力,所以此时必须把所有滚子考虑在内。进入在 Workbench 的 Model 模块,在 Geometry 分支,并选择 Unsuppress All Bodies。

为了研究只受离心力时深沟球轴承的应力分布情况,下面去掉径向力,只添加内环和 5 个滚子的旋转角速度,内环旋转速度 50 000 r/m,即 5 236 r/s,每个滚子角速度 11 490 r/s,得到如下分析结果。

如图 6-178 所示为所有部件的总变形量。离心惯性力使内环内表面有最大总变形量，而且偏向左侧，即滚子较少的一侧。外环外表面总变形量最小，为零。

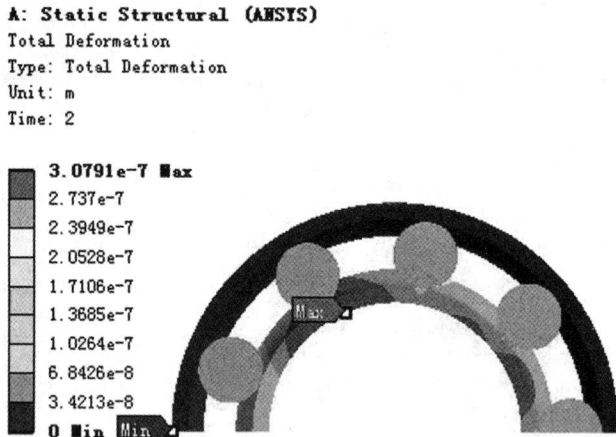

图 6-178　所有部件的总变形量

如图 6-179 所示为所有部件的等效应力，如图 6-180 所示为轴承所有部件的等效弹性应变。经比较可知，两图非常相似。等效应力、等效应变最大处在内环与 1 号滚子接触点处，最小处位于外环上。

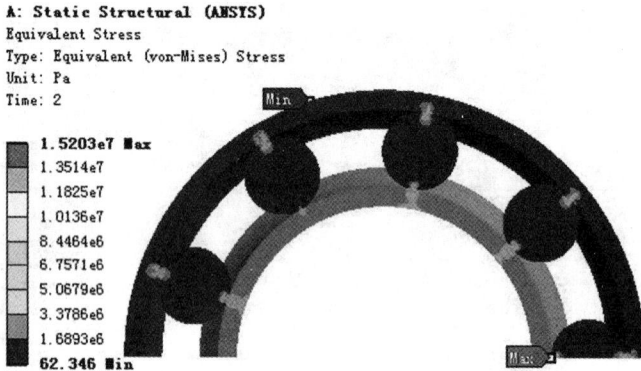

图 6-179　所有部件的等效应力

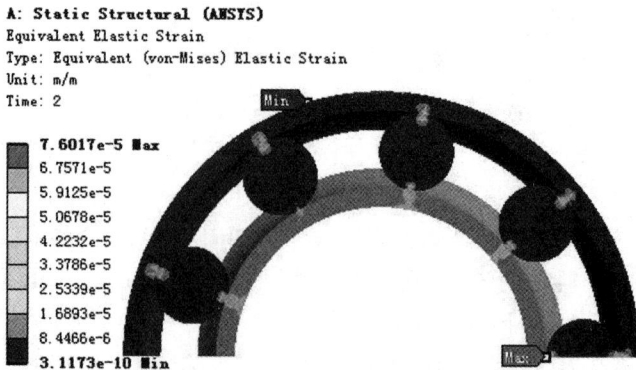

图 6-180　所有部件的等效弹性应变

如图 6-181 所示为第 1 个滚子在其对应局部坐标系下 X 方向变形。每个滚子最大变形位于内环与滚子接触点，最小变形位于滚子与外环接触点。

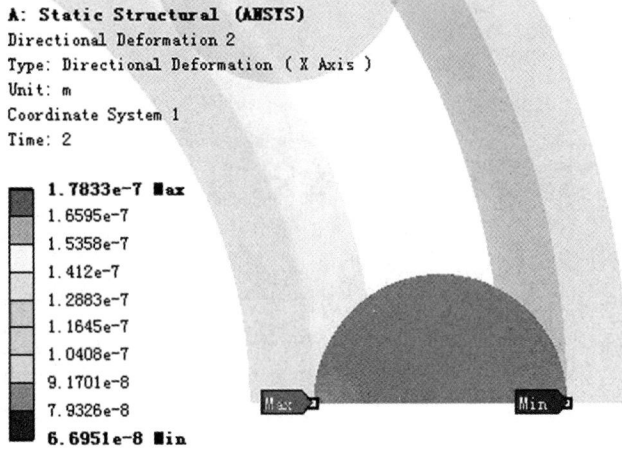

A: Static Structural (ANSYS)
Directional Deformation 2
Type: Directional Deformation (X Axis)
Unit: m
Coordinate System 1
Time: 2

1.7833e-7 Max
1.6595e-7
1.5358e-7
1.412e-7
1.2883e-7
1.1645e-7
1.0408e-7
9.1701e-8
7.9326e-8
6.6951e-8 Min

图 6-181　第 1 个滚子在其局部坐标系下 X 方向

第7章　结构动力学分析

结构动力学着重研究结构对于动载荷的响应。结构所受的载荷都具有不同程度的动载荷性质,有不少结构主要在振动环境下工作。因此,结构动力学的内容十分丰富,涉及面很广,其研究对象遍及土木、机械、运输、航空和航天等工程领域,而研究方法又和材料学、数学和力学密切相关。

7.1　结构动力学分析基础

7.1.1　结构动力学分析概述

1.结构动力学

第 6 章的结构静力分析可以评价结构承受稳态载荷的能力。当载荷随时间变化时,只做静力分析不够全面。静力计算满足安全要求的结构在动力学上不一定满足安全要求。例如,著名的塔科马海峡大桥在 1940 年 6 月底建成后不久,人们就发现大桥在微风的吹拂下会出现晃动,甚至有扭曲变形的情况。当年 11 月 7 日,在一次仅 67.59 km/h 的风作用下,空气的弹性颤振引起桥梁的扭转变形,最终桥梁结构像麻花一样彻底扭曲了,很快塔科马海峡大桥发生倒塌,如图 7-1 所示。

图 7-1　塔科马海峡大桥坍塌事件

结构动力学是结构力学的一个分支,着重研究结构对于动载荷(例如位移、力等的时间历程)的响应,最终确定结构的承载能力和动力学特性,或为改善结构的性能提供依据。

结构动力学同结构静力学的主要区别在于它要考虑结构因振动而产生的惯性力(见达朗伯原理)和阻尼力,即结构系统的惯性力(质量效应)和阻尼力起重要作用。

结构动力学同刚体动力学之间的主要区别在于要考虑结构因变形而产生的弹性力。在外加动载荷作用下,结构会发生振动,它的任一部分或者任意取出的一个微体将在外载荷、弹性力、惯性力和阻尼力的共同作用下处于达朗伯原理意义下的平衡状态。通过位移及其导数来表示这种关系就得到运动方程。而刚体动力学不考虑结构的变形。

2.动载荷

动载荷按其随时间的变化规律可分为以下几种:

(1)周期性载荷。其特点是在多次循环中载荷相继呈现相同的时间历程,如旋转机械装置因质量不平衡而引起的离心力。周期性载荷可借助傅里叶分析分解成一系列简谐分量之和。

(2)冲击载荷。其特点是载荷的大小在极短的时间内有较大的变化。冲击波或爆炸是冲击载荷的典型来源。

(3)随机载荷。其时间历程不能用确定的时间函数而只能用统计信息描述。由大气湍流引起的作用在飞行器上的气动载荷,以及由地震波引起而作用在结构物上的载荷均属此类。对于随机载荷,需要根据大量的统计资料制定出相应的载荷时间历程(载荷谱)。

对于前两种载荷,可以从运动方程解出位移的时间历程并进一步求出应力的时间历程。对于随机载荷,只能求出位移响应的统计信息而不能得到确定的时间历程,因而须作专门分析才能求出应力响应的统计信息。

3.动力学特性

结构的动力学特性指的是结构具有的以下一种或几种类型的特性。

(1)结构的振动特性:结构振动方式和振动频率。

(2)结构对动载荷的响应:例如在动载荷作用下,结构的位移和应力。

(3)结构对周期振动或随机载荷的时效响应。

4.机械振动

(1)机械振动的定义。

机械振动是物体(或物体的一部分)在平衡位置(物体静止时的位置)附近做的往复运动。

振动的幅值、频率、相位是振动的 3 个基本参数,称为振动三要素。

振动幅值是振动强度的标志,可以用峰值、有效值、平均值等不同的方法来表示。振动位移是用来研究部件的强度和变形,单位为[mm];振动速度决定了噪声的高低,单位为[mm/s];振动加速度与作用力或载荷成正比,用来研究动力强度和疲劳,单位为[mm/s²]。

振动频率是物体每秒钟内振动循环的次数,常用符号 f 表示,国际单位是[Hz]。周期是物体完成一个振动过程所需要的时间,常用符号 T 表示,单位是[s]。频率与周期互为倒数。不同的频率成分反映了系统内不同的振源。由频率的分布判断发生振动的来源。

两个振动振幅、周期相同,但如果它们运动的步调不一致,这两个振动仍然不相同。为了描述振动物体所处的状态和为了比较两振动的物体的振动步调,引入相位这个物理量。相位的定义:把振动方程中正弦(或余弦)函数符号后面相当于角度的量,叫作振动的相位,相位也叫位相、周相,或简称相。相位决定了振动物体的振动状态。

相位有如下性质。①相位是随时间变化的一个变量。②$t=0$ 时的相位,叫作初相位,简称初相。③相位每增加 2π,就意味着完成了一次全振动。④同一个振动用不同函数表示时相位不同。⑤相位差:顾名思义,是指两个相位之差,在实际中经常用到的是两个具有相同频率的简谐运动的相位差,反映出两简谐运动的步调差异。⑥同相:相位差为零。同相表明两个振动的步调一致。⑦反相:相位差为 $180°$。反相表明两个振动步调完全相反。注意比较相位或计算相位差时,要用同种函数来表示振动方程。

(2)机械振动有不同的分类方法。

1)按弹性力和阻尼力性质分,机械振动可分为线性振动和非线性振动。

2)按产生振动的原因分,机械振动可分为自由振动、受迫振动和自激振动。

自由振动:去掉激励或约束之后,机械系统所出现的振动。振动只靠其弹性恢复力来维持,当有阻尼时振动便逐渐衰减。自由振动的频率只决定于系统本身的物理性质,称为系统的固有频率。

受迫振动:机械系统受外界持续激励所产生的振动。简谐激励是最简单的持续激励。受迫振动包含瞬态振动和稳态振动。在振动开始一段时间内所出现的随时间变化的振动,称为瞬态振动。经过短暂时间后,瞬态振动即消失。系统从外界不断地获得能量来补偿阻尼所耗散的能量,因而能够作持续的等幅振动,这种振动的频率与激励频率相同,称为稳态振动。系统受外力或其他输入作用时,其相应的输出量称为响应。当外部激励的频率接近系统的固有频率时,系统的振幅将急剧增加。激励频率等于系统的共振频率时则产生共振。在设计和使用机械时必须防止共振。例如,为了确保旋转机械安全运转,轴的工作转速应处于其各阶临界转速的一定范围之外。

自激振动:在非线性振动中,系统只受其本身产生的激励所维持的振动。自激振动系统本身除具有振动元件外,还具有非振荡性的能源、调节环节和反馈环节。因此,不存在外界激励时它也能产生一种稳定的周期振动,维持自激振动的交变力是由运动本身产生的且由反馈和调节环节所控制的。振动一停止,此交变力也随之消失。自激振动与初始条件无关,其频率等于或接近于系统的固有频率。如飞机飞行过程中机翼的颤振、机床工作台在滑动导轨上低速移动时的爬行、钟表摆的摆动和琴弦的振动都属于自激振动。

3)按照机械振动能否用确定的时间函数关系式描述,将振动分为两大类,即确定性振动和随机振动(非确定性振动)(见图 7-2)。

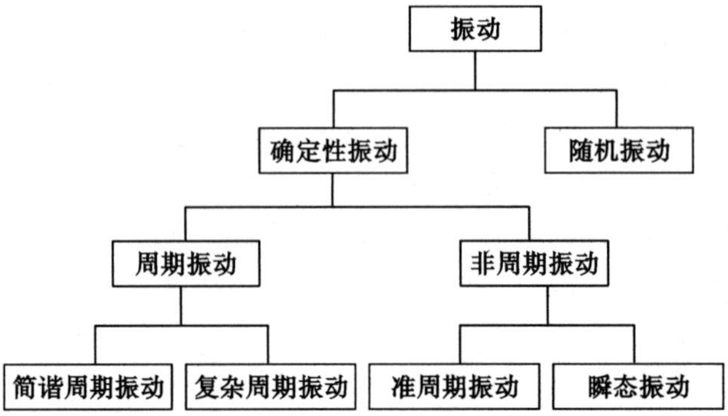

图 7-2　振动分类

确定性振动能用确定的数学关系式来描述,对于指定的某一时刻,可以确定一相应的函数值。随机振动具有随机特点,每次观测的结果都不相同,无法用精确的数学关系式来描述,不能预测未来任何瞬间的精确值,而只能用概率统计的方法来描述这个规律。例如:地震就是一种随机振动。

确定性振动又分为周期振动和非周期振动。周期振动包括简谐周期振动和复杂周期振动。简谐周期振动只含有一个振动频率。而复杂周期振动含有多个振动频率,其中任意两个振动频率之比都是有理数。非周期振动包括准周期振动和瞬态振动。准周期振动没有周期性,在所包含的多个振动频率中至少有一个振动频率与另一个振动频率之比为无理数。瞬态振动是一些可用各种脉冲函数或衰减函数描述的振动。

(3)机械振动的意义。

振动的消极方面是,影响仪器设备功能,降低机械设备的工作精度,加剧构件磨损,甚至引起结构疲劳破坏。振动的积极方面是,有许多需利用振动的设备和工艺(如振动传输、振动研磨、振动沉桩等)。

机械振动分析的基本任务是讨论系统的激励(即输入,指系统的外来扰动,又称干扰)、响应(即输出,指系统受激励后的反应)和系统动态特性(或物理参数)三者之间的关系,如图7-3所示。

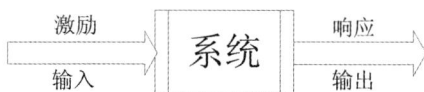

图 7-3　振动系统三要素

只有在已知机械设备的动力学模型、外部激励和工作条件的基础上,才能分析研究机械设备的动态特性。动态分析包括:①计算或测定机械设备的各阶固有频率、模态振型、刚度和阻尼等固有特性。根据固有特性可以找出产生振动的原因,避免共振,并为进一步动态分析提供基础数据。②计算或测定机械设备受到激励时有关点的位移、速度、加速度、相位、频谱和振动的时间历程等动态响应,根据动态响应考核机械设备承受振动和冲击的能力,寻找其薄弱环节和浪费环节,为改进设计提供依据。还可建立用模态参数表示的机械系统的运动方程,称为模态分析。③分析计算机械设备的动力稳定性,确定机械设备不稳定,即产生自激振动的临界条件。保证机械设备在充分发挥其性能的条件下不产生自激振动,并能稳定地工作。

7.1.2　Workbench **动力学分析类型**

一般来说,动力学问题远比静力学复杂。根据求解器的不同,Workbench可以完成隐式动力学分析和显式动力学分析。

1. **隐式动力学**

Workbench 13.0 进行如下类型的隐式动力学分析:①Modal Analysis 模态分析;②Harmonic Response Analysis 谐响应分析;③响应谱分析 Response Spectrum;④Random Vibration Analysis 随机振动分析;⑤Rigid Dynamics 多刚体动力学分析。⑥Transient Structural(ANSYS)瞬态(刚柔体)动力学分析,类似于原来的 Flexible Dynamic Analysis。其中后面两项分析见第 8 章、第 9 章。

考察如下的工程实例,属于动力学分析常见的物理现象。每一种现象的模拟都有相应的动力学分析类型与之对应。

(1)汽车尾气装置当其固有频率与引擎的激励频率匹配时会发生垮散。怎么样才能避免这种情况的发生呢?涡轮叶片在应力作用下(离心力)显示出不同的动态行为。如何来解释这种现象呢?

这些现象都与研究对象的固有频率和振型有关。在 Workbench 中解决办法为,进行 Modal Analysis 模态分析确定结构的振动特性。

(2)旋转机械例如发动机、曲轴、发电机等,会将稳态的交变载荷传递给支撑系统。而这样的载荷会根据转速的不同使支撑系统产生不同变形和应力。

在 Workbench 中的解决办法为,进行 Harmonic Response Analysis 谐响应分析,确定结构在稳态简谐荷载作用下结构的响应。

（3）建筑物框架及桥梁，太空船部件，飞机部件，承受地震或其他不稳定载荷的结构或部件会发生什么样的破坏？

在 Workbench 中的解决办法为，进行 Response Spectrum 响应谱分析，确定结构对地震以及其他随机激励的响应。

（4）航天器和航空器部件在火箭发射时、道路在不同载重车辆通过时，必须承受在持续时间内的随机载荷作用。

在 Workbench 中的解决办法为，进行 Random Vibration Analysis 随机振动分析，确定结构在随机载荷作用下的响应。

（5）刚性体形成的装配体中，如果部件之间有相对运动时，那么运动部件的运动规律，各个部件之间的作用力、作用力矩的变化规律是什么？

在 Workbench 中的解决办法为，进行 Rigid Dynamics 多刚体动力学分析，确定多个刚体形成的组合机构的动力学响应。具体内容见第 8 章。

（6）汽车挡泥板必须能够抵抗低速的冲击，但是在高速撞击下能够发生变形，以吸收足够的能量。网球拍框架能够抵抗网球的撞击而且只会发生轻微的弯曲。

在 Workbench 中的解决办法为，进行 Transient Structural(ANSYS)瞬态(刚柔体)动力学分析，计算出结构在时变载荷作用下的响应。具体内容见第 9 章。

2. 显式动力学

Workbench 13.0 的显示动力学分析有以下 3 个模块。

（1）ANSYS LS-DYNA：它是一个单独的程序，目前只能在 Workbench 下完成前处理工作。

（2）ANSYS AUTODYN：它是基于 Workbench 下的显式动力学软件，它提供了一个全面的多解决方案的模块产品，具有先进数值方法的非线性动力学软件。

（3）ANSYS Explicit dynamics：它是基于 ANSYS AUTODYN 产品的拉氏算子部分，是 ANSYS Workbench 界面第一个本地显式动力学软件。该软件可以用于满足固体、流体、气体以及它们之间相互作用的非线性动力学仿真。ANSYS Explicit STR 用于模拟高速、高度非线性问题，事件发生时间通常远远小于 1 s，达到毫秒量级。如果考虑较长时间效应，可以采用 Transient Structural(ANSYS)瞬态(刚柔体)结构分析。

3. 动力学建模原则

（1）几何与网格。

一般与静态分析要考虑相同的问题。要包括能充分描绘模型质量分布所必需的详细信息。在关心应力结果的区域应进行网格细分，在仅关心位移结果的时候，粗糙的网格划分就足够。

（2）材料属性。

需要输入弹性模量和密度。必须记住要采用统一的单位制。

（3）非线性(大变形、接触、塑性等)。

只有在完全瞬态动力学中才会考虑非线性因素。在 Workbench 动力学分析的其他分析类型，例如模态分析和谐响应分析，将忽略非线性因素。也就是说，非线性的初始状态在求解过程当中将保持不变。

7.1.3　Workbench **动力学的求解**

1. 运动控制方程

$$M\ddot{u} + C\dot{u} + Ku = F(t)$$

式中,M 为结构质量矩阵;C 为结构阻尼矩阵;K 为结构刚度矩阵;F 为随时间变化的载荷函数;u 为节点位移矢量;$\dot{u}$ 为节点速度矢量;$\ddot{u}$ 为节点加速度矢量。

2. 求解方法

不同的分析类型会求解不同的运动方程形式。

(1)模态分析。模态分析时:公式中 $F(t)$ 为 0,阻尼矩阵 C 通常也忽略。简单来说,该方法以一组模态振型开始,然后采用一种称为 Block Lanczos 的方法对以下方程进行迭代求解,即

$$M\ddot{u} + Ku = 0$$
$$u = U\sin(\omega t)$$
$$Ku = \omega^2 Mu$$

(2)谐响应分析。谐响应分析时:公式中 $F(t)$ 和 $u(t)$ 都为谐函数,例如 $X\sin(\omega t)$,其中 X 是振幅,ω 是单位为 rad/s 的频率。基于载荷和位移都是呈正弦变化的假设,运动方程可以转变为以下的形式。该方程是采用复位移,利用静态求解器求解的。

$$(-\omega^2 M + i\omega C + K)(u_1 + iu_2) = (F_1 + iF_2)$$
$$\hat{K}(u_1 + iu_2) = (F_1 + iF_2)$$

(3)瞬态(刚柔体)动力学分析。瞬态(刚柔体)动力学分析时:求解完整的动力学方程,$F(t)$ 为时间历程函数。

在求解柔体动力学分析中,采用标准的时间积分技术,根据 t_n 时刻的位移、速度、加速度来预测 t_{n+1} 的运动状态。等效的求解方程如下所示,该方程可以采用等效的静态求解器求解,即

$$(a_0 M + a_1 C + K)u_{n+1} = F^a + M(a_0 u_n + a_2 \dot{u}_n + a_3 \ddot{u}_n) + C(a_1 u_n + a_4 \dot{u}_n + a_5 \ddot{u}_n)$$

以上得到了以节点位移矢量为待求解的矩阵方程组,可以用隐式算法、显式算法进行求解,两者比较如表 7-1 所示。

表 7-1　隐式算法和显式算法的区别

隐式算法 Implicit Method	显式算法 Explicit Method
必须进行矩阵求逆	不需要矩阵求逆
非线性需要进行平衡迭代 (收敛问题)	非线性问题容易处理 (没有收敛问题)
积分时间步长 D_t 可以比较大,但是可能受到收敛性问题的限制	积分时间步长 D_t 必须很小 (典型的时间步长为(1e−6)s)
对于大多数的问题是有效的,除非时间步长 D_t 需要非常的小	适用于短时瞬态问题,比如波传播、冲击载荷(如汽车撞击、锤击)和高度非线性问题(如金属成型)等
本课程主要讨论该种方法	AUTODYN 和 ANSYS-LS/DYNA 采用该种方法, 本书不涉及

7.1.4 阻尼

本节帮助路径：help/wb_sim/ds_damping_controls. html，help/exd_ag/exp_dyn_theory_damp_cont. html。

1. 动力系统中的阻尼

阻尼，英语 damping，是指任何振动系统在振动中，由于外界作用或系统本身固有的原因引起的振动幅度逐渐下降的特性。动力系统中阻尼的结果是产生能量损耗，它使振动随时间减弱并最终停止。

阻尼的数值主要取决于材料、运动速度和振动频率。阻尼可分为如下三类：

(1)黏性阻尼。一般物体在液体中运动时存在黏性阻尼。阻尼力 $\boldsymbol{F}$ 的大小与运动质点的速度的大小成正比，方向相反，记作 $\boldsymbol{F} = -cv$。其中，c 为黏性阻尼系数，其数值由振动试验确定；v 表示运动质点的运动速度（矢量）。

对单自由度系统，c 就是黏性阻尼系数。对于多自由度系统，就是阻尼矩阵 $\boldsymbol{C}$。然而很少直接定义阻尼矩阵 $\boldsymbol{C}$，通常最简洁的方法是用阻尼比 ξ 表示，它是实际阻尼系数 c 对临界阻尼常数 c_c^* 的比值，即

$$\xi = c/c_c^*$$

式中临界阻尼常数 c_c^* 为系统出现振荡行为、非振荡行为的临界状态时的阻尼。对一个质量为 m，频率为 ω 的单自由度弹簧质量系统，$c_c^* = 2m\omega$。

在 ANSYS 中，既可以定义在整体坐标系下的常值阻尼比 Constant Damping Ratio，如图 7-6 所示；还可以在模态坐标下对各个模态定义各自的模态阻尼比，如图 7-8 所示。ANSYS 最终计算的各模态相应的模态阻尼比是二者的叠加，只对相应谱分析、使用模态叠加法的谐响应分析和瞬态分析有用，它们所对应的阻尼矩阵是随着频率不同而变化的阻尼矩阵。

(2)滞后阻尼或固体材料阻尼。滞后阻尼是指由滞后引起的振动能量或声波能量的耗散，它与结构相应频率无关。滞后阻尼属于材料的固有属性，目前认识还不是很透彻，很难定量确定。

(3)干摩擦阻尼。干摩擦阻尼又称库仑阻尼（Coulomb damping）。干摩擦阻尼是指发生于物体在干摩擦面上滑移时的阻尼。它的方向始终与物体运动速度方向相反，大小与正压力成正比。若正压力不变，干摩擦力为常值，$F = -\mu N$，式中，μ 为摩擦因数；N 为正压力。

2. Workbench 中的阻尼

在 Workbench 的动力学分析系统中，可以采用以下 6 种形式的阻尼。分析模型中可以指定多种阻尼，总阻尼矩阵 $\boldsymbol{C}$ 为各项阻尼累加、叠加的结果。

(1)与材料相关的阻尼 Damping Factor(α)，Damping Factor(β)。在 Engineering Data 模块中作为材料属性定义，如图 7-4 所示。

(2)常值材料阻尼系数 Constant Damping Coefficient。在 Engineering Data 模块中作为材料属性定义，如图 7-4 所示。仅用于谐响应分析中，而不能用于柔体动力学分析。

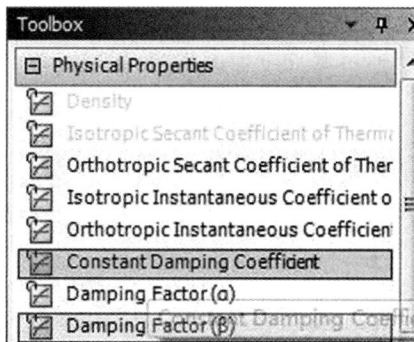

图 7-4　Engineering Data **中定义两种阻尼**

（3）弹簧的纵向阻尼 Longitudinal Damping。弹簧的纵向阻尼属于单元阻尼。在 Spring 对象下的细节窗口的 Definition 中指定，如图 7-5 所示。仅用于刚体动力分析、瞬态分析、谐响应分析中。

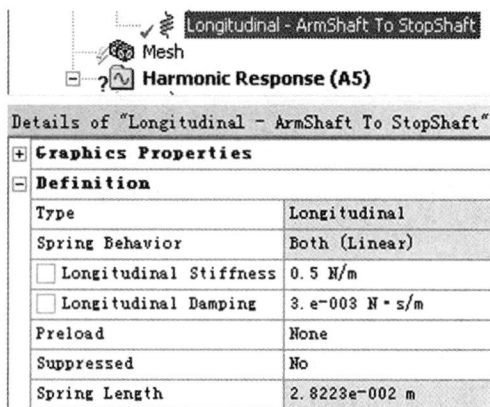

图 7-5　弹簧的纵向阻尼

（4）常值阻尼比 Constant Damping Ratio。常值阻尼比可以在分析设置的 Damping Controls 中给定，如图 7-6 所示。仅用于谐响应、随机振动和响应谱分析中。这是指定结构系统阻尼最简单的方式。如果与 β 阻尼一起指定，两者的效应是累加的。

常值阻尼比是无量纲的。输入常值阻尼比率意味着阻尼值在整个频率区间内是一个常量。

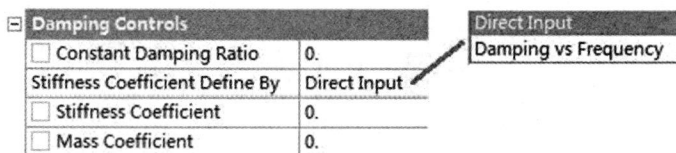

图 7-6　常值阻尼比

（5）模态阻尼比 ξ_i。模态阻尼比 ξ_i 与 c 阻尼（Mass Coefficient）、β 阻尼（Stiffness Coefficient）满足公式：

$$\xi_i = \alpha/2\omega_i + \beta\omega_i/2$$

式中，ξ_i 为模态阻尼比；i 为第 i 阶振型；用 ω_i 表示振型 i 的角频率；阻尼 α 为 Mass Coefficient 质量矩阵乘子，主要影响低阶振型。阻尼 β 为 Stiffness Coefficient 刚度矩阵乘子，如图 7-7 所示，β 随着频率呈线性增大，所以阻尼 β 主要抑制高阶振型。

如果已知常值结构阻尼比 ξ，通常假定阻尼 α 与阻尼 β 之和在整个响应频率范围内为常阻尼比，因此给定角频率范围，通过联立下面的方程，可以计算出 α 和 β，如图 7-7 所示。

$$\begin{cases} \xi = \alpha/2\omega_1 + \beta\omega_1/2 \\ \xi = \alpha/2\omega_2 + \beta\omega_2/2 \end{cases}$$

那么
$$\alpha = 2\xi\frac{\omega_1\omega_2}{\omega_1 + \omega_2}, \quad \beta = \frac{2\xi}{\omega_1 + \omega_2}$$

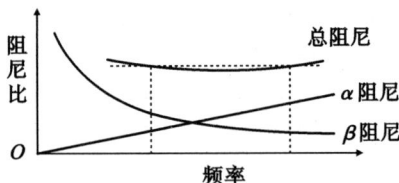

图 7-7 使用常值结构阻尼比求阻尼 α 和 β

对于大多数结构问题，可以忽略 α 阻尼，那么 β 可以根据已知的阻尼比 ξ_i 和指定频率计算得到：

$$\beta = 2\xi/\omega$$

由方程可知：

1）在 β 阻尼的作用下，阻尼对频率的影响成线性增长。

2）与阻尼比率是常数不同，β 阻尼是随频率的增大而增大的。即低阶频率阻尼较小些，高阶频率阻尼较大些。

3）β 阻尼往往衰减掉高频的影响。

4）β 阻尼的单位是时间。

由于在一个载荷步中只能输入一个值，所以选取最主要的响应频率来计算阻尼 β。

在 Analysis Settings 的 Details 窗口中指定 β 阻尼，即 Stiffness Coefficient 值。该值有两种方法输入：

1）Direct Input，可以直接输入，如图 7-6 所示。

2）Damping vs Frequency，通过在指定频率的阻尼比来计算，如图 7-8 所示。如果 β 值未知，可以改变"Stiffness Coefficient Define By"为"Damping vs Frequency"，然后在"Frequency"下指定相应的频率，在"Damping Ratio"下指定阻尼比。Workbench Simulation 将会计算合适的 β 阻尼，即 Stiffness Coefficient 值。

Damping Controls	
☐ Constant Damping Ratio	0.
Stiffness Coefficient Define By	Damping vs Frequency
Frequency	1000. Hz
Damping Ratio	3.167
Stiffness Coefficient	1.0081e-003
☐ Mass Coefficient	0.

图 7-8 β 阻尼和数值阻尼

3. Workbench 的分析模块中的阻尼控制

在 Analysis Settings 的 Damping Controls 中，Workbench 各个分析模块中可以使用的阻尼控制见表 7-2。

表 7-2　Workbench **分析模块可以使用的阻尼控制**

Details View Setting	Workbench 分析模块												
	SS	TSA	TSM	HR	M	LB	RV/RS	SO	SST	TT	MS	E	TE
Constant Damping Ratio				OK			OK						
Beta Damping Defined By		YES		YES			YES						
Beta Damping Frequency		YES		YES			YES						
Beta Damping Measure		YES		YES			YES						
Beta Damping Value		YES		YES			YES						

其中：（1）SS：Static Structural；（2）TSA：Transient Structural；（3）TSM：Rigid Dynamics；（4）HR：Harmonic Response；（5）M：Modal；（6）LB：Linear Buckling；（7）RV/RS：Random Vibration / Response Spectrum；（8）SO：Shape Optimization；（9）SST：Steady-State Thermal；（10）TT：Transient Thermal；（11）MS：Magnetostatic；（12）E：Electric；（13）TE：Thermal Electric。

4. 阻尼相互转换

不同的行业可能通过不同的形式指定阻尼，绝大多数与 ANSYS 中使用的阻尼比 ξ 有关，各种阻尼形式的转换因子见表 7-3。这些方法通常用于单自由度系统，因此，在将它们扩展到多自由度系统（例如有限元）中时，要慎重。

（1）黏性阻尼因子或者阻尼比 ξ；

（2）损耗因子或者结构阻尼因子 η；

（3）对数衰减率 Δ；

（4）品质因子 Q；

（5）谱阻尼因子 D。

表 7-3　**各种阻尼形式的转化因子**

	Damping Ratio 阻尼比	Loss Factor 损耗因子	Log Decrement 对数衰减率	Quality Factor 品质因子	Spectral Damping 谱阻尼因子	Amplification Factor 放大系数
Damping Ratio	ξ	$\eta/2$	$\Delta/2\pi$	$1/(2Q)$	$D/(4\pi U)$	$1/2A$
Loss Factor	2ξ	η	Δ/π	$1/Q$	$D/(2\pi U)$	$1/A$
Log Decrement	$2\pi\xi$	$\pi\eta$	Δ	π/Q	$D/(2U)$	π/A
Quality Factor	$1/(2\xi)$	$1/\eta$	π/Δ	Q	$2\pi U/D$	A
Spectral Damping	$4\pi U\xi$	$2\pi U\eta$	$2U\Delta$	$2\pi U/Q$	D	$2\pi U/A$
Amplification Factor	$1/(2\xi)$	$1/\eta$	π/Δ	Q	$2\pi U/D$	A

7.2 模 态 分 析

本节帮助路径：help/wb_sim/ds_modal_analysis_type.html。

一般情况下，在进行瞬态动力分析、谐响应分析、谱分析这类动力分析模块之前，先要完成模态分析，确定结构的振动特性。模态分析只是结构动力分析的第一步，接下来还要继续分析。对于其他动力学分析，模态分析有助于确定 Solution Controls 细节窗口总求解控制参数（时间步长等）。

7.2.1 介绍模态分析

本节帮助路径：help/ans_thry/thy_anproc3.html。

1.模态

振动模态，简称模态，是弹性结构所固有的、整体的动力学特性。每一个模态具有特定的固有频率、阻尼比和模态振型。这些模态参数可以由计算或试验分析取得，这样一个计算或试验分析过程称为模态分析。这个分析过程如果是由有限元计算的方法取得的，则称为计算模态分析；如果通过试验将采集的系统输入与输出信号经过参数识别获得模态参数，称为试验模态分析。

2.模态分析

模态分析是一种确定结构振动特性的技术。完成模态分析后，可以获得如下结果：

（1）natural frequencies 自然频率：结构自由振动的频率。

（2）mode shape 振型：在自然频率下振动时，结构的振动形态。

（3）mode participation factors 模态参与系数：在某个振型下，结构质量在某个振动方向的贡献大小。

由于结构的振动特性决定了结构对于各种动力载荷的响应情况，所以在准备进行其他动力分析之前首先要进行模态分析。模态分析是所有动力学分析的基础。

3.模态分析的矩阵方程组

根据通用的结构线性运动控制方程：

$$\boldsymbol{M\ddot{u}} + \boldsymbol{C\dot{u}} + \boldsymbol{Ku} = \boldsymbol{F}(t)$$

假设为自由振动，并且忽略阻尼，则 $\boldsymbol{C}$，$\boldsymbol{F}$ 为零，上式简化为

$$\boldsymbol{M\ddot{u}} + \boldsymbol{Ku} = \boldsymbol{0}$$

假设为谐响应运动，例如：

$$\boldsymbol{u} = \boldsymbol{\varphi}_i \sin(\omega_i t + \theta_i)$$

$$\boldsymbol{\dot{u}} = \omega_i \boldsymbol{\varphi}_i \cos(\omega_i t + \theta_i)$$

$$\boldsymbol{\ddot{u}} = -\omega_i^2 \boldsymbol{\varphi}_i \sin(\omega_i t + \theta_i)$$

将 $\boldsymbol{u}$，$\boldsymbol{\dot{u}}$，$\boldsymbol{\ddot{u}}$ 代入简化矩阵方程组，并最终简化为

$$\boldsymbol{K} - \omega_i^2 \boldsymbol{M} \, \boldsymbol{\varphi}_i = \boldsymbol{0}$$

可见该方程成立的条件，或者是 $\boldsymbol{\varphi}_i = \boldsymbol{0}$（无振动），或者满足下式：

$$\det(\boldsymbol{K} - \omega_i^2 \boldsymbol{M}) = 0$$

对于模态分析,振动频率 ω_i 和模态 $\boldsymbol{\varphi}_i$ 是根据上面的矩阵方程式计算得出的。方程的根是 ω_i^2,即特征值,其中 i 范围是从 1 到自由度个数 n(number of DOF)。对应的特性矢量为 $\boldsymbol{\varphi}_i$。特征值的开二次方根是 ω_i,即为结构的固有角频率(rad/s)。固有频率 f_i 可以得到 $f_i = \omega_i / 2\pi$(cycles/s)。这是 ANSYS 输出的固有频率值。特征矢量 $\boldsymbol{\varphi}_i$ 表示结构在以固有频率 f_i 振动时所具有的振动形状。模态提取是指程序经过计算得到特性值和特性矢量。

对于模态分析,作如下的假设:

(1)刚度矩阵 $\boldsymbol{K}$ 和质量矩阵 $\boldsymbol{M}$ 不变。

(2)不存在 $\boldsymbol{C}$,因此结构无阻尼。

(3)无 $\boldsymbol{F}$,因此假设结构无激振力。

(4)假设材料特性为线弹性的。

(5)利用小位移理论,并且不包括非线性特性。

(6)根据物理方程,结构可能不受约束,或者部分或者完全地被约束住。

(7)模态 $\boldsymbol{\varphi}_i$ 是相对值,不是绝对值。

4. 模态分析的工程应用

作为振动工程理论的一个重要分支,模态分析或实验模态分析为各种产品的结构设计和性能评估提供了一个强有力的工具,其可靠的实验结果往往作为产品性能评估的有效标准,而围绕其结果开展的各种动态设计方法更使模态分析成为结构设计的重要基础。特别是计算机技术和各种计算方法(如 FEM)的发展,为模态分析的应用创造了更加广阔的环境。

模态分析的应用可分为以下四类。

(1)模态分析在结构性能评价中的直接应用。根据模态分析的结果,即模态频率、模态振型、模态阻尼等模态参数,对被测结构进行直接的动态性能评估,预言结构在此频段内在外部或内部各种振源作用下实际振动响应。对一般结构,要求各阶模态远离工作频率,或工作频率不落在某阶模态的半功率带宽内;对结构振动贡献较大的振型,应使其不影响结构正常工作。这是模态分析的直接应用,已成为工程界的基本方法。

(2)模态分析在结构动态设计中的应用。以模态分析为基础的结构动态设计,是近年来振动工程界开展的最广泛的研究领域之一。

有限元法(FEM)和试验模态分析(EMA)为结构动态设计提供了两条最主要的途径。在围绕着两种基本方法所展开的结构动态设计研究工作中,人们提出了很多种方法。这些方法可归为以下六类:①载荷识别;②灵敏度分析;③物理参数修改;④物理参数识别;⑤再分析;⑥结构优化设计。他们分别从不同方面解决了结构动态设计中的部分问题,某几种方法的组合可做到结构的优化设计。围绕这两种基本方法所展开的研究工作内容十分丰富。应用这些成果,大大提高了产品设计性能,缩短了设计周期。

(3)模态分析在故障诊断和状态监测中的应用。利用模态分析得到的模态参数等结果进行故障判别日益成为一种有效而实用的故障诊断和安全检测方法。如根据模态频率的变化判断裂纹的出现,根据振型的分析判别裂纹的位置,根据转子支承系统阻尼的改变判断和预测转子的失稳,土木工程中依据模态频率的变化判断水泥柱中是否有裂纹和空隙等。

(4)模态分析在声控中的应用。声音控制包括振动的利用及对噪声的控制两个方面。在振动利用方面,模态分析在音箱设计、大钟设计等实例中均收到良好效果。在噪声控制方面,模态分析应用的例子也很多,包括对噪声源的寻找和确定产生噪声的模态及由此提出的降噪措施。

7.2.2 自由模态分析流程

本节帮助路径:help/wb_sim/ds_modal_analysis_type.html。

在 Workbench 主界面的 Toolbox 下找到 Model,将其拖入 Project Schematic 区域,就建立了自由模态分析的工程流程图。

在 Workbench 中进行模态分析类似第 6 章的线性静态结构分析。模态分析的流程大致分为:①建立或导入几何模型;②设置材料属性;③定义接触区域(如果有的话);④定义网格控制(可选择);⑤定义分析类型;⑥加支撑(如果有的话);⑦添加频率求解结果;⑧设置频率测试选项;⑨求解;⑩查看结果。可见,模态分析与线性静态分析的过程非常相似,因此不对所有的步骤做详细介绍。其中步骤⑤,⑦,⑧是针对模态分析的。

1.几何体

模态分析支持各种几何体:实体,表面体和线体。对于线体,只有振型和位移结果是可见的。

可以使用质量点。质点在模态分析中只有质量(无硬度),但是并不改变结构的刚度。质量点的存在会降低结构自由振动的频率。

2.材料属性

材料属性中忽略任何材料非线性行为。由于没有载荷,所以定义了以下材料属性,就不再需要其他的材料属性了。

材料属性需要输入如下参数:

(1)与刚度相关的参数。通常给定杨氏模量、泊松比。可以使用各向同性、各向异性材料,可以使用和温度相关的材料。

(2)与质量相关的参数,通常给定密度,也可以使用远端质量。

3.接触

模态分析中,可以包括运动副 Joint,可以考虑弹簧刚度,但忽略弹簧阻尼。

模态分析,可能存在接触。然而,由于模态分析是纯粹的线性分析,所以,所采用的接触不同于非线性分析中的接触类型。任何非线性接触仅保留初始状态,系统取其初始状态的刚度值,并且不再改变此刚度值,具体如表 7-4 所示。

表 7-4　静态结构分析和模态分析中的接触类型对比

接触类型	静态结构分析	模态分析		
		初始接触	Pinball 内部	Pinball 外部
Bonded 绑定	Bonded 绑定	Bonded 绑定	Bonded 绑定	Free 自由
No Separation 不分离	No Separation 不分离	No Separation 不分离	No Separation 不分离	Free 自由
Rough 粗糙	Rough 粗糙	Bonded 绑定	Free 自由	Free 自由
Frictionless 无摩擦	Frictionless 无摩擦	No Separation 不分离	Free 自由	Free 自由
Frictional 有摩擦	Frictional	$\mu=0$ 不分离,$\mu>0$ 绑定	Free 自由	Free 自由

由表 7-4 可知：

(1)绑定和不分离这两种线性的接触行为，其接触情形将取决于 pinball 区域的大小。(pinball 区域有 3 种选项：Program Controlled 程序控制（默认）、Auto Detection Value 程序自动检测值、Radius 指定半径。

(2)两个非线性的接触行为，即粗糙的和无摩擦的，都将表现为线性模式，因此初始接触时它们会转化为绑定或者无间隙接触方式来替代并产生作用。

(3)假如间隙存在，非线性的接触行为将是自由无约束的（也就是说，好像是没有接触一样）。

(4)在模态分析中不推荐使用摩擦接触 Frictional，因为它是非线性的。

4. 载荷与约束

结构载荷和热载荷无法在模态中存在。模态分析中不要施加任何载荷。关于预应力模态分析的内容，参见本节后面的部分。在这种情况下，只是为了体现预应力效果，载荷才被考虑。

约束条件对于模态分析来说，是很重要的。因为他们能影响零件的振型和固有频率。因此需要仔细考虑模型是如何被约束的。

(1)在模态分析中可以使用各种约束。假如没有或者只存在部分的约束，在没有约束的方向将会计算刚体模态，这些模态将处于 0 Hz 附近。与静态结构分析不同，模态分析并不要求禁止刚体运动。

(2)压缩约束是非线性的，因此在此分析中不被使用。如果存在的话，压缩约束通常会表现出与无摩擦约束相似。

(3)不允许存在非零位移。不允许存在速度边界条件。

(4)使用对称边界条件要特别地小心。对称边界条件只能产生对称的模态，所以会丢失一些模态。

例如：对于带孔平板模型，整体的模型和 1/4 模型的最低非 0 模态如图 7-9 和图 7-10 所示。可以看出 1/4 模型丢失了 72 Hz 的反对称模态，因为在边界条件上 Rotx 是非零的。

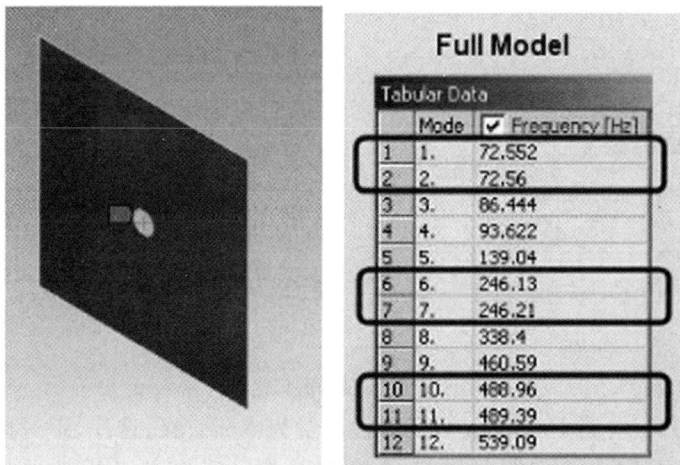

图 7-9　整体模型的模态

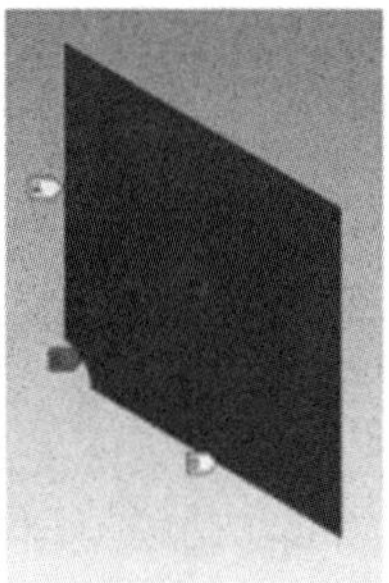

Symmetry BC

Tabular Data

	Mode	Frequency [Hz]
1	1.	86.438
2	2.	139.02
3	3.	337.64
4	4.	674.97
5	5.	812.93
6	6.	1014.9

Anti-Symmetry BC

Tabular Data

	Mode	Frequency [Hz]
1	1.	93.517
2	2.	459.13
3	3.	535.98
4	4.	893.49
5	5.	1054.3
6	6.	1367.6

图 7-10　四分之一模型的模态

5. 分析类型

本节帮助路径：help/wb_sim/ds_modal_analysis_type. html，help/wb_sim/ds_Solver_Controls. html。

在 Model-Mechanical[ANSYS Multiphysics]分析窗口中，选中左侧导航树中"Modal"。如图 7-11(a)所示，子分支的 Pre-Stress 将在第 7. 2. 3 节"预应力模态分析流程"中讲述。在 Analysis Settings 的细节窗口中，下面介绍与模态分析有关的选项。

(1)Options 选择栏。Max Modes to Find 提取的模态阶数：1～200(默认的是 6)，如图 7-11(a)所示。随着用户要获得模态数量的增加，运算时间也随之相应增加。

Limit Search to Range 指定频率变化的范围，默认的是 0 到(1e+008)Hz，如图 7-11(b)所示。在 Limit Search to Range 框中选择 Yes，可以将搜索范围限制在用户感兴趣的特定的频率范围内。

(2)Solver Controls→Dampd 有 2 种选项：No，不存在阻尼；Yes，下方出现 Damping 分支，如图 7-12 所示。可以输入刚度阻尼乘子和质量乘子。详情见第 7. 1. 4 节"阻尼"。

(3)Solver Controls→Solver Type：无论是在无阻尼或阻尼模态系统中，通常建议用户选择 Program Controlled，即允许程序根据用户的模型的类型，选择适合求解器。

Details of "Analysis Settings"

Options	
Max Modes to Find	6
Limit Search to Range	No
Solver Controls	
Damped	No
Solver Type	Program Controlled
Rotordynamics Controls	
Coriolis Effect	On
Campbell Diagram	On
Number of Points	2

Program Controlled / Direct / Iterative / Unsymmetric / Supernode / Subspace

(a)

Details of "Analysis Settings"

Options	
Max Modes to Find	6
Limit Search to Range	Yes
Range Minimum	0. Hz
Range Maximum	1.e+008 Hz
Solver Controls	
Damped	Yes
Solver Type	Program Controlled
Rotordynamics Controls	
Coriolis Effect	On
Campbell Diagram	On
Number of Points	2

Program Controlled / Full Damped / Reduced Damped

(b)

图 7-11　细节窗口之一

如图 7-11(a)所示，当 Damping 阻尼属性设置为 No，直接、迭代、不对称、超节点和子空间类型用于求解不包含任何阻尼效应的模态系统。用户可以手动选择 Direct 直接或 Iterative 迭代求解器。Direct 选项使用稀疏求解器，Iterative 迭代选项使用 PCG 或 ICCG(用于电气和电磁分析)求解器。对于大型模型，迭代求解器在求解时间和内存占用方面优于直接求解器。

如图 7-11(b)所示,当 Damping 阻尼属性设置为 Yes,则 Solver Type 选项包括程序控制、全阻尼、减阻尼。默认选项由程序控制。在求解时间上,Reduced Damped 求解器优于 Full Damped 全阻尼求解器。但是,当存在高阻尼效应时,不推荐使用 Reduced Damped 求解器,因为它可能会变得不准确。

(4)Output Controls→Stress 和 Strain:输出控制,如图 7-12 所示。

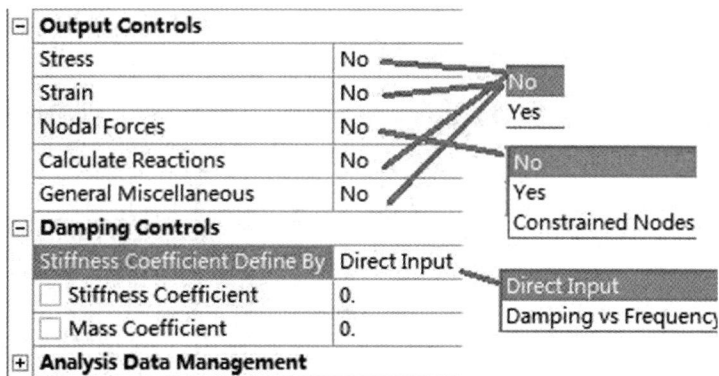

图 7-12 细节窗口之二

Calculate Stress:是否计算单元应力。

如果在分析选项中选择计算单元应力,则可得到应力。应力值没有实际的意义,然而其可以显示危险区域。如果振型进行归一化处理,则可以对比给定模态不同点的应力值。

因为自由度解的数值没有任何实际意义,它只表明了振型,即节点相对于其他节点是如何运动的。

Calculate Strain:是否计算单元应变。

(5)Output Controls→Nodal Forces 将元素节点强制写入结果文件。备选方案包括:

No:没有节点力写入结果文件,这是默认设置。

Yes:此选项为所有节点编写节点强制。它适用于静态结构、瞬态结构、谐波响应和模态分析。

Contrained Nodes:约束节点。此选项只输出受约束节点的力。它适用于模态分析以及模态叠加(MSUP)谐波响应和瞬态分析,这些分析与模态分析相关联,并且 Expand Results From 扩展结果选项设置为 Modal Solution。此选项指导 Mechanical 在计算反作用力和力矩时,只使用约束节点。其优点是减少了结果文件的大小。

(6)Output Controls→Calculate Reactions:在约束条件下打开节点力。可用于模态、谐波响应和瞬态(仅适用于与模态分析相关联的分析类型)。

(7)Genera Miscellaneous:一般杂项。用于通过 SMISC/NMISC 表达式访问单元杂项记录,以获取用户定义的结果。默认值为 No。

(8)其他选项:其他选项与静力学分析环境中对应项目完全一样。Solver Controls 见第 6.5.2 节"Solver Controls"。Analysis Data Management 分析数据管理的各项,详情见第 6.5.6 节"Analysis Data Management"。

6. 求解

在设置完前面的选项之后,点击 Solve 按钮便可以求解模态分析了。

对于相同的模型,模态分析比起静态分析通常要花费更多的计算,因为它们的求解方程是不同的。如果在一个求解完成之后,需要获得应力、应变或者更多的频率/振型,那么必须重新进行求解。

详细解释见第 6.9.2 节"Solution 细节窗口"。

7. 查看结果

求解结束后,可以查看结果:

(1)选择导航树的 Solution 分支,在 Graph 区域和 Tabular Data 区域会显示频率和模态阶数,如图 7-13 所示。可以从图表或者图形中选择需要振型或者显示全部振型。

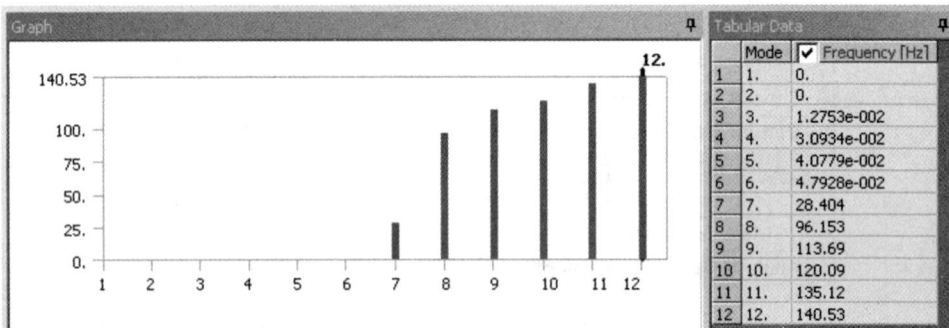

图 7-13   刚体模态

系统如果出现前几阶模态的频率为零,或者接近于零,这些模态为刚体运动,或零阶模态,如图 7-13 所示,这些频率可以忽略,一般情况下是由于模型没有添加足够的约束或支撑,导致模型可以像刚体一样,可以在至少一个方向上运动。

(2)添加"Total Deformation"结果,可以求解某个模态下的变形。在 Graph 工具栏中的动画按钮能用来显示可视化振型图。由于在结构上没有激励作用,因此振型只是与自由振动相关的相对值,变形值不代表真实的位移。

(3)添加 Strain 和 Stress 结构。注意应力和应变只是相对值,而不是绝对值。

7.2.3   预应力模态分析流程

本节帮助路径:help/wb_sim/ds_eigen_apply_pre_stress.html。

1. 概述

某些情况下,在一个静态载荷(static)的作用下,结构的预应力状态可能影响到它的固有频率。尤其是对于那些在某一个或两个尺度上很薄的结构,需要考虑应力对模态分析的影响。例如,吉他弦被调节时,当轴向载荷增加(拉紧)的时候,横向频率也随之相应地增加。这就是一个应力硬化的例子。

在求解预应力模态分析的过程,需要自动执行两个迭代过程:

首先将执行线性静态分析,有

$$Kx_o = F$$

基于静态分析的应力状态,应力硬化矩阵 S 的影响将被考虑,即

$$\sigma_o \rightarrow S$$

然后求解预应力模态分析,包括 S 项,有

$$(K + S - \omega_i M)\varphi_i = 0$$

2.流程

执行一个预应力模态分析(也就是做带有预应力的自由振动分析)的过程,首先必须通过施加载荷(结构或热载荷)的方式,来确定结构的最初应力状态。其他步骤与进行标准的自由振动模态分析的过程基本是一样的。

在 Workbench 主界面下建立工程流程图,一个静力结构分析与模态分析相结合的并有预应力存在的分析模型。方法有两种:

(1)先建立并完成 Static Structural(ANSYS)静力结构分析。再在 AWB 的工程项目界面左侧的 Toolbox 中单击 Model(ANSYS),然后按着鼠标左键将其拖动到项目流程图的 A4 上,表明两者共享 A2 到 A4 的参数,并将 A6 的 Solution 作为已知条件。如图 7-14(a)所示。注意在模型分支里,结构分析结果变成开始状态的,如图 7-14(b)所示。

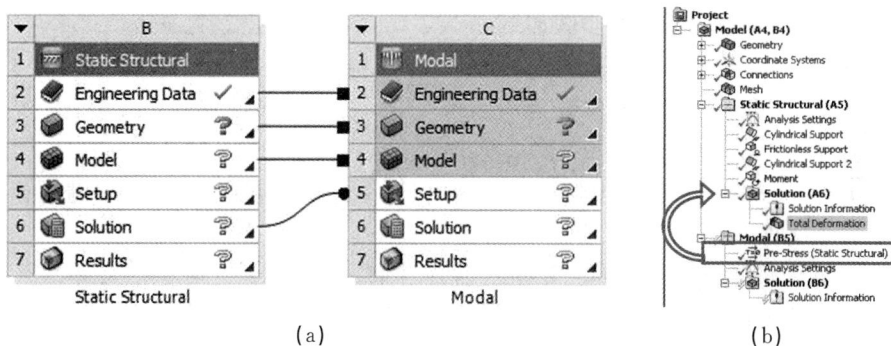

(a)　　　　　　　　　　　　　　(b)

图 7-14　预应力模态的工程流程图

(2)先建立并完成 Static Structural(ANSYS)静力结构分析。如图 7-15 所示,选择 Solution(A6)并右击鼠标,选择 Transfer Data To New Model(ANSYS),同样建立如图7-14 左侧所示的流程图。

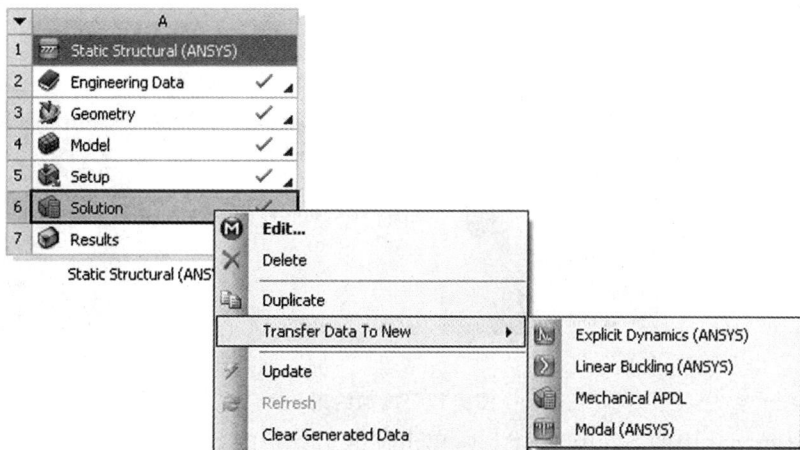

图 7-15　静力结构分析与模态分析的连接

7.2.4　第 7 章例子 1

本例子的目标是模拟在无预应力和有预应力两种状态下,拉杆的模态响应。而对于有预应力状态,确切地说,是给拉杆施加一个 4 000 N 的拉力,然后同自由状态下的拉杆固有频率作比较。

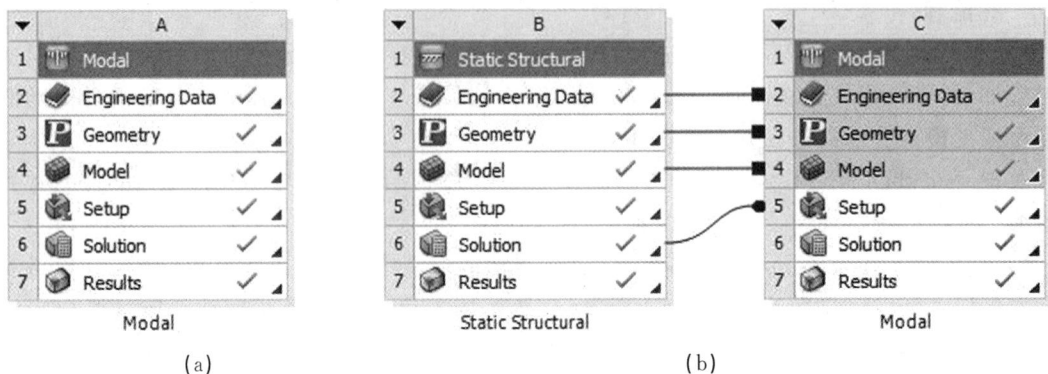

图 7-16　建立分析系统

首先进行无预应力的模态。步骤如下：

(1)启动 Workbench,双击 Toolbox 上的 Modal,创建一个 Modal 系统(见图 7-16(a))。

(2)单击菜单 Units,选择单位设为 Metric (kg, mm, s, C, mA, mV),选择 Display Values in Project Units。

(3)在 Project Schematic 窗口的 Model A3,即 Geometry 上点击鼠标右键选择 Import Geometry 导入文件 tension_link. x_t。

(4)双击 A4 即 Model 打开 Mechanical 程序界面。

(5)设置作业单位制系统:单击菜单 Units,选择 Metric (mm, kg, N, s, mV, mA)。

(6)给模型施加约束。

先选中导航树的 Modal (A5),确认选择工具条的选择过滤器是 Face。

1)选中一个垫片的一个内表面,然后点击鼠标右键选择 Insert 施加 Fixed Support(固定约束),如图 7-17(a)所示。

2)选中另一个垫片的边缘,然后点击鼠标右键选择 Insert 施加 Frictionless Support(无摩擦约束),如图 7-17(b)所示。

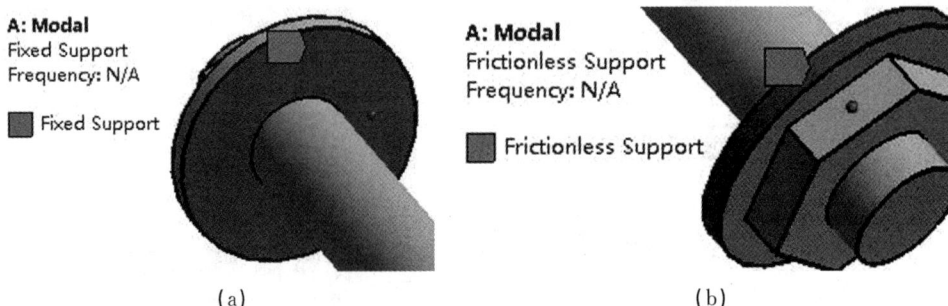

图 7-17　施加约束

(7)选中 modal 中的 Solution (A6),单击标准工具条的 Solve。

(8)插入模态结果:选择导航树的 Solution(A6),在右下角的 Graph 窗口,在 timeline 上点击鼠标右键选择 Select All,就会选中所有频率,如图 7-18 所示。再在 timeline 上点击鼠标右键选择 Create Mode Shape Results,就会在导航树 Solution(A6)下建立前 6 阶共振频率对应的 Total Deformation。

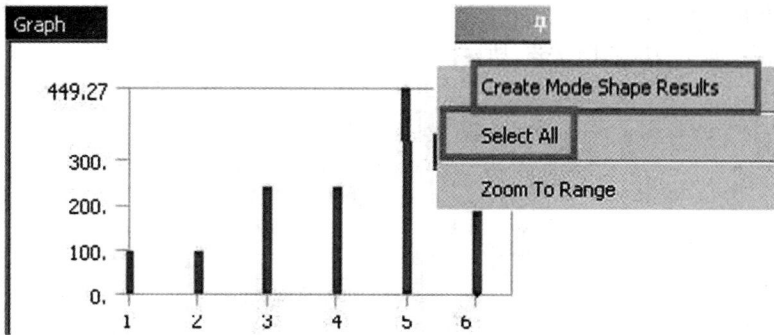

图 7-18　插入模态结果

（9）在 Solution 点击鼠标右键选择 Evaluate All Results，就会计算各阶共振频率的振型。

（10）选择不同结果来查看模态形状。其中第 6 阶频率 414 Hz 对应的振型，如图 7-19 所示。

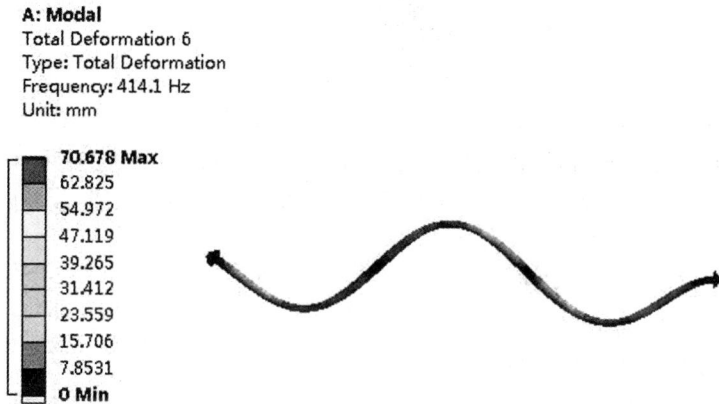

图 7-19　第 6 阶的模态振型

在完成无应力模态后，接下来进行有预应力的模态。步骤如下。

1）双击 Toolbox 上的 Static Structural，创建一个新的系统。

2）把 Modal 系统拖放到 Static Structural 系统中的 Solution 模块，如图 7-16（b）所示。B 系统中的 B2 到 B4 是和系统 C 共享的。B 系统的 Solution（B6）结果数据传递移到系统 C 的 Setup 中。

单击菜单 Units，选择单位设为 Metric（kg，mm，s，C，mA，mV），选择 Display Values in Project Units。

3）在 Project Schematic 窗口的 Static Structural 的 B3，即 Geometry 上点击鼠标右键选择 Import Geometry 导入文件 tension_link. x_t。

4）双击 B4 即 Model 打开 Mechanical 程序界面。

5）设置作业单位制系统：单击菜单 Units，选择 Metric（mm，kg，N，s，mV，mA）。

6）给模型施加约束：

先选中导航树的 Static Structural（B5），确认选择工具条的选择过滤器是 Face。

①选中一个垫片的一个内表面，然后点击鼠标右键选面择 Insert 施加 Fixed Support（固定约束）。②选中另一个垫片的边缘，然后点击鼠标右键选择 Insert 施加 Frictionless

Support(无摩擦约束)。

7)给模型施加拉力,如图 7-20 所示。

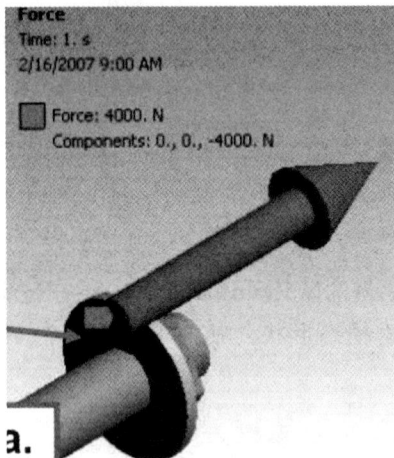

图 7-20　施加拉力

①必要时,旋转模型并放大查看垫片的表面,寻找到垫片边缘施加了无摩擦约束的那个垫片。②选择垫片的内表面,点击鼠标右键选择→Insert→Force。③在 Details of Force 中改变 Components。④给 Z component 赋值大小为 4 000 N(可能是＋4000,也可能是－4000,只要保证方向为拉伸力)。

8)类似于无预应力的第 7)步。

9)类似于无预应力的第 8)步。

10)类似于无预应力的第 9)步。

11)类似于无预应力的第 10)步。其中第 6 阶频率 448 Hz 对应的振型,如图 7-21 所示。

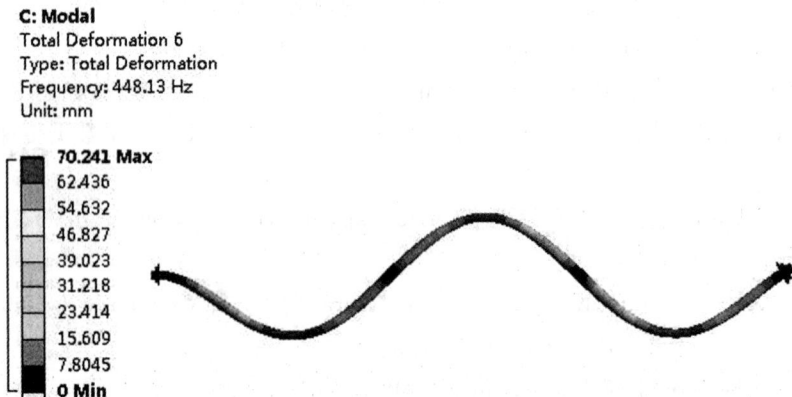

图 7-21　有预应力时第 6 阶共振频率对应的振型

12)将共振频率列表,见表 7-5,对比两种情况的共振频率可见,有预应力的同阶共振频率比无预应力的频率明显增加。

表 7-5　对比共振频率

	1	2	3	4	5	6
无预应力的 共振频率/Hz	73	73	207	207	414	414
有预应力的 共振频率/Hz	93	93	237	237	447	447

7.3　谐响应分析

本节帮助路径：help/wb_sim/ds_harmonic_analysis_type.html。

7.3.1　谐响应分析概述

本节帮助路径：help/ans_thry/thy_anproc4.html。

1. 谐响应分析

谐响应是分析结构在承受一个或多个同频率、随时间按正弦(简谐)规律变化载荷作用下，确定系统稳态响应的一种技术。该技术只用于计算结构的稳态受迫振动，而激励初始时刻的瞬态分析并不包含在内。

谐响应分析使设计人员能预测结构的持续动力特性，从而使设计人员能够验证结构设计是否能够克服共振、疲劳以及其他有害的强迫振动的影响。其一确保一个给定的结构能经受住不同频率的各种正弦载荷(例如以不同速度运行的发动机)；其二探测共振响应，并在必要时避免其发生(例如：借助于阻尼器来避免共振)。

谐响应分析通常用于如下结构的设计与分析：①旋转设备(如压缩机、发动机、泵、涡轮机械等)的支座、固定装置和部件；②受涡流(流体的漩涡运动)影响的结构，例如涡轮叶片、飞机机翼、桥和塔等。

谐响应有如下特点：

(1)输入载荷可以是已知幅值和频率的简谐载荷(力、压力和强迫位移)。分析中所有载荷及结构响应以频率相同的正弦变化，但可以考虑不同相。

(2)输出结果有很多种类。可以得到每个自由度的谐响应位移，通常和施加的载荷是不同相的。还可以有其他导出值，比如应力和应变。

(3)谐响应分析应该是频域分析方法的一个部分。(刚体动力学分析、瞬态动力学分析属于时域分析，可得到结构随时间的响应。)

(4)在进行谐响应之前，总是首先进行模态分析，以确定固有频率与模态形状。

而且用户会发现谐响应分析时的共振频率和模态分析提到的自振频率是一致的。但有些时候模态分析中得到的有些频率在谐响应分析的频响曲线里可能不很明显。因此，在谐响应分析前进行一下模态分析可以对结构的自振特性有个了解，以便验证谐响应分析结果是否合理。

2. 矩阵方程组

根据运动学的通用方程：

$$M\ddot{u} + C\dot{u} + Ku = F$$

在谐响应分析中，结构的载荷与响应被假定为简谐的(循环)，即 F 和 u 是谐波形式的：

$$\boldsymbol{F} = \boldsymbol{F}_{\max} e^{i\psi} e^{i\omega t} = (\boldsymbol{F}_1 + i\boldsymbol{F}_2) e^{i\omega t}$$

$$\boldsymbol{u} = \boldsymbol{u}_{\max} e^{i\varphi} e^{i\omega t} = (\boldsymbol{u}_1 + i\boldsymbol{u}_2) e^{i\omega t}$$

式中，$F_{\max}$ 为载荷幅值；ψ 为载荷函数的相位角；$F_1 = F_{\max}\cos\psi$ 表示复数的实部；$F_2 = F_{\max}\sin\psi$ 为虚部；$u_{\max}$ 为位移幅值；$u_1 = u_{\max}\cos\varphi$ 为实部；$u_2 = u_{\max}\sin\varphi$ 为虚部。

由于 $e^{j\omega t}$ 可以简单地等于（$\cos\omega t + j\sin\omega t$），其中有虚部项 $j = \sqrt{-1}$，这就表示带有相位差的正弦运动（见图 7-22）。

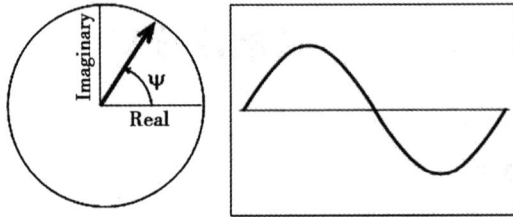

图 7-22　正弦运动

激振频率 ω 是指加载时产生的频率。如果几个不同相位的载荷同时发生激振，将会产生一个力相位变换 ψ；如果存在阻尼或力的相位变换，将会产生一个位移相位变换 φ。例如，考虑两力共同作用在同一结构上的工况。两力都有受到同一频率 ω 激励。但是，"Force 2"滞后于"Force 1"45°的相位差，"Force 2"的相位角 ψ。以上的叙述可通过复数标记的方法表示。因此，可写成：

$$\boldsymbol{F} = \boldsymbol{F}_{\max} e^{j\psi} e^{j\omega t} = (\boldsymbol{F}_{\max}\cos\psi + j\boldsymbol{F}_{\max}\sin\psi) e^{j\omega t} = \boldsymbol{F}_1 + j\boldsymbol{F}_2 e^{j\omega t}$$

下面对运动方程进行求解。实部与虚部的分离不适用于载荷，但适用于响应：

$$\boldsymbol{F} = \boldsymbol{F}_1 + j\boldsymbol{F}_2 e^{j\omega t}$$

$$\boldsymbol{x} = (\boldsymbol{x}_1 + j\boldsymbol{x}_2) e^{j\omega t}$$

$$\dot{\boldsymbol{x}} = j\omega(\boldsymbol{x}_1 + j\boldsymbol{x}_2) e^{j\omega t}$$

$$\ddot{\boldsymbol{x}} = -\omega^2 (\boldsymbol{x}_1 + j\boldsymbol{x}_2) e^{j\omega t}$$

将简谐载荷与响应代回运动方程，可得

$$\boldsymbol{M}\ddot{\boldsymbol{x}} + \boldsymbol{C}\dot{\boldsymbol{x}} + \boldsymbol{K}\boldsymbol{x} = \boldsymbol{F}$$

$$(-\omega^2 \boldsymbol{M} + j\omega \boldsymbol{C} + \boldsymbol{K})(\boldsymbol{x}_1 + j\boldsymbol{x}_2) e^{j\omega t} = (\boldsymbol{F}_1 + j\boldsymbol{F}_2) e^{j\omega t}$$

最终得到谐响应分析的运动方程：

$$(-\omega^2 \boldsymbol{M} + i\omega \boldsymbol{C} + \boldsymbol{K})(\boldsymbol{u}_1 + i\boldsymbol{u}_2) = \boldsymbol{F}_1 + i\boldsymbol{F}_2$$

对于谐响应分析，复数响应 x_1 与 x_2 可从上面的矩阵方程的求解中获得。

在谐响应分析时有以下假设：

(1)结构质量矩阵 $\boldsymbol{M}$，结构阻尼矩阵 $\boldsymbol{C}$，与结构刚度矩阵 $\boldsymbol{K}$ 恒定不变。

(2)材料假设为线弹性的。

(3)小变形，谐响应分析是一种线性分析，任何非线性特性都被忽略。

(4)包含有阻尼矩阵 $\boldsymbol{C}$，但若是激振频率 ω 与结构的固有频率相同，响应将变得无限大。

(5)虽然有相位的存在，但载荷 $\boldsymbol{F}$（与响应 $\boldsymbol{x}$）仍是按给定的激振频率 ω 作正弦变化的。

7.3.2　两种求解方法

本节帮助路径：help/wb_sim/ds_Options_Analysis_Settings.html。

谐响应的运动方程有两种,在谐分析工具的明细窗中,"Solution Method"求解方法栏中只有两个的选项可以勾选,分别是 Full 完全法、Mode Superposition 模态叠加法。这两种方法各有优缺点。

1. 模态叠加法

模态叠加法是默认的求解选项,是所有求解方法中最快的。模态叠加法是用于瞬态分析和谐响应分析的一种求解技术,它的原理是,首先完成模态分析,从模态分析中得到固有频率和各个振型,然后分别乘以系数后叠加起来得到动力学总体响应。该方法是利用从模态分析得到的自然频率和振型来表征承受简谐载荷或者瞬态载荷结构的动力学响应。

模态叠加法是在模态的坐标中求解谐分析方程的。谐分析方程为

$$(-\Omega^2 M + \mathrm{j}\Omega C + K)(x_1 + \mathrm{j}x_2) = F_1 + \mathrm{j}F_2$$

对于线性系统,用户可以将 x 写成关于模态形状的 φ_i 的线性组合的表达式:

$$x = \sum_{i=1}^{n} y_i \varphi_i$$

在上式中,y_i 指模态的坐标(系数)。例如,用户可以通过求解一个模态分析来确定固有频率 ω_i 和相应的模态形状因子 φ_i。该技术将 n 个联立方程缩减为 m 个独立方程,其中 n 为模型的自由度数,m 为所使用的模态阶数。可以看到,包括的模态 n 越多,对 $\{x\}$ 逼近越精确。

关于模态叠加法有以下三点需要注意:

(1)由于采用了模态的坐标系,因此使用模态叠加法进行谐分析时,程序会首先自动地进行模态分析。这些过程能很清楚地记录在求解命令条的工作表菜单中,也能传给用户。

虽然首先进行的是模态分析,但谐分析部分的求解还是很迅速且高效的,因此,总的来说,模态叠加法通常比完全法要快得多。

(2)由于模态叠加法的本质原因,求解是在模态坐标系下完成的,所以不允许有非零的位移。可以包含预应力,可以考虑振型阻尼。

若进行模态叠加法谐响应分析中包括预应力效果,应当先进行有预应力的模态分析,再进行一般的模态叠加法谐响应分析。

(3)可以选择集群处理结构自然频率,结果如图 7-23 所示。

在谐响应分析的 Analysis Settings 的细节窗口中,Cluster Results 的可选项有 Yes,No,是否进行集群处理机构自然频率。如果选择为 No,求解的频率均匀分布在频率范围,有可能错过了峰值对应的频率,如图 7-23(a)所示。而如果选择为 Yes,如图 7-23(b)所示。

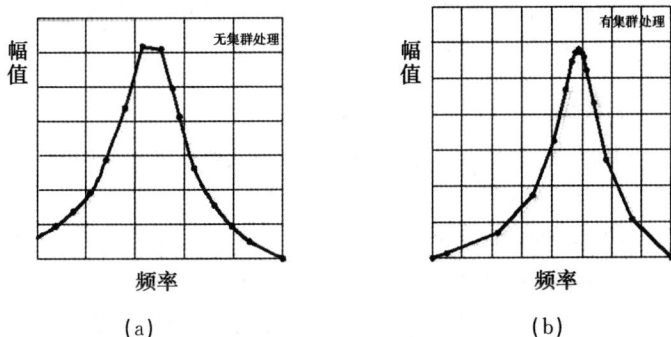

(a)　　　　　　　　　　　　　　(b)

图 7-23　有/无集群处理

2.完全法(直接积分法)

完全法也是求解谐分析的一种方法。谐分析的方程为

$$(-\boldsymbol{\Omega}^2\boldsymbol{M}+\mathrm{j}\,\boldsymbol{\Omega}\,\boldsymbol{C}+\boldsymbol{K})(\boldsymbol{x}_1+\mathrm{j}\boldsymbol{x}_2)=\boldsymbol{F}_1+\mathrm{j}\boldsymbol{F}_2$$

在完全法中,直接在节点坐标系下求解矩阵方程。除了使用了复数外,基本类似于线性静态分析,即

$$\boldsymbol{K}_C=-\boldsymbol{\Omega}^2\boldsymbol{M}+\mathrm{j}\,\boldsymbol{\Omega}\,\boldsymbol{C}+\boldsymbol{K}$$
$$\boldsymbol{x}_C=\boldsymbol{x}_1+\mathrm{j}\boldsymbol{x}_2$$
$$\boldsymbol{F}_C=\boldsymbol{F}_1+\mathrm{j}\boldsymbol{F}_2$$
$$\boldsymbol{K}_C\boldsymbol{x}_C=\boldsymbol{F}_C$$

通过将完全法与模态叠加法作比较,两种方法有如下几个不同,见表7-6。

表 7-6 完全法和模态叠加法的对比

对比项目	模态叠加法	完全法
运行时间	最快	快
使用时的容易程度	容易	最容易
允许单元载荷(例如压强)吗?	是	是
允许非零位移载荷吗?	否	是
允许预应力吗?	否	否
需要选择求解模态吗?	否	否
能进行 Restart 吗?	不能	能
允许非对称矩阵吗?	不允许	允许

(1)对每一个频率,完全法必须将 $\boldsymbol{K}_C$ 因式分解。在模态叠加法中是求解化简后的非耦合方程;在完全法中必须将复杂的耦合矩阵 $\boldsymbol{K}_C$ 因式分解。因此,完全法一般比模态叠加法更耗计算时间。

(2)支持给定位移约束。完全法中,由于对 $\boldsymbol{x}$ 直接求解,允许施加位移约束,并可以使用给定位移约束。允许定义各种类型的荷载,预应力选项不可用。

(3)完全法没有使用模态的信息。与模态叠加法不同的,完全法并不依赖模态形状与固有频率,程序在内部并不执行模态分析对 $\boldsymbol{x}_C$ 的求解是精确的。并没有模态形状的响应 $\boldsymbol{x}$ 近似的结果产生。

但是,由于在求解过程中,DS 并没有产生模态信息,因此,不会产生频率聚集的结果,只有频率均匀分布的结果产生。

7.3.3 谐响应分析流程

本节帮助路径:help/wb_sim/ds_Options_Analysis_Settings. html,以及 help/wb_sim/ds_harmonic_analysis_type. html。

在 Workbench 主界面的 Toolbox 下找到 Harmonic Response,将其拖动 Project Schematic,就建立了谐响应分析的工程流程图。

谐分析的操作主要包括如下流程:①建立或导入几何模型;②设置材料属性;③定义接触域(若可用的话);④定义网格控制(可选);⑤施加载荷与约束的条件;⑥指定所要求谐分

析选项;⑦求解模型;⑧查看结果。可见该流程很类似于线性静态的操作,其中⑥,⑦是谐响应特有的步骤。

1.几何体

在谐分析中,可使用实体、面、线及其任意的组合几何模型。对于线,将不能输出应力与应变的结果。可以加入 Point Mass,但只有加速度载荷对它起作用。

2.材料属性

在谐分析中,要求输入杨氏弹性模量、泊松比和密度。其他所有材料的属性可以指定,但它们不会参与谐分析。

后面将说明,阻尼不是作为材料的属性输入,而是作为全局属性被输入的。

3.接触

谐响应分析中的接触行为类似于模态分析,见表 7-7。由于简谐模拟是线性的,非线性接触相对于它的线性对应部件做出了简化。建议在谐分析中一般不要使用非线性接触。

表 7-7　静态结构分析和谐响应分析中的接触类型对比

接触类型	静态结构分析	谐响应分析		
		初始接触	Pinball 内部	Pinball 外部
Bonded 绑定	Bonded 绑定	Bonded 绑定	Bonded 绑定	Free 自由
No Separation 不分离	No Separation 不分离	No Separation 不分离	No Separation 不分离	Free 自由
Rough 粗糙	Rough 粗糙	Bonded 绑定	Free 自由	Free 自由
Frictionless 无摩擦	Frictionless 无摩擦	No Separation 不分离	Free 自由	Free 自由
Frictional 有摩擦	Frictional 有摩擦	$\mu = 0$,不分离;$\mu > 0$,绑定	Free 自由	Free 自由

4.网格划分(请参考第 6 章)

5.载荷和约束

在谐响应分析中,载荷工具条如图 7-24 中的 Inertial,Loads 所示。

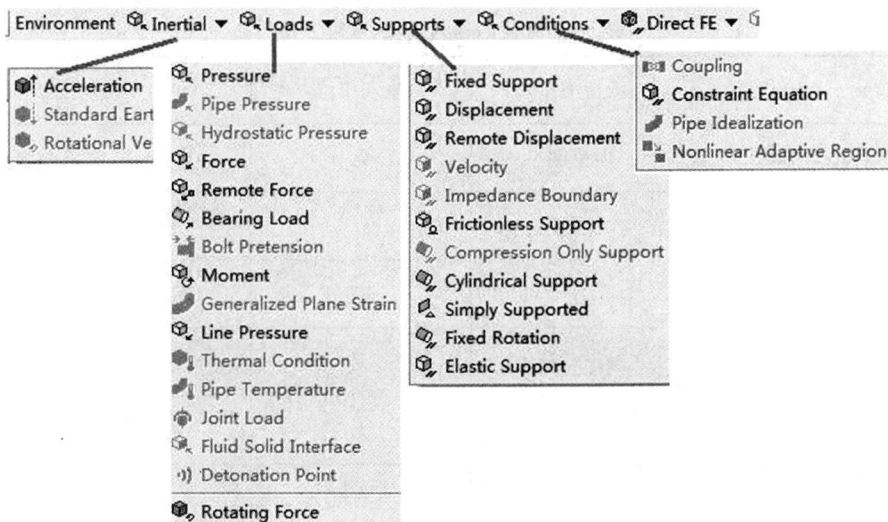

图 7-24　谐响应中可以使用的载荷和约束

只有黑色的载荷是可以使用的,灰色的不可以使用,可见在谐响应分析中:

(1)不支持重力载荷 Gravity Loads。

(2)不支持旋转速度 Rotational Velocity。

(3)不支持热载荷 Thermal Loads。

(4)不支持螺栓预紧力载荷 Pretension Bolt Load,由于它是非线性的。

(5)建议不使用轴承载荷。轴承载荷只作用在圆柱面的一端,90°相位角后,拉力变成压力,而不是用户所希望的作用在圆柱面的另一端,如图 7-25 所示。

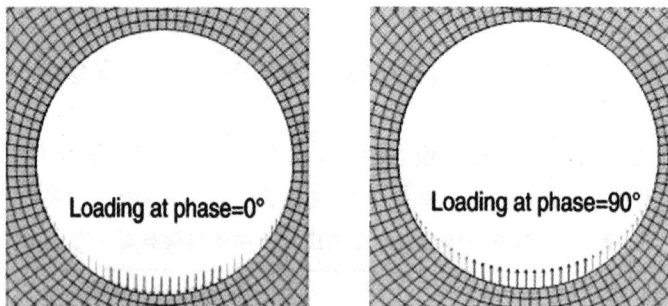

图 7-25 轴承载荷

若已知载荷的实部 F_1 与虚部 F_2,幅值(模)的大小与相位角 ψ 便可根据以下的公式计算:

$$\mathrm{magnitude} = \sqrt{F_1^2 + F_2^2}$$

$$\psi = \arctan\left(\frac{F_2}{F_1}\right)$$

所有结构载荷都在同一激振频率作用下成正弦变化,但可以同相或者不同相。见表 7-8,加速度、轴承载荷与力矩载荷的相位角始终只能为 0°。非 0°的相位角只对力、位移以及压力简谐载荷有效,以力为例,细节窗口如图 7-26 所示,X Component,Y Component,Z Component 为幅值,X Phase Angle,Y Phase Angle,Z Phase Angle 为相位角,单位为 rad 或者 degree,在菜单 Units 可以选择。

表 7-8 载荷的输入相位、求解方法

Type of Load	载荷类型	输入相位	求解方法
Acceleration Load	加速度	无	完全法、模态叠加法
Pressure Load	压强	有	完全法、模态叠加法
Force Load	力	有	完全法、模态叠加法
Bearing Load	轴承载荷	无	完全法、模态叠加法
Moment Load	力矩	无	完全法、模态叠加法
Remote Displacement	远端位移	有	完全法

Scope	
Scoping Method	Geometry Selection
Geometry	1 Edge
Definition	
Type	Force
Define By	Components
Coordinate System	Global Coordinate System
☐ X Component	0. N
☐ Y Component	250. N
☐ Z Component	0. N
☐ X Phase Angle	0. rad
☐ Y Phase Angle	0. rad
☐ Z Phase Angle	0. rad
Suppressed	No

图 7-26　谐响应分析的力的细节窗口

在谐响应分析中,约束的工具条如图 7-24 中 Supports 所示。类似于模态分析,不支持非线性的约束。

6.谐响应的分析设置

在导航树选择 Harmonic Response 下面的 Analysis Settings。在求解前,需完成这些设置。

(1)求解频率。如图 7-27 所示,在 Option 的明细窗中,用户能通过输入最小值 Range Minimum、最大值 Range Maximum 来确定激振频率域,并给定间隔数 Solution Intervals。

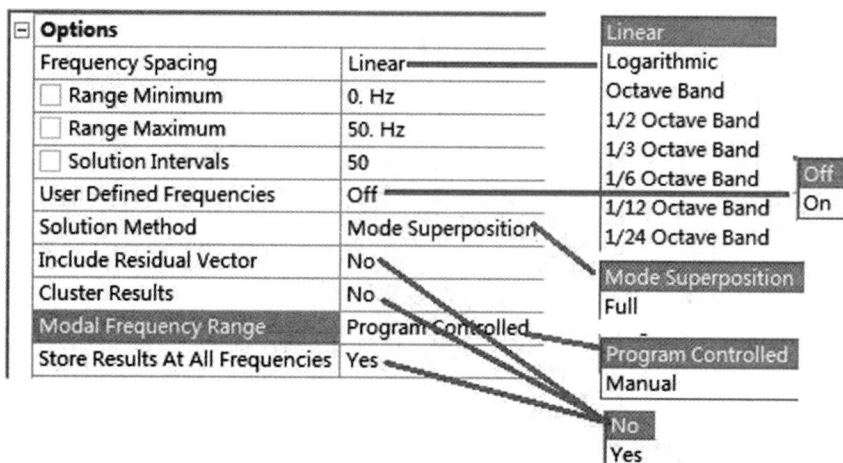

Options		
Frequency Spacing	Linear	Linear / Logarithmic / Octave Band / 1/2 Octave Band / 1/3 Octave Band / 1/6 Octave Band / 1/12 Octave Band / 1/24 Octave Band
☐ Range Minimum	0. Hz	
☐ Range Maximum	50. Hz	
☐ Solution Intervals	50	
User Defined Frequencies	Off	Off / On
Solution Method	Mode Superposition	Mode Superposition / Full
Include Residual Vector	No	
Cluster Results	No	
Modal Frequency Range	Program Controlled	Program Controlled / Manual
Store Results At All Frequencies	Yes	No / Yes

图 7-27　分析设置细节窗口之 Option

假设频率域 f_{max},f_{min},间隔数 n,这样就可以确定求解的步长 Δf。仿真时从 $f_{min} + \Delta f$ 开始,共求解 n 个频率,有

$$\Delta f = \frac{f_{max} - f_{min}}{n}$$

(2)求解方法 Solution Method,有两个选项。Mode Superposition 为模态叠加法,Full 为完全法。详细内容见第 7.3.2 节"两种求解方法"。

(3)Cluster Results 将结果聚拢。只有当求解方法选择 Model Superposition 模态叠加法,在 Analysis Setting 会出现 Cluster Result 选项。由于进行了模态分析,仿真将会获得结构的自然频率。在谐分析中,响应的峰值是与结构的固有频率相对应。

如果 Cluster Result 选择 No,仿真结果使用均匀分布,如图 7-28 所示,可见最大值为 4.69e－3。

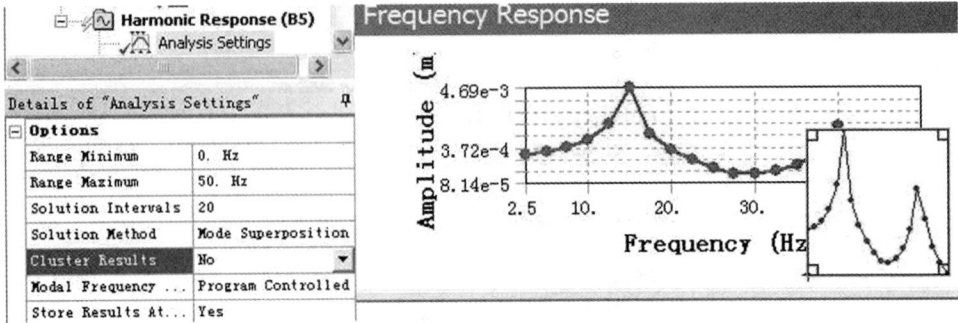

图 7-28　Cluster Result 选择为 No

如果 Cluster Result 选择 Yes,由于自然频率已知,能够将结果聚敛到自然振动频率附近,如图 7-29 所示,可见最大值为 7.02e－3。并且出现 Cluster Number,集群数目,在自然频率每一侧的求解结果数量。默认是 4,用户可以设为 2 到 20 之间任意数目。

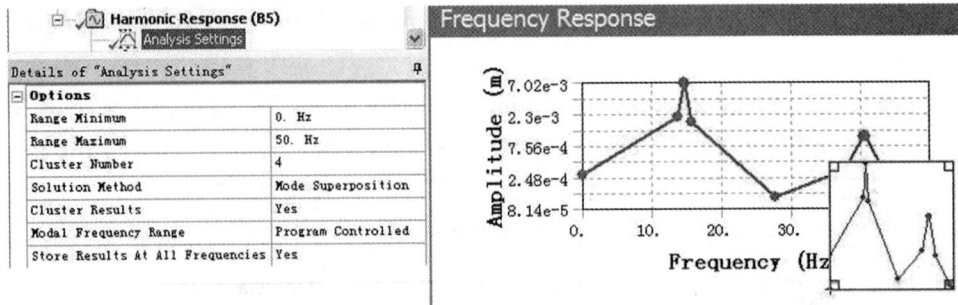

图 7-29　Cluster Result 选择为 Yes

(4)Model Frequency Range 模态频率范围,有两个选项。

Program Controlled:模态扫描范围自动设置为从谐响应频率下限的 50％开始,到谐响应频率上限的 200％结束。该设置可以满足大多数的仿真。

Manual:如图 7-30 所示,在选择了 Manual 后,有 3 个输入框可以手动设置,包括模态阶数、最大模态频率和最小模态频率。

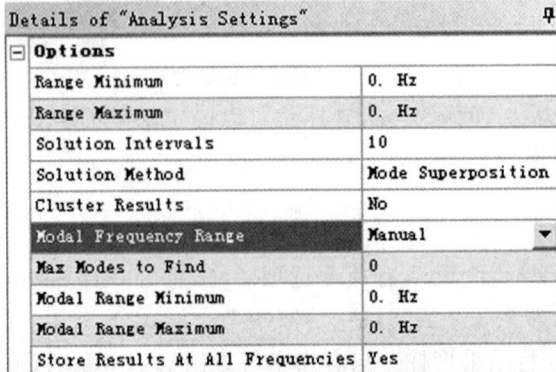

图 7-30　手动设置 Model Frequency Range

(5)Store Results At All Frequencies。是否保存所有频率下的结果,选项有 Yes,No。当设为 Yes 时,根据 Option 和 Output Controls 的设定,把频率范围所有间隔内的求解结果都保存了。因此,在新频率下查找更多结果时不需要再次运行谐响应求解了。这样在存储空间和求解时间之间取得了平衡。

如果存储空间有限,请设为 No。

当求解方法设为 Full 时,没有此选项。

(6)阻尼 Damping Controls。在谐方程中有一个阻尼矩阵 **C**,如前所述,阻尼是被指定为全局属性的。在谐响应分析中可以输入 Constant Damping Ratio 和 Stiffness Coefficient Damping,即阻尼比常量 ξ 和 β 阻尼值,如图 7-31 所示。关于阻尼的详细内容见第 7.1.4 节"阻尼"。

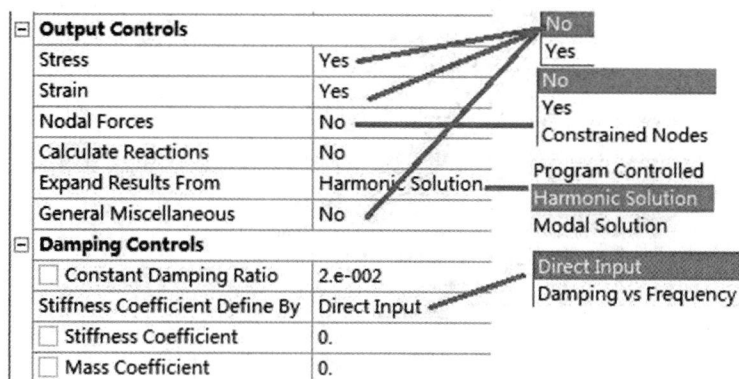

图 7-31　阻尼设置

注意:同时输入两种阻尼选项,影响是累积的。并且两种阻尼选项皆可在两种求解方法(完全法和模态叠加法)中使用。

7. 求解

单击工具条的 Solve,就可以开始谐响应分析。谐响应求解有以下特点:

(1)如果载荷分量不同相,获得的量,例如等效应力/主应力不是简谐的。

(2)收敛控制并不能用在谐分析结果中。但是用户可以在模态分析中使用收敛控制。因此用户执行模态分析,并在反映响应的模态形状上执行收敛。这有助于确认网格是否足够密以达到在后续的谐分析中捕捉动态响应。

(3)一个谐响应分析的求解通常需要进行多次求解。一般情况下,需要执行两种谐分析的求解:①最初执行的是谐分析频率范围的扫掠,此时需要位移、应力等。用户可以看到感兴趣的频率范围的结果。②当确定发生峰值响应处的频率和相位后,云图显示了在这些频率下结构的所有响应。

8. 谐响应结果获取工具

可以从谐响应工具条获取结果,如图 7-32 和图 7-33 所示。可获取如下结果:位移云图、应变云图、应力云图、频率响应曲线、相位响应曲线、Linearized Stress、Probe 等。在导航树选择某个响应曲线图,单击右键,点击 Export,可以将结果导出到文本或 Excel 中。对于曲线图,按住 Ctrl+鼠标左键,用户可以在曲线图上查询某个点处的结果,用横纵坐标的形式显示。

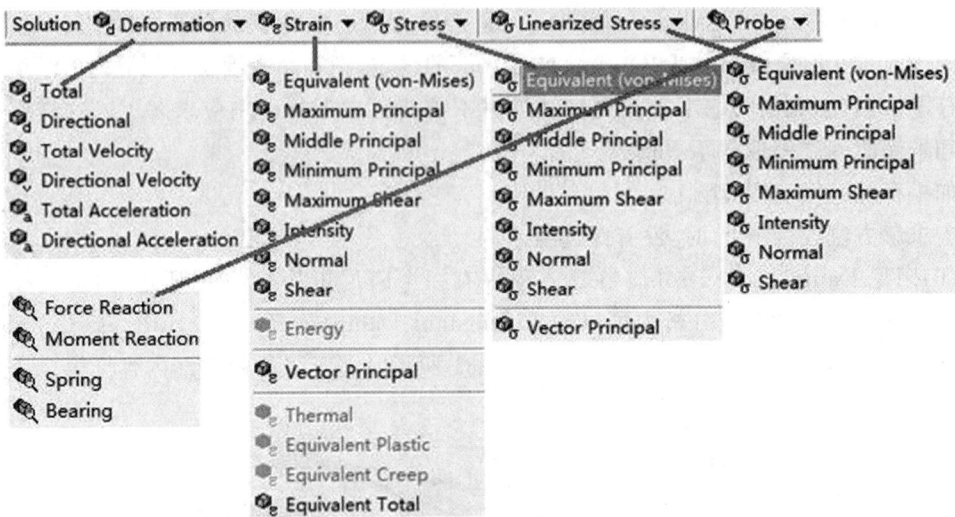

图 7-32　谐响应结果的工具条之一

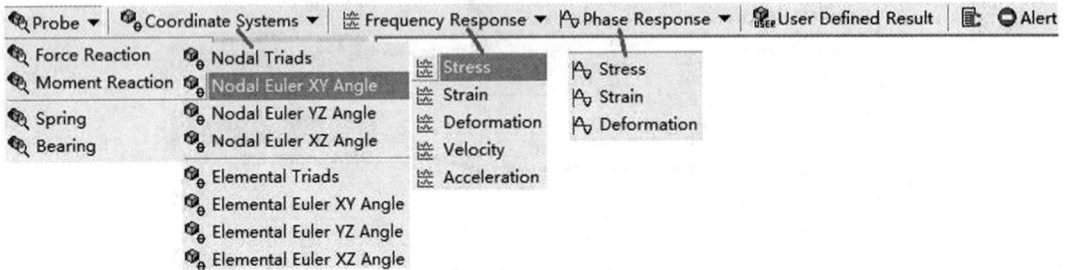

图 7-33　谐响应结果的工具条之二

(1)给定频率和相位角下，几何体的 Deformation 位移的结果云图，子菜单如图 7-32 所示，有 6 种。

以 Total Deformation 为例，细节窗口如图 7-34 所示。在 Scoping Method 下有多种选择方法：几何体、命名选择、路径选择、面体。在 Scope→Geometry 下选择用户感兴趣的体、面、边。

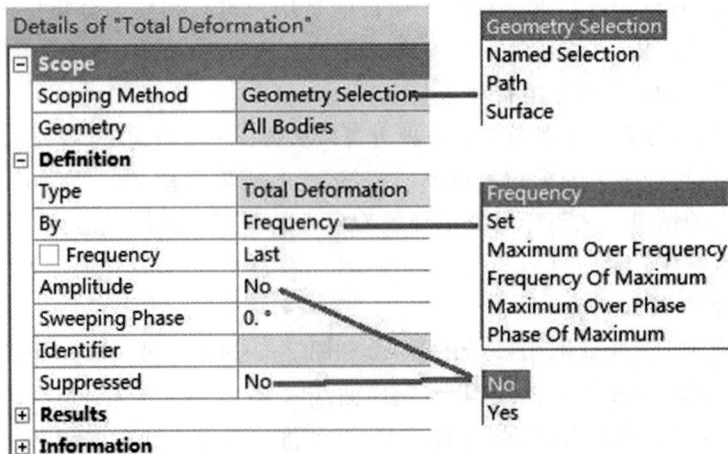

图 7-34　谐响应分析的变形的细节窗口

在 Definition→By 下的可选项有：

Frequency：需要用户在 Frequency 和 Phase Angle 输入频率和相位角。

Set：如图 7-34 所示，根据导航树 Analysis Setting 中给定间隔数 Solution Internals，将频率分成了几个组。所以 Set 此处用户可以输入第几组，表示对应的频率。

Maximum Over Frequency：在整个频率范围内和指定相位角下，用云图显示所选 Geometry 的变形的最大值。需要用户指定 Phase Angle。

Frequency Of Maximum：用云图显示所选 Geometry 最大谐响应频率。

Maximum Over Phase：在整个相位角范围内和指定频率下，用云图显示所选 Geometry 的变形的最大值。需要用户指定 Frequency。

Phase Of Maximum：用云图显示所选 Geometry 最大谐响应相位角。

（2）给定频率和相位角下，几何体的应变的结果云图，子菜单如图 7-32 的 Strain 下面所示。以 Equivalent Elastic Strain 为例，细节窗口如图 7-35 所示。

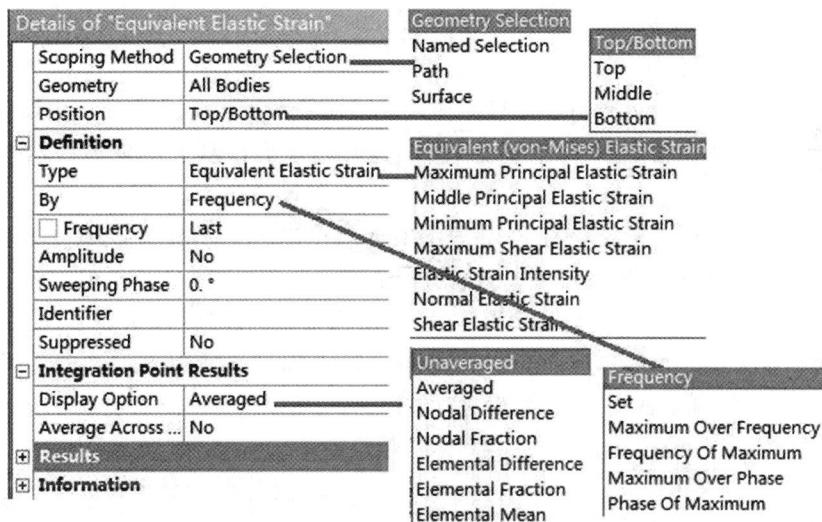

图 7-35　谐响应分析的等效弹性应变的细节窗口

在 Scope→Scoping Method 有多种选项，类似于 Deformation 的细节窗口。

在 Integration Point Result→Display Option 有多种选项：

Unaveraged：对节点结果不求平均值。

Averaged：对节点结果求平均值。

Nodal Difference：对节点结果求差分。

Nodal Fraction：对节点结果求百分数。

Elemental Difference：对单元结果求差分。

Elemental Fraction：对单元结果求百分数。

Elemental Mean：对单元结果求平均数。

（3）给定频率和相位角下，几何体的应力的结果云图，子菜单如图 7-32 的 Stress 下面所示，细节窗口类似于图 7-35。

（4）选定的几何体的频率响应图，包括加应力、应变、位移、速度、加速度，子菜单如图 7-33 的 Frequency Response 下面所示。

以位移-频率响应曲线为例，细节窗口如图 7-36 所示。

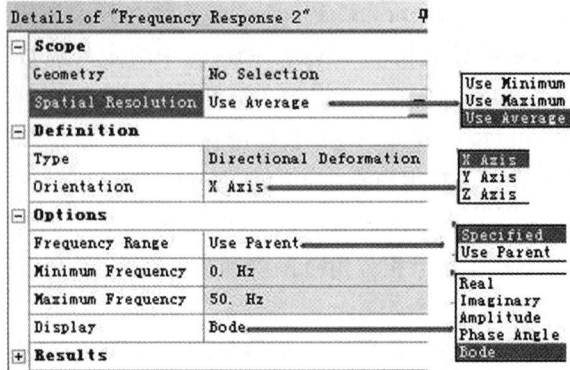

图 7-36 位移-频率响应曲线的细节窗口

在 Scope→Geometry,用户在图形工作区选择感兴趣的点、线、面、体处。

在 Scope→Spatial Resolution 有多种选项,分别为所选几何体的位移的最小值、最大值、平均值,一般情况下都使用 Use Maximum。

在 Option→Frequency Range 的 Use Parent 表示在 Analysis Settings 中设定的频率范围。Specified 表示用户指定频率范围,选择此选项后,下面出现文本框需要输入最大最小频率。

在 Options→Display 的选项有 Real 表示实部,Imaginary 表示虚部,Amplitude 表示幅值,Phase Angle 表示相位角,Bode 表示波德图形。

(5)选定频率下的零件的应力、应变、位移的相位角响应曲线,用来显示输入载荷、输出结果之间的相位关系。子菜单如图 7-33 的 Phase Response 下面所示。

以位移-相位角响应曲线为例,细节窗口如图 7-37 所示。

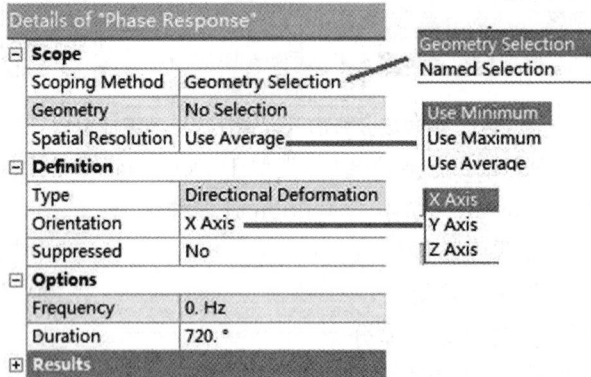

图 7-37 位移-相位角响应曲线的细节窗口

在 Scope→Geometry,用户在图形区选择感兴趣的点、线、面、体。

在 Scope→Spatial Resolution,用户可以选项最小值、最大值、平均值。

在 Results→Frequency,用户输入一定的频率。

7.3.4 第7章例子2

如图 7-38 所示,钢质梁(3 m×0.5 m×25 mm)两侧固定。在 1/3 和 2/3 处安装旋转机械,转速在 300～1 800 r/m 之间,即 5～30 Hz 之间。这两个激振力大小都为 250 N,现在仿真该梁在这两个间歇激振力作用下的谐响应分析。

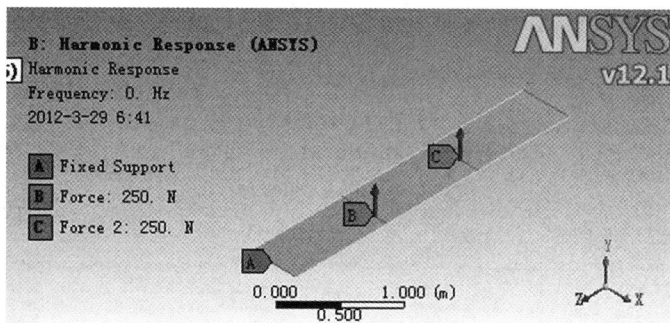

图 7-38　钢质梁模型

下面介绍分析过程。先进行模态分析,再进行谐响应分析。

(1)在 Workbench 主界面先建立模态分析 Modal。再从 Toolbox 选择 Harmonic Response,并把它放置到 A4,使两者共享 A2 到 A4,如图 7-39 所示。

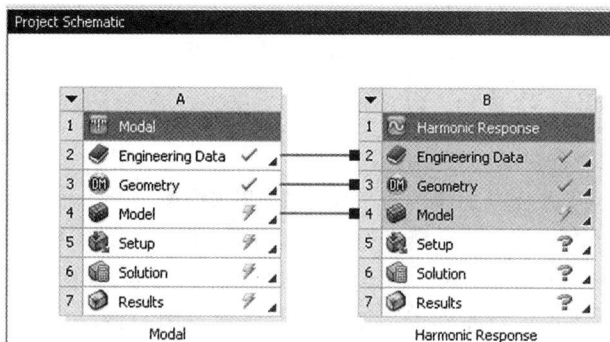

图 7-39　模态分析和谐响应分析的工程流程图

(2)鼠标右键选择 A3,即 Geometry,在弹出的菜单中选择 Import Geometry(或者 Replace Geometry)→Browse,在弹出的"打开"对话框找到文件 Beam. agdb,并单击打开按钮,如图 7-40 所示。

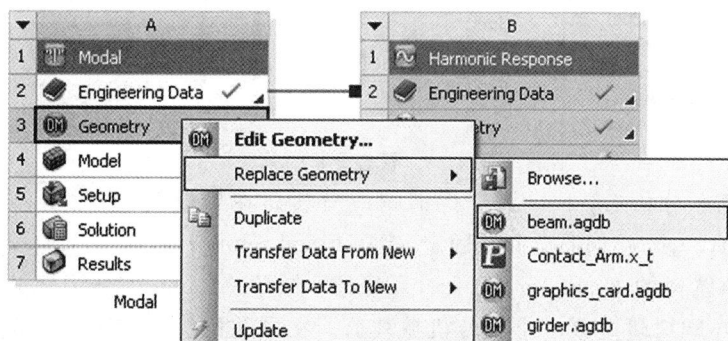

图 7-40　导入几何模型

(3)单击 A4,即 Model 进入 Mechanical 界面,用户可以发现模型为面体,材料为默认的结构钢。

(4)选择导航树的 Model(A5),在 Environment 工具条中选择 Supports 下面选择 Fixed Support,就可以在导航树建立 Fixed Support 约束,如图 7-41 所示。

(5)按住 Ctrl 键,用鼠标左键选择面体的上下两端,然后单击 Fixed Support 细节窗口的

Scoping→Geometry 的 Apply,将面体的上下两端固定,如图 7-41 所示。

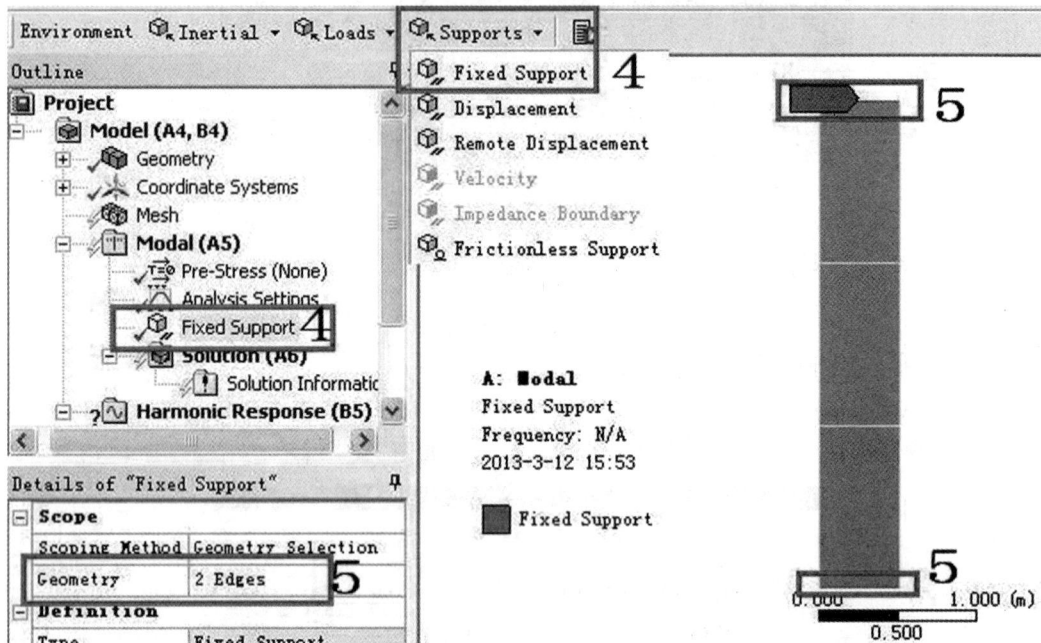

图 7-41　建立两个固定约束

(6)单击工具条的 Solve,完成模态分析。选择导航树 Model(A5)→Solution(A6),在 Graph 窗口和 Tabular Data 窗口可以看到前 6 阶模态的频率,如图 7-42 所示。注意题目中的旋转机械的工作频率正好分布在钢质梁的固有频率范围内,有可能发生共振。

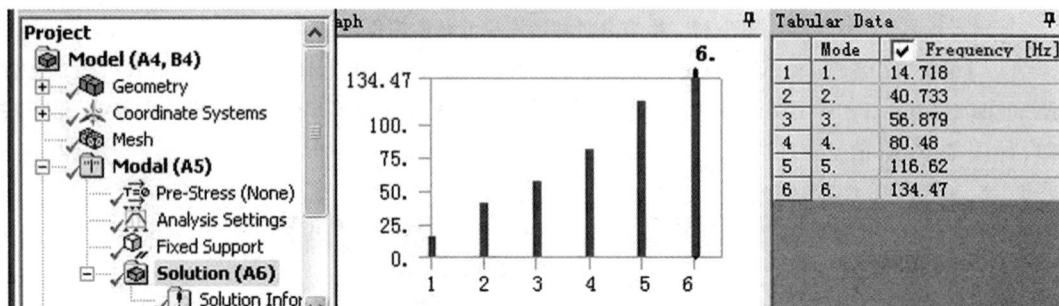

图 7-42　模态分析的频率

(7)完成模态分析后,下一步进行谐响应分析。在导航树选择 Harmonic Response (B5),类似于第(5)步,将钢质梁两端固定,建立 Fixed Support。

(8)选择导航树的 Harmonic Response(B5),在 Environment 工具条中选择 Loads→ Force,这样在导航树建立第一个旋转机械载荷。在导航树选择 Force,确保选择过滤器为 Edge,在图形工作区选择 1/3 处的一条边,最后单击 Force 细节窗口的 Scope→Geometry 右侧的 Apply,如图 7-43 所示。

(9)在 Force 的细节窗口中,选择 Definition → Define By,在下拉选项中选择 Components,并将 Y 方向分量设为 250 N,并且 X Phase Angle =Y Phase Angle=Z Phase Angle =0,如图 7-43 所示。

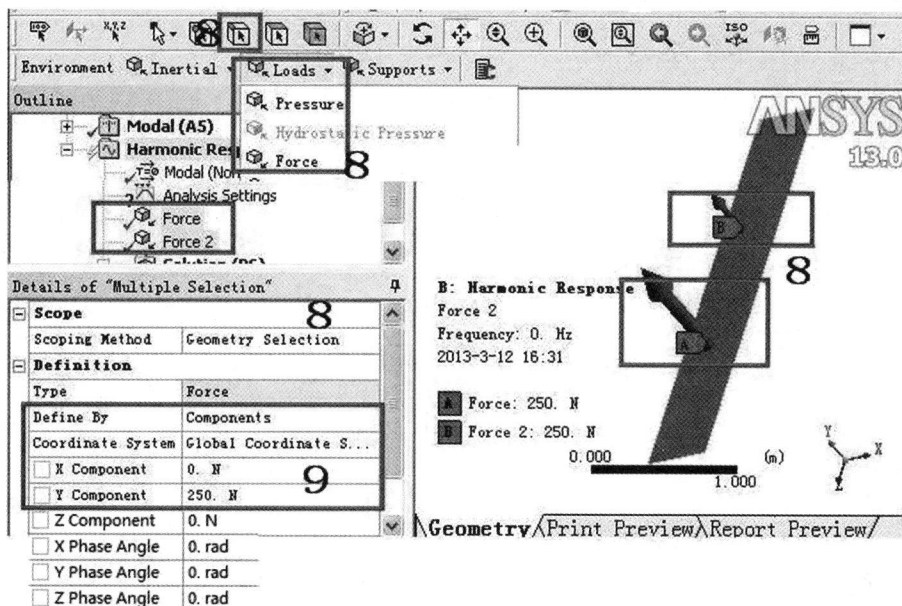

图 7-43 添加简谐载荷

(10)同样的方法,在钢质梁的 2/3 处添加第二个旋转机械载荷。Y 方向分量设为
250 N,并且 X Phase Angle ＝Y Phase Angle＝Z Phase Angle ＝0。

(11)选择导航树的 Harmonic Response(B5),在细节窗口中选择 Analysis Settings,在
细节窗口中设置,如图 7-44(a)所示。频率范围为 0～50 Hz,Solution Intervals 为 50,
Constant Damping Ration 为 0.02。

(12)建立变形随频率的曲线图,步骤如下。选择导航树 Harmonic Response(B5)→
Solution(B6),在 Solution 工具条选择 Frequency Response→Deformation,这样就在导航树
建立 Frequency Response。选择 Frequency Response,在细节窗口中,设置 Scope →
Geometry 选择面体的 3 个表面;设置 Spatial Resolution 为 Use Maximum;将 Definition→
Orientation 选择为 Y Axis;将 Options→Display 选择为 Amplitude,如图 7-44(b)所示。

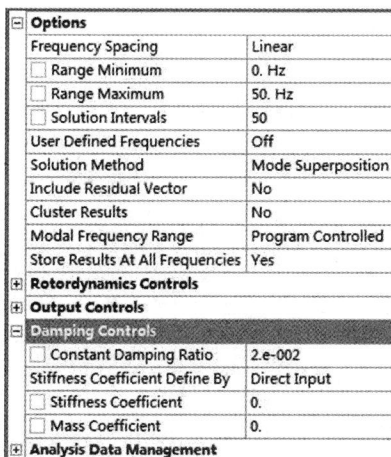

(a)

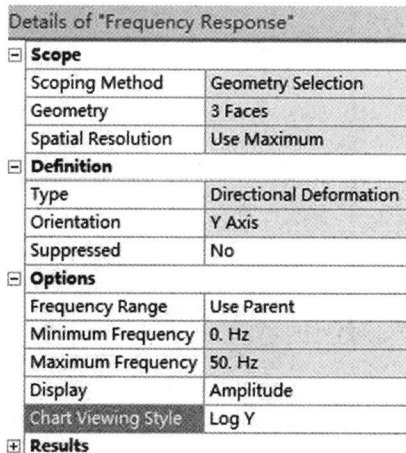

(b)

图 7-44 分析设置和频率响应曲线

(13)单击工具条的 Solve,完成谐响应分析。

(14)查看。

1)作用力 B 的相位角＝0,作用力 C 的相位角＝0°。如图 7-45 所示为 Deformation Frequency Response 1。

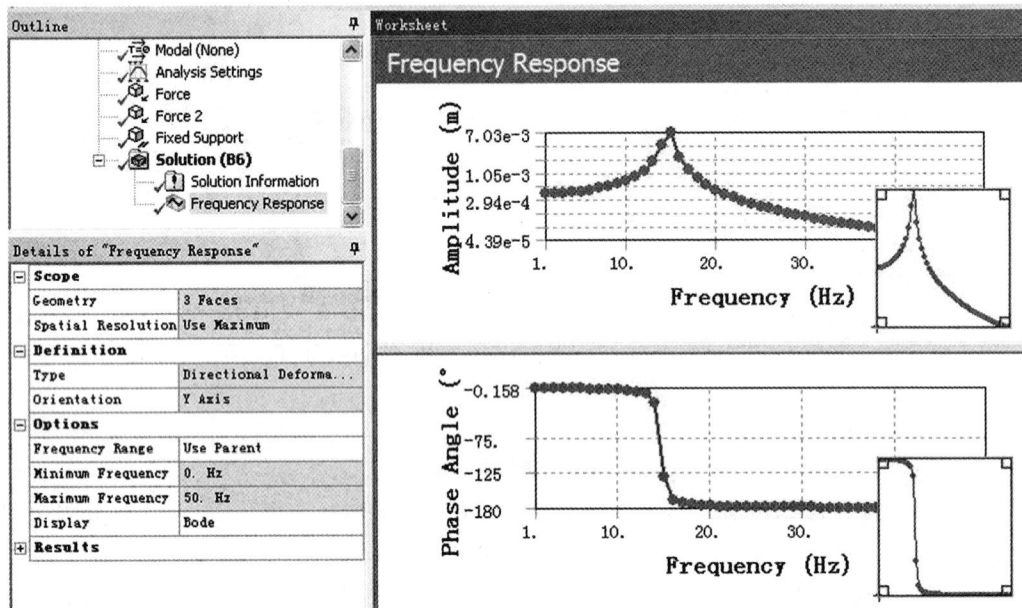

图 7-45 谐响应结果 1

2)作用力 B 的相位角＝0,作用力 C 的相位角＝90°。如图 7-46 所示为 Deformation Frequency Response 2。

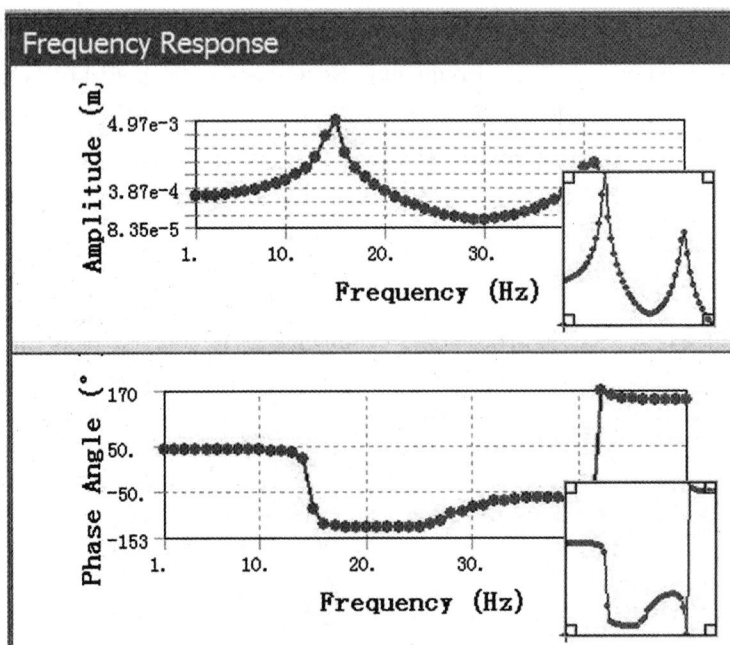

图 7-46 谐响应结果 2

7.4　响应谱分析

本节帮助路径：help/wb_sim/ds_response_spectrum_analysis_type.html。

7.4.1　响应谱分析概述

1. 概念

谱是谱值和频率的关系曲线，反映了时间–历程载荷的强度和频率之间的关系。

响应谱代表系统对一个时间–历程载荷函数的响应，是一个响应和频率的关系曲线，其中响应可以是位移、速度、加速度、力等。

谱分析是一种将模态分析结果和已知的谱联系起来的计算结构的响应（位移、应力等）的分析方法，主要用于确定结构对随机载荷或随时间变化载荷的动力响应。一般情况下，在模态分析之后再进行谱分析。谱分析是模态分析的延伸，它计算在每个固有频率处的给定谱值的结构最大响应。这个最大响应作为模态的比例因子，将这些最大响应进行组合来给出结构的总的响应。

例如图 7-47 所示，4 个单自由度弹簧质量系统置于振动板上。它们的频率分别是 f_1，f_2，f_3 和 f_4，并且 $f_1 < f_2 < f_3 < f_4$。

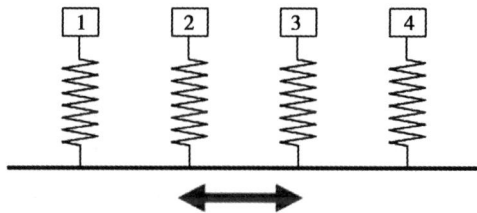

图 7-47　谱分析例子

如果地基在频率 f_1 下激励，那这 4 个系统的响应记录如图 7-48(a)所示。现在增加第二个激励 f_3 并记录位移响应。则系统 1 与系统 3 会分别达到它们的峰值，如图 7-48(b)所示。如果一个一般的包含多个频率的激励施加，并只记录峰值响应，就会得到一条曲线。这就是谱曲线或称之为响应谱曲线，如图 7-48(c)所示。可见，响应谱是一系列单自由度系统在给定激励下的最大响应的组合。

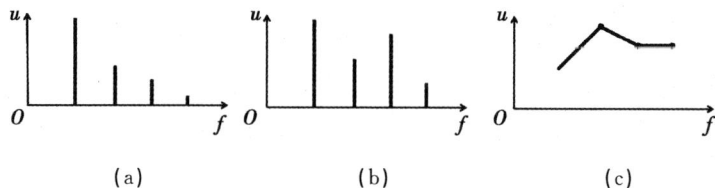

(a) 　　　　　　　　　(b) 　　　　　　　　　(c)

图 7-48　在某种激励下的响应谱

2. 瞬态分析和频谱分析

谱分析可分为时间–历程的谱分析和频域的谱分析。时间–历程的谱分析主要应用瞬态动力学分析。频域的谱分析主要用于确定结构对随机载荷或时间变化载荷的动力响应情况。瞬态分析和频域的谱分析的例子如图 7-49 所示，二者的区别如下：

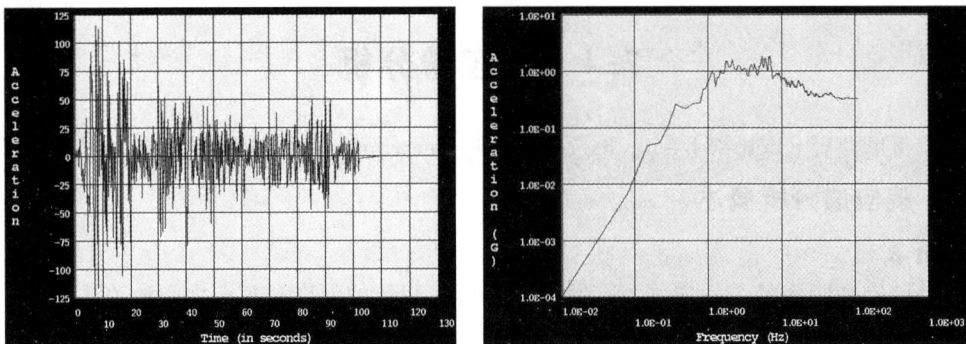

图 7-49　El Centro 地震中的某结果既能用瞬态分析也能用谱分析

瞬态分析中:①为了捕捉载荷,瞬态分析时间步长必须取得很小,因而费时且昂贵。②瞬态分析通常需要花费更多的时间,特别是在要考虑许多零件和载荷条件的情况下。③瞬态分析很难应用于地震等随时间无规律变化载荷的分析;④然而,瞬态分析更加精确。

在谱分析中:①关键是快速获得最大响应,一些信息也会丢失(如相位角等)。②谱分析可以代替费时的瞬态分析。

3.确定响应谱分析和随机振动分析

根据载荷类型的不同,ANSYS Workbench 的谱分析有 2 种类型,确定的响应谱分析和不确定的随机振动分析。本节主要介绍前者,下一节介绍随机振动分析。

响应谱代表单自由度系统对一个时间-历程载荷函数的响应,它是一个响应与频率的关系曲线,其中响应可以是位移、速度、加速度、力等。响应谱又分为如下两种形式:

单点响应谱 SPRS(Single-point Response Spectrum,SPRS):在模型的在所有支撑处的同一个方向上施加一条(或一族)响应谱曲线,如图 7-50(a)所示。

多点响应谱 MPRS(Multi-point Response Spectrum,MPRS):在模型的不同支撑处定义不同的响应谱曲线,如图 7-50(b)所示,同时最多可以定义 20 个响应谱。

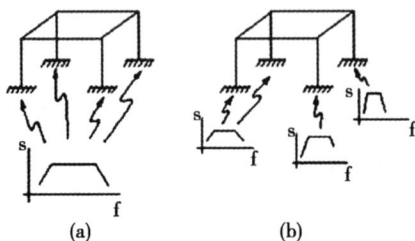

(a)　　　　　　　　　(b)

图 7-50　单点响应谱和多点响应谱

4.谱分析的应用

谱分析主要用于确定结构对多种频率的瞬态激励或载荷下的响应情况。①这些结构包括建筑物框架及桥梁、太空船部件、飞机部件、机载电子设备,以及承受地震或其他不稳定载荷的系统,等等。②这些激励或载荷可以是随机载荷或随时间变化载荷,例如地震、风载、海洋波浪、喷气发动机推力、火箭发动机振动等。③得到的响应,即纵坐标,可以是加速度、速度、位移或力。

7.4.2　响应谱分析的参数

在导航树选择 Modal→Solution→Solution Information,就会看到在 Worksheet 区域显

示 Solver Output 的详细信息。其中参与因子计算以图 7-51 为例。图中 mode 为模态，frequency 为频率。

```
***** PARTICIPATION FACTOR CALCULATION *****  Z  DIRECTION
                                                          CUMULATIVE      RATIO EFF.MASS
MODE   FREQUENCY     PERIOD       PARTIC.FACTOR   RATIO    EFFECTIVE MASS  MASS FRACTION  TO TOTAL MASS
  1    7.97872    0.12533         36.587       1.000000    1338.64         0.997191       0.731223
  2    31.4632    0.31783E-01     0.35617E-01  0.000973    0.126855E-02    0.997192       0.692940E-06
  3    36.2985    0.27549E-01     0.65828E-01  0.001799    0.433339E-02    0.997195       0.236709E-05
  4    38.2131    0.26169E-01     0.23451E-02  0.000064    0.549964E-05    0.997195       0.300415E-08
  5    43.8220    0.22820E-01    -0.81760E-02  0.000223    0.668469E-04    0.997195       0.365148E-07
  6    44.2496    0.22599E-01    -0.10792E-01  0.000295    0.116460E-03    0.997195       0.636155E-07
  7    57.7417    0.17318E-01     0.63107E-02  0.000172    0.398248E-04    0.997195       0.217541E-07
  8    59.7705    0.16731E-01    -0.29594E-02  0.000081    0.875795E-05    0.997195       0.478398E-08
  9    64.0821    0.15605E-01    -0.15840E-01  0.000043    0.250899E-05    0.997195       0.137052E-08
 10    65.7444    0.15210E-01     0.81768E-01  0.002235    0.668597E-02    0.997200       0.365217E-05
 11    73.1494    0.13671E-01    -0.31103       0.008501    0.967415E-01    0.997272       0.528445E-04
 12    80.1224    0.12481E-01    -0.16692       0.004562    0.278620E-01    0.997293       0.152195E-04
 13    83.9952    0.11905E-01    -1.0588        0.028939    1.12109         0.998128       0.612388E-03
 14    86.0472    0.11622E-01     0.72200E-01  0.001973    0.521280E-02    0.998132       0.284746E-05
 15    87.9050    0.11376E-01    -1.5835        0.043281    2.50759         1.00000        0.136976E-02
--------------------------------------------------------------------------------------------------------
sum                                                        1342.41                        0.733283
--------------------------------------------------------------------------------------------------------
```

图 7-51　参与因子

其他参数解释如下。

1. 振型参与因子 Participation Factor

对结构的每阶模态，计算在激励方向的参与因子 PF。参与因子是振型和激励方向的函数，这是度量该模态在激励方向对于结构变形的贡献大小。在某个方向下某阶模态的振型参与因子越大，说明在该激励方向上的作用力会引起此模态对应的较大结构变形。

例如，考虑图 7-52 所示的悬臂梁。如果施加 Y 方向的激励，那么模态 1 会有最高的参与因子 PF，模态 2 会有低点的 PF，而模态 3 则参与因子为 0。如果是 X 方向激励，那模态 1 与 2 会有 0 参与因子，而模态 3 会有较高的参与因子 PF。

图 7-52　悬臂梁

根据 7.2 节的内容，模态分析就是求解如下的矩阵方程组：

$$(\boldsymbol{K} - \omega_i^2 \boldsymbol{M}) \boldsymbol{\varphi}_i = \boldsymbol{0}$$

此方程组的未知数比方程数多 1，所以需要添加新的方程才能求解方程组。附加的方程为模态振型归一化，振型可以相对于质量矩阵 $\boldsymbol{M}$ 或者相对于单位矩阵 $\boldsymbol{I}$ 进行归一化。

$$\boldsymbol{\varphi}_i^{\mathrm{T}} \boldsymbol{M} \boldsymbol{\varphi}_i = \boldsymbol{I}$$

振型参与因子计算公式为

$$\boldsymbol{\gamma}_i = \boldsymbol{\varphi}_i^{\mathrm{T}} \boldsymbol{M} \boldsymbol{D}$$

式中，$\boldsymbol{D}$ 为在每个全局坐标系平动方向和旋转方向下，单元的位移频谱。

2. 模态系数 Mode Coefficient

模态系数是"缩放因子"，用来和振型相乘来得到最大响应。

设 γ_i 是第 i 阶模态的参与因子；S_i 是在频率 ω_i 的响应谱值，当响应谱 S_i 分别是位移、速度、加速度对频率的关系时，模态系数 A_i 的计算公式分别为

$$A_i = S_i \gamma_i , \qquad A_i = \frac{S_i \gamma_i}{\omega_i} , \qquad A_i = \frac{S_i \gamma_i}{\omega_i^2}$$

同样,当响应谱 S_i 分别是位移、速度、加速度对频率的关系时,每个模态下的最大响应 R_i 有不同的计算公式,分别为

$$R_{i\max} = A_i \boldsymbol{\varphi}_i$$
$$R_{i\max} = \omega_i A_i \boldsymbol{\varphi}_i$$
$$R_{i\max} = \omega_i^2 A_i \boldsymbol{\varphi}_i$$

3. Ratio 比例

Ration 类似于振型参与因子,它是把振型参与因子归一化后得到的,即把所有振型参与因子除以最大振型参与因子。

4. 振型的有效质量 Effective Mass

某一振型的某一方向的有效质量为各个质点质量与该质点在该振型中相应方向对应坐标乘积之和的二次方。一个振型有 3 个方向的有效质量,而且所有振型平动方向的有效质量之和等于各个质点的质量之和,转动方向的有效质量之和等于各个质点的转动惯量之和。

振型的有效质量计算公式为

$$M_{\text{eff},i} = \frac{\gamma_i^2}{\boldsymbol{\varphi}_i^{\text{T}} \boldsymbol{M} \boldsymbol{\varphi}_i} = \varphi_i^2 \qquad 如果 \qquad \boldsymbol{\varphi}_i^{\text{T}} \boldsymbol{M} \boldsymbol{\varphi}_i = \boldsymbol{I}$$

一般情况下,在每个方向行的有效质量 Effective Masses 之和,应该等于结构总体质量,但取决于用户所提取的模态数量的多少。

5. 有效质量系数 ratio effective mass to total mass

如果计算时只取了几个振型,那么这几个振型的有效质量之和与总质量之比即为有效质量系数。这个概念是由 E. L. WILSON 教授提出的,用于判断参与振型数足够与否,一般情况下要求有效质量系数大于 0.9。

6. 模态合并 Mode Combination Type

一旦得到每阶模态在给定响应谱下的最大响应后,那么就需要以某种方式合并这些响应以得到结构的总的响应。设 R 为总响应,R_i,R_j 分别为模态 i、模态 j 在给定响应谱下的最大响应,ε_{ij} 为两模态相关系数,取决于公式:

$$\begin{cases} \varepsilon_{ij} = 1, & 当模态 i 和模态 j 完全相关时 \\ 0 < \varepsilon_{ij} < 1, & 当模态 i 和模态 j 部分相关时 \\ \varepsilon_{ij} = 0, & 当模态 i 和模态 j 完全不相关时 \end{cases}$$

最简单的合并方法就是将所有的最大响应相加。但有可能所有的最大模态响应并不都在同一时间发生。一些标准的组合方法已经公开发表,通常每个工业管理机构会推荐或强制执行适合该工业领域的组合技术。Workbench 中有 3 种不同的合并方法可以使用:

(1)SRSS 法:the Square Root of the Sum of the Squares,平方和后再开平方。该方法建立在随机独立事件的概率统计方法之上,也就是说要求参与数据处理的各个事件之间是完全相互独立的,不存在耦合关联关系。当结构的自振形态或自振频率相差较大时,可近似认为每个振型的振动是相互独立的,因此,采用 SRSS 方法可以得到很好的结果。与另两种方法相比,这种方法是最保守的,有

$$\begin{cases} \varepsilon_{ij} = 1.0 & (i=j) \\ \varepsilon_{ij} = 0.0 & (i \neq j) \end{cases}$$

$$\boldsymbol{R} = \Big(\sum_{i=1}^{N} \boldsymbol{R}_i^2 \Big)^{0.5}$$

(2)CQC 法：the Complete Quadratic Combination，完全二次振型组合法(完全二次方组合法)。该方法是一种完全组合方法，也就是说该方法建立在相关随机事件处理理论之上，该方法考虑了所有事件之间的关联性，在计算公式中引进了一系列互相关系数，但是要想得到这些系数绝非易事，有

$$\boldsymbol{R} = \Big(\Big| \sum_{i=1}^{N} \sum_{j=1}^{N} k\varepsilon_{ij} \boldsymbol{R}_i \boldsymbol{R}_j \Big| \Big)^{0.5}$$

(3) ROSE 法：Rosenblueth's Double Sum Combination，1969 年，Rosenblueth 和 Elorduy 提出了 DSC(Double Sum Combination)法来考虑振型间的耦合项影响，之后 Humar 和 Gupta 又对 DSC 法进行了修正与完善，有

$$\boldsymbol{R} = \Big(\sum_{i=1}^{N} \sum_{j=1}^{N} \varepsilon_{ij} \boldsymbol{R}_i \boldsymbol{R}_j \Big)^{0.5}$$

注释：

1)这里的"质量"的概念不同于通常意义上的质量。离散结构的振型总数是有限的，振型总个数等于独立质量的总个数。可以通过判断结构的独立质量数来了解结构的固有振型总数。具体地说：

每块刚性楼板有 3 个独立质量 Mx,My,Mz；

每个弹性节点有两个独立质量 mx,my；

根据这两条，可以算出结构的独立质量总数，也就知道了结构的固有振型总数。

2)若记结构固有振型总数是 NM，那么参与振型数最多只能选 NM 个，选择参与振型数大于 NM 是错误的，因为结构没那么多。

3)参与振型数与有效质量系数的关系：

①参与振型数越多，有效质量系数越大；②参与振型数 ＝0 时，有效质量系数 ＝0；③参与振型数 ＝NM 时，有效质量系数 ＝1.0。

4)参与振型数 NP 如何确定？

①参与振型数 NP 在 1 到 NM 之间选取；②NP 应该足够大，使得有效质量系数大于0.9。

有些结构，需要较多振型才能准确计算地震作用，这时尤其要注意有效质量系数是否超过了 0.9。比如结构振型整体性差，结构的局部振动明显，这种情况往往需要很多振型才能使有效质量系数满足要求。

7.4.3 响应谱分析流程

本节帮助路径:help/wb_sim/ds_Options_Analysis_Settings.html,help/wb_sim/ds_load_rs_base.html。

下面讨论单点响应谱分析的步骤。结构的振型和固有频率是谱分析所必需的数据，因此要先进行模态分析。

1.材料、模型、接触

在响应谱分析前，必须定义材料弹性模量(或其他形式的刚度)和密度。仅考虑线性材

料,忽略各种非线性。但允许材料特性是线性、各向同性或各向异性的,以及随温度变化或不随温度变化。

建模的注意事项与模态分析相同。

在单点响应谱分析中,仅考虑线性的单元。如果含有接触单元,那么它们的刚度始终是初始刚度,不再改变。

2.模态分析

载荷和边界条件:对于基础激励,一定要约束适当的自由度。

在模态分析的细节窗口中,提取足够的模态以包含响应频谱的频率范围。一般情况下,模态分析提取的模态数量,是响应谱频率范围的 1.5 倍。例如,如果响应谱的频谱范围从 1~1 000 Hz,凭经验,模态要提取和扩展到 1 500 Hz。

如图 7-53 所示,如果后续分析中,用户关心响应应力、响应应变等结果云图,在模态分析中必须进行相关设置。导航树选择 Model→Analysis Settings,在细节窗口中 Output Controls 下,Calculate Stress 和 Calculate Strain 都设为 Yes。默认情况下这两项都设为 No。

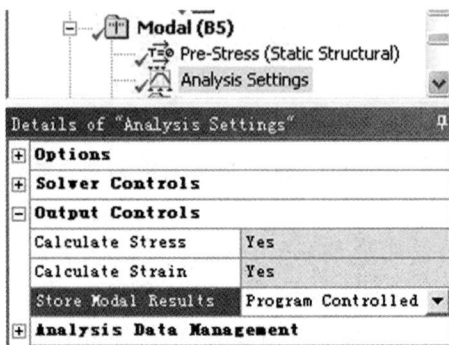

图 7-53　模态分析中的输出控制

3.响应谱分析的分析设置

在导航树选择 Response Spectrum→Analysis Settings,响应谱分析的细节窗口如图 7-54所示。

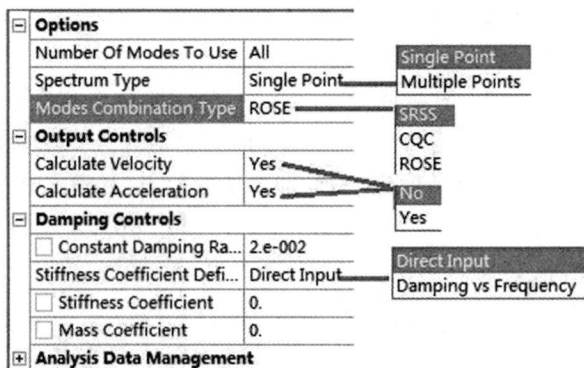

图 7-54　响应谱分析的细节窗口

(1)Numb Of Modes To Use:模态数,如果选项是 0 或空缺,所有的模态都被用于求解。

(2)Spectrum Type:频谱类型,可选项有:

• Single Point:单点响应谱分析;

• Multiple Points：多点响应谱分析。如果用户把响应谱施加在所有的固定约束处，则使用单点法。反之使用多点法。

（3）Mode Combination Type：模态合并，具体解释见第 7.4.2 节"响应谱分析的参数"。

SRSS：the Square Root of the Sum of the Squares，平方和后再开平方。

CQC：the Complete Quadratic Combination 完全平方组合法。

ROSE：Rosenblueth's Double Sum Combination，ROSE 法。

（4）阻尼。

注：阻尼不适用于 SRSS 组合法。当 Modes 组合类型属性设置为 SRSS 时，阻尼控件不可用。

此处可用的阻尼形式有如下 3 种，具体内容见第 7.1.4 节"阻尼"。

Constant Damping Ratio：常值阻尼比。

Stiffness Coefficient Damping：β 阻尼。

Mass Coefficient：α 阻尼，质量刚度矩阵乘子

此外，与材料相关的阻尼需要在 Engineering Data 中进行设置。

4. 定义响应谱

在导航树选择 Response Spectrum，在 Environment 工具条上有可以使用的工具，如图 7-55 所示，响应谱的自变量是一系列的频率，应变量可以是 RS Displacement，RS Velocity，RS Acceleration。

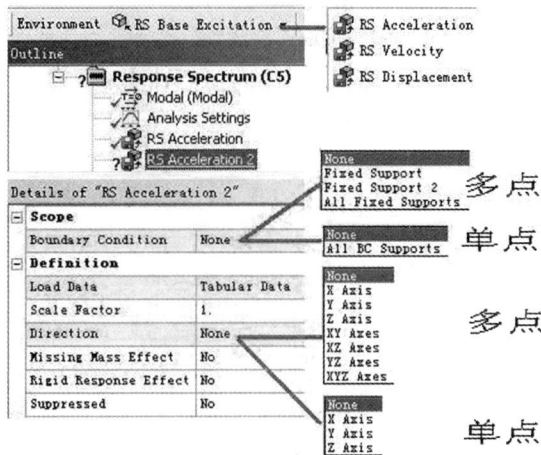

图 7-55　定义响应谱

由于 Analysis Settings→Options→Spectrum Type 选项为单点、多点，所以 RS Base 激励的细节窗口有两类，分别为单点和多点，如图 7-55 所示。

（1）Boundary Condition：边界条件，用于设定响应谱的作用位置，包括固定约束、位移约束、远端位移、实体-地面弹簧，这些边界条件必须在前面 Static Structural，Model 已经定义好了。如果在模型中定义了一个或者多个固定约束，频谱必须施加在固定约束处。如果在 Analysis Settings 中选择了单点或多点响应谱分析，此处的选项有区别，如图 7-55 所示，对于单点法，频谱施加到所有边界条件处；对于多点法，频谱施加到某一个边界条件。

（2）Definition，频谱输入，包括频谱曲线、比例因子、激励方向等。

Load Data：频谱值对频率的表格。可以在 Tabular 区域输入位移、速度或者加速度与频

率的关系。

Scale Factor：比例因子，默认为 1，必须大于 0。对应单点法，实际施加的频谱值为比例因子乘以 Load Data 中的数值。

Direction：频谱方向。对于单点法，可选项有全局坐标系的 X,Y,Z 方向。对于多点法，有更多选择方向。

Missing Mass Effect：是否支持遗失质量效应，只对 RS Acceleration 起作用。如果设为 Yes，则在整个响应计算中包含高频模态的影响。如果设为 No，在整个响应计算中忽略高频模态的影响。在核电站设计中，一般设为 Yes。

Rigid Response Effect：是否支持刚体反应效应，只对 RS Acceleration 起作用。刚性响应发生的频率范围一般为：小于 Missing Mass 响应的频率，但大于周期响应的频率。

5. 定义输出结果

如图 7-56 所示，可以使用的输出结果有位移、应变、应力三大类。关于结果的细节窗口的解释，见第 7.3.3 节"谐响应分析流程"。

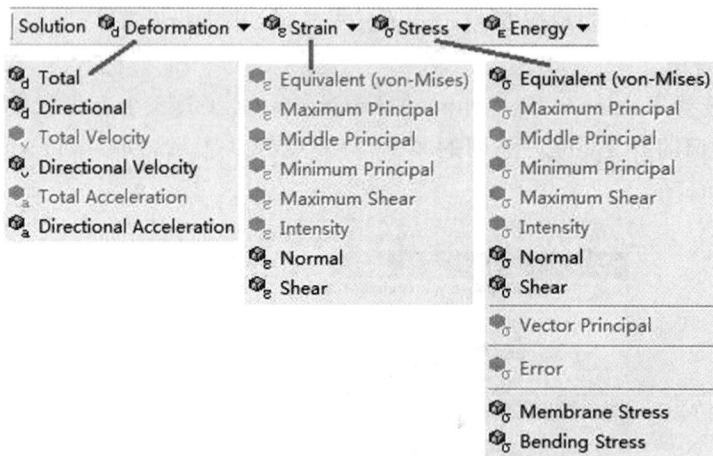

图 7-56   可以使用的输出结果

在默认情况下，只能显示位移的结果云图。如果想观察响应谱分析的应变、应力的结果云图，用户在 Model 分析 Analysis Settings→Output Controls 中，将 Calculate Stress，Calculate Strain 都设为 Yes。

位移结果中，只支持显示方向位移、方向速度、方向加速度，如图 7-56 所示。

应变结果中，只支持显示法向应变、切向应变，如图 7-56 所示。

应力结果中，只支持显示法向应力、切向应力、等效应力，如图 7-56 所示。

6. 求解并查看结果

单击 Solve 进行求解。根据 Response Spectrum → Analysis Settings → Mode Combination Type 的设置，即指定的模态合并方法，程序依据该方式合并最大模态响应，最终计算出结构的总响应。

结束后选择某一项结果，求解结果都以云图形式显示模型的最大位移、最大应变、最大应力。

在求解结束后，需要校验模态分析中所取的振型数量是否足够。一般方法为，在导航树选择 Modal→Solution→Solution Information，在 Worksheet 区域查找 ratio effective mass to total mass，保证有效质量系数大于 0.9。具体解释见第 7.4.2 节"响应谱分析的参数"。

7.4.4　第 7 章例子 3

桁架如图 7-57 所示，包括一个盖板，2 个底座和 18 个细长杆。所有面体厚度为 15 mm，底座固定。该地区的地震加速度频率响应谱见表 7-9。计算在 x 方向的地震加速度响应谱作用下的整个结构的响应情况。

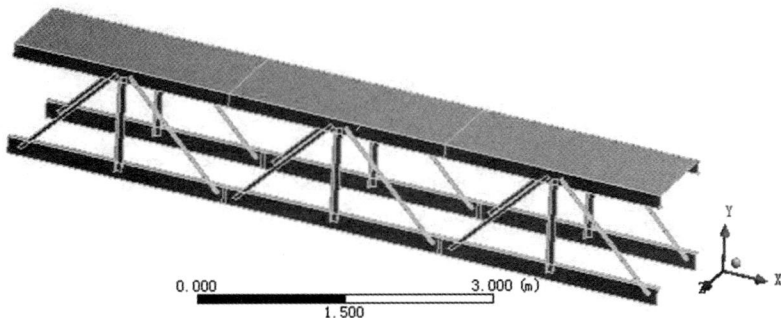

图 7-57　桁架

首先用静力结构分析求出重力下的预应力，再用模态分析计算结构的自振频率和振型，然后进行响应谱分析，得到地震响应结果。

表 7-9　地震加速度响应谱

Freq/Hz	Accel/g	Freq/Hz	Accel/g
0.10	0.002	1.67	0.130
0.11	0.003	2.00	0.150
0.13	0.003	2.50	0.200
0.14	0.005	3.33	0.255
0.17	0.006	4.00	0.265
0.20	0.006	5.00	0.255
0.25	0.010	6.67	0.200
0.33	0.021	10.00	0.165
0.50	0.032	11.11	0.153
0.67	0.047	12.50	0.140
1.00	0.070	14.29	0.131
1.11	0.088	16.67	0.121
1.25	0.105	20.00	0.111
1.43	0.110	25.00	0.100
		50.00	0.100

（1）从 Workbench 主界面的 Toolbox 选中 Static Structural 模块，把它拖放到 Project Schematic 区域。再从 Workbench 的 Toolbox 选中 Model 模块，把它拖放到静力机构分析的 A6 上，这样使两者共享 A2 到 A4 的设置，并将 A6 的 Solution 作为 B5 的初始条件，如图 7-58(a)(b)所示。

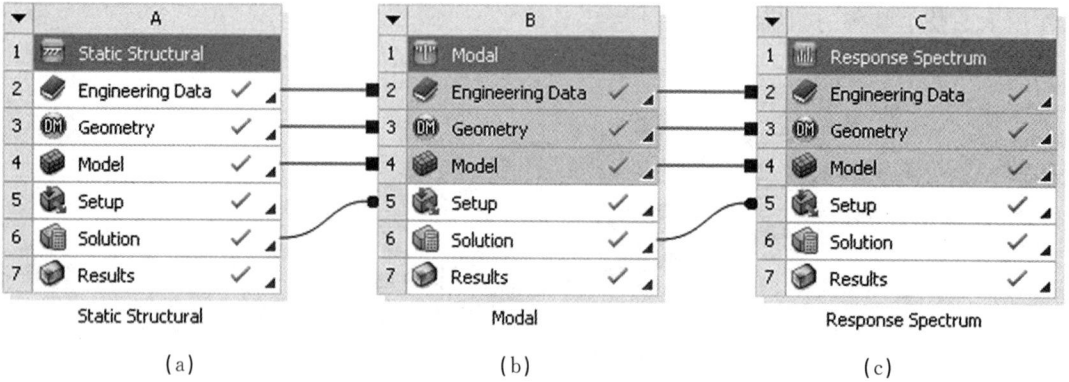

	A	
1	Static Structural	
2	Engineering Data	✓
3	Geometry	✓
4	Model	✓
5	Setup	✓
6	Solution	✓
7	Results	✓

Static Structural

(a)

	B	
1	Modal	
2	Engineering Data	✓
3	Geometry	✓
4	Model	✓
5	Setup	✓
6	Solution	✓
7	Results	✓

Modal

(b)

	C	
1	Response Spectrum	
2	Engineering Data	✓
3	Geometry	✓
4	Model	✓
5	Setup	✓
6	Solution	✓
7	Results	✓

Response Spectrum

(c)

图 7-58　响应谱分析的工程流程图

（2）同理，从 Workbench 主界面的 Toolbox 选中 Response Spectrum 模块，把它拖放到 Project Schematic 区域的 B6 Solution 上，如图 7-58(c)所示。

（3）选中 A3 Geometry，右击鼠标，在弹出的快捷菜单选择 Import Geometry→Browse，在出现的对话框，找到模型文件 girder.agdb，最后单击打开，返回到 Workbench 主界面。

（4）双击 A4，进入 Mechanical 分析界面，设置 Units 为 Metric(m,kg,N,s,V)。

（5）在导航树 Model 下的 Geometry 分支，选择 Part 下的第一个面体，按住 Shift 键，再选择 Part 的最后一个面体，这样就选择了所有面体。在细节窗口中，选择 Definition→Thickness，输入 0.015 m，如图 7-59 所示。

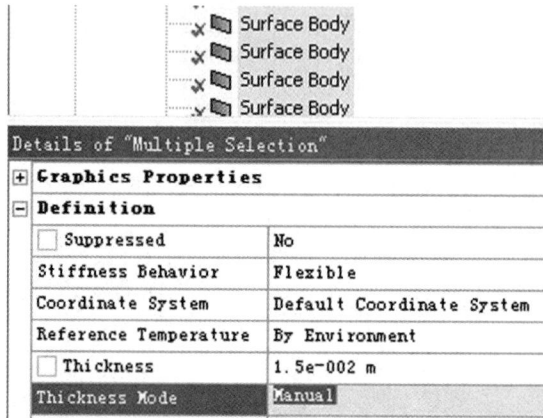

图 7-59　面体的厚度

（6）在导航树选择 Mesh，在其细节窗口中，选择 Sizing→Size Function→设置为 Adaptive。在导航树选择 Mesh，在 Mesh 工具条点击 Mesh Control→Sizing，这样就建立 Sizing 分支，如图 7-60 所示。

（7）选择此分支，在细节窗口中的 Scope→Geometry，确保选择过滤器为 Body，并在图形工作区选择整个盖板实体，最后单击 Apply。在 Definition→Element Size 输入 0.1 m，如图

7-60 所示。

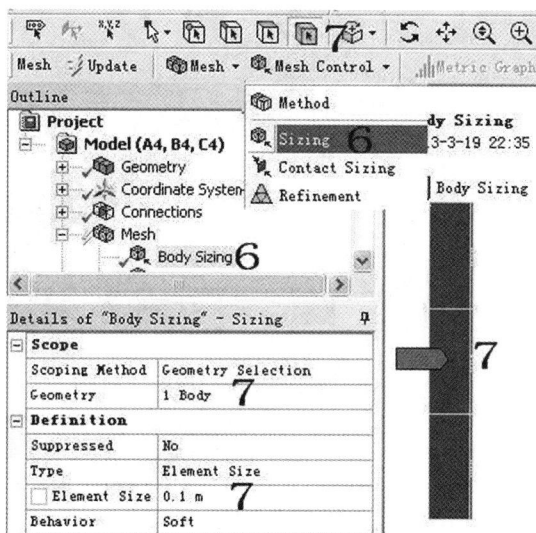

图 7-60　网格划分尺寸 1

（8）在导航树 Geometry→Part，选择除了盖板外的所有部件，右击鼠标，在快捷菜单选择 Create Named Selection，建立了命名选择 Selection 1。便于对除了盖板外的其他所有部件进行网格划分，如图 7-61 所示。

（9）类似于步骤（6），在导航树建立 Sizing 分支，如图 7-61 所示。

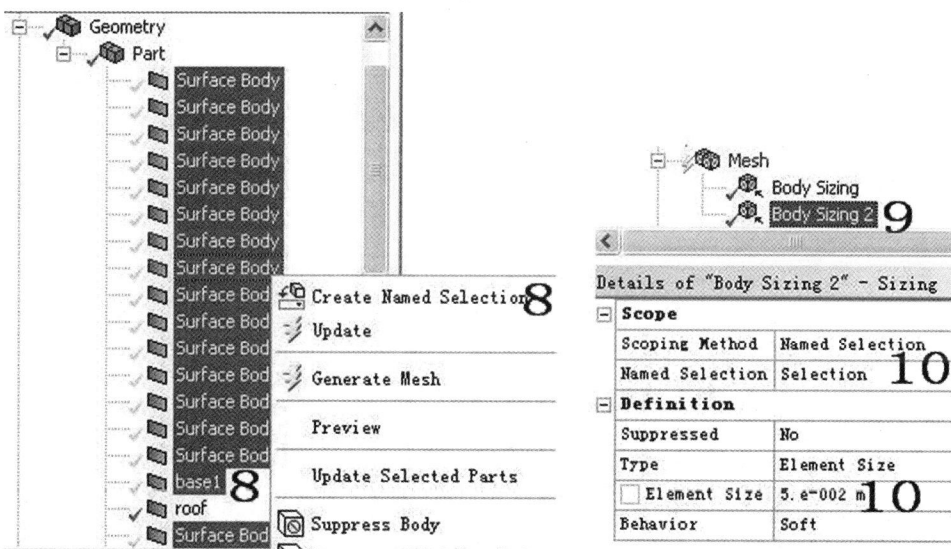

图 7-61　网格划分尺寸 2

（10）在第 2 个网格尺寸的细节窗口中，Scope→Scoping Method 选择为 Named Selection，在 Named Selection 中选择刚刚建立的命名选择 Selection 1。在 Definition→Element Size 中键入 0.05 m，如图 7-61 所示。

（11）选择导航树的 Static Structural 分支，在 Environment 菜单条选择 Supports→Fixed Support，就在导航树建立了固定约束。在导航树选择此固定约束，在其细节窗口中，将 Scope→Geometry 设置为 2 个底座的最下边的 6 条边，如图 7-62 所示。

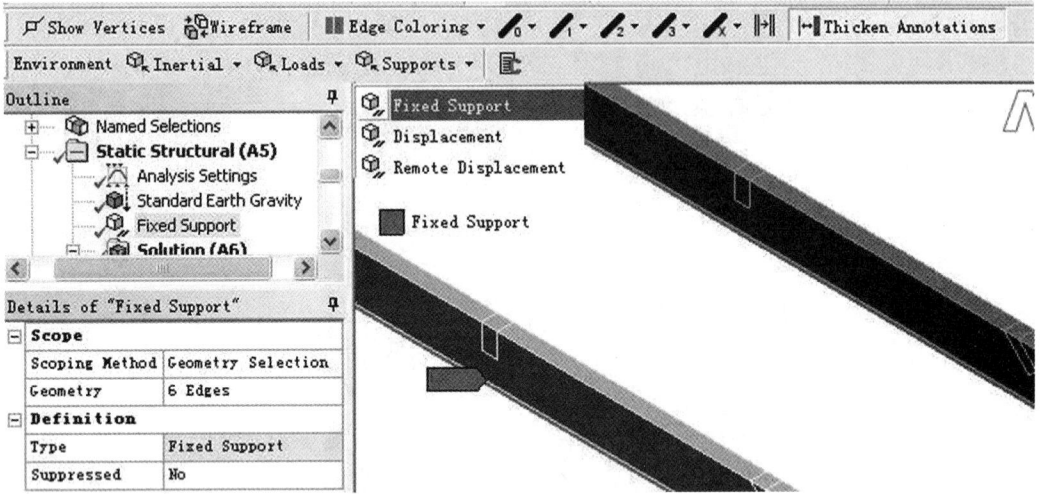

图 7-62　固定支撑

(12)选择导航树的 Static Structural(A5)分支,在 Environment 工具条选择 Inertia→Standard Earth Gravity,并将细节窗口的 Direction 设为"－Y Direction",就在静力结构分析下添加了标准重力加速度载荷,如图 7-62 所示。

(13)在导航树选择 Static structural(A5)→Analysis Settings,在细节窗口中,Solver Controls→Large Deflection 设为 On,即打开大变形。在导航树选择 Modal(B5)→Analysis Settings,在细节窗口中,Max Modes to Find 设为 15。

(14)单击标准工具条的 Solve,完成静力结构和模态分析,前 15 阶模态的频率如图 7-63 所示。可见最大频率为已知频谱最大频率的 1.5 倍。因此所取的模态应该合适。

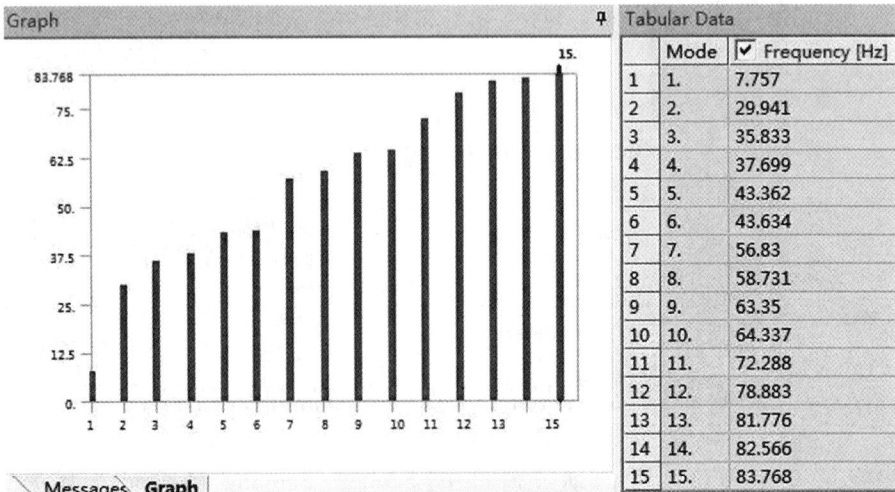

	Mode	☑ Frequency [Hz]
1	1.	7.757
2	2.	29.941
3	3.	35.833
4	4.	37.699
5	5.	43.362
6	6.	43.634
7	7.	56.83
8	8.	58.731
9	9.	63.35
10	10.	64.337
11	11.	72.288
12	12.	78.883
13	13.	81.776
14	14.	82.566
15	15.	83.768

图 7-63　前 15 阶模态

(15)下面进行响应谱分析。在导航树选择 Response Spectrum(C5),在 Environment 工具条选择 RS Base Excitation→RS Acceleration,就在导航树建立 RS Acceleration 分支,如图 7-64 所示。选择此分支,在细节窗口中,Scope→Boundary Condition 设为 All BC Supports,在 Direction 设为 Y Axis。

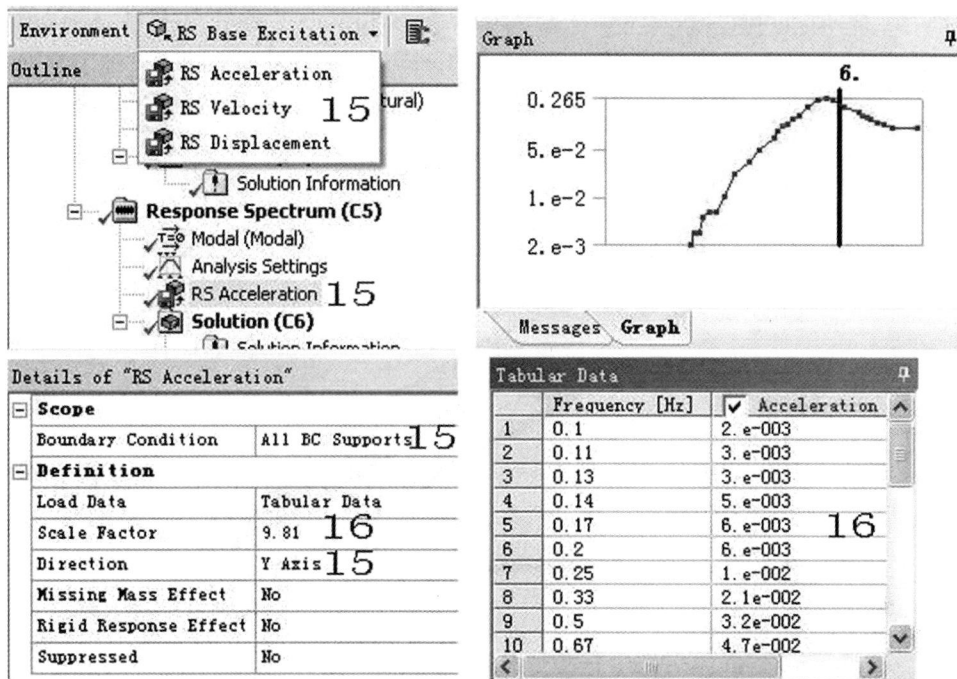

图 7-64　添加响应谱加速度载荷

（16）选中导航的 Response Spectrum（C5）→ RS Acceleration，在其细节窗口 → Definition→Load Data，点击右侧的 Import。在出现的 Import Load History Data 窗口中，找到硬盘中的文件 SavannahRiverEarthquake. xlm 文件，选中 RS Acceleration。最后点击 OK 键完成导入。

或者打开 SavannahRiverEarthquake. xlm 文件，拷贝文件中频率和加速度的所有数据。在导航树选择 Definition→Load Data，在屏幕右侧的 Tabular Data 中拷贝粘贴数据，如图 7-64 所示。由于所给的数据是以重力加速度为单位的，所以在细节窗口中，Definition→Scale Factor 设为 9.81。

（17）在导航树选择 Response Spectrum→Analysis Settings，根据图 7-65 对细节窗口中进行设置：Spectrum Type 设为 Single Point，Modes Combination Type 设为 ROSE，Calculate Velocity 设为 Yes，Calculation Acceleration 设为 Yes，Constant Damp Ratio 设为 0.02。

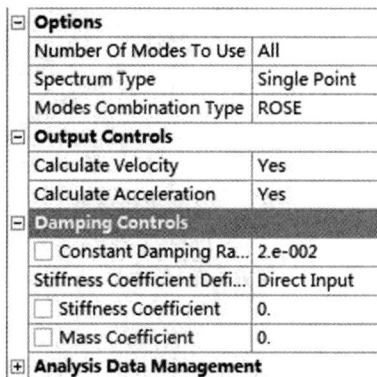

图 7-65　响应谱分析的分析设置

（18）选择 Response Spectrum → Solution，在 Solution 工具栏选择 Deformation → Directional，就可以在导航树建立 Directional Deformation。选中此结果，在细节窗口中设 Orientation 为 Y Axis。同样的流程建立 Directional Velocity，Directional Acceleration。最后单击 Solve 完成求解。

（19）响应结果以云图方式显示，如图 7-66 所示。

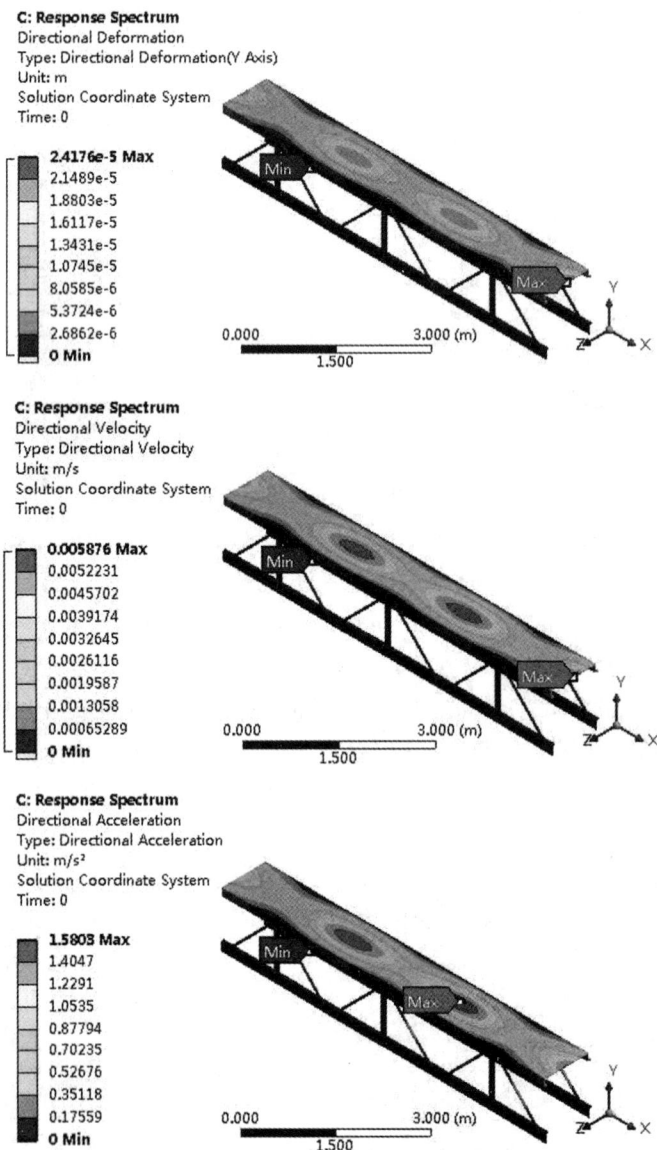

图 7-66　响应谱分析结果

7.5　随机振动分析

本节帮助路径：help/wb_sim/ds_spectral_analysis_type.html。

随机振动 Random Vibration 是基于概率统计学的谱分析技术。

7.5.1 随机振动术语

1.均值 mean

均值是指在一组数据中所有数据之和再除以数据的个数。它是反映数据集中趋势的一项指标。与"平均"(Average)、期望值意义相同。

2.方差 Variance

方差是各个数据与平均数之差的平方的平均数。在概率论和数理统计中,方差用来度量随机变量和其均值(即数学期望值)之间的偏离程度。

方差,通俗点讲,就是和中心偏离的程度。用来衡量一批数据的波动大小(即这批数据偏离平均数的大小)。在样本容量相同的情况下,方差越大,说明数据的波动越大,越不稳定。

3.功率谱密度(Power Spectral Density,PSD)

功率谱密度(Power Spectrum Density)是在随机动态载荷激励下,结构响应的统计结果,即出现某种响应所对应的概率,是一条功率谱密度值与频率值之间的关系曲线,如图7-67最右侧所示。其特点如下:

(1)功率谱密度所分析的物理量可以是位移功率谱密度、速度功率谱密度、加速度功率谱密度。

(2)数学上,功率谱密度值-频率值的关系曲线下的面积就是响应的方差。

(3)PSD 的单位是方差/Hz,例如加速度功率谱的单位是 g^2/Hz,速度功率谱的单位是 $(m/s)^2/Hz$。

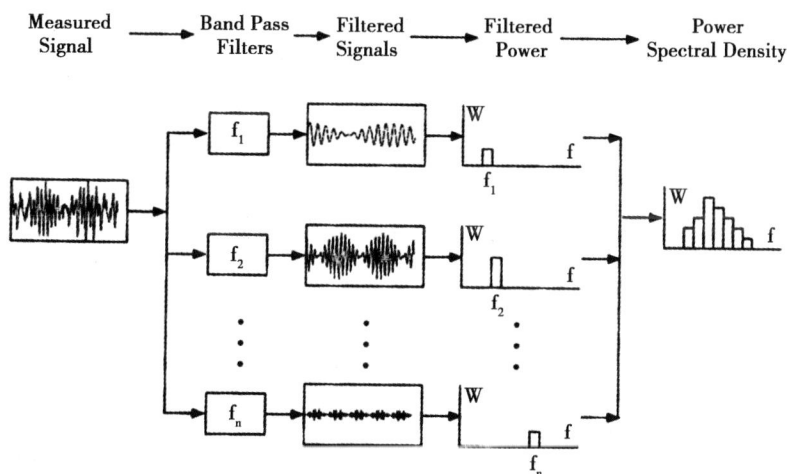

Figure 5.3 Spectral analysis procedure using analog filters.

图 7-67 使用模拟过滤器进行谱分析过程

4.随机振动

随机振动把基于概率的功率谱密度 PSD 作用在模型上,分析模型的位移、应力等结果的统计规律。

与响应谱分析相似,随机振动分析也可以是单点的或多点的。在单点随机振动分析时,要求在结构的一个点集上指定一个功率谱密度;在多点随机振动分析时,则要求在模型的不同点集上指定不同的功率谱密度。

随机振动的特点如下：

(1)由于时间历程是不确定的,输入载荷不会重复出现,无法准确预测某个时间点的载荷;并且随机振动载荷是非周期的,并包含很宽的频率范围。所以在随机振动分析中,只能使用统计学原理,载荷的时间历程转换为功率谱密度 PSD,用统计学载荷来代替载荷的时间历程曲线,如图 7-67 所示。所以随机振动不能用瞬态动力学分析代替。这点和确定性谱分析不同。

(2)响应谱是定量分析技术,因为分析的输入输出数据都是实际的最大值。但是,随机振动分析是一种定性分析技术,分析的输入激励只代表它们在确定概率下的可能性发生水平,输出响应(例如位移、应变、应力)也是统计学结果。

5.随机振动的应用

典型的应用包括:安装在汽车上的精密电子元件受到发动机的振动、道路的颠簸、声学压力等的作用;火箭在每次发射中由载荷(例如加速度载荷等)产生的不同时间历程;机载电子设备和机身部件受到发动机振动、湍流、声学压力;光学部件校准时的抖动;大尺寸玻璃的相对变形;激光制导系统;光学望远镜平台;大型高层结构受到风、地震作用;岸基建筑物受到海浪作用。

7.5.2 随机振动分析流程

本节帮助路径:help/wb_sim/ds_Options_Analysis_Settings.html,以及 help/wb_sim/ds_load_psd_base.html。

随机振动分析流程与响应谱流程非常类似,请参考第 7.4.3 节"响应谱分析流程"。

随机振动分析的输入量:①模型的固有频率和固有模态。②单点 PSD 激励曲线或者多点 PSD 激励曲线,施加到模型与地面的固定点。

随机振动分析的输出结果:①相对或者绝对 1σ 结果输出。②整体结构的求解结果,可以被绘制成云图进行显示。③结果输出形式:1σ 位移、速度、加速度。

1.模态分析

(1)同样随机振动分析之前一般要先进行模态分析。

(2)一般情况下,模态分析提取的模态数量,是 PSD 频率范围的 1.5 倍。

(3)所有的约束条件必须在模态分析中定义。在后面的谐响应分析中不能定义任何约束条件。

2.Random Vibration 的分析设置

分析设置的细节窗口如图 7-68 所示。

Exclude Insignificant Modes:是否排除无意义的模态。当选择为 Yes 时,下方出现 Mode Significance Level 模态重要性等级,如果选项是 0,则选择所有模态。如果选项是 1,所有模态都不使用。

3.PSD 激励载荷

在 PSD 分支下,唯一能使用的载荷只有 PSD 激励载荷,且有如下特点:

(1)PSD 激励载荷只能施加在 Fixed Support 固定约束处,不能施加在其他的约束处。

(2)可以施加多个不相关的 PSD 载荷,用于模拟多个、同时发生的、不同方向的 PSD 激励。

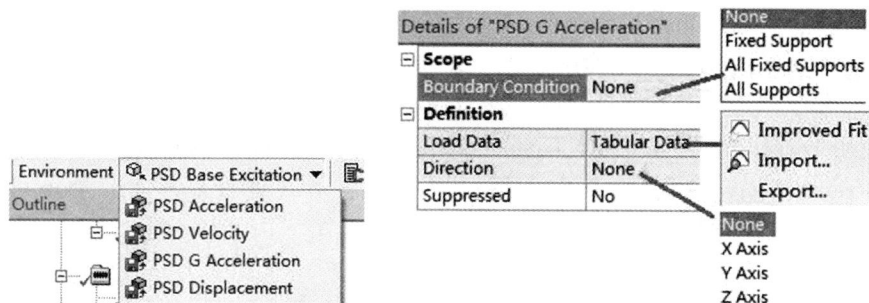

图 7-68   4 种 PSD 激励

在导航树选择 Random Vibration,在 Environment 可以看到随机振动能够使用的 4 种功率谱密度激励载荷,如图 7-68 所示,分别是 PSD Acceleration,PSD Velocity,PSD Displacement,它们的细节窗口完全相似(见图 7-68)。

(1)Boundary Condition:将某个 PSD 激励施加在某个固定约束或者所有固定约束处。

(2)Load Data:在屏幕右下角的 Tabular 区域输入 PSD 数据。

(3)Direction:PSD 施加的方向。

4.分析设置(见图 7-69)

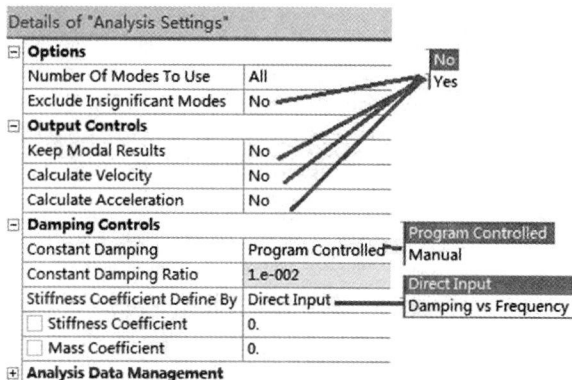

图 7-69   分析设置的细节窗口

(1)Number of Modes To Use。要使用模态分析中的多少模式数。一个保守的经验法则是,在 PSD 激励表的模式最大频率的基础上,涵盖 1.5 倍的频率。

还可以通过将“模式重要性级别”属性设置为 0(选用的所有模式)到 1(未选择模式)之间的数字,来排除不重要的模式。

(2)Keep Modal Results。默认情况下,从结果文件中移除模态结果以减小其大小。若要保持模态结果,请将“保持模式结果”属性设置为“是”。

(3)Calculate Velocity 和 Calculate Acceleration。默认情况下,位移是计算的唯一响应。若要包含速度(计算速度属性)和/或加速度(计算加速度属性)响应,请设置各自的输出控件为 yes。

5.求解并查看结果

点击 Solve,就可以求解。

7.5.3   添加求解结果

类似于响应谱分析,如果求解结果中,用户关心响应应力、响应应变等结果云图,在前面的模态分析中必须进行相关设置。导航树选择 Model→Analysis Settings,在细节窗口中 Output Controls 下的 Calculate Stress 和 Calculate Strain 都设为 Yes。

随机振动的 Solution 工具条与响应谱分析的 Solution 工具条非常类似,如图 7-56 所示,可以使用 Directional（X/Y/Z）Displacement/Velocity/Acceleration,normal and shear stresses/strains,equivalent stress,它们都可以用云图形式进行显示。此外还可以使用 Solution→Probe→Response PSD。

1. Solution Information

在导航树选择 Solution→Solution Information,那么在求解过程中,Worksheet 窗口会不断更新,用于显示求解过程的输出信息,并显示一些与模型有关的有价值的数据。如图 7-70 所示,每个 PSD 激励在每个基本频率下的参与因子 participation factor。

此外还可以看到位移、速度、加速度类型的模态协方差矩阵列表,其中位移如图 7-71 所示,用于表示每阶模态的相对重要性。

```
Worksheet
***** PARTICIPATION FACTORS FOR BASE EXCITATION NO.    1 *****     TABLE NO.  1

MODE    VALUE       MODE    VALUE       MODE    VALUE       MODE    VALUE

    1 -0.59067E-01    2 -0.22506       3  0.86857       4 -0.27539
    5 -0.45502E-01    6 -0.13626E-01
```

图 7-70　参与因子

```
Worksheet
***** SUMMARY OF TERMS INCLUDED IN MODE COMBINATIONS *****
          (MODAL COVARIANCE MATRIX TERMS ONLY)

     *** DISPLACEMENT-TYPE QUANTITY ***

     MAXIMUM TERM = 0.11494E-03

     MODE  MODE    COVARIANCE      COVARIANCE
      I     J        TERM            RATIO

      1     1      0.56551E-04      0.49200
      2     1     -0.19026E-06      0.16552E-02
      2     2      0.14999E-04      0.13049
      3     1      0.55158E-06      0.47987E-02
      3     2     -0.71400E-06      0.62118E-02
      3     3      0.11494E-03      1.0000
      4     1     -0.15695E-06      0.13655E-02
      4     2      0.10752E-06      0.93546E-03
      4     3     -0.42884E-05      0.37309E-01
      4     4      0.90696E-05      0.78905E-01
      5     1     -0.20203E-07      0.17576E-03
      5     2     -0.10024E-08      0.87207E-05
```

图 7-71　模态协方差矩阵

2. 变形、速度、加速度这三类求解结果

Deformation，Velocity，Acceleration 的细节窗口非常类似，如图 7-72 所示。

位移结果是相对于结构的固定支撑，但速度和加速度结果包含了固定支撑的运动效果。

由于 Directional（X/Y/Z）Displacement/Velocity/Acceleration 都是统计学范畴的结果，所以这些位移、速度、加速度的分量不能进行合并。例如 X，Y，Z 方向的位移分量不能合并成总位移。

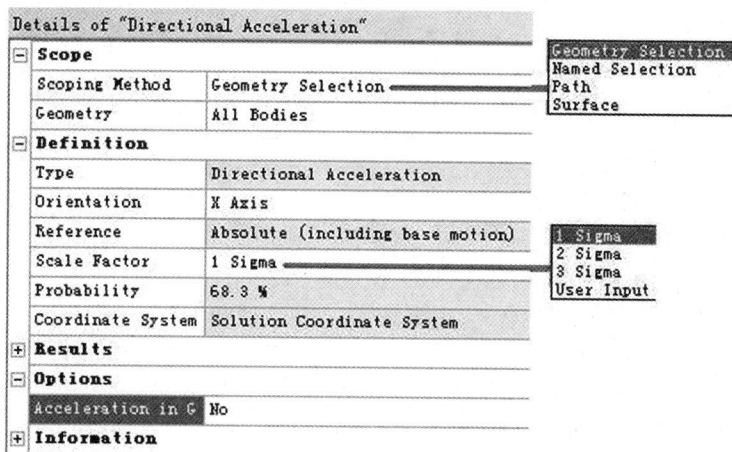

图 7-72　Deformation 的细节窗口

（1）Scale Factor：比例因子。

1）Sigma：默认的比例因子。1 Sigma 表示概率统计中，68.3％的时间范围内响应值小于高斯分布（正态分布，如图 7-73 所示）下的均方根响应值。或者小于该均方根值的概率为 68.3％。

2）Sigma：表示小于该均方根值的概率为 95.951％。

3）Sigma：表示小于该均方根值的概率为 99.737％。

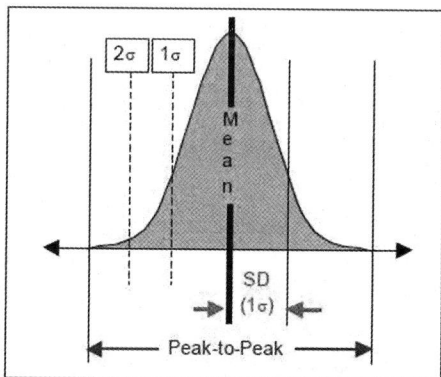

图 7-73　高斯分布

（2）Acceleration in G。对于 Acceleration 细节窗口，会出现 Acceleration in G 选项，如果设为 Yes，则显示加速度用重力加速度为单位。

3. 应力应变的求解结果

Strain、Stress 的细节窗口非常类似，如图 7-74 所示。

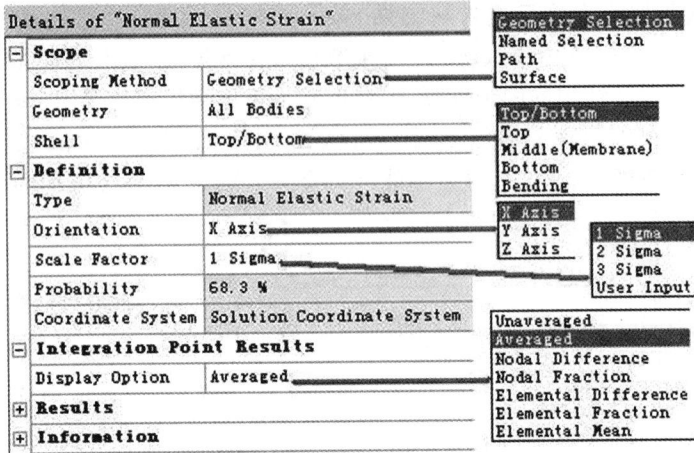

图 7-74　Strain 的细节窗口

(1)Shell：壳应力。如果模型中有面体，那么出现 Scope→Shell 设置项。

Top/Bottom：默认情况下同时显示面体的顶面的、地面的应力和应变。

Top：只显示顶面的应力、应变。

Middle(Membrane)：只显示中间应力、应变（膜应力、膜应变）。

Bottom：只显示地面的应力和应变。

Bending：只显示弯曲应力、弯曲应变。

(2)Display Option，显示设置，可选项如下：

Unaveraged：对节点结果不求平均值。

Averaged：对节点结果求平均值。

Nodal Difference：对节点结果求差分。

Nodal Fraction：对节点结果求百分数。

Elemental Difference：对单元结果求差分。

Elemental Fraction：对单元结果求百分数。

Elemental Mean：对单元结果求平均数。

4. Response PSD 的求解结果

Response PSD 的细节窗口如图 7-75 所示。

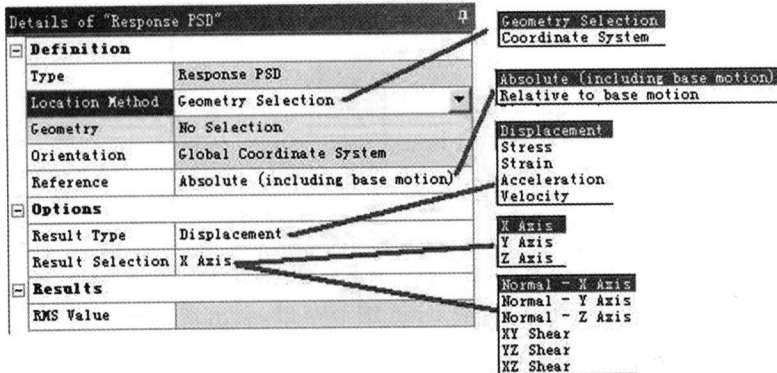

图 7-75　Response PSD 的细节窗口

Location Method：可以在图形工作区直接选择某个点，也可以采用全局坐标系的原点或者局部坐标系的原点。

Geometry：只能是点，不能选择线、面、体。

Reference：可选项有绝对运动、相对于固定支撑的相对运动。

Result Type：输出类型有 5 种，分别是位移、应力、应变、加速度、速度。

Result Selection：根据 Result Type 的不同，有不同的选项。Normal – X Axis，表示 X 轴法向方向，XY Shear 表示 XY 平面内的剪切应力（应变）。

7.5.4　第 7 章例子 4

下面以第 7.4.4 节的桁架为例，进行 PSD 谱的地面运动的随机振动分析。

在 Workbench 主界面，从 Toolbox 选中 Random Vibration，放置到 B6 Solution，即共用 B2～B4，并且将 B6 的结果导入 D5，如图 7-76 所示。单击 D5 进入 Mechanical 界面。

图 7-76　添加随机振动模块

（1）在导航树选择 Random Vibration 分支，在 Environment 工具条选择 PSD Base Excitation→PSD Acceleration，就在导航树建立 PSD Acceleration 分支。选择此分支，在细节窗口中根据图 7-77 设置。作用区域为 All Fixed Supports，作用方向为 Y 方向，并在屏幕右下方的 Tabular Data 输入频率与 PSD 加速度的对应关系。

或者 Load Data→Tabular Data 右侧的 Import。在出现的 Import Load History Data 窗口中，找到硬盘中的文件 PSD.xlm 文件，选中 PSD Acceleration。最后点击 OK 键完成导入。

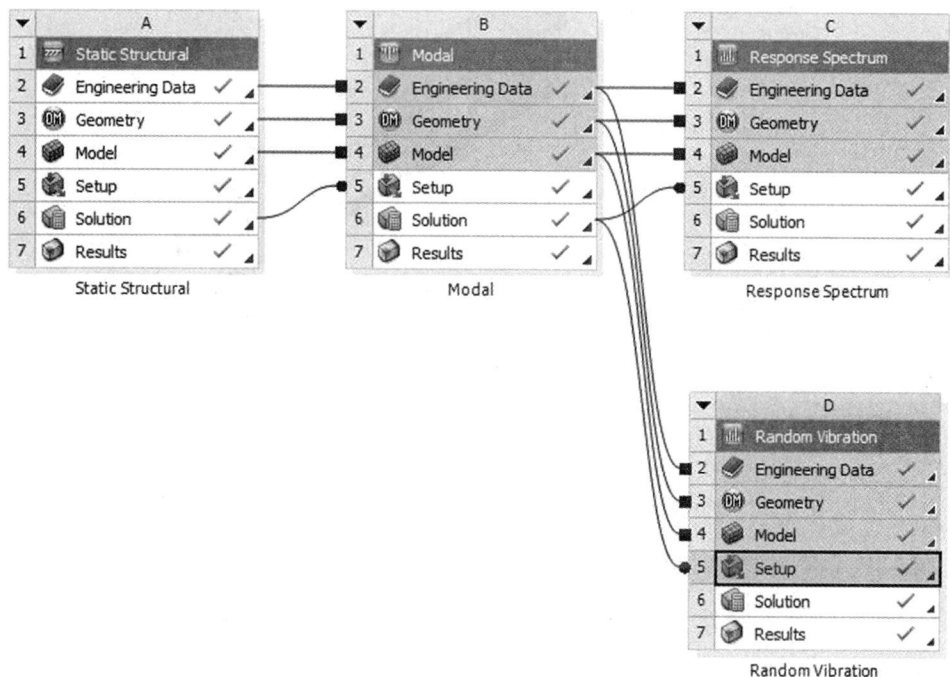

Details of "PSD Acceleration"	
Scope	
Boundary Condition	All Fixed Supports
Definition	
Load Data	Tabular Data
Direction	Y Axis
Suppressed	No

Tabular Data			
	Frequency [Hz]	✓	Acceleration [(m/s²)²/Hz]
1	5.		0.1
2	20.		0.15
3	30.		0.15
4	45.		7.e-002
*			

图 7-77　PSD 加速度

（2）插入求解结果。在导航树选择随机振动下方的 Solution，然后在 Solution 工具条选择 Deformation→Directional Deformation，设置 Orientation 为 Y Axis。接着选择 Strain→Normal，并将 Orientation 设置为 Y Orientation。最后选择 Stress → Equivalent（von-Mises）。

（3）单击 Solve，完成求解。以上 3 个结果，分别如图 7-78～图 7-80 所示。

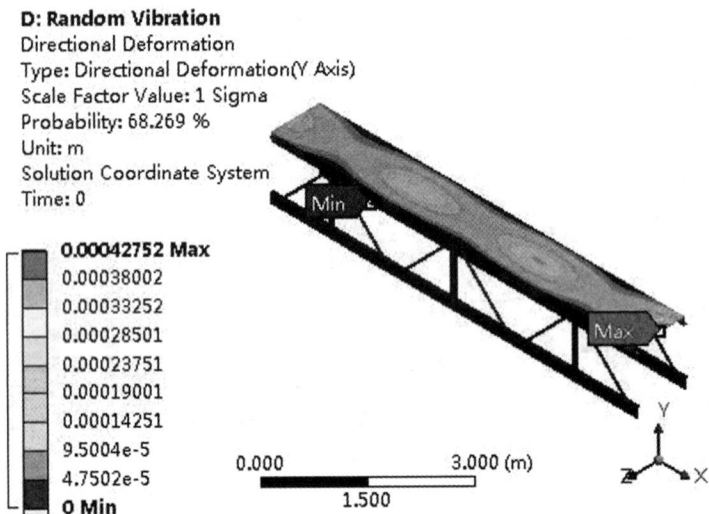

D: Random Vibration
Directional Deformation
Type: Directional Deformation(Y Axis)
Scale Factor Value: 1 Sigma
Probability: 68.269 %
Unit: m
Solution Coordinate System
Time: 0

0.00042752 Max
0.00038002
0.00033252
0.00028501
0.00023751
0.00019001
0.00014251
9.5004e-5
4.7502e-5
0 Min

0.000   3.000 (m)
      1.500

图 7-78　变形云图

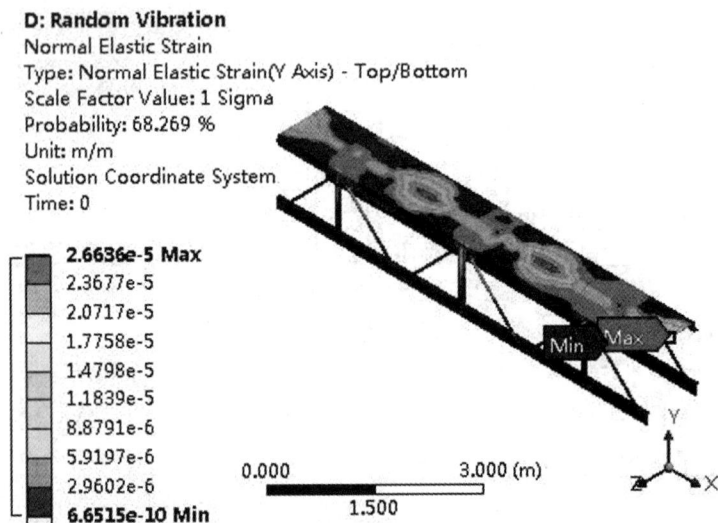

D: Random Vibration
Normal Elastic Strain
Type: Normal Elastic Strain(Y Axis) - Top/Bottom
Scale Factor Value: 1 Sigma
Probability: 68.269 %
Unit: m/m
Solution Coordinate System
Time: 0

2.6636e-5 Max
2.3677e-5
2.0717e-5
1.7758e-5
1.4798e-5
1.1839e-5
8.8791e-6
5.9197e-6
2.9602e-6
6.6515e-10 Min

0.000   3.000 (m)
      1.500

图 7-79　法向应变云图

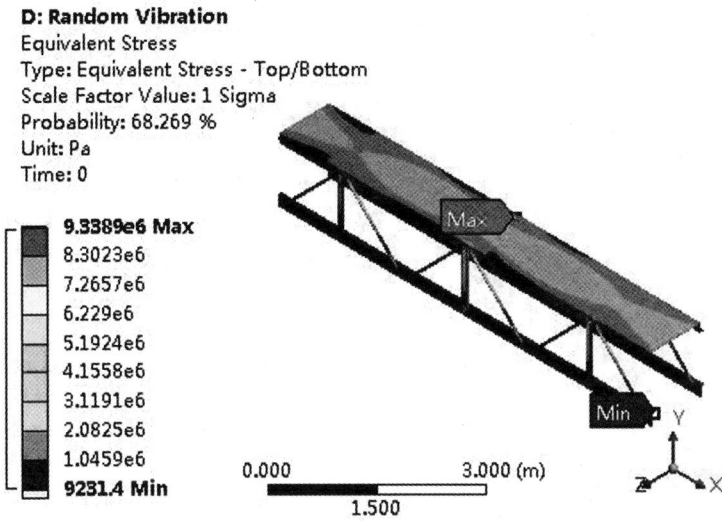

D: Random Vibration
Equivalent Stress
Type: Equivalent Stress - Top/Bottom
Scale Factor Value: 1 Sigma
Probability: 68.269 %
Unit: Pa
Time: 0

9.3389e6 Max
8.3023e6
7.2657e6
6.229e6
5.1924e6
4.1558e6
3.1191e6
2.0825e6
1.0459e6
9231.4 Min

图 7-80　等效应力云图

第8章 多刚体动力学

本章帮助路径：help/wb_sim/ds_rigid_transient_mechanical_analysis_type.html。

在 Workbench 主界面的工具箱有 Rigid Dynamics，它采用刚体动力求解器进行多刚体学动力分析。

另外，Workbench 主界面工具箱还有 Transient Structure(ANSYS)，称为结构瞬态动力分析。它采用隐式算法求解器(ANSYS Mechanical APDL)进行动力分析。结构零件可以包含柔体或刚体。

8.1　刚体动力学概述

刚体动力学，一般力学的一个分支，研究刚体在外力作用下的动力学响应。它可以用来考察机构运动特性，具有下述特点。

(1)模型都定义为三维实体。材料属性只有密度有效。

(2)所有部件都是刚性体 Rigid(见图 8-1)，所以计算结果中没有应力和变形，只有力、力矩、位移、速度和加速度。

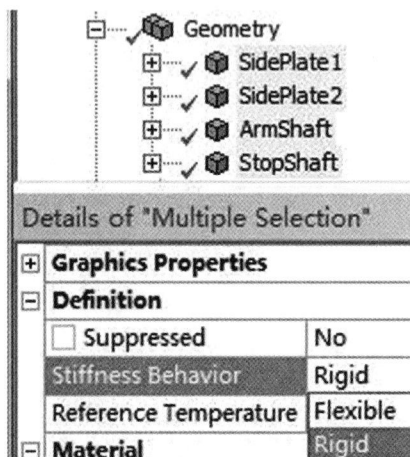

图 8-1　部件设置为刚性体

(3)刚性体的连接通过运动副 Joint 和弹簧来实现。黏性阻尼效应通过定义弹簧来实现，不像柔性体通过接触来实现。

(4)输入和输出是力、力矩、位移、速度和加速度。

8.2　Connection 连接工具条

一个有效的模型系统必须包括一个接地连接。如果任何一个体找不到一条"path"连接到地,那么这个刚体运动系统就不是有效的。如果系统中有多个子系统,那么每个子系统都要接地。

8.2.1　连接之 Joint 运动副

本节帮助路径：help/wb_sim/ds_Joints.html。

当零件之间相互连接,且可以发生相对运动时,就可以用 Joint 运动副来模拟。Joint 运动副主要用于动力学分析,如冲击、瞬态分析。Joints 运动副可以在刚性体或者柔性体之间定义,可以用于 3D 实体、面体、线体之间的面、线、点。

8.2.1.1　运动副概述及类型

本节帮助路径：help/wb_sim/ds_Joints.html。

如图 8-2 所示,运动副可以在 Body - Ground,即体和地面之间定义,也可以在 Body - Body,即两个体之间定义,其中一个是参考体,另一个是运动体。

图 8-2　连接工具条

根据所限制或允许的平动自由度、旋转自由度的不同,共有 19 种运动副,表 8-1 列出了常用的运动副。右侧图形工作区的 6 个小四方块图例,如图 8-4 所示,彩色的指明了该 Joint 这个方向的自由度是自由的,灰色的表明这个自由度是约束的。

表 8-1　运动副类型

	Body-Body ▼ Bo	名　称	限制自由度
1	Fixed	固定	所有
2	Revolute	转动副(铰链)	UX,UY,UZ,ROTX,ROTY
3	Cylindrical	圆柱副	UX,UY,ROTX,ROTY(滑动和转动)
4	Translational	平动副	UY,UZ,ROTX,ROTY,ROTZ
5	Slot	滑槽	UY,UZ
6	Universal	万向节	UX,UY,UZ,ROTY
7	Spherical	球面副(球节)	UX,UY,UZ
8	Planar	平面运动副	UZ,ROTX,ROTY
9	General	通用	Fix All,Free X,Free Y,Free Z,and Free All
10	Bushing	轴衬,套管	None
11	Point On Curve	点在曲线上	限制 5 个或者限制 2 个自由度
12	In-Plane Radial Gap	平面径向间隙	UZ,ROTX,ROTY(类似于 planar joint)
13	Spherical Gap	球形间隙	UX, UY,UZ(类似于 spherical joint)
14	Radial Gap	径向间隙	fix or free UZ

注意:(1)不同于刚体动力学分析,是指定实际的自由度,而不是相对的自由度。

(2)一个有效的模型系统必须包括一个接地连接。

(3)弹簧不是 joints 不能组成接地,尽管定义为 BTG。

(4)定义为"Free"的部件必须通过一个 BTG "General"运动副定义。

(5)在动力学分析中应用时,除了 Fixed 外,其余几种运动副连接,在分析过程中它们都发生相对的运动。所以,机构定义了运动副后,如果要进行静力学分析时,可将 fixed 运动副视为绑定接触。其余运动副,由于它们之间都存在运动趋向,因此可将它们的接触设置为有摩擦接触 Frictional,给定接触面间的摩擦系数,从而进行静力学分析。

下面介绍几种难以理解的运动副。

1. Bushing 轴衬/套管

一个 Bushing 有 6 个自由度,3 个平移和 3 个旋转,所有这些都有潜在的特征,它们的旋转和平移自由度是自由的或受刚度的约束。

这 3 个方向的平动和 3 个旋转构成了一套六自由度。此外,衬套的设计表现为一个不完美的 joint,即在 Joint 中产生的一些力会阻止运动。

2. Point on Curve 点在曲线上

Point on Curve 限制 5 个或者 2 个自由度,即剩下 1 个或 4 个自由度,取决于旋转是固定的还是自由的。其中 UY 和 UZ 始终等于零。

如果旋转是固定的,则曲线节点上的点只有 UX 一个自由度,即曲线上的坐标。

如果旋转是自由的,即 ROTX,ROTY 和 ROTZ 是自由的,可以被驱动,因此 Point on Curve 的 Mobile Coordinate System 原点总是位于参考曲线 Curve 上,即 UX 也是自由的。

对于曲线关节上的一点,X 轴总是与参考曲线相切,Z 轴总是与关节的方向面垂直,指向外。

3. 一些不完全的运动副

In-Plane Radial Gap 平面径向间隙、Spherical Gap 球形间隙、Radial Gap 径向间隙,这些运动副类型是专门用于模拟带有间隙的运动副,例如旋转关节或圆柱形接头。这些连接类型仅由刚性动力学求解器支持。

8.2.1.2 运动副属性选项

本节帮助路径:help/wb_sim/ds_Joints_manual.html。

这 14 种运动副有类似的细节窗口,如图 8-3 所示。包含 4 部分 Definition,Reference,Mobile,Stops,分别是运动副的定义、参考体、运动体、运动副锁止。

在 Body-Ground 运动副中的参考面是 Ground,所以 Reference 只有 Coordinate System 一个项目。

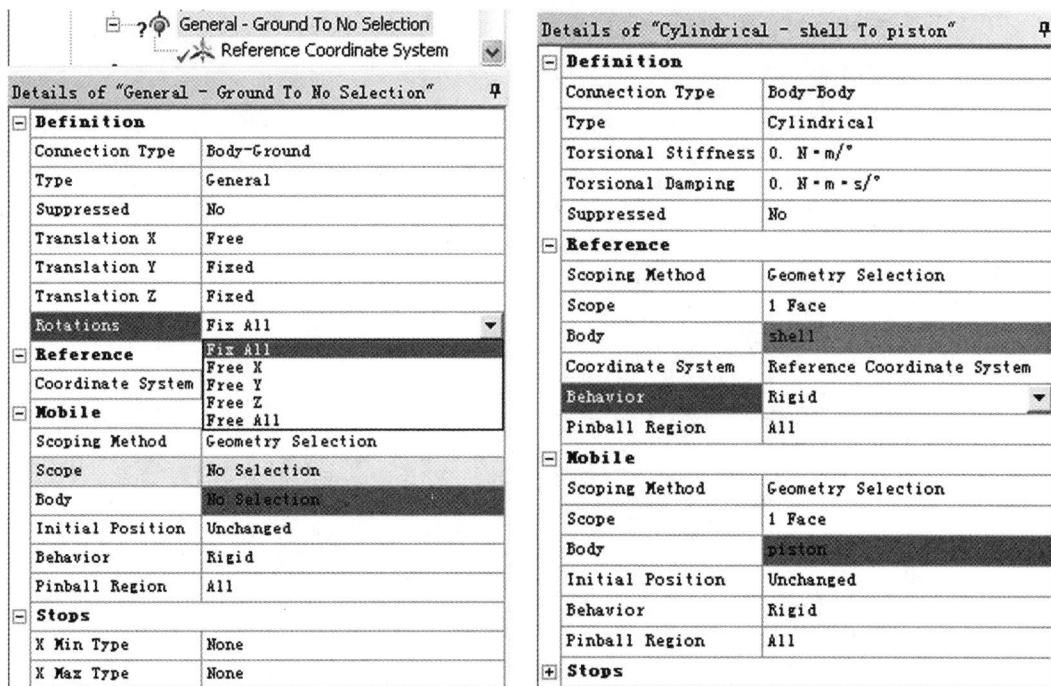

图 8-3　运动副的细节窗口

1. Definition

1）Connection Type：运动副类型。

根据运动副的作用范围不同，运动副可分为 body-to-ground 以及 body-to-body 两种。

对于 body-to-body scoping，既有参考体 Reference，又有运动体 Mobile。

对于 body-to-ground scoping，参考体就是大地（固定），所以作用范围只有运动体 Mobile。

2）Torsional Stiffness 扭转刚度，只有 cylindrical，revolute 两种运动副有该选项。

3）Torsional Damping 扭转阻尼，只有 cylindrical，revolute 两种运动副有该选项。

4）Suppressed：是否抑制该运动副。

2. Reference：参考体

在导航树选择某一个运动副，再在 Connection 工具条单击 Body Views，如图 8-4 所示，在屏幕右侧出现两个窗口，分别是 Reference Body View，Mobile Body View，即参考面和运动面窗口，每个窗口可以单独控制和选择。ANSYS/workbench 这种参考面/运动面的视图技术使得选择操作很方便。

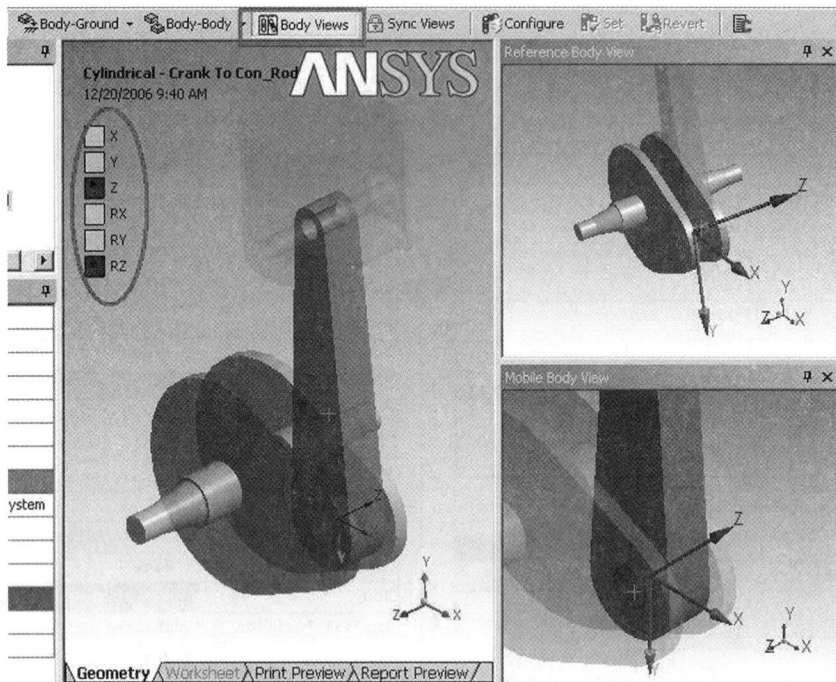

图 8-4　运动副的图例和坐标系

对应 body-to-ground 运动副，Reference 只有 Coordinate System 参考坐标系。对于 body-to-body 运动副，Reference 还有其他选项，这些选项与 Mobile 完全相同。

每个 joint 都有一个参考坐标系。每个 joint 所允许的运动都基于这个参考坐标系。只要用户选择了某个面作为参考体，程序自动在所选表面建立参考坐标系。默认情况下，X 轴为红色，Y 轴为绿色，Z 轴为蓝色。

参考体坐标系的原点和方向都可以修改。

(1)修改参考坐标系的原点。选择导航树的某一个运动副，在其细节窗口中选择 Coordinate System，图形工作区的坐标系的原点变为黄色小球，表明激活了"移动模式"，如图 8-5(a)所示。

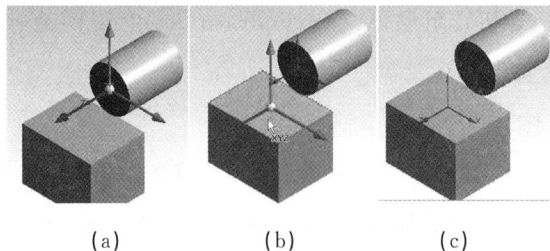

(a)　　　　　(b)　　　　　(c)

图 8-5　修改参考坐标系的原点

用户在图形工作区用鼠标点击新原点所在的表面，那么在此表面建立新坐标系，且处于移动模式，新坐标系与旧坐标系为映射关系，如图 8-5(b)所示。

单击细节窗口 Coordinate System 右侧的 Apply，新位置的坐标系从移动模式变为永久模式，旧坐标系消失，如图 8-5(c)所示。

（2）要改变参考坐标系方向，如图 8-6 和图 8-7 所示，有如下步骤：

如图 8-6 所示，首先点击 joint details 中的"coordinate system"。参考坐标系即可激活，如图 8-7（a）所示。

在被激活的 CS 中点击需要改变方向的轴。可以选择 6 个方向中的任何一个，如图 8-7（b）所示选择 X 轴。

6 个轴的颜色发生改变，用户点击某一个轴，作为第二步所选轴的新方向。图 8-7（c）所示点击－Z 轴。

最终新坐标系如图 8-7（d）所示。新的 X 轴就是原先的－Z 轴。

重复上一步的操作，修改其他轴的方向。

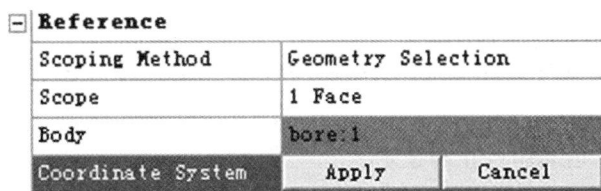

Reference		
Scoping Method	Geometry Selection	
Scope	1 Face	
Body	bore:1	
Coordinate System	Apply	Cancel

图 8-6 先将坐标系激活

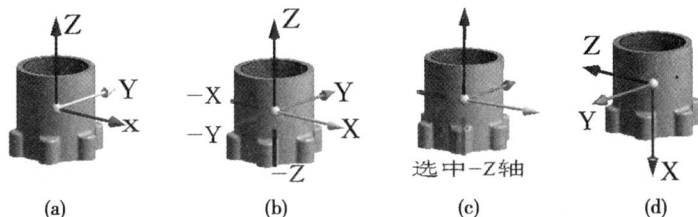

(a)	(b)	(c)	(d)

图 8-7 改变坐标系的方向

3. Mobile。

（1）Scoping Method，有两种方法可以选择，分别是：

Geometry Selection，即配合使用选择过滤器，在图形工作区直接选择某个面。

Named Selection，命名选择器，事先在 Geometry 下把某一个或者某一类实体进行命名，然后在此处使用命名选择器。

（2）Scope/Mobile Component。根据 Scoping Method 的不同，分别为 Scope 或者 Mobile Component，用户选择面或者命名后，单击 Apply 即可。

（3）Body。根据前两项的选择而自动变化，用户不能直接修改。对于参考体此框显示为红色，对于运动体此框显示为蓝色，并在图形工作区用同样颜色显示所选的实体。

（4）Initial Position，有 2 种选项，分别是：

Unchanged：初始位置不改变。

Override：重叠。初始位置要进行改变，且保证把参考坐标系与运动坐标系重叠在一起。

当用户选择了某个表面作为运动体时，也会生成运动体坐标系，但不在细节窗口中显示。只有设为 Override 时，在 Initial Position 多出一个选项 Coordinate System，即运动坐标系。

（5）Behavior。在刚体动力学中没有 Behavior 选项。但在柔体动力学分析中，还有指定运动副的 Behavior 选项：

Rigid：默认选项，行为意味着选取的表面不会变形，而当作刚性面。这就意味着在分析过程中，圆柱面仍然保持为圆柱面。

Deformable：行为意味着不仅运动副能够满足，而且选取的表面能够自由变形。这就意味着在分析过程当中，圆柱面可能不再保持为圆柱面。

(6)Pinball Region。同样，在柔体动力学分析中，还有指定运动副的 Pinball Region 选项。默认情况下，运动副的参考表面、运动表面都附着到运动副的单元上。但在如下两种情况时，并不需要整个表面都附着到运动副的单元上：

如果参考体表面或者运动体表面包含大量的节点、单元，由于内存和速度的原因，将导致无法运行。

运动副的表面，位移类型的约束条件，当这两者发生重叠时，将导致过定位，无法求解。

4. Stops

见第 8.2.1.4 节"运动副停止和锁定"。

8.2.1.3　运动副的生成

本节帮助路径：help/wb_sim/ds_joints_applying.html，以及 help/wb_sim/ds_Joints_automatic.html。

1. 手动添加 Joint

导入几何模型，在导航树中选择零件。

在 Connection 工具条中选择 Body-Ground 或者 Body-Body 下的运动副类型。

在导航树选择此新运动副，并为其选择参考体表面、运动体表面。

如果需要，重新定位坐标系原点位置或坐标轴方向。方法见上一节。

单击工具条的 Body Views 按钮，将分别在新窗口中用适当的透明度显示参考体和运动体。在新窗口中可以对零件视图进行操作。

配置运动副：如有需要，使用工具条的 Configure 按钮。

2. 自动生成

在 Workbench 力学类应用程序中，除了手动生成运动副以外，用户可以先导入装配体，然后自动生成固定副、转动副。步骤如下：

如图 8-8 所示，在导航树选择 Connections，在细节窗口的 Auto Detection 下修改两种运动副自动检测选项为 Yes。

输入装配体后，在导航树下选择 Connections（这时出现 Connections 工具条）。右击 Connections，在弹出的快捷菜单选择 Create Automatic Joints。就会在导航树的 Connections 下自动生成合适的运动副，每个运动副包含参考坐标系。

选择某个运动副并右击鼠标，选择 Rename 更名。

如果需要，查看整个系统以及各个运动副的自由度。或者查看超静定分析并修改运动副，方法见 8.2.1.5"运动副其他快捷操作"。

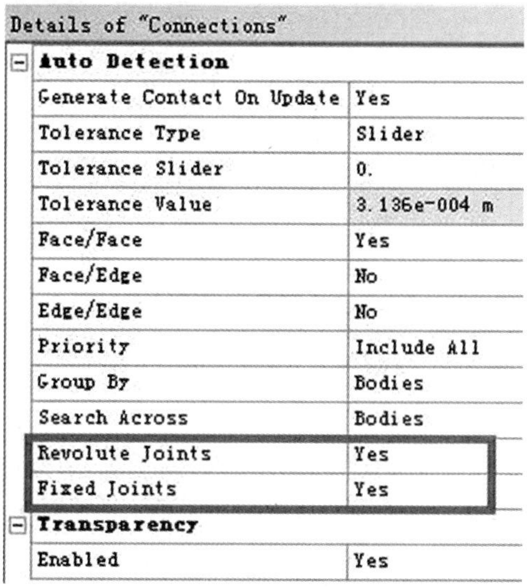

图 8-8　自动生成两种运动副

8.2.1.4　运动副停止和锁定

本节帮助路径:help/wb_sim/ds_stops_locks. html。

1. 含义

对于运动副的处于自由状态的自由度,用户可以添加(也可以或者不添加)运动副的停止和锁定,即给定(也可以不给定)最大、最小运动范围。

Stop 用来在计算过程中模拟真实的碰撞过程,不仅高效而且简化了几何体计算量。运动副的运动体相对于参考体正在运动,当运动体到达用户给点的 Min,Max 位置时,激活 Stop,发生冲撞。

Lock 类似于 Stop,但运动体到达用户给点的 Min,Max 位置时,激活 Lock,运动副固定在此处。

2. 细节窗口

根据运动副的类型不同,细节窗口 Stops 下面有不同的项目,以 Cylindrical 运动副为例,Stops 细节窗口如图 8-9 所示。对于每一个处于自由状态的自由度,用户都可以设定 Min Type,Max Type,选项都是如下 3 种:None,Stop,Lock。None 为默认选项,Stop 和 Lock 的最大、最小值是基于运动副坐标系。

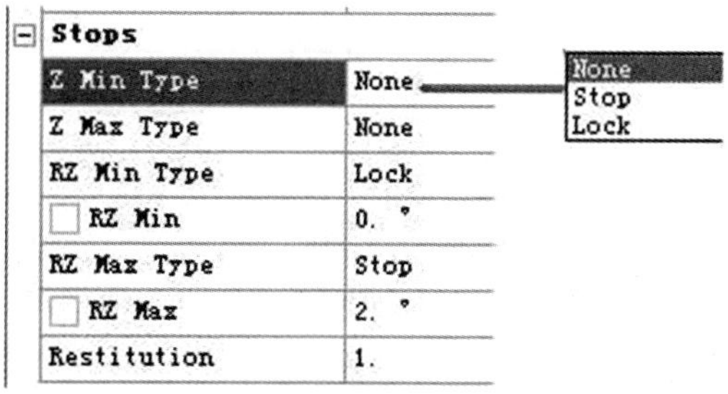

图 8-9　运动副的 Stop 和 Lock

Stops 可以在如下运动副中使用,见表 8-2。

ANSYS Rigid Dynamics and ANSYS Mechanical 都可以使用停止和锁定,但有如下不同:

(1)在 Rigid Dynamics 多刚体动力学中,认为冲撞过程不存在持续性,所以用户得不到冲撞过程的作用力和加速度,但能得到反弹速度。

(2)在 ANSYS Mechanical 静力学分析中,使用拉格朗日乘子法求解停止和锁定约束,所以用户可以得到停止和锁定对应的约束力。

注意:

(1)在 ANSYS Mechanical 静力学分析中,只有当 Analysis Settings→Large Deflection 设为 On,运动副的停止和锁定才能激活。如果设为 Off,所有的计算都在模型原始状态进行,不会激活运动副的停止和锁定。

(2)在同一个自由度上添加冲突的约束条件,例如在停止的运动副上施加加速度载荷,在停止的运动副上施加速度载荷,将会导致无法得到合理的结果。

表 8-2　运动副中的 Stops

Joint Type	Stop/Lock
Revolute	Yes
Cylindrical	Yes
Translational	Yes
Slot	Translational 平动
Universal	Yes
Spherical	No
Planar	Yes
General	Translational 平动

3. 恢复系数

在 ANSYS Rigid Dynamics 多刚体动力学分析中,运动副的细节窗口 Stops 下面的 Restitution 是指碰撞恢复系数 Coefficient of restitution。注意在 ANSYS Mechanical 静力学分析中,运动副的细节窗口 Stops 下面没有 Restitution 这个选项。

恢复系数是反映碰撞时物体变形恢复能力的参数,它只与碰撞物体的材料有关。其定义为碰撞后两物体接触点的法向相对分离速度,与碰撞前法向相对接近速度之比。

两个物体碰撞的恢复系数 C_R 的方程式为

$$C_R = \frac{V_{2f} - V_{1f}}{V_1 - V_2}$$

式中,V_1 是第一个物体在碰撞前的速度;V_2 是第二个物体在碰撞前的速度;V_{1f} 是第一个物体在碰撞后的速度;V_{2f} 是第二个物体在碰撞后的速度。

如果碰撞为完全弹性碰撞(perfectly elastic collision),则恢复系数为 1,满足机械能守恒。如果为非弹性碰撞,则恢复系数<1,不满足机械能守恒,一部分能量转变为内能,但是动量守恒是始终满足的。完全非弹性碰撞为 0,两个物体基本上是黏结在一起的,没有任何弹跳运动。

8.2.1.5　运动副其他快捷操作

本节帮助路径:help/wb_sim/ds_Joints_Ease_of_Use.html。

1. Renaming Joint Objects Based on Definition 对运动副自动重命名

用户手动生成运动副后,所起的运动副名字不便于区别。可以使用该命令自动生成运动副名字。在导航树下选择一个或多个运动副,或者直接选择 Connections,右击鼠标在弹出的快捷菜单选择 Rename Based on Definition,软件就自动为所选运动副命名。名称格式为:运动副类型－参考体零件名称 to 运动体零件名称。

2. Joint Legend 图例

在导航树选择某个运动副后,就会在图形工作区左侧显示 6 个自由度的状态,如图 8-10 所示。灰底色为被限制的自由度。其他颜色的底色且都带星号,都是允许的自由度。红底色对应 X 和 RX;绿底色对应 Y 和 RY;蓝底色对应 Z 和 RZ。

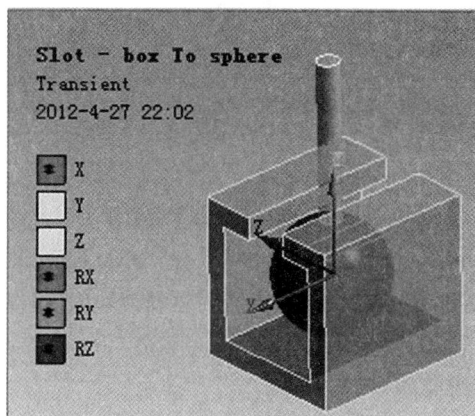

图 8-10　运动副的自由度图例

用户可以显示/取消运动副图例,方法为从主菜单选择 View→Legend 并单击,使得出现/取消 Legend 前面的对号。

3. Disable/Enable Transparency 启动/禁止透明度

选择导航树的 Connections,在细节窗口中修改 Transparency 为 Yes/No,可以修改未选中的其他运动副/接触是否为透明,从而将所选的运动副突出显示,如图 8-11 所示选择固定副时,Slot 副为透明。

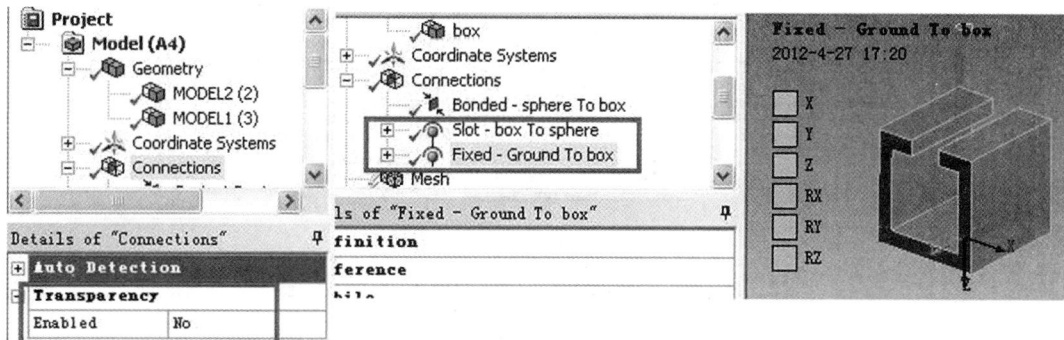

图 8-11　运动副的透明显示

4. Hide All Other Bodies 和 Show All Bodies

如图 8-12 所示，在导航树选择某个运动副，并单击鼠标右键，在弹出的快捷菜单选择 Hide All Other Bodies，就可以只显示所选的运动副而将其他零部件都隐藏。为了将已隐藏的零件显示出来，在导航树单击鼠标右键选择 Show All Bodies。

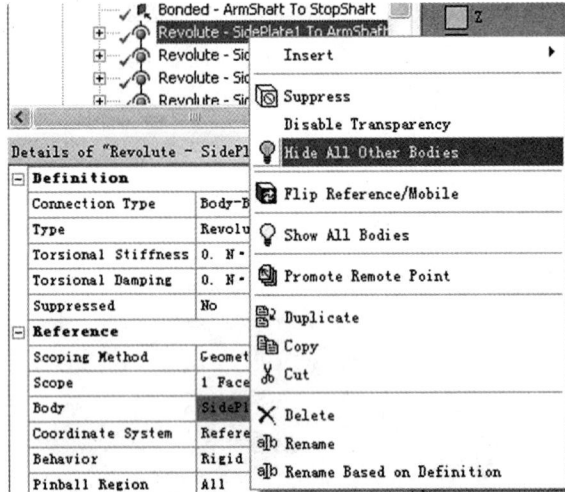

图 8-12　隐藏和显示运动副

5. Flip Reference/Mobile

如图 8-12 所示，用户选择某个 Body-to-Body 运动副，单击右键出现快捷菜单，选择 Flip Reference/Mobile，就可以将本运动副的 Reference Body 和 Motion Body 进行对调互换。同时细节窗口和图形窗口作相应的对调。

6. Joint DOF Checker 运动副的自由度检测

在导航树选择 Connections，然后在常用工具条单击按钮 Worksheet，就会在原图形工作区的位置出现 Worksheet 工作表，如图 8-13 所示。其中 Joint DOF Checker 显示整个系统的自由度，而 Joint Information 显示每个运动副的详细信息。

注意 Free DOF 必须大于或等于 1，否则如果 DOF 小于 1 就会弹出 warning message，表明系统过定位，必须删除冗余约束。

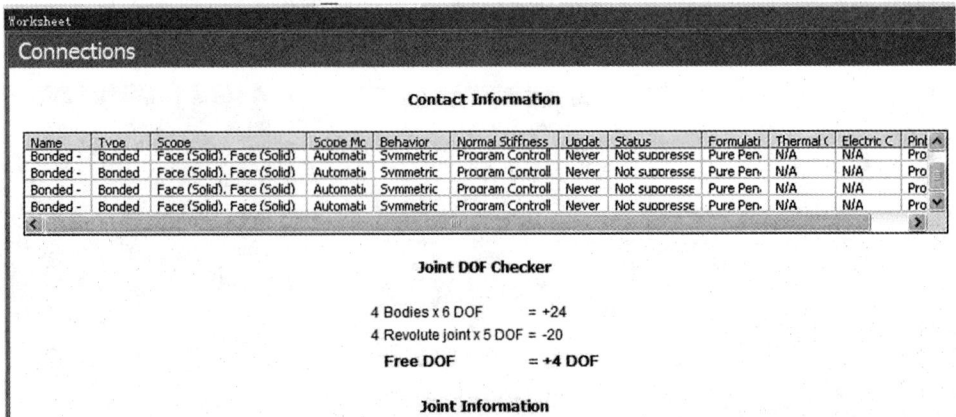

图 8-13　自由度汇总

7. Redundancy Analysis 分析运动副的冗余

使用该命令可以让用户分析装配体在设置完运动副后,整个系统运动副是否冗余,即是否过定位。步骤如下:

如图 8-14 所示,在导航树选择 Connections 并右击鼠标,选择 Redundancy Analysis,程序在信息栏的位置弹出 Data View 窗口,如图 8-15 所示。

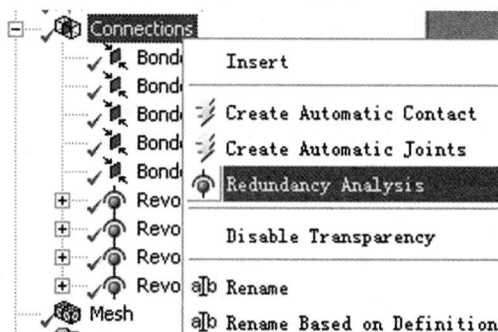

图 8-14　运动副的冗余分析

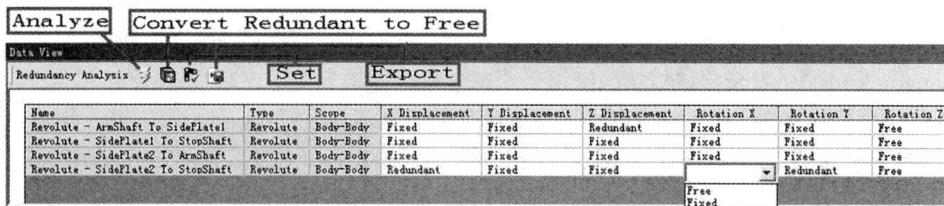

图 8-15　运动副冗余窗口

在 Data View 窗口,单击 Redundancy Analysis 工具栏上的按钮 Analyze,程序将执行一个冗余分析,并将结果显示在此窗口中,所以过定位的运动副标记为"Redundant"。

在此窗口中,单击运动副后面的"Redundant",并在弹出的可选框将其修改为"Fixed"或"Free"。或者单击 Redundancy Analysis 工具栏上的按钮 Convert Redundant to Free,以便移除所有过定位的自由度。

单击 Redundancy Analysis 工具栏上的按钮 Set,更新运动副的设置。

如有需要,单击 Redundancy Analysis 工具栏上的按钮 Export,将此列表输出到 Excel/text 文件。

8.2.2　连接之 Spring 弹簧

1. 概述

本节帮助路径:help/wb_sim/ds_Springs.html。

弹簧的定义以及设置不仅在多刚体动力学中应用,还会在 Workbench 刚柔混合体动力学分析 Transient Structure(ANSYS)中涉及,即主要用于动力学分析,而在静力学分析中很少用。

弹簧 Spring 作为弹性单元用于储存机械能,在载荷去除后会恢复原状。弹簧与指定区域连接时提供了纵向刚度和阻尼。这样就为那些没有明确建模的零件提供刚度、阻尼效果。

特点:

(1)弹簧可以在刚性体和柔性体上定义。弹簧可以直接定义在 Revolute Joint,Cylindrical Joint。

(2)Springs 可以在体之间(BTB)或者体与地之间(BTG)。但是弹簧不是 joints,不能组成接地(尽管定义为 BTG)。

(3)弹簧可以定义 3D 实体的顶点、边以及表面上的刚度和阻尼。

(4)弹簧是纵向的 longitudinal,所以刚度或者阻尼是相对于弹簧的长度改变。

(5)弹簧的长度不能为 0。

2. 弹簧设置选项

本节帮助路径:help/wb_sim/ds_Springs.html。

添加了弹簧后,在导航树出现待设置的新弹簧,如图 8-16 所示为弹簧的细节窗口。

(1)Graphics Properties。Visible 选项有 Yes,No,在图形工作区是否显示弹簧。

(2)Definition 定义。

Type:longitudinal 纵向弹簧,灰色不能改变。

Spring Behavior:弹簧行为,有如下 3 种选项:

①Both(Linear):线性,既可以拉伸又可以压缩。②Compression Only:只能压缩。③Tension Only:只能拉伸。如果纵向弹簧的预载荷是拉伸力,那么此选项不能设为 Compression Only。反之亦然。此选项只有在刚体动力学中可以改变,在其他模块中灰色不能改变。

Longitudinal Stiffness:纵向弹簧刚度。

Longitudinal Damping:纵向阻尼,仅用于瞬态分析。如果只想考虑阻尼,刚度可以定义为 0。

Preload:预加载荷,有 3 种选项:①None:没有预加载荷。②Load:预拉(压)力。正值代表拉力,负值代表压力。Free Length:自由长度。如果 Free Length 小于 Spring Length(见图 8-16 中的 Definition 下 Spring Length,灰色),弹簧处于拉伸状态,产生拉力。如果 Free Length 大于 Spring Length,弹簧处于压缩状态,产生压力。

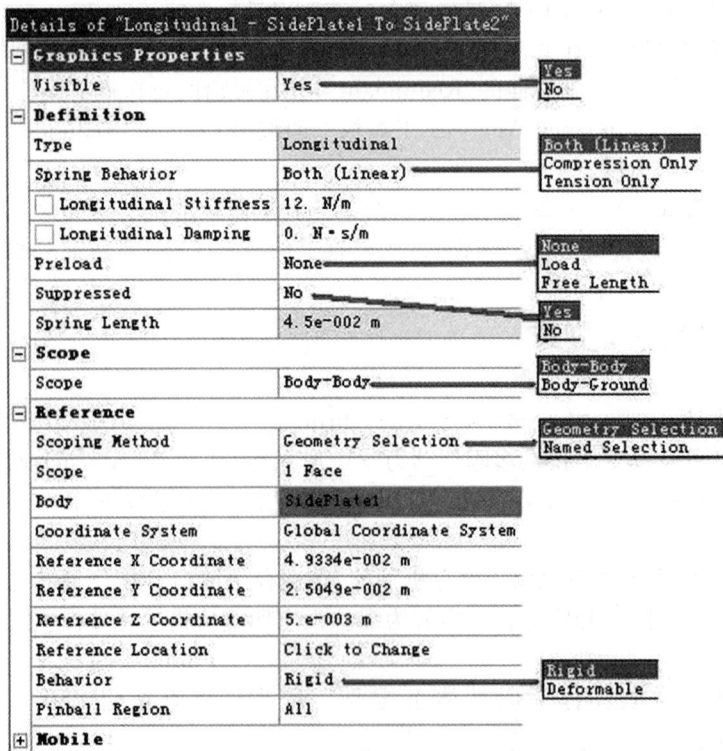

图 8-16 弹簧的细节窗口

Suppressed：是否抑制。

Spring Length：弹簧实际长度，灰色不可改变。该选择只有在 rigid dynamics analysis 出现。表明了从 Reference 一侧的弹簧端点，到 Mobile 一侧的弹簧另一个端点之间的实际长度。

（3）Scope：弹簧作用范围。范围：体–地或体–体。

（4）Reference 参考体。

Scoping Method：定位方法。

Scope：用户可以将弹簧放置在一个或者多个线、面，或者一个点上。

Body：用户在 Scope 选择了实体并单击 Apply 后，Body 自动变化为所选实体的名字，并自动显示为红色，表示参考体（运动体显示为蓝色）。

Coordinate System：坐标系，整体坐标系。

Reference Location：参考位置：单击后修改。

Behavior 行为：在刚体动力学中没有 Behavior 选项。但在柔体动力学分析中，还有指定弹簧的 Behavior 选项。弹簧连接的实体是 Rigid 刚体（默认）还是 Deformable 变形体。

Pinball Region：弹球区域：控制弹簧连接点、边及面的范围大小。同样，在柔体动力学分析中，还有指定弹簧的 Pinball Region 选项。

默认情况下，弹簧的参考表面、运动表面可以使用单个点、多个边、多个面，而且整个点、线、面都附着到弹簧的单元上。但在如下两种情况时，并不需要整个表面都附着到弹簧的单元上，这时就需要使用 Pinball Region 进行设置：

①如果参考体表面或者运动体表面包含大量的节点、单元，由于内存和速度的原因，将导致无法运行。②弹簧的表面，位移类型的约束条件，这两者发生重叠时，将导致过定位，无法求解。

（5）Mobile。与 Reference 的选项相同。此处 Scope 选择的实体与参考体 Scope 的实体必须是不相同。

8.2.3　连接的其他按钮

本节帮助路径：help/wb_sim/ds_Contact. html。

在 Connection 工具栏上，还有一些按钮，如图 8-17 所示，其中有部分按钮与运动副有密切关系。第 8.4 节"第 8 章例子 1"中，有其中一部分按钮的使用步骤。

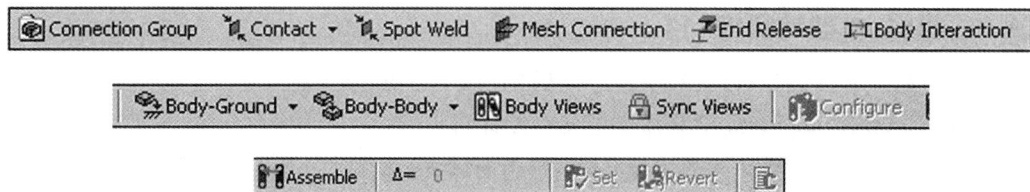

图 8-17　连接的其他按钮

Connection Group 见第 6.4.2 节"Connection Group"。Spot Weld 见第 6.4.5 节"连接之 Spot Weld 焊接点"。End Release 见第 6.4.6 节"End Release"。

1. Body Interaction

在 Explicit Dynamics Analysis 分析环境中,在所选的部分实体之间生成接触。在此多刚体分析环境中不可用。

2. Body View

如图 8-4 所示,单击该按钮后,在图形工作区右侧出现了 Reference Body View 参考体窗口和 Mobile Body View 运动体窗口,在单独的辅助窗口中显示参考体和运动体。

3. Sync View 同步视图

Body View 选中后再把 Sync View 选中,那么图形工作区、参考图窗口、运动体窗口三者同步,即任一窗口的旋转、移动等操作会牵连另外两个窗口。

4. Configure,Set,Revert,$\Delta =$ field

帮助路径: // Mechanical User's Guide // Features // Geometry in the Mechanical Application // Joints // Example:Configuring Joints。

"Configure"按钮允许手动调整运动副的初始位置。

在手动移动 joint 过程中,单击"Set"按钮可以将模型的运动副固定在新的位置。

"Revert"可以将 joint 的设置恢复到原来的位置。

$\Delta =$ field 可以输入数值,指定运动副旋转的角度。

5. Assemble

帮助路径: // Mechanical User's Guide // Features // Geometry in the Mechanical Application // Joints // Example:Assembling Joints。

单击该按钮,根据用户添加的各个 Joint,把模型进行装配。

6. Command

用户可以插入命令行代码。

帮助路径: // Mechanical User's Guide // Features // Commands Objects。

8.3　多刚体动力学分析步骤

本节帮助路径: help/wb_sim/ds_rigid_an_prep.html。

在 Workbench 主界面,从工具箱 Toolbox 中选择 Rigid Dynamics,并把它拖放到工程流程图区域。

8.3.1　材料、模型和网格

对于多刚体动力学分析,材料、模型和网格有如下特点:

(1)在 Engineering Data 中只需要定义密度即可。

(2)可以使用薄壳、实体这类模型,不能使用面体、线体。

(3)不需要划分网格。

8.3.2　连接

刚性体的连接通过 Connection 工具条中的 joint 运动副、弹簧、Frictionless Contact 来

实现。

用户灵活应用快捷菜单的 Create Automatic Connections，即"自动探测运动副"功能来建立零件之间的连接。用户必须逐个仔细检查自动探测的每个连接，尤其是运动副的坐标系的自由度是否合适。

注意：

（1）一个有效的模型系统必须包括一个接地运动副。如果系统中有多个子系统，那么每个子系统都要接地。

（2）定义为"free"的部件必须通过一个 BTG "general" joint 定义。

8.3.3　载荷和约束支撑

本节帮助路径：help/wb_sim/ds_load_joint_condition.html。

多刚体动力学分析中，由于所有部件都是刚形体，只能添加如下 5 种载荷和约束，如图 8-18 所示。

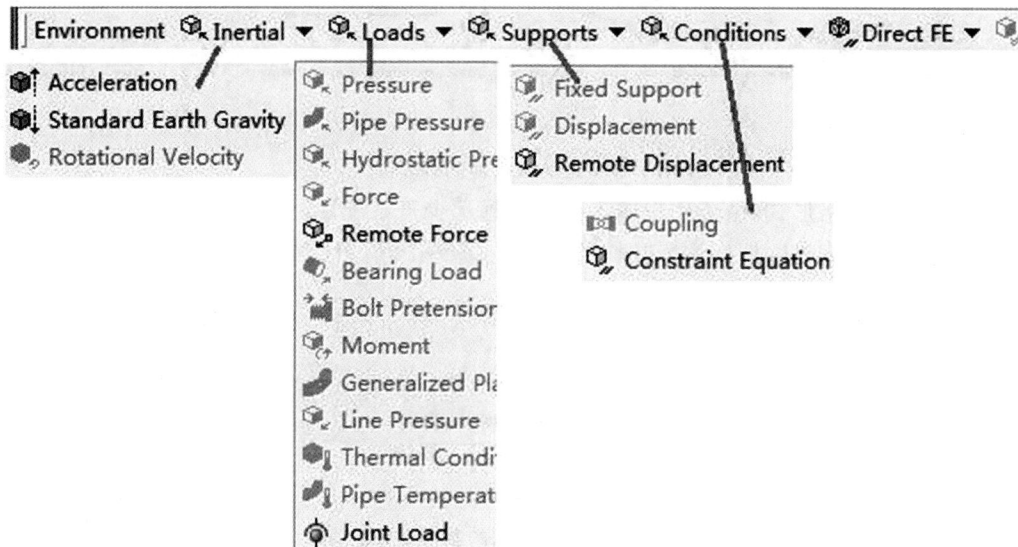

图 8-18　多刚体支持的载荷和约束

支持 Inertial 惯性载荷，即加速度、地球重力。并且分析过程中始终保持常量。

支持 Load 结构载荷中的 Remote Force 远端载荷、Joint Load 运动副驱动载荷。不能施加类似于静力学、刚柔体动力学分析中的那样的其他载荷，也不能施加热载荷 Thermal Condition。

支持 Supports 约束中的 Remote Displacement。不能施加类似于静力学、刚柔体动力学分析的那样的其他约束。

下面只详细介绍 Joint Load 运动副载荷。

只有先在 Connections 中添加了运动副后，才能添加 Joint Load 运动副载荷。

以转动副、圆柱副为例，运动副载荷的细节窗口如图 8-19 所示。Type 输入类型可以是转角、角速度、角加速度、力矩。Magnitude 数值，输入形式可以为常数、表格或者函数的形式。

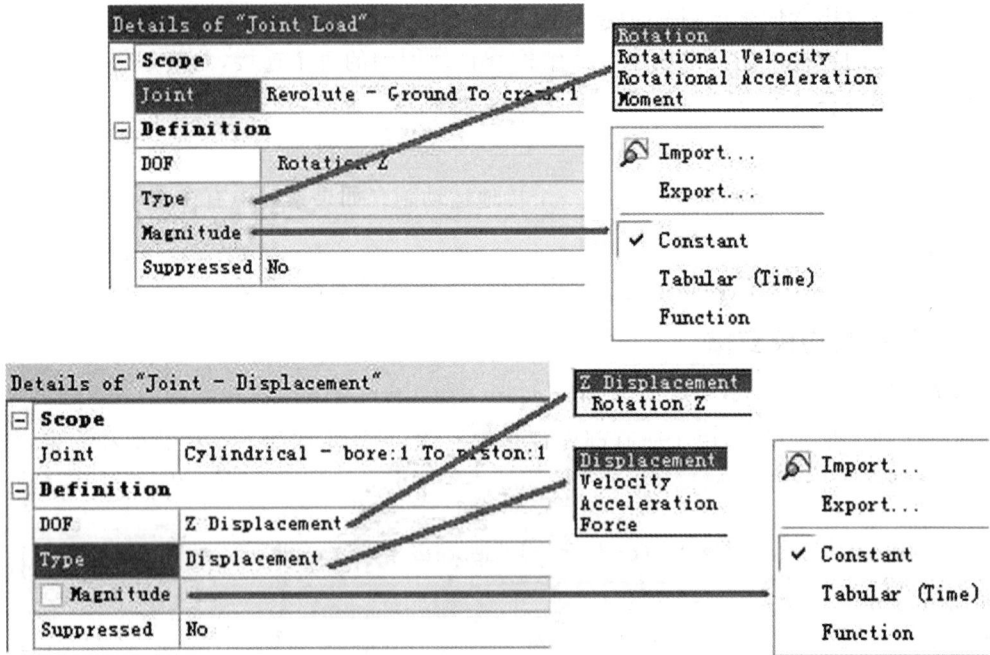

图 8-19　运动副载荷的细节窗口

　　(1)如果是表格形式,由于用户输入的点数远远少于系统计算过程中时间步长所需要的点数,所以程序对表格数据使用三次样条插值,如图 8-20 所示。

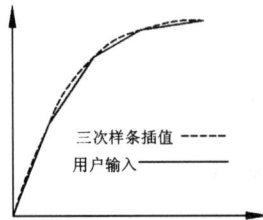

图 8-20　对表格形式的载荷进行插值

　　在某些情况下,用户输入与三次样条插值之间差别太大时,有可能无法求解。在这种情况下,用户需要多加一些载荷步,注意插值只发生在一个时间步之内,以便减小实际表格形式输入曲线与插值曲线之间的差别。

　　(2)可以通过函数的方式输入载荷。在定义 Joint Load 时候可以包含各种数学函数和算术运算,其中时间作为独立变量。详细内容见第 6.6.1 节"载荷分类及细节窗口"。

　　函数可以以曲线的形式在 Graph 窗口显示出来。

　　(3)注意事项。

　　1)在某个位置或者转角下定义运动副载荷时,会在内部引起速度、加速度的变化。当在平动速度或者转速速度上定义运动副载荷时,会在内部引起加速度的变化。激活或者抑制某个运动副载荷,会引起力、加速度、速度或者位移的不连续。

　　不连续的力或者加速度是允许的,刚体求解器完全可以处理这些情况。速度不连续从物理上来说等效于撞击,刚体求解器可以处理这些情况。但是,位移或者转角的不连续是不合理的物理现象,求解时会出现问题,或者求解过程终止,或者求解结果是错误的。但 Workbench 目前无法自动检测位移或者转角的不连续,建议用户避免这种情况。

2)对于固定轴旋转,应该可以计算出旋转的圈数,即转角大于 360°(2π),但仍然推荐用户不用要这么做,否则容易计算出错。对于 3D 一般意义上的旋转,无法计算旋转的圈数,只能定义为角速度载荷。总之,对于运动副载荷,建议转角设置为 2π 或者更小,大的转角设置为角速度和时间的关系。

例如:对于转动副(铰链)载荷,一种方法为角速度为 360 degrees/second,另一种方法为在 2 s 内转角从 0° 变化到 720°,第一种保证正确的结果,但第二种有时候导致错误结果。

3)不能在一个 joint 上添加多个运动副载荷,否则会出错。

8.3.4 多刚体动力学分析设置

本节帮助路径:help/wb_sim/ds_rigid_transient_mechanical_analysis_type.html,以及 help/wb_sim/ds_Step_Controls.html。

在求解算法上,Rigid Dynamics 采用了无须迭代计算和收敛检查的显式积分技术,显式积分没有平衡迭代,但是需要更小的时间步长。

刚体动力分析采用显式时间积分,而下一章的柔体分析采用了隐式积分。

多刚体动力学的分析设置与静力学的分析设置有类似之处,详细见第 6.5 节"分析设置"。下面介绍两者的不同之处。

1. Step Controls

本节帮助路径:help/wb_sim/ds_Step_Controls.html。

需要的时间步长可以通过系统的最高频率来衡量。时间步长设置如图 8-21 所示。

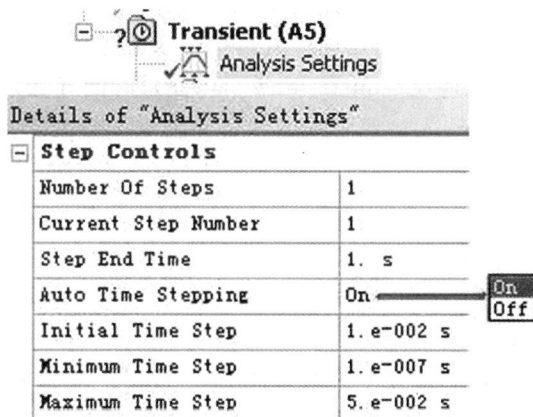

图 8-21 多刚体动力学的分析设置

(1)Number Of Steps:载荷步的数量。为了模拟载荷施加或者删除或者载荷历程突然中断,可能需要施加额外的载荷步。

(2)Current Step Number:当前载荷步。

(3)Step End Time:当前载荷步结束时间。

(4)Auto Time Stepping:自动时间。

由于时间步长的确定比较困难,因此推荐使用自动时间步长。

(5)Initial Time Step:初始时间步长。如果初始时间步长太大,系统会提示加速度过高。如果初始时间步长太小,自动时间步长会自动修正。

(6)Minimum Time Step:最小时间步长。如果求解需要的步长小于该值,求解终止。

(7)Maximum Time Step:最大时间步长。设置在自动时间步长中最大不能超过的步长,一般用来保证所关心的结果不会被求解时跳过。

2. Solver Controls

求解控制如图 8-22 所示。

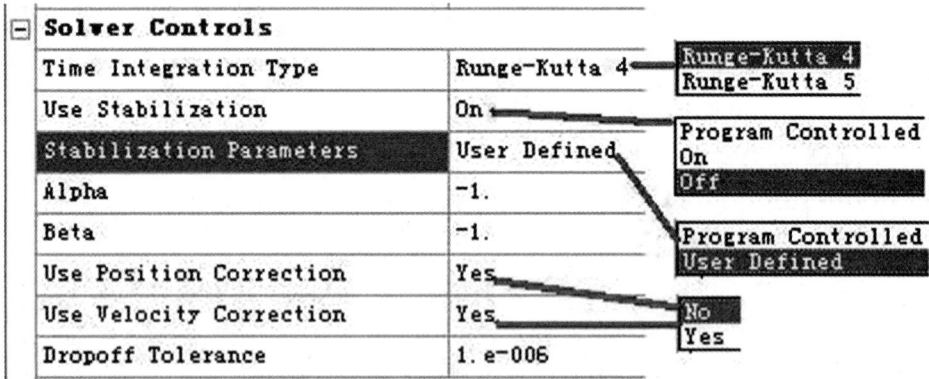

图 8-22 多刚体动力学的求解控制

(1)Time Integration Type:时间积分的类型。

该选项只有在 Rigid Dynamics 分析环境中适用,选项有:

Runge-Kutta 4:四阶多项式的龙格-库塔法,默认。

Runge-Kutta 5:五阶多项式的龙格-库塔法。相比之下,它比 Runge-Kutta 4 可以采用较长的时间步长,当然就缩短了仿真时间。

(2)Use Stabilization 使用稳定化处理。这是指在求解过程中,使用弹簧和阻尼的数值当量,该数值当量正比于约束违反(constraint violation)、时间导数。如果没有出现约束违反,弹簧和阻尼不起作用。这些人为地附加的弹簧和阻尼不会改变模型的动力学属性。稳定化处理的选项:

1)Program Controlled:默认选项,程序自动控制,对大多数模型都有效。

2)Off:关闭约束稳定性控制。

3)On:手动控制,选中该选项后,下面出现如下 1 个选项 Stabilization Parameters 稳定化参数,可选项有 Program Controlled、User Defined。

如果设为 User Defined,下方又多出两个选项:①Alpha:弹簧刚度,Alpha≥0;②Beta:阻尼系数,Beta≥0。如果 Alpha＝0,Beta＝0,稳定化就不起作用。Alpha,Beta 太小时,稳定化作用很小;Alpha,Beta 太大时,导致时间步长太小。

(3)Use Position Correction 使用位置校正。

(4)Use Velocity Correction 使用速度校正。

(5)Dropoff Tolerance 衰减容差。

3. Nonlinear Controls

非线性控制选项如图 8-23 所示,可以修改收敛准则和其他求解控制。

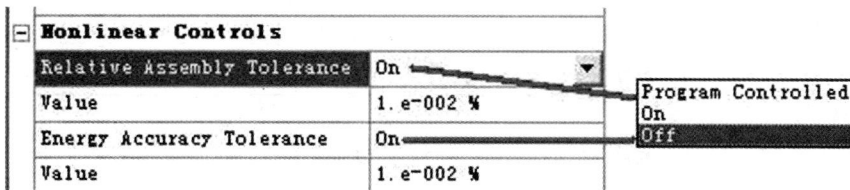

图 8-23　非线性控制选项

（1）Relative Assembly Tolerance：相对装配公差。有如下 3 种选项：Program Controlled 程序控制、On 使用、Off 不使用。

（2）Energy Accuracy Tolerance：能量精度公差。这个选项对自动时间步长有影响。程序先计算最高阶时间积分方案中包含的能量，再计算上一时间步的能量与能量变化量两者之比，将该比值与 Energy Accuracy Tolerance 进行比较，来决定下一时间步该增加或者减小时间步。

有 2 条注意事项：

首先，对于模型系统中既有质量大、体积大、运动缓慢的部件，又有质量小、体积小、运动快速的部件，小部件包含的能量不起决定作用，所以对时间步长不起作用，建议用户对于小部件的运动使用较小的积分精度。

最后，对于 Spherical，slot，general 这 3 种运动副，有 3 个旋转自由度，建议使用较小的时间步长。这是因为旋转自由度的能量变化是以非线性方式进行的。

4．Output Controls

输出控制如图 8-24 所示。选项有在所有时间点（默认）、在等距离时间点。

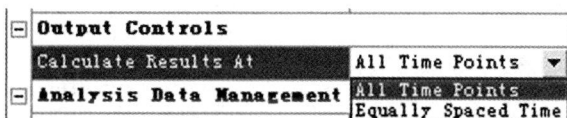

图 8-24　输出控制

5．Analysis Data Management

数据管理如图 8-25 所示。详细解释见第 6.5.6 节"Analysis Data Management"。

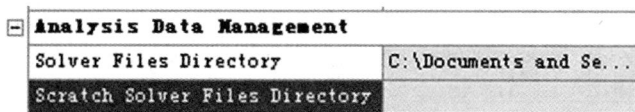

图 8-25　分析数据管理

8.3.5　查看结果

单击导航树的 Solution，在菜单栏出现 Solution 菜单，如图 8-26 所示，其中 Strain，Stress，Tools，Coordinate Systems 四部分都是灰色不可用。只有 Deformation，Probe 和 User Defined Result 可用。

1．Deformation

多刚体动力学分析中，Deformation 子工具条如图 8-26 所示，直接计算刚体的 6 种结果：所有位移、方向位移、所有速度、方向速度、所有加速度、方向加速度。输出位移、速度、加速度等的历程曲线和数据表格。

2. Probe 探点

本节帮助路径:help/wb_sim/ds_Joint_Results. html。

多刚体动力学分析中,Probe 探点的子工具条如图 8-26 所示。

(1)单个实体部件。可以获得如下单个实体部件的如下 7 种计算结果:变形、位置、速度、角速度、加速度、角加速度、能量。详细内容见第 6.10.6 节"探针 Probe"。

注意:变形的初始参考零点在多刚体动力分析与瞬态动力分析中有不同之处。在多刚体分析中,当模型装配好,初始载荷施加后,认为此时为变形初始参考零点。而在瞬态分析中,在初始载荷施加前的初始位置认为是变形初始参考零点。

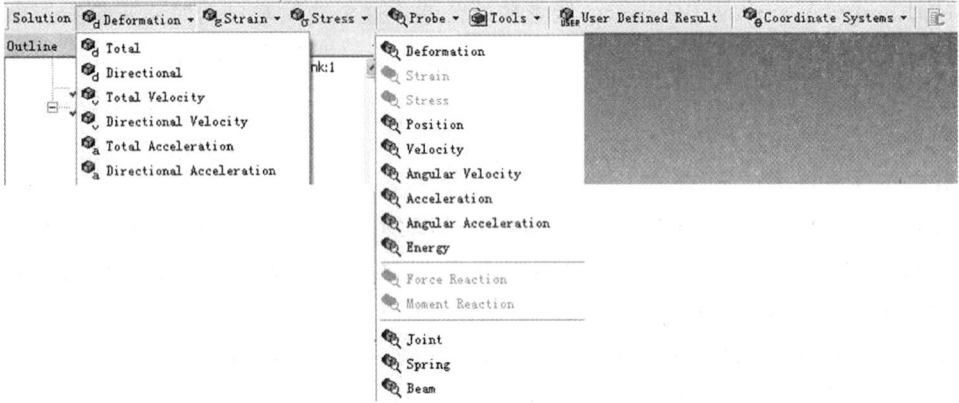

图 8-26　多刚体动力学分析的结果工具条

(2)Joint Probes 运动副的探点。运动副探点的细节窗口如图 8-27 所示。

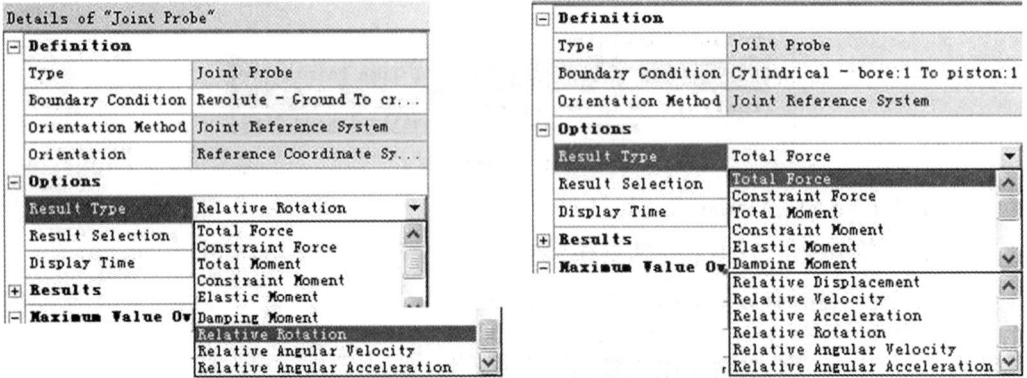

图 8-27　运动副的探点的细节窗口

运动副探点可以获得很多计算结果,如表 8-3 所示。注意:

1)计算结果中的"相对"是指运动体相对于参考体的相对运动。

2)所有计算结果都是基于参考体的坐标系,且都有 X,Y,Z 分量。

3)相对转动用(Euler angle)欧拉角度来表达。如果 General Joint 自定义运动副 3 个旋转方向都是自由,旋转角度只能表示在$(-\pi,+\pi)$这个范围内。

4)对于 spherical,general joints 球面副和自定义运动副,输出相对转动角度用 Cardan (or Bryant) angles,即卡登角(布赖恩特角)。围绕运动副 Y 轴的转动只能表示在$(-90°,+90°)$范围内。

5)用户在 Joint Probe 的细节窗口的 OptionDisplay Time 设置感兴趣的时间,如图 8-27

所示,或者在 Graph 窗口的时间横坐标单击某个时间时。如果 Result Type 选择力或者力矩,则在图形窗口显示单箭头(力的方向)或者双箭头(力矩方向)。

表 8-3 求解结果适用于哪些运动副探点

Joint Probe 求解结果	含　义	可以用于哪些运动副
Total Force	所有的力	所有
Total Moment	所有的力矩	除了 Slot、Spherical
Relative Displacement	相对位置	除了 Revolute, Universal, Spherical
Relative Velocity	相对速度	除了 Revolute, Universal, Spherical
Relative Acceleration	相对加速度	除了 Revolute, Universal, Spherical
Relative Rotation	相对转动	除了 Translational
Relative Angular Velocity	相对角速度	除了 Translational
Relative Angular Acceleration	相对角加速度	除了 Translational
Damping Force	阻尼力	Bushing
Damping Moment	阻尼力矩	Revolute, Cylindrical, Bushing
Constraint Force	约束力	Revolute, Cylindrical, Bushing
Constraint Moment	约束力矩	Revolute, Cylindrical, Bushing
Elastic Force	弹性力	Bushing
Elastic Moment	弹性力矩	Revolute, Cylindrical, Bushing

(3)Spring Probe 弹簧的探点。帮助路径:help/wb_sim/ds_Spring_o_r. html,以及 help/wb_sim/ds_Spring_Results. html。

使用 Spring Probe,可以计算出弹簧的如下纵向结果,如图 8-28 所示。

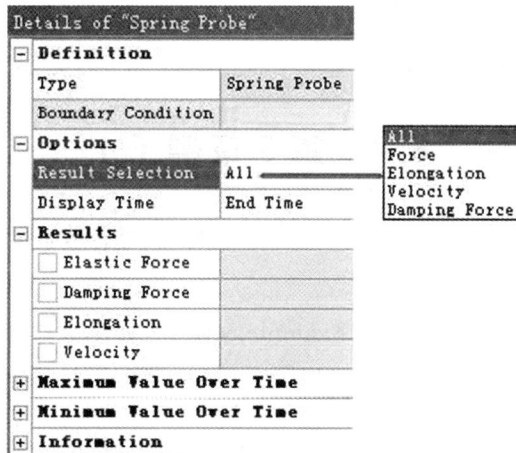

图 8-28　Spring Probe 的细节窗口

1)Elastic Force:弹簧力,计算公式为 Spring Stiffness×Elongation,即弹簧刚度×弹簧伸长量,方向沿着弹簧的长度方向。

2)Damping Force:阻尼力,计算公式为 Damping Factor×Velocity,即阻尼因子×速度,作用为阻止运动。

3)Elongation:弹簧伸长量,可能为正(拉伸)也可能为负(压缩),它表示弹簧两个终点之间距离的变化量。

4)Velocity：速度，弹簧拉伸或压缩的速度，它只在 transient structural（ANSYS）和 transient structural（MBD）分析环境中计算。

（4）Beam Probe 梁的探点，如图 8-29 所示。

帮助路径：help/wb_sim/ds_Beam_Results. html。

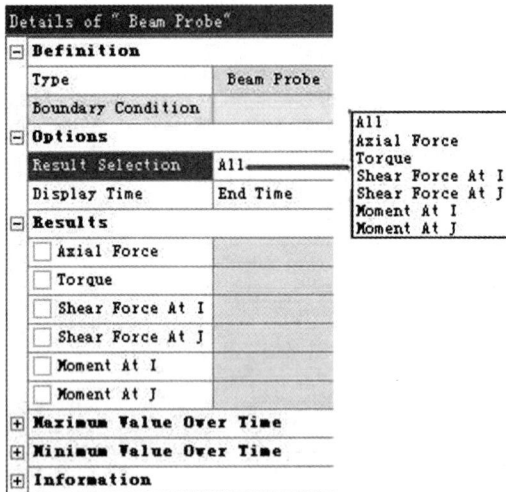

图 8-29　Beam Probe 的细节窗口

Axial Force：轴向力；

Torque：扭矩；

Shear Force At I：I 方向的剪切力；

Shear Force At J：J 方向的剪切力；

Moment At I：I 方向的力矩；

Moment At J：J 方向的力矩。

8.4　第 8 章例子 1

以单缸内燃机为例，进行刚性体动力学分析，内容主要涉及运动副的定义和加载荷。

8.4.1　建立仿真

直接打开文件"Engine Assembly Example. wbdb"，程序会打开 Workbench 界面，并在工程流程图出现左侧的 Model，如图 8-30 所示。从工具栏选取 Transient Structure（MBD）并拖动到工程流程图 A4 上，使两者共用 A2～A4。

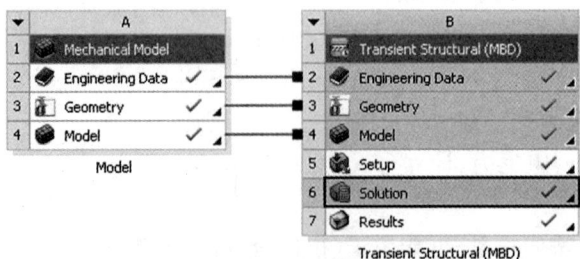

图 8-30　多刚体动力学分析例子

单击 B5 进入多刚体仿真界面,装配体已经被导入。观察"Geometry"分支下的零部件,一些不需要的部件已经被抑制。注意此时所有部件都设置为刚性体(见图 8-31),包括如下 9 个部件:Bore 汽缸套;crank1 曲轴;piston1 活塞;wrist_pin1 活塞销钉;Conrod1 连杆;conrod-cap1 连杆端盖;conrod-bush1 连杆小端衬套;conrod-brg1 连杆大端下衬套;Conrod-brg2 连杆大端上衬套。

注意此时装配体没有合理装配,连杆与曲轴的接触点错开了。在本软件平台上需要对其进行修正,方法为建立参考体坐标系、运动体坐标系,并使用 Configure,Set 按钮将两者合并,最终完成装配。

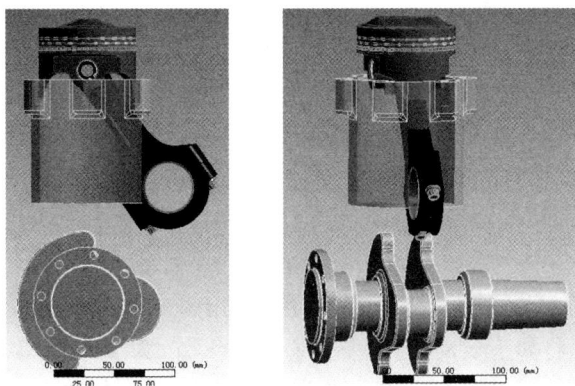

图 8-31　内燃机模型

8.4.2　Connection 定义运动副

在此模型中,需要建立 9 个体-体运动副,为 9 个实体提供运动约束,并且需要在曲轴和气缸套上定义 2 个体-地面的运动副,见表 8-4。

表 8-4　内燃机的运动副

		运动副	参考体	运动体
1	Revolute-piston:1 To wrist_pin:1	旋转副	活塞	活塞销钉
2	Revolute-wrist_pin:1 To conrod-bush:1	旋转副	活塞销钉	连杆小端衬套
3	Revolute-conrod-bush:1 To conrod:1	旋转副	连杆小端衬套	连杆
4	Fixed-conrod:1 To conrod-brg:2	固定副	连杆	连杆大端上衬套
5	Fixed-conrod-cap:1 To conrod-brg:1	固定副	连杆端盖	连杆大端下衬套
6	Fixed-conrod:1 To conrod-cap:1	固定副	连杆	连杆端盖
7	Fixed-conrod-brg:1 To conrod-brg:2	固定副	连杆大端下衬套	连杆大端上衬套
8	Cylindrical-bore:1 To piston:1	圆柱副(滑动)	气缸套	活塞
9	Revolute-conrod-brg:2 To crank:1	旋转副	连杆大端上衬套	曲轴
10	Revolute-Ground To crank:1	旋转副(体-地面)	地面	曲轴
11	Fixed-Ground To bore:1	固定副(体-地面)	地面	气缸套

注:第 7 个运动副是多余的。表面上是过定位,但它不是真正的过定位,不会产生负面影响,不影响计算结果。因为前面的 4,5 和 6 这 3 个运动副已经保证连杆大端的上衬套、连杆大端的下衬套固定在一起。如果不添加此运动副,Joint DOF Checker 会报告出错,说出现了自由 DOF。

1. 自动生成运动副

在左侧导航树选中"Connections"并右击鼠标,在弹出的快捷菜单选中"Create Automatic Joints"。Workbench 会根据面与面之间的接近程度,自动建立运动副。

虽然能够自动生成运动副,建议用户最好对其进行检查。在此例子中,有些运动副是多余的,应该删除;而另一些运动副需要修改;最后,还需要手动添加一些运动副。

2. 删除不需要的运动副

(1)以下这些运动副不需要,所以用户应该将其删除,如图 8-32(a)所示。选中如下运动副并右击鼠标,选择"Delete"以删除这些运动副:

Revolute-bore:1 To conrod-brg:2
Fixed-conrod:1 To conrod-brg:1
Fixed-conrod-cap:1 To conrod-brg:2

(2)如图 8-32(b)所示,选择以下两个运动副,在细节窗口中,将类型"Type:Revolute"改为"Type:Fixed"。将如下运动副类型从"Revolute"改为"Fixed"。

Revolute-conrod:1 To conrod-brg:2
Revolute-conrod-cap:1 To conrod-brg:1

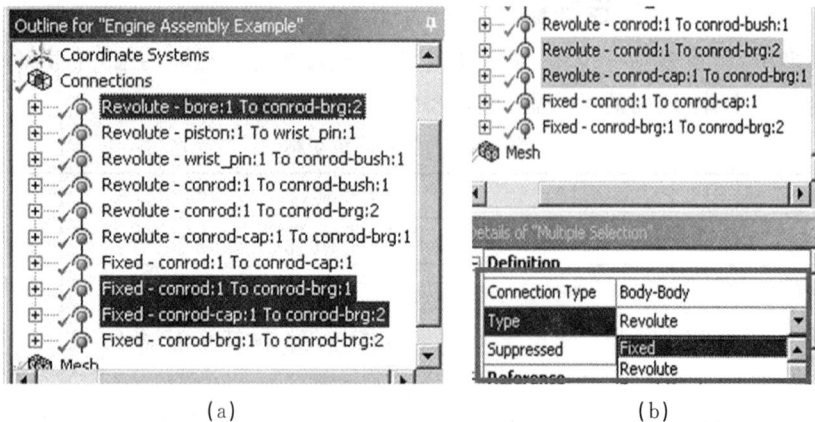

(a)   (b)

图 8-32 修改运动副 1

3. 对运动副进行修改

(1)选择运动副"Fixed-conrod:1 To conrod-cap:1"。

在"Connections"工具条中,激活"Body Views"按钮。用户可注意到右侧出现"Body Views"窗口,运动副的参考表面、运动表面可以很容易地找到并选中。此时,运动副只选中了一对表面,下一步应该将另一对表面添加到运动副中,如图 8-33(a)所示。

在细节窗口,选中"Reference→Scope:1 Face"。然后按住 Ctrl 键再选择"conrod:1"的另一端的表面,请确保两端的表面都选中,然后单击"Apply"。

同样,在细节窗口中,选中"Mobile→Scope:1 Face"。然后按住 Ctrl 键再选择"conrod→cap:1"的另一端的表面,请确保两端的表面都选中,然后单击"Apply"。

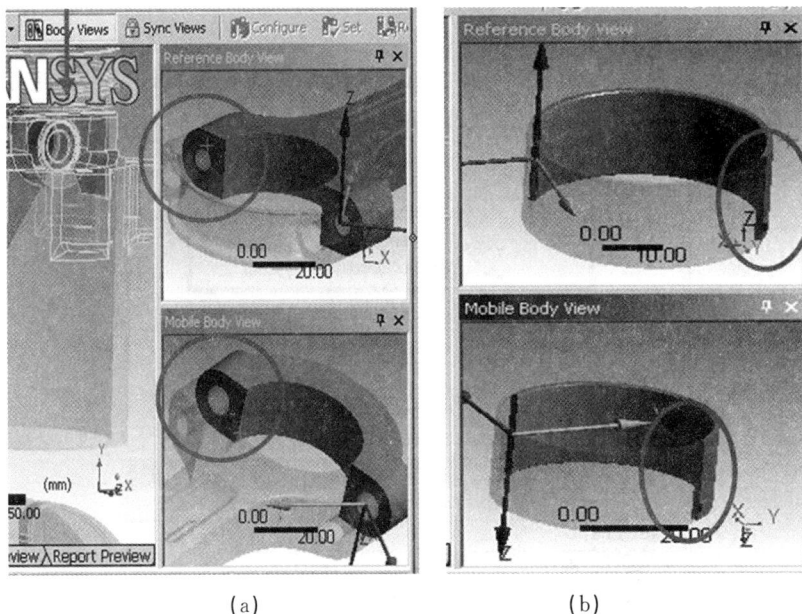

(a)　　　　　　　　　　　　　　(b)

图 8-33　修改运动副 2

(2) 选中 "Fixed-conrod-brg：1 To conrod-brg：2"。

此时，运动副只选择了一对匹配的表面，下一步需要把另一对匹配的表面也加到运动副中去。对该运动副完成同样类似的步骤，如图 8-33(b)所示。

在细节窗口，选择 "Reference→Scope：1 Face"。按住 Ctrl 键再选择 for "conrod-brg：1"的另一个表面。请确保两个表面都选中，然后单击"Apply"。

在细节窗口，选择 "Mobile→Scope：1 Face"。按住 Ctrl 键再选择"conrod-brg：2"的另一个表面。请确保两个表面都选中，然后单击"Apply"。

单击"Connections"工具条的 "Body Views" 按钮，将 Body Views 窗口关闭。

4. 活塞和汽缸套的运动副

选择"bore：1"的圆柱内表面，以及"piston：1"的圆柱外表面。

从"Connections"工具条，选择"Body-Body→Cylindrical"运动副，此时就在活塞和汽缸套之间建立了运动副。

5. 连杆支撑与曲轴的运动副

选择 "conrod-brg：1"的圆柱内表面 ，以及"crank：1"的圆柱外表面。

从"Connections"工具条，选择 "Body-Body→Revolute"。这样就在这两部分之间建立了旋转副。此时，这两部分的位置发生了错位。下面的步骤将对其修改。

6. 曲轴的体-地运动副

选择"crank：1"的一侧端面，然后在 Connections 工具条选择"Body-Ground→Revolute运动副。这将在曲轴和地面之间建立体-地运动副。

7. 汽缸套的体-地运动副

选择"bore：1"的圆柱外表面，然后在 Connections 工具条选择"Body-Ground→Fixed"运动副。这样就汽缸套固定在地面。

8.4.3　连杆和曲轴的位置配对

如图 8-34 所示,选择运动副 "Revolute-conrod-brg:2 To crank:1"。在细节窗口,选择 "Mobile → Initial Position:Override"。此时就在该运动副下建立一个分支 "Mobile Coordinate System",即运动体的坐标系。

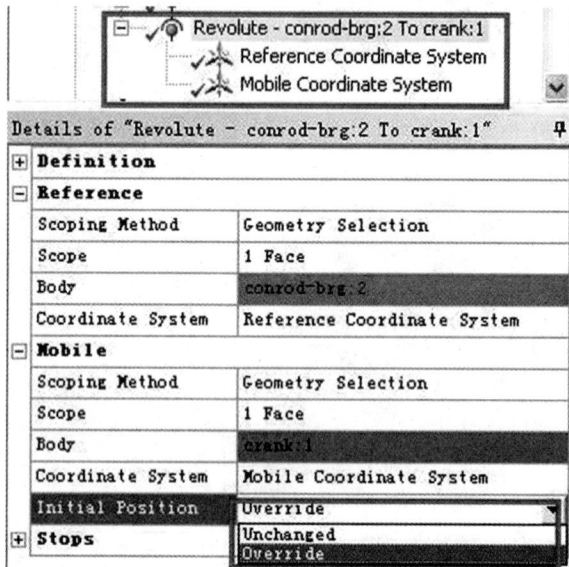

图 8-34　建立 Mobile Coordinate System

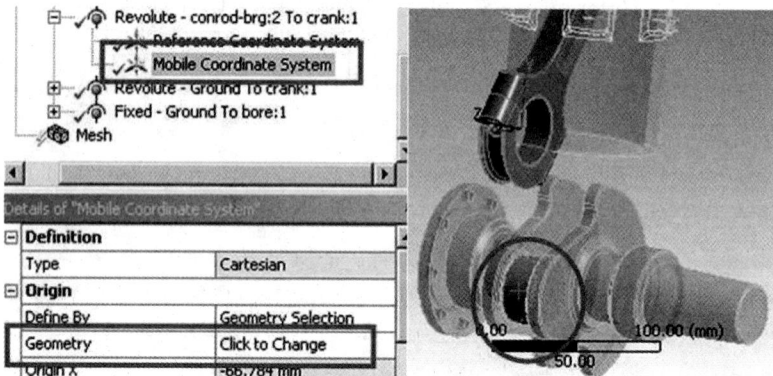

图 8-35　连杆和曲轴的位置配对

在导航树的连杆和曲轴运动副下选择 "Mobile Coordinate System"。在细节窗口,选择 "Geometry:Click to Change"。选择运动副中所用的曲轴圆柱外表面,如图 8-35 圈中所示。然后单击 "Apply"。此时,运动体的坐标系发生了变换,与曲轴对应位置配合在一起。

在 Connections 工具条,单击 "Configure" 确认按钮。用户可以看到,基于所定义的运动副,活塞、连杆以及曲轴都有位置变化。

点击图形工作区出现的三轴坐标系,用户可以看到只有 RZ DOF 方向的自由度是可激活的,而且用户可以将这些部件移动到任意初始位置。在本例子中,初始位置不需要修改。

单击 Connections 工具条的 "Set" 确认所做的改动。(因为坐标系没有 fully-associative 完全连接,此时信息窗口会弹出信息,关闭即可。)

8.4.4　多刚体动力学分析设置

1.时间步长

在导航树选择 Analysis Settings,在"Analysis Settings"分支的细节窗口,将 "Number of Steps" 改为"2"。

修改"Current Step Number：1"时,修改载荷步一的时间 "Step End Time：0.1"。

修改"Current Step Number" to "2",然后修改载荷步二的时间 "Step End Time：0.2"。

以上操作定义了刚体动力学分析的两个载荷步,第一个载荷步 0.1 s 后结束,第二个载荷步 0.2 s 后结束。

2.添加运动副载荷

在 Environment 工具条,选择"Load→Joint Load"。下面要给圆柱副添加力载荷,以便移动活塞。

(1)在"Joint Load"细节窗口,选择"Joint：Cylindrical-piston：1 To bore：1"。

(2)选择"DOF：Z Displacement"。

(3)选择 "Type：Force"。

(4)在 Tabular Data view 表格数据窗口,输入如下数据,如图 8-36 所示。

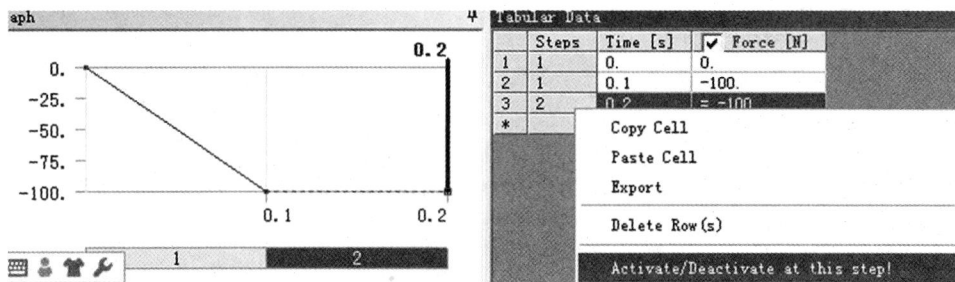

图 8-36　载荷步 1

当时间＝ 0,力载荷为 "0";

当时间＝ 0.1,力载荷为 "－100";

当时间＝ 0.2,力载荷保持 "＝－100"。

如果用户打算力载荷－100 N 只应用在第一个载荷步,第二个载荷步将该力从圆柱副移除。用户可以在 Timeline 选择横坐标"2",然后右击鼠标并选择"Activate/Deactivate at this step!",如图 8-37 所示。

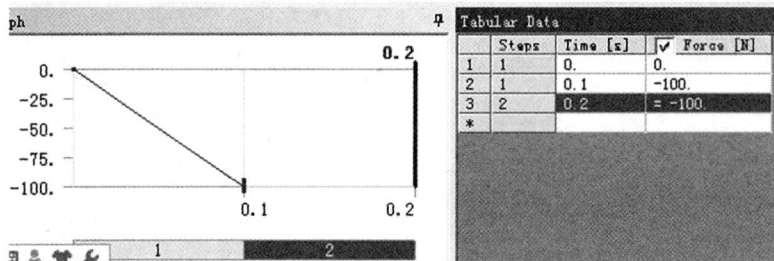

图 8-37　载荷步 2

8.4.5　求解并添加结果

单击"Solve",求解刚体动力学。在 3 GHz 个人电脑上,求解过程估计花时 1 分钟左右。

1.添加曲轴旋转角转速

(1)第一种方法,使用 Angular Velocity。如图 8-38 所示,单击 Solution,在 Solution 菜单栏单击 Probe,并选择下拉菜单中的 Angular Velocity,则在导航树添加角速度结果项。选择该项并右击,将其更名为 Angular Velocity-crank。然后在细节窗口中作如下修改。点击 Geometry,并用鼠标选择曲轴实体,然后单击 Apply。单击 Option→Result Selection,在下拉菜单中选择 Z Axis(全系统的 Z 轴)。

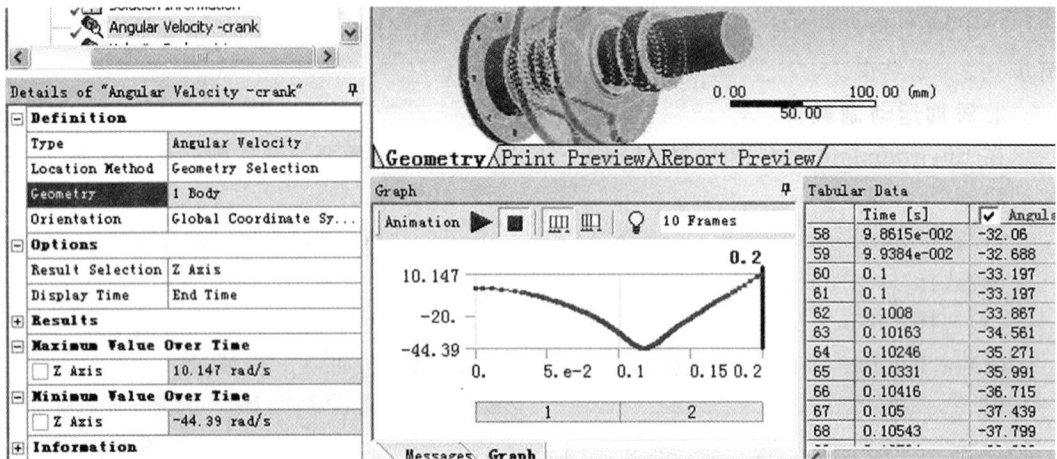

图 8-38　添加曲轴旋转角速度 1

(2)第二种方法,使用 Joint。如图 8-39 所示,单击 Solution,在 Solution 菜单栏单击 Probe,并选择下拉菜单中的 Joint,则在导航树添加 Joint Probe 结果项。选择该项并右击,将其更名为 Joint Probe crank Angular Velocity,然后在细节窗口中作如下修改。

点击 Boundary Condition,并在下拉菜单选择运动副 Revolute-Ground To crank:1。单击 Options Result Type,在下拉菜单中选择 Relative Angular Velocity。选择 Result Selecting,在下拉菜单选择 Z Axis(即本运动副的 Z 轴,刚好与全系统 Z 轴方向相反)。

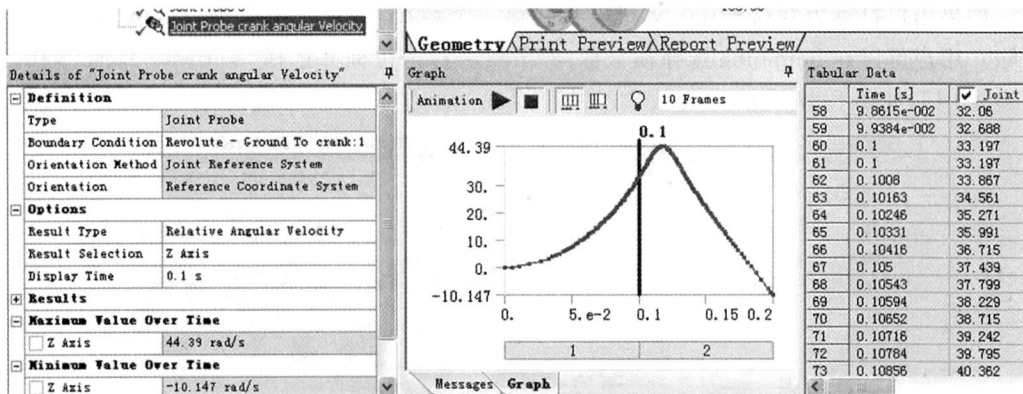

图 8-39　添加曲轴旋转角速度 2

2.添加活塞速度

添加活塞速度也有两种方法。

（1）第一种方法，使用 Velocity。如图 8-40 所示。单击 Solution，在 Solution 菜单栏单击 Probe，并选择下拉菜单中的 Velocity，则在导航树添加速度结果项。选择该项并右击，将其更名为 Velocity Probe - piston。然后在细节窗口中作如下修改。点击 Geometry，并用鼠标选择活塞实体，然后单击 Apply。单击 Options→Result Selection，在下拉菜单中选择 Y Axis（即全系统的 Y 轴）。

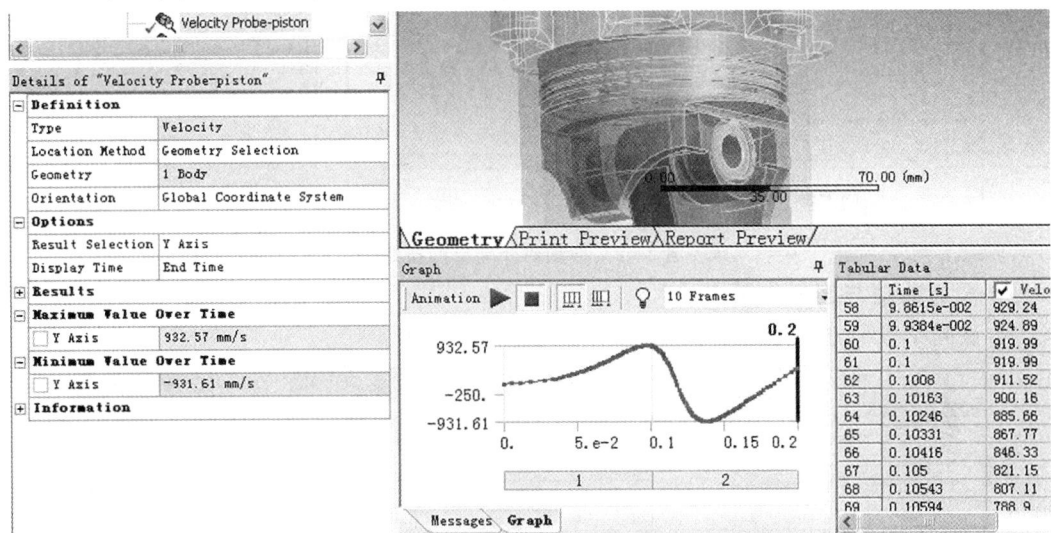

图 8-40　添加活塞速度 1

（2）第二种方法，使用 Joint。如图 8-41 所示，单击 Solution，在 Solution 菜单栏单击 Probe，并选择下拉菜单中的 Joint，则在导航树添加 Joint Probe 结果项。选择该项并右击，将其更名为 Joint Probe Piston Velocity，然后在细节窗口中作如下修改。

点击 Boundary Condition，并在下拉菜单选择运动副 Cylindrical-bore：1 To piston：1。单击 Options Result Type，在下拉菜单中选择 Relative Velocity。选择 Result Selection，在下拉菜单选择 Z Axis（本运动副的 Z 轴，刚好与全系统 Y 轴方向反向）。

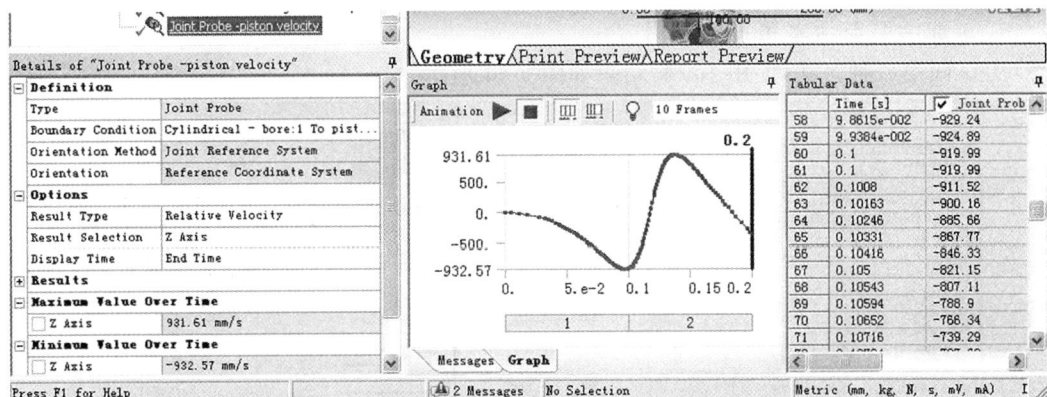

图 8-41　添加活塞速度 2

3.添加曲轴对外输出的扭矩

方法同第二种方法，使用 Joint，结果图如图 8-42 所示。

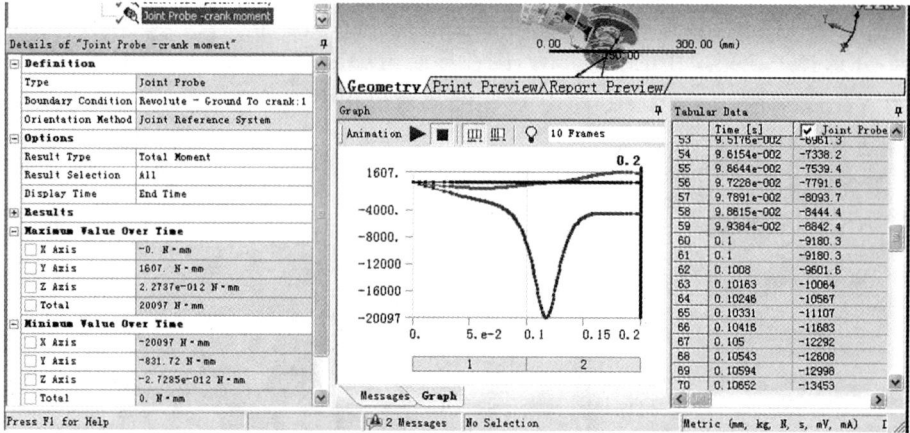

图 8-42　曲轴对外输出的扭矩

4. 添加曲轴与连杆作用力

方法同第二种方法,使用 Joint,结果图如图 8-43 所示。

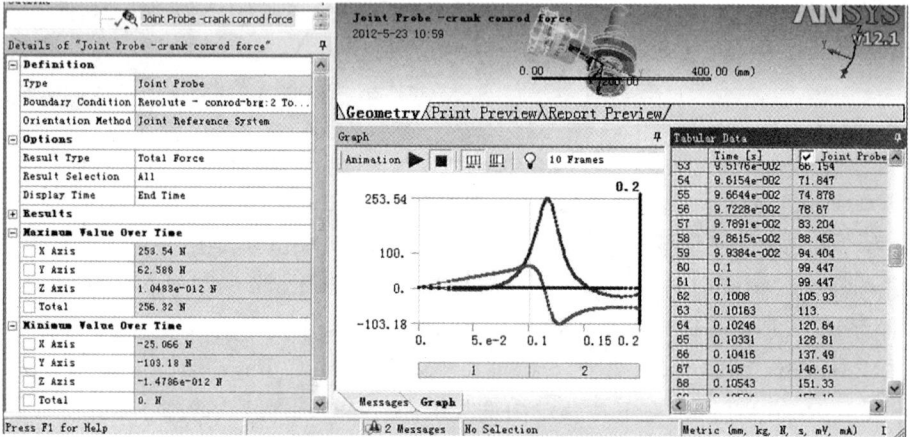

图 8-43　曲轴与连杆作用力

5. 添加活塞与活塞销钉的作用力

方法同第二种方法,使用 Joint,结果如图 8-44 所示。

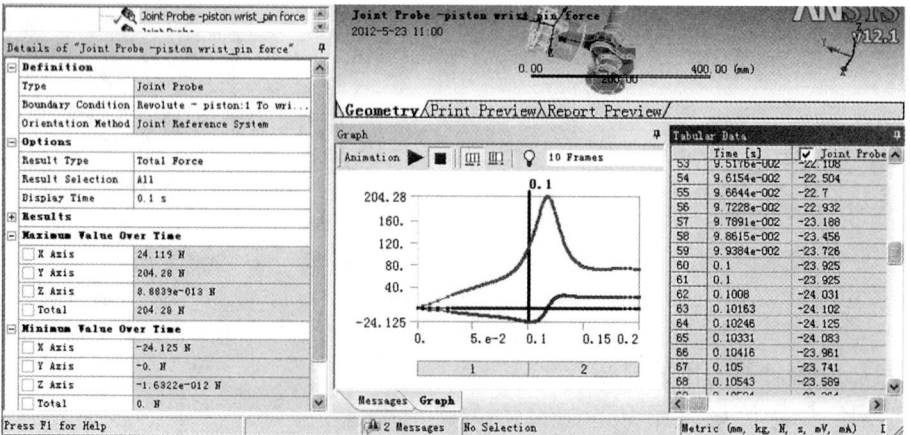

图 8-44　活塞与活塞销钉的作用力

第9章 瞬态(刚柔体)动力学分析

9.1 瞬态(刚柔体)动力学分析概述

本节帮助路径：help/ans_thry/thy_anproc2.html。

刚柔体动力学 Transient Structure(ANSYS)同时也称为时程分析或者瞬态动力学分析,它使用 ANSYS Mechanical APDL 求解器进行求解。刚柔体动力学分析使用户能够确定结构系统在任何类型的时变载荷作用下的动态响应,得到随时间变化的位移、应变、应力,以及由于时变载荷而导致的零部件之间的时变作用力。

刚柔体动力学分析时,请用户注意如下几条：

(1)刚柔体动力学分析中的物体可以是刚性的,还可以是柔性的。对于柔性体,能够获得应力和应变结果。对于刚性体,不能划分网格。

(2)对于柔性体,可以是线性的,也可以是非线性的,而且是多种非线性：大变形、塑性、接触、超弹性(hyperelasticity)。

(3)刚柔体动力学分析需要更高的计算机配置,求解时花费更长时间。

(4)用户可以先进行模态分析,获得模型的自然频率和振动模态,有助于了解模型的动力学特性,也有助于在分析设置中设定时间步长。

在刚柔体动力学分析中,Workbench 是求解如下的运动控制方程：

$$M\ddot{x} + C\dot{x} + K(x)x = F(t)$$

从上面的方程看出：

(1)所施加的载荷和连接条件可以是时间的函数。

(2)需要考虑惯性和阻尼效应,因此必须在模型中输入密度和阻尼。

(3)包含非线性效应,比如几何非线性、材料非线性和接触非线性,所以需要在仿真中设置刚度矩阵的更新。

刚柔体动力学分析用于评估惯性效应必须考虑的柔性体系统的动力学响应,它与其他分析的关系：

(1)如果惯性和阻尼效应可以忽略,那么可以考虑用线性或非线性静力分析替代。

(2)如果载荷呈正弦变化以及响应是线性的,采用谐响应分析会更为有效。

(3)如果物体可以被认为是刚性体,而且是只关注系统的运动学性能,采用多刚体动力学分析能够节省计算成本。与刚体动力学分析对比,刚柔体动力学分析采用了不同的求解技术,求解时间也会更长一些。建议：在进行刚柔性动力学分析之前也应该进行一次刚体动力学分析,以直观地观察效果和确定结构的正确性。

(4)除了以上情况,则采用刚柔体动力学分析,因为它是动力学分析的最通用的类型。刚柔体动力学分析使用范畴比结构静力分析和多刚体动力学分析更广,支持所有的连接类型、载荷和支撑。

9.2 刚柔体动力学分析步骤

本节帮助路径:help/wb_sim/ds_transient_mechanical_analysis_type.html。

选择 Workbench 主界面左侧工具栏的 Transient Structure(ANSYS)模块,即可进行瞬态(柔体)动力学分析。

9.2.1 材料、零件和网格

1.材料

为了考虑惯性效应,不管对于柔性体还是刚性体,都必须指定密度。

对于刚性体,密度是唯一需要的材料属性,用于计算质量属性,其他的材料属性将会被忽略。

对于柔性体部分,需要考虑的内容同静力分析中一样:指定材料属性,比如密度、弹性模量、泊松比等。

对于柔性体,可以是线性或非线性材料,可以是各向同性或各向异性,可以是常量或者随温度变化。

2.导入几何模型

3.零件的刚柔性

(1)刚性体和柔性体。在刚柔体动力学分析中,刚性体部件常常是那些有刚体(整体)位移,而且在相邻部件之间传递载荷的部件,但并不关心本身的应力状态。与刚性体有关的计算结果是刚性体的整体移动,以及由刚性体传递到其他部件的作用力。所以,实质上刚性体就是一个点质量(point mass),并由运动副连接到其他部件上。刚性体上可以施加的载荷只有 acceleration,rotational velocity,当然也可以先在刚性体上添加运动副,然后添加运动副载荷。

柔性体的数量、柔性体的非线性影响计算速度,这是因为需要多次迭代求解。因此,用户应该尽可能地简化模型,例如,把 3D 结构用 2D 结构来代替,求取平面应力、平面应变;例如采用轴对称模型;例如使用对称面或者反对称面来减小模型尺寸;例如,在不影响结果的前提下,去掉一个或多个部件的非线性行为。

(2)设置。在柔体动力学分析中,在同一个模型中,可以同时存在刚性体和柔性体。修改方法为:如图 9-1 所示,在"Geometry"分支,选择某个实体,在细节窗口中,选择"Stiffness Behavior"可以设置为"Flexible"或者"Rigid",表示柔性体、刚性体。

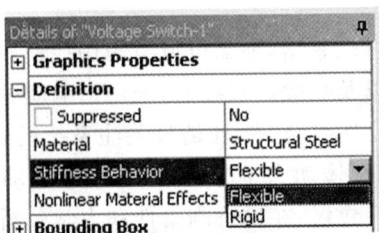

图 9-1　修改刚性和柔性

线体不能设为刚体,只有 3D 部件可以指定为刚性体。Multibody parts 多体部件的所有体都必须是刚体。

在内部处理中,刚性体可认为是位于惯性坐标系统中心的点质量。"Inertial Coordinate System"会自动在部件的质心被定义,如图 9-2 所示。

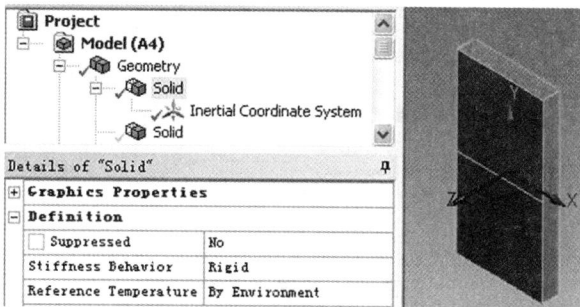

图 9-2　刚体的坐标系

4.网格

(1)对于柔性体,网格密度是基于如下考虑。网格必须足够细,才能捕捉到结构相应的振型(动态响应)。如果关心应力和应变,网格要足够细才能准确捕捉到梯度变化。

(2)对于刚性体,不用产生网格。刚性体是刚性的,没有计算应力、应变和相对变形,因此不需要网格。

9.2.2　Connection 连接

在柔体动力学分析中,接触、运动副或者弹簧是在"Connections"分支下定义的。

1.Contact 接触

接触在接触区域未知的情况下或者接触区域随着分析过程发生变化的情况下是有用的。

Contact 只能定义在 2D 面体之间,或者 3D 实体之间,弹性体和刚性体都可以,但刚性体必须是单个实体,不能是多体部件。非线性接触(rough,frictionless,frictional)必须定义在实体表面或者面体上。

刚体对刚体、刚体对变形体接触关系设置时,必须刚性体作为 Target Body。另外,必须将 behavior 特性设置为非对称特性"asymmetric",不能设为"symmetric"对称,否则接触关系始终是带问号"?"的标识,提示用户无法进行分析。

2.运动副(参阅第 8 章的相关内容)

对于 transient structural(ANSYS)分析类型,如果模型是约束过度,一般情况下求解过程无法收敛。有时候即使收敛,求解结果也不正确。

3.弹簧(参阅第 8 章的相关内容)

9.2.3　初始条件

1.Initial Condition 的细节窗口

对于柔体动力学分析,用户可以在"Initial Condition"分支下定义初始条件。默认的初始条件是所有的体都处于静止状态,即初始位移为零,初始速度为零,无须另外的操作。

在一些分析中,例如跌落试验分析、金属成型分析、动能分析中,一个或者多个部件具有初始速度,用户可以给这些部件一个常值初始速度。可以按照如下输入,如图 9-3 所示:先选择一个或者多个实体(只有体能够被选定),然后在 Initial Condition 工具条点击 Velocity,并在细节窗口输入常值初始速度。这种方法不能输入多个常值初始速度。其他没有被选中的实体依旧保持静止状态。

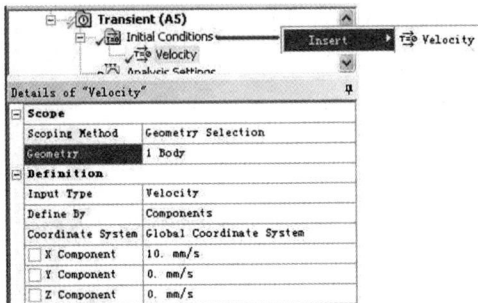

图 9-3　设置初始条件

2.使用载荷步来定义初始条件

用户也可以使用多个载荷步定义初始位移和初始速度。在瞬态分析环境中,用到多个载荷步,以及控制时间积分效应 time integration,用到 activation/deactivation of loads。在如下情况下会用到这种方法,例如,模型中的不同部件有不同的初始速度,或者有更复杂的初始条件。一般有如下几种类型。

(1)初始位移=0,初始速度≠0 的部件。

在载荷步一,在很短的时间间隔内给这些部件施加很小的位移,得到想施加的初始速度,由于时间很短,惯性效应可以忽略。然后在载荷步二,将载荷步一中的位移删除。

步骤如下。

1)在导航树选择 Analysis Settings,定义两个载荷步。如图 9-4(a)所示,Number Of Steps 设为 2。

2)第一个载荷步给定 Step End Time 很小的时间(与整个瞬态分析时间范围相比),例如图 9-4(a)所示,Current Step Number 设为 1,Step End Time 设为 1e-3 s。同时,第一个载荷步的其他选项改变为"Time Integration：Off"和"Auto Time Stepping：Off"。修改"Define by：Substeps",以及"Number of Substeps：1"。

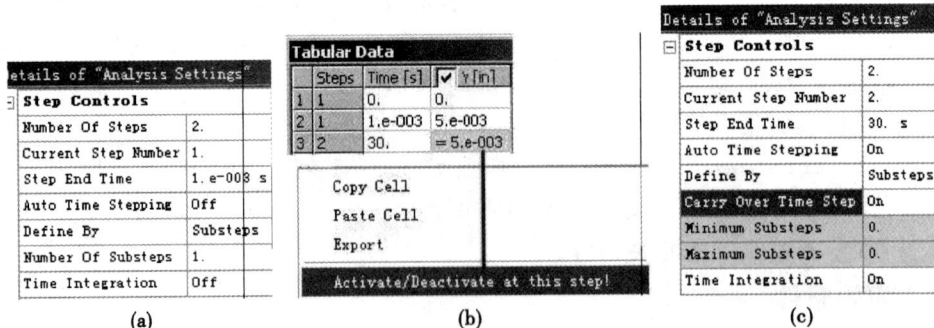

图 9-4　定义初始条件 1

3)选择有初速度的部件表面,给这些表面施加合适的位移约束值 Displacement。例如,如果用户想定义部件在 Y 方向有 5 in/s 的初速度,在导航树选择建立的 Displacement,其 Tabular Data 如图 9-4(b)所示,Time=(1e-3) s,Y=(5 e-3)in。注意,请确保 Time=0 时,位移 Y=0 in。

4)在 Analysis Settings 设定在第二个时间步,如图 9-4(c)所示,Current Step Number＝2,Step End Time 为用户需要的仿真时间(例如 30 s),并修改"Time Integration：On"。

5)在导航树选择 Displacement,然后 Tabular Data 窗口选择 Time＝30,单击鼠标右键选择"Active/Deactivate at this step!",如图 9-4(b)所示,取消第一个时间步给定的位移,最终这些部件去掉了位移约束,并获得了初始速度。

这种方法的理念在于第一个载荷步通过一个很短的时间步长 Δt_1,根据施加的强制位移 $\Delta x_1^{\mathrm{initial}}$,得到初始位移和速度。如果时间步长 Δt_1 足够小,对实际结束时间的影响是可以忽略不计的,有

$$v^{\mathrm{initial}} = \frac{\Delta x_1^{\mathrm{initial}}}{\Delta t_1}$$

(2)初始位移≠0,初始速度≠0。

与"(1)初始位移＝0,初始速度≠0 的部件"类似,但是添加的位移是真实位移。例如:如果初始位移是 0.1 in,初始速度是 0.5 in/s,则用户应该添加位移为 0.1 in,时间为 0.2 s。

具体步骤如下。

1)在导航树选择 Analysis Settings,定义 2 个时间步。如图 9-5(a)所示,Number Of Steps 设为 2。其中第一个载荷步用于建立初始位移和初始速度。

2)第一个载荷步给定 Step End Time 较小的时间(与整个瞬态分析时间范围相比),例如图 9-5(a)所示,Current Step Number 设为 1,Step End Time 设为 0.2 s。同时,第一个载荷步的其他选项改变为"Time Integration：Off"。

3)选择有初速度的部件表面,给这些表面施加合适的位移约束值 Displacement。例如,如果用户想定义部件在 Z 方向有 0.5 in/s 的初速度,在导航树选择建立的 Displacement,其 Tabular Data 如图 9-5(b)所示,Time＝0.2 s,Z＝0.1 in。注意,请确保 Time＝0 时,位移 Y＝0 in。

4)在 Analysis Settings 设定在第二个时间步,Current Step Number ＝ 2,Step End Time 为用户需要的仿真时间(例如 5 s),并修改"Time Integration：On"。

5)在导航树选择 Displacement,然后 Tabular Data 窗口选择 Time＝5,单击鼠标右键选择"Active/Deactivate at this step!",如图 9-5(b)所示,取消第一个时间步给定的位移,最终这些部件去掉了位移约束,并获得了初始速度。

Details of "Analysis Settings"	
Step Controls	
Number Of Steps	2.
Current Step Number	1.
Step End Time	0.2 s
Auto Time Stepping	Off
Define By	Substeps
Number Of Substeps	4.
Time Integration	Off

(a)

Tabular Data

	Steps	Time [s]	✔ Z [in]
1	1	0.	0.
2	1	0.2	0.1
3	2	5.	= 0.1

(b)

图 9-5　定义初始条件 2

(3)初始位移≠0,初始速度＝0。

需要用两个子步来实现。与前面两种的区别在于,在第一个子步中在 Time ＝0 时位移

不为零。即在第一个子步所加位移是阶跃变化的。否则如果位移不是阶跃变化的,所加位移将随时间变化,从而产生非零初速度。

1)在导航树选择 Analysis Settings,定义 2 个时间步。如图 9-6(a)所示,Number Of Steps 设为 2。其中第一个载荷步用于建立初始位移。

2)第一个载荷步给定 Step End Time 很小的时间(与整个瞬态分析时间范围相比),例如图 9-6(b)所示,Current Step Number 设为 1,Step End Time 设为(1e−3)s。同时,第一个载荷步的其他选项改变为"Time Integration:Off"。Number Of Substeps 最小为 2,以保证初始速度为零。

3)选择有初位移的部件表面,给这些表面施加合适的位移约束值 Displacement。例如,如果用户想定义部件在 Z 方向有 0.1 in 的初始位移,在导航树选择建立的 Displacement,其 Tabular Data 如图 9-6(b)所示,Time=(1e−3) s,Z=0.1 in。注意,请确保 Time=0 时,位移 Y=0.1in。也就是说,这是阶跃位移,在整个载荷步一都保持这个位移。

4)在 Analysis Settings 设定在第二个时间步,Current Step Number = 2,Step End Time 为用户需要的仿真时间(例如 5 s),并修改"Time Integration:On"。

5)在导航树选择 Displacement,然后 Tabular Data 窗口选择 Time=5,单击鼠标右键选择"Active/Deactivate at this step!",如图 9-5(b)所示,取消第一个时间步给定的位移,最终这些部件去掉了位移约束,并获得了初始速度。

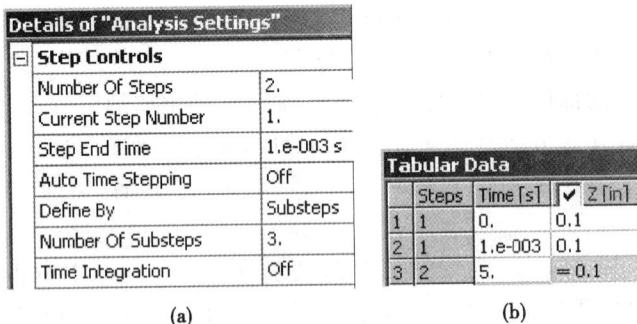

Details of "Analysis Settings"	
Step Controls	
Number Of Steps	2.
Current Step Number	1.
Step End Time	1.e-003 s
Auto Time Stepping	Off
Define By	Substeps
Number Of Substeps	3.
Time Integration	Off

(a)

Tabular Data

	Steps	Time [s]	✔ Z [in]
1	1	0.	0.1
2	1	1.e-003	0.1
3	2	5.	= 0.1

(b)

图 9-6　定义初始条件 3

9.2.4　刚柔体动力学分析设置

刚柔体动力学分析设置很多选项与静力学的分析设置相似,详细解释见第 6.5 节"分析设置",本节只介绍两者不同之处。

1. Step Controls 步长控制

如前所述,时间步长的大小同样对非线性分析有所影响:用户也需要基于非线性的考量,指定初始、最小、最大的时间步长,使 Newton-Raphson 方法获得力的平衡(收敛)。

首先,因为 Workbench Simulation 只采用一组时间步长设置,重新求解动力学响应通常能够为重新求解非线性效应提供足够小的时间步。其次,根据非线性因素决定时间步长并不像选择动态时间步长直接。因此,用户可以依赖自动时间步长算法来保证收敛和精度。

不同于采用显式时间积分的多刚体动力学分析,柔体动力学采用的是隐式时间积分。因此柔体动力学分析的时间步长通常会较大。进行柔体动力学分析一个很重要的考虑因素就是时间步长,时间步长必须足够小,才能正确地描述随时间变化的载荷,如图 9-7 所示。

(1)Number of Steps:求解步的数目。在整个加载历史的不同时刻,可能需要激活新载荷或者卸载已有载荷,也有可能改变分析设置 Analysis Settings(例如在时间历程的某个点处,需要改变时间步的大小),这时需要使用多个载荷步 Multiple steps。

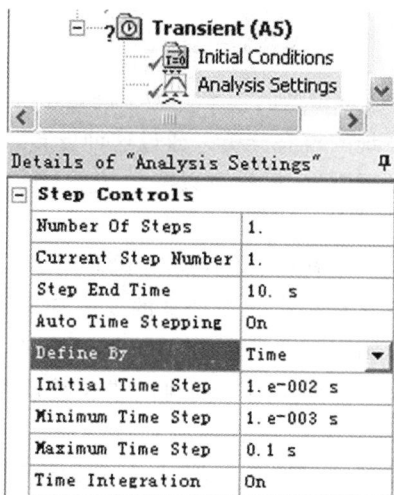

图 9-7　瞬态分析设置中的步长设置

如果施加的载荷具有很高的频率,或者有较大的非线性,那么用户应该使用较小的时间步长,也就是较小的载荷增量,这样在这些时间步长的插值点处形成比较光滑的、高质量的计算结果曲线。

(2)Current Step Number:当前的求解步。

(3)Step End Time:求解步的最终时间。它是针对"Current Step Number"的具体结束时间。

(4)Auto Time Stepping:自动时间步长。推荐使用自动时间步长 Auto Time Stepping(缺省)。

自动时间步长算法考虑了如下非线性效应:

1)如果不满足力平衡(或者其他收敛准则),时间步长自动二等分;

2)如果单元出现了扭曲畸变,则时间步长自动二等分;

3)如果最大的塑性应变增量超出了 15%,时间步长自动二等分;

4)如果接触状态发生突变,时间步长自动二等分。

二等分是自动时间步长算法的一部分。在二等分时,求解器退回到前一步时间 t_i 的收敛解,采用更小的时间步长 Δt_i。一方面,二等分提供了一种更准确求解非线性问题或者克服收敛困难的自动方法。但是另一方面,二等分会导致使用更多的求解时间,因为求解会退回到上一步收敛的解,然后采用更小的时间步长。因此,选择合适的初始和最大的施加步长可以减小二等分的次数。

(5)Define By:有两种选项:①Time;②Substeps。

(6)Initial time step:初始时间步长。如果初始时间步长太大,系统会提示加速度过高。如果初始时间步长太小,自动时间步长会自动修正。

动力学响应可以认为是结构在载荷激励作用下引起的不同模态振型的组合。虽然柔体动力学分析采用自动时间步长,但是选择合适的初始 Initial Time Step、最小 Minimum Time Step、最大 Maximum Time Step 时间步长对于动力学响应的计算准确性是非常重要的。时间步长需要基于系统的模态(或者固有频率)确定,所以柔体动力学分析之前一般要先进行模态分析。

初始时间步长选择建议采用以下方程确定：

$$\Delta t_{initial} = \frac{1}{20 f_{response}}$$

$f_{response}$ 是所关心的最高阶模态振型的频率。为了确定所关心的最高阶的模态，在柔体动力学分析之前需要首先进行系统的模态分析。通过这种方式，就可以确定结构的振型（即结构动态响应时可能激活的振动形态）。同样可以确定 $f_{response}$ 的具体值。

注意以下几点：

1）自动时间步算法仍然依赖于初始、最小、最大的时间步长。

2）自动时间步算法在求解过程中会根据计算的反应频率，增大或者减小时间步长的大小。可以在 Solution Information 分支下的 Details 中，选择"Solution Output：Time Increment"显示时间步长的大小。如果最小的时间步长被使用，表明初始时间步长被设置得太大了。

3）当进行模态分析确定合适的反应频率值时，仅获取一些模态并使用计算得到的最大频率，这样做是不充分的。最好是考察不同的模态振型，最后确定哪些模态是对结构的响应有贡献，进而确定所关心的最高阶的模态频率。

（7）Minimum time step：最小的时间步长。如果求解需要的步长小于该值，求解终止。最小的时间步长可以用于防止 Workbench 无限次地进行求解。最小时间步长可以指定为初始时间步长的 1/100 或者 1/1000。

（8）Maximum time step：最大的时间步长。最大的时间步长一般用来保证所关心的结果不会被求解时跳过。最大的时间步长根据精度要求确定。该值可以与初始时间步一样或者稍大一点。

（9）Time Integration：时间积分效应。Time Integration 只有在 Transient Structural、Transient Thermal 这两个分析环境中有用。Time Integration 的选项 On（默认）、Off。如果某个载荷步要考虑惯性载荷（例如瞬态结构分析中的 Acceleration、Rotational Velocity，瞬态热分析中的 Thermal Capacitance 等）的时间积分效应，则选择为 On。如果某个载荷步是静态（稳态），则设为 Off。

2. Solver Controls 求解控制

在求解控制中，如图 9-8 所示，详细见"6.5.2 Solver Controls"。

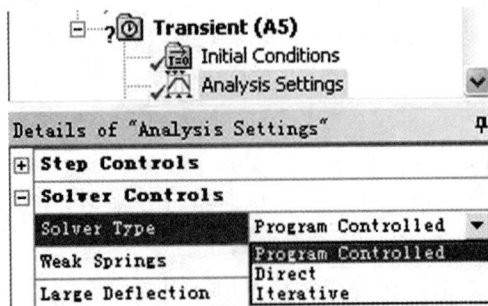

图 9-8 瞬态分析设置中的求解控制

（1）Solve Type：允许用户选择方程求解器。

（2）Weak Springs：是否使用弱弹簧。

（3）Large Deflection：是否考虑大变形效应。选项有 Off,On。

设为 Off,表面模型中只有小变形和小应变,而且位移很小以至于不会影响刚度。

模型中如果包含细长类部件,通常出现大变形效应,所以"Large Deflection：On"。这样,如果出现大变形、大旋转、大应变,会导致单元形状发生改变,单元的方向发生改变,这时在计算中考虑刚度的变化。一方面会使得计算结果更准确,另一方面计算过程需要多次迭代。此外,建议用户在加载时用较小的增量进行加载。

如果模型可能出现不稳定,即屈曲 Buckling,或者使用了超弹性的材料,都需要把 Large Deflection 设为 On。

3. Restart Controls

见第 6.5.3 节"Restart Controls"。

4. Nonlinear Controls 非线性控制

Nonlinear Controls 让用户修改收敛准则、修改其他求解控制。一般情况下用户不需要改变默认选项。

详细介绍见第 6.5.4 节"Nonlinear Controls"。

5. Output Controls 输出控制

"Output Controls"如图 9-9 所示,允许用户控制结果数据存入 ANSYS 结果文件的频率,即在哪些时间点处需要输出结果,以便于后处理。在瞬态非线性分析中,虽然需要在插值点进行计算,但用户并不关心所有的插值点计算结果,而且如果输出所有的计算结果会使结果文件非常巨大。

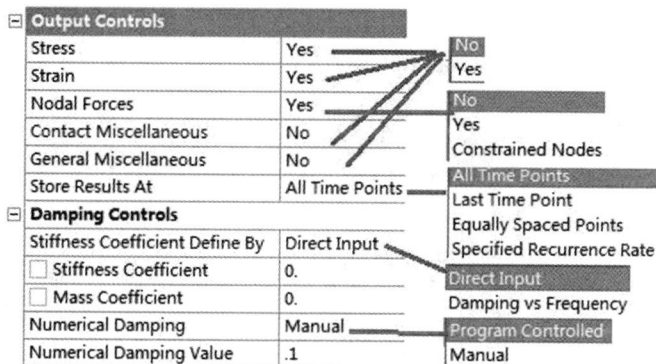

图 9-9　输出控制和阻尼控制

Store Result At 的选项有：

（1）All Time Points：所有的时间点。

（2）Last Time Point：可以只存储最后载荷步的结果。

（3）Equally Spaced Time Points：同样可以尽可能地根据时间节点均匀地存储结果（取决于自动时间步长）。

6. Damping Controls 阻尼控制

刚柔体动力学分析所求解的方程包含有阻尼项,所以可以使用阻尼。在刚柔体动力学分析过程中有 3 种形式的阻尼,详细内容见第 7.1.4 节"阻尼"。

（1）材料阻尼：对于每种材料单独在 Engineering Data 中指定。

（2）单元阻尼：在指定区域的弹簧连接可以包含阻尼效应。

（3）全局阻尼：影响整体模型的阻尼，包括 Stiffness Coefficient damping，Numerical damping 两种。

阻尼效应是累加的，因此定义 2% 的材料和 3% 的全局阻尼，则系统将会有 5% 的阻尼。

7. Analysis Data Management 分析数据管理

Analysis Data Management 可以让用户把瞬态结构分析的特定结果文件保存下来，以备后续使用。默认只保存后处理所需的结果文件，用户可以保留求解过程中的所有结果，或者保存为 Mechanical APDL 应用程序（后缀为 db 的文件）。

详细介绍见第 6.5.6 节 "Analysis Data Management"。

9.2.5 载荷和约束支撑

1. 可以用的载荷和约束

对于刚性体，在柔体（瞬态）动力学分析中，只支持 Inertial 惯性载荷，以及 Load 结构载荷中的 Remote Force 远端载荷、Joint Load 运动副驱动载荷、Bolt Pretension、Thermal Condition，如图 9-10 所示。刚形体不能够变形，所以不要施加其他类型的结构载荷 Loads。

Supports 约束支撑只能添加 Remote Displacement。

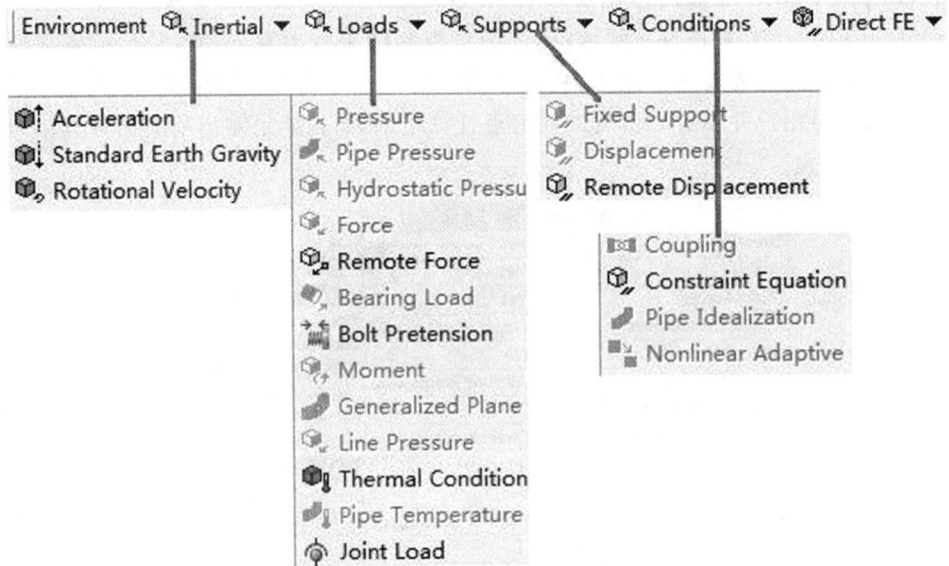

图 9-10 刚性体可用的载荷和支撑

对于柔性体，所有载荷和支撑类型都可以施加：

（1）Inertial 惯性载荷和 Loads 结构载荷。PSD 基础激励只能在随机振动分析中施加，所以其不归于结构载荷。

（2）Supports 结构支撑。

（3）Joints Load 运动副载荷和 Thermal Condition 热载荷。与静力分析相同，用户可以很简单地定义多载荷步。结构载荷 Loads 与运动副载荷 Joint Load 能够被表示为随时间变化的载荷历程。当添加一个载荷或者连接条件时，幅值可以定义为常值、表格或者方程，如图 9-11 所示。具体解释见第 6.6.1 节 "载荷分类及细节窗口"。

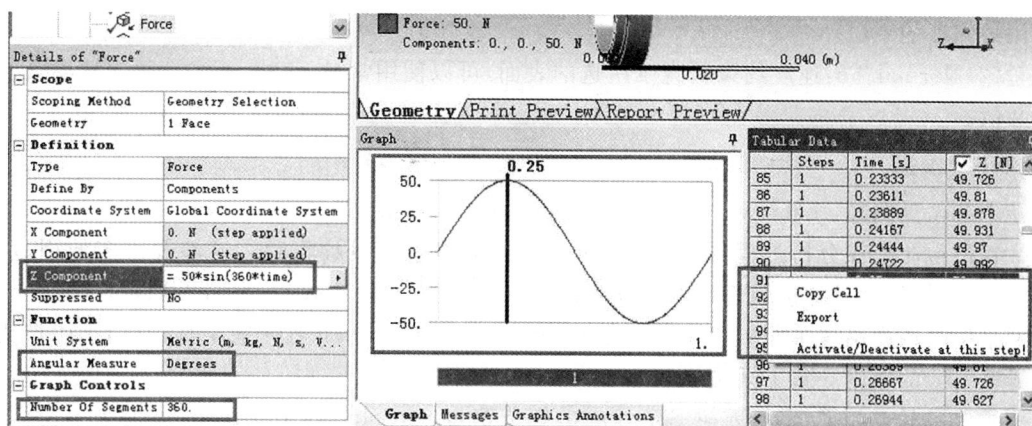

图 9-11 输入载荷历程

从求解收敛的角度考虑,建议用户不用阶跃载荷而使用斜坡载荷,即在一个时间步内运动副载荷从零逐渐过渡到实际初始值。

如图 9-11 所示,在 Tabular Data 中选中任何载荷步并单击右键,在快捷菜单中选择 "Activate/Deactivate at this step!",这些载荷和约束可以通过右键在任何载荷步激活或者废除。这使用户在定义载荷步的时候非常方便。

2. 速度

本节帮助路径:

help/wb_sim/ds_velocity_support. html,以及 help/wb_sim/ds_velocity_o_r. html。

Velocity 速度在 Static Structure 中无法使用,只能在 Transient Structure,Explicit Dynamic 等使用。细节窗口如图 9-12 所示。Geometry 可以选择实体、面、边、点。

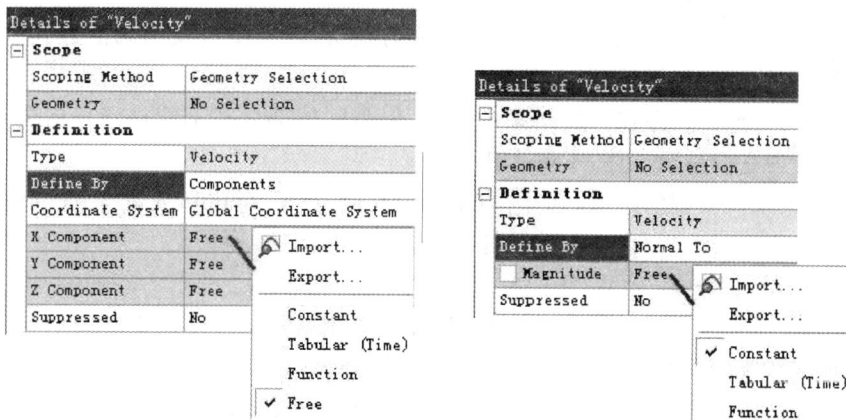

图 9-12 速度约束

Define By 有两种方式定义速度,分别是:

(1)Components:可以在全局坐标系或者局部坐标系中定义速度分量,每个速度分量都有 4 种方式输入数值,分别是常量、表格、函数、自由。

注意:

某个 Component 输入为 0,代表速度为零

某个 Component 输入为空白,代表该方向速度为 Free。

在 Explicit Dynamic 分析系统中,如果使用圆柱坐标系,Y Component,也就是 Θ 方向,

采用角速度的单位。

（2）Normal To：速度约束垂直于所选的表面，可以使用常量、表格、函数 3 种方法输入速度数值。

9.2.6 收敛

本节帮助路径：help/wb_sim/ds_Convergence_o_r. html。

在进行非线性分析过程中，用户可能会碰到求解过程很难收敛。这涉及很多原因，例如，由于刚体运动导致接触表面发生分离；载荷增量过大导致不收敛；材料不稳定；大变形导致网格扭曲畸变出现单元形状错误。在 Solution Information 下有一些工具，有助于用户找出哪些可能的原因导致了无法收敛。

主要工具有如下：①导航树 Solution 的细节窗口；②Solution Information 的细节窗口；③Solution Information 的工具条 Result Tracker；④Contact 接触的细节窗口；⑤Meshing 的细节窗口；⑥Analysis Settings 的细节窗口。详细解释见第 4 章、第 5 章、第 6 章的对应内容。

9.2.7 查看结果

Solution 可以查看所有的计算结果（见图 9-13），使用方法见第 5.4 节"后处理之查看结果"。当求解完毕时，查看柔体动力学分析通常包含如下输出：

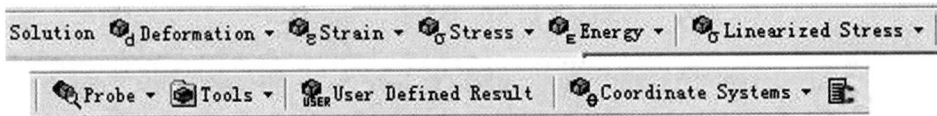

图 9-13　Solution 的工具条

1. 云图以及动画

在 Solution 工具条，可以选择变形、应变、应力能量，以云图以及动画的方式进行显示，它们的创建同其他结构分析相似。

注意刚体的变形位置会在云图结果中显示，但是刚体部分并不能显示任何位移、应力、应变的云图，因为它们是刚性体，不发生任何变形。

如果想观察某一时刻的结果，选择在 Graph 窗口选择 Timeline，或者在 Tabular Data 选择 Time，点击"Retrieve This Result"右键即可。

2. 探针 (Probes)

在 Solution 工具条，可以选择探针（Probes）。探测（Probes）在产生时间历程曲线是有用的，便于理解系统的瞬态响应。一些有用的探测结果如下：

（1）各种几何体的变形、应力、应变、位置、速度、加速度、能量等。

（2）边界条件（由用户给定的）的反力和反力矩等。

（3）连运动副、弹簧和螺栓预紧结果。

添加了 Probe Result 后，Timeline 和 Tabular Data 会显示数据结果。从 Tabular Data 中，用户可以选择要显示哪项结果。

注：运动副 Fixed body-to-body 的两个体如果都是刚体，那么得不到 Joint Force 和 Joint Moment。

3. 图 (Chart) 和表格 (Table)

在标准工具条的按钮上有"New Chart and Table"，即图和表格可以根据用户需要定义输出的 Chart 或者表格。

(1)建立载荷或者结果随时间变化的曲线;

(2)建立一种结果随载荷或者另一种结果变化的曲线;

(3)把两种不同的分析方法得到的结果进行比较。例如,两种瞬态分析使用了不同的阻尼特征,用户可以比较其位移结果。

4.图形(Figure)和照片(Image)

图表对象,可以基于探测结果,将其添加在报告中,或者当作单独的图片。

5.添加注释 Comment

用户可以在导航树添加注释,用于说明情况,有助于后续的改进。

9.3　第 9 章例子 1

本例子进行内燃机装配体刚柔体动力学分析。

1.预处理

本节使用与多刚体动力学分析相同的模型,进行刚柔体动力学分析。所以模型、运动副、位置配对等步骤与上一章完全相同。

对于柔性体分析,连杆的应力是关注点,所以只有连杆设置为柔性体,其他部件都设为刚性体。在导航树选择"Geometry→conrod:1"。在细节窗口,修改其为柔性体:设定"Stiffness Behavior:Flexible"。

单击导航树的 Mesh,如图 9-14 所示。选择 Mesh 工具条的 Mesh Control 下拉菜单中的 Sizing,于是在导航树添加了 Sizing 网格划分。选择 Sizing,在细节窗口选择 Geometry,并在图形窗口选择连杆实体,然后单击 Apply。在 Element Size 输入 5 mm。最后右击 Mesh 选择 Generate Mesh 对连杆进行网格划分。

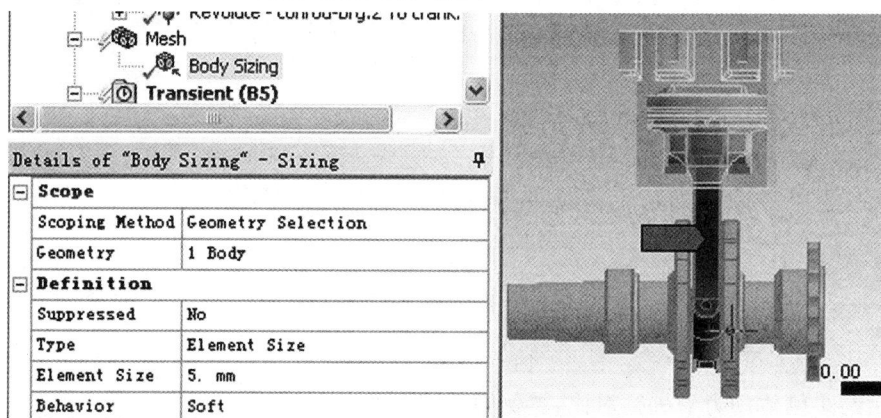

图 9-14　网格划分

2.刚柔体动力学分析设置

关于时间步长的考量,柔体动力学分析不同于刚体动力学。在导航树选择"Analysis Settings"。在细节窗口:

(1)修改"Current Step Number"为"1";

设定"Initial Time Step:1e-2";

设定"Minimum Time Step：5e−3"；

设定"Maximum Time Step：0.1"。

（2）修改 "Current Step Number" to "2"。

设定"Initial Time Step：1e−2"；

设定"Minimum Time Step：5e−3"；

设定"Maximum Time Step：0.1"。

3. 求解柔体动力学

单击"Solve"启动求解过程。在 3 GHz 的个人电脑上，求解过程估计花费 30 分钟。

在导航树选择"Solution Information"分支，然后在细节窗口选择"Solution Output：Force Convergence"。用户可以在 Message 窗口监测非线性瞬态求解过程是否收敛，如图 9-15 所示。

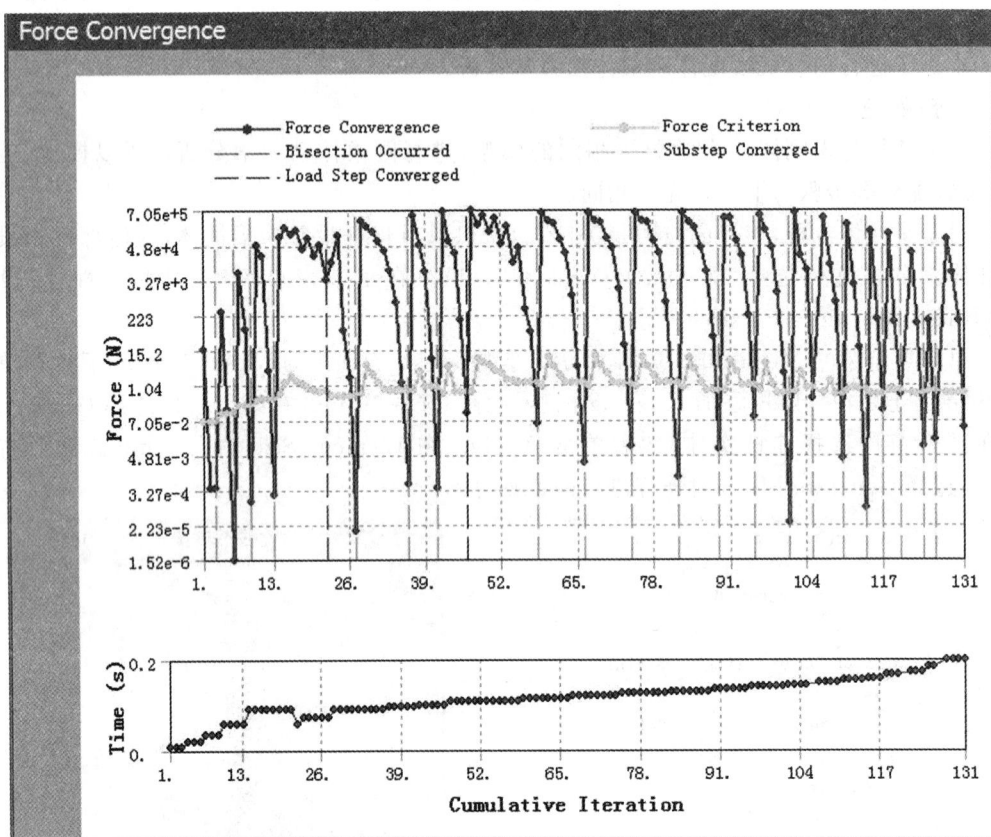

图 9-15   收敛窗口

为了与多刚体动力学进行对比，本例输出同样的 5 个计算结果。

（1）添加曲轴旋转角转速，如图 9-16 所示。

（2）添加活塞速度，如图 9-17 所示。

（3）添加曲轴对外输出的扭矩，如图 9-18 所示。

（4）添加曲轴与连杆作用力，如图 9-19 所示。

（5）添加活塞与活塞销钉的作用力，如图 9-20 所示。

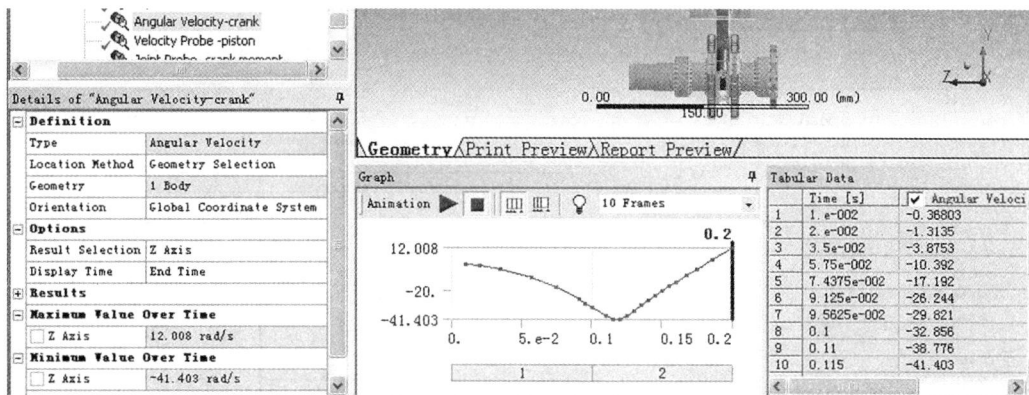

图 9-16 曲轴旋转角转速

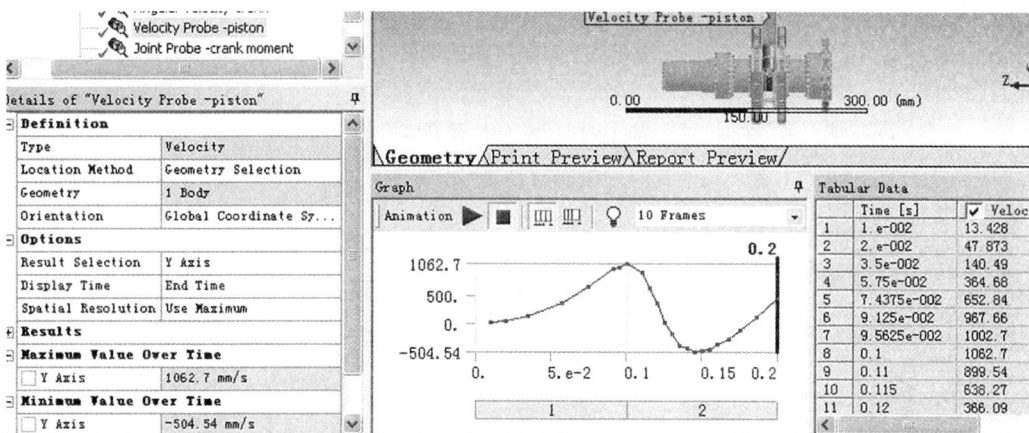

图 9-17 活塞速度

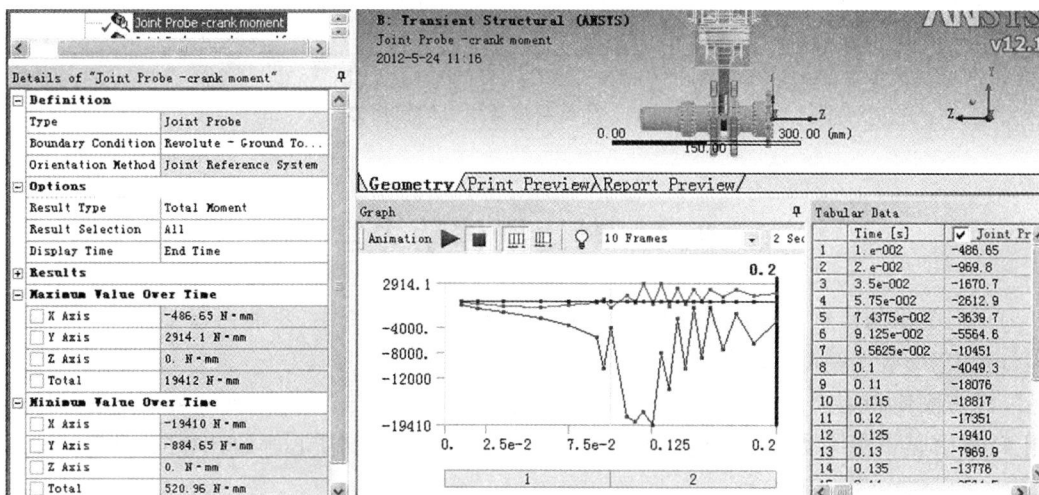

图 9-18 曲轴对外输出的扭矩

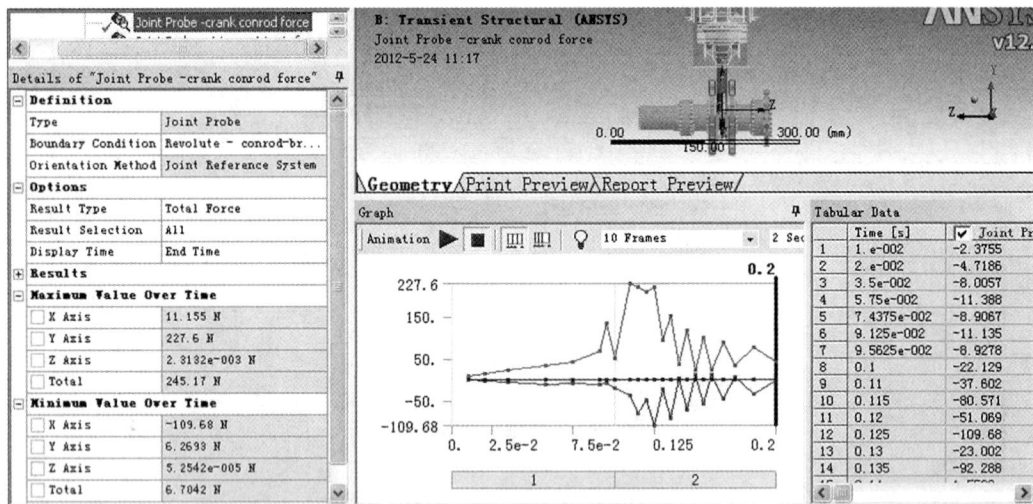

图 9-19　曲轴与连杆作用力

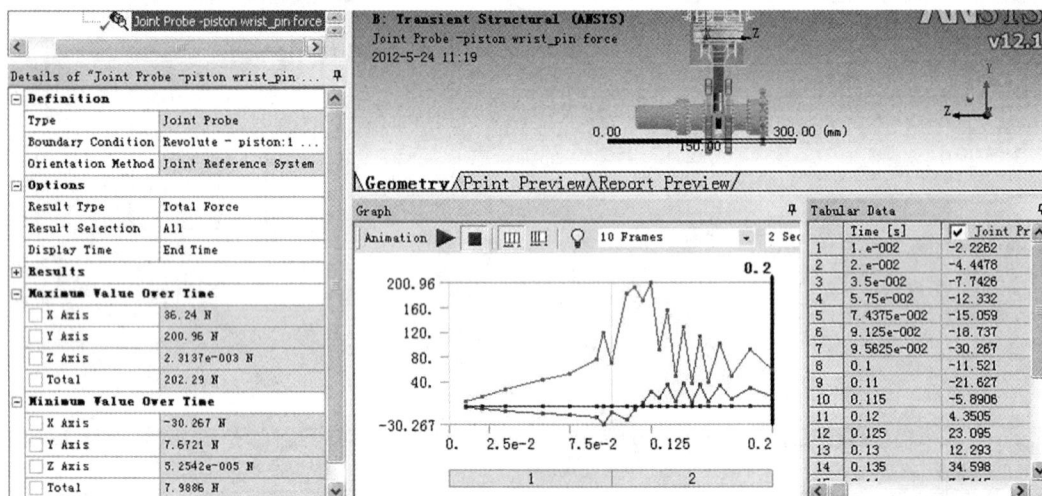

图 9-20　活塞与活塞销钉的作用力

9.4　对比刚体动力学

任何类型的接触、载荷、支撑都不能用在刚体动力学分析中，只能用运动副。而在刚柔体分析中，所有这些都可以用。

在多刚体和刚柔体动力学分析中都能得到 Total Deformation，两种结果很接近，但不会相等，原因是多刚体动力学分析中的 Deformation 是从部件的质心开始计算的，见表9-1。

表 9-1　对比多刚体和刚柔体动力学

	多刚体动力学	刚柔体动力学(瞬态动力学)
方程	几何体的相对自由度方程,运动方程	几何体的有限元公式,运动方程
部件之间的联系	9 种运动副类型	9 种运动副类型,任何类型的接触、载荷、支撑
弹簧阻尼	纵向弹簧/阻尼器扭转弹簧/阻尼器(Beta)	纵向弹簧/阻尼器扭转弹簧/阻尼器(Beta)
求解器	Runge-Kutta 龙格-库塔法显式时间求解器	HHT 隐式瞬态时间求解器
结果	时间历程位移、速度、加速度、力等	时间历程位移、速度、加速度、力、应力等

第10章　工程热分析

10.1　热分析概述

传热即热量传递,凡是有温度差存在的地方,必然有热的传递,传热是极为普遍的一种能量传递过程。如:物料的加热、冷却或者冷凝、蒸发过程;设备和管道的保温,以减少热损失;生产中热能的合理利用,废热回收。

10.1.1　传热基本方式

热的传递是由于物体内部或物体之间的温度不同而引起的。当无外功输入时,根据热力学第二定律,热总是自动地从温度较高的部分传给温度较低的部分。根据传热机理的不同,传热的基本方式有热传导、对流和辐射 3 种。

1.热传导

当物体的内部或两个直接接触的物体之间存在着温度差异时,物体各部分之间不发生相对位移时,依靠分子、原子及自由电子等微观粒子的热运动而产生的热量传递称热传导。热能就从物体的温度较高部分传给温度较低的部分或从一个温度较高的物体传递给直接接触的温度较低的物体。

物体各个部分不发生宏观的相对位移。导电固体中,导热起主要作用的是自由电子的扩散运动;非导电固体和大部分的液体中,导热是通过振动能从一个分子传递到另一个分子的;在气体中,导热则是由于分子的不规则运动而引起的。

热传导基本规律(傅里叶定律):

$$Q = -\lambda A \frac{\mathrm{d}T}{\mathrm{d}n}$$

式中,Q 为热流量,表示单位时间内通过某一给定面积的热量,单位 W;$\mathrm{d}T/\mathrm{d}n$ 为温度梯度,单位为℃/m;A 为导热面积,单位为 m^2;λ 为材料的导热系数,单位 W/(m・℃)。傅里叶定律表示:在单位时间热传导的方式传递的热量与垂直于热流的截面积成正比,与温度梯度成正比。负号表示导热方向与温度梯度方向相反。

导热系数是物质的一种物理性质,表示物质的导热能力的大小,导热系数值越大,物质的导热性能越好。导热系数只能实际测定。一般,金属的导热系数最大,非金属的固体次之,液体的较小,而气体的最小。

2.对流

对流是指由于流体的宏观运动,从而使流体各部分之间发生相对位移,冷热流体相互掺混所引起的热量传递过程。对流仅发生在流体中,对流的同时必伴随有导热现象。

流体流过一个物体表面时的热量传递过程,称为对流换热。

根据对流换热时是否发生相变分为:有相变的对流换热和无相变的对流换热。根据引起流动的原因分为自然对流和强制对流。

自然对流:由于流体冷热各部分的密度不同而引起流体的流动。如:暖气片表面附近受热空气的向上流动。

强制对流:流体的流动是由于水泵、风机或其他压差作用所造成的。

沸腾换热及凝结换热:液体在热表面上沸腾及蒸汽在冷表面上凝结的对流换热,称为沸腾换热及凝结换热(相变对流换热)。

对流换热的基本规律(牛顿冷却公式):

$$Q = Ah(t_s - t_f)$$

式中,t_s 及 t_f 分别为表面温度和流体温度;h 为对流换热系数,表示单位温差作用下通过单位面积的热流量,对流换热系数越大,传热越剧烈,单位为 W/(m² · ℃)。

对流换热系数的大小与传热过程中的许多因素有关。它不仅取决于物体的物性、换热表面的形状、大小相对位置,而且与流体的流速有关。一般地,就介质而言:水的对流换热比空气强烈;就换热方式而言:有相变的强于无相变的;强制对流强于自然对流。

3.辐射

辐射和热辐射:物体通过电磁波来传递能量的方式称为辐射。因热的原因而发出辐射能的现象称为热辐射。

辐射换热:热辐射与热吸收过程的综合作用造成了以辐射方式进行的物体间的热量传递称辐射换热。自然界中的物体都在不停地向空间发出热辐射,同时又不断地吸收其他物体发出的辐射热。辐射换热是一个动态过程,当物体与周围环境温度处于热平衡时,辐射换热量为零,但辐射与吸收过程仍在不停地进行,只是辐射热与吸收热相等。

热辐射的基本规律:所谓绝对黑体,就是把吸收率等于 1 的物体称黑体,是一种假想的理想物体。黑体的吸收和辐射能力在同温度的物体中是最大的,而且辐射热量服从于斯忒藩-玻耳兹曼定律。

实际物体辐射热流量根据斯忒藩-玻耳兹曼定律求得,即

$$Q = \varepsilon A \sigma T^4$$

式中,T 为黑体的热力学温度 K(开尔文 Kelvin,0℃ = 绝对温度 273.16 K);σ 为斯忒藩-玻耳兹曼常数(黑体辐射常数),5.67×10⁻⁸ W/(m² · K⁴);A 为辐射表面积,m²;Q 为物体自身向外辐射的热流量,而不是辐射换热量;ε 为物体的发射率(黑度),其大小与物体的种类表面状态有关。由公式可见,物体温度越高,单位时间辐射的热量越多。

在工程中通常考虑两个或两个以上物体之间的辐射,系统中每个物体同时辐射并吸收热量。它们之间的净热量传递可以用斯蒂芬-波耳兹曼方程来计算:

$$Q = \varepsilon_1 A_1 \sigma F_{12}(T_1^4 - T_2^4)$$

式中,Q 为热流率;ε_1 为该物体辐射率(黑度);σ 为斯蒂芬-波耳兹曼常数;A_1 为辐射面 1 的面积;F_{12} 为由辐射面 1 到辐射面 2 的形状系数;T_1 为辐射面 1 的绝对温度;T_2 为辐射面 2 的绝对温度。由上式可以看出,包含热辐射的热分析是高度非线性的。

辐射有如下 4 个特点:

1)导热、对流两种热量传递方式,只在有物质存在的条件下,才能实现。而热辐射不需

中间介质,可以在真空中传递,而且在真空中辐射能的传递最有效。因此,又称其为非接触性传热。

2)在辐射换热过程中,不仅有能量的转换,而且伴随有能量形式的转化。

在辐射时,辐射体内热能→辐射能;在吸收时,辐射能→受射体内热能,因此,辐射换热过程是一种能量互变过程。

3)辐射换热是一种双向热流同时存在的换热过程,即不仅高温物体向低温物体辐射热能,而且低温物体向高温物体辐射热能。

4)物体的辐射能力与其温度性质有关。这是热辐射区别于导热、对流的基本特点。

4. 传热过程

在实际情况中,传递热量 3 种基本方式可能同时存在,由这 3 个基本方式组成不同的传热过程,如图 10-1 所示。

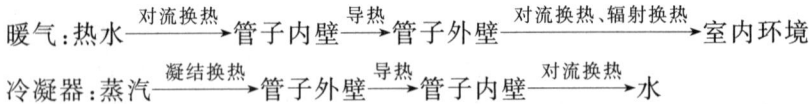

暖气:热水 $\xrightarrow{\text{对流换热}}$ 管子内壁 $\xrightarrow{\text{导热}}$ 管子外壁 $\xrightarrow{\text{对流换热、辐射换热}}$ 室内环境

冷凝器:蒸汽 $\xrightarrow{\text{凝结换热}}$ 管子外壁 $\xrightarrow{\text{导热}}$ 管子内壁 $\xrightarrow{\text{对流换热}}$ 水

图 10-1 室内暖气传热过程

分析一个实际传热过程的目的,就是分析该过程由哪些串联环节组成,以及每一环节中有哪些传热方式起主要作用,它是解决实际传热的核心基础。

上述分析导热、对流、热辐射的基本定律,即傅里叶定律、牛顿冷却公式、斯忒藩-玻耳兹曼定律,适用于稳态和瞬态传热过程。若是瞬态传热时公式中的温度是瞬时温度,温度 T 不仅仅是温度的函数,而且与时间有关。

10.1.2 稳态热分析基本原理

在 Workbench 的 Toolbox 中,Steady-State Thermal 是指稳态热分析。稳态热分析是指传热系统中各点的温度仅随位置的变化而变化,不随时间变化而变化。即单位时间通过传热面的热量是一个常量。稳态热分析是用于研究结构在稳态热载荷下的热响应。温度和热流率通常是关心的量,虽然同时也能得到热通量。

通用热方程如下:

$$C(T)\dot{T} + K(T)T = Q(t, T)$$

式中,t 是时间;T 是节点温度矩阵;C 是比热矩阵(热容);$K(t)$ 是热传导矩阵;Q 是节点热流率载荷矩阵。在稳态热分析中,所有时间相关的项都不考虑,但非线性现象还可能存在。对于一个稳态热分析,温度 T 是由如下的矩阵求解得到的:

$$K(T)T = Q(T)$$

ANSYS 利用模型几何参数、材料热性能参数以及所施加的载荷和约束,自动生成 $K(t)$,T,Q,并最终求解出 T 温度矩阵。

注意:

(1)稳态热分析不考虑任何时间相关的瞬态效应。

(2)可以分析线性行为(材料属性为常量)或非线性行为(材料属性与温度相关)。也就是说,$K(T)$ 可以是常量或是温度的函数;每种材料属性中都可输入与温度相关的热传导率;Q 也可是常量或是温度的函数;在对流边界条件中可以输入温度相关的对流传热膜系数。

（3）固体内部的热流（Fourier's Law 傅里叶定律）是 **K** 的基础。**K** 包含热系数、对流系数及辐射和形状系数。

（4）载荷和约束包括热生成、热通量、热流率、对流及辐射；虽然对流换热系数有可能与温度相关，但对流被处理成简单的边界条件，如果需要分析共轭传热/流动问题，则需要用流体分析 ANSYS CFX 或 ANSYS FLUENT。

（5）用户常常在进行瞬态热分析之前先完成稳态热分析，因为稳态热分析的结果通常用于建立瞬态热分析的初始条件。稳态热分析也可以作为瞬态热分析的最后一步，即模拟瞬态传热效应完全消失后的状态。

10.1.3　瞬态热分析基本原理

根据能量守恒原理，瞬态热平衡可以表达为（以矩阵形式表示）

$$C\dot{T} + KT = Q$$

式中，**K** 为热传导矩阵，包含热系数、对流系数及辐射和形状系数；**C** 为比热矩阵，考虑系统内能的增加；**T** 为节点温度向量；$\dot{T}$ 为温度对时间的导数；**Q** 为节点热流率向量，包括热生成。

在 Workbench 的 Toolbox 中，Transient Thermal 是瞬态热分析。瞬态热分析用于计算一个系统的随时间变化的温度场及其他热参数。在这个过程中系统的温度、热流率、热边界条件以及系统内能不仅随位置不同而不同，而且随时间发生变化。瞬态热分析计算得到温度场，并将温度场作为热载荷进行应力分析。

工程传热应用中，如热处理问题、电子封装、管口或喷嘴、发动机组、压力容器、流固耦合等，都包含瞬态热分析。连续生产过程中所进行的传热多为稳态传热。在间歇操作中的换热设备或连续操作的换热设备处于开、停车阶段所进行的传热，都属于瞬态传热。

瞬态热分析可以是线性或非线性。与温度相关的材料属性如热传导系数、比热及密度，或者与温度相关的对流系数、辐射系数都需要进行迭代求解的非线性分析。多数材料的热属性和温度相关，因此该分析通常是非线性的。

瞬态热分析的基本步骤与稳态热分析类似。主要的区别是瞬态热分析中的载荷是随时间变化的。

为了表达随时间变化的载荷，可使用函数工具或描述载荷-时间曲线作为载荷施加。或将载荷-时间曲线分为载荷步。载荷-时间曲线中的每一个拐点为一个载荷步，如图10-2所示，对于每一个载荷步，必须定义载荷值及时间值，同时还需定义其他载荷步选项，如：载荷步为渐变或阶跃、自动时间步长等。如果定义阶跃载荷，则载荷值在这个载荷步内保持不变；如果为渐变加载，则载荷值在当前载荷步的每一子步内线性变化。

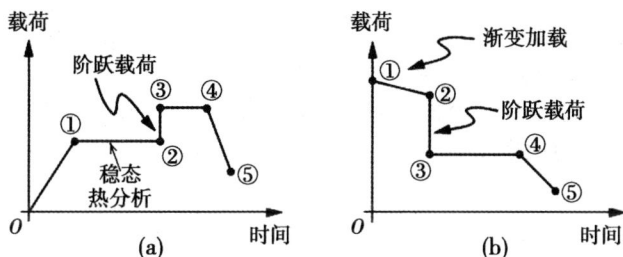

图 10-2　时变热载荷

10.2　稳态热分析详细步骤

本节帮助路径：help/wb_sim/ds_static_thermal_analysis_type. html。

在 Workbench 主界面，从工具箱中将稳态热分析系统 Steady-State Thermal 拖入工程流程图。

为了实现热应力求解，可以先进行稳态热分析，再把结构分析关联到热分析模型上（见图 10-3）。

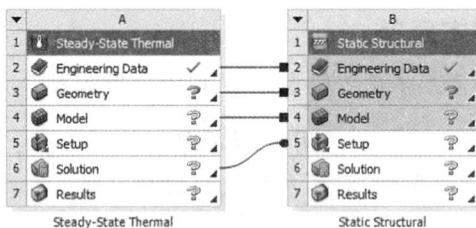

图 10-3　热分析和静态结构分析的工程流程图

10.2.1　材料属性

稳态热分析中，必须在工程数据 Engineering Data 中定义热传导系数 Thermal Conductivity，如图 10-4 所示。详细内容见第 5.1 节"Engineering Data 定义材料属性"。

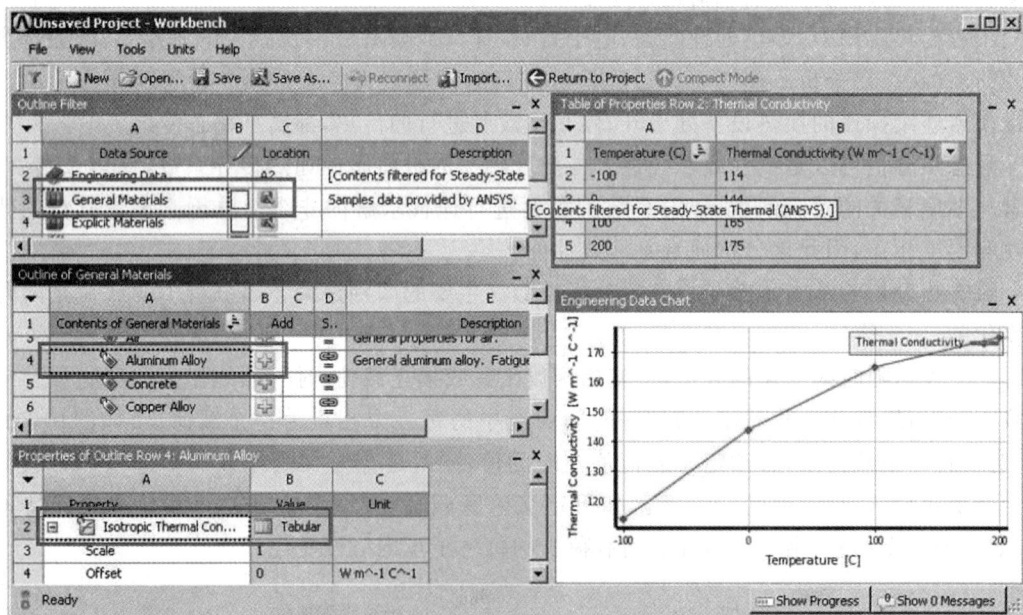

图 10-4　热分析的 Engineering Data 窗口

热传导系数可以是各向同性或各向异性，是常量或与温度相关。若存在任何的温度相关的材料特性，就将导致非线性求解。这是因为，温度是要求解的量，而材料又取决于温度，因此求解不再是线性的。

比热同样也可输入，但目前用不到。其他的材料输入在热分析中用不到。

10.2.2　几何模型

在热分析中,可以支持大多数体类型,例如体、面、线。

(1)对于面体(壳体),必须在"Geometry"分支的"Details view of the Line"中输入其厚度。

壳体应当用于较薄的结构,此时,假设壳厚度方向的上下表面温度相等,即不考虑沿壳厚度方向的温度梯度。但是表面的温度变化仍然要考虑。

(2)线实体的截面和轴向在 DesignModeler 中定义,并自动导入 DS 中。虽然定义了线的截面和方向,但这些信息仅对结构分析有意义。

线体用于类似梁或桁架的结构,此时可认为其截面上的温度是常量,即不考虑截面厚度上的温度变化。但是沿着线方向的温度变化仍然要考虑,但不是沿着截面的。

对于线,不会输出任何热通量或热通量矢量,仅能得到温度结果。

(3)热分析里不可以使用点质量(Point Mass)的特性。

(4)循环对称模型的热分析。

本节帮助路径:help/wb_sim/ds_Symmetry. html。

在导航树选择 Model,再单击 Model 工具条的 Symmetry,这样建立了 Symmetry 分支。选择 Symmetry 分支,在 Symmetry 工具条中的 Cyclic Region 可以用于结构分析和热分析。

Cyclic Region 为循环对称,模型在外形上表现为循环对称,即有几何拓扑相同的部件围绕在一条轴线周围。循环对称的模型可以进行静态热分析、瞬态热分析。常见的有车轮、直齿圆柱齿轮、涡轮叶片等。

10.2.3　定义 Connection 连接

1.面面接触

Connections 连接关系工具条中有接触、运动副、弹簧。但热分析中任何运动副和弹簧将被忽略,仅考虑接触,用接触实现了装配体中零件间的传热。

当导入实体零件组成的装配体时,实体间的接触区将会被自动创建。而且在整个热分析中初始接触条件始终保持不变。每个接触区都用到接触面和目标面的概念。在热分析中,指定哪一侧是接触面,哪一侧是目标面并不重要。缺省时,DS 对实体装配体使用对称接触。

如果零件初始有接触,零件间就会发生传热;如果零件初始不接触,零件间将不会互相传热。不同的接触类型,热量是否会在零件之间传递见表 10-1。

表 10-1　接触区传热

接触类型	接触区传热否		
	Initially Touching 初始接触	Inside Pinball Region 弹球区内	Outside Pinball Region 弹球区外
Bonded 绑定	是	是	否
No Separation 不分离	是	是	否
Rough 粗糙	是	否	否
Frictionless 无摩擦	是	否	否
Frictional 摩擦	是	否	否

接触的弹球 Pinball 区域自动设置为一个相对较小的值,以调和模型中可能出现的小间隙,如图 10-5 所示。对基于 MPC 的绑定接触,如果存在间隙,在搜索方向可使用弹球区以检测间隙外的接触(见图 10-5)。如果目标节点落在 Pinball 区域内,并且接触是绑定的或者是无分离的,则将发生传热(黑色实线箭头)。否则,节点间将不会发生传热(黑色虚线箭头)。

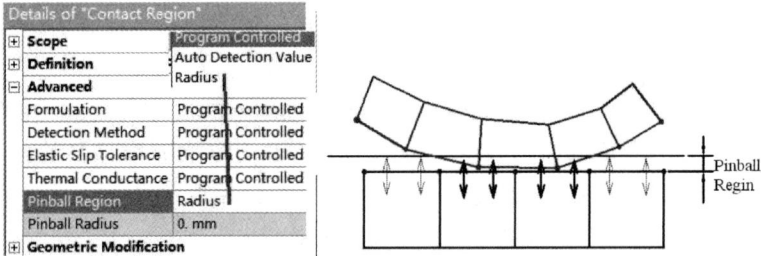

图 10-5　接触设置中的 Pinball

接触传热能力的大小如何设置呢? 在软件中与 Advanced 下的 Formulation 和 Thermal Conductance 都有关系。

(1) Formulation 选择为非 MPC 时。此时 Formulation 可以选择为 Program Controlled,Augmented Lagrange,Pure Penalty,Normal Lagrange 4 种选项,如图 10-6 所示。

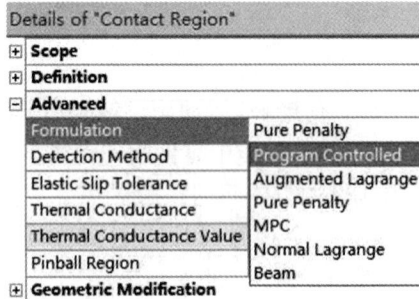

图 10-6　热传导中的接触算法

默认情况下,假设部件间是热接触的完美传导,意味着在接触界面上不会发生温度降。在接触的细节窗口中,Advanced 下面的 Thermal Conductance 选择 Program Controlled,如图 10-6 所示,这样就定义了热接触的完美传导。当选择程序控制时,在装配体的零件间会定义一个高的接触导热系数 T_{cc},两个零件间的热流量由接触热通量 q 定义:

$$q = T_{cc}(T_t - T_c)$$

式中,T_c 是位于接触法向上某接触"节点"的温度;T_t 是相应的目标"节点"的温度。缺省时,T_{cc} 根据设定的接触模型中的最大热传导系数 λ_{max} 值和装配体总体外边界的对角线 Diag,被设为一个相对较"高"的值,即 $T_{cc} = \lambda_{max} \times 10\,000/\text{Diag}$,这最终提供了零件间完全的传热。

实际情况下,有些条件削弱了热接触的完美传导,由此产生有限热传导,此时需要考虑接触热阻包括:表面的平面度、表面粗糙度、氧化物、残存流体、接触压力、表面温度、导热酯的使用等。接触热阻使接触的两个表面在穿过界面上有温度降(见图 10-7)。

图 10-7　接触温差

用户可以为纯罚函数、增广拉格朗日方程、纯拉格朗日方程定义一个有限热接触传导（T_{cc}）。如图所示，可以手工输入接触传热系数 T_{cc} 考虑接触热阻的影响，每个接触区在细节窗口中输入单位面积的接触传热系数。若接触热阻已知，用接触面积除以接触热阻，可得到 T_{cc} 值，这样，接触区域的接触面和目标面间就会产生温度降。

（2）Formulation 选择为 MPC 时。MPC 绑定接触允许完全接触传热。使用这种完美的接触传导，接触"节点"以及相应的目标"节点"将会有相同的温度。此时，由于使用了约束方程，就不需要定义或使用接触热传导系数，即没有 Thermal Conductance 这个选项，如图 10-8 所示。

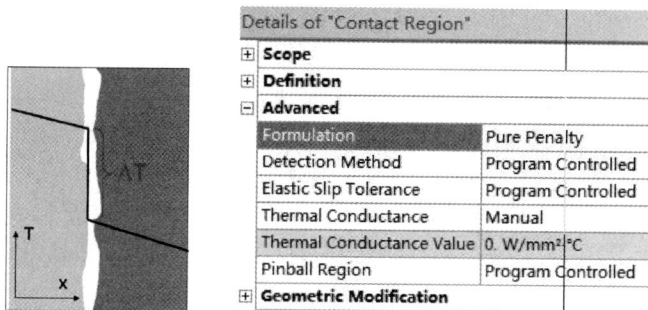

图 10-8　Formulation 选择为 MPC

2. 边接触

对 ANSYS Professional 1 及更高级 licenses，支持壳和实体的混合装配体。

边接触是通用接触的一个子集。

（1）对包含壳面或实体边的接触，Type 只能设置为绑定或不分离类型。

（2）对包含壳边的接触，Formulation 只允许使用 MPC 算法的绑定接触行为。

（3）对基于 MPC 的绑定接触，用户可以设置搜索方向（记录多点约束的方向）以及目标法向或者 Pinball 区。

（4）如果存在间隙（这在壳装配体中很常见），在搜索方向可使用 pinball 区以检测间隙外的接触。

（5）MPC 可产生完全传热。

10.2.4　划分网格

如果热分析用于随后的结构分析，则需要足够精细的网格密度。

面与面或面与边接触允许实体零件间的边界上不匹配的网格。

10.2.5　热载荷

本节帮助路径：help/wb_sim/ds_Load_Types.html。

热约束条件可以直接在实体模型(点、线、面、体)施加,可以是单值的,也可以是用表格或函数的方式来定义复杂的热约束。

如图 10-9 所示,Workbench 热分析的热载荷如下:① 温度 Temperature;② 对流 Convection;③辐射 Radiation;④热流量 Heat Flow;⑤绝热 Perfectly Insulated;⑥热流密度 Heat Flux;⑦内部生成热 Internal Heat Generation;⑧Conditions。

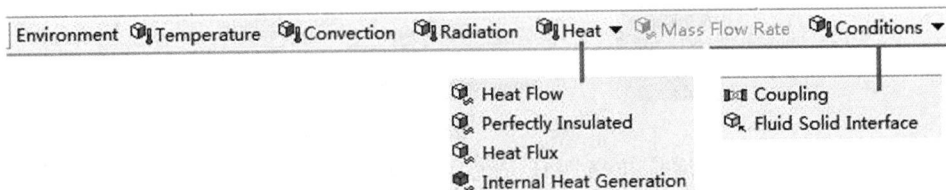

图 10-9　Environment 的工具条

注意:

(1)给定的温度或对流载荷不能施加到已施加了某种热载荷或热边界条件的表面上。

(2)正的热载荷值将会向系统中添加能量。而且,如果有多个载荷存在,其效果是累加的。

(3)至少应存在一种类型的热约束条件,否则,如果将热量源源不断地输入到系统中,稳态时的温度将会达到无穷大。

(4)这些热载荷条件只能用于 3D 分析,以及 2D 平面应力及轴对称分析(Axisymmetric behaviors)。

1. Temperature 恒定温度

本节帮助路径:help/wb_sim/ds_Given_Temperatures.html。

温度是求解的自由度,但这种热约束条件却使选定的实体有固定的温度值。

如图 10-10 所示,通常施加于温度一个或者多个的点、线或者面上,甚至可以加在整个实体上。

如果用户选择了实体,在细节窗口出现 Apply To 选项,Exterior Faces Only 是指该温度只添加在外表面,Entire Body 是指温度添加在整个实体。

用户可以使用 Function 和 Tabular Data 两种方式,将温度定义为随时间变化而变化。

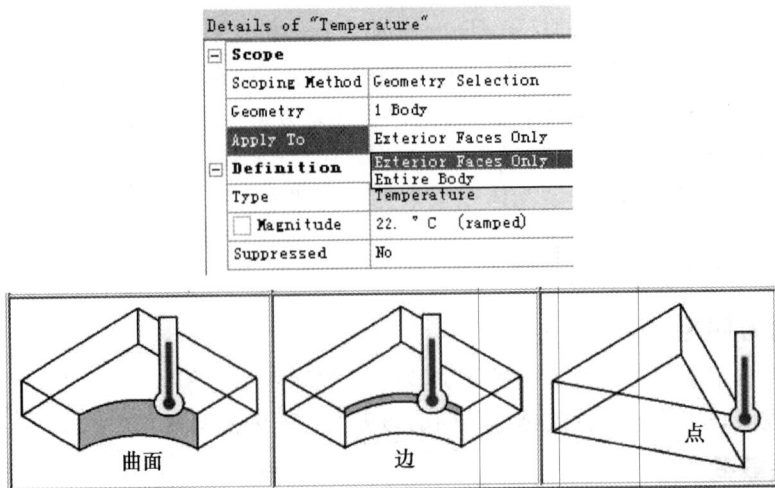

图 10-10　恒定温度

2. Convection 对流

本节帮助路径:help/wb_sim/ds_Convection. html。

实体与流体接触的多个平面(或曲面)发生对流换热。如图 10-11 所示,对流使左侧的 Face Temperature 表面温度,与右侧的"Ambient fluid temperature"环境温度,发生热交换。

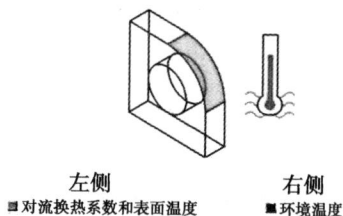

左侧　　　　　　右侧
▨对流换热系数和表面温度　■环境温度

图 10-11　对流

对流热通量计算公式为

$$q = hA(T_s - T_a)$$

对流热通量 q 与对流换热膜系数 h、表面积 A、表面温度 T_s 及环境流体温度 T_a 有关。如果环境流体温度超过表面温度,能量流入实体;反之亦然。

式中 q, A, T_s 需要在程序中求解。"h"和"T_a"是用户输入的值,如图 10-12 所示。Film Coefficient 对流换热膜系数,也叫作输热系数 heat transfer coefficient,它与 3 个因素有关,分别是与实体表面接触的流体、实体表面、流体流过表面的流体动力学参数。Ambient Temperature 就是环境流体温度 T_a,可以是常量,也可以是随时间变化的量。

对流换热膜系数 Film Coefficient 有多种输入方式,可以是常量,或时间的变量,或某种温度的变量,或者从文件中输入,如图 10-12 所示。

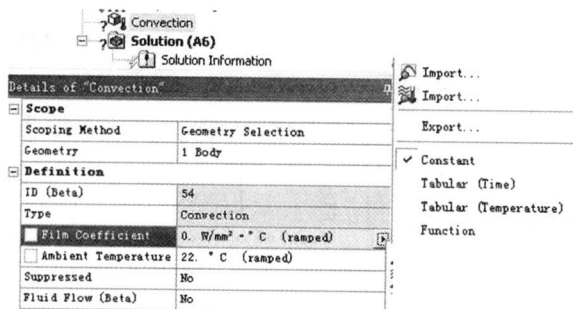

图 10-12　对流换热膜系数

(1)Constant 常量,单位为 $W/(m^2 \cdot {}^\circ C)$。

(2)Tabular(Time)。在右下角出现的表数据 Tabular Data 中输入时间和对应的对流换热系数,如图 10-13 所示。注意最大时间要在导航树的 Analysis Settings 中设置。

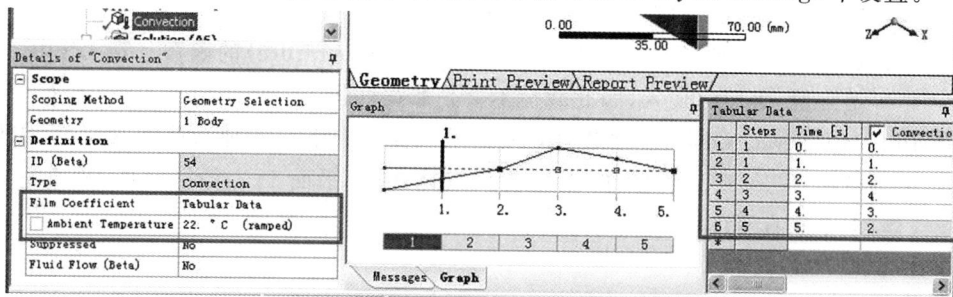

图 10-13　时间和对流换热系数的对应关系

(3) Tabular(Temperature),如图 10-14 所示。

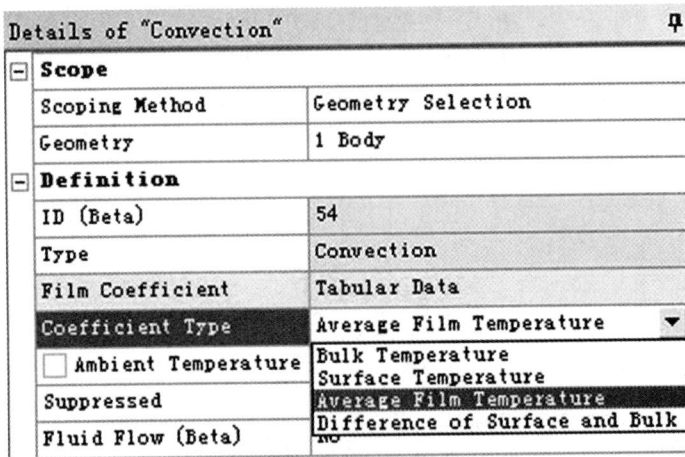

图 10-14　温度与对流换热系数的对应关系

1) 确定 $h(T)$ 使用什么样的温度,温度可以是以下 4 种选择:

环境温度 Bulk Temperature: $T = T_b$;

表面温度 Surface Temperature: $T = T_s$;

平均膜温度 Average Film Temperature: $T = (T_s + T_b)/2$;

表面与环境温度差 Difference of Surface and Bulk Temperature: $T = T_s - T_b$。

2) 在出现的表数据 Tabular Data 中输入温度和对应的对流换热系数(见图 10-15)。

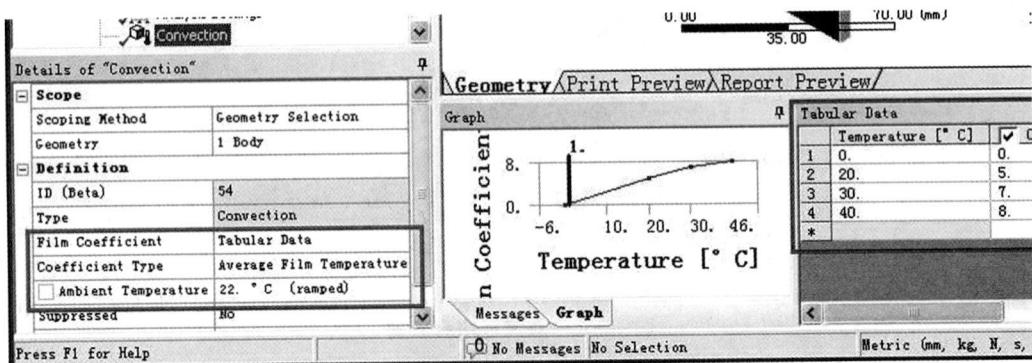

图 10-15　输入变量对流换热系数

如果施加了任何温度相关的对流载荷,都将会导致非线性求解,因为表面温度是要求解的量,而膜系数 h 又是表面温度的函数。

唯一的例外是,如果膜系数仅是环境温度(bulk temperature)的函数。在 DS 中,bulk temperature 是常量,由用户输入,因此载荷不会是非线性的。

(4) Import Convection Data,如图 10-16 所示。窗口中下部 6 种选项的含义是:①停滞气体:水平圆柱体;②停滞气体:简单体;③停滞气体:垂直平面 1;④停滞气体:垂直平面 2;⑤停滞气体:多个垂直平面;⑥停滞水:简单体。

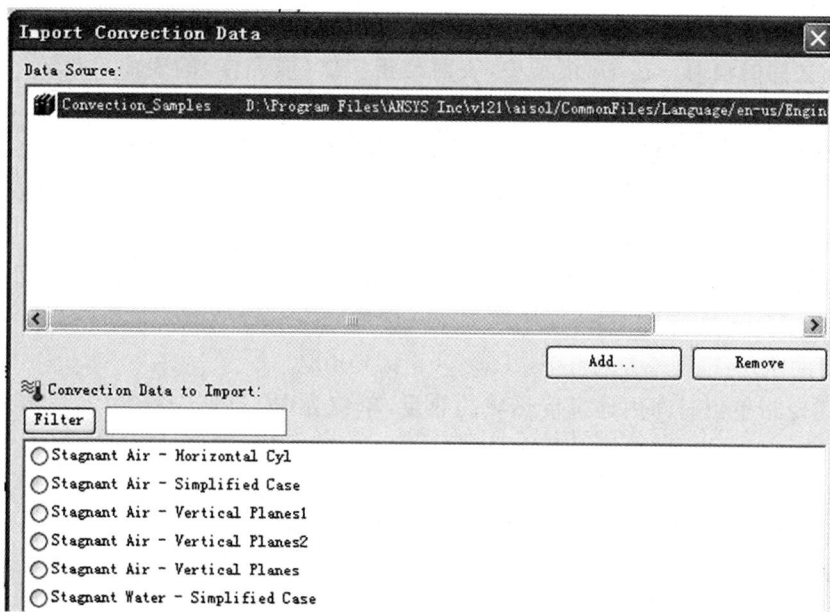

图 10-16　导入对流数据

3. Radiation 辐射

本节帮助路径：help/wb_sim/ds_Radiation.html。

辐射可以施加到 3D 表面或 2D 模型的边，仅提供向周围环境的辐射，或者两个面之间的相互辐射。辐射能量计算公式为

$$Q = \varepsilon_1 A_1 \sigma F_{12}(T_s^4 - T_a^4)$$

其中斯蒂芬-波耳兹曼常数 σ 为定值，并且自动由以用户当前采用的单位制系统决定。辐射属性中需要手动设置热辐射率（黑度）ε_1，环境温度 T_a。A_1 为辐射表面积，F_{12} 为形状系数，最终表面温度 T_s 为求解结果。

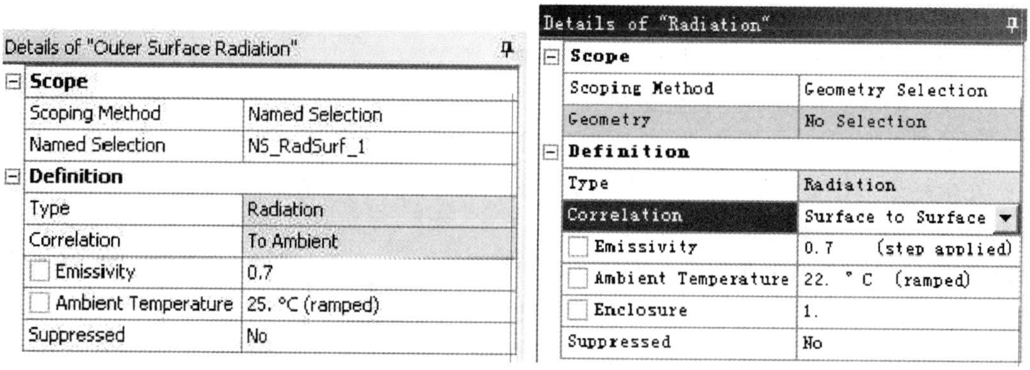

(a)

(b)

图 10-17　辐射的细节窗口

(1)向周围环境的辐射。如图 10-17(a)所示，当 Correlation = To Ambient 时，表明为所选表面对周围环境的辐射。即形状系数假定为 $F_{12} = 1$；

Emissivity：表面辐射率（热辐射系率）。

Ambient Temperature：环境温度。

（2）面与面之间的辐射。如图 10-17(b)所示,当 Correlation ＝ Surface to Surface 时,表明为面与面之间的辐射。在 3D 模型中,表面是指实体(或壳体)的表面。对于 2D 模型,表面是指边。用户在一个几何体上定义的辐射载荷数量最多只能是 1 个。

在细节窗口,有如下参数:

Emissivity:表面辐射率,只能是小于 1 的正值。用户可以使用 Tabular Data 输入与温度相关的表面辐射率。

Enclosure:用户定义的辐射组编号,每一对辐射需要一个相同的辐射组编号。

4. Heat Flow 热流量

本节帮助路径:help/wb_sim/ds_Heat_Flow.html。

热流量 Q 指单位时间内通过传热域的热量,单位为 W(瓦)。热流率作为集中载荷,可以施加点、边、面上,如图 10-18 所示。

如果输入的值为正,表示热流流入传热域,即获取热量。

当多个对象被选择时,载荷会分布到这些选择对象上。

如果 Heat Flow 施加的多个表面(边,或者点)分布在几个多体部件上,程序不允许这样操作。

如果由于 CAD 参数改变,导致所选的表面增大,那么施加在整个表面的 Heat Flow 不变,但 Heat Flux(单位面积的 Heat Flow)下降了。

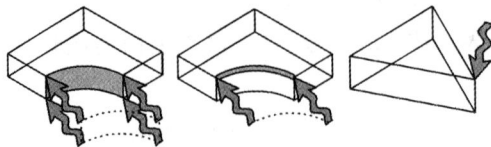

图 10-18　热流量

提示:如果在实体单元的某一节点上施加热流量,则此节点周围的单元应该密一些;特别是与该节点相连的单元的导热系数差别很大时,尤其要注意,不然可能会得到异常的温度值。因此,只要有可能,都应该使用热生成或(热通量 q)热流密度边界条件,这些热载荷即使是在网格较为粗糙的时候都能得到较好的结果。

5. Perfectly Insulated 完全绝热

本节帮助路径:help/wb_sim/ds_Heat_Flow.html。

完全绝热条件施加到表面上,可认为是零热流率加载。在热分析中,当不施加任何载荷时,它实际上是自然产生的边界条件。

通常,不需要给面上施加完全绝热条件,因为这是一个规则表面的默认状态。因此,这种加载通常用于删除某个特定面上的载荷。例如,可以先在所有面上施加热通量或对流,然后用完全绝热条件选择性地"删除"某些面上的载荷(比如与其他零件相接触的面等),此时要方便、简单得多。

6. Heat Flux 热通量(热流密度)

本节帮助路径:help/wb_sim/ds_Heat_Flux.html。

热通量 q 指单位时间内通过单位传热面积所传递的热量,即通过单位传热面积的热流量,$q=Q/A$。在一定的热流量下,q 越大,所需的传热面积越小。因此,热通量是反映传热强度的指标,又称为热流密度,单位为 W/m^2(见图 10-19)。

图 10-19 热通量

如果输入的值为正,表示有热流流入单元。

如果选择了多个表面,在这些表面上施加了相同数值的热流密度。

热流密度也是一种面载荷,只能施加到实体表面和壳单元上,可以在模型相应的外表面施加热流密度。

如果由于 CAD 参数改变,导致所选的表面增大,那么施加在整个表面的 Heat Flow 增加了,但热流密度 Heat Flux(单位面积的 Heat Flow)保持不变。

7. Internal Heat Generation 内部热生成

本节帮助路径:help/wb_sim/ds_Heat_Generation.html。

内部热生成作为体载荷只能施加到体上,可以模拟单元内的热生成,比如化学反应生热或电流生热。它的单位是单位体积的热流率 W/m^3。

如果由于 CAD 参数改变,导致所选的实体增大,那么施加在整个实体的功率增加了,但 Internal Heat Generation 保持不变。

注意:

(1)在每个载荷步,同一个几何体上,添加的内部热生成会覆盖前面载荷步添加的所有内部热生成载荷。

(2)在前一载荷步激活内部热生成,然后在这一载荷步将内部热生成失效(即在 Tabular Data 选中该步单击鼠标右键,选中 deactivated),这样也会覆盖前面载荷步添加的所有内部热生成载荷。

8. Coupling 耦合

本节帮助路径:help/wb_sim/ds_coupling_condition.html。

Conditions 下只有一个约束,即 Coupling 耦合,可用于热分析和电场分析环境,即只能使用于 Electric Analysis、Steady-State Thermal Analysis、Transient Thermal Analysis、Thermal-Electric Analysis。细节窗口如图 10-20 所示。

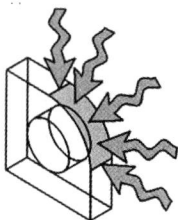

图 10-20 耦合的细节窗口

有时候,即使使用物理模型或者接触,用户也无法完全地、充分地描述出几何体的某些特征,例如模型上的等势面。这时,用户就可以建立一组表面,或者一组边,或者一组点,在组里的这些面、边、点具有耦合的自由度。这就需要使用耦合边界条件 Coupling,用于耦合几何体的自由度。

注意：

(1)同一个几何实体只能定义一个耦合条件(相同的自由度)。

(2)耦合条件不能施加在有自由度约束的几何实体上。

9. 小结

一些结构分析与热分析的类比见表10-2。注意对于像旋转速度、加速度之类的惯性载荷，在热分析中没有任何类比的载荷类型。对流边界条件的类比是一个结构分析中的"基础刚度"支撑，类似于接地弹簧。

ANSYS 热分析中常用的符号及单位表达见表10-3。

表 10-2　结构与热分析载荷和约束类比

名　称	作用方式	结构分析	热分析
自然条件 Natural Condition		无外部力 Force	完全绝热 (无热流 Heat flow rate)
Boundary Conditions 边界条件	直接	Displacement 给出位移	Temperature 给出温度
	间接	弹簧支撑	Convection 对流
Load 载荷	直接	Force 力	Heat Flow 热流率
	单位面积	Pressure 压强	Heat Flux 热通量
	单位体积	Thermal Expansion 热膨胀	Internal Heat Generation 内部生成热
Inertial Loads 惯性载荷	整体	加速度	无

表 10-3　热分析符号及单位

ANSYS	名　称	符　号	国际单位	英制单位
Length	长度	L	m	ft
Time	时间	t	s	S
Mass	质量	m	kg	lbm
Temperature	温度	T	K	℉
Force	力	F	N	lbf
Joule	能量(热量)	J	J	BTU
Heat Flow	功率(热流率)	Q	W	BTU/sec
Heat Flux	热流密度	q	W/m^2	$BTU/(sec \cdot ft^2)$
Internal Heat Generation	生热速率	$\dot{q}$	W/m^3	$BTU/(sec \cdot ft^3)$
Thermal Conductivity	导热系数	λ	$W/(m \cdot K)$	$BTU/(sec \cdot ft \cdot ℉)$
Film Coefficient	对流系数	h	$W/(m^2 \cdot K)$	$BTU/(sec \cdot ft^2 \cdot ℉)$
Density	密度	ρ	kg/m^3	lbm/ft^3
Specific Heat	比热容	c	$J/(kg \cdot K)$	$BTU/(lbm \cdot ℉)$
Enthalpy	焓	H	J/m^3	BTU/ft^3

10.2.6　分析设置

本节帮助路径:help/wb_sim/ds_Analysis_Settings_Types.html。

对简单线性行为无须设置,对复杂分析则需要设置一些控制选项。部分选项与静力学分析的选项完全一致,详细解释见第 6.5 节"分析设置"。

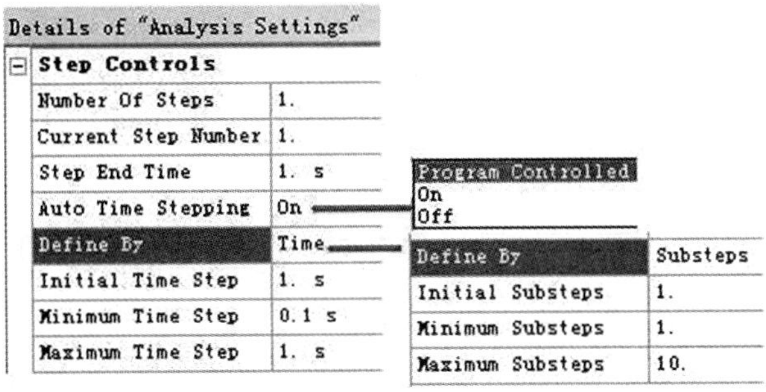

图 10-21　分析设置 1

稳态热分析的分析设置(见图 10-21)详细解释如下。

1. Step Controls 步长控制

有如下 8 个参数:

Number Of Steps:时间步的数量。

Current Step Number:当前时间步。

Step End Time:(当前)时间步的结束时间。

Auto Time Stepping:自动时间步设置,选项有程序控制(默认)、On、Off。

Define By:有两种选项,Time、Substeps。可以按照时间或按照子步数量定义载荷子步。

Initial Time Step(Initial Substeps):初始时间步长(初始子步)

Minimum Time Step(Minimum Substeps):最小时间步长(子步数量最小值)

Maximum Time Step(Maximum Substeps):最大时间步长(子步数量最大值)

Step Controls 以上的这些参数,用于控制载荷加载的过程。虽然对于稳态热分析来说,时间选项并没有实际的物理意义,但它提供了一个方便的设置载荷步和载荷子步的方法。缺省情况下,第一个载荷步结束的时间是 1.0,此后的载荷步对应的时间项逐次加 1.0。

如果随温度的变化,材料属性变化很大,即出现了非线性热分析。这时 Step Controls 的这些选项用于控制时间步长,也用于创建多载荷步。

(1)控制时间步长。用户用较小的时间步增量来加载,以保证在插值点处易于收敛。对于非线性分析,每一载荷步需要多个子步。缺省情况下每个荷载步有一个子步。

(2)创建多载荷步。在以下两种情况时用户需要建立多载荷步,一是在同一稳态热分析下,比较几个不同加载方案。二是在特定时间范围内,用户需要改变分析设置、时间步长的大小,例如计算结果输出的频率。

2. Solver Controls 求解器控制

Solver Types:如图 10-22 所示,Solver Type 下有 3 种选项:程序控制 Program Controlled、直接法 Direct 和迭代法 Iterative。缺省的求解器是程序控制 Program Controlled。在热分析中,用户通常不需要改变求解器的类型。

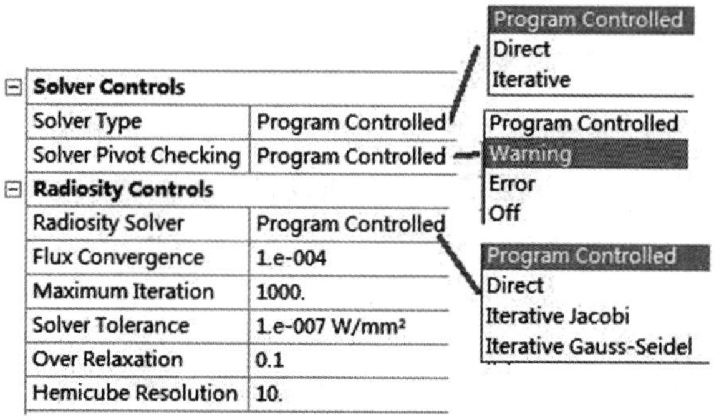

图 10-22　分析设置 2

Solver Pivot Checking：病态求解矩阵将在求解器中产生错误消息并中止求解。Solver Pivot Checking 该属性指示程序如何处理此类实例。选项如图 10-22 所示，默认为程序控制 Program Controlled。

3. Radiosity Controls 热辐射控制

该选项用于设定面与面之间存在辐射载荷时，求解过程涉及的参数。细节窗口如图 10-22所示。

Radiosity Solver：有 4 种选项，默认为程序控制 Program Controlled。

Flux Convergence：热通量的收敛误差。

Maximum Iteration：最大迭代次数，默认 1000。

Solver Tolerance：解算器公差，默认 0.1。

Over Relaxation：超松弛因子，Over relaxation factor 在迭代求解过程中使用，默认是 0.1。

Hemicube Resolution：半立方体求解方法。只有在 3D 几何模型的热分析中会出现该选项。该参数用于决定：视图因子计算的精确度，以及半立方体求解计算的速度。默认是 10，较大的数值会增加视图因子计算的精确度。

详细内容见"help/ans_thry/thy_heat5.html"。

4. 非线性控制 Nonlinear Controls

非线性控制的细节窗口如图 10-23 所示。非线性控制可以修改收敛准则和其他的一些求解控制选项。只要运算满足收敛判据，程序就认为收敛，收敛判据可以基于温度收敛准则 Temperature Convergence、也可以是热流率收敛准则 Heat Convergence，或二者都有。

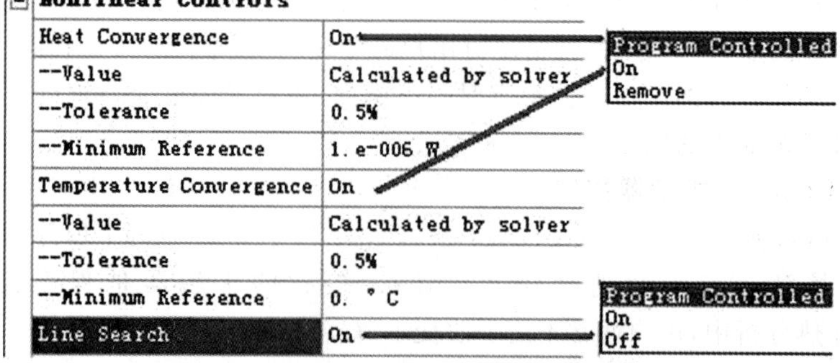

图 10-23　分析设置 3

在实际定义时,需要说明一个典型值 Value 和收敛容差 Tolerance,程序将二者的乘积值视为收敛判据。例如,如说明温度的典型值为 500,容差为 0.001,那么收敛判据则为 0.5度。对于温度,ANSYS 将连续两次平衡迭代之间节点上温度的变化量与收敛准则进行比较来判断是否收敛。如果在某两次平衡迭代间,每个节点的温度变化都小于 0.5 度,则收敛。

对于热流率,ANSYS 比较不平衡载荷矢量与收敛标准。不平衡载荷矢量表示所施加的热流与内部计算热流率之间的差值。ANSYS Value 值由缺省确定,收敛容差为 0.5%。

线性搜索 Line Search 选项可使 ANSYS 用 Newton-Raphson 方法进行线性搜索。

5. 输出控制 Output Controls

如图 10-24 所示。输出控制允许在结果后处理中得到需要的时间点结果,尤其在非线性分析中,中间载荷的结果是很重要的。

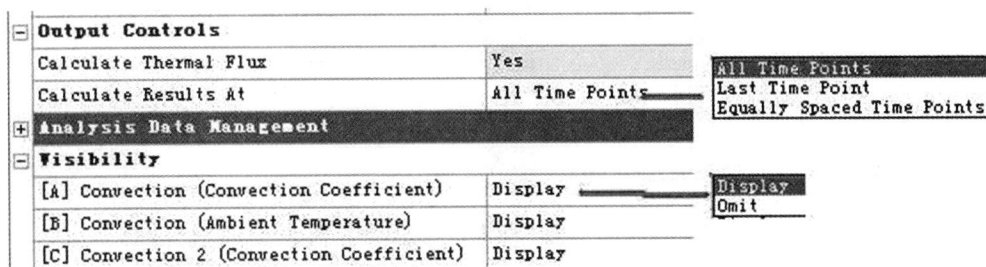

图 10-24　分析设置 4

6. 分析数据管理 Analysis Data Management

如图 10-24 所示,分析数据管理保存稳态热分析结果文件用于其他的分析系统。如稳态热分析的结果作为瞬态分析的初始条件,因此可以将稳态热分析结果随后的分析 Future Analysis 设置为瞬态热分析 Transient Thermal 用于后面的瞬态热分析。

7. Visibility

如图 10-24 所示,用户添加的载荷和约束,是否显示在图形工作区。

10.2.7　初始化

稳态热分析的初始化细节窗口如图 10-25 所示。初始统一温度在第一次迭代时使用,主要用于计算此温度下材料的属性,以及把这个常值温度模型中作为所有部件的起始温度。

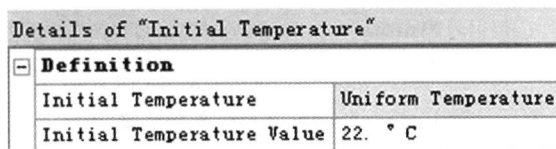

图 10-25　初始化的细节窗口

10.2.8　求解

单击标准工具条的 Solve 即可求解。或者选择导航树的 Solution,单击右键,在快捷菜单选择 Solve。

1. Solution Information 细节窗口

在导航树选择 Solution Information 求解信息,细节窗口中 Solution Output 有多种选项,如图 10-26 所示,可以监测求解过程。其中有很多项目与静力学分析很类似,具体见第6.9.3 节"Solution Information 细节窗口",下文只介绍与热分析有关的几个项目。

Heat Convergence 为热量收敛曲线图。Temperature Change 为温度收敛曲线图。Property Change ％为属性改变的百分比曲线图。

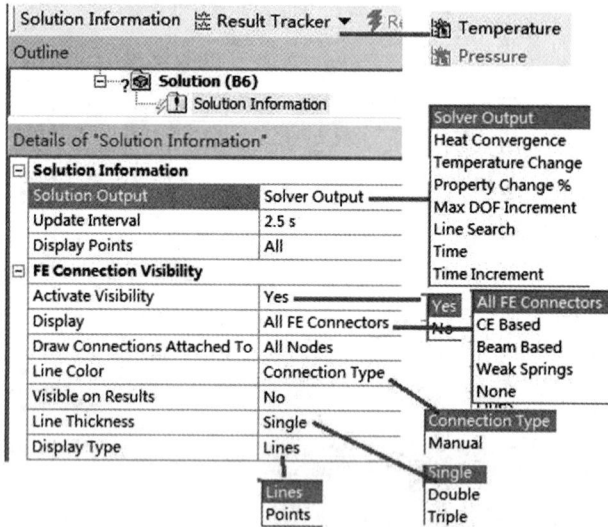

图 10-26　Solution Information 的细节窗口

2. Result Tracker 工具条

也可以插入结果跟踪工具 Result Tracker 监测设定位置的温度变化,如图 10-26 右上角所示,在热分析中只有 Temperature 可以使用。单击后在导航树建立 Temperature 的结果跟踪条,细节窗口如图 10-27 所示,其中的 Geometry 只能选择点。Type 不可改变,只能是 Temperature。Result 显示整个加载过程中,该点温度的最大值、最小值。

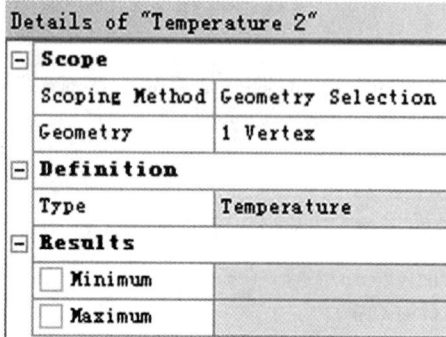

图 10-27　Result Tracker 的细节窗口

10.2.9　结果与后处理

本节帮助路径:help/wb_sim/ds_Thermal.html。

热分析中可得到各种结果用于后处理,如图 10-28 所示,如温度、热通量、"反作用"热流率的云图显示、动画显示、探测点显示及图表等。一般在求解之前定义需要的结果,也可以在求解之后增加需要结果,此时不需要进行新的求解,只是将结果显示出来。

1. Thermal 的下拉工具条

在 Solution 工具条中,第一个是 Thermal 按钮,它的下拉工具条如图 10-28 所示,共有 4 种结果。

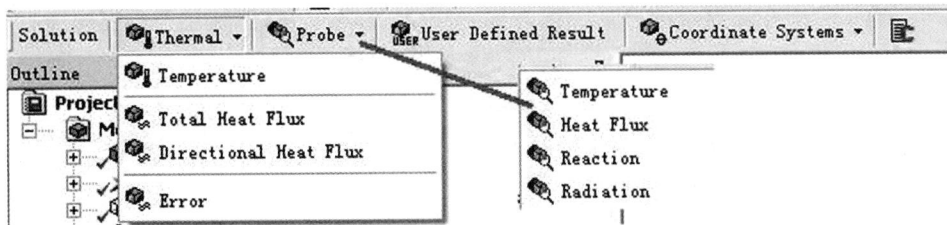

图 10-28　求解结果工具条

(1)温度场的云图。Temperature 表示温度,它是求解的自由度,且是最基本的输出。如图 10-29(b)所示为某个温度云图。温度是标量,因此没有与之相关的方向。如图 10-29(a)所示为 Temperature 的细节窗口,各个选项解释如下:

1)Geometry:用户可以指定某个几何体,也可以默认 All Bodies 整个模型。

2)By:有 4 种选项,分别是:

Time:时间,下面的选项框变成 Display Time,如果输入 0 表示 Last,输入其他大于零的表示加载时间。

Result Set:结果集,下面的选项框变成 Set Number,用户可以输入正整数。

Maximum Over Time:整个时间段内的最大值,下面没有对应的选项框。云图的图例为温度。

Time Of Maximum:变形最大值所对应的时间,下面没有对应的选项框。云图的图例为加载时间。

3)Calculate Time History:是否在本细节窗口下面的显示 Minimum Value Over Time 和 Maximum Value Over Time 项目。

4)Results,Minimum Value Over Time,Maximum Value Over Time,Information 为只读项。

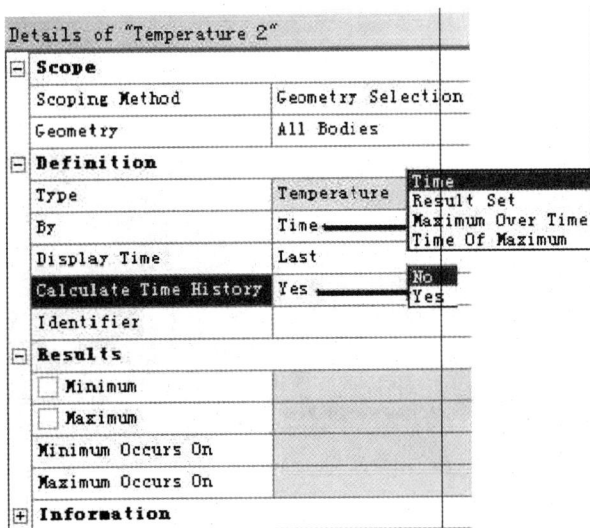

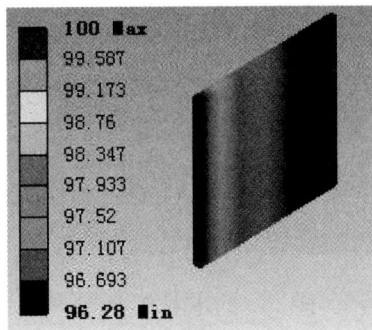

(a)　　　　　　　　　　　(b)

图 10-29　温度的云图显示

(2)热通量云图和热通量的分量云图。Heat Flux 为热通量,热通量与温度梯度有关,热通量 q 的定义为

$$q = -\lambda \frac{dT}{dn}$$

Total Heat Flux 热通量,云图显示大小,热通量矢量显示大小和方向,可以看到热量是如何流动的(见图 10-30)。

热通量输出有 3 个分量,热通量的分量可以用 Directional Heat Flux,并可映射到任意坐标系下。

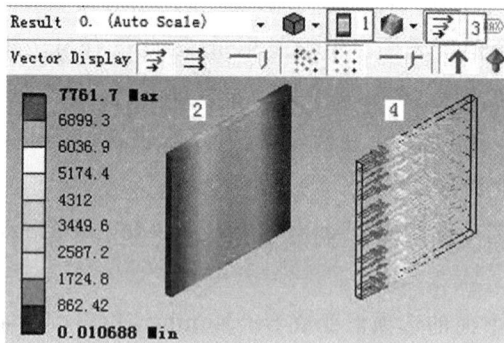

图 10-30 热通量云图和矢量显示

(3)Thermal Error。Thermal Error 热分析出错,根据 By 的选项,用云图显示模型中哪个区域需要网格细化,从而有助于得到更精确的结果,如图 10-31 所示。

细节窗口如图 10-31 所示。其中各项设置见前面的"(1)温度场的云图"。

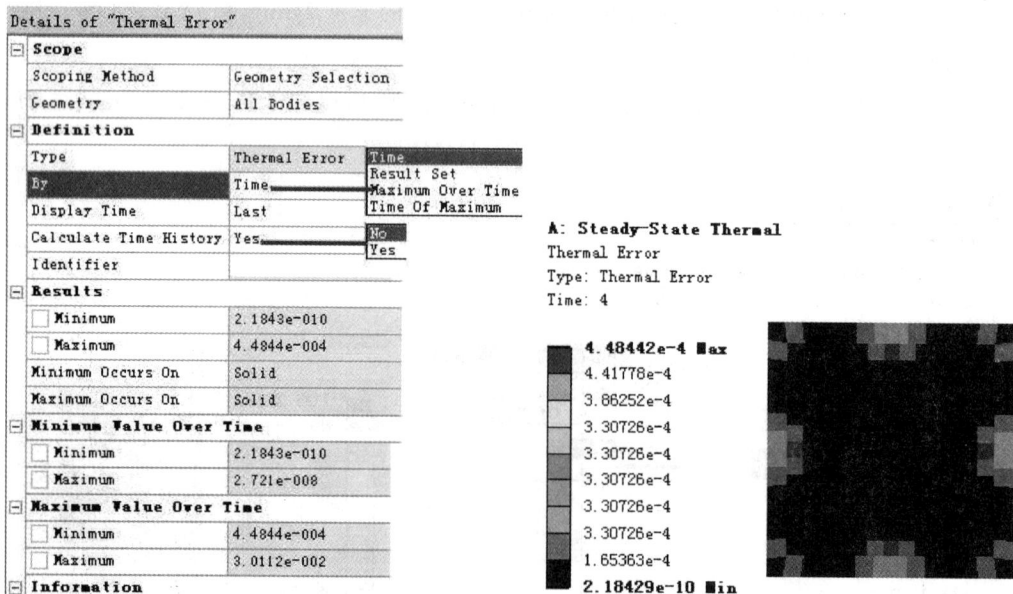

图 10-31 Thermal Error 的细节窗口

2. Probe 的下拉工具条

如图 10-28 所示,Probe 的下拉工具条共有 4 种项目,输出结果和选项见表 10-4。分别解释如下。

表 10-4　Probe 的 4 种结果项目

Probe Type	输出哪些项目	属　性
Temperature 温度	所选区域的温度	Geometry 可选区域：Bodies，Location Only，Vertex，Edge，Face
Heat Flux 热流密度	All，X axis，Y axis，Z axis，Total	Geometry 可选区域：Bodies，Location Only，Vertex，Edge，Face。Orientation 坐标系：任何坐标系都可以用，默认是全局笛卡儿坐标系
Reaction 所加热载荷产生的作用	全部	Boundary Condition：用户添加的载荷
Radiation 辐射	Net Radiation，Emitted Radiation，Reflected Radiation，Incident Radiation	Scope to：face. Scope by：boundary condition (Radiation loads with Surface-to-Surface correlation)

（1）Temperature Probe。温度标签的细节窗口如图 10-32(a)所示，Geometry 可以选择 bodies，location only，vertex，edge，face。Display Time 可以输入加载过程的某个时间，如果输入 0 表示 End Time。Spatial Resolution 空间分辨率可选项有 Use Maximum 和 Use Minimum。

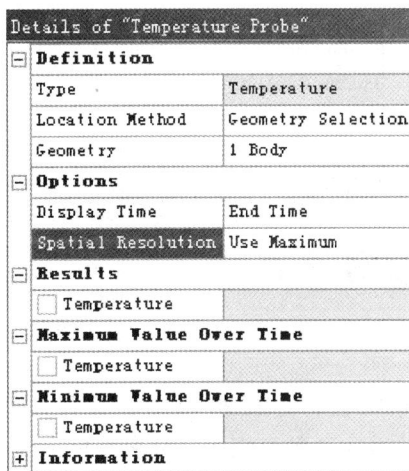

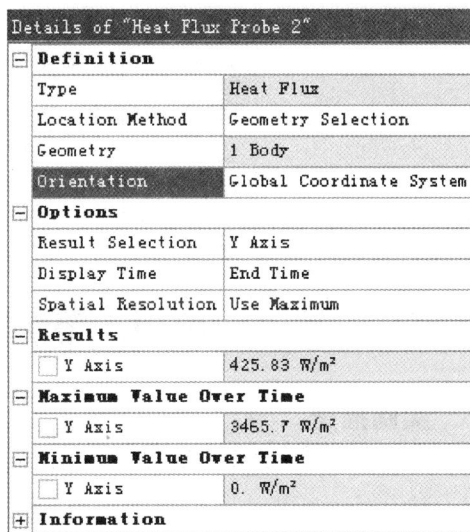

(a)　　　　　　　　　　(b)

图 10-32　Temperature 和 Heat Flux 标签的细节窗口

（2）Heat Flux Probe。Heat Flux 热流密度标签的细节窗口如图 10-32（b）所示。Geometry 可选区域：bodies，location only，vertex，edge，face。Orientation 坐标系：任何坐标系都可以用，默认是全局笛卡儿坐标系。Result Selection 可选项有 X axis，Y axis，Z axis，Total。

（3）Reaction 反作用的热流率。给定的温度和对流都能直接或非直接地补充一个已知的温度，它就相当于一个热源/汇，流入（正）或流出（负）量就可以输出。对每个单独的给定温度或对流载荷，反作用热流率 Reaction Probe 会在求解之后在 Details 明细窗口中 Results 中输出。如图 10-33 所示，Boundary Condition 只能选择用户添加的热载荷。

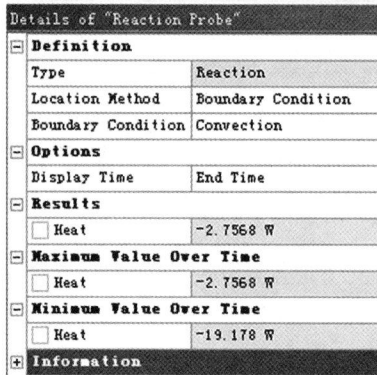

图 10-33　反作用的热流率

（4）Radiation Probe。辐射标签的细节窗口如图 10-34 所示。Boundary Condition 只能选择用户已经添加的辐射，而且只能是面与面之间的辐射。Result Selection 选项有 All、Net Radiation、Emitted Radiation、Reflected Radiation、Incident Radiation，分别代表全部辐射、净辐射、发射辐射、反射辐射、入射辐射。

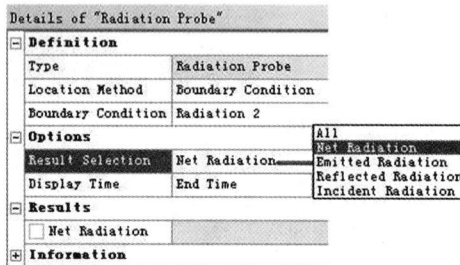

图 10-34　Radiation Probe 的细节窗口

10.3　第 10 章例子 1

10.3.1　实例描述

本例中，将分析图 10-35 所示泵壳的热传导特性。分析相同边界条件下的塑料（Polyethylene）泵壳和铝（Aluminum）泵壳。目标是对比两种泵壳的热分析结果。

图 10-35　泵壳模型

假设：

（1）泵壳所在的整个泵体保持在 60℃ 的温度，所以假设泵壳与泵体的装配面也处于 60℃。

（2）泵的内表面承受 90℃ 的流体。

（3）泵的外表面环境用一个对流关系简化了的停滞空气模拟，空气温度为 20℃。

10.3.2　步骤

首先确认仿真使用的单位系统。启动 Workbench,进入 Project 页,从 Units 菜单上确定:①项目单位设为 Metric(kg, mm, s, C, mA, mV)。②选择 Display Values in Project Units。

(1)在 Project 页左侧的 Toolbox 中双击 Steady-State Thermal,创建一个新的 Steady State Thermal(稳态热分析)系统。

(2)双击 Engineering Data 得到 Material Properties(材料特性)

(3)选中 General Materials 后,点击 Aluminum Alloy 和 Polyethylene 旁边的"+"符号,把它们添加到项目中,如图 10-36 所示。

(4)关闭本窗口,返回到项目 Project Schematic 界面。

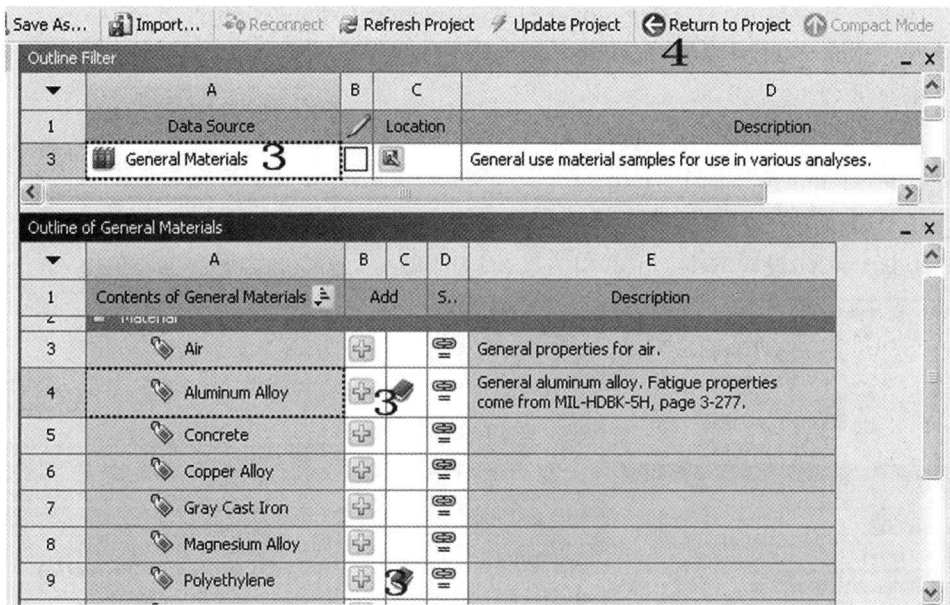

图 10-36　材料属性

(5)在 Geometry 上点击鼠标右键选择 Import Geometry,导入文件 Pump_housing.x_t。

(6)再次从左侧 Toolbox 选择 Steady State Thermal,把它拖放到第一个系统的 Geometry 上,注意保证在松开鼠标前,请确保拖放盒中显示"共享 A2 和 A3 子模块",如图 10-37 所示。

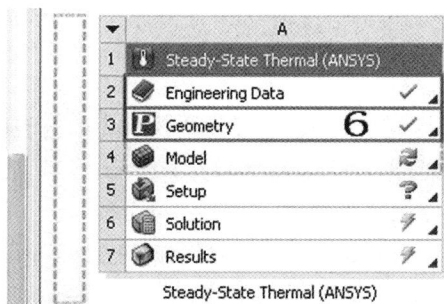

图 10-37　将 B 放在 A2～A3 上

完成后,在 Schematic 中将图形显示两个系统:A 和 B,并用直线和方块显示共享数据,最终结构如图 10-38 所示。

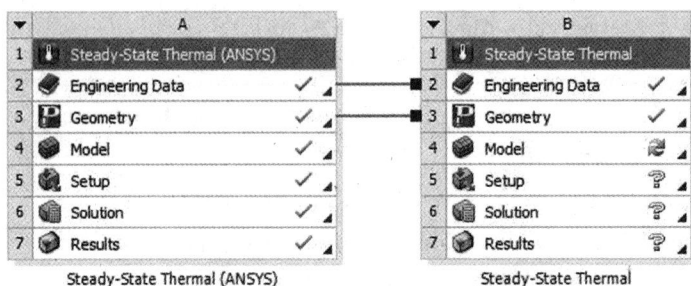

图 10-38　工程流程图

(7)在第一个系统 A 中,双击 Model 打开 Mechanical application 界面。

(8)在 Units 菜单中选择:Metric (m,kg,N,s,V,A);Degree;rad/s;Celsius (For Metric Systems)。

(9)改变 Material 并对泵壳进行网格划分(Part 1)(见图 10-39)。

a. 选中 Geometry 下的 Part 1。

b. 在 Details of Part 1 上导入材料 Polyethylene。

c. 选中 Mesh ,设置 Relevance(相关系数)为 100。

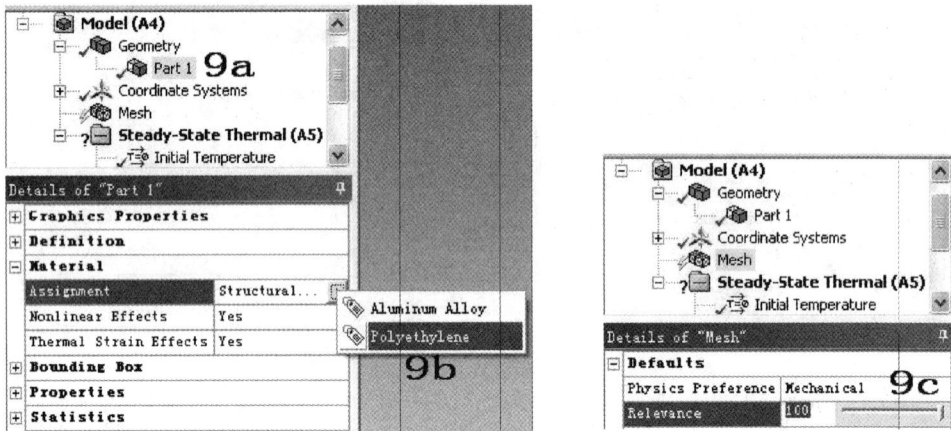

图 10-39　网格划分

(10)先在导航树选择 Steady-State Thermal(A5)分支,施加 2 个温度载荷,如图 10-40 和图 10-41 所示:

a. 确保选择模式是 face。

b. 选择泵壳的内部底面。

c. 单击 Extend To Limits 选择方式,这样就选择泵壳的内表面(13 个面)。

d. RMB (点击鼠标右键选择)→Insert→Temperature。或者单击 Environment 工具栏的 Temperature。这样就在导航树添加 Temperature 分支。

e. 选择刚刚建立的 Temperature 分支,在细节窗口把 Definition 下面的 Magnitude 设为 90 ℃。

f. 确保选择模式是 face,选择泵壳装配面 1 个表面。

g. RMB(点击鼠标右键选择)→Insert→Temperature,如图 10-41 所示。

h. 选择刚刚建立的 Temperature 分支,在细节窗口把 Definition 下面的 Magnitude 设为 60 ℃。

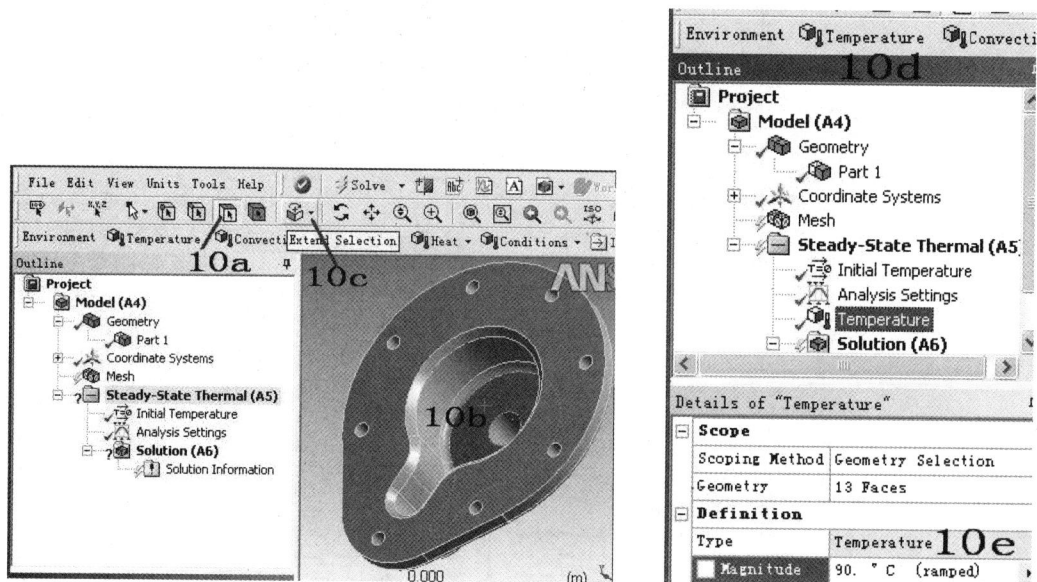

图 10-40　添加温度载荷 1

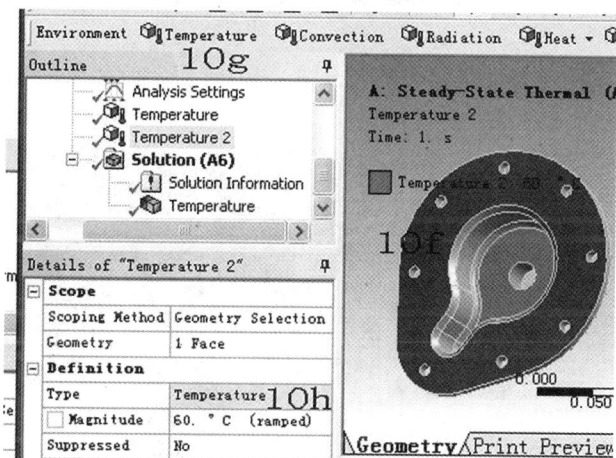

图 10-41　添加温度载荷 2

(11)施加 Convection(对流载荷),如图 10-42 和图 10-43 所示。

a.类似于第 10 步 a,b,c 的方法,选择泵壳的外表面(32 个面)。

b. RMB(点击鼠标右键选择)→Insert→Convection。或者单击 Environment 工具栏的 Convection。这样就在导航树添加 Convection 分支。

c.选择刚刚建立的 Convection 分支,在 Details of Convection 中点击 Film Coefficient 选择 Import...。

d.导入 Stagnant Air-Simplified Case。

e.把 Ambient Temperature 设为 20 ℃。

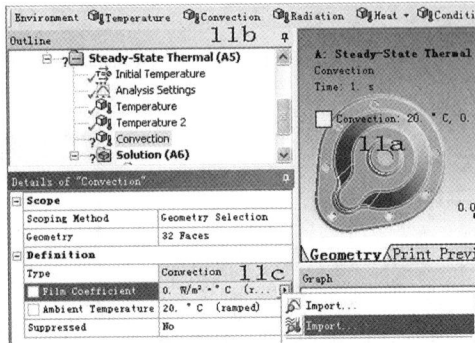

图 10-42 　添加对流载荷

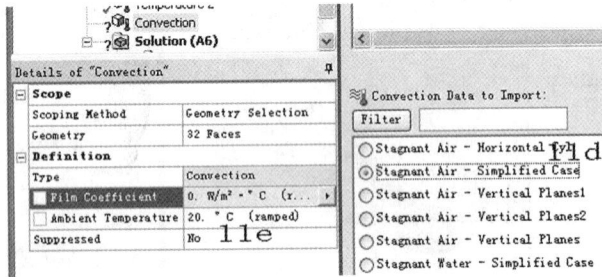

图 10-43 　施加静止空气和温度

(12)求解模型。

(13)当求解结束时,导出整个实体的 Temperature、外表面的温度和 Total Heat Flux ,结果分别如图 10-44(a)(b)(c)所示。

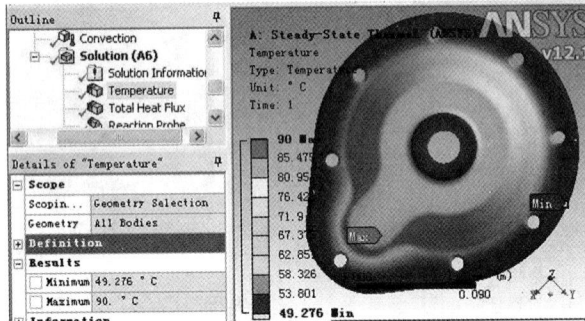

(a)

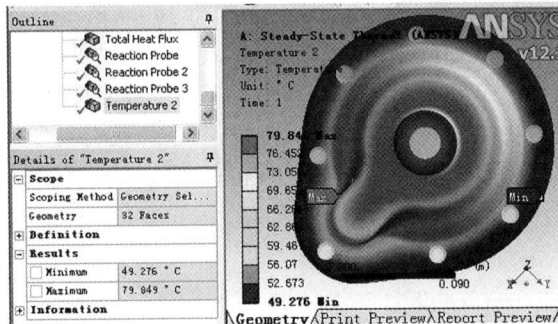

(b)

图 10-44 　塑料泵壳的仿真结果

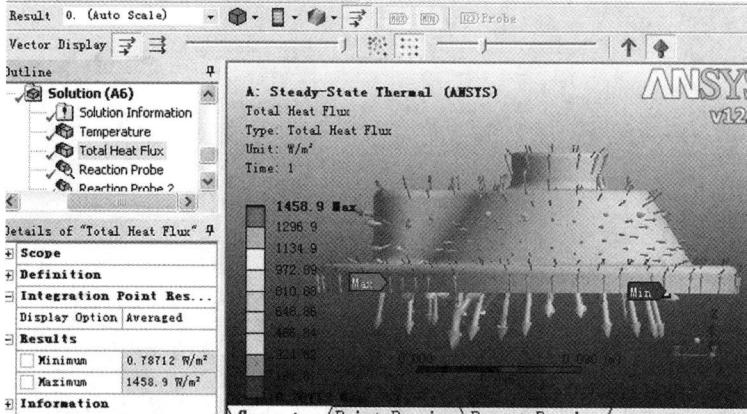

(c)

续图 10-44　塑料泵壳的仿真结果

（14）在 Project Schematic 上双击 B 系统中的 Model 打开 Mechanical Application 窗口。

（15）重复步骤（9）选择材料 Aluminum Alloy，并划分网格。

（16）重复步骤（10）和（11）给模型 B 施加同样的边界条件。

（17）重复步骤（12）和（13）求解和查看模型 B 的结果。分别如图 10-45(a)(b)(c)所示。

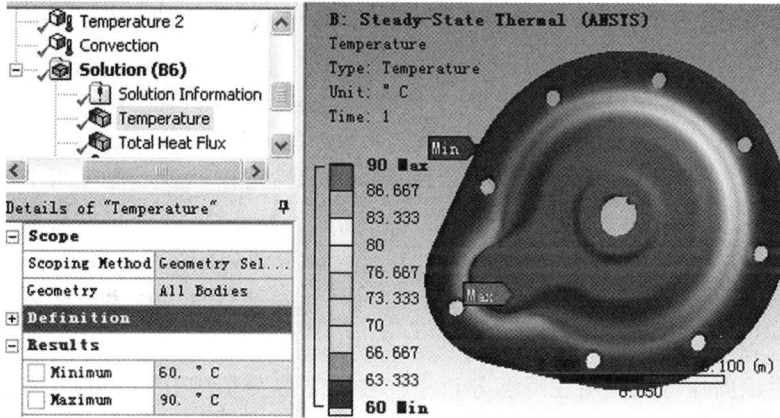

(a)

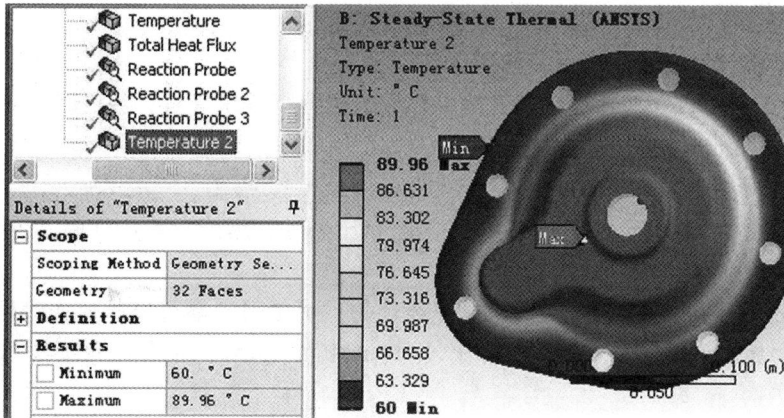

(b)

图 10-45　铝合金泵壳的仿真结果

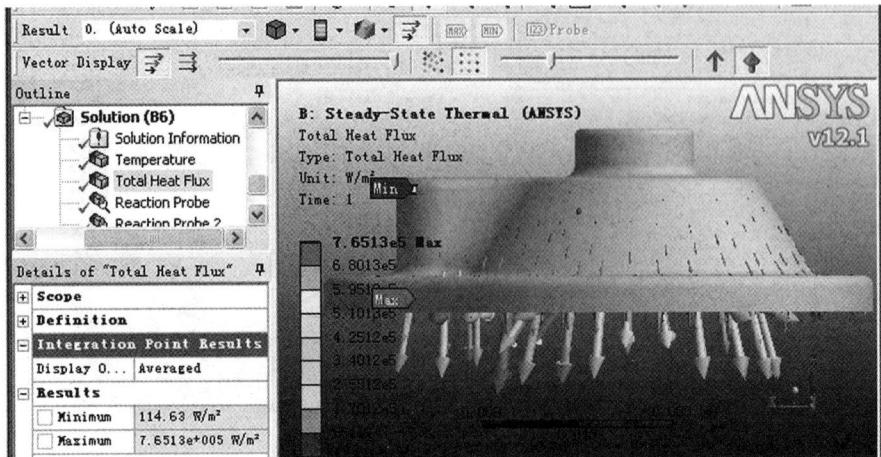

(c)

续图 10-45　铝合金泵壳的仿真结果

10.4　瞬态热分析详细步骤

本节帮助路径：help/ans_thry/thy_anproc2. html，以及 help/wb_sim/ds_transient_thermal_analysis_type. html。

前面仅仅讨论了稳态热分析的问题，下面的章节讲述瞬态热分析。

瞬态热分析可以获得温度和其他热学参数随时间的变化过程。在工程上经常会用到瞬态热分析，例如，随时间的改变，温度分布云图也在改变，这在很多工程应用中都有用，比如电子元器件组件的降温，再比如热处理中的淬火过程。另外，温度分布也会产生热应力，导致机构失效。此时，瞬态热分析的温度场作为结构分析的初始条件，用于分析热应力。还有，许多工程实际，例如热处理过程、电子组件设计、喷管、发动机组、压力容器、流体结构相互作用问题等等，都涉及了瞬态热分析。

前面的讨论同样可以应用在瞬态分析中。在瞬态热分析中有 3 个地方需要设置：①输入与时间相关的边界条件；②设置瞬态分析选项；③访问与时间相关的结果。

10.4.1　前处理

瞬态热分析与稳态热分析很多相似之处。

（1）在 Workbench 主界面，从工具箱中将瞬态热分析系统 Transient Thermal 拖入工程图解 Project Schematic。

（2）定义工程数据 Engineering Data。

瞬态热分析中，必须定义热传导系数、密度和比热容。热传导系数可以是各向同性或各向异性，所有属性可以是常量或与温度相关。

瞬态热分析可以是线性的，也可以是非线性的。很多因素都可以导致非线性，例如与温度相关的材料属性（热传导系数，比热比，密度），例如与温度相关的对流换热系数、辐射传热。

（3）导入几何模型。

（4）定义 Connection 连接关系。

1）瞬态热分析中仅考虑接触，任何关节和弹簧将被忽略。

2）热分析中初始接触条件始终保持不变，即原先密切接触的表面一直保持接触；原先不接触的表面始终不接触。

3）默认条件下，热传导完全通过无间隙接触面，如果考虑接触热阻，可以手工输入热传导值。

（5）应用网格控制划分网格：如果瞬态热分析用于随后的结构分析，则需要足够精细的网格密度。

10.4.2　分析设置

瞬态热分析的分析设置与稳态热分析一样共分 7 部分，见表 10-5，但其中 3 部分的内容稍有不同，它们是 Step Controls，Nonlinear Controls，Visibility。

表 10-5　瞬态热分析的分析设置

Details of "Analysis Settings"		瞬态热分析的分析设置	
		步长控制	
Step Controls			
Number Of Steps	1.	载荷步的数目	
Current Step Number	1.	当前载荷步	
Step End Time	1. s	结束时间	当前载荷步
Auto Time Stepping	Program Controlled	自动时间步	当前载荷步
Initial Time Step	1.e-002 s	时间步长初始化	当前载荷步
Minimum Time Step	1.e-003 s	最小的时间步长	当前载荷步
Maximum Time Step	0.1 s	最大的时间步长	当前载荷步
Time Integration	On	时间积分	当前载荷步

（1）步长控制 Step Controls 可以完成多种任务，例如定义瞬态分析的结束时间 Step End Time，控制时间步长 Auto Time Step，或生成多载荷步 Number of Steps。对非线性分析必须定义小的载荷步以获得收敛解。

1）时间步长 Time Step：对于瞬态分析，在热梯度大的区域（如淬火体的表面），热流方向的最大单元尺寸和能够得到好结果的最小时间步长有一个关系。在时间步保持不变的时候，更多的单元通常会得到更好的结果；但是，在网格尺寸不变的时候，子步越多，结果反而会变得更差。当采用自动时间步和中间节点的二次单元时，可以根据输入的荷载来控制最大的时间步长，定义最小的时间步长，有

$$\Delta t = L^2 \rho c / 4\lambda$$

式中，L 为在热梯度最大处沿热流方向的单元长度；ρ 为密度；c 为比热容；λ 为热传导系数。

当采用有中间节点的单元时，如果违反上述关系式，计算会出现不希望的振荡，计算出的温度会在物理上超出可能的范围。如果不采用带中间节点的单元，则一般不会计算出振荡的温度分布，那么上述建议的最小时间步长就有些保守。

注意：不要采用特别小的时间步长，特别是当建立初始条件时。很小的数可能导致计算错误，比如：当一个问题的时间量级很小的时候，时间步长为 1×10^{-10} 时就可能产生数值错误。

2）自动时间步 Auto Time Stepping 在瞬态分析中也称为时间步优化，它使程序自动确

定子步间的载荷增量。同时,它根据分析模型的响应情况,自动增、减时间步大小。在瞬态分析中,响应检测基于热特征值。对于大多数问题,都应该打开自动时间步长功能并设置积分时间步长的上下限。这种设置有助于控制时间步长的变化量。

3)时间积分 Time Integration:该选项决定了是否包括结构惯性力、热容之类的瞬态效应,在瞬态分析时,时间积分效应缺省是打开的,如果将其设为 OFF,ANSYS 将进行一个稳态分析。

· (2)输出控制 Output Controls:定义后处理所需要时间点的输出值,因为瞬态分析涉及载荷历程中不同的时间点的计算结果,而并非所有结果都是我们感兴趣的,或者结果数据非常大,因此利用该选项可以严格控制得到在确定点的输出结果。

(3)非线性控制 Nonlinear Controls:可以修改非线性迭代过程中的收敛准则和求解控制,通常不需要改变默认设置,细节窗口如图 10-46 所示。

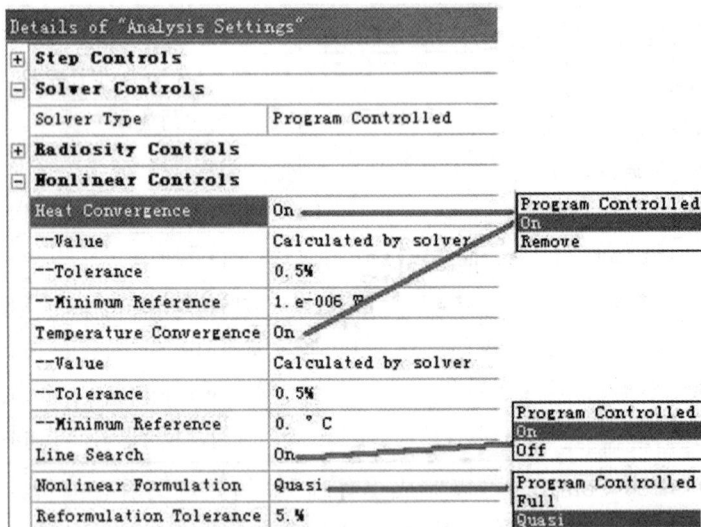

图 10-46　非线性设置

1)Heat Convergence:温度收敛,见第 10.2.6 节"分析设置"。

2)Temperature Convergence:温度收敛,见第 10.2.6 节"分析设置"。

3)Line Search:线性搜索,见第 10.2.6 节"分析设置"。

4)Nonlinear Formulation:在求解过程中如何处理非线性,有如下 3 种选项:

Program Controlled:默认选项,Workbench 自动在 Full 和 Quasi 之间切换。其中当切换到采用 Quasi 时,默认 Reformulation Tolerance 为 5%。刚开始时,默认使用 Quasi 选项,当加载过程中出现 Radiation 载荷时,或者在求解过程中使用分布式求解器(distributed solver)时,此处自动切换到 Full 选项。

Full:手动设置为完全牛顿-拉普森求解方法。

Quasi:准牛顿-拉普森求解方法。当选择此选项,下方出现 Reformulation Tolerance 重构容差,默认为 5%,用户可以修改。

(4)分析数据管理 Analysis Data Management:从瞬态热分析中保存特定的结果文件用于其他的分析类型。

10.4.3　定义初始条件

（1）由于瞬态热分析中载荷是时间的函数，所以瞬态热载荷的第一步是建立 Time = 0 时刻的初始温度。

（2）瞬态分析默认的初始条件是统一温度为 22℃ 或 71.6 ℉，该温度可以根据实际的分析情况改变到适当的值。比如热处理中，把金属工件加热到一定温度，然后突然浸在水或油中使其冷却，以增加硬度的淬火分析。

（3）可以使用同样模型稳态热分析的温度结果作为瞬态分析的初始温度分布，如铸造零件的固化分析中模具和金属具有不同的初始温度，模具内融化金属的稳态热分析将作为固化分析的起点。

（4）瞬态分析的第一次迭代中，除了定义的温度自由度外，开始计算的温度值就是初始温度，此外，温度也用于评估与温度相关的材料属性值。

（5）如果初始温度不一致，则可以定义温度来自于稳态热分析中不同时间点的温度值，设置的时间点不能超出稳态分析的结束时间。零值默认瞬态分析的初始条件来自于稳态分析的结束时间点的温度结果。

10.4.4　热载荷

在瞬态热分析中的热载荷包括温度、对流、辐射、热流率、完全绝热、热通量、内部热生成、CFD 导入的温度、CFD 导入的对流系数。载荷值可以表示为常量或和时间相关的变量，载荷变量可以输入表格形式或函数表达式。

10.4.5　求解与结果

1. 求解

（1）求解信息 Solution Information 提供一些用于监测求解过程的工具。求解输出 Solution Output 根据求解器的计算不断以列表形式更新输出求解信息，收敛数据的输出是以图形方式表示的。

（2）可以插入结果跟踪工具 Result Tracker，显示关心点的温度随时间变化图，以监测求解过程中关心点的温度。

2. 结果

结果与稳态热分析很类似，可以得到：

（1）包括所有热分析类型结果的云图显示、动画显示。

（2）探测点 Probes 可以显示结果随载荷历程的变化。

（3）图表 Chart 可以表示一个结果对另一个结果的变化，如表面温度随热生成率的变化，图表也用于同模型不同分析直接的结果比较。

10.5　第 10 章例子 2

10.5.1　实例描述

本例子完成电路板热分析、瞬态热分析。分析台式机主板中芯片在不同时间段发热的电路板的传热问题，先进行稳态热分析，得到主板及附件的温度分布，然后施加随时间变化的热载荷，计算芯片温度的瞬态传热过程。电路板为 3D 模型，如图 10-47 所示，几何模型为

有限元分析及 ANSYS Workbench 工程应用

文件 BoardWithChips. x_t。

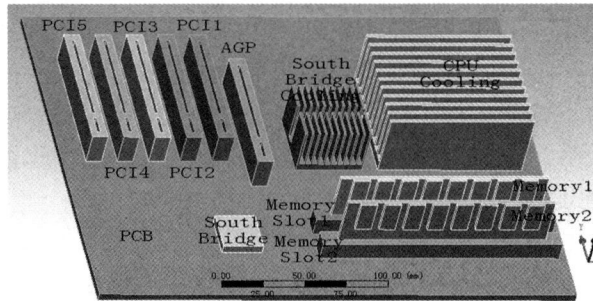

图 10-47　电路板模型

在热分析中,主要控制的材料参数是导热系数(Thermal Conductivity),各主要元器件材料的导热系数见表 10-6。

表 10-6　主要材料的导热系数

材料	Thermal Conductivity $w/(m \cdot ℃)$	Density kg/m³	Specific Heat $J/(kg \cdot ℃)$	使用范围
Aluminum Alloy	234	2 770	875	散热片等
Copper Alloy	401	8 300	385	导热片
Polyethylene	0.28	950	296	内存插槽
Silicon Anisotropic	124	2 330	702	CPU
PCB	0.35	4 300	350	PCB
Chip	3	3 500	400	内存条、南桥北桥等芯片
Slot	0.7	1 000	350	PCI、AGP 插槽等

添加热载荷时主要依据主要发热元件的功耗进行估算,假设发热元件的功耗全部通过散热的方式进行耗散,将此功耗与元件的散热体积相除,即可等效为该元件的内部热生成(W/mm^3),将此功耗与元件的散热面积相除,即可等效为该元件的热流密度(W/mm^2)。各主要元件的功耗及等效计算出的热载荷见表 10-7。

表 10-7　主要元件等效热载荷

名称	功耗/(W·个⁻¹)	体积/(mm³·个⁻¹)	等效内部生成热(每个)/(W·mm⁻³)	数量/个
CPU	90	12 500	0.007 2	1
内存条	8	12 300	0.000 65	2
北桥	20	4 961	0.004 0	1
南桥	5	3 125	0.001 6	1
名称	功耗/(W·个⁻¹)	上表面积(mm²·个⁻¹)	等效热流率(每个)/(W·mm⁻²)	数量/个
主板	35	69 000	0.000 507	1

由于风扇的影响,机箱内部存在对流环境。热分析的约束条件主要涉及 CPU 散热片的

风扇和电源风扇。①对 CPU 的散热片而言,经估算为 $3.0\times10^{-5}\,\mathrm{W/(mm^2\cdot℃)}$,作用区域为所有散热片的翅片的两侧,忽略散热片上的基座和翅片两端很小的面积。②对于电源风扇,经估算为 $6.4\times10^{-5}\,\mathrm{W/(mm^2\cdot℃)}$;作用区域为主板上表面以及上表面布置的所有配件(除了 CPU,CPU 散热片,因为此处以 CPU 散热风扇为主)。

10.5.2　稳态热分析步骤

下面先完成稳态热分析仿真,下一节再完成进行瞬态热分析仿真。

(1)在 Workbench 界面的 Toolbox 选择 Steady-State Thermal 并拖动到 Project Schematic,建立一个稳态仿真。

(2)确认仿真使用的单位系统。启动 Workbench,进入 Project 页,从 Units 菜单上确定:①项目单位设为 Metric(kg, mm, s, C, mA, mV)。②选择 Display Values in Project Units。

(3)修改 Engineering Data 数据。使用 Engineering Data 控制材料属性时,有两种主要的方法:利用软件自身隐含的材料库直接添加,如图 10-48(a)所示,或者自己依据具体需求手动添加,如图 10-48(b)所示。在主机箱热分析中,由于机箱部件较多,材料属性复杂,需要同时用到这两种方法。通过 Engineering Data 添加各材料的材料属性后如图 10-48 所示。

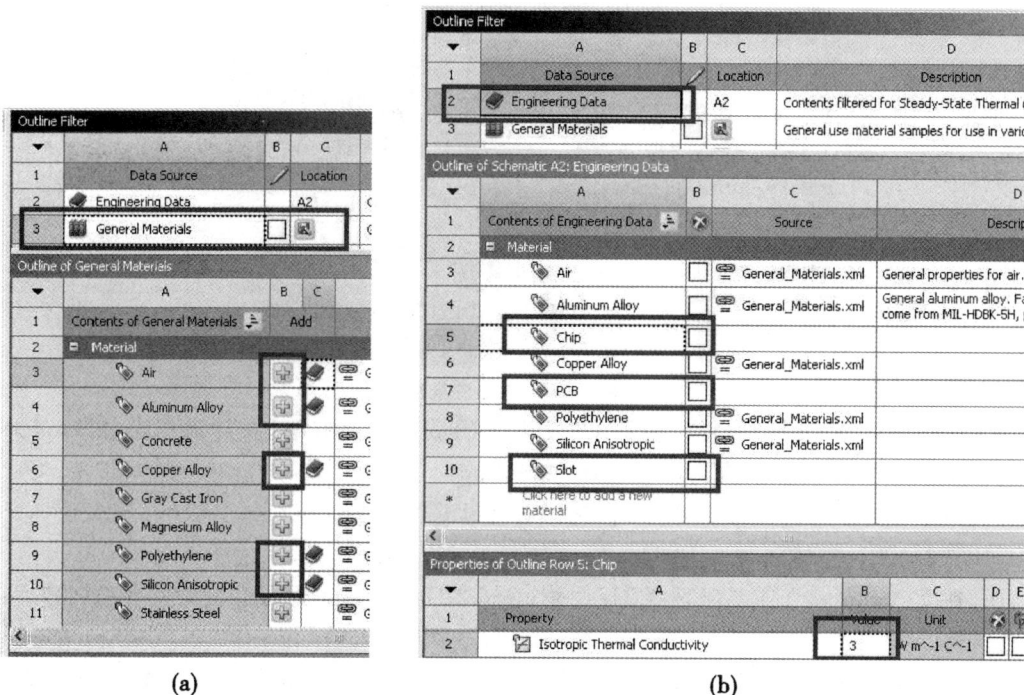

图 10-48　添加各种材料属性

(4)右键点击 A3,导入几何模型 BoardWithChips. x_t。

(5)点击 A4 进入 Steady-State Thermal(ANSYS)界面。

(6)选择单位:Units→Metric(mm,kg,N,s,mV,mA)。

(7)选择 Geometry,把每个部件修改名字以便于后续选择,并根据表 10-7 在细节窗口中修改材料,如图 10-49(a)所示。

(8)划分网格。在设置好相关度、平滑度、单元体最小边长后网格可自动生成,如图

10-49(b)所示。

(9)给 CPU 添加内部生成热载荷,如图 10-50 所示。

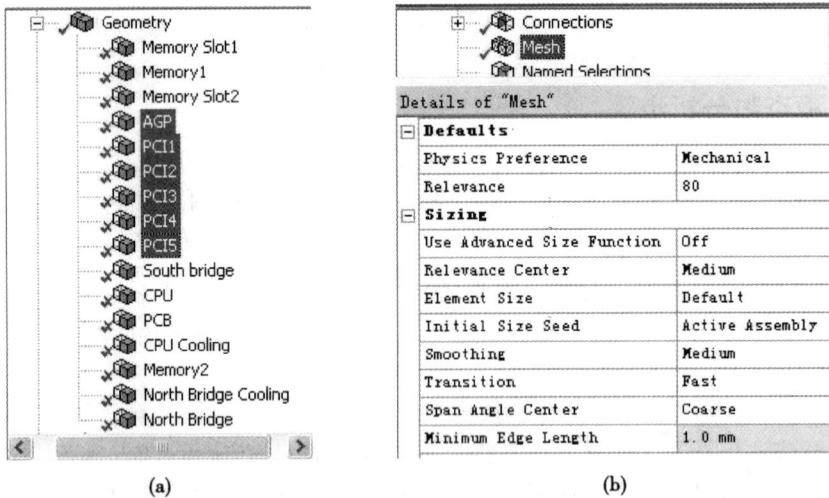

(a)   (b)

图 10-49 改名字及网格

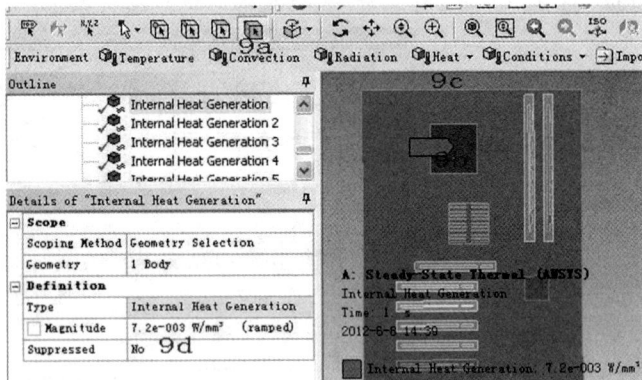

图 10-50 内部生成热

为了容易选择 CPU,需要先隐藏 CPU 上方的散热片。方法:在导航树选择 Model→Geometry→CPU Cooling,右击鼠标选择 Hide Body。

a. 单击 Label 工具条的 Body,确保选择对象过滤器为 Body。

b. 选择 CPU 实体。

c. 在 Environment 工具条选择 Heat→Internal Heat Generation。此时在导航树建立内部生成热。

d. 选择 Internal Heat Generation,在其细节窗口中,Definition→Type→Magnitude 输入 7.20e−3。

(10)给两个内存条分别添加内部生成热载荷,步骤类似于(9)。

(11)给北桥添加内部生成热载荷,步骤类似于(9)。

(12)给南桥添加内部生成热载荷,步骤类似于(9)。

(13)给主板添加热流率,步骤类似于(9),如图 10-51 所示。

a. 单击 Label 工具条的 Face,确保选择对象过滤器为 Face。

b. 选择主板上表面。

c. 在 Environment 工具条选择 Heat→Heat Flux。此时在导航树添加热流率。

d. 选择热流率,在其细节窗口中,Definition→Type→Magnitude 输入 5.07e−4。

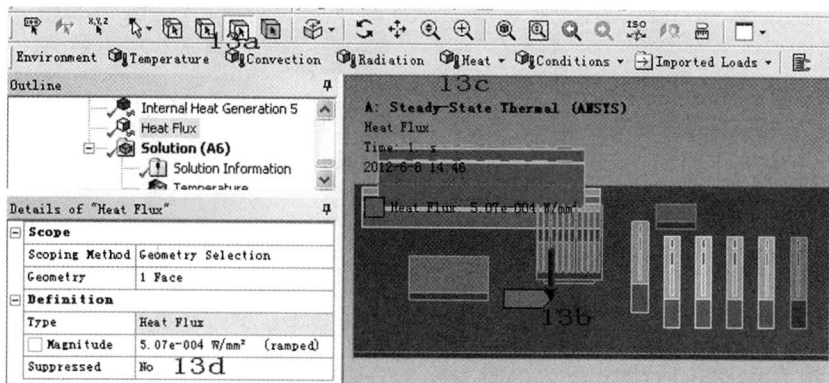

图 10-51　主板添加热流率

(14)添加 CPU 散热片的对流热约束,如图 10-52 所示。

a. 在图形区选择 CPU 散热片,右击鼠标选择 hide all other bodies。只剩下 CPU 散热片便于后续操作。

b. 单击 Label 工具条的 Face,确保选择对象为面。

c. 单击 Label 工具条的 Select Mode,并选择 Box Select 框选模式。

d. 点击图形工作区的坐标系+Y 轴,即从+Y 轴方向观察散热片。

e. 在散热片范围内,从右下朝着左上方向按住并拖动鼠标,选择散热片的 22 个重要散热面。

f. 在 Environment 工具条选择 Convection。此时在导航树添加对流约束。

g. 选择对流约束,在其细节窗口中,Definition→Type→Film Coefficient 输入 3e−5。

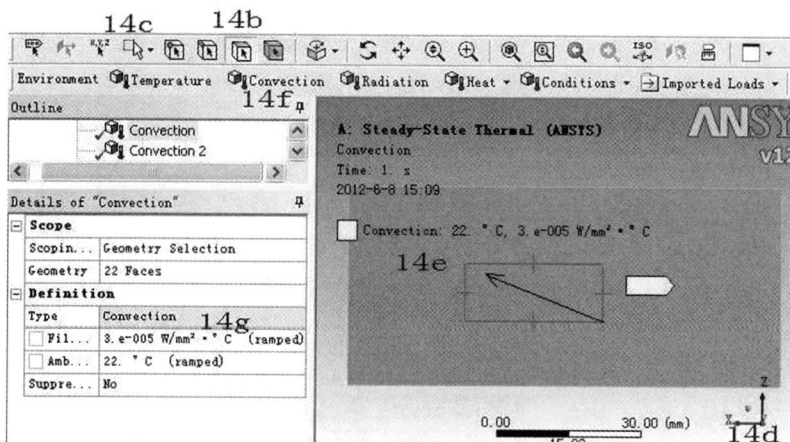

图 10-52　CPU 散热片的对流热约束

(15)添加电源风扇的对流热约束,步骤类似于(14)。

(16)单击 Solution 工具条的 Thermal→Temperature,添加温度结果。

(17)求解 Solve 计算可得温度分析云图,如图 10-53 所示。

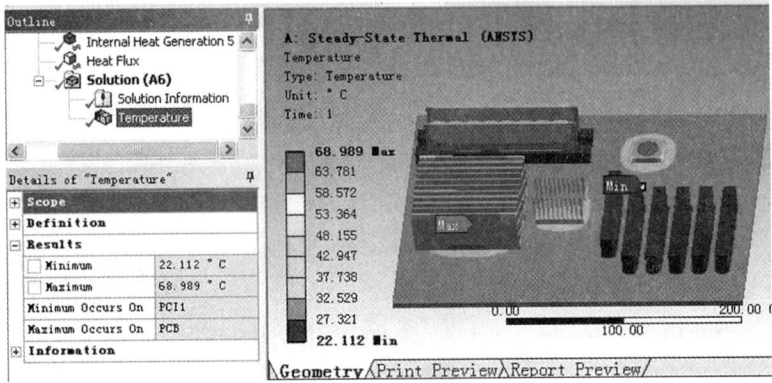

图 10-53　稳态热分析温度分布结果

10.5.3　建立瞬态热分析

(1)稳态热分析的结果传入瞬态热分析:工程图解中选择 A6 Solution,右击鼠标选择 Transfer Data To New→Transient Thermal(ANSYS),如图 10-54 所示。

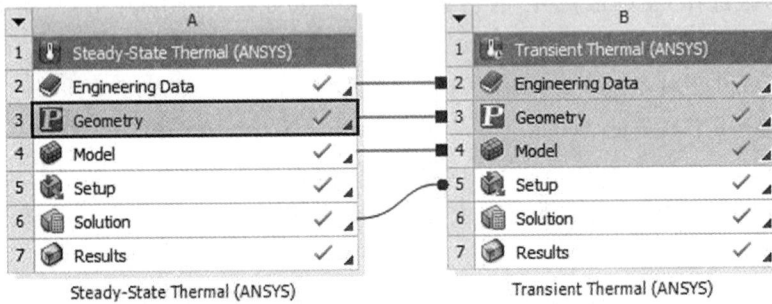

图 10-54　稳态热分析结果做瞬态热分析初始条件

(2)瞬态热分析需要更多的材料属性,所以自定义的 PCB、Chip、Slot 这 3 种材料除了在稳态热分析中定义的热传导系数,还需要密度和比热,如图 10-55 所示。

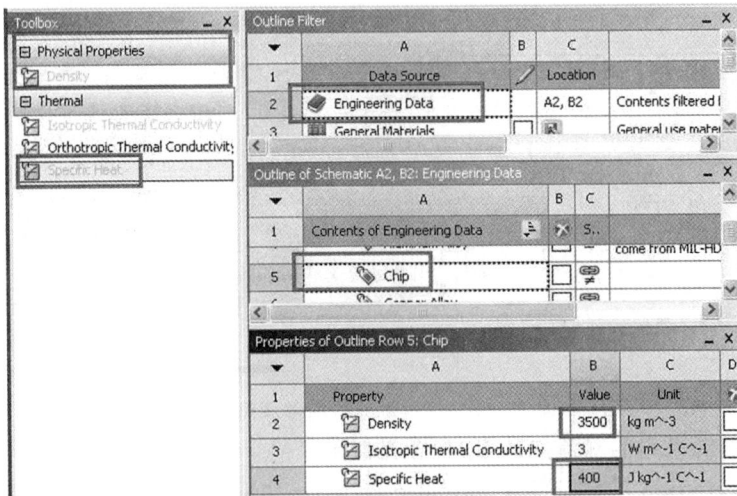

图 10-55　材料的更多属性

单击 A2 Engineering Data,进入材料属性窗口。单击左侧 Toolbox,双击 Physical Properties 下的 Density,以及 Thermal 下的 Specific Heat,并在 Properties of Outline Row:

下输入合适的数值。

（3）单击 B5 进入瞬态热分析界面。单击导航树 Transient Thermal→Initial Temperature，可以看到在细节窗口中，初始条件自动为稳态热分析的结果，如图 10-56 所示。

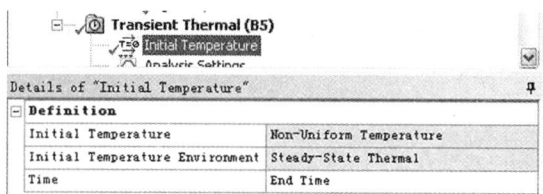

图 10-56　初始温度

（4）瞬态热分析设置。单击导航树的 B5 下的分支 Analysis Settings，定义结束时间：Step End Time＝200 s，分析设置如图 10-57 所示。

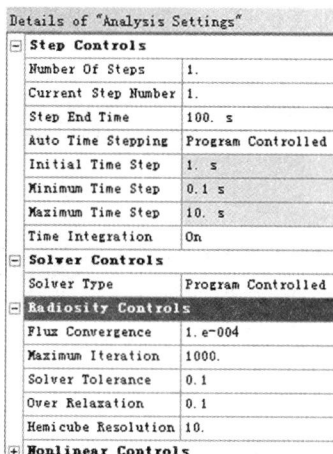

图 10-57　时间步设置

（5）添加热载荷、热约束。由于稳态热分析已经定义好了热载荷、热约束，所以将其复制粘贴瞬态热分析。首先，在导航树 A5 稳态热分析下，选择所有的热载荷和热约束，单击鼠标右键选择 Copy，如图 10-58(a)所示。然后在导航树选择 B5 瞬态热分析，单击鼠标右键选择 Paste，如图 10-58(b)所示。

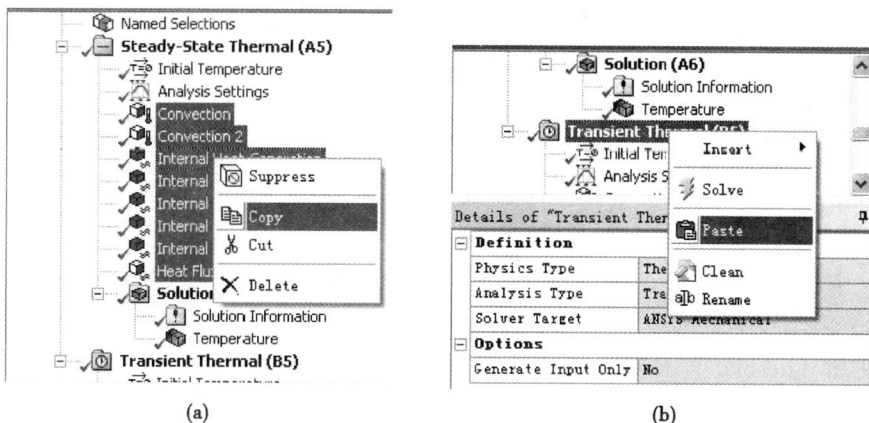

(a)

(b)

图 10-58　拷贝粘贴热载荷热约束

（6）定义随时间变化的热载荷。为了体现瞬态效应，将 CPU 内部生成热换成随时间变化的量,模拟 CPU 间歇工作。选择 Internal Heat Generation,在 Tabular Data 数据表窗口编辑,设置 Time $= 0,20,20.1,40,40.1,60,60.1,80,80.1,100$,Internal Heat Generation $= 7.2e-3,7.2e-3,0,0,7.2e-3,7.2e-3,0,0,7.2e-3,7.2e-3$,如图 10-59 所示。

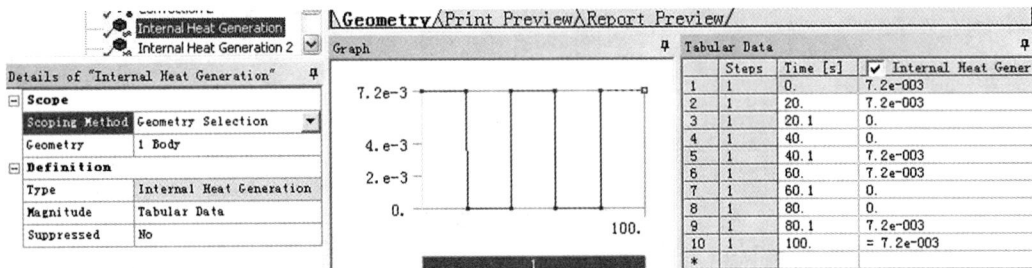

图 10-59　添加热生成历程

(7)将其他载荷和约束设为阶跃信号。查看其他的载荷和约束,都设为阶跃性质的载荷或约束,如图 10-60 所示。

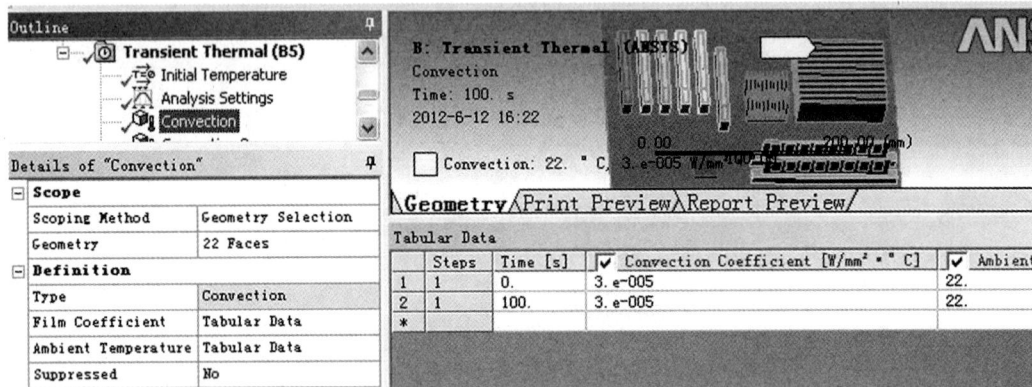

图 10-60　检查其他热载荷和约束

(8)求解结果 Solve。在 3G 个人电脑上花时间 5 分钟左右,如图 10-61 所示为在不断求解过程中显示的迭代过程,共迭代 23 次。

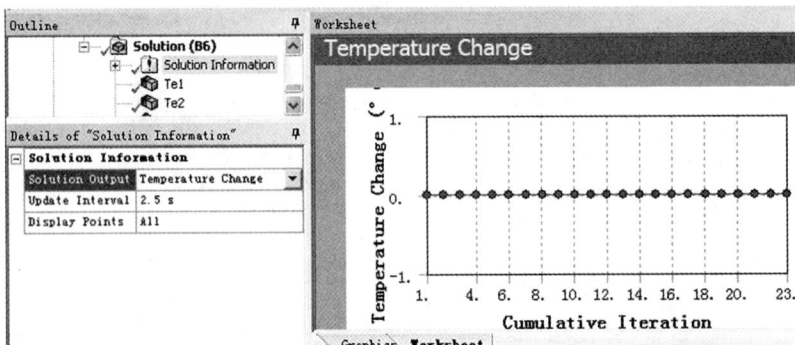

图 10-61　迭代

(9)使用 Thermal 查看温度历程结果。点击 Solution(B6),选择 Solution 工具条的 Thermal→Temperature,在 B6 下面建立分支,如图 10-62 所示。图形区显示最后时间 100 s 时,最大温度 68.155℃,而温度-时间历程曲线及数据列表显示 11.889 s 时,最大温度近 68.989℃。

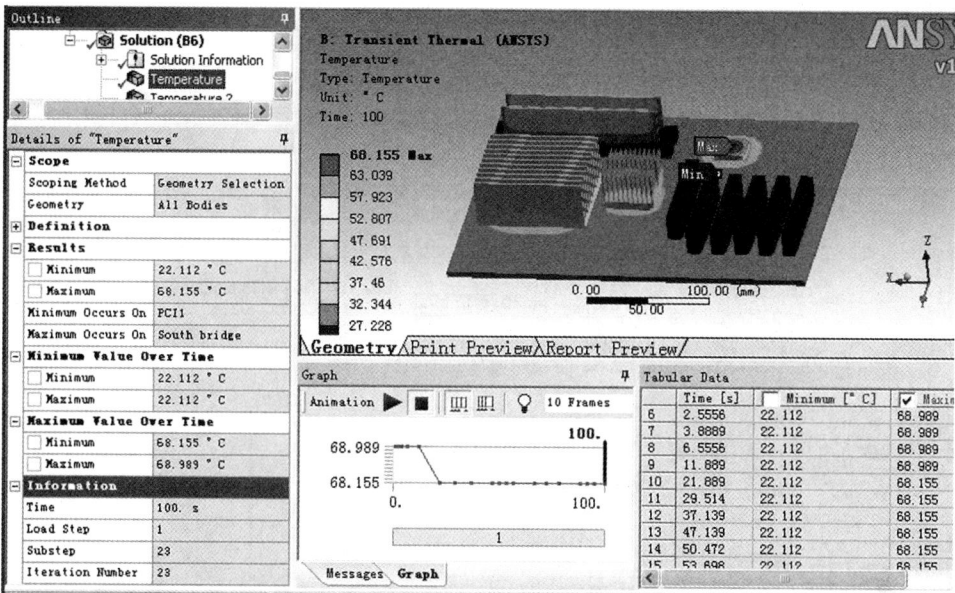

图 10-62　瞬态分析温度结果

(10)使用 Thermal 查看某个关心时间点某个实体对应的温度：

1)点击 SolutionB6，点击 Label 工具条的选择过滤器 Body，在图形工作区选择 CPU Cooling 鼠标右击 Hide Body。

2)点击 Label 工具条的选择过滤器 Body，然后在图形窗口选择 CPU。

3)点击 Solution 工具条，鼠标右键选择 Insert→Thermal→Temperature。

4)选择 Tabular Data 窗口中 Time 序列中某个时间点例如 11.889，右击鼠标选择 Retrieve This Result，图 10-63 中显示当前时间点的温度分布。

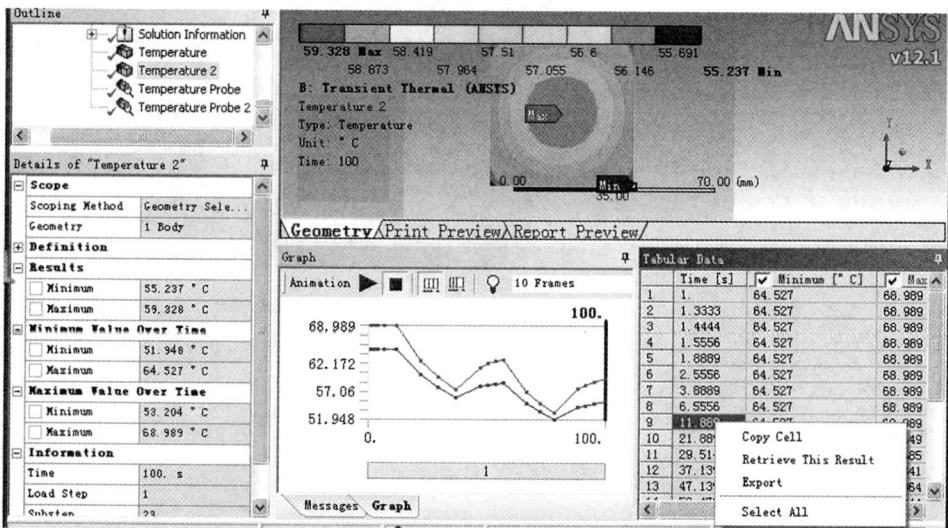

图 10-63　查看某一时间点温度分布

(11)使用 Probe 查看用户关心的实体处，例如 CPU 的温度数据曲线。

1)点击 SolutionB6，点击 Label 工具条的选择过滤器 Body，在图形工作区选择 CPU Cooling 鼠标右击 Hide Body。

2）点击 Label 工具条的选择过滤器 Body，然后在图形窗口选择 CPU。

3）选 Solution，鼠标右键 Insert→Probe→Temperature。

4）选 Temperature Probe，鼠标右键→Evaluate All Results 得到该芯片的温度随时间变化结果，如图 10-64 所示。注意这种方法在图形工作区没有 Legend。

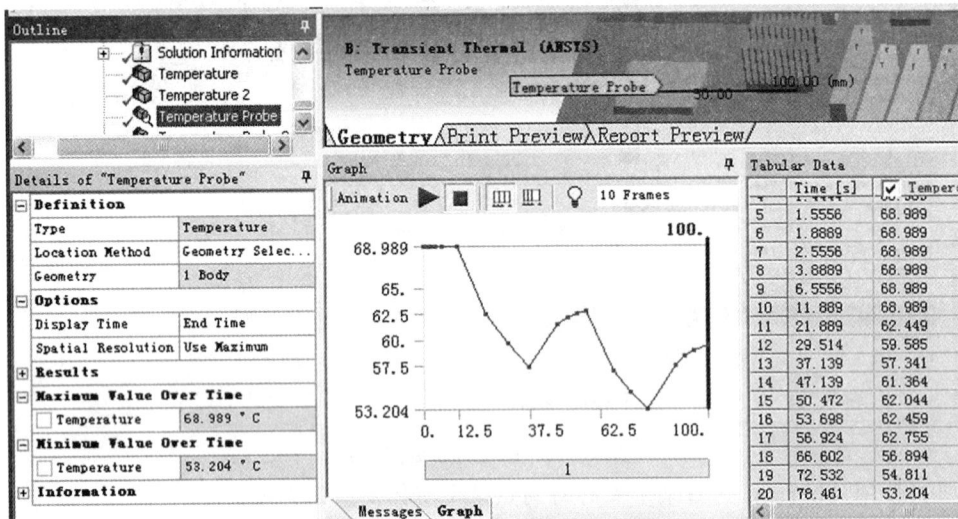

图 10-64　查看关心处的温度变化

（12）使用 Thermal 查看所有实体的热流率（见图 10-65）。

点击 Solution(B6)，选择 Solution 工具条的 Thermal→Total Heat Flux，在 B6 下面建立热流率分支，如图 10-65 所示。图形区显示在 CPU 和北桥处热流率较大，在 PCB 上热流率最小。

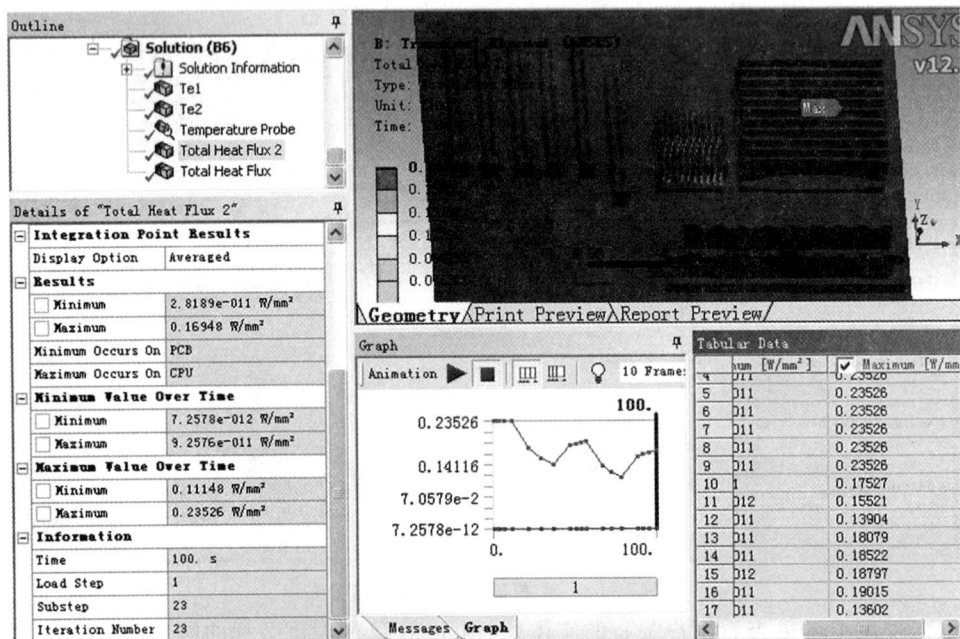

图 10-65　所有实体的热流率

10.6 第 10 章例子 3

10.6.1 实例描述

在这个实例中,我们要分析家庭使用典型电熨斗的底板瞬态热分析,加热组件与底板镶嵌,还有传热,如图 10-66 所示。

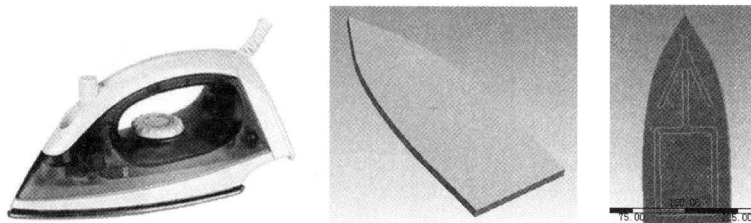

图 10-66 熨斗模型

假设:初始状态,给系统输入热流率为 0.001 W/mm^2,底板与外界停滞空气有对流传热,一直到稳态为止。达到热稳态后,其后是 30 s 一个循环,加热的热流率为 0~0.003 W/mm^2。

本例子先进行稳态热分析,然后进行瞬态热分析,仿真上面所描述的循环加热。

10.6.2 建立稳态热分析

(1)在 Workbench 界面的 Toolbox 选择 Steady-State Thermal 并拖动到 Project Schematic,建立一个稳态仿真。

(2)确认仿真使用的单位系统。启动 Workbench,进入 Project 页,从 Units 菜单上确定:①项目单位设为 Metric(kg,mm,s,C,mA,mV)。②选择 Display Values in Project Units。

(3)修改材料属性。单击 A4 进入仿真界面,在导航树选择 Model→Geometry→Part,然后在细节窗口选择 Material→Assignment,在可选项中选择 Structural Steel,如图 10-67 所示。

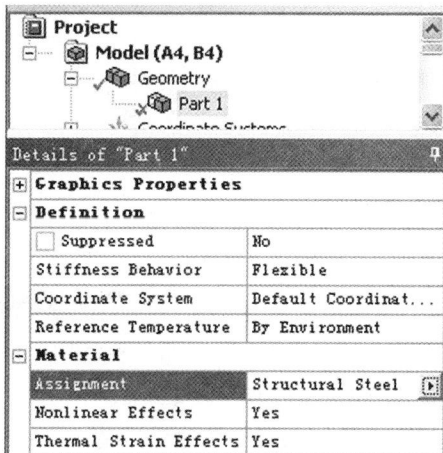

图 10-67 修改材料属性

(4)设置单位制为(mm,kg,N,C,s,mV,mA)。方法为单击菜单栏的 Units 菜单即可。

(5)添加热载荷,如图 10-68 所示。

a. 单击 Label 工具条的 Face,确保选择对象过滤器为 Face。

b. 在电熨斗底板的上表面上,选择代表发热部件的表面。

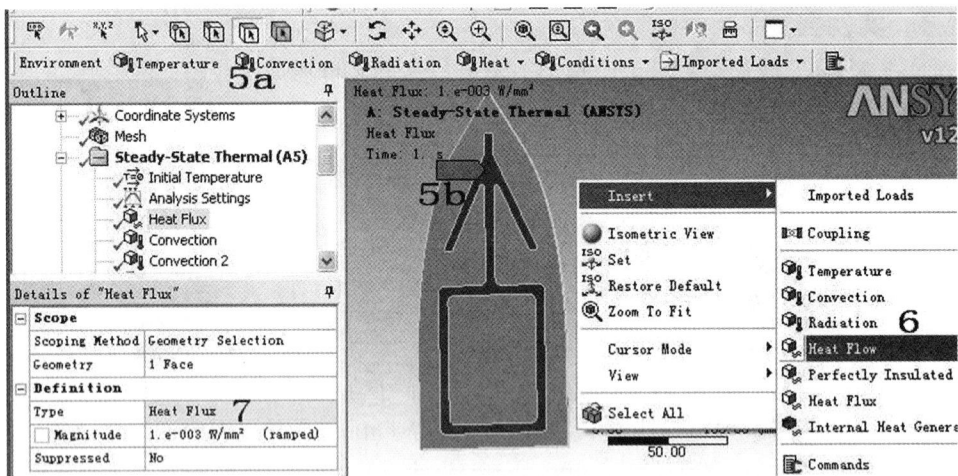

图 10-68　添加热载荷

(6)"RMB→Insert→Heat Flux"。

(7)在细节窗口将"Magnitude",设置为 $0.001 \, W/mm^2$。

(8)添加对流约束条件 1(见图 10-69)。

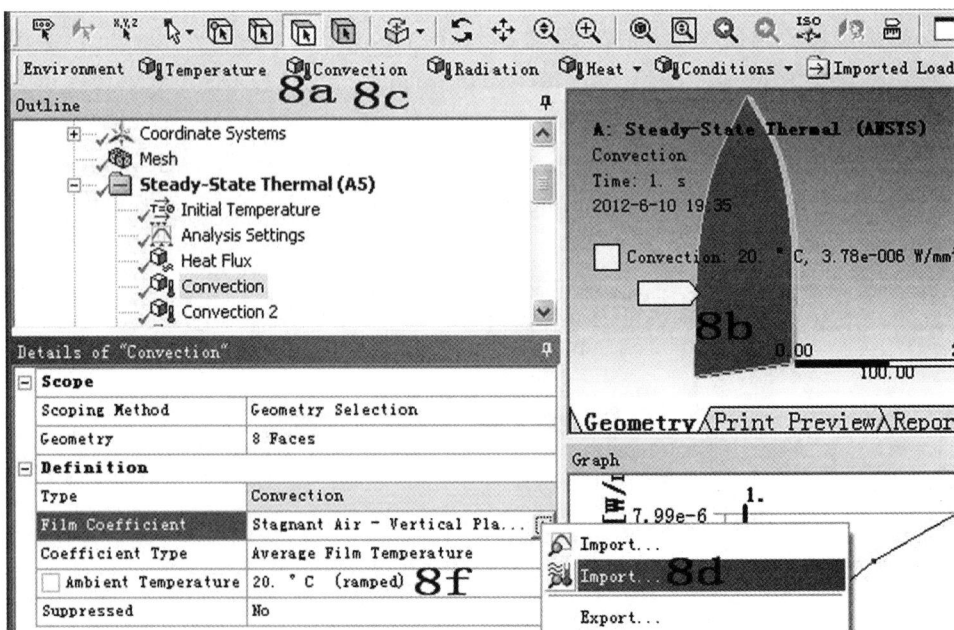

图 10-69　添加对流约束条件

a. 单击 Label 工具条的 Face,确保选择对象过滤器为 Face。

b. 选择电熨斗底板的下表面(与加热部件相反的那一面),以及 6 个侧面上,共选择 8 个表面。

c. 在 Environment 工具条选择 Convection,建立新的对流约束条件。

d. 在对流的细节窗口中,选择 Definition→Film Coefficient,单击右边的三角箭头,点击第二个 Export。

e. 在弹出的 Import Convection Data 窗口中,在下半窗口中点击 Select "Stagnant Air-Vertical Planes 1",单击 OK 按钮。

f. 在对流的细节窗口中,选择 Definition→Ambient Temperature,设置为 20 ℃。

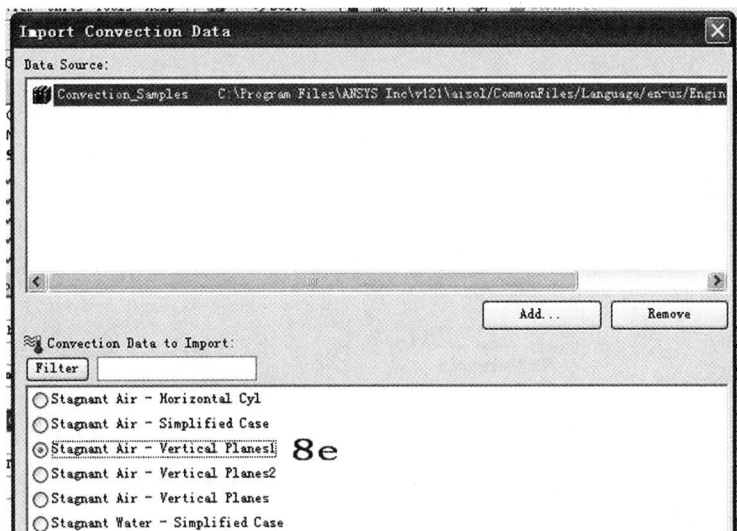

(9)添加对流约束条件 2,如图 10-70 所示,本步骤类似于步骤(8)。

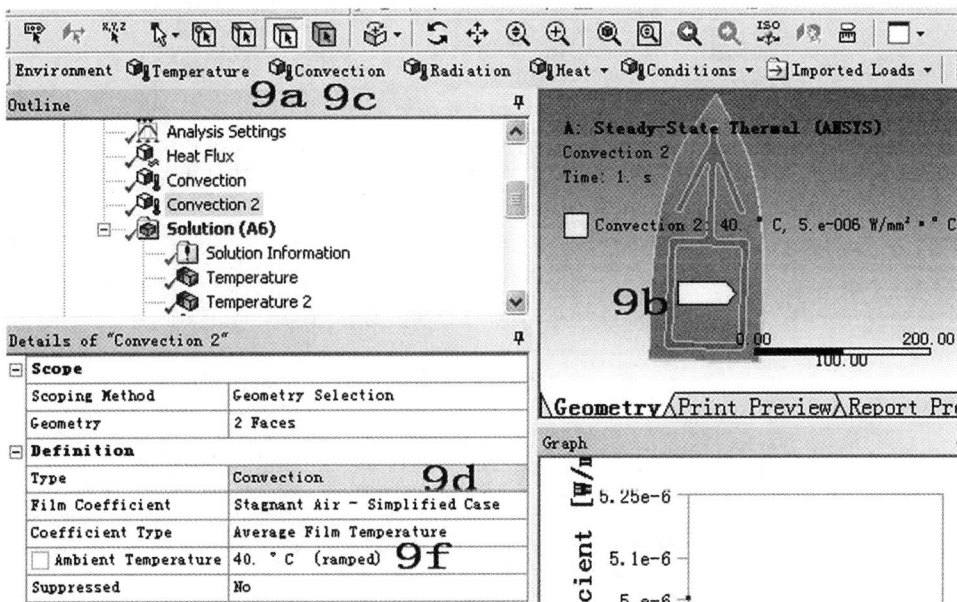

图 10-70　添加对流约束条件 2

a. 单击 Label 工具条的 Face,确保选择对象过滤器为 Face。

b. 选择电熨斗底板的选择底板上表面中,除加热元件以外的两个表面。

c. 在 Environment 工具条选择 Convection,建立新的对流约束条件。

d. 在对流的细节窗口中,选择 Definition→Film Coefficient,单击右边的三角箭头,点击第二个 Export。

e. 在弹出的 Import Convection Data 窗口中,在下半窗口中点击 Select "Stagnant Air-Simplified Case",单击 OK 按钮。

f. 在对流的细节窗口中,选择 Definition→Ambient Temperature,设置为 40 ℃。

(10)单击工具条的 Solve 求解。

(11)显示所有实体的温度。单击导航树的 A6 Solution,选择 Solution 工具条的 Thermal→Temperature。用于显示所有实体的温度。结果显示稳态情况下最高温度大约为 50.339 ℃,如图 10-71 所示。

(12)显示底板下底面的温度。单击导航树的 A6 Solution,选择 Solution 工具条的 Thermal→Temperature。

确保 Label 选择类型为表面,并用鼠标选择底板下底面。单击导航树细节窗口的 Scope→Geometry→Apply。用于显示所选实体的温度。结果显示稳态情况下最高温度大约为 50.262 ℃,如图 10-72 所示。

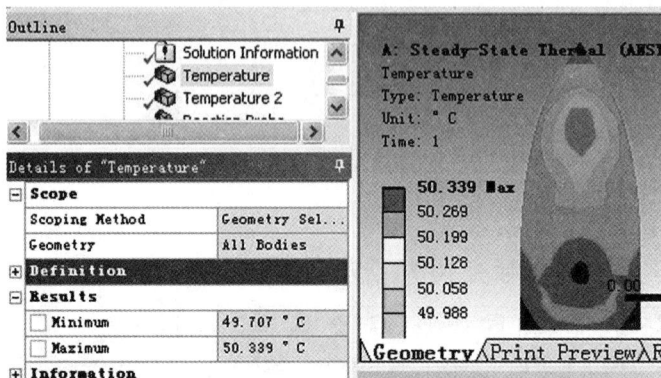

图 10-71 所有实体的问题

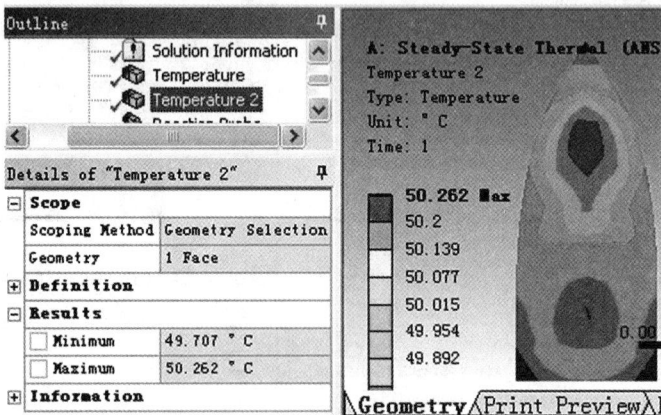

图 10-72 底板下底面的温度

10.6.3 建立瞬态热分析

(1)稳态热分析的结果传入瞬态热分析。在 Workbench 界面左侧的 Toolbox,选择 Transient Thermal 将其拖到稳态热分析的 A6 Solution 上,直到右侧出现"Share A2:A4 Transfer A6"为止才放松鼠标(见图 10-73)。

图 10-73　添加瞬态热分析

（2）瞬态热分析设置。单击 B5 进入瞬态热分析界面，选择导航树的 B5 下的分支 Analysis Settings，定义载荷步：

1）Number of Steps ＝12，Current Step Number＝1，Step End Time ＝30。

2）Number of Steps ＝12，Current Step Number＝2，Step End Time ＝30.1。

3）Number of Steps ＝12，Current Step Number＝3，Step End Time ＝60。

其他依次类推。最终建立 12 个载荷步，载荷步和时间的对应关系见如图 10-74 所示。

（3）添加热载荷、热约束。由于稳态热分析已经定义好了热载荷、热约束，所有将其复制粘贴瞬态热分析。首先，在导航树 A5 稳态热分析下，选择所有的热载荷和热约束，单击鼠标右键选择 Copy，如图 10-75（a）所示。然后在导航树选择 B5 瞬态热分析，单击鼠标右键选择 Paste，如图 10-75（b）所示。

（4）将稳定热载荷修改为随时间变化的热载荷。在导航树选择 Heat Flux，按照 Tabular Data 窗口的数据输入循环载荷，如图 10-76 所示。

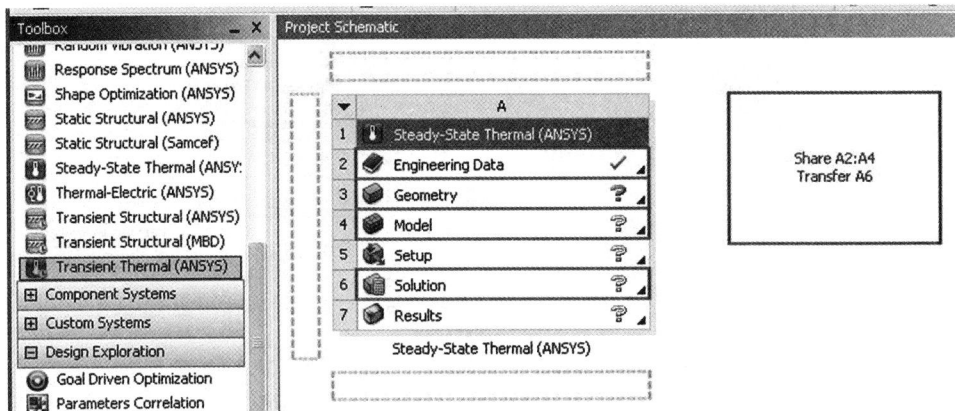

图 10-74　载荷步设置

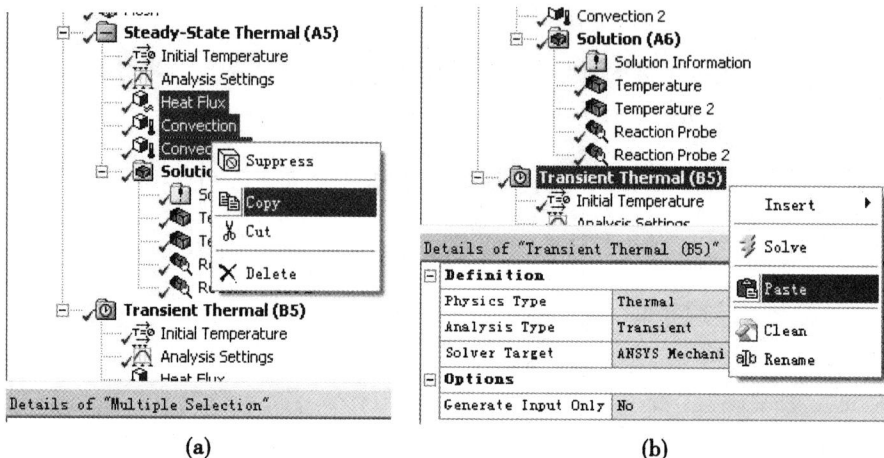

(a)　　　　　　　　　　　　(b)

图 10-75　拷贝粘贴热载荷、热约束

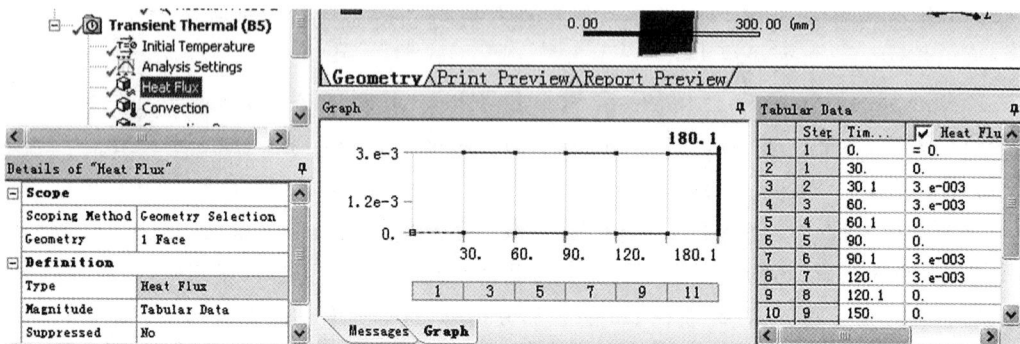

图 10-76　随时间变化的热载荷

（5）点击 Solver，求解。

（6）输出温度时间变化曲线，如图 10-77 所示。

（7）为了观察循环载荷与温度的相关程度，在求解结束后单击 B5 分支下的 Analysis Settings。此时在右下角的 Graph 图形区出现如图 10-78 所示曲线，单击鼠标右键点击 Show Legend/Hide Legend，可以显示/隐藏图例。

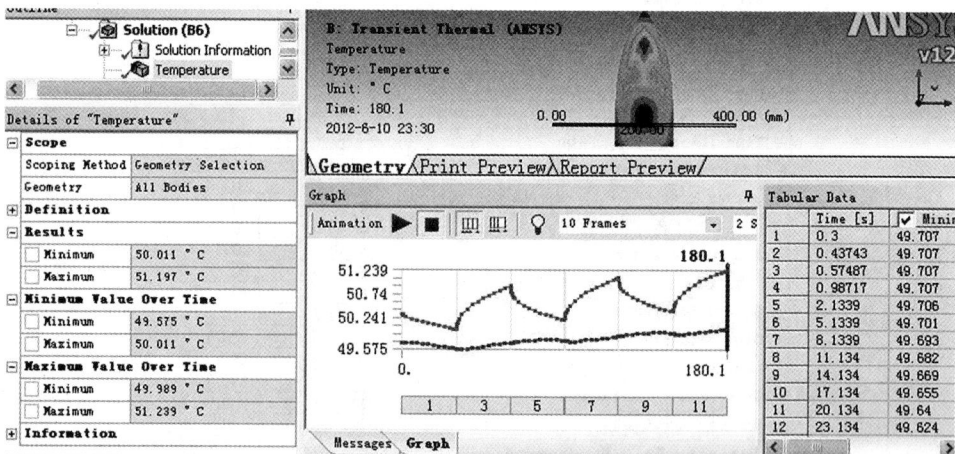

图 10-77　温度曲线

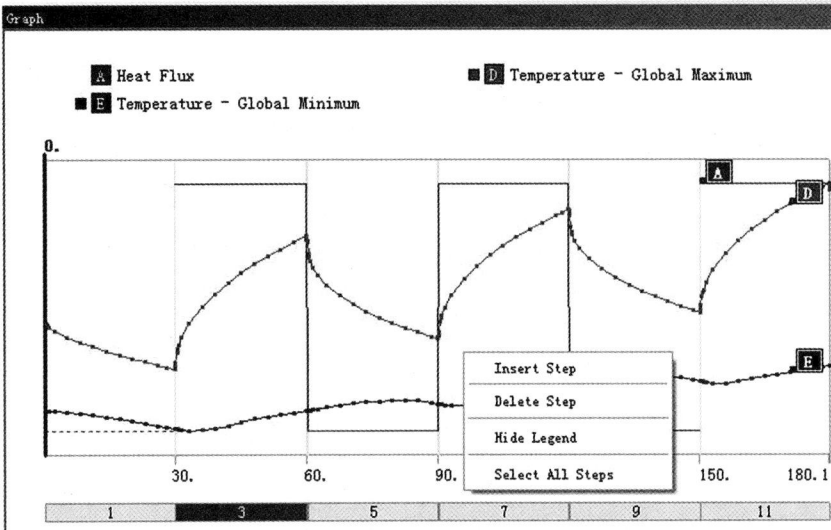

图 10-78　热载荷和温度的相关程度

参 考 文 献

[1] 许京荆. ANSYS WORKBENCH 工程实例详解[M]. 北京：人民邮电出版社，2015.

[2] 浦广益. ANSYS Workbench 基础教程与实例详解[M]. 2 版. 北京：水利水电出版社，2013.

[3] 丁欣硕，凌桂龙. ANSYS WORKBENCH 14.5 有限元分析案例详解[M]. 北京：清华大学出版社，2014.